T0201982

Die digitale Transformation der Automobilindustrie

Uwe Winkelhake

Die digitale Transformation der Automobilindustrie

Treiber – Roadmap – Praxis

2. vollständig überarbeitete Auflage

 Springer Vieweg

Uwe Winkelhake
Heidelberg, Deutschland

ISBN 978-3-662-62101-1   ISBN 978-3-662-62102-8   (eBook)
https://doi.org/10.1007/978-3-662-62102-8

Die Deutsche Nationalbibliothek verzeichnet diese Publikation in der Deutschen Nationalbibliografie; detaillierte bibliografische Daten sind im Internet über http://dnb.d-nb.de abrufbar.

Springer Vieweg ist ein Imprint der eingetragenen Gesellschaft Springer-Verlag GmbH, DE und ist ein Teil von Springer Nature.
Die Anschrift der Gesellschaft ist: Heidelberger Platz 3, 14197 Berlin, Germany

Vorwort zur zweiten Auflage

Seit dem Erscheinen des Buches, auch in Englisch und in Mandarin, sind über drei Jahre vergangen. Dieses ist unter Digitalisierungsaspekten und in Zeiten exponentieller Entwicklung ein beachtlicher Zeitraum, in dem die Transformation der Automobilbranche mit vielen Projekte und Initiativen voranschreitet. Leider ist auch die Klimaveränderung massiv vorangeschritten. Sehr heiße Sommer in Zentraleuropa, verheerende Buschbrände in Australien und schmelzendes Eis an den Polkappen haben jedem verdeutlicht, dass die gesteckte Klimaziele nur mit einem völligen Umsteuern der gesamten Wirtschaft und der privaten Gewohnheiten zu erreichen sind. Der Klimawandel fordert auch die Autoindustrie mit Zielsetzungen zur klimaneutralen Produktion, Unternehmensabläufen und besonders niedrigen Emissionen der Fahrzeuge, die wiederum Elektroantriebe und auch neue Mobilitätskonzepte beschleunigen.

Benchmark bei den Veränderungen der Automobilindustrie beispielsweise im online Handel, bei Software-Update over the air und bei der Kopplung von Fahrzeugmechanik und IT ist weiterhin Tesla. Viele Unternehmen haben Initiativen gestartet, um aufzuholen. Jeder Hersteller bietet Elektrofahrzeuge an, sucht einen neuen Ansatz im Fahrzeughandel und fährt Projekte zur Digitalisierung der Geschäftsprozesse. Die Entwicklung zum autonomen Fahren unter Führung von Waymo und Baidu beschleunigt sich, einhergehend mit dem Anwachsen von Mobilitätsservices mit Didi und Uber an der Spitze und einem integrierten Eco-System mit neuen Geschäftsfeldern rund um Daten und künstlicher Intelligenz. Im Aftersales reduziert sich mit diesen Trends die traditionelle Geschäftsbasis und aufbauend sind auch in diesem Bereich Plattformen als Basis neuer Geschäftsstrukturen zu erwarten. Die Disruption der Branche nimmt Schwung auf.

Hersteller und Zulieferer müssen gegenhalten und sich umfassend verändern, um zu überleben. Basis für die Transformation sollte weiterhin eine integrierte Roadmap für ein umfassendes Change-Programm sein, getragen durch eine leistungsfähige IT-Umgebung und durch eine Unternehmenskultur mit Entrepreneurship und Start-Up-Mentalität. Alle diese Felder werden in dem Buch adressiert. Die Struktur der ersten Auflage hat sich bewährt und wurde beibehalten. Inhaltlich wurden alle Kapitel komplett überarbeitet und in weiten Teilen durch aktuelle Praxisbeispiele, Studien und Quellenangaben ergänzt.

Der Ausblick am Schluss des Buches über das Jahr 2040 hinaus wurde angepasst und auch die zu erwartenden Veränderungen der Arbeitswelt betrachtet.

Bei der Erstellung des Buches habe ich vielfältige Unterstützung erfahren, für die ich herzlich danken möchte. Leider ist mein langjähriger Mentor und Initiator des Buches Herr Professor Wiendahl verstorben. Er war ein begeisterter Anhänger der strukturierten und umfassenden Handlungsempfehlungen und hat mich noch zu diesem Update motiviert. So habe ich oft bei der Arbeit an ihn gedacht und danke ihm erneut für seine Impulse. Auch Herr Thomas Lehnert vom Springer-Verlag wie auch sein Nachfolger Herr Thomas Zipsner haben die Neuauflage vorbehaltlos gefördert und Frau Ulrike Butz als Lektorin danke ich für die sorgfältige Betreuung der Herstellung.

Die Automobilindustrie steht unter massivem Veränderungsdruck. Um diesen erfolgreich zu gestalten, müssen die etablierten Unternehmen mit Schnelligkeit, Agilität, Innovationsfreudigkeit und Risikobereitschaft vorangehen. In Hinblick auf die zunehmend stürmische Entwicklung muss zur Erhaltung der Wettbewerbsfähigkeit die Umsetzung beschleunigt und das oft noch anzutreffende zögerliche Vorgehen abgestellt werden. Damit würden hoffentlich einige Prognosen nicht eintreffen, demzufolge die „etablierten Goliaths" bei disruptiven Veränderungen keine Chance haben und deshalb immer der David gewinnt.

Heidelberg   Uwe Winkelhake
im Juni 2020

Inhaltsverzeichnis

Einleitung

1

1.1 Digitalisierung – ein Schlüsselthema

Das Thema „Digitalisierung" ist ein Schlüsselthema in allen Unternehmen – oft getrieben durch die Angst, einen möglichen Angriff auf das etablierte Geschäft durch „junge Wilde aus dem Valley" auf Basis der Plattformökonomie zu verschlafen. Wer möchte dastehen wie Kodak, Nokia oder auch die vielen Videotheken? Diese Attacken – die „Disruption" bewährter Geschäftsmodelle – sind abzuwehren. Es gilt, das Potenzial neuer digitalisierter Geschäftsmodelle möglichst frühzeitig zu erkennen und diese dann unter Transformation des eigenen Unternehmens selbst aufzubauen. Schnelligkeit und Kreativität sind gefragt. Wenn nicht gleich ein komplett neues Geschäftsmodell entsteht, so sollten doch mit der Digitalisierung wenigstens eine spürbare Effizienzsteigerung in der Prozessabwicklung zu realisieren sowie mehr Produkte zu verkaufen sein, beispielsweise durch ein besseres Kundenverständnis und durch die umfassende Auswertung von Social Media Daten oder auch durch neue digitalisierte Vertriebskanäle.

Die Notwendigkeit zu überleben sowie die Aussicht auf mehr Profit und auch mehr Umsatz führen dazu, dass in allen Unternehmen Digitalisierung ganz oben auf der Tagesordnung steht. Das untermauert auch Abb. 1.1, die die Ergebnisse einer Umfrage zeigt [Sto16].

Neben den genannten Zielen sehen viele Unternehmen als weitere Potenziale der Digitalisierung, die Kundenzufriedenheit zu steigern und damit die Absatzchancen zu erhöhen sowie neue Märkte zu erschließen und auch Produktinnovationen umzusetzen. Somit ist allen Beteiligten und Betroffenen in den Unternehmen klar, dass etwas getan werden muss – aber was? Viele greifen das Thema Digitalisierung auf und starten Initiativen und Projekte. Doch es bestehen große Unsicherheiten, wie man umfassend und nachhaltig vorgehen soll, was zu tun ist und wie tief und weitgehend Veränderungen umzusetzen sind. Vereinzelt kommen dann bereits zweifelnde Stimmen auf, die hinter

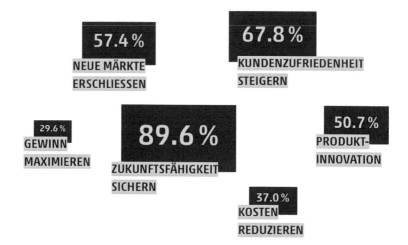

Abb. 1.1 Bereichsübergreifende Unternehmensziele für die Digitale Transformation. (Transformationswerk 2016)

dem Schlagwort Digitalisierung „alten Wein in neuen Schläuchen" vermuten und Gelassenheit in Form überschaubarer Projekte empfehlen. Um zumindest Aktionismus zu zeigen, wird beispielsweise der Ersatz von papiergebundenen Auftragsdokumenten durch iPad-basierte Visualisierung angegangen.

Aufgrund der langjährigen Erfahrung des Autors ist es grundverkehrt, bestehende Prozesse „as is" mit IT zu garnieren und damit das Thema Digitalisierung abhaken zu wollen. Wir stehen am Beginn eines „Tsunamis", der alle Industrieunternehmen erfassen wird – mit hohen Risiken, aber auch mit immensen Chancen. Es ist davon auszugehen, dass alles was mithilfe der Digitalisierung vernetzt und automatisiert werden kann, auch tatsächlich angegangen wird – es ist nur eine Frage der Zeit. Deshalb ist es zwingend, an den Beginn jeder Digitalisierungsüberlegung bestehende und die bisher durchaus bewährte Geschäftsmodelle und Prozessabläufe sowie die Aufbauorganisation komplett auf den Prüfstand zu stellen. Basierend auf einer überzeugenden Vision und einer daraus abgeleiteten Geschäftsstrategie sind effiziente Prozesse zu gestalten. Aufbauend bzw. Hand-in-Hand ist dann das Thema Digitalisierung tiefgreifend und mit Nachhaltigkeit anzugehen – nicht als einmaliges Projekt, sondern als kontinuierlicher Transformationsprozess.

1.2   IT-Entwicklung – die Exponentialfunktion explodiert

Die Digitalisierung wird alle Unternehmen mit großer Vehemenz treffen, allein dadurch begründet, dass immer leistungsfähigere und preiswertere Informationstechnologien als Treiber zur Verfügung stehen. Diese Art Explosion lässt sich mit einem kurzen

Rückblick auf die IT-Entwicklung begründen. Die Leistungsfähigkeit und somit die Durchdringung geschäftlicher und privater Abläufe mit Lösungen der Informationstechnologie (IT) folgt dem Verlauf einer Exponentialfunktion [Kur05]. Zur Erinnerung: Eine Exponentialfunktion verläuft zunächst in einem allmählichen, nahezu linearen Anstieg und geht dann nach einem Knick bzw. über das Knie in einen massiven Anstieg innerhalb kurzer Zeit über, also in ein exponentielles Wachstum.

Beim ersten linearen Anstieg der IT Leistungsfähigkeit wurden nach dem zweiten Weltkrieg bis in die 1970er Jahre spezielle, unternehmensspezifische Softwareprogramme von Spezialisten in FORTRAN oder auch COBOL geschrieben und auf damaligen Rechnersystemen in Unternehmensrechenzentren via Lochkarten implementiert. Ausgewählte Anwender, Spezialisten ihrer Unternehmensfunktion, wurden für die Bedienung der Programme ausgebildet. In einem ersten Wachstumsanstieg wurden mit der Ausbreitung des PCs in den 1980er und 1990er Jahren fast alle Arbeitsplätze in der Unternehmenssteuerung und Verwaltung mit IT-Lösungen ausgestattet und die Schreibmaschinen durch Textverarbeitungsprogramme ersetzt. Auch Standard-Softwarelösungen zur Unterstützung von Prozessabläufen breiteten sich aus. Ursprünglich beherrschte IBM mit COPICS den Markt für die Produktionsindustrie, dann entwickelte sich SAP praktisch zum de facto Standard im Bereich der ERP-Lösungen. Fast alle Privathaushalte nutzten Windows-PCs für die Textverarbeitung oder auch Tabellenkalkulationsprogramme für private Verwaltungsthemen.

Ende der 1990er Jahre breitete sich die Nutzung des Internets aus, eBay wurde eine Plattform für den privaten und auch zunehmend professionellen Handel und Amazon in der vergangenen Dekade innerhalb kurzer Zeit zunächst zum weltgrößten Buchhändler und dann auch dominierenden Einzelhändler und heute auch führender Anbieter von Cloudservices und Logistikdienstleister. Lösungen zur Buchung von Übernachtungen oder auch Theaterplätzen wurden massiv genutzt und der Begriff der Plattformökonomie verbreitete sich. Ein weiteres Beispiel hierfür neben eBay und Amazon ist sicher Airbnb, das Viele nutzen, so dass neben den Hotels als harter Wettbewerb neue Übernachtungsformen entstehen. Die Entwicklung der Digitalisierung lief aus der Sicht des Autors bereits mit den eBay und Amazon Anfängen in das „Knie" der Exponentialfunktion, sowohl in den Unternehmen als auch in den Privathaushalten.

Mit Apples Einführung des iPhones 2007 und seiner extrem schnellen weltweiten Durchdringung und Akzeptanz geht die genannte Exponentialfunktion der IT nun für alle spürbar in den massiven Anstieg über. Dies wird untermauert durch die Einführung und hohe Akzeptanz weiterer mobiler Endgeräte wie Android Smartphones und der Verbreitung von Tablets, die mehr und mehr die PCs und Notebooks als vollwertige Computer ersetzen. Ein beindruckendes Beispiel für quasi sprunghafte Weiterentwicklungen ist die rasante Verbreitung der chinesischen TikTok Anwendung. Im Jahr 2016 ins Leben gerufen verzeichnet diese Kurzvideo-Plattform inzwischen annähernd zwei Milliarden Downloads bei einer Marktkapitalisierung von 75 Mrd. US$ [Lob19].

1.3   Transformation der Automobilindustrie

Die hier nur kurz umrissene Entwicklung wird sich beschleunigt fortsetzen und zu massiven Umwälzungen in allen Unternehmen und auch privaten Abläufen führen. Insbesondere aber ist die Automobilindustrie betroffen. In dieser Industrie stehen zeitgleich mehrere Umbrüche an:

- Elektroantrieb
- Autonomes Fahren
- Mobilitätsservices – aus Fahrzeugfertiger werden Mobilitätsdienstleister
- Digitalisierung des Fahrzeugs – Connected Services; Software-orientierte Konfiguration
- Evolution von Autos hin zum fahrenden IoT Device „always on" und verbunden mit dem Umfeld und vollständig integriert in die „digital experience" der Kunden
- Multiple Vertriebskanäle – vom zentrischen Importeur/Händler zum kundenzentrischen Direktvertrieb
- Nutzung der Digitalisierung zur Prozessautomatisierung
- Übergreifende Wertschöpfungsketten: intermodaler Verkehr – Stromversorger – Serviceanbieter
- Wandel des Kundenbedarfs von Fahrzeugbesitz zu bedarfsweiser Mobilität

Zu diesen bereits anspruchsvollen Themenfeldern kommt eine weitere massive Herausforderung auf uns alle zu. Seit dem Erscheinen der ersten Buchauflage und der Auflistung hat das Thema Klimaveränderung an herausragender Bedeutung gewonnen. Sehr heiße Sommer in Zentraleuropa, verheerende Buschbrände in Australien und schmelzendes Eis an den Polkappen haben jedem verdeutlicht, dass die gesteckte Klimaziele nur mit einem völligen Umsteuern der gesamten Wirtschaft und der privaten Gewohnheiten zu erreichen sind. Details zu dieser Extremsituation, Risiken und Auswirkungen sind in vielen Studien ausgeführt [Wef20], [Woe20]. Der Klimawandel fordert auch die Autoindustrie mit Zielsetzungen zur klimaneutralen Produktion, Unternehmensabläufen und besonders niedrigen Emissionen der Fahrzeuge, die wiederum Elektroantriebe und auch neue Mobilitätskonzepte beschleunigen. Diese absehbaren Veränderungen verdeutlichen, dass sich die Automobilindustrie derzeit neu erfinden muss. Gerade die etablierten Hersteller sind gefordert und bei der Transformation unter massivem Zeitdruck, da neue Wettbewerber in den Markt drängen, die frei von „Altlasten" vom Start weg mit neuen Strukturen „born on the web" komplett digitalisiert durchstarten. Oft fokussieren sich die aggressiven Markteinsteiger auf ganz neue Technologien, wie den Elektroantrieb. Die etablierten Unternehmen tun sich besonders schwer, die neuen Anforderungen aggressiv umzusetzen, da das dann oft zu Lasten der bisherigen Produkte und etbalierter Strukturen geht [Wes12]. So sind die Anfangserfolge und die Marktresonanz der 2007 gegründeten Tesla Motors beeindruckend. Nachdem der Produktionshochlauf in den Stammwerken auch mit einer breiteren Modellenpalette in den USA gelungen ist, geht jetzt ein erstes Tesla-Werk in Shanghai in Produktion und Elon Musk baut in Rekordzeit ein neues Werk in Potsdam. Weitere Unternehmen formieren sich bereits mit der Alphabettochter Waymo in Kalifornien, aber besonders auch im chinesischen Raum mit dem Einstieg des online-Händlers Alibaba und auch des Suchmaschinenanbieters Baidu ins Autogeschäft. Diese Firmen haben angekündigt, autonom fahrende Autos anzubieten. Sicher bleibt abzuwarten, wie sich diese Neueinsteiger entwickeln; eine Bedrohung der etablierten Autohersteller mit ihrem bisherigen Geschäftsmodell sind diese Herausforderer jedoch allemal. Zusätzlich tummeln sich im zukünftigen Geschäftsfokus der Mobilitätsdienstleister bereits neue Anbieter, die es den Herstellern zusätzlich schwer machen werden, sich differenzierend und dominierend weiterhin in diesem Markt zu halten. Diese herausfordernde Situation ist sicher allen Automobilanbietern bewusst, sodass die Ergebnisse einer in Abb. 1.2 gezeigten KPMG-Befragung nicht verwundern [KPM19].

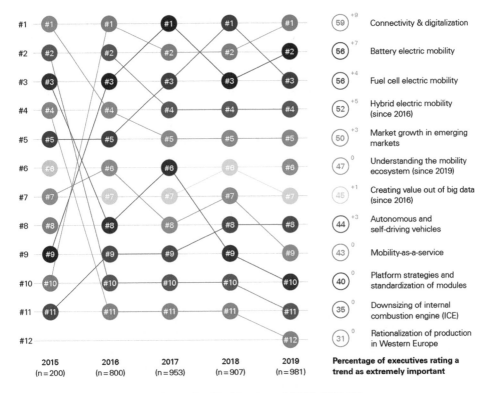

Abb. 1.2 **Global** Automotive Executive Key Trends until 2030. (KPMG)

Wie bereits in der in der ersten Buchauflage zitierten, vorhergehenden 2016er KPMG-Befragung werden auch in der aktuell vorliegenden Studie das Thema Digitalisierung und alternative Antriebstechnologien als Schlüsseltrend bewertet. Es ist für die Automobilindustrie alternativlos, sich den anstehenden massiven Veränderungen mutig und mit Schwung zu stellen und durch pro-aktives Handeln mögliche Bedrohungen in Chancen zu verwandeln. Dabei sind aktuelle und aggressiv prognostizierte technologische Möglichkeiten einzubeziehen, Hand in Hand agierend mit modernen, hochflexiblen und effizienten IT-Strukturen. Gerade in dieser synergetischen Herangehensweise liegen die höchsten Optimierungspotenziale. Dennoch werden Digitalisierungsprojekte derzeit oft eindimensional in Inseln angegangen [Eld19]. Weitere Hemmnisse liegen in den traditionellen Projektsteuerungs- und Budgetierungsmethoden und vielfach auch in einer fehlenden Änderungskultur und dem lückenhaften Fachwissen oder auch Berührängste der Mannschaft zu Digitalisierungstechnologien.

Industrie 4.0 wird beispielsweise in Zukunft Teil der Digitalisierungsstrategie mit dem Ziel hochautomatisierter Produktionsprozesse sein, in denen Roboter direkt mit Mitarbeitern kooperieren. Die aus diesen Themenfeldern abzuleitenden Anforderungen an moderne IT Strukturen führen zu Hybrid Cloud-Architekturen, um so die Digitalisierung ziel- und kostengerecht zu realisieren.

Ebenso muss das Thema der Digitalisierung auf der Produktseite beleuchtet werden. Was bedeutet autonomes Fahren oder auch die Wandlung der Fahrzeuge in „fahrende IP-Adressen" als Teil eines globalen „Internet of Things"? Wie kann man die Massen an Daten aus den Fahrzeugen, den Geschäftsabläufen und von Kundenaktivitäten beherrschen, um diese in geschäftlichen Nutzen und Wettbewerbsvorteil zu verwandeln? Wie sollte man sich gegen neue Marktteilnehmer aus dem IT-Umfeld schützen, langjährige traditionelle Erfahrungen nutzen und so gestärkt aus der Transformation hervorgehen? Wie sind Fahrzeugmechanik und immer mehr IT zu vereinen? Um diese Verschmelzung voranzutreiben und um die sich daraus ergebenden Chancen zu nutzen, hat beispielsweise Volkswagen eine Car.Software Organisation gegründet. Diese ist verantwortlich, Autos zukünftig zum wichtigsten „Mobile Device" zu machen, um so zu helfen, aus dem Volkswagenkonzern einen „digitalen Tech Konzern" mit Zukunft zu machen [Die20].

1.4   Struktur des Buches

Vor diesem Hintergrund adressiert dieses Buch häufig anzutreffende Umsetzungsdefizite und Probleme und entwickelt einen methodisch fundierten und praxiserprobten Leitfaden zur Umsetzung der Digitalisierung in der Automobilindustrie, um somit die Wettbewerbsfähigkeit dieser Schlüsselindustrie nachhaltig abzusichern. Es werden umfassende und pragmatische Handlungsempfehlungen für die Automobil- und Zuliefer-

industrie aufgezeigt, um den Übergang vom diskreten fahrzeugfokussierten Geschäfts-
modell hin zu einem kontinuierlichen und mobilitätsorientierten Modell zu gestalten.
Der Weg zur automatischen, hoch effizienten Abwicklung von schlanken, integrierten
Geschäftsprozessen wird ebenso erörtert wie das Aufgreifen der massiven Veränderung
von Vertriebs-, Aftersales- und Marketingstrukturen und die neue Gestaltung von
Kundenbeziehungen. Unter dieser Zielsetzung gliedert sich das Buch in 4 Blöcke:

Block 1 mit Kap. 2 *bis* 4: Treiber IT-Technologie, Digital Natives, Technologie für
  Digitalisierung
Zum Verständnis, warum es alternativlos ist, sich intensiv mit dem Thema der
  Digitalisierung zu befassen und auch, um zukünftige Potenziale abschätzen zu
  können, wird zunächst ausgehend vom Mooreschen Gesetz über Nanotechno-
  logie bis hin zu Quantencomputer und Singularity ein Ausblick auf die kommende
  Entwicklung der IT-Technologie gegeben. Es ist wichtig, kommende Kunden
  und gleichzeitig zukünftige Mitarbeiter in ihrem Verhalten zu verstehen, ihren
  Erwartungshaltungen und Interaktion. Dieses Thema wird in einem Kapitel erläutert
  ebenso wie im Folgekapitel die für zukünftige Überlegungen wichtigen Technologien,
  sowohl IT-seitig als auch komplementär wie 3D- Druck, Wearables, oder auch neue
  Konzepte wie beispielsweise additive Manufacturing, Blockchain und Prozessautomatisierung.
Block 2 mit Kap. 5 *und* 6: Vision Automotive 2030; Roadmap Digitalisierung
In diesem Block wird zunächst eine Vision bzw. ein Ausblick auf die Automobilindustrie
  im Jahr 2030 erarbeitet. Hierzu werden „Software defined vehicles", internetbasierter
  Vertrieb und auch Serviceplattformen für administrative Services beleuchtet. Somit
  liegt eine umfassende Basis vor, um ausgehend von einer kurzen aktuellen Bestands-
  aufnahme anschließend Handlungsempfehlungen zur Erarbeitung einer konkreten
  Roadmap zur Umsetzung einer zielgerichteten Digitalisierungsstrategie zu geben. Die
  Empfehlungen werden aus konkreten Projekterfahrungen und Falluntersuchungen
  abgeleitet.
Block 3 mit Kap. 7 *und* 8: Unternehmenskultur; Flexible IT-Strukturen
Voraussetzung für eine erfolgreiche Umsetzung ist eine Transformationskultur mit
  Leadership ausgestrahlt und vorgelebt vom Vorstand, einhergehend mit adäquaten
  Motivationsmitteln wie auch der notwendigen Basisausbildung der Mitarbeiter und
  der Verwendung innovativer, agiler Umsetzungsmethoden in den Projekten. Eine
  weitere wichtige Voraussetzung für die erfolgreiche Umsetzung von Digitalisierungs-
  strategien sind effiziente und flexible IT-Strukturen. Diese müssen so aufgebaut sein,
  dass sie bedarfsgerecht und reaktionsschnell die Geschäftsbedarfe unterstützen.
  Hybride Cloudarchitekturen und auch die Berücksichtigung offener Standards einhergehend mit wirksamen Sicherheitskonzepten und Auflagen zur Datenhaltung sind die
  Basis erfolgreicher Digitalisierungsprojekte.

Block 4 mit Kap. 9 und 10: Umsetzungsbeispiele, Ausblick 2040, Fazit
Im abschließenden vierten Block des Buches werden aktuelle Umsetzungsbeispiele vor-
    gestellt, Herausforderungen der Umsetzung aufgezeigt und ein kurzer Ausblick auf
    die Automobilindustrie im Jahr 2040 skizziert.

1.5   Eingrenzung Fokus und Leserschaft

Das Buch gibt Handlungsempfehlungen zur Entwicklung und Umsetzung von
Digitalisierungsstrategien für die Automobilindustrie mit Fokus auf Hersteller und
Händler von Personenkraftwagen und Kleintransportern. Damit wird der größte Markt-
bzw. Unternehmensanteil dieser Branche angesprochen. Mit Abstrichen sind die
Empfehlungen auch für die anderen Hersteller (Lastwagen, Nutzfahrzeuge, Spezialmaschinen), Zulieferer und weitere Industrieunternehmen interessant. Innerhalb des
adressierten Segmentes werden sowohl Lagerfertiger, die meist in USA und Japan
anzutreffen sind, als auch Auftragsfertiger angesprochen. Gerade das zweite Feld wird
im Zuge der feineren Kundensegmentierung und der zunehmenden Individualisierung
wachsen.
    Das Buch richtet sich sowohl an Führungskräfte aus allen Geschäftsbereichen der
Automobil- und Zulieferindustrie als auch an Forschungseinrichtungen und Beratungs-
unternehmen sowie an Studierende der Produktions- und Betriebswissenschaft, die
interessiert sind, das Thema Digitalisierung gezielt aufzugreifen.

Literatur

[Die20] Diess, H.: Volkswagen steht mitten im Sturm; Manager Magazin, 18.01.2020. https://
    www.manager-magazin.de/unternehmen/autoindustrie/volkswagen-wortlaut-rede-herbert-diess-
    16-01-2020-radikal-umsteuern-a-1304169.html. Gezogen: 20. Jan. 2020
[Eld19] Eldracher, M.: Digitale Agenda 2020 – Unternehmen Zukunft; DCX Studie 2019. https://
    assets1.dxc.technology/de/downloads/DXC_Digitale_Agenda__Deutsch_Druck_final.pdf.
    Gezogen: 20. Jan. 2020
[KPM19] KPMG: Global Automotive Executive Survey 2019 der KPMG. https://automotive-
    institute.kpmg.de/GAES2019/downloads/GAES2019PressConferenceENG_FINAL.PDF.
    Gezogen: 20. Jan. 2020
[Kur05] Kurzweil, R.: The Singularity Is Near: When Humans Transcend Biology. Vicing Penguin,
    New York (2005)
[Lob19] Lobe, A.: TikTok … hinter den lustigen Videos tickt eine Datenbombe, Medienwoche
    12.11.2019.   https://medienwoche.ch/2019/11/12/tiktok-hinter-den-lustigen-videos-tickt-eine-
    datenbombe/. Gezogen: 20. Jan. 2020
[Sto16] Stoll, I., Buhse, W. (Hrsg.): Transformationswerkreport 2016. https://docplayer.
    org/37404976-Transformationswerk-report-2016.html. Zugegriffen: 20. Febr. 2020

[Wef20] Global risk report 2020: Insight report 15th edition. https://www.weforum.org/global-risks/reports. Gezogen: 20. Febr. 2020

[Wes12] Wessel, M., Christensen, C.M.: Surviving disruption. Harvard Business Review, Dez (2012)

[Woe20] Woetzel, J., Pinner, D., Samandari, H. et al.: Climate risk and response; McKinsey Global Institute, 2020. https://www.mckinsey.com/business-functions/sustainability/our-insights/climate-risk-and-response-physical-hazards-and-socioeconomic-impacts. Gezogen: 20. Jan. 2020

Informationstechnologie als Digitalisierungstreiber

Getrieben durch die extreme Zunahme der Leistungsfähigkeit der Informationstechnologie (IT) rollt die Digitalisierungswelle unaufhaltsam und immer schneller weiter auf uns zu. Als Synonym für die andauernde massive Leistungssteigerung in der IT steht seit Jahren das sogenannte Mooresche Gesetz, das bereits vor über 50 Jahren eine Verdoppelung der Leistungsfähigkeit integrierter Schaltkreise innerhalb eines Zeitraums von 12 Monaten beschrieb [Moo65]. Bei unveränderter Basistechnologie wäre das Gesetz längst nicht mehr gültig. Aufgrund von Technologiesprüngen besteht der Grundsatz des exponentiellen Wachstums der Leistungsfähigkeit jedoch weiterhin. Es gibt scheinbar keine technologischen Grenzen und es ist nur eine Frage der Zeit, wann die menschliche Intelligenz durch „Maschinenintelligenz" überholt wird und der Zeitpunkt der sogenannten Singularität erreicht wird.

Um diese Situation zu verstehen und auch um zu belegen, warum die Digitalisierung unaufhaltsam beschleunigt weitergehen und unsere privaten und unternehmerischen Abläufe massiv verändern wird, erläutert dieses Kapitel zunächst Grundlagen der IT-Entwicklung. Dann werden die IT-Sicherheit und die Frage des Energiebedarfs als mögliche Entwicklungsbremsen beleuchtet. Den Abschluss des Kapitels bildet der Begriff der Technologischen Singularität mit einem visionäreren Ausblick.

2.1 Mooresches Gesetz

Im April 1965 beschrieb Gordon Moore in einem Fachartikel eine Beobachtung zu integrierten Schaltkreisen [Moo65]. Er stellte fest, dass sich die Anzahl der Transistoren auf einem Siliziumchip mit minimalen Komponentenkosten in einem festen Zeitabstand regelmäßig verdoppeln. Dies führt dazu, dass die Computerleistung exponentiell ansteigt, ohne dass gleichzeitig auch die Kosten zunehmen. Der zugrunde liegende Zeitraum

U. Winkelhake, *Die digitale Transformation der Automobilindustrie*, https://doi.org/10.1007/978-3-662-62102-8_2

wurde mehrfach auch aufgrund von Änderungen in den technologischen Rahmenbedingungen angepasst. Die Grundaussage des exponentiellen Wachstums gilt jedoch
weiterhin – heute üblicherweise bezogen auf einen Zeitraum von 18 bis 24 Monaten.
Den Zusammenhang verdeutlicht Abb. 2.1, welche die Anzahl der Transistoren pro
Mikroprozessor in logarithmischer Darstellung und somit als Gerade über der Zeit zeigt
[Mar19]. Ursachen für diese immense Steigerung der Packungsdichte sind die kontinuierliche Verkleinerung von Bauelementen und Verbesserung der Fertigungsverfahren.

Die Bauteilgröße und -dichte auf den Chips ist unmittelbar verbunden mit ihrer
Leistungsfähigkeit – je geringer die Größe und je dichter die Packung, desto größer
die Leistung. Nachdem im Jahr 2005 die Massenherstellung von Chips mit Strukturen
von 130 bis hinunter zu 90 nm etabliert war, sind im Jahr 2020 bereits 7 nm-Strukturen
im Praxiseinsatz [Bei20]. Im Labor befasste man sich in ersten Prototypen mit noch
kleineren Strukturgrößen bis hin zu 4 nm. Voraussichtlich wird sich diese Technologie bis zum Jahr 2022 in der Massenproduktion als Standard etablieren und somit das
Mooresche Gesetz weiter bestätigen.

Das Mooresche Gesetz basiert auf Beobachtungen und ist nicht wissenschaftlich
begründet. Dennoch hat es sich in der Industrie als Standard der digitalen Revolution
etabliert und die Industrie macht daran wiederum Meilensteine der Planung fest. Man
spricht deshalb auch von einer sich selbsterfüllenden Prophezeiung, die quasi Motor und
somit Antrieb zur Leistungssteigerung der IT ist. Die Leistung eines Prozessors direkt
an der Transistoranzahl festzumachen, ist eine Vereinfachung, die im Sinne des hier
angestrebten Grundverständnisses der stark wachsenden IT-Leistungssteigerung jedoch
ausreichend ist. In heutigen Hochleistungschips dienen nämlich nicht alle Transistoren
unmittelbar der Rechenleistung, sondern beispielsweise auch der temporären Datenspeicherung (sog. Cache). Auch der Aspekt von Mehrprozessorarchitekturen und deren
Einfluss auf die Computerleistung sei hier nur erwähnt. Die Aufarbeitung bzw. das
tiefere Verständnis dieser Details ist für die Zielrichtung dieses Buches nicht erforderlich.

2.2   Exponentielles Wachstum auch für die Digitalisierung

Viel interessanter ist es, dass der Grundzusammenhang des exponentiellen Wachstums, den
Moore für integrierte Schaltungen beobachtet und festgeschrieben hat, bereits für Technologien der IT galten, die vor den Chips im Einsatz waren [vergl. hierzu Abb. 2.2 Kur06].
Sowohl zu Zeiten der Lochkartentechnologie wie auch in den folgenden Technologie-
phasen der mechanischen Relais, der Elektronenröhren und einzelner Transistoren unterlag
die Rechnerleistung pro Sekunde bzw. pro 1000 $ Wert einem exponentiellen Verlauf.

Weitergehende Analysen zeigen, dass diese Entwicklung für alle Kenngrößen
der Informationstechnologie gilt, wie beispielsweise Bandbreite, Speicherkapazität,
Taktrate und auch für die Preise der entsprechenden Technologiekomponenten. Hierbei ist die Diskussion müßig, in welchem zeitlichen Abstand eine Verdoppelung des

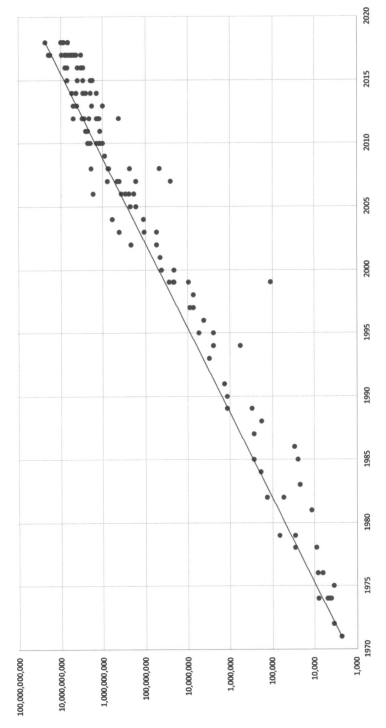

Abb. 2.1   Anzahl Transistoren pro Mikroprozessor in logarithmischer Darstellung im Zeitverlauf. (Martin)

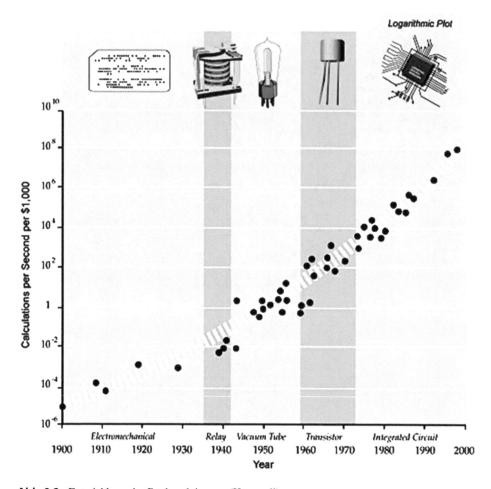

Abb. 2.2 Entwicklung der Rechnerleistung. (Kurzweil)

jeweiligen Leistungsparameters stattfindet. Ob 12, 18 oder 24 Monate – auf jeden Fall stehen massive Anstiege bevor, auch über Technologiegrenzen hinweg. Die daraus resultierenden dynamischen Entwicklungen zeigt Abb. 2.3 am Beispiel unterschiedlicher IT relevanter Einsatzfelder [Mee19] und Abb. 2.4 für die Anzahl der Netzknoten in einem Automobil [Reg16].

Sowohl die Zunahme der internetbasierten Datennutzung im dynamischen China-Markt, der Anstieg der Airbnb-Übernachtungen, die Nutzung von Amazon Echo als auch die Entwicklung der Leistung des Netzwerks innerhalb der Automobile unterliegen einem exponentiellen Wachstum in Analogie zum Mooreschen Gesetz. Bei den Autonetzen wird zur Erreichung des Wachstums die Bustechnologie weiterentwickelt, ausgehend von Lin über CAN bis hin zu Ethernet. Als ergänzende Information ist in Abb. 2.4 beispielhaft gezeigt, welche Ausmaße ein Autonetzwerk hat. Es besteht aus

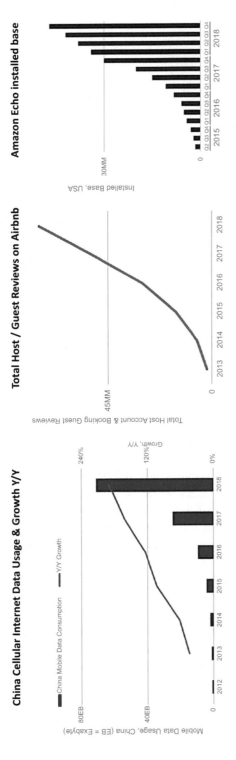

Abb. 2.3 Exponentielle Entwicklung in unterschiedlichen Einsatzfeldern. (Nach Meeker)

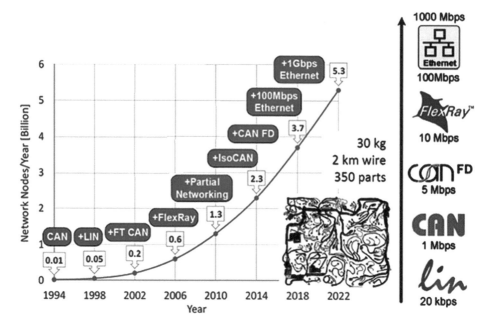

Abb. 2.4 Entwicklung der internen Netzleistung bei Anpassung der Bustechnologie in Fahrzeugen. (Reger)

über 300 Komponenten, die Verdrahtung hat eine Länge von 2 km und insgesamt wiegt das Netzwerk 30 kg (Stand 2017).

Unter Generalisierung dieses Trends ist davon auszugehen, dass der Einzug der Digitalisierung in die Unternehmen ebenfalls einem exponentiellen Wachstum unterliegt und somit massiv Geschwindigkeit aufnehmen wird. Dieser Dynamik stehen in der Automobilindustrie eher gemächliche Zeithorizonte gegenüber. Die Entwicklungsdauer eines neuen Automobils liegt bei den etablierten Herstellern beispielsweise auch heute noch bei vier bis fünf Jahren und die Ausplanung und der Aufbau eines neuen Fahrzeugwerkes erfolgt in ähnlichen Zeiträumen. Abb. 2.5 veranschaulicht diese Situation sehr eindrucksvoll [Sch19]. Während das weltweit Fahrzeugvolumen linear ansteigt, entwickelt sich die IT wie beispielsweise auch die Uber-Nutzung und die Anzahl von elektrisch betriebenen Fahrzeugen exponentiell.

Basierend auf dem ausschließlich angebotenen Elektroantrieb, mit „update over the air" der Fahrzeugsoftware und einem innovativen Vertriebsweg hat sich Tesla Motors als Transformationsbenchmark in der Branche an die Spitze gesetzt. Die Probleme in den Stammwerken die Massenproduktion hochzufahren, wurden gemeistert, die Tesla Batterieproduktion läuft an und das erste Werk in China wurde in Rekordzeit in Betrieb genommen und das Werk Potsdam wird sicher seher schnell folgen. Alle etablierten Hersteller haben den „Tesla-Weckruf" vernommen und zusätzlich jetzt den Druck durch den Klimawandel angenommen. So wurden herausfordernde Programme zur digitalen

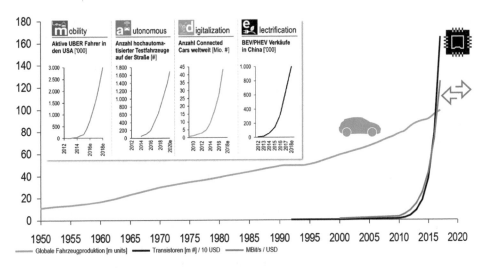

Abb. 2.5 Lineares Volumenwachstum im Vergleich zu exponentieller Entwicklung in IT-nahen Bereichen. (T. Schlick)

Transformation und für die Umstellung von Verbrennungsmotoren auf Elektrofahrzeuge aufgelegt. Von den deutschen Herstellern liegen im oberen Fahrzeugsegment Mercedes und BMW in der Umsetzung annähernd gleichauf, gefolgt von AUDI. Im Volumensegment überzeugt Volkswagen mit einer umfassenden Strategie für den Elektroantrieb. Etwas abgeschlagen im Digitalisierungsrennen folgen die Französischen und Amerikanischen Hersteller während FIAT und auch Toyota eher als Follower gesehen werden können. Die angekündigten Transformationsprogramme erfordern immense Kraftanstrengung und Investition. Zusätzlichen Druck auf die etablierten OEMs üben innovative Unternehmen wie Waymo, Uber oder auch Baidu aus, die neu in diese Industrie eintreten und die von Beginn an mit hohem Digitalisierungsgrad und somit hoher Prozesseffizienz und starker Kundenorientierung agieren.

Die Ableitung der erforderlichen Maßnahmen zu dieser Transformation stellen Ziel und Hauptteil des vorliegenden Buches dar. Zunächst werden kurz mögliche Treiber und auch Hemmnisse für eine andauernde IT-Leistungssteigerung bzw. Digitalisierungsinitiative beleuchtet. Im Wesentlichen sind dies der Energieverbrauch der IT, Sicherheit und die rechtmäßige Handhabung personenbezogener Daten.

2.3 Energiebedarf der IT

Der wachsende Energieverbrauch der IT und einhergehend damit auch die Themen Wärmeentwicklung und Umweltbelastung im Recycling rücken zunehmend in den Fokus. So sind die Hardwareproduzenten und IT-Anbieter gehalten, die Energieeffizienz ihrer Lösungen stetig zu verbessern. Der Energiebedarf der IT fließt in die Ökobilanz der Automobilhersteller ein und hat somit auch mit geeigneten Maßnahmen zur Erreichung der angestrebten Emissionsneutralität beizutragen. Alle Autohersteller verfügen über eigene Rechenzentren (RZ) als Herzstück der erforderlichen Informationstechnologie. Umfassende Konsolidierungen der Server- und Storagesysteme zu einem „globalen Mega-RZ" sind bisher nicht umfassend umgesetzt, sondern üblich sind auch aufgrund von Latenzzeiten über die Erdteile verteilte „regionale RZs". Diese befinden sich beispielsweise in Nord- und Südamerika, Europa, Asien, China sowie ggf. den ASEAN-Staaten und sind zur Verfügbarkeitsabsicherung in der Regel miteinander verbunden (vergl. Abschn. 8.4.6).

Der Bedarf der Automobilindustrie an Rechenleistung wächst kontinuierlich. Treiber sind wachsendes Geschäftsvolumen, feinere Fahrzeugsegmentierung bzw. breiteres Angebotsportfolio und insbesondere der Digitalisierungstrend mit immer mehr IT-Lösungen abgerufen über mobile Endgeräte bzw. Smartphones. Beispielsweise führt der Einsatz von Simulationen in der Produktentwicklung und Videos im Marketing-bereich sowie die Nutzung von „digitalen Prozessrobotern" zum massiven Anwachsen von strukturierten und unstrukturierten Daten. Auch das Internet der Dinge (Internet of Things, IoT) und die zunehmende Digitalisierung der Produktion infolge der Industrie 4.0-Umsetzung steigern die Anforderungen an Rechenleistung. Damit erhöht sich der Bedarf an IT-Hardware und der zum Betrieb erforderlichen Energie, Datennetze, Klima-anlagen, Notstromaggregate und Transformatoren.

Der Stromverbrauch für die Technische Gebäudeausrüstung (TGA) eines Rechen-zentrums beträgt heute etwa 50 % seines Gesamtstrombedarfs, sodass aktuell nur die Hälfte der Energie für den Betrieb der eigentlichen IT-Infrastruktur genutzt wird. Das Verhältnis von RZ-Gesamtenergiebedarf zum Strombedarf der IT stellt eine branchen-übliche Kenngröße für die Energieeffizienz eines RZ dar. Während im Mittel die installierten RZs mit einem Kennwert von 2 fahren, erreichen neue Großrechenzentren Kennwerte von deutlich kleiner 1,3 [Hin19]. Dies wird einerseits durch die höhere Effizienz der technischen Gebäudeausrüstung und der IT Technologie erreicht und andererseits durch verbesserte Organisation, Methoden und Ausführung der Klimatechnik [Wei20]. Beispielsweise sind Warmwasserkühlung, Verschiebung von Raumtemperaturen und auch Einhausungen von Servern und Speichern übliche Verbesserungsmaßnahmen.

Parallel wird auch die Energieeffizienz der IT-Infrastruktur stetig verbessert. Noch Anfang der 2010er Jahre lagen handelsübliche PCs bei einer Leistungsaufnahme von über 100 W, während heutige Systeme bei weniger als 30 W und Smartphones unter 3 W benötigen. Dies ist sicher eine erfreuliche Entwicklung, die anhalten wird. Doch zwei Aspekte laufen dieser Verbesserung zuwider: Die Leistungsaufnahme pro Rechen-transaktion bleibt zwar annähernd gleich, da auch die Rechengeschwindigkeit massiv gestiegen ist. Die Anzahl der Endgeräte (PCs, Notebooks, Smartphones) steigt jedoch sehr stark an. Die Anwendungen auf den Endgeräten sind mit Zentralsystemen ver-bunden und verursachen in den Netzen und den RZs einen steigenden Stromverbrauch. Beispielsweise nimmt anstelle von Downloads das Streaming von Videos, Anleitungen etc. mit entsprechenden Belastungen der Netze und IT Infrastrukturen kontinuierlich zu. So ist es nicht verwunderlich, dass der Energiebedarf in den RZs trotz verbesserter

Effizienz immer weiterwächst. Die Kapazität von RZs wird oft nicht durch die Stell-
fläche für Server- und Speichersysteme bestimmt wird, sondern durch die notwendige
Energieversorgung und Kühlung. Eine Prognose des weltweiten Energiebedarfs von
IT-Technologie inklusive Rechenzentren gemessen in Terawattstunden zeigt Abb. 2.6
[Jon18].

Im Jahr 2030 wird ein Gesamt-Stromverbrauch von annähernd 9000 TWh pro Jahr
durch ICT (Information and Communication Technology) gesehen. Das entspricht fast
dem zwanzigfachen Jahresverbrauch Deutschlands insgesamt. Mit ungefähr gleich
großen Anteilen und exponentiellen Anstieg sind dabei die Rechenzentren und die Netzwerke beteiligt, mit zunehmenden Wachstum. Im Jahr 2019 geht eine Studie der Stanford University von einen Anteil der Rechenzentren am weltweiten Stromverbrauch von
ein Prozent aus [Mas20]. Langfristige Prognosen sind aufgrund vieler unsicherer Ein-
flussfaktoren nur in großen Spannweiten zu finden und man geht für das kommenden
Jahrzehnt von einer Verdrei- bis Vervierfachung aus. Ergänzend schätzen neuere Untersuchungen im Jahr 2019 den Anteil der Digitalisierungtechnologien an den weltweiten
Treibhausemissionen auf 3,7 % und somit deutlich höher als den Anteil der zivilen
Luftfahrt. Weitere Schätzungen gehen davon aus, dass der weltweite „Digitalanteil"
bis zum Jahr 2025 auf über 8 % steigen wird, und damit höher liegen wird, als die
Belastung durch Autos und Motorräder [Mat19]. Diese Entwicklungen unterstreichen die
Bedeutung von Maßnahmen zur Effizienzsteigerung der RZs.

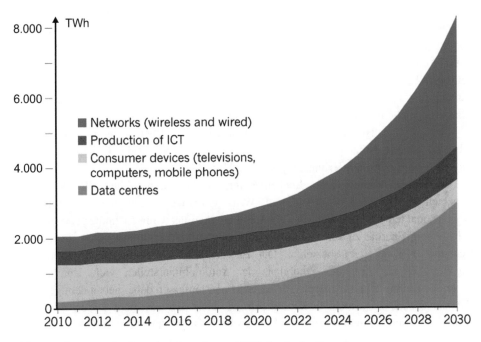

Abb. 2.6 Prognose des Energieverbrauchs von IT-Technologie. (Jones)

Neben den kurz aufgezeigten technologischen Aspekten spielen hierbei auch konzeptionelle, organisatorische und auch geschäftspolitische Optionen eine Rolle. Der Nutzungsgrad der eingesetzten Server liegt immer noch auf einem relativ niedrigen Niveau. Beispielhaft seien hierzu die Ergebnisse einer umfassenden Studie genannt [Koo15]. Danach arbeiten Server im Durchschnitt bei einem Nutzungsgrad von 6 % und darüber hinaus befinden sich 30 % der Server in den USA sowohl in virtualisierten als auch in unvirtualisierten Umgebungen in einem „komatösen Zustand", d. h. sie sind voll installiert und verbrauchen Strom, lieferten aber in den letzten 6 Monaten weder Rechenleistung noch Daten. Diese Werte deuten auf ein erhebliches Verbesserungs- und Energieeinsparpotenzial hin, das es konsequent zu heben gilt. Umfängliche Konsolidierungen und übergreifende Virtualisierung sowie das Abschalten obsoleter Anwendungen und Server sind zu empfehlen. Unter Virtualisierung versteht man die Zusammenfassung unterschiedlicher Server unter eine konsolidierende Softwareebene, die die Verteilung der Leistungsbedarfe auf die einzelnen Server optimiert und so die jeweilige Auslastung verbessert. Zur Unterstützung dieser Projekte stehen im Netz Tools zur Verfügung [Koo15].

Auch die Nutzungsoptimierung der Speichersysteme ist meist mit Nachdruck voran zu treiben. Zum einen, da das Datenvolumen in den Unternehmen rapide steigt, Steigerungsraten von jährlich 60 % sind in einigen Bereichen durchaus üblich, und zum anderen, da die Virtualisierung im Speicherbereich im Vergleich zu diesen Ansätzen im Serverbereich später zum Einsatz kam und daher Nachholbedarf besteht. Das Konzept des sogenannten Software Defined Storage (SDS) bietet erhebliche Nutzungs- und Performancevorteile. Hierbei wird eine Softwareschicht über bestehende Speichersysteme auch unterschiedlicher Hersteller gelegt, sodass freier Speicherplatz schnell erkannt und von mehreren unterschiedlichen Systemen belegt werden kann. Somit ergeben sich die Vorteile einer gemeinsamen, effizienten Nutzung von bestehender Hardware, Wahlfreiheit beim Einsatz zusätzlicher Speichereinheiten und die gemeinsame einheitliche Verwaltung des angebundenen Gesamtsystems. Die verbesserte Nutzung führt wiederum zu Einsparungen beim Energieverbrauch für die Datenspeicherung.

Soweit einige Hinweise zur Energieeinsparung für Rechenzentren. Auf weiterführende flexible Nutzungskonzepte mithilfe sogenannter hybrider Cloudarchitekturen als Plattform für Digitalisierungsprojekte geht Kap. 8 ein.

Der Energieverbrauch ihrer Rechenzentren ist für Automobilhersteller neben den Aspekten der Betriebssicherheit und Wirtschaftlichkeit auch unter ökologischen Gesichtspunkten wichtig. Natürlich geht es im Sinne der Umwelt immer darum, möglichst wenig Energie zu verbrauchen und die benötigte Energie möglichst aus umweltfreundlichen Quellen zu beziehen. Der Energieverbrauch eines Rechenzentrums ist zugleich Teil der gesamten Ökobilanz der Automobilhersteller. Viele Unternehmen haben Umweltziele in ihrer Strategie verankert und umfassen dabei neben dem gesamten Fahrzeugentstehungs- und Produktionsprozess auch den gesamten Lebenszyklus der Fahrzeuge. Hierzu etablierte sich die Kenngröße „CO_2-Footprint per Vehicle". Diese hat dann auch den anteiligen RZ-Energieverbrauch einzubeziehen – ein Grund mehr, die Energieeffizienz der IT zu optimieren.

2.4   IT-Sicherheit

Ähnlich dem Energieverbrauch sind im Zusammenhang mit Digitalisierungsthemen die IT-Sicherheit und vorgabegerechte Handhabung personenbezogener Daten zu behandeln. Traditionell setzt sich Deutschland mit diesen Themen intensiv und besonders sensitiv auseinander. Das ist auch gut und angemessen. Daraus sollten jedoch keine Hemmnisse für sinnvolle Digitalisierungsprojekte entstehen, wie der Autor das in der Praxis immer wieder erlebt hat. Beide Themenfelder sind herausfordernd, umfangreich und komplex und werden in der entsprechenden Fachliteratur eingehend behandelt. Deshalb sollen sie hier nicht in aller Tiefe behandelt werden, sondern vielmehr folgt eine Übersicht, um hierzu ein Grundverständnis und Problembewusstsein als Basis geplanter Digitalisierungsprojekte zu vermitteln.

Grundlagen für die ordnungsgemäße Ausführung und die entsprechenden Auditierungen von IT-Sicherheit sind in zahlreichen Gesetzen, Normen und Handlungsanweisungen festgehalten. Die wichtigsten und umfassendsten Regelungen stellt die ISO 2700x-Normenreihe bereit. Darin werden beispielsweise Identitätsmanagement, Authentifizierung, Verschlüsselung inkl. Schlüsselmanagement und Monitoring behandelt sowie Ausführungsanweisungen für das Erkennen und Reporten von Eindringlingen gegeben. Darüber hinaus bestehen zahlreiche Spezialnormen z. B. DIN EN 50.600 für die Einrichtung und Infrastruktur von Rechenzentren und die IEC62443 für die Zertifizierung der IT-Sicherheit in industriellen Automatisierungs- und Kontrollsystemen.

Diese Normen bieten eine gute Basis und einen schlüssigen Handlungsrahmen. Eine vollumfängliche Behandlung oder auch nur Aufzählung aller im Themenfeld Sicherheit relevanter Normen, Standards und Richtlinien würde den Rahmen dieses Buches sprengen. Deshalb sei auf die entsprechende Fachliteratur verwiesen. Einen sehr guten fachlichen Überblick und eine Zusammenstellung vieler weiterführender Quellen gibt beispielsweise das „IT-Grundschutzkompendium", veröffentlicht im Auftrag des Bundesamtes für Sicherheit in der Informationstechnik [BSI20]. In dem Kompendium werden umfassende Implementierungsanleitung auch im Sinne von „best practices" bezogen auf mehr als 70 Handlungsfelder der IT-Sicherheit aufgeführt. Dieser Leitfaden wird in Bezug auf kommende Herausforderungen insbesondere in Bezug auf die Digitalisierung kontinuierlich angepasst und erweitert. In weiteren Studien stehen neben technologischen Aspekten die organisatorischen und rechtlichen Fragestellungen gerade in Hinblick auf die Digitalisierung in der Produktion bzw. der Industrie 4.0 im Vordergrund und es werden pragmatische Handlungsvorschläge u. a. auch für die Automobilindustrie gegeben [Bac16]. Hier ist auch eine breit gefasste Übersicht rechtlicher Anforderungen, aktueller Forschungsschwerpunkte und Förderprogramme zu finden.

Die in den Studien aufgeführten Handlungsempfehlungen werden im Abschn. 8.4.8 weiter vertieft. Wichtig ist es, die Bedeutung der IT-Sicherheit gerade unter dem Aspekt der Digitalisierung zu verstehen. Der wachsende IT-Anteil in den Fahrzeugen, das Internet of Things, die Integration von Prozessen einhergehend mit der umfassenden Vernetzung aller am Wertschöpfungsprozess beteiligten Partner über Landesgrenzen hinweg bis hin zur Automatisierung von Prozessen sowie die wachsende Anzahl von mobile Endgeräten, Big Data und Cloud erhöhen die möglichen IT-Sicherheitsrisiken und somit die Bedeutung des Themas.

Der Umfang und die Komplexität von Bedrohungen wachsen mit der zunehmenden IT-Verbreitung und -Bedeutung massiv. Die Hauptbedrohungen liegen im Einschleusen und der Infektion mit Schadsoftware über das Internet bzw. über Speichermedien und externe Hardware, zunehmend auch über Smartphones. Auch die zunehmend eingesetzten Lösungen aus dem Bereich der künstlichen Intelligenz bilden die Basis von Sicherheitsproblemen [Bec19]. Menschliches Fehlverhalten und Sabotage gehören weiterhin zu den größten Risiken. Gemäß einer Bitkom Studie im Jahr 2020 waren 75 % aller Unternehmen in den letzten beiden Jahren Ziel eines Cyberangriffs und davon wurden über 48 % als erfolgreich eingeschätzt, d. h. diese Angriffe waren verbunden mit Daten- und IT-Diebstahl [Bit20]. Dieses Thema hat eine immense Bedeutung und gehört somit auf jede Digitalisierungsroadmap und ist in sorgfältiger enger Zusammenarbeit mit den Projekten umzusetzen.

2.5   Handhabung personenbezogener Daten

Ebenso wichtig wie die IT-Sicherheit ist gerade in Deutschland der Schutz personenbezogener Daten. Die Handhabung solcher Daten, d. h. das Erheben, das Verarbeiten in den Arbeitsschritten speichern, verändern, übermitteln, sperren und löschen sowie deren Nutzung hat in Deutschland nach den Vorschriften des Bundesdatenschutzgesetzes (BDSG) zu erfolgen. Flankierend gelten die umfassende Regelung dieses Themenfeldes durch die Datenschutz-Grundverordnung DSGVO [NN18]. Personenbezogenheit ist dann gegeben, wenn sich anhand der Daten irgendein Personenbezug herstellen lässt. Ziel der Gesetzgebung ist es, die Bürger vor Nachteilen aus dem Umgang mit ihren Daten zu schützen. Grundsätzlich gilt, dass personenbezogene Daten nur erhoben, verarbeitet und genutzt werden dürfen, wenn es über spezielle Gesetze erlaubt ist oder aber der Betroffene dem ausdrücklich freiwillig zustimmt. Vor dieser Zustimmung ist über den Verwendungszweck und die Art der Verarbeitung zu informieren. Diese gilt dann ausschließlich für den vereinbarten Anwendungsfall und ist bei weiterführender bzw. anders gearteter Nutzung zu erneuern. Ist der Verwendungszweck nicht mehr gegeben, sind die Daten zu löschen. Bei der Umsetzung dieser Vorgabe gibt es sicher einen Interpretationsspielraum, wie folgendes kleines Beispiel zeigen soll.

Ein Kunde konfiguriert online sein neues Auto mit individuellen Ausstattungsmerkmalen wie Schiebedach, Metalliclackierung und Sonderausführung des Lenkrades. Diese Konfiguration wird in den Backendsystemen des Herstellers beispielsweise zur Materialdisposition, Auftragssteuerung und Logistik weiterverarbeitet und es gehen Detailinformationen des Auftrags dann auch elektronisch an die Zulieferer. Rohbau und Lackierung erfolgen gemäß der Konfiguration und die Komponenten gehen punktgenau an die Endmontage. Das Fahrzeug wird nach Fertigstellung spezifikationsgerecht an den

Kunden geliefert. In dem Beispiel geht es ausgehend von der Konfiguration bis hin zur Auslieferung immer wieder um die Verarbeitung kunden- bzw. personenbezogener Daten. Zu allen Arbeitsschritten muss somit eine Zustimmung vorliegen, da ansonsten ein Verstoß gegen das Bundesdatenschutzgesetz vorliegen könnte, der ggf. bußgeldrelevant ist.

Anhand dieses vereinfachten Beispiels wird die Relevanz des Themas für Digitalisierungsprojekte deutlich. Das Ganze wird noch spannender, wenn man an grenzübergreifende Logistiketten oder auch die Übertragung und Speicherung dieser personenbezogenen Daten beispielsweise in Cloud-Rechenzentren im Ausland denkt. Bei Transfer und Verarbeitung innerhalb der EU besteht weitgehende Rechtssicherheit, aber die USA oder auch sogenannte Drittländer wie Japan, Indien oder China, in denen weniger scharfe Schutzgesetze gelten, werfen komplexe juristische Fragen auf. Ähnlich wie bei der IT-Sicherheit ist es wichtig, dieses Thema nicht aufzuschieben, sondern die entsprechenden Experten wie beispielsweise den Datenschutzbeauftragten des Unternehmens von vornherein in die Digitalisierungsvorhaben mit einzubeziehen, um frühzeitig Regelungen und Sicherheit zu schaffen. Dies sollte flankierend außerhalb der Fachprojekte erfolgen, um dort durch diese Diskussion nicht Unsicherheit zu schüren oder Zeit in Spezialdiskussionen zu verlieren. Klare, pragmatische und auch zeitgerechte Richtungsvorgaben zur IT-Sicherheit und zur Handhabung personenbezogener Daten dienen einer zielgerechten Projektumsetzung.

2.6 Leistungsfähige Netzwerke

Neben der IT-Sicherheit und der adäquaten Handhabung personenbezogener Daten sind leistungsfähige Netze bei der Umsetzung der Digitalisierung eine wichtige Voraussetzung. Beispielsweise erfordern Industrie 4.0-Programme eine zuverlässige Kommunikation auf der Werksebene, die umfassende Integration in die Unternehmens-IT und auch Verbindungen über Unternehmensgrenzen hinweg. Der Umfang und die Intensität der Kommunikation steigen erheblich.

Die heute verfügbaren Bandbreiten der zugrunde liegenden Netzinfrastruktur werden diesen Bedarf nicht mehr abdecken können und es sind frühzeitig Maßnahmen zu ergreifen, damit die Kommunikation nicht zum Flaschenhals der Digitalisierung wird. Derzeit sind 10 Gbit-Netzwerke in den Unternehmen installiert, während Rechenzentren bereits 40 Gbit-Leitungen nutzen und auch schon 100 Gbit-Bandbreite in Planung sind. Neben der Bandbreiten Erweiterung werden kontinuierlich die Latenzzeiten verbessert, um somit in der Kombination die geforderten hohen Übertragungsleistungen zu erreichen.

Beim Aufbau leistungsstarker Netzwerke in der Produktion setzt man anstelle spezieller Feldbussysteme zunehmend auf die langjährig bewährte Ethernet-Technologie. Allerdings sind für den produktionsnahen Einsatz Anpassung der bisherigen Übertragungsverfahren erforderlich, um somit die geforderte Echtzeitfähigkeit zu erreichen. Hierbei gibt es unterschiedliche Alternativen und bisher keine einheitlichen Lösungen. Aktuell gewinnt das Time-Sensitive Networking (TSN) als Standard für das Echtzeit-

Ethernet in Kombination mit dem weit verbreiteten OPC UA Protokoll (Open Platform Communication Unified Architecture) gerade in der Produktion an Bedeutung. Beim TSN Verfahren werden Netzwerkkomponenten mit hoher Präzision zeitlich synchronisiert. Aufbauend können mit einem speziellen Verfahren Informationspakete mit bekannter Übertragungsgeschwindigkeit gesendet werden und dabei der späteste Ankunftszeitpunkt beim Empfänger vorhergesagt werden. An der TSN Standardisierung wird mit Nachdruck im IEEE (Institute of Electrical and Electronics Engineers) gearbeitet [Emd19]. Hohe Übertragungsgeschwindigkeiten und die Absicherung bzw. die Prognostizierbarkeit des Empfängerdialogs sind die Basis zum Einsatz des Hochleistungs-Ethernet auch in der Fahrzeug-IT. Hierauf wird vertiefend im Buchkapitel 5.4.5 eingegangen. Im Bereich der mobilen Kommunikation wird die 5G Technologie erhebliche Leistungsverbesserungen bringen, basierend auf Übertragungsraten von 10 Gbit/s, durch sehr kurze Latenzzeiten und durch die Nutzung hoher Frequenzbereiche. Die schnellen 5G basierten Verbindungen unterstützen dann beispielsweise die Umsetzung des autonomen Fahrens und auch die Kommunikation zwischen Fahrzeugen, die sogenannten C2C (Car2Car) Kommunikation. Auch in diesem Einsatzbereich haben sich Interessengruppen und Konsortien gebildet, beispielsweise das CAR2CAR Communication Consortium (C2C-CC) oder auch die 5G Automotive Association (5GAA). In diesen Gremien arbeiten viele Hersteller und Zulieferer mit, sodass eine hohe Akzeptanz der erarbeiteten Standards erreicht wird. Zur Vertiefung weiterer Details wird auf die entsprechenden Internetportalen verwiesen.

Zur standortübergreifenden Optimierung der Kommunikation setzen die Unternehmen auf die sogenannte Multiprotocol Label Switching (MPLS)-Technologie, die verschiedene Protokolle nutzen kann, um die Informationspakete durch das Netzwerk zu schicken. Hierbei werden den Datenpaketen als vereinfachte Adressierung Labels zugeordnet, mit deren Hilfe definierte Netzpfade eingehalten werden. Für den Zugang werden zunehmend kostengünstige Internetverbindungen eingesetzt. In dem Feld werden sich sogenannte „All-IP" Technologien durchsetzen. Hierunter wird die Bündelung verschiedener Übertragungstechniken auf Basis des Internet-Protokolls (IP) verstanden. Somit werden dann verschiedene Dienste wie Telefonie, multimediale Mails und Daten über eine Technologie geleitet. Durch diesen Service aus einer Hand ergeben sich Kosten- und Servicevorteile beispielsweise durch den einheitlichen Zugriff für die Nutzer von jedem beliebigen Ort [NN15]. Der nächste Entwicklungsschritt wird Next Generation Network (NGN) genannt, das ebenfalls eine Bündelung vorsieht, jedoch nicht auf Basis der IP-Technologie, sondern unter Nutzung herstellerspezifischer Protokolle.

Weitere Entwicklungen im Netzwerkbereich sehen den Einsatz der Virtualisierung vor. Hierfür sind die zukünftigen Technologien „Software Defined Networking" (SDN) und „Network Functions Virtualisierung" (NFV) bestimmt. Die Verfahren entkoppeln die Infrastruktur durch eine Software-Ebene von den Kommunikationsbedarfen und optimieren durch eine Koordination in dieser Ebene die Ressourcennutzung. Diese Technologien haben sich in Rechenzentren bereits bewährt, sodass auf die technischen

Details nicht weiter eingegangen, sondern auf verfügbare Studien verwiesen wird. Die zukünftige Umsetzung der softwarebasierten Verfahren auch im Wide Area Network (WAN) bietet zukünftig weiteres Potenzial zur Absicherung der Kommunikation für die Digitalisierung.

2.7   Technologieausblick

Im Folgenden geht es um einen Blick in die Zukunft mit der Frage, ob und wie das kontinuierliche Wachstum der IT-Leistung weiter fortgesetzt werden kann, und ob das Mooresche Gesetz auf Basis von neuen Technologien weiterhin gilt. Die Messlatte dazu bzw. den immensen Fortschritt in der IT-Leistungsfähigkeit verdeutlichen folgende Vergleiche: Im Jahr 2016 hatte ein handelsübliches Smartphone die 120 Mio. fache Rechenleistung des Steuerungscomputers des Apollo-Programms der NASA [Gru16]. Heutige Handys und mobile Endgeräte verfügen über Rechenleistungen, die sie im Ranking von Supercomputern positionieren.

2.7.1   3D Chip Architekturen

Basis für die bisherige Leistungssteigerung der Chips ist eine kontinuierliche Verkleinerung der Chipstrukturen und eine Erhöhung der Packungsdichte der Transistoren. Aber hier zeichnen sich mittlerweile Grenzen ab. Aktuell wird an Chipstrukturen in der Größe von unter 4 nm geforscht. Es bedarf noch einiger Anstrengungen, um die Herausforderungen einer wirtschaftlichen Herstellung zu lösen. Dennoch ist davon auszugehen, dass diese in wenigen Jahren in der Massenproduktion zu sehen sind. Damit dürfte dieser Weg der Miniaturisierung jedoch an physikalische Grenzen stoßen, da ein Siliziumatom einen Durchmesser von ca. 0,3–0,5 nm hat und somit nur noch wenige Atome nebeneinander in den Strukturen Platz finden. In diesen Dimensionen sind sichere Atom- bzw. Leitungsbewegungen nicht mehr möglich und es kommt zu sogenannten Quanteneffekten [Ruc11]. Neben diesen physikalischen Herausforderungen bestehen weitere Begrenzungen in der Energiebereitstellung bzw. Beherrschung der Wärmeprobleme. Ginge die Entwicklung der Chiptechnologie mit gleichen Rahmenbedingungen des Energiebedarfs weiter wie bisher, käme man in einigen Jahrzehnten zu Systemen mit 30.000-mal höher Rechenleistung, wozu dann allerdings die heutige Weltproduktion an Elektrizität erforderlich wäre.

Somit scheint ein Ende erreicht, durch kontinuierliche Miniaturisierung auf Basis der Siliziumtechnologie weitere Leistungssteigerungen zu erzielen. Eine Option besteht jetzt darin, anstelle der bisherigen flächigen 2D-Struktur die Chips in mehreren Schichten in 3D-Architekturen zu bauen. Hierbei befinden sich die elektronischen Bauelementen auf mehreren Waferplatten, die übereinander angeordnet sind. Abb. 2.7 zeigt das Prinzip, skalierbar von Aufbauten zu Boards bis hin zu Boardgruppen [Ruc11].

Die hohe räumliche Packungsdichte dieser 3D-Chiparchitekturen erlaubt weitere Leistungssteigerungen, da bei kleineren Chip-Grundflächen die Entfernung zwischen den Baugruppen verkürzt und die Datenübertragung optimiert werden kann. Es bestehen bei diesen kompakten Architekturen jedoch zwei neue Herausforderungen: Zum einen kommt es in den Chipstapeln zu einer extremen Wärmeentwicklung von einigen kWh pro cm^3, welche die Wärmeentwicklung eines Verbrennungsmotors weit übertrifft, und zum anderen ist die erforderliche Energieversorgung über die Anschlusspins sicherzustellen. Aber auch diese Herausforderungen sind beherrschbar und erste 3D-Chips werden bereits in Computern eingesetzt [Sta19].

2.7.2 Flussbatterien

Zur Beherrschung der Wärmeprobleme in den Chips bzw. Boards wird Flüssigkeit durch haarfeine Kühlkanäle geleitet, welche die Chipstapel durchziehen. IBM-Forscher aus dem Labor in Zürich hatten bereits Anfang der 2010er Jahre große Fortschritte mit dem Einsatz der Heißwasserkühlung erreicht. Deren Einsatz in Supercomputern erbrachte deutliche Energieeinsparungen. In Anlehnung wird auch unter Einsatz von Flüssigkeiten ein weiterer innovativer Ansatz vorangetrieben. Basis hierfür sind sogenannte Redox-Flussbatterien, die sich bereits im Praxiseinsatz beispielsweise im Bereich der erneuerbaren Energien befinden. Die Energie wird bei dieser Technologie nicht mehr über Leitungen transportiert, sondern mithilfe einer elektrochemisch aktiven Flüssigkeit. Herzstück dieser Batterien ist eine zentrale Reaktionskammer, durch die zwei unterschiedlich geladene Elektrolytflüssigkeiten gepumpt werden, die dann über eine Membran Ladung austauschen [Roe19]. Die Speicherkapazität dieser Batterien hängt von den Tankvolumen der Flüssigkeiten ab. Aktuell wird intensiv daran gearbeitet, kostengünstige Chemikalien für die Elektrolyten einzusetzen, die auch eine hohe Anzahl Ladezyklen zulassen. Weiterhin gilt es, die Leistungsdichte und Miniaturisierung weiter voran zu treiben.

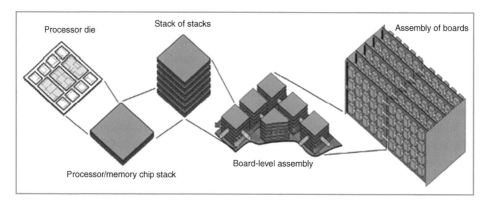

Abb. 2.7 Aufbau von 3D-Chips. (Ruch et al.)

Man könnte diese Flüssigkeit auch als elektronisches Blut bezeichnen und es ergibt sich eine Analogie zum Gehirn, das, wie Abb. 2.8 zeigt, heutigen Technologien in Effizienz und Leistungsdichte deutlich überlegen ist [Ruc11]. Unser Gehirn ist aktuell 10.000-mal leistungsfähiger als die etablierte IT-Technologie. Wie beim Gehirn mit seiner Energieversorgung und Kühlung über Blut, sehen Forscher in dem Flussbatterie-ansatz ein ähnliches Potenzial. Deshalb sind sie überzeugt, in wenigen Jahren einen Supercomputer mit einer Rechenleistung von 1 PetaFlop/s (das sind 10^{15} Gleitkomma-Operationen pro Sekunde) bauen zu können. Weiterhin gelten Flussbatterien zur Speicherung großer Energiemengen als kostengünstige Alternative zu Lithium-Ionen Batterien. Daher werden diese zum Ausgleich von Lastspitzen bereits in der Wind- und Solarenergie eingesetzt. Während der direkte Einsatz in Elektrofahrzeugen nicht absehbar ist, könnte die flexible, hohe Pufferleistung aber an Schnell-Ladestationen gut Ladespitzen auffangen und ist somit ebenfalls für die Autoindustrie interessant.

2.7.3 Kohlenstoff-Nanoröhrchen

Um weitere Optionen zur Leistungssteigerung zu erschließen, wird auch an Material-alternativen zum Silizium geforscht, beispielsweise seit Jahren an sogenannten

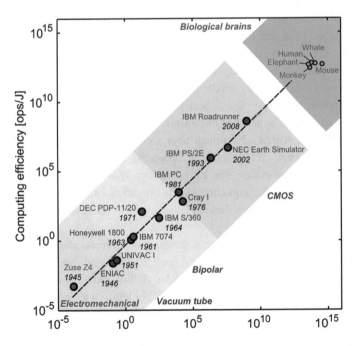

Abb. 2.8 Leistungsdichte und Effizienz der Supercomputer im Vergleich mit biologischen Gehirnen. (Ruch et al.)

Kohlenstoff-Nanoröhrchen. Dabei handelt es sich um winzige Schläuche, deren Wand aus einer einzigen Schicht von Kohlenstoff-Atomen besteht, die in einer Wabenstruktur verbunden sind. Durch diese Röhrchen können Elektronen mit minimalem Widerstand geleitet werden. Der Röhrchen Durchmesser liegt zwischen 0,5 bis zu 50 nm. Problematisch ist, dass bei der Herstellung Bündel mehrerer eng verschlungener Fasern entstehen [Shu13].

MIT-Wissenschaftler haben nun diese Probleme gelöst und einen ersten Chip aufbauend auf Nanoröhrchen vorgestellt [Hil19]. Die Wandstärke der 14.000 nebeneinander aufgestellten Röhrchen liegt jeweils im atomaren Bereich. Der 16 bit Mikroprozessor kann Standardanweisungen im 32 bit Format verarbeiten, nachgewiesen mit dem legendären „Hello World" Programm. Dieser Prototyp wird als wichtiger Meilenstein gesehen und die Wissenschaftler prognostizieren, dass es in einigen Jahren gelingen wird, auf Basis der Nanoröhrchen extrem leistungsstarke Computer zu bauen und so das Prinzip des Morreschen Gesetz mit exponentieller Leistungssteigerung fortzuschreiben.

2.7.4 Neuronale Netze

Eine weitere Möglichkeit der Leistungssteigerung von Chips setzt an der Architektur an. Heutige Computer beruhen ausnahmslos auf dem sogenannten von Neumann-Prinzip, bei dem Transistoren gezielt binäre Schaltzustände für die binäre Datenverarbeitung erzeugen. Weiterhin sind Prozessor und Speicher getrennt, da Transistoren keine Information speichern können. Über die Prozessoren wird der Schaltstrom für jeden Rechenschritt zwischen dem Rechenwerk, der Logik, und einem Zwischenspeicher hin und her geleitet. Dieses Verfahren ist sehr aufwendig und energieintensiv.

Eine Alternative dazu stellt, wiederum in Analogie zum menschlichen Gehirn, der Einsatz neuronaler Netze da. Diese bestehen aus Nervenzellen (Neuronen), die über Kommunikationskanäle (Synapsen) miteinander verbunden sind. Informationen werden innerhalb des Netzes von den Neuronen über nicht-lineare Funktionen unter Einbezug weiterer Neuronen bzw. Schaltstellen prozessiert. Durch diese Verknüpfung findet eine hochparallele Verarbeitung der Eingabeinformationen statt und es können sehr komplexe, nicht-lineare Abhängigkeiten in den Eingabeinformationen schnell abgebildet werden. Neuronale Netze können diese Abhängigkeiten erlernen und Erfahrungen weiter ausbauen [Rey11, Smh15].

In einer neuen Chiparchitektur, den sogenannten neuromorphen Chips, werden nun neuronale Netze in Siliziumschaltkreisen nachgebildet und Speicher und Prozessor vereint. Auf diese Weise wird das menschliche Gehirn mit seinen Nervenzellen nachgeahmt und ermöglichen es so, bestimmte Probleme wie beispielsweise Mustererkennung oder Prognosen und Erkennen von Zusammenhängen schneller und erheblich energieeffizienter zu lösen, als mit den heute eingesetzten Computersystemen. In Hinblick auf das vielversprechende Potenzial wird in diesem Bereich intensiv geforscht und auch in diesem Bereich wurden bereits erste Prototypen vorgestellt [Tet20]. Diese Systeme sind derzeit auf spezielle Einsatzfelder aus den Bereichen Künstliche Intelligenz und Neurowissenschaften ausgerichtet und beweisen dort ihre hohe Leistungsfähigkeit und Energieeffizienz, oft im Zusammenspiel mit herkömmlichen Computern. Erste generische Systeme befinden sich ebenfalls in der Entwicklung. Neuromorphe Chips und darauf aufbauende Computer sind auch für die Automobilindustrie interessant, beispielsweise zur schnellen Muster- bzw. Bilderkennung beim autonomen Fahren.

2.7.5 Quantencomputer

Abschließend sei zur Betrachtung zukünftiger Technologien bzw. möglicher Ansätze, um weitere massive IT-Leistungssteigerungen zu erzielen, noch kurz auf das Thema Quantencomputer eingegangen. An dieser Idee wird seit Jahren geforscht [Hom18]. Anstelle des heutigen Binärsystems mit den zwei klar definierten Zuständen eines Bits nutzen diese Computer quantenmechanische Effekte. Vergleichbar dem Bit gibt es sogenannte Qubits (abgeleitete aus Quanten-Bit), die jedoch alle möglichen Zwischenzustände annehmen können. Ein schöne Analogie ist eine schnell rotierende Münze, die über viele Zwischenzustände auf Kopf oder Zahl fällt. Man kann mehrere Qubits zusammenbringen, in der Quantenphysik spricht man von verschränken, wobei dann der gemeinsame Zustand wiederum alle Einzelzustände überlagert. Wenn nun mehrere Qubits zu sogenannten Quantenregistern verschränkt und die Informationen auf diesen Registern verteilt werden, lässt sich damit eine sehr hohe Zahl von Werten gleichzeitig verarbeiten und es wird dadurch möglich, sehr komplexe Probleme zu lösen [Sch15]. Durch die hierbei erreichte Parallelität der Berechnungen wird eine hohe Leistung erreicht. Allerdings sind Quantencomputer keine Universalcomputer, sondern eher geeignet für Problemstellungen, die quantenmechanische Effekte gut nutzen können. Diese sind beispielsweise die Simulation sich überlagernder Magnetfelder, das Durchsuchen unstrukturierter Datenbanken oder auch die Zerlegung von Primzahlen und somit für das Lösen von Entschlüsselungen, die auf Primzahlkonzepten beruhen, nützlich.

Mit der Weiterentwicklung der Quantencomputer beschäftigen sich viele große Forschungs- und Entwicklungsorganisationen. Die Herausforderungen sind die Miniaturisierung und die reproduzierbare Herstellung und Verschränkung von Registern mit sehr vielen Qubits. Es wurden bereits vielversprechende Ansätze und erste Prototypen präsentiert. Unter Laborbedingungen isoliert von Umwelteinflüssen und bei knapp über minus 273 Grad Celsius rechnen die aktuellen Systeme bei passenden Aufgabenstellungen 100 Mio. Mal schneller als herkömmliche Computer [Mei19, Sch15]. Auf erste Einsatzmöglichkeiten in der Automobilindustrie wird in Abschn. 4.1.6 eingegangen.

Soweit ein kurzer Ausblick auf zukünftige Technologien, die das weitere IT-Leistungswachstum ermöglichen werden. Darüber hinaus werden viele weitere Ideen verfolgt von Photonik (Lichteffekte), über Spintronik (Elektronen als Träger von zwei

Bits) bis hin zum biologisch DNA-Rechner. Auch unter dem Aspekt dieser weiteren Optionen ist es offensichtlich, dass das Mooresche Gesetz, möglicherweise übertragen auf andere Technologien, weiter gelten wird. Einhergehend mit diesem Effekt wird sich auch das Wachstum der Digitalisierung sicher exponentiell entwickeln.

2.8   Technologische Singularität

Im Folgenden soll als Vision kurz ein futuristisches Themenfeld beleuchtet werden, das die heute 20-Jährigen noch erleben können: die sogenannte Technologische Singularität. Ursprünglich ein Begriff aus der Mathematik, wird unter Singularität ein Punkt verstanden, an dem eine Funktion nicht definiert ist, wie zum Beispiel 1/x an der Stelle X = 0. An diesem Punkt laufen alle Kurven für X gegen Unendlich. In der Physik bezeichnet Singularität eine Situation, in der keine naturwissenschaftlichen Gesetze mehr greifen, wie vermutlich in einem schwarzen Loch [Rie11]. Mit diesen eher düsteren Definitionen ist die Übertragung des Begriffs auf die Informationstechnologie spannend. Unter der sogenannten Technologischen Singularität versteht man einen Zeitpunkt, ab dem die weltweit aufsummierte Rechenleistung von Maschinen bzw. Hochleistungscomputern die aufsummierte Leistungsfähigkeit menschlicher Gehirne überholt. Ab diesem Zeitpunkt können sich die Computer selbstständig weiter verbessern [Kur06, Sha20]. Diese Situation verdeutlicht Abb. 2.9, das die Rechenleistung aller heutigen Computer, sowie von Mäuse-, Elefanten- und Menschengehirne zeigt.

Der Schnittpunkt und somit der Punkt der Singularität liegt demnach etwa im Jahr 2050 [Rie11]. Geht man auch hier von einem exponentiellen Wachstum aus, kommen ab diesem Zeitpunkt zwei exponentiell verlaufende Prozesse zusammen, nämlich die Entwicklung der IT-Technologie und die Verselbstständigung der Computer. Unter Annahme der sich dann ergebenden unfassbaren Beschleunigung ist es spannend abzuschätzen, welche Konsequenzen das für alle Lebensbereiche haben wird. Auch die Digitalisierung der Unternehmen wird sich dann vermutlich verselbstständigen.

Dies führt dazu, dass in der Medizintechnik, der Nanotechnologie, und der Robotik Revolutionen stattfinden und sich diese Bereiche nachhaltig verändern werden. In der Nanotechnologie erfolgen Fertigungen auf atomarer Ebene. In Kombination mit der Robotik führt das zu Miniaturrobotern, deren Intelligenz auf übermenschlichem Niveau liegt und die beispielsweise permanent in unseren Blutbahnen kreisen und Gesundheitsparameter überwachen. Dadurch können diese Roboter automatisch korrektive Maßnahmen bei der Entstehung von Krankheiten vornehmen. Ähnliche Einsatzmöglichkeiten sind mit Miniatur-Servicerobotern in Automobilen denkbar.

Insgesamt wird die massiv angewachsene Gesamtintelligenz das exponentielle Wachstum der Informationstechnologie in einem nie da gewesenen Tempo vorantreiben. Es ergeben sich spannende Visionen verbunden mit vielen Fragen: Wie koppelt man möglicherweise menschliche und technische Intelligenz? Wer steuert und kontrolliert dann wen? Wie verhindert man unerwünschtes Ausufern der Computerintelligenz in

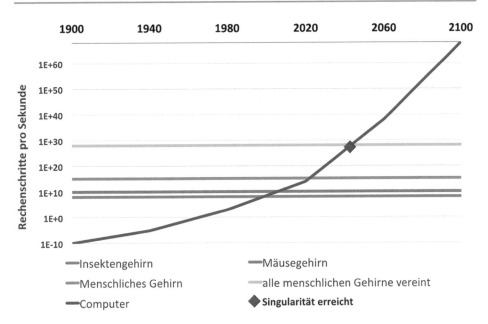

Abb. 2.9 Entwicklung der Rechnerleistung im Vergleich zum Gehirn von Lebewesen. [Kur06]

nicht geplante Bereiche? Was ist die menschliche Rolle? Viele Fragestellungen, die auf der Hand liegen, die aber nicht in den Kontext dieses Buches passen. So sei der interessierte Leser an dieser Stelle wiederum auf die Fachliteratur verwiesen [Sha20].

Wichtig ist dem Autor, auch aus der technischen Perspektive die Notwendigkeit zu untermauern, sich zielgerecht und ganzheitlich mit der Digitalisierung auseinander zu setzen. Die Digitalisierung kommt mit massivem Schwung und ist unaufhaltsam – deshalb ist es für jedes Unternehmen wichtig, diese neuen Kräfte kontrollieren und zielgerecht einsetzen zu können.

Literatur

[Bac16] Bachlechner, D., Behling, T., Bollhöfer, E.: IT-Sicherheit für die Industrie 4.0. BMWiStudie. Abschlußbericht, 2016. https://www.bmwi.de/Redaktion/DE/Publikationen/ Studien/it-sicherheit-fuer-industrie-4-0.pdf?__blob=publicationFile&v=4. Zugegriffen: 20. Febr. 2020. https://www.bmwi.de/Redaktion/DE/Publikationen/Studien/it-sicherheit-fuer-industrie-4-0.pdf?__blob=publicationFile&v=4

[Bec19] Beckett, R., Kohli, P., Phillio, M. et al.: Sophos 2020 Threat Report. https://www.sophos.com/en-us/medialibrary/pdfs/technical-papers/sophoslabs-uncut-2020-threat-report.pdf. Zugegriffen: 14. Febr. 2020

[Bei20] Beiersmann, S.: CES 2020: AMD stellt Ryzen-4000-Prozessoren vor; NetMediaEurope, 7.1.2020. https://www.zdnet.de/88375433/ces-2020-amd-stellt-ryzen-4000-prozessoren-vor/. Zugegriffen: 16. Febr. 2020

[Bit20] N.N.: Spionage, Sobotage, Datendiebstahl – Wirtschaftsschutz in der vernetzten Welt; Studienbericht 2020. https://www.bitkom.org/sites/default/files/2020-02/200211_bitkom_studie_wirtschaftsschutz_2020_final.pdf. Zugegriffen: 17. Febr. 2020

[BSI20] Bundesamt für Sicherheit in der Informationstechnik: IT-Grundschutz Kompendium, BSI, Bonn, 2020. https://www.bsi.bund.de/SharedDocs/Downloads/DE/BSI/Grundschutz/Kompendium/IT_Grundschutz_Kompendium_Edition2020.pdf?__blob=publicationFile&v=6. Zugegriffen: 30. Apr. 2020

[Gru16] Gruber, A.: Physikalische Grenze der Chip-Entwicklung: Kleiner geht's nicht. Artikel Spiegel Online: https://www.spiegel.de/netzwelt/web/moore-s-law-die-goldene-regel-der-chiphersteller-broeckelt-a-1083468.html. 26. März 2016. Zugegriffen: 20. Febr. 2020

[Emd19] Emde, C., Gerstl, S.: Time-Sensitive Networking (TSN): Was ist das uns wie geht das? Embedded Software Engineering 20.02.2019. https://www.embedded-software-engineering.de/time-sensitive-networking-tsn-was-ist-das-und-wie-geht-das-a-801013/. Zugegriffen: 18. Febr. 2020

[Hil19] Hills, G., Lau, C., Wright, A., et al.: Modern microprocessor built from complementary carbon nanotube transistors. Nature **572**, 595–602 (2019). https://doi.org/10.1038/s41586-019-1493-8;zugegriffen18.02.2020

[Hin19] Hintemann, R., Ostler, U.: Verschlingen Rechenzentren die weltweite Stromproduktion? DataCenter Insider 22.03.2019. https://www.datacenter-insider.de/verschlingen-rechenzentren-die-weltweite-stromproduktion-a-811445/. Zugegriffen: 18. Febr. 2020

[Hom18] Homeister, M.: Quantum Computing verstehen – Grundlagen, Anwendung, Perspektive, 5. Aufl., Springer Vieweg, Wiesbaden (2018)

[Jon18] Jones, N.: How to stop data center from globbing up the world's electricity, nature, 12.9.2018. https://www.nature.com/articles/d41586-018-06610-y. Zugegriffen: 20. Febr. 2020

[Koo15] Koomey, J.G., Taylor, J.: Stanford Studie, 2015, New data supports finding that 30 percent of servers are „Comatose". https://info.anthesisgroup.com/hubfs/PDFs%20(guides,%20case%20studies%20etc)%20/Case-Study_DataSupports30PercentComatoseEstimate-FINAL_06032015.pdf. Zugegriffen: 20. Febr. 2020

[Kur06] Kurzweil, R.: The Singularity Is Near: When Humans Transcend Biology. Penguin Books, London (2006)

[Mar19] Martin, E.: Moores Law is alive and well; Medium 24.10.2019. https://medium.com/predict/moores-law-is-alive-and-well-eaa49a450188. Zugegriffen: 26. Jan. 2020

[Mas20] Masanet, E., Shehabi, A., Lei, N., et.al.: Recalibrating global date center energy-use estimates, Science, 28.2.2020. https://science.sciencemag.org/content/367/6481/984. Zugegriffen: 20. Mai 2020

[Mat19] Mattke, S.: Wie Digitalisierung das Klima belastet; Technologie Review – Das Magazin für Innovation. https://www.heise.de/tr/artikel/Wie-Digitalisierung-das-Klima-belastet-4339249.html. Zugegriffen: 12. Febr. 2020

[Mee19] Meeker, M.: Internet Trend Trends 2019 – Code Conference KPCB Menlo Park, 11.6.2019. https://www.scribd.com/document/413052320/Mary-Meeker-s-Internet-Trends-2019. Zugegriffen: 26. Jan. 2020

[Mei19] Meier, J.C.: Der Traum vom Quatencomputer; bild der wissenschaft 08/2019, https://www.quantenbit.physik.uni-mainz.de/files/2019/08/bdw_2019-008_60.pdf. Zugegriffen: 18. Febr. 2020

[Moo65] Moore, G.: Cramming more components onto integrated circuits. Electronics. **38**(8) (1965)

[NN15] All-IP-Netze: Abschlussdokument Projektgruppe All-IP-Netze; Plattform „DigitaleNetze und Mobilität", Nationaler IT-Gipfel Berlin, 27. Okt. 2015. https://webspecial.intelligentewelt.de/app/uploads/2015/11/151030_PF1_007_FG1_Abschlussdokument_PG_All_IP.pdf. Zugegriffen: 20. Febr. 2020

[NN18] Datenschutzgrundverordnung DSGVO. https://dsgvo-gesetz.de. Zugegriffen: 26. Jan. 2020

[Reg16] Reger, L.: Baukasten zu autonomen Fahren Key Note ISSCC Conference 2016, San Francisco, artikel/127176/, Zugegriffen: 20. Febr. 2020

[Rey11] Rey, G.D., Wender, K.F.: Neuronale Netze – Eine Einführung in die Grundlagen, Anwendung und Datenauswertung 2. Aufl. Huber, Bern (2011)

[Rie11] Riegler, A.: Singularität: Ist die Ära der Menschen zu Ende? futurezone, 11. Apr. 2011. https://futurezone.at/science/singularitaet-ist-die-aera-der-menschen-zu-ende/24.565.454. Zugegriffen: 20. Febr. 2020

[Roe19] Röller-Siedenburg, K.: Organic Flow: Batterien nach dem Vorbild der menschlichen Energieversorgung, RESET Digital for Good 8.8.2019. https://reset.org/blog/organic-flow-batterien-dem-vorbild-der-menschlichen-energieversorgung-08082019. Zugegriffen: 18. Febr. 2020

[Ruc11] Ruch, P., Brunschwiler, T., Escher, W.: Towards five-dimensional scaling: How density improves efficiency in future computers. IBM J. Res. & Dev. **55**(5), Sept./Okt. (2011)

[Sch19] Schlick, T.: Herausforderungen der Automobilindustrie in einem disruptiven Umfeld; Impulsvortrag 17.05.2019. https://www.nivd.de/images/pdfs/2019/20181705_Impulsvortrag_Roland_Berger.pdf. Zugegriffen: 26. Jan. 2020

[Sch15] Schulz, T.: Rechnerrevolution: Google und NASA präsentieren Quantencomputer. Spiegel Online, 09. Dez. 2015. https://www.spiegel.de/netzwelt/web/google-und-nasa-praesentieren-ihren-quantencomputer-a-1066838.html. Zugegriffen: 20. Febr. 2020

[Sha20] Shanahan, M.: Die technologische Singularität, Matthes & Seitz Berlin, 2020

[Shu13] Shulaker, M.M., Hills, G., Patil, N.: Carbon nanotube computer. Nature. **501** (2013)

[Smh15] Schmidhuber, J.: Deep learning in neuronal networks: An overview. Neural Networks. **61** (2015). https://arxiv.org/abs/1404.7828. Zugegriffen: 20. Febr. 2020

[Sta19] Statt, N.: Intel demos first Lakefield chip design using its 3D stacking architecture; The Verge, 7.1.2019. https://www.theverge.com/2019/1/7/18173001/intel-lakefield-foveros-3d-chip-stacking-soc-design-ces-2019. Zugegriffen: 18. Febr. 2020

[Tet20] Tetzlaff, T.: "Rauschende" Chips: Wie neuromorphe Hardware von Erkenntnissen aus der Hirnforschung profitieren kann, Forschungszentrum Jülich, 5.2.2020. https://www.fz-juelich.de/SharedDocs/Pressemitteilungen/UK/DE/2020/2020-02-05-interview-tetzlaff.html?nn=364280. Zugegriffen: 18. Febr. 2020

[Wei20] Weiss, E.-M., Mantel, M.: Effizienz von Recchenzentren stieg in 8 Jahren um den Faktor 6, heise online, 28.02.2020. https://www.heise.de/newsticker/meldung/Effizienz-von-Rechen-zentren-stieg-in-acht-Jahren-um-den-Faktor-6-4671552.html. Zugegriffen: 20. Mai 2020

„Digital Lifestyle" – Zukünftige Mitarbeiter und Kunden

Im vorhergehenden Kapitel wurde gezeigt, dass die Informationstechnologie die Digitalisierung mit exponentieller Leistungssteigerung vorantreiben wird. Die Digitalisierung wird umfassend in die Gesellschaft und Unternehmen eindringen und dort Abläufe und Organisationen massiv verändern. Diese Änderungen treffen auf eine sehr heterogene Käufer- und Mitarbeiterpopulation mit unterschiedlichen Ausbildungen und Erfahrungen bezüglich der Digitalisierung. Mehr und mehr Kunden und alle heutigen Berufseinsteiger der Unternehmen gehören der Generation der sogenannten Digital Natives an. Das sind Menschen, die mit IT-basierten Angeboten wie beispielsweise Computerspielen, Internet und Facebook sowie Smartphones aufgewachsen sind. Der Umgang mit diesen digitalen Angeboten ist für sie selbstverständlich und hat sie in ihrem Verhalten geprägt. Das Kapitel erläutert, welchen Erwartungshaltungen die Natives als Auto-Kunden haben und auch wie sie als Mitarbeiter in den Unternehmen agieren und welche neuen Arbeitsformen sich daraus entwickeln, wie beispielsweise Sharing, Crowdsourcing, Open Innovation und auch Wikinomic.

Daneben arbeiten in den Unternehmen sogenannte Digital Immigrants, die oft erst im Erwachsenenalter lange nach ihrer Ausbildung oder dem Studium den Umgang mit diesen neuen Themen erlernt haben. Auch diese Gruppe ist geprägt durch ein bestimmtes Verhalten sowie Wertesysteme und Gewohnheiten. Die heutige Arbeitswelt und ihre Organisationsformen, Kollaborationsmodelle, Arbeitsplatzgestaltung und etablierten Kommunikationsverfahren ist oft noch auf die „Immigrants" ausgerichtet. In wenigen Jahren werden aber die „Natives" die Mehrheit der Mitarbeiter in den Unternehmen und der zukünftigen Kunden stellen. Nun gilt es für die Unternehmen, diese Situation in ihrer Belegschaft zu erkennen und Maßnahmen aufzusetzen, die die Digitalisierungsbestrebungen unter Einbezug aller Mitarbeiter zum Erfolg führt.

Bevor das Kapitelthema im Detail behandelt wird, möchte der Autor eine persönliche Erfahrung wiedergeben, die das Umfeld der Digital Natives authentisch veranschaulicht.

U. Winkelhake, *Die digitale Transformation der Automobilindustrie*, https://doi.org/10.1007/978-3-662-62102-8_3

Der Sohn hat ein Masterstudium im Ausland abgeschlossen. Sein gesamtes Studium, speziell die Labore und Seminararbeiten, war auf Kollaborations-Werkzeugen der Universität aufgebaut. Das sind auf einer abgesicherten Plattform verfügbare Softwaretools, mit denen die Zusammenarbeit von Gruppen z. B. durch Audio- und Videokonferenzsysteme, Instant Messenger-Dienste, Projektmanagement Tools usw. über das Internet wesentlich vereinfacht wird. Die Zusammenarbeit mit seinen Kommilitonen aus unterschiedlichen Ländern klappte reibungslos und flexibel bei unterschiedlichen Aufgaben mit unterschiedlichen Teams. Nach Abschluss des Studiums war sein erster Schritt bei der Stellensuche die Recherche in internationalen online-Plattformen. Zur Bewertung der Angebote waren die Kommentare in den sozialen Netzen ausschlaggebend.

Sein Berufseinstieg erfolgte dann im Gegensatz zu vielen seiner Kommilitonen, die gerne die Kultur junger Start – Ups suchten, in einer Unternehmensberatung, um Einsichten in viele Unternehmen mit unterschiedlichen Aufgabenstellungen zu gewinnen. Als Wohnort wurde Frankfurt mit dem Hauptargument der guten Verkehrsanbindung gewählt. Das Zimmer in einer Wohngemeinschaft mit zwei weiteren, ihm bisher unbekannten Berufseinsteigern ungefähr gleichen Alters wurde über Social Media-Plattformen schnell gefunden. Obwohl jedes Mitglied dieser Gemeinschaft überdurchschnittlich verdient, besitzt niemand von ihnen ein eigenes Auto und plant auch keine Anschaffung. Sie nutzen für kürzere Strecken ein Fahrrad, einen Scooter oder die Angebote von Mobilitätsplattformen und für längere Strecken öffentliche Verkehrsangebote, vorzugsweise kostengünstige Langstreckenbusse – auch wegen der stabilen Internetverbindung an Bord. Erforderliche Übernachtungen werden flexibel über Sharing-Plattformen, beispielsweise über Airbnb, gebucht. Das Thema Klimakatastrophe und Nachhaltigkeit sind in der Altersklasse allgegenwärtig. Deshalb werden überflüssige Flugreisen möglichst vermieden und erheblicher Wert auf gesunde Ernährung bei deutlich reduziertem Fleischkonsum gelegt. Sport und „Work/Live-Balance" sind ebenfalls wichtige Kriterien bei Berufs- und Standortwahl.

Ergänzend eine kleine Anekdote: Beim Kaffeetrinken während des Erstbesuchs einige Monaten nach dem WG-Einzug störten unbekannte Klingeltöne die Unterhaltung. Nach längerem Suchen wurde die Quelle gefunden. Am Internetanschluss in der Abstellkammer klemmte tatsächlich noch ein traditionelles Telefon, das wohl aufgrund eines Fehlanrufs läutete. Keiner der Bewohner hatte es bisher genutzt oder kannte die Festnetznummer.

Dieses persönliche Beispiel zeigt exemplarisch die Herausforderungen für Unternehmen, Digital Natives sowohl als zukünftige Mitarbeiter wie auch als potenzielle Kunden richtig anzusprechen. Daher werden im folgenden Kapitel der Hintergrund und die Lebenseinstellung der Natives detaillierter aufgezeigt und Empfehlungen abgeleitet, wie sich Unternehmen heute aufstellen und organisieren sollten, um die Natives als neue Mitarbeiter zu gewinnen, langfristig zu motivieren, zu entwickeln und zu binden. Auch Ideen und Vorschläge, was zu tun ist, um sie als Kunden zu gewinnen, werden vorgestellt. Parallel dazu gilt es natürlich, die Immigrants weiterhin motiviert bei der Stange zu halten.

3.1   Always On

Im Jahr 2019 nutzten weltweit insgesamt 4,1 Mrd. Menschen und damit 53,6 % der Weltbevölkerung das Internet, während sogar 93 % der Weltbevölkerung Netzzugang hat und
dabei 82 % mit mindestens LTE Standard [ICT19]. Bereits im Vorjahr 2018 kamen über
2 Mrd. der Internetuser aus Asia Pacific, davon mehr als 800 Mio. Nutzer aus China
[Mee19]. Das Nutzungsverhalten Erwachsener in den USA verdeutlicht Abb. 3.1. Die
tägliche online Zeit liegt durchschnittlich bei 6.3 h, davon erfolgt zu über 3 h bzw. 57 %
dieser Zeit der Zugang über ein Smartphone, während nur noch 2 h Zugriff auf Basis von
PCs erfolgt. Die tägliche online Zeit liegt damit selbst in den USA jetzt höher als die tägliche Fernsehzeit. Dieselbe Studie zeigt weiterhin, dass in der weltweiten Nutzung am
häufigsten Facebook, Youtube und WhatsApp genutzt werden, dicht gefolgt von WeChat
und mit zunehmender Bedeutung Instagram [Mee19]. Erwartungsgemäß adressieren diese
Angebote die drei wichtigsten Nutzungsschwerpunkte: Soziale Netzwerke, Unterhaltung
und Kommunikation. Daneben sind Commerce-Plattformen etabliert und Video- und
Sharing Angebote wachsen unaufhaltsam. Die Aussagen und repräsentative Trends gelten
in ähnlicher Weise auch für andere Länder. In Brasilien, USA oder auch China spielen
weiterhin lokale Angebote bei der Internetnutzung eine wichtige Rolle. In Lateinamerika
wächst beispielsweise die Delivery Plattform Rappi sehr schnell, in Indien hat die Handels-
lösung Reliance Jio mehr als 500 Mio. Nutzer und in China sind neben den globalen
Anbietern Baidu, TikTok und WeChat auch einige lokalen Angeboten wie Pinduoduo oder
die Commerce Plattform Meituan Dianping mit hohen Wachstumsraten etabliert.

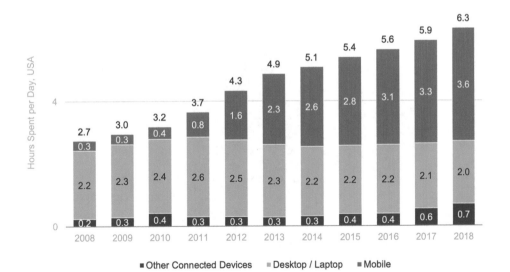

Abb. 3.1 Tägliche Online Zeit Erwachsener in den USA im Jahr 2018. (Meeker)

Einen interessanten und auch für Unternehmen relevanten differenzierenden Hintergrund zum Nutzungsverhalten von Jugendlichen der Altersgruppe der 14- bis 24-Jährigen liefert eine erneut – passend zur zweiten Buchauflage – durchgeführte umfassende Studie [Bor18]. Gegenüber der ersten vergleichbaren Untersuchung vor vier Jahren zeigt sich als wesentlicher Unterschied, dass der „kopflose Hype" der Internetnutzung vorbei ist. In dieser Altersgruppe gibt es allerdings auch keine „offliner" mehr. Alle Jugendlichen sind online und gehen durchaus sachlich und verantwortungsbewusst mit dem Medium Internet um. Auch Digital Natives ist das IT-Wissen nicht in den Schoß gelegt, sondern sie müssen sich den Umgang und das Wissen in dem Feld der online-Anwendungen aufwendig aneignen. Das tun sie nicht in traditionellen Lernformen, sondern eher durch Ausprobieren, durch das Nachlesen in Social Media und durch den direkten Austausch in Communities.

Bei der Internetnutzung lassen sich verschiedene Nutzungsmuster, Verhaltensweisen und Grundeinstellungen unterscheiden, zusammengefasst im sogenannten Internet-Milieu der Studie, gezeigt in der Abb. 3.2.

Die senkrechte Achse gliedert das Bildungsniveau der untersuchten Gruppe in die Ausprägungen niedrig, mittel und hoch und die waagrechte Achse deren Grundorientierung in die drei Klassen traditionell, modern und postmodern. In diesem Feld konnten sechs charakteristische Verhaltensmuster unterschieden werden. Die beiden blau hinterlegten Gruppen, insgesamt mehr als ein Viertel aller Nutzer, gehen eher skeptisch und verantwortungsbewusst, also eher vorsichtig und defensiv mit dem Internet um. Die

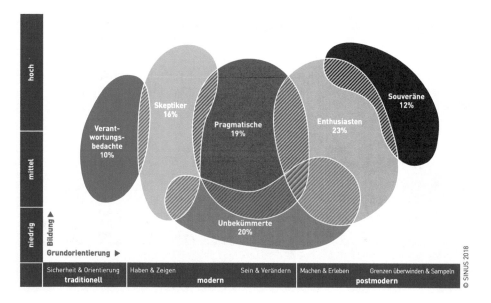

Abb. 3.2 Verhaltensmuster bei der Internetnutzung bezogen auf die Altersgruppe der 14- bis 24-Jährigen. (Borstedt et.al.)

pragmatischen und unbekümmerten Nutzergruppen, zusammen 39 %, agieren eher pro-
aktiv und neugierig und wollen gerne dabei sein. Sie sind offen für Veränderungen und
sind dem mittleren und höheren Bildungsniveau zuzuordnen. Dem folgt die Gruppe der
Enthusiasten (23 % der Befragten), die leicht zu begeistern sind und mit wenig Risiko-
bewusstsein im Internet unterwegs sind. Die Gruppen der Souveränen machen insgesamt
12 % der Befragten aus, kommen aus gehobenen Bildungsschichten und sind mit einer
erlebnisorientierten offenen Einstellung, aber durchaus risikobewusst dabei.

   Diese tiefere Analyse der „always on"-Mentalität mit den vorgestellten Gruppierungen
zu den Verhaltensmustern stellt einen brauchbaren Ansatz dar, den Unternehmen auf
ihre Mitarbeiter projizieren können, um daraus beispielsweise Kommunikations- und
Schulungsprogramme für Digitalisierungsprojekte abzuleiten. Bei diesen Programmen ist
es wichtig, die Digital Natives mit ihrer Kreativität und mit ihrem Wissen um zeitgemäße
Kommunikation, Lernformen und Erstellung aktueller Softwarelösungen mit einzubinden
und sie so zum Treiber der Transformationen zu machen.

3.2   Mobile Economy

Nicht nur bei den Digital Natives entwickeln sich mobile Endgeräte immer mehr zum
Standardwerkzeug der IT-Nutzung. Prognosen gehen davon aus, dass im Jahr 2020 der
weltweite Bestand an Smartphones auf 3,5 Mrd. Geräte ansteigt und dann beispielsweise in den USA 77 % aller Amerikaner ein solches mobiles Device besitzen [Dey19].
Während der PC-Bestand eher auf dem aktuellen Volumen verharrt bzw. auf Dauer
absinken wird, wird die Anzahl der Smartphones weiter deutlich zunehmen und sich
so der Abstand weiter vergrößern. Bereits seit dem Jahr 2015 überstieg die Smartphone
basierte Internetnutzung den Zugriff mit Hilfe von PCs oder Laptops [ICT19].

   Es ist wichtig zu verstehen, dass dieser Smartphone-Hype nicht nur den PC als
Zugangsgerät zum Internet und zu IT-Lösungen ablöst, sondern dass sich mit diesen
Geräten eine völlig neue Nutzungskultur etabliert hat. Always on ist mit den Smartphones
keine bewusste Nutzungsentscheidung mehr, sondern der Standard. Einhergehend damit
eröffnet sich ein völlig neues Wirtschaftssystem mit immensen Möglichkeiten. Den Aufbruch in diese neue Geschäftsgeneration verdeutlicht auch Abb. 3.3 [Eva16].

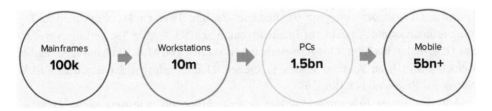

Abb. 3.3 Computergenerationen mit Stückzahlen weltweit. (Evans)

Die gezeigten Computergenerationen mit ihren installierten Gerätevolumen, validiert auch in weiteren Einzelstudien, stehen jeweils für eine typische Geschäftsform. Die Zeit der Mainframes, Workstations und PCs repräsentiert traditionelle Unternehmensstrukturen. Unternehmen waren und sind größtenteils auch heute noch hierarchisch organisiert, zunächst lokal orientiert und später auch auf globaler Ebene. Mainframes und Workstations sind der Motor umfassender traditioneller Anwendungssoftware wie beispielsweise ERP- und Engineering-Lösungen, auf die bisher zu Bürozeiten über die PCs von den Mitarbeitern von ihren festen Arbeitsplätzen aus zugegriffen wird.

Mit den Smartphones kommt jetzt die Digitalisierung in alle Bereiche der Unternehmen sowie oft unabhängig von Bürozeiten in das tägliche Privatleben. Sie haben das Potenzial, dass buchstäblich jeder Mensch auf der Welt ein Smartphone besitzt. Diese mobilen Endgeräte ermöglichen es, jederzeit und von unterschiedlichen, auch mobilen Arbeitsplätzen, auf die sogenannten Backendsysteme zuzugreifen. Dies führt zu einer Verflechtung von Privat- und Arbeitswelt. Es etabliert sich eine stark wachsende Anzahl spezieller Smartphone-Lösungen (Apps) sowohl im Arbeitsumfeld, die oft auch komplementär als Frontend zu den Unternehmenslösungen arbeiten, als auch im Privatbereich, wie beispielsweise die beliebten Wetter-, Reise- oder auch Börsen-Apps. Diese Anwendungen werden einfach und flexibel zu geringen Kosten oder oft auch kostenfrei indirekt über Werbung finanziert und von Shop-Plattformen heruntergeladen. Wenn diese Apps dann nach dem Laden den ersten schnellen Test bestehen, bleiben sie meist auf dem Gerät zur weiteren Nutzung.

Zeitgleich arbeiten immer mehr Digital Natives in den Unternehmen und es entwickeln sich neue Unternehmenskulturen und oft auch veränderte Organisationsformen, Kollaborationsmodelle und Geschäftsstrukturen. Auf diese Transformation hin zu einer Digitalisierungskultur geht Kap. 7 noch im Detail ein, da sie wesentliche Erfolgsfaktoren für Digitalisierungsprojekte sind.

Mit der sogenannten „always on, mobile first" – Kultur verändert sich das Nutzungsverhalten drastisch. Das Internet mit seinen unzähligen Angeboten wird zum festen Bestandteil des Lebens. Es wird dabei nicht mehr zwischen on/off-Zeiten unterschieden. Dies wird offensichtlich, wenn man sich in Straßenbahnen, Cafés oder auch Restaurants umschaut. Überall sind Jugendliche, aber auch zunehmend ältere Digital Immigrants mit Blick auf ihr Smartphone zu sehen, die immer wieder kurzzeitig mit dem Gerät interagieren. Unterschiedliche Studien bestätigen diese Beobachtung. Beispielhaft seien hier die Erkenntnisse einer Analyse zusammengefasst bzw. interpretiert [Mee19]. Eine Interaktion mit dem Smartphone dauert im Durchschnitt oft weniger als 2 min. Bei einer Internetnutzungsdauer von grob 6 h bedeutet das pro User ca. 180 Zugriffe pro Tag. Weitere interessante Aspekte zur Internetdynamik: ca. 93 % aller Suchanfragen werden mit Google durchgeführt, Google verarbeitet monatlich 100 Mrd. Suchanfragen, täglich werden 1 Mrd. h an Youtube Videos angesehen. Damit verbringt der durchschnittliche Nutzer ca. 40 min täglich [Smi20].

Aufgrund dieser Erkenntnisse drängt sich die Frage auf, wie trotz dieser Dynamik eine produktive Konzentration erhalten werden kann, um zielgerichtet Arbeitsergebnisse zu erreichen. Aber genau das trainieren die Jugendlichen und Digital Natives in zunehmendem Maße. Sie werden diese Fähigkeit zum „Speed Multitasking" mit in die Arbeit in den Unternehmen einbringen, aber nicht nur die Fähigkeiten, sondern auch die daraus abgeleiteten Erwartungshaltungen. Wer ständig online ist und hochreaktiv kommuniziert, erwartet das auch von den Kollegen im Unternehmen, in der Zusammenarbeit mit Zulieferern und Geschäftspartnern sowie als Kunde. Antworten in einem Dialog werden nicht nur innerhalb eines Tages, sondern eher innerhalb von Stunden bis hin zu „Echtzeit" erwartet.

3.3   „Echtzeit"-Erwartung im Mobile Ecosystem

Bei der Arbeit im Web ist nicht wirkliche Echtzeit gefordert, aber die Ladezeiten von Webseiten sollten unterhalb von 1 s liegen, um Nutzererwartungen zu erfüllen. Die Erwartung zum schnellen Antwortverhalten wird mit zunehmender IT-Leistungsfähigkeit noch weiter steigen. Kurze Ladezeiten sind ein wichtiges Akzeptanzkriterium, um die Arbeit ausgehend von einer Bildschirmseite fortzusetzen bzw. die Apps als Lösung auf den Smartphones anzunehmen. Das gilt auch für Ladezeiten der Nutzerbildschirme von Anwendungssoftware in den Unternehmen. Weiterhin sollten die Anwendungen selbsterklärend und intuitiv leicht bedienbar sein und somit schnell gewünschte Ergebnisse liefern.

Diese hohe Kommunikationsdynamik, verbunden mit der Erwartung, dass Dialoge unmittelbar, zumindest aber zeitnah, beantwortet werden, wird im sogenannten Mobile-Ecosystem auch auf andere Bereiche übertragen. Ein Beispiel ist die durch den online-Händler Amazon geprägte Initiative „sameday delivery", also der Anlieferung ausgewählter Ware optional bereits am Bestelltag. Für diesen Service sind Kunden bereit, einen Mehrpreis zu akzeptieren. Diese Lieferbeschleunigung ergänzt um weitere Anlieferungsservices stellen ein Differenzierungsmerkmal im Wettbewerb dar, oft verbunden mit einer zusätzlichen Marge. Als Folge stehen die Auslieferungsketten im gesamten Retailbereich unter Druck und eine Übertragung auf die Lieferketten in der Automobilindustrie ist ebenfalls zu beobachten. Es werden bereits neue Ideen wie der Drohneneinsatz und 3D-Druck in Piloten getestet. Es etablieren sich auch neue Dienstleister mit innovativen Ansätzen, wie beispielsweise der Mobilitätsdienstleister Uber, der in den USA bereits im Wettbewerb zu Amazon Auslieferungen flexibel abrufbar über Apps bzw. Logistikplattformen anbietet.

Dieses Beispiel aus dem Bereich des mobilen Internets bzw. des Mobile-Ecosystems zeigt deutlich, wie stark die Technologie den Umbruch von Geschäftsmodellen treibt. Wichtig ist, dass alle Unternehmen diese Risiken, aber auch die damit verbundenen Potenziale frühzeitig erkennen und für sich nutzen. Unstrittig ist auch, dass hierzu weitere Technologien, von Big Data über Analytics bis hin zu Cognitive Computing bzw. Artificial Intelligence Basis der Geschäftsmodelle werden, um Kundenwünsche und Kundenhistorie zu berücksichtigen. Ein weiteres Beispiel ist die Einbindung von Location Based Services, um Lieferwege und die Auslastung der Transportmittel zu optimieren. Die an dieser Stelle nur angedeuteten Lösungen werden im Kap. 9 vertieft.

Als weiteres Beispiel für die Bedeutung einer hohen Kommunikationsdynamik ist der gesamte Bereich des „business to consumer" zu nennen. Kunden erwarten bei der online-Kommunikation mit Unternehmen schnelle Reaktionen, aber auch, dass die im Unternehmen bereits bekannten Kundeninformationen beispielsweise zu Folgebestellungen oder Reklamationen bekannt sind und in den Antworten berücksichtigt werden. Dialoge im Stundentakt mit Lösungen innerhalb eines Tages prägt die Erwartungshaltung der Digital Natives. Diese Erwartungen müssen als Basis erfolgreicher Kundenbeziehungen erfüllt werden und demzufolge ist die Befähigung dazu in den Unternehmen zu organisieren. Zusätzlich unterliegt die Kundenschnittstelle als Teil der Vertriebs- und Aftersales-Prozesse umfangreichen Änderungen und Herausforderungen, auf die Kap. 6 eingeht.

3.4   Sharing Economy

Sharing Economy ist ein weiteres interessantes Geschäftsmodell, das getrieben durch die rasante Verbreitung des Smartphones, zunehmend an Bedeutung gewinnt. Der Grundansatz des Teilens bzw. gemeinsamen Nutzens ist gerade bei höherwertigen Investitionsgütern seit langem bekannt. Beispiele sind die gemeinsame Nutzung von Ferienhäusern im Timesharing-Konzept, die Nutzung von Erntemaschinen über Genossenschaften oder auch von Werkzeugmaschinen. Diese Modelle waren bereits vor Internetzeiten etabliert. Die Abwicklung erforderte jedoch spezielle Organisationen und eine aufwendige Koordination, sodass das gesamte Sharing-Geschäftsmodell bislang nur ein moderates Umsatzvolumen generierte. Das ändert sich mit der Verfügbarkeit von Apps zur einfachen, schnellen und extrem preiswerten Abwicklung der Transaktionen über Plattformen. Es entstehen komplett neue Märkte mit neuen Abläufen zur Geschäftsabwicklung. Neue Marktteilnehmer, sowohl Anbieter als auch Kunden, können nahezu kostenfrei bereits verfügbaren Plattformen beitreten. Gleiches gilt für die Verbreitung der Plattformen in neuen Märkten, sodass sich beeindruckende Skaleneffekte mit exponentiellem Wachstum ergeben. Da kaum zusätzliche Kosten für die Aufnahme weiterer Kunden enstehen und quasi eine grenzenlose Skalierbarkeit besteht, spricht Rifkin von der Nullgrenzkosten-Gesellschaft [Rif14].

Bekannte Sharing-Anbieter sind die Marktführer in ihrem Segment, die Firmen Uber mit Mobilitätsservices und Airbnb mit Übernachtungsmöglichkeiten, jeweils angeboten von Privatpersonen. Airbnb wurde im Jahr 2007 gegründet und war 2017 in über 34.000 Städten und mehr als 190 Ländern mit insgesamt mehr als 1,5 Mio. Übernachtungen pro Jahr vertreten. Der Jahresumsatz lag 2013 bei 250 Mio. $, dabei im Ergebnis tief in den roten Zahlen. Nach dynamischer Weiterentwicklung wurde im Jahr 2019 allein im 2. Quartal ein Umsatz von über eine Milliarde Dollar erzielt und ein Gewinn erwirtschaftet. Über die Plattform werden mittlerweile mehr als sieben Millionen Wohnungen und Häuser in mehr als 100.000 Städten rund um den Globus angeboten. Der vielbeachtete Börsengang zum Ende des Jahres 2020 verlief sehr erfolgreich mit deutlichen

Überzeichnungen. Ähnlich dynamisch verläuft die Entwicklung von Uber. Gegründet im Jahr 2009, liegt das Unternehmen 2019 mit dem Börsengang bei einer Unternehmensbewertung von 82 Mrd. US$, obwohl bei einem dynamisch gewachsenen Jahresumsatz im Jahr 2019 von 14,2 Mrd. US$ im operativen Ergebnis weiterhin rote Zahlen geschrieben werden, ausgewiesen in der im Netz verfügbaren Uber-Bilanz. Täglich wurden gemäß Uber-Unternehmensportal im Jahr 2018 vierzehn Millionen Fahrten abgewickelt, man hat 3,9 Mio. Fahrer im Einsatz und ist in 63 Ländern in über 700 Städten aktiv. Uber investiert massiv in den Ausbau seines Serviceangebotes beispielsweise in das Angebot für Spezialfahrten im Gesundheitswesen, für die Essenanlieferung oder auch Logistik.

Allein diese zwei Beispiele verdeutlichen, welche Dynamik sich in dem Shared Geschäftsmodell auf Basis von Plattformen verbirgt, angetrieben durch Smartphones, die „always on"-Mentalität sowie durch einen entsprechenden Lifestyle bestimmter Bevölkerungsgruppen, davon zum beträchtlichen Anteil auch Digital Natives. Die hohen Unternehmensbewertungen sind im Wesentlichen getrieben durch die hohen Nutzerzahlen und durch die Einschätzung des Marktpotenzials. Das Wachstum im Sharing wird zusätzlich getrieben durch den Fokus auf Klimafreundlichkeit und Nachhaltigkeit. Eine erhöhte und auch mehrfache bzw. gemeinsame Nutzung vermeidet die Produktion von zusätzlichen Gütern und ist somit ressourcenschonend.

Angesichts der Wachstumserwartung des Shared-Geschäftsmodells stellt sich die Frage, wie sich die für die Automobilindustrie relevanten Möglichkeiten entwickeln. Hierzu liegen bereits umfangreiche Untersuchungen vor. Stellvertretend seien hier kurz die Ergebnisse einer Studie der Unternehmensberatung Roland Berger erörtert [Zhe17]. In der Studie wird das Wachstum von Carsharing in China untersucht. Besonders getrieben durch die Klimaaspekte wird ein hohes Wachstum von jährlich durchschnittlich 45 % gesehen, mit einer Zunahme der eingesetzten Fahrzeuge auf 600.000 im Jahr 2025 mit Markchancen nicht nur für lokale Anbieter. Dieses attraktive Geschäftspotenzial erklärt, warum es mittlerweile auch in Deutschland viele Anbieter gibt, beispielhaft seien genannt car2go (Daimler), nun gemeinsam mit DriveNow (BMW) und auch Flinkster (Deutsche Bahn) [Bus18]. Auch für das Ridesharing oder Ridehailing, das sind organisierte Mitfahrdienste, wird ein wachsendes Marktvolumen erwartet. Anbieter für Ridesharing oder auch Ridehailing sind beispielsweise Uber und Lyft (GM) oder auch die Mitfahrvermittlung BlaBlaCar und in China Didi Chuxing (vergl. Abschn. 6.2.2).

Das Shared Parking, also das Teilen von Parkraum, die gemeinsame Nutzung von Ladestationen für E-Fahrzeuge und auch das sogenannte Peer-to-Peer Sharing sind weitere Themenfelder mit Wachstumspotenzial, in denen sich Automobilhersteller in der Sharing Economy strategisch positionieren wollen. Dies bestätigt auch eine Studie von PricewaterhouseCoopers [Mil15]. Darin wurden die Entwicklungsstati und die Aussichten unterschiedlicher Sharingangebote analysiert. Abb. 3.4 zeigt die Zusammenfassung in einer S-Kurvendarstellung und ordnet den jeweiligen Status der Angebote den Phasen der wirtschaftlichen Lebenskurve zu.

Die für die Automobilindustrie interessanten Modelle Peer-to-Peer Lending und auch Car Sharing befinden sich noch am Beginn der Entwicklung, während das traditionelle

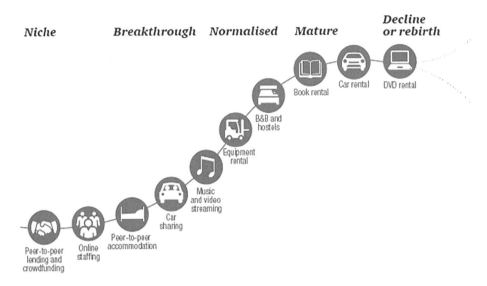

Abb. 3.4 Entwicklung von Sharing-Angeboten. (PWC)

Mietwagengeschäft als schon gesättigt eingestuft wird. In der Studie werden für das Peer-to-Peer sharing bis 2025 durchschnittliche jährliche Wachstumsraten von 63 % geschätzt und für das Carsharing von 23 %. Somit bestätigt auch diese Studie die interessanten Geschäftsbereiche als möglichen Teil der Strategie eines Mobilitätsdienstleisters.

Das Bild zeigt auch, dass weitere vielversprechende Sharing-Möglichkeiten beispielsweise beim online-Staffing oder auch bei der gemeinsamen Nutzung von Spezialmaschinen oder Prüfeinrichtungen bestehen. Auf die letztgenannten Felder soll im Rahmen dieses Buches nicht eingegangen werden. Die mobilitätsrelevanten Modelle werden bei der Entwicklung einer Digitalisierungsstrategie in Kap. 5 weiter behandelt.

3.5   Start-Up-Mentalität

Ein bemerkenswertes Verhaltensmuster der Digital Natives leitet sich aus ihrem häufigen Umgang mit Computerspielen ab. Unterschiedliche Studien haben ermittelt, dass Jugendliche täglich einige Stunden „daddeln". Aus diesen Erfahrungen werden Fertigkeiten und Denkmuster übernommen, welche die Digital Natives auch im Berufsleben zeigen [Sti15]. Die Bereitschaft, Grenzen auszureizen und höhere Risiken zu übernehmen, sind typische, daraus abgeleitete Verhaltensmuster – wie beispielsweise. „restart at failure". Insofern sind Digital Natives bereit, neue Ideen vorbehaltlos auszuprobieren, schnell auf Erfolgsaussichten zu beurteilen, ggf. anzupassen oder auch komplett zu verwerfen („reset"). Diese Mentalität spielt beispielsweise auch bei der Akzeptanz neuer Lösungen in Unternehmen eine wichtige Rolle. Digital Natives sind bereit, größere

Innovationssprünge anzunehmen, erwarten aber beispielsweise die unmittelbare Abstellung von Fehlern oder Umsetzung der Anpassung.

Die aufgezeigten Einstellungen kumulieren in einer sogenannten Start-Up-Mentalität. Diese ist dadurch gekennzeichnet, auch Themen mutig anzupacken, in denen bisher nur wenige Erfahrungen vorliegen. Die Arbeit wird dann mit hohem Engagement unter flexibler Einbindung weiterer Ressourcen auf innovativen Wegen angegangen. Dabei arbeitet man in offener Kommunikation möglichst ohne Hierarchien und Standards in projektbezogenen Strukturen zusammen. Diese Herangehensweise bedeutet jedoch keineswegs, hektisch, planlos und überstürzt zu starten. Selbstverständlich gibt es Vereinbarungen und Ziele. Diese werden jedoch im Vergleich zur traditionellen Bearbeitung dynamisch und flexibel im Team erarbeitet, um schnell Wertbeiträge zu realisieren. Arbeitsfelder mit diesen agilen Angehensweisen sind besonders bei den Start-Ups im Silicon Valley zu finden, sodass es eine Vielzahl von Digital Natives und Gründer dorthin zieht, zumal als weiterer Motivator das internationale Umfeld und flexible Finanzierungsmöglichkeiten hinzukommen. Mittlerweile haben sich beispielsweise mit Haifa, Berlin, London und auch Bangalore weitere Start-Up-Zentren etabliert, die ebenfalls Digital Natives anziehen.

Um im Wettbewerb zu diesen Start-Ups als möglicher Arbeitgeber für die Digital Natives interessant zu sein, müssen die Unternehmen ein Arbeitsumfeld bieten, das diese Mentalität anspricht. Interessante Aufgabenstellungen und selbstständiges Arbeiten unter Beachtung unternehmerischen Denkens sollte der Standard sein. Dann entfalten die Natives hohen Arbeitseinsatz, Kreativität und auch Führungsstärke. Probleme werden schnell, unkonventionell und originell gelöst. Es entsteht ein kreatives Arbeitsumfeld und eine neue Organisationskultur, in der auch Digital Immigrants gerne von den Natives mitgezogen werden. Die Digital Natives in den Unternehmern werden in dieser Rolle Intrapreneure genannt – abgeleitet aus „Intracorporate" und „Entrepreneurship". Für die Unternehmen gilt es, diesen neuen Mitarbeitertyp in ihrer Organisation zu entwickeln und Intrapreneure als sogenannte Change Agents zu etablieren. So entsteht eine Transformationskultur als Voraussetzung für erfolgreiche Digitalisierungsprojekte. Auf dieses Thema geht Kap. 7 als Teil der Unternehmenskultur umfassend ein.

3.6 Innovative Arbeitsmodelle

Entsprechend ihrem Naturell und Verhaltensmuster haben Digital Natives einen anderen Bezug zur Arbeit, als es die Digital Immigrants zu Zeiten ihres Berufsstarts hatten. Früher waren Sicherheit des Arbeitsplatzes, Image des Arbeitgebers und Höhe des Einkommens wichtige Kriterien zum Berufseinstieg und später für Karrieremöglichkeiten in den Unternehmenshierarchien. Heute sind es viel stärker der Aufgabeninhalt, ein internationales, offenes Arbeitsumfeld und auch flexible Arbeitsmodelle. Diese Einschätzung stützt auch eine Studie des Fraunhofer Instituts IAO, die in diesem Umfeld sieben Trends als Motivatoren unterscheidet. In der Studie wurde untersucht, welche Parameter von

1400 Studierenden in Deutschland in Bezug auf ihre kommende berufliche Tätigkeit als
wichtig und entscheidungsbeeinflussend gesehen werden. Erwartungsgemäß begrüßen
es die Digital Natives, sich dem Wettbewerb flexibel in wechselnden Aufgabenstellungen zu stellen, neues Wissen zu erlernen und international in selbstorganisierten
Teams zu arbeiten. Die beiden letztgenannten Trends werden allerdings kontrovers
gesehen. Virtuelle bedarfsweise Präsenz steht vor sporadischen Ortswechseln und Festanstellungen werden durchaus vor befristeten Anstellungen oder auch freier Mitarbeit
bevorzugt. Wie neuere Untersuchungen zeigen, sind innovative Arbeitsmodelle, die eine
ausgewogenes „Work/Life Balance" ermöglichen, immer attraktiver auch für Berufseinsteiger [Sch19]. Als Ansätze für radikal neue Arbeitsformen werden genannt:

1. Selbstbestimmung und Demokratie
2. Der 5-h-Tag
3. Maximale Flexibilität
4. Mitbestimmung bei Gehältern
5. Die 4-Tage-Woche

Die Immigrants bevorzugen weiterhin bewährte Arbeitsmodell und zeichneten sich durch
Loyalität zu einem Arbeitgeber aus. Den Natives sind das Arbeitsumfeld und besonders
der Arbeitsinhalt wichtiger und die Basis für Loyalität. Wie in den genannten Studien
und im vorherigen Abschnitt erläutert, sind unter der Voraussetzung der Freiheiten eines
Intrapreneurs auch die Digital Natives zunehmend bereit, in etablierten Unternehmen
in Festanstellungen zu beginnen, allerdings bei flexiblen Arbeitszeitmodellen und möglichen Freiräumen. Neben diesen Trends gewinnt auch der Wandel traditioneller Arbeitsstrukturen an Bedeutung. Auf diese soll daher im Folgenden eingegangen werden.

3.6.1 Digitale Nomaden

Für eine Arbeitsform mit höchstem Freiheitgrad hat sich der Begriff der Digitalen
Nomaden etabliert. Hierunter sind Menschen zu verstehen, die besonders im Bereich
der IT bzw. Digitalisierung arbeiten, beispielsweise als Programmierer, Webdesigner,
Autoren, Blogger und auch Softwaretester. Sie sind als „one man show" selbstständig
und frei in der Wahl ihres Arbeitsortes und ihrer Arbeitszeit. Das Wichtigste für sie bzw.
für die Ausübung ihrer Tätigkeit sind leistungsfähige Netzverbindungen. Ihren Lebens-
unterhalt verdienen die Digitalen Nomaden, indem sie ihr Produkt, beispielsweise
Apps oder Blogs, selbstständig über entsprechende Internetplattformen vermarkten. Ein
anderer Weg ist, temporär in größeren Projekten mitzuarbeiten, beispielsweise bei der
Gestaltung eines Webauftritts oder auch bei der Programmierung von Softwarelösungen.
    Gerade in innovativen IT-Projekten setzen viele Unternehmen nicht zuletzt wegen
des fehlenden eigenen Fachwissens und mangelnder Erfahrungen, aber auch knapper
interner Kapazitäten, auf die Einbindung externer Ressourcen. Dienstleister bearbeiten

so Aufgaben in Form definierter Arbeitsumfänge. Darüber hinaus werden auch ganze Arbeitsfelder insbesondere außerhalb des Kerngeschäftes der Unternehmen langfristig für drei bis fünf Jahre an Auftragnehmer in Form von Outtasking- (ohne Mitarbeiter-transfer) oder auch Outsourcing-Verträgen (verbunden mit Mitarbeitertransfer) vergeben. In diesem Umfeld sind oft zusätzlich Digitale Nomaden mit speziellem Wissen bedarfs-weise als Unterauftraggeber zur Verstärkung eingebunden. Diese Art des flexiblen, bedarfsgerechten sogenannten Staffing von Projekten, oft unter einem Generalunter-nehmer als Vertragspartner der Unternehmen, ist ein derzeit häufig anzutreffendes Kollaborationsmodell.

3.6.2 Crowdsourcing und Liquid Workforce

Der traditionell lokal orientierte Arbeitsmarkt bzw. auch die traditionelle Arbeits-organisation in den Unternehmen befindet sich im Umbruch. Zum einen ist für Digitalisierungsprojekte oft sehr innovatives und spezielles Wissen für eine überschau-bare Projektdauer erforderlich, zum anderen sind die Digital Natives motiviert, in neuen Arbeitsmodellen zu arbeiten. Als wesentliche weitere Voraussetzung kommt hinzu, dass mit den Web 2.0-Technologien und hoch performanten Vernetzung Arbeitsmittel zur Ver-fügung stehen, um nahezu problemlos länder- und kontinentübergreifend zusammen-arbeiten zu können. So entstehen hochflexible Arbeitsstrukturen, beschrieben mit Begriffen wie Liquid Workforce, Crowdsourcing und Cloudsourcing.

Gerade in der IT-Branche geht man unter dem Begriff der Liquid Workforce davon aus, dass sich die Stammbelegschaft von Unternehmen bei reduzierter Anzahl auf Kern-felder konzentriert und diese dann sehr flexibel (liquide) projektbezogen mit Fach-experten verstärkt werden [Sch20, WEF19]. Die Auswahl der Mitarbeiter erfolgt aus einem weltweiten Pool der Crowd bzw. der Cloud. Das Sourcing bzw. die Einbindung der Mitarbeiter wird über spezialisierte Internetplattformen abgewickelt, die zunehmend zur Verfügung stehen. Diese Form des sogenannten online-Staffing wird erheblich zunehmen, hier sieht die bereits zitierte PwC-Studie ein durchschnittliches jährliches Wachstum von 35 %. Maßgebliche Kriterien bei der Staffing-Entscheidung sind neben wirtschaftlichen Überlegungen das Wissen und die Expertise des Bewerbers.

Jedoch sind einige Faktoren zu beachten, um Crowdsourcing bzw. online-Staffing erfolgreich bei der Projektarbeit einzusetzen. Hierzu sei zunächst eine kurze Über-sicht über die wichtigsten Unternehmensaspekte auf Basis der Erfahrungen des Autors gegeben. Zunächst ist die technologische Basis des Projektes wie Werkzeuge, Arbeits-mittel, Kommunikations- und Testverfahren für das Gesamtprojekt verbindlich für alle Mitarbeiter und Sourcingpartner übergreifend festzuschreiben. Dabei sollte man weit-gehend auf etablierte Standards setzen, um auch in der Nachnutzung der Projekterge-nisse geringe Betriebs- und Anpassungskosten zu erreichen. Aufbauend darauf ist der Projektumfang in konkrete Arbeitspakete zu unterteilen und im Detail zu beschreiben. Hierbei sind insbesondere die Schnittstellen zu den angrenzenden Arbeitspaketen und zu bestehenden Unternehmenslösungen zu spezifizieren und auch Erfolgsparameter zu definieren. Auf Seiten der Sourcingnehmer ist es empfehlenswert, dass sie ihre Qualifikation in Form standardisierter Zertifizierungen nachweisen, möglichst flankiert von Referenzen.

Die einzelnen Arbeitspakete werden dann von den Unternehmen auf online-Plattformen oft in Form von Versteigerungen ausgeschrieben, wobei die Unternehmen neben den Detailbeschreibungen auch den geforderten Qualifikationslevel der Sourcingnehmer angeben. Zahlungsvoraussetzung ist üblicherweise die qualitativ und terminlich ausschreibungsgerechte Umsetzung der kontrahierten Arbeitsumfänge. Eine zentrale Aufgabe der Unternehmen und des jeweiligen Projektmanagers bleibt es, das zuverlässige Zusammenspiel aller Teilumfänge des Projektes und ggf. die Integration in angrenzende bestehende Systeme sicherzustellen. Trotz dieser Herausforderungen bezüglich der strukturierten Projektvorbereitung und der Integrationsrisiken ist davon auszugehen, dass Staffing über internetbasierte Abwicklungsplattformen weiter zunehmen wird, zumal dies auch eine mögliche Antwort auf die zunehmende Verknappung von Fachexperten gerade in Deutschland unter dem Stichwort „war for talents" bedeutet. Damit ist der Begriff des Crowdsourcings zunächst unter dem Aspekt flexibler Arbeitsorganisation und Staffingabläufe beschrieben. Darüber hinaus wird dieser Begriff aber auch unter vielfältigen anderen Aspekten verwendet. Als weitere Anwendungsfelder für Crowdsourcing werden beispielsweise in [Arn14] beschrieben:

- Innovation … z. B. Gemeinsames Entwickeln des Automobils der Zukunft
- Funding und Investment … z. B. Akquisition diverser Kapitalgeber für Start-Ups
- Wissensaufbereitung und -management … z. B. Ableger von Wikipedia
- Charity/Sozialprojekte … z. B. Zusammentragen von Sachspenden/Hungerhilfe
- Kreativmarktplätze … z. B. Plattform zur Digitalfotografie

Einige dieser Aspekte sind durchaus auch für Unternehmen interessant. So führt die Wissensbereitstellung aus der Masse heraus mit dem bekannten Beispiel Wikipedia zu einem weiteren, allgemeinen Digital Lifestyle-Merkmal. Dieser wird nun kurz beleuchtet, da er bei der notwendigen Transformation der Unternehmeskulturen im Zuge der Digitalisierung zu beachten ist.

3.6.3 Wikinomics

Unter dem Begriff Wikinomics wird eine neue Form der Arbeitsorganisation und der Zusammenarbeit verstanden – auch in Unternehmen als Teil einer neuen Unternehmenskultur. Hierbei arbeiten Menschen frei und ohne hierarchische Strukturen an unterschiedlichen Aufgabenstellungen. Wikipedia ist nicht nur Pate der Namensgebung dieses Modells, sondern auch ein gutes Beispiel, um das Prinzip zu erläutern. Viele interessierte Menschen mit entsprechendem Hintergrund arbeiten hier ohne Vorgaben, Druck und

Gegenleistung unter Nutzung einer Web 2.0-Plattform daran, Wissen zusammenzu-tragen, aktuell zu halten und als zeitgemäßes Nachschlagewerk frei, flexibel und kosten-los online zur Verfügung zu stellen. Dieses Modell der offenen Kooperation vieler, intrinsisch motivierter Teilnehmer unter einer gemeinsamen Zielsetzung lässt sich auch auf Aufgabenstellungen in Unternehmen übertragen. Zur erfolgreichen Umsetzung sind vier Grundprinzipien zu beachten [Tap09]:

- Peering … Freiwillige Kooperation Einzelner (auch Außenstehender)
- Open … Offenheit
- Sharing … Kultur des Teilens
- Act globally … Globales Handeln

Diese Prinzipien sind die Basis des Erfolges von Wikipedia und auch von LINUX und YouTube. Es spricht nichts dagegen, diese Prinzipien unternehmensintern aufzugreifen, um fachübergreifend beispielsweise im gesamten Unternehmen gemeinsam erfolgreich an Entwicklungsaufgaben zu arbeiten, Wissen in Form sogenannter Wikis zu bündeln und die Kommunikation mit Beiträgen vieler Mitarbeiter über interne Social Media-Plattformen facebook-ähnlich zu gestalten. Der Erfolg solcher Initiativen lebt sicher von der Beteiligung möglichst vieler interessierter Mitarbeiter, ggf. motiviert auch durch die aktive Mitarbeit und zwangloses Vorleben von Vorgesetzten. Diese Art von Initiativen spricht Digital Natives besonders an und wird sie motivieren, sich engagiert einzu-bringen und somit Teil der Unternehmenstransformation zu werden, die ein wesentliches Erfolgskriterium für die Digitalisierung ist. Das Thema Change-Management wird in Kap. 7 umfassend behandelt.

3.7 Google – Ziel der Digital Natives

Wie bereits erläutert, unterscheiden Digital Natives nicht zwischen on/off Zeiten, sie denken und arbeiten gern grenzübergreifend. In ihren Projekten agieren sie global und schätzen schnelles Kommunikationsverhalten quasi im Echtzeitmodus. Sie arbeiten in selbstorganisierten Teams und benötigen keine hierarchischen Strukturen. Auf Änderungen reagieren sie unmittelbar und flexibel. Die Arbeit ist von jedem Ort der Welt aus möglich und nach herausfordernden Arbeitsspitzen, die man für den Teamerfolg hochmotiviert annimmt, wird im Sinne einer Work/Life-Balance eine Auszeit begrüßt. Das Arbeiten in innovativen Arbeitsmodellen mit wechselnden Teammitgliedern wird damit zur Norm.

Wenn es Unternehmen gelingt, ein Arbeitsumfeld zu schaffen, das ein Ausleben dieses Verhaltensmusters gestattet, arbeiten die gesuchten Berufseinsteiger hochmotiviert als Intrapreneure und als Change Agents auch in traditionellen Unternehmen. Um trotz massiver Konkurrenzsituation beim „war for talents" gut ausgebildete Digital Natives als Mitarbeiter zu gewinnen und an das Unternehmen zu binden, stellt sich die Frage, wie die Unternehmen das Arbeitsumfeld attraktiv gestalten können.

Als Anregung hierzu sei daher kurz Google vorgestellt, das als „best of breed"-Modell für ein solches Arbeitsumfeld gilt. Die Einschätzung von Google durch Studierende im Bereich IT in Deutschland zeigt eine umfassende Studie zum Ranking der Unternehmen bezüglich deren Attraktivität zum Berufseinstieg [Tre20]. Sie ergab folgende Reihenfolge:

1.	Google
2.	Microsoft
3.	Apple
	…
5.	BMW Group
6.	Daimler
	…
13.	Porsche
	…
19.	Volkswagen

Google wird demnach von den IT-Studierenden mit Abstand als attraktivster Arbeitgeber für den Berufsstart bewertet. Von den deutschen Automobilherstellern folgen mit deutlichem Abstand BMW auf Platz 5 und danach die weiteren Hersteller auf den Plätzen. Somit ergibt sich für die Automobilindustrie ein klarer Handlungsbedarf, ihre Attraktivität zu erhöhen. Der Druck dazu wird umso stärker, wenn man berücksichtigt, dass in dieser Industrie der Bedarf an IT-Spezialisten immer schneller ansteigt. Es zeichnet sich ein erhebliches Ressourcenproblem ab, das jetzt zu adressieren ist. Das Adaptieren der aufgezeigten flexiblen Sourcingmodelle kann nur Teil der Lösung sein. Unabdingbar ist, dass auch die Automobilhersteller als mögliche Arbeitgeber attraktiver werden und IT-Experten als interne Mitarbeiter gewinnen müssen. Nur über vergleichsweise hohe Vergütungen wird man sich im Ranking nicht verbessern, zumal den Digital Natives andere Kriterien wichtiger sind.

Was sind aber die Gründe, dass Google in der Beurteilung so weit vorne liegt? Sicher spielt das Image eine wichtige Rolle. Die Automobilindustrie gilt bei Jugendlichen als vergleichsweise traditionell, langsam und wenig innovativ. Diese Einschätzung wird an traditionellen Strukturen und am Produkt festgemacht, ohne dass Details zu den Fahrzeugen und den dazu notwendigen hohen Ingenieurleistungen sowie zu den Unternehmen bekannt sind. Sicher sind die Google-Produkte dem Lifestyle der Natives näher und bei den meisten von ihnen in Gebrauch. Das Image wird aber auch stark geprägt durch die Arbeitsumgebung.

Dazu eine weitere persönliche Anekdote des Autors: Im San Francisco-Urlaub schlagen seine studierenden Kinder als Ausflugstrip anstelle des Yosemite-Parks einen Besuch des Google Head Quarters in Mountain View vor. Ohne im Vorfeld etwas organisiert zu haben, war das Betreten des Firmengeländes problemlos möglich ebenso wie ein völlig freies Bewegen auf dem Campus, auch unter Nutzung der bekannten Google-Fahrräder. Schon allein dieser Freiraum ist nachhaltig beeindruckend. Viel eindrucksvoller aber wirken die Google Mitarbeiter, die ihre Mittagspause genießen: Teilweise wird Basketball oder Fußball gespielt, einige haben ihre Hunde dabei, alle sind relativ jung und kommen offenbar aus unterschiedlichen Nationen. Dies verdeutlicht das offene, inspirierende Umfeld der Google Kultur.

Um diese für die Digital Natives attraktive Kultur noch umfassender aufzuzeigen, sei ein Passus der Alphabet Homepage, der Google Mutter, formuliert von Larry Page, einem der beiden Google-Gründungsväter zitiert:

> Google is not a conventional company. We do not intend to become one." As part of that, we also said that you could expect us to make "smaller bets in areas that might seem very speculative or even strange when compared to our current businesses." From the start, we've always strived to do more, and to do important and meaningful things with the resources we have.
>
> We did a lot of things that seemed crazy at the time. Many of those crazy things now have over a billion users, like Google Maps, YouTube, Chrome, and Android. And we haven't stopped there. We are still trying to do things other people think are crazy but we are super excited about.
>
> We've long believed that over time companies tend to get comfortable doing the same thing, just making incremental changes. But in the technology industry, where revolutionary ideas drive the next big growth areas, you need to be a bit uncomfortable to stay relevant.
>
> ….
>
> We are excited about…
>
> - Getting more ambitious things done.
> - Taking the long-term view.
> - Empowering great entrepreneurs and companies to flourish.
> - Investing at the scale of the opportunities and resources we see.
> - Improving the transparency and oversight of what we're doing.
> - Making Google even better through greater focus.
> - And hopefully… as a result of all this, improving the lives of as many people as we can.

Insgesamt schafft Google aufbauend auf dieser Vision ein lebendiges und flexibles Arbeitsumfeld, das mit vielen Berichten und Fotos in Blogs, IT-Berichterstattungen und auf YouTube geschickt publiziert wird [Goo20]. Auch in Personalportalen finden sich zahlreiche Bewertungen zu Google als Arbeitgeber. Der Tenor ist jeweils ähnlich und bestätigt die selbstständige Arbeitsweise in motivierten, internationalen Teams und die interessanten Projekte in einem innovativen Umfeld. Insgesamt arbeiten bei Google mehr als 120.000 Mitarbeiter bei einem relativ niedrigen Durchschnittsalter. Die Fluktuation bei Google ist relativ hoch und Berufseinsteiger verlassen die Firma nach nicht einmal zwei Jahren, um eigene Start-Ups zu gründen oder im persönlichen Themenfeld in neuen Positionen Herausforderungen zu suchen. Die Mitarbeiterzufriedenheit liegt im Branchenvergleich sehr hoch – gemeinsam mit Facebook, Apple und Salesforce. Auch bei der Bezahlung liegt Google für Berufseinsteiger leicht über Durchschnitt und gerade bei erfahrenen Experten im Spitzenfeld der High Tech Firmen [Pay20].

Diese kurze Übersicht mit Hintergründen zu Google als attraktivem und bevorzugtem Arbeitgeber kann der Automobilindustrie Hinweise geben, um für Digital Natives als Arbeitgeber interessant zu werden. Zunächst gilt es, die Produkte näher an den Digital Lifestyle der Natives zu rücken. Hierzu bieten kommende Fahrzeuggenerationen mit Connected Services und autonomen Fahrkonzepten, quasi fahrende IP-Adressen, gute Chancen. Auch attraktive Mobilitätsservices, die über Apps bzw. Plattformen auf den Smartphones angeboten werden, helfen sicher, das Image der Automobilhersteller anzuheben. Wichtig ist es aber auch, dass diese sich einhergehend mit der Digitalisierung zu Start-Up-ähnlichen Organisationen transformieren, um für die Digital Natives interessante Aufgabenstellungen und innovative Arbeitsumgebungen zu bieten.

Literatur

[Arn14] Arns, T., Aydin, V.U., Beck, M. et al.: Crowdsourcing für Unternehmen; Leitfaden. BITKOM, 2014. https://www.bitkom.org/sites/default/files/file/import/140917-Crowdsourcing.pdf. Zugegriffen: 10. Mai 2020

[Bor18] Borstedt, S., Otternberg, M., Borchard, I.: DIVSIU25 Studie Euphorie war gestern; Nov. 2018 Deutsches Institut für Vertrauen und Sicherheit im Internet. https://www.divsi.de/wp-content/uploads/2018/11/DIVSI-U25-Studie-euphorie.pdf. Zugegriffen: 20. Febr. 2020

[Bus18] Busch, C., Demary, V., Engels, B. et al.: Sharing Economy im Wirtschaftsraum Deutschland, Hrsg. BMWi Juli 2018. https://www.bmwi.de/Redaktion/DE/Publikationen/Studien/sharing-economy-im-wirtschaftsraum-deutschland.pdf?__blob=publicationFile&v=3. Zugegriffen: 17. März 2020

[Dey19] Deyan, G.: 61+ Revealing Smartphone Statistics For 2020; TechJury. Net, 28.3.2019. https://techjury.net/stats-about/smartphone-usage/#gref. Zugegriffen: 2. März 2020

[Eva16] Evans, B., Andreessen, H.: Mobile is eating the world. Presentation März 2016. https://ben-evans.com/benedictevans/2016/3/29/presentation-mobile-ate-the-world (2016). Zugegriffen 20. Febr. 2020

[Goo20] N.N.: Google: Creating a more inclusive Google. https://diversity.google/commitments/. Zugegriffen: 17. März 2020

[ICT19] N.N.: Measuring Digital Development – Facts and Figures 2019, International Telecommunication Union, Geneva 2019. https://www.itu.int/en/ITU-D/Statistics/Documents/facts/FactsFigures2019.pdf. Zugegriffen: 20. Febr. 2020

[Mee19] Meeker, M.: Internet Trend Trends 2019 – Code Conference KPCB Menlo Park, 11.6.2019. https://www.scribd.com/document/413052320/Mary-Meeker-s-Internet-Trends-2019. Zugegriffen: 26. Jan. 2020

[Mil15] Miller, M.J.: PwC: Americans subscribe to sharing economy brandchannel, 21. Apr. 2015. https://www.brandchannel.com/2015/04/21/pwc-sharing-economy-042115/. Zugegriffen: 20. Febr. 2020

[Pay20] N.N.: Spot check: How do tech employers compare. https://www.payscale.com/research/US/Employer=Google%2C_Inc./Salary (2020). Zugegriffen: 17. März 2020

[Rif14] Rifkin, J.: Die Null-Grenzkosten-Gesellschaft. Campus, Frankfurt a. M. (2014)

[Sch20] Schlicher, K.D.: Crowdwork – Die Arbeitsform der Zukunft, forschungsergebnisse, Bertelsmann Stiftung, 7.5.2020. https://www.zukunftderarbeit.de/2020/05/07/crowdwork-die-arbeitsform-der-zukunft-forschungsergebnisse/. Zugegriffen 20. Mai 2020

[Sch19] Schlick, L.: 5 Beispiele für zukunftsweisendes Arbeiten; Capital 5.8.2019. https://www.capital.de/wirtschaft-politik/5-beispiele-fuer-zukunftsweisendes-arbeiten. Zugegriffen: 16. März 2020

[Smi20] Smith, K.: brandwatch, 2.1.2020, 126 interessante Social Media Zahlen und Statistiken. https://www.brandwatch.com/de/blog/interessante-social-media-zahlen-und-statistiken/. Zugegriffen: 2. März 2020

[Sti15] Stiegler, C., Breitenbach, P., Zorbach, T. (Hrsg.): New Media culture: Mediale Phänomene der Netzkultur. Transcript, Bielefeld (2015)

[WEF19] N.N.: 5 ways to swim, not sink, a spart of a „liquid workforce", World Economic Forum, 11/2019. https://www.weforum.org/agenda/2019/11/liquid-workforce-job-skills-swim-not-sink/. Zugegriffen: 10. Mai 2020

[Tap09] Tapscott, D., Williams, A.D.: Wikinomics: Der Revolution im Netz. Dt. Taschenbuchverlag, München (2009)

[Tre20] N.N.: Deutschlands 100 Top-Arbeitgeber 2019. https://www.arbeitgeber-ranking.de/rankings/studenten/bereich/it. Zugegriffen: 16. März 2020

[Zhe17] Zheng, R., Lu, S.: Car-sharing in China, Roland Berger Studie 2017. https://www.presseportal.de/pm/32053/3606165. Zugegriffen: 2. März 2020

Technologien für Digitalisierungslösungen

In diesem Kapitel werden Technologien und innovative Lösungsansätze vorgestellt, die heute oder in absehbarer Zeit für Digitalisierungsprojekte in der Automobilindustrie zur Verfügung stehen. Diese betreffen die Informations-Technologie wie z. B. Cloud-Angebote, mobile Anwendungen, Big Data und Cognitive Computing, aber auch die Produktionstechnik mit Robotik, Drohnen, Nanotechnologie und 3D-Druck, kleine elektronische am Körper tragbare Geräte bis hin zu spielerischen Formen der Projektarbeit, der sogenannten Gamification. Das Kapitel erläutert die wesentlichen Entwicklungen mit dem Ziel, die praxisrelevanten Einsatzmöglichkeiten und Nutzenpotenziale dieser Lösungen zu verstehen, um ihre Relevanz für aktuelle und kurzfristig anstehende Projekte für die digitale Transformation einschätzen zu können. Ziel der Ausführungen ist es dabei auch, deren Einsatzmöglichkeiten und Nutzenpotenziale für den Einsatz in einem relevanten Umfeld beurteilen zu können und diese dann auf einer Roadmap einzuordnen.

Eine gute erste Übersicht der Technologien, die auf die Industrie zukommen, vermittelt der sogenannte Hype Cycle für innovative Technologien, regelmäßig jährlich veröffentlicht von Gartner, einem führenden Technologie-Analysten, Abb. 4.1 [Per19].

Die Graphik ordnet die Technologien ihren Lebensphasen zu, ausgehend von dem Erkennen der Technologie, durch die Phase übermäßiger Erwartungen und das Tal der Ernüchterung, gefolgt von ersten Pilotprojekten bis hin zum Durchbruch. Weiterhin ist für jede Technologie der Zeitraum angegeben, in dem ihre Praxisreife erreicht ist.

Nicht alle gezeigten Technologien sind für die Automobilindustrie bereits relevant und manche spielen auch absehbar keine Rolle. Daher werden im Folgenden nur die Felder vorgestellt, die einen praxisrelevanten Reifegrad und Nutzungsmöglichkeiten zumindest in ersten Referenzen nachgewiesen haben, ohne die jeweilige Technologie im Detail zu durchdringen und den Leser mit Details zu verwirren. Weiterhin bleiben Lösungen und Technologien zunächst unkommentiert, die sich noch im Forschungsstadium befinden und der Industrie somit erst mittel- bis langfristig zum

U. Winkelhake, *Die digitale Transformation der Automobilindustrie*,
https://doi.org/10.1007/978-3-662-62102-8_4

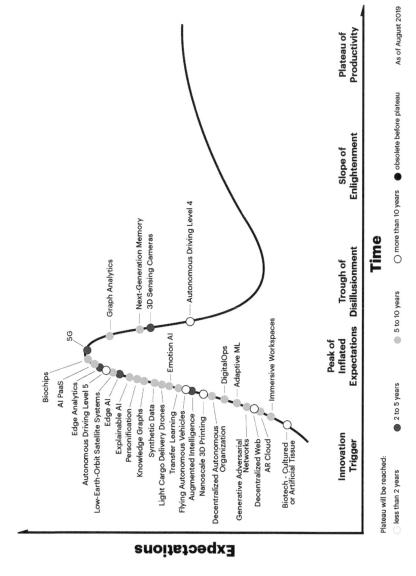

Abb. 4.1 Hype Cycle innovativer Technologien. (Gartner)

Digitalisierungseinsatz zur Verfügung stehen. Für das Aufsetzen einer strategischen Digitalisierungs-Roadmap ist es jedoch wichtig, auch diese zukünftigen Potenziale zu entdecken und zu verstehen. Deshalb geht Abschn. 7.6 unter dem Aspekt des Innovationsmanagements als Teil einer entsprechenden Roadmap darauf ein.

Der Auswahl der hier weiter vertieften Technologien lagen Literaturrecherchen und die Ergebnisse einer Vielzahl aktueller Studien aus dem Netz zugrunde. Beispielhaft hierzu seien [Bri20, Wim19 und Man15] als Quellen genannt. Auf Basis dieser Analyse und unter Berücksichtigung eigener Projekt- und Branchenerfahrungen des Autors ergab sich folgende Themenauswahl:

- IT-Lösungen
  - Cloudservice
  - Big Data/Analytics
  - Mobile Lösungen/Apps
  - Kollaboration
  - Machine Learning/Cognitive Computing
  - Quantum Computing
- Internet of Things
- Industrie 4.0/Edge Computing/Digital Twin
- 3D-Druck/Additive Fertigungsverfahren
- Virtual/Augmented Reality
- Wearables/Beacon
- Blockchain
- Robotik / Automation – Industrie- und Prozessroboter
- Drohnen
- Nanotechnologie
- Gamification

Fahrzeugbezogene Innovationen wie neue Werkstoffe, Batterietechnologie und auch embedded Software beispielsweise zum autonomen Fahren bleiben bei der Betrachtung außen vor, da diese das dem Buch zugrunde liegende Digitalisierungsthema, die Transformation der Unternehmebn, in der Zielsetzung nicht direkt betreffen.

4.1 IT-Lösungen

Wie bereits ausführlich begründet, ist der Treiber der Digitalisierung die Informationstechnologie, die mit immer leistungsstärkerer Hardware immer leistungsfähigere Software bzw. Lösungen ermöglicht und in viele angrenzende Technologiebereiche vordringt. Die Bereitstellung der IT-Infrastruktur erfolgt in der Automobilindustrie auch heute noch zu einem großen Teil in eigenen Rechenzentren. Die Evolutionsschritte der IT bis zur Jahrtausendwende sind im unteren Teil von Abb. 4.2. zu erkennen.

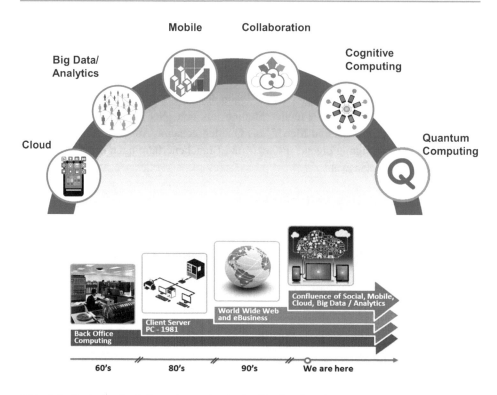

Abb. 4.2 Evolution der Informationstechnologie. (Quelle: Autor)

Ausgehend von zentralen Konzepten rund um den Mainframe kamen in den 1980er und 1990er Jahren dezentrale Client/Server-Lösungen hinzu. Kernanwendungen der Industrie beispielsweise aus dem Finanzbereich, der Entwicklung und der Logistik laufen heute noch auf Mainframe-Systemen, also mächtigen Zentralrechnern, während neuere Systeme wie beispielsweise ERP- oder CAD-Anwendungen auf Client Server-Architekturen implementiert sind. Dabei arbeitet ein Client-Programm mit einem andernorts installierten Server-Programm bei der Abwicklung von Transaktionen zusammen. Seit den 2010er Jahren etablierte sich einhergehend mit leistungsfähigen Netzen und Web 2.0-Services ein klarer Trend zu Cloudservices. Hierunter versteht man, vereinfacht gesagt, die Bereitstellung beliebig großer Rechnerleistung und von unbegrenzten Speicherkapazitäten für Unternehmen über eine Netzanbindung, quasi somit „IT-Strom" aus der Steckdose.

Die aktuellen Entwicklungen stellen die im oberen Teil von Abb. 4.2 symbolisch angedeuteten noch relativ jungen Technologien wie Big Data, Kollaborationswerkzeuge und Cognitive Computing und auch Quantum Computing dar. In das Themenfeld Cognitive Computing fallen aus künstliche Intelligenz (KI) und machine learning. Auf diese für die Automobilindustrie sehr wichtigen Entwicklungen gehen die folgenden Abschnitte ein.

4.1.1 Cloudservices

Die Servicebereitstellung aus der Cloud unterscheidet drei Modelle. Bei „Infrastructure as a Service" (IaaS) wird die Hardware (Server, Storage, Netz) inklusive Betriebssoftware bis zur Middleware auf Basis von Service Level-Vereinbarungen bereitgestellt [Kav14]. Die Nutzer installieren auf der bereitgestellten Technik eigene Softwareanwendungen und betreiben diese auch selbstständig. Bei „Platform as a Service" (PaaS) wird zusätzlich zur Infrastruktur noch eine Entwicklungsumgebung als Service angeboten und bei „Software as a Service" (SaaS) sind auch Software bzw. Anwendungsprogramme wie beispielsweise SAP-Module als Cloudservice verfügbar.

Die Servicemodelle stehen bedarfsweise in unterschiedlichen Organisations- bzw. Sicherungsformen zur Verfügung. Beim öffentlichen Modell (public cloud) sind die Services anonym aus einem Rechenzentrumsverbund auf Basis der Softwareumgebung des Cloudanbieters lieferbar. Es werden jeweils freie Kapazitäten genutzt, sodass die Rechenleistung und Datenhaltung in unterschiedlichen Lokationen erbracht wird. Der Serviceanbieter kann seine Cloudumgebung aufgrund der flexiblen Nutzung hoch auslasten, sodass die Preise dieser Angebotsform relativ niedrig liegen. Im Gegensatz dazu wird beim privaten Modell (private cloud) dem Kunden eine bestimmte Infrastruktur für die Dauer der Leistungserbringung fest zugeordnet und darüber hinaus kann die Softwareumgebung kundenspezifisch installiert sein. In diesem Modell ist der Ort der Datenhaltung festlegbar, beispielsweise zur Haltung personenbezogener Daten in einem fest zugeordneten Rechenzentrum in Deutschland.

Diese kurze Übersicht zeigt die Optionen bzw. Flexibilität heutiger Servicemodelle. Die IT-Leistung kommt dabei nach vereinbarter Servicequalität, beispielsweise kontinuierlich 7 Tage/24 h mit 99,9 % Verfügbarkeit, „aus der Steckdose". Die Abrechnung erfolgt nach Bezug, der bedarfsweise schwanken kann. Diese Flexibilität, die Geschwindigkeit der Servicebereitstellung und die Möglichkeit, auch starke Bedarfsschwankungen aufzufangen, gelten als Hauptvorteile der Cloudservices. Die Unternehmen müssen nicht in große Systeme und somit oft Überkapazitäten zur Abdeckung von Spitzenlasten investieren und vermeiden somit hohe Abschreibungen. Die Alternative, unternehmensintern eine eigene Infrastruktur zu beschaffen und im Unternehmensrechenzentrum aufzubauen, dauert in der Praxis mit dem Durchlaufen verschiedener Gremien oft mehrere Monate. Die Bereitstellung von Cloudservices erfolgt demgegenüber über internetbasierte Plattformen innerhalb von Stunden.

Gerade für die neue Entwicklung von Anwendungen in einer schneller werdenden, agilen Welt auch mit starken Bedarfsschwankungen bieten Cloudservices somit erhebliche Vorteile. Hemmnisse sind zum einen die erforderlichen Bandbreiten für eine leistungsfähige, sichere Netzanbindung (wobei diese immer ausreichender und auch preiswerter zur Verfügung steht) und zum anderen die „Cloud-Befähigung" der bestehenden Anwendungen. Hierzu sind oft Umstellungsprojekte mit entsprechendem Aufwand erforderlich. Ein weiterer Diskussionspunkt ist das Thema Sicherheit. Personenbezogene Daten sollten in privaten bzw. dedizierten Cloudumgebungen im eigenen Land rechtssicher gehalten werden. Eine weitere Option besteht daher weiterhin darin, die Datenhaltung so zu organisieren, dass sensitive schutzbedürftige Daten im unternehmenseigenen Rechenzentrum gespeichert werden. Das führt dann zu sogenannten hybriden Cloud-Architekturen, die am häufigsten anzutreffende IT-Architektur. Auf diese wird in Kap. 8 ausführlich eingegangen.

Cloudservices bieten also gute Möglichkeiten, die Bereitstellung von IT-Leistungen zu flexibilisieren. Anstelle erheblicher Bereitstellungsdauer und Investitionen sind erforderliche Services schnell und orientiert am geschäftlichen Bedarf auf Basis laufender Abrechnung verfügbar. Die Bereitstellungsmodelle und auch die zugrunde gelegten Servicelevel bestimmen die Kosten. Bei einer sauberen Gesamtkostenbetrachtung ergeben sich für die Unternehmen meist deutliche Einsparmöglichkeiten – zusätzlich zur gewonnenen Agilität.

Dennoch besteht in der Automobilindustrie weiterhin ein massiver Nachholbedarf bei der Umstellung auf Cloudservices. Das beruht oft auf dem Beharrungsverhalten betroffener Mitarbeiter in ihren starren, inselähnlichen Organisationsstrukturen. Mögliche Gegenargumente wie Datensicherheit und Verfügbarkeit der Netzversorgung werden oft überbetont und verzögern die Umstellung. Weitere Ursachen für den zögerlichen Cloudausbau liegen in der Verantwortungsteilung. Umstellungsprojekte, um Anwendungen „cloud ready" zu machen, erfordern meist die Beteiligung mehrerer Organisationsbereiche. Neben den Infrastrukturbereichen sind die Nutzungsverantwortlichen gefordert, die Anwendungen umzustellen und diese Änderungen dann durch Fachbereiche testen zu lassen.

Solche Projekte bedeuten Aufwand und Belastung der jeweiligen Teams, während die möglichen Einsparungen zwar dem Unternehmen nutzen, möglicherweise aber nicht adäquat und direkt den Projektbeteiligten zu Gute kommen. Diesen gordischen Knoten gilt es zu durchschlagen, indem alle Bereichsleiter Cloudumstellungen als gemeinsame Zielsetzung vereinbaren und beispielsweise übergeordnet ein „Cloud-Accelerator" als Matrixverantwortlicher etabliert wird, der diese Transformation ganzheitlich und organisationsübergreifend in Zusammenarbeit mit den Linien verantwortet und treibt.

4.1.2 Big Data

Ein weiteres Thema mit hohem bereichsübergreifendem Potenzial ist Big Data. Dieser Begriff hat einen Hype erfahren, der vielfach dazu führte, dass sich Hoffnungen, die man in die Nutzung setzte, nicht erfüllten. Das hatte zur Folge, dass entsprechende Initiativen wieder eine niedrige Priorität erhielten. Aus Sicht des Autors zu Unrecht, denn das Themenfeld Big Data, verbunden mit den immer leistungsstärkeren entsprechenden Softwarewerkzeugen zur Verarbeitung großer Datenmengen, birgt beispielsweise durch neue Erkenntnisse aus der Datenauswertung signifikante Potenziale zu Einsparungen und Verbesserungen von Prozessabläufen bis hin zum Aufbau neuer Geschäftsmodelle.

Big Data steht als Oberbegriff grundsätzlich für große Datenvolumen aus unterschiedlichen Quellen und in unterschiedlicher Struktur, aber auch für deren Haltung, Bearbeitung, zielgerichtete Analyse und Auswertung. Entstanden ist dieser Begriff im

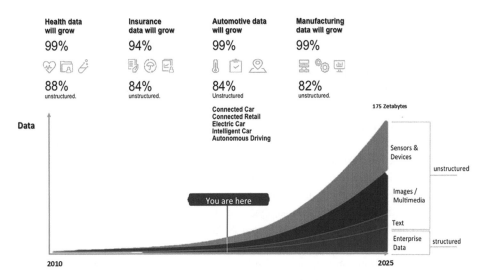

Abb. 4.3 Wachstum der verfügbaren Daten bis 2020. (Werkbild IBM/Autor)

Zusammenhang mit der exponentiell wachsenden Datenflut. Besonders die Bereiche Internet of Things, Web 2.0, Smartphone und Apps begründen dieses Wachstum, wie auch Abb. 4.3 veranschaulicht.

In den nächsten Jahren wird sich das weltweite Datenvolumen voraussichtlich weiterhin jährlich verdoppeln. Aktuell ist ein Wert von 44 Zetabyte erreichen und voraussichtlich wird im Jahr 2025 das Volumen von 175 Zetabytes überschritten (Zeta entspricht einer 1 mit 21 Nullen). Etwas plastischer ausgedrückt: das aktuelle Datenvolumen entspricht mehr als 57 mal der Anzahl Sandkörner aller Strände der Erde [Jün13]. Ein Großteil der Information besteht dann aus unstrukturierten Daten, beispielsweise in Form von Bildern, Videos oder Präsentationen. Das Wachstum findet außer im Gesundheits- und Versicherungswesen auch in allen Industriebereichen statt, sicher auch in der Automobilindustrie. Einige Themen wie Intelligente Fahrzeuge, Autonomes Fahren und Mobilitätsdienstleistungen führen zu zusätzlichem Wachstum. Die Fachliteratur unterscheidet bei den Daten üblicherweise die drei „Vs":

• Datenmenge	(Volumen)	immer umfangreichere Datenbestände
• Datenvielfalt	(Variety)	unterschiedliche Formate, Quellen, Art
• Geschwindigkeit	(Velocity)	Verarbeitungsgeschwindigkeit, Echtzeit

Als weitere Parameter werden vielfach zwei weitere „V's" mit Vertrauenswürdigkeit (Veracity), also Seriosität der Datenquelle, und auch Werthaltigkeit (Value) hinzugefügt.

Um diese extrem hohen Datenvolumen und unterschiedlichen Charakteristika handhaben zu können, steht eine Vielzahl von Technologien zur Verfügung, die weit über die Leistungsfähigkeit klassischer Datenwerkzeuge, wie relationale Datenbanken oder Spreadsheet-orientierte Auswertungen, hinausgehen. Eine gute Übersicht der neuen Werkzeuge enthält ein Leitfaden zu Big Data der BITKOM. Hier haben Autoren unterschiedlicher Unternehmen und Technologieanbieter mitgewirkt und das gesamte Feld der Werkzeuge strukturiert aufgearbeitet. Die zusammenfassende Übersicht zeigt Abb. 4.4 [Web14].

Das Themenfeld ist in sechs Funktionscluster strukturiert, denen mögliche Technologiekomponenten zugeordnet sind. Daraus ergibt sich ein Baukastensystem, mit dem sich anforderungsgerechte Lösungen zusammenstellen lassen. Beispielsweise könnten Streamingwerkzeuge zeitgleich parallel auf unterschiedliche Daten mit hoher Leistungsfähigkeit in verteilten Hadoop-Speichern zugreifen, diese Daten mit entsprechenden Mining-Werkzeugen analysieren und dann die Ergebnisse in einem Dashboard visualisiert werden. Im weiteren Ablauf erfolgen eine Verschlüsselung und die Integration von Anrainersystemen. Zu den Technologiebausteinen gibt es Angebote unterschiedlicher Softwarehersteller. Eine Übersicht moderner Big Data Lösungen finden sich in unterschiedlichen Internetplattformen, beispielsweise [Gur20]. Die Leistungsfähigkeit der Werkzeuge wächst mit der immensen Bedeutung des Themas stetig. Im Bereich der Auswertungen ist mit sogenannten „self services" möglichst echtzeitnah zu rechnen, die dann direkt von Fachbereichen ohne tiefe IT-Kenntnisse zu nutzen sind. In diese Richtung geht auch das „Shazamen" von Daten – einfach anzuwendende Analysemöglichkeiten abgeleitet aus der beliebten gleichnamigen App zur

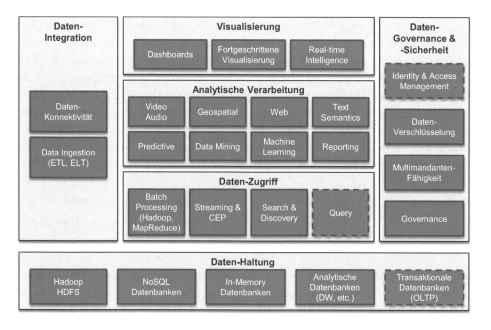

Abb. 4.4 Zeitgemäße Werkzeuge zur Datenverarbeitung. (BITKOM)

Songerkennung [Gei20]. Auf die technischen Details soll nicht weiter eingegangen werden. Betriebs- und Architekturaspekte sowie neue Verfahren wie beispielsweise „Data Lake" erläutert Kap. 8.

Big Data-Projekte bieten für Unternehmen ein erhebliches Potenzial, da aufgrund der Leistungsfähigkeit heutiger Software sehr mächtige Werkzeuge zur Verfügung stehen, Daten aus unterschiedlichen Quellen innerhalb und außerhalb des Unternehmens zusammenzuführen und auszuwerten. Diese technologischen Möglichkeiten liegen weit über den bewährten strukturierten Auswertungen, die mit den Datenanalysewerkzeugen Excel, Business Objects, Tableau oder auch Cognos bisher bereits oft im Einsatz sind.

Moderne Big Data-Werkzeuge können sehr performant strukturierte und unstrukturierte Daten kombiniert bearbeiten, selbstständig Muster aus den Datenbeständen extrahieren und Erkenntnisse und Handlungsoptionen auf sehr ansprechenden grafischen Oberflächen oder aufbereitet in Apps auf dem Smartphone vorausschauend vorschlagen. Typische Einsatzfelder für Big Data Projekte in der Automobilindustrie sind beispielsweise:

- Frühzeitiges Erkennen und Vermeiden von Ausfällen im Rohbau
- Segmentierung von Kundeninteressen und Definition der „next best action"
- Verstehen und Verbessern von Lagerbewegungen zur Bestandsreduzierung
- Erkennen von Gewährleistungsmustern bzw. Fehlerursachen
- Erhöhen der Wiederverwendung von Gleichteilen
- Erkennen von Bündelungspotenzial im Einkauf

Die sind Beispiele für realisierte Big Data-Projekte mit sehr kurzen Amortisationszeiten. Kap. 9 stellt dazu weitere Projekte vor.

Abschließend zu diesem Thema stellt sich auch hier wieder die Frage, warum die Umsetzung von Big Data-Projekten in der Automobilindustrie eher schleppend voran geht, obwohl die Technologien zur Verfügung stehen und der Nutzen in vielen Referenzen nachgewiesen ist. Ähnlich dem Cloudthema im Abschnitt zuvor liegt ein Hinderungsgrund wiederum in der verteilten Verantwortung für die Datenbestände.

Wenn man beispielsweise den Abruf von Ersatzteilen mit dem Alter bestimmter Fahrzeuge und deren angefallenen Service- und Wartungsarbeiten zusammenführt und diese mit der Zulieferqualität der verbauten Teile verknüpft, könnten neue Muster der Fehlerfrüherkennung entdeckt werden und die darauf aufbauenden vorbeugenden Wartungsmaßnahmen Ausfälle von Fahrzeugen vermeiden. Technologisch wäre eine solche übergreifende Datenanalyse relativ leicht möglich. Organisatorisch erweist sich ein solches Big Data-Projekt als problematisch, da unterschiedliche Unternehmensteile an einem Strang ziehen müssten. Aufwände in den einzelnen Organisationseinheiten stehen Unternehmensvorteile gegenüber, die nicht direkt gegen die Aufwände aufgerechnet werden können. Aufgrund dieser Problematik unterbleiben solche Projekte leider oft und es fehlt an der übergreifenden Änderungs- und Verbesserungsmotivation. Genau diese Transformationsbereitschaft gilt es mit der Änderung der Unternehmenskultur zu adressieren – ein Thema im Kap. 7.

4.1.3 Mobile Anwendungen und Apps

Eine weitere etablierte Technologie, die als Kernelement von Digitalisierungsprojekten zur Verfügung steht, sind mobile Anwendungen, die sogenannten Apps, abgeleitet von Applications (Anwendungen). Smartphone und Apps bedingen sich gegenseitig; beide haben ein massives Wachstum erreicht. Zum Start des iPhones 2007 bzw. der Android-Smartphones 2008 wurden mobile Anwendungen zunächst in den Bereichen Spiele, Nachrichten, Wetter und Unterhaltung angeboten. Sehr bald kamen auch Apps als Benutzerschnittstellen zu etablierten Internetplattformen wie eBay, Amazon und sozialen Netzen hinzu. Aufgrund der durchschlagenden Erfolge und des Kundeninteresses ließen auch Apps von Unternehmen, zunächst aus den Bereichen Marketing und Kommunikation, nicht lange auf sich warten. Auf den beiden bekanntesten Store-Plattformen von Apple und Google werden jeweils mehr als zwei Millionen Programme angeboten, davon sind ca. 5 % kostenpflichtig. Folgende Kategorien führen gemäß anteiliger App-Anzahl: Education, Lifestyle, Entertainment, Business, Personalisierung und Tools [App20]. Auch viele Unternehmen bieten Apps auf den etablierten Plattformen an; wobei immer mehr Plattformen anderer Anbieter und auch direkt bei Unternehmen entstehen.

Die Apps werden nicht von Apple oder Google entwickelt, sondern von einer weltweiten Entwickler-Community. Dieses ist ein weiteres Beispiel für die Macht sogenannten Crowdsourcings, wie bereits im Abschn. 3.6.2 erläutert. Sogenannte Store-betreiber übernehmen die Qualitätssicherung und die Verteilung der Apps über die Store-Umgebung und erhalten dafür eine Gebühr der einstellenden Entwickler. Eine direkte Installation von Apps auf iPhone oder Android-basierten Smartphones ist eher die Ausnahme und nur über inoffizielle bzw. nicht unterstützte Wege möglich, sodass es sich um geschlossene Systeme handelt. Bei anderen Anbietern ist das Prinzip vergleichbar.

Das massive Crowdsourcing zur Entwicklung von Apps führt zu extrem hoher Geschwindigkeit bei der Bereitstellung neuer Anwendungen und Anpassungen sowie zu niedrigen Kosten für die Kunden. Der Schlüssel für den Erfolg der Apps liegt in der einfachen Installation und Bedienung der Programme, eine spezielle Ausbildung ist nicht erforderlich. Die Apps stehen spezifisch für die genutzte Smartphone-Technologie in den jeweiligen Stores per Klick zum Download zur Verfügung. Nach dem Download bzw. der Installation der Anwendung werden diese meist unmittelbar geöffnet und getestet. Anwendungen, die den Interessierten dann durch Funktionalität, Stabilität und Antwort-zeiten überzeugen, verbleiben auf den Smartphones zur späteren Nutzung. Das gesamte App-Umfeld zeichnet sich somit durch eine sehr hohe Dynamik aus, die dem Verhaltens-muster der Digital Natives sehr entgegen kommt, das Kap. 3 detailliert behandelte.

Das App-Umfeld ist also allen Nutzern aus dem täglichen Gebrauch bekannt und wird trotz aller Kritik beispielsweise in Bezug auf Datensicherheit, Vorgabe von Nutzungs-bedingungen und dem Filter der Storebetreiber hoch akzeptiert. Diese Art der IT-Nutzung prägt daher auch immer mehr die Erwartungshaltung der Anwender in den Unternehmen. Stattdessen erfolgt die Nutzung vieler Unternehmensanwendungen immer noch über komplexe Anwendermenüs an stationären Arbeitsplatzrechnern. Mit der fortschreitenden Verbreitung des Smartphones wünschen sich mehr und mehr Anwender in den Unternehmen jedoch auch am Arbeitsplatz ein einfaches und flexibles app-orientiertes IT-Umfeld. Ähnlich sehen es die Kunden der Unternehmen, die über mobile Anwendungen beispielsweise Marketing- oder Produktinformationen erhalten möchten oder Nachfragen zum Produkt oder zum Service stellen möchten.

Die Herausforderung der Unternehmen besteht nun vor dem Hintergrund dieser Erwartungshaltungen darin, die gewachsenen etablierten IT-Strukturen mit bewährten Anwendungen und enormen Datenbeständen mit der mobilen app-orientierten Welt zusammen zu bringen. Man spricht davon, die sogenannten Systems of Record und Systems of Operations, also die bewährte IT-Welt, mit den Systems of Engagement, der mobilen, app- orientierten Welt, zu integrieren [Moo16]. Abb. 4.5 verdeutlicht diese Situation.

Ergänzt sind hier noch „Systems of Insights". Diese verfolgen das Ziel, aus den riesigen Datenbeständen innerhalb und auch außerhalb von Unternehmen neue Erkenntnisse zu gewinnen [Som20]. Hierzu dienen die bereits erläuterten Big Data-Technologien sowie neue Lösungen aus den Bereichen Cognitive Computing und Collaboration, auf die noch eingegangen wird.

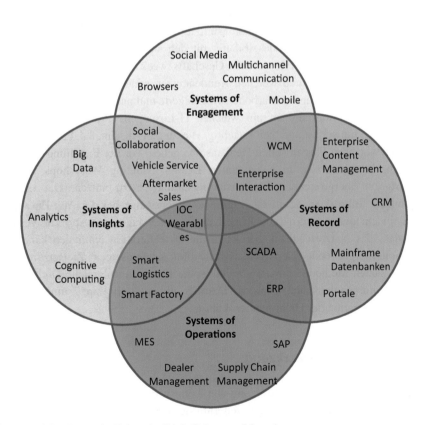

Abb. 4.5 IT Strukturen in Zeiten der Digitalisierung. (Moore)

Neue Einsichten entstehen durch das Zusammenführen unterschiedlicher Datenquellen. Zum Beispiel zum Kundenverhalten bezüglich eines Produktes, abgeleitet
aus Unternehmensdaten des CRM-Umfeldes (Customer Relation Management), vorliegenden After-Sales-Informationen und der Produktdiskussion von Nutzergruppen auf
Internetplattformen. Die Erkenntnisse stehen dann hochaktuell den Kundenbetreuern
über eine mobile Vertriebsanwendung im Verkaufsgespräch zur Verfügung. Somit kommt
es zur Integration der etablierten IT-Welt mit den mobilen Möglichkeiten und den Big
Data- bzw. Cognitive Computing-Technologien.

Das Beispiel zeigt die Richtung und auch das Potential einer umfassenden Integration
und Nutzung der neuen Technologien. Diese Möglichkeiten gilt es, zügig in den Unternehmen zu erschließen. Hierzu sollte die Unternehmens-IT ein sicheres Umfeld zur
Verfügung stellen, das es den Fachbereichen bzw. Nutzern einfach macht, sich in der
mobilen Anwendungswelt zu etablieren. So kann auch ein Wildwuchs verhindert werden,
der entsteht, wenn jeder Fachbereich eigene Wege zur App-Entwicklung und zum
Hosting der Lösungen etabliert, wie es derzeit oft in den Unternehmen zu beobachten ist.
Auf die entsprechenden Ansätze zu einem adäquaten IT-Umfeld geht Kap. 8 ein.

Für die Fachbereiche ist es wichtig, nicht einfach bestehende Anwendungen aus
der stationären IT-Welt unverändert in die mobile Welt zu übertragen. Vielmehr sollten
die Apps als Träger von Transformationsinitiativen genutzt werden. Ausgehend von
Kundeninteressen sind bestehende Abläufe mit den sie unterstützenden Anwendungssystemen infrage zu stellen. Für welchen Geschäftszweck sind bestimmte Prozesse und
Informationen erforderlich und welchen Kundennutzen generieren diese? Wie sieht die
gesamte Prozesskette aus und wie arbeiten vorgelagerte und nachgelagerte Organisationseinheiten mit den Informationen mit welchen IT-Lösungen? Prozessarbeit auch über
Bereichsgrenzen hinweg ist und bleibt wichtig. Hierzu gibt Abschn. 8.4.4 Antworten.

Die aufgeworfenen Fragen sollen Denkanstöße geben, vor der Erstellung neuer Apps
methodisch, beispielsweise in sogenannten Design Thinking Workshops, die Apps
zum Start von übergreifenden Digitalisierungsinitiativen zu nutzen. Die Erstellung
der Lösungen sollte dann durch eine agile Vorgehensweise bei der App-Entwicklung
erfolgen, indem den Nutzern sehr schnell eine erste Version der App zur Verfügung
steht, sodass das Nutzerfeedback bereits in die erste Iteration einfließen kann. Diese
organisationsübergreifende Herangehensweise mit gemeinsamen Zielsetzungen, die
schnell mit neuen Methoden umsetzbar sind, sollte für eine erfolgreiche Digitalisierung
Teil einer Unternehmenskultur werden. Deshalb widmet sich Kap. 7 umfassend dem
Thema Transformation der Unternehmenskultur.

4.1.4 Kollaborationswerkzeuge

Ein wichtiges Element zur Unterstützung von Kulturveränderungen sind Kollaborationswerkzeuge. Telefon und E-Mail sind weiterhin der etablierte Kommunikationsstandard
als Basis der bereichs- und länderübergreifenden Zusammenarbeit in den Unternehmen

und auch über Unternehmensgrenzen hinweg beispielsweise mit Partnern. Diese Technologien kommen jedoch aktuell an ihre Grenzen, die E-Mail aufgrund der Überflutungssituation und das Telefon wegen Akzeptanzproblemen. Digital Natives bevorzugen anstelle der Kommunikation im direkten Kontakt zwischen Kommunikationspartnern den gruppenweiten Informationsaustausch beispielsweise in sozialen Netzen oder auch Messaging-Services in Interessengruppen. Mit stark wachsenden Nutzerzahlen weit über Millionengrenzen hinaus sind beispielsweise Slack und auch Microsoft Teams zu nennen. Mit diesen kollaborativen Lösungen werden etablierte Technologien wie E-Mail, Kalender, Videokonferenzen, Dokumentenmanagement und Projektmanagement-Werkzeuge in Unternehmen zunehmend ersetzt bzw. ergänzt. Weiterhin sind hier zu nennen:

- Social Networking
- Workflowsysteme
- Wikis, Blogs, Bots
- e-Learning
- Instant Messaging Systeme
- Whiteboarding, Desktopsharing, Teamrooms
- RSS Feeds, Tagging.

Diese Technologien sind keineswegs neu, sondern in Referenzprojekten erprobt und es gibt umfassende Angebote am Markt. Eine gute Übersicht anhand von Einsatzbeispielen bietet beispielsweise eine BITKOM-Studie [Eng13] und auch weitere Marktübersichten [Rob19]. Zum Verständnis der grundsätzlich unterschiedlichen Arbeitsweise der traditionellen Kommunikations- und Zusammenarbeitswerkzeuge werden diese in Abb. 4.6 der neuen Web 2.0 orientierten Welt gegenübergestellt.

Die Gegenüberstellung verdeutlicht, dass die neuen Werkzeuge eine offene Zusammenarbeit im Team, flexible Einsatzfelder und die Integration verschiedener Werkzeuge und somit Prozesse in den Vordergrund stellen. Die traditionellen Kommunikationsanwendungen waren auf den direkten und strukturierten Dialog ausgerichtet. Elektronische Kalender, Projekt- und Dokumentmanagement sowie spezielle Softwarelösungen beispielsweisee für Entwickler unterstützten die Zusammenarbeit. Die neue Welt zeichnet sich durch Flexibilität, Offenheit und Integrationsfähigkeit und somit Transparenz für ganze Geschäftsbereiche aus. Die Nutzung erfolgt an mobilen Endgeräten über Apps voll synchronisiert mit Anwendungen auf weiteren Devices bzw. Endgeräten. Die Lösungen sind intuitiv bedienbar, sodass keine besondere Ausbildung erforderlich ist. Vielfach werden entsprechende Werkzeuge als Open Source zumindest in einer Basisversion kostenfrei angeboten, sodass ein bedarfsgerechter Einstieg in diese Umgebungen im „learning by doing" gefunden werden kann [Kor19].

Somit ergeben sich für Kollaborationswerkzeuge vielfältige Einsatzmöglichkeiten wie beispielsweise Software-Entwicklungsprojekte mit verteilten Teams an unterschiedlichen Standorten in Teamrooms, unternehmensweite Kommunikation und Meinungsbildung

Consideration	Traditonal Collaboration Tools	Web 2.0 Collaboration Tools
Focus	Clear-cut Structure	Open-minded Structure
Governance	Command & Control via Direct Dialog	Social Collaboration
Core Elements	Electronic Calendars, Project & Document Management	Wikis, Social Networks, Unified Communication & Collaboration
Value	Single Source of Truth	Open Forum for Discovery & Dialog
Performance Standard	Stability, Controllability	Flexibility, Openness, Transparency
Content	Authored	Communal
Primary Record Type	Documents, Structured Data	Conversation (Text-based, Images, Audio, Video), Unstructured Data
Searchability	Easy	Hard
Usability	User gets trained on systems and has access to follow-on support	Intuitive handling due to resemblance of enterprise systems to social networks
Accessibility	Regulated, Contained, Workplace-restricted	Ad hoc, Open, Always On
Engagement	Top-down, Management-driven	Intrinsic, collegially-driven
Policy Focus	Closed System (Knowledge Retention)	Open System (Knowledge Spillover)

Abb. 4.6 Vergleich traditioneller und moderner Kollaborationswerkzeuge. (Quelle: Autor in Anlehnung an [Moo16])

zu strategischen Initiativen über soziale Netze oder auch die Dokumentation von Arbeitserfahrungen mit einem neuen Werkzeug in Wikis. Bei Bedarf können im Internet Einsatzbeispiele der Lösungen und Referenzen abgerufen werden. Wichtig ist es, die Möglichkeiten zu erkennen, neue Formen der Kommunikation und Kooperation mit IT-Werkzeugen zeitgemäß und ansprechend zu gestalten, um sie gerade für Digitalisierungsvorhaben zu nutzen.

4.1.5   Cognitive Computing und Machine Learning

Im zu Beginn des Abschnitts gezeigten Gartner Hype Cycle wird der Bereich „Künstliche Intelligenz"" (KI) bzw. der Englische Ausdruck „Artificial Intelligence" (AI) mit unterschiedlichen Lösungen als bedeutende, kommende Technologie aufgezeigt. So werden entsprechende Elemente zunehmend in innovativen Industrieprojekten eingesetzt und das Nutzenpotenzial erweist sich als sehr hoch. Dieses innovative Feld umschreiben weitere Begriffe, wie Cognitive Computing, Machine Learning und auch Deep Learning, wobei es keine scharf abgegrenzten Definitionen gibt. Generell handelt es sich übergeordnet um das Themenfeld Cognitive Computing, das das Verstehen und Lernen auf einem höheren Level, quasi dem menschlichen Denken beschreibt. In diesem Bereich sind dann KI bzw. AI Technologien eingesetzt und unterhalb dessen umfasst Machine Learning dann die eingesetzten Methoden und Algorithmen.

Diese Algorithmen des Machine Learnings werden auf Basis von Modellen programmiert, die Muster und Gesetzmäßigkeiten in großen Datenmengen erkennen und diese in Prognosen zu Ereignissen umsetzen. Diese Erkenntnisse bzw. diese Algorithmen sind dann auf neue, vergleichbare Daten übertragbar und verbessern sich über weitere Einsatzfälle. Die Software optimiert sich nicht eigenständig, sondern es müssen vorab entsprechende Regeln vorgesehen und programmiert sein. Einsatzfelder von Maschine Learning sind beispielsweise die Einschätzung des Nutzerverhaltens auf Internetplattformen, das Aufdecken von Kreditkartenbetrug, die Optimierung von Spamfiltern und auch Handschriftenerkennung [Shw14]. Beim Ausbau zu selbstlernenden Lösungen auf Basis von neuronalen Netzen spricht man dann Deep Learning.

Im Gegensatz zum Machine Learning sind hierbei die lernenden Algorithmen nicht vorspezifiziert, sondern es werden offene Algorithmen auf einem höheren, abstrakteren Niveau eingesetzt, ähnlich der Funktionsweise des menschlichen Gehirns. Vereinfacht gesagt, bilden die Systeme aus den erkannten Mustern in den Datenbeständen Hypothesen zu Strukturen und Aussagen, die dann mit Wahrscheinlichkeiten bzw. Hypothesen validiert werden, ähnlich dem menschlichen Denkprozess. Diese Abläufe sind in einer Metaebene programmiert.

Systeme auf Basis des Cognitive Computing entwickeln sich im Laufe der Einsatzzeit im Dialog mit menschlichen Experten im fokussierten Themengebiet selbstständig weiter, sie lernen dazu. Aufgrund der immensen Leistungsfähigkeit heutiger IT-Systeme, die sich weiter exponentiell steigert, können kognitive Methoden aus immer größeren Datenbeständen mit komplexeren Algorithmen in akzeptabler Zeit beeindruckende Ergebnisse hervorbringen.

Ein bekanntes Beispiel für das Potenzial des Cognitive Computing ist die von IBM erstmalig in der US-Fernsehshow Jeopardy 2011 eingesetzte Watson Lösung [Kel15]. Diese setzte auf hochleistungsfähiger Hardware auf. Das System verstand die menschliche Sprache eines Quizmasters in Echtzeit, analysierte Hintergrund, Kontext und Wörter von Fragestellungen und suchte dann unter Nutzung der kognitiven Algorithmen in umfangreichen Datenbeständen mit Faktenwissen, Bildern und Dokumenten Lösungshypothesen zur Beantwortung der Aufgabe. Letztendlich war Watson in dem Wettbewerb erfolgreicher als zwei bisherige Champions.

Seit der Präsentation dieses Systems im Jahr 2011 hat sich der Bereich des Cognitive Computing rapide weiterentwickelt. Generell sind sie heute in der Lage, unterschiedlichste Problemstellungen aufzugreifen, zu verstehen und unter Verwendung umfangreicher heterogener Datenbestände selbstständig zu bearbeiten. Schlussfolgerungen und Vorschläge werden mit Fachwissen von Experten abgeglichen. Diese neuen Erkenntnisse greift das System ergänzend auf und entwickelt sich so immer weiter. Allen kognitiven Systemen sind folgende Aspekte gemeinsam:

- Flexible, offene Algorithmen – trainierbar und selbstlernend
- Fortschreiben von Erfahrungen – kontinuierliche Interaktion
- Flexible Einsatzmöglichkeiten und Trainierbarkeit in unterschiedlichen Fachgebieten
- Interaktion mit Menschen – auch mit Sprachsteuerung; Mehrsprachigkeit
- Verarbeitung großer Datenvolumen, sowohl strukturierter als auch unstrukturierter Daten

Durch die Fähigkeiten des Cognitive Computing, in unterschiedlichsten Aufgabenstellungen einsetzbar zu sein und sich in der Bearbeitung der Themen kontinuierlich zu verbessern, ergeben sich flexible Nutzungsmöglichkeiten mit einem immensen Potenzial. Gerade die Bearbeitung administrativer Prozesse und das Zusammenführen und Fortschreiben von Informationen kann mit Verfahren aus diesem Umfeld vollständig automatisiert werden und nach Anlernphasen Arbeitskräfte in diesen Bereichen ersetzen. Folgende Beispiele sind heute schon vollautomatisch implementiert:

- Abwicklung der Vergabe von Kleinkrediten
- Beantwortung von Fragen am Kunden-Helpdesk
- Analyse von Röntgenbildern und Krankenakten
- Rechnungsabwicklung
- Zuordnung und Planung von Logistikaufgaben
- Bewertung und Regelung von Kleinschäden
- Abwickeln von Beschaffungsvorgängen

Das sind nur einige noch relativ einfache Referenzprojekte. Die Technologie wird ebenso wie die unterlagerten IT-Systeme aber noch leistungsfähiger werden, die Algorithmen umfassender und besonders auch die sprachgesteuerten Benutzerschnittstellen sicherer. Diese Möglichkeiten werden sich explosionsartig in den Unternehmen ausbreiten und diese somit in automatisierte „cognitive Enterprises" verwandeln. Charakteristisch dazu die Anekdote aus einem Standardwerk zu diesen Entwicklungen [McA17]. Wie sehen die Mitarbeiterschaft und das Rollenspiel in einem Unternehmen im Jahr 2060 aus? Es gibt einen Kollegen und einen Hund. Der Hund passt auf, dass der Kollege keinen Knopf der IT Lösungen drückt, die im Hintergrund automatisch den Betrieb führt … und der Mensch füttert den Hund. Sicher eine Vision aber mit durchaus ernsten Elementen. Auf die Auswirkungen bzw. resultierenden Entwicklungen auf die Arbeitswelt geht Abschn. 10.1 ein.

Mit diesen Technologien ergeben sich in der Automobilindustrie gerade in den Bereichen autonomes Fahren, sprachgesteuerte Benutzerführung, Fahrzeugdiagnose und Fahrzeugkonfiguration bereits derzeit vielfältige Einsatzmöglichkeiten. Auch der persönliche Assistent, sowohl am Arbeitsplatz als auch im privaten Bereich ist absehbar, welcher einen Teil der anstehenden Arbeiten automatisch erledigt und bei den verbleibenden Themen unterstützend wirkt. Somit wird Cognitive Computing bei der Entwicklung einer Vision für die Automobilindustrie und der Ausarbeitung einer Roadmap für die Digitalisierung und auch in den Praxisbeispielen in den kommenden Kapiteln eine wichtige Rolle spielen.

4.1.6 Quantum Computing

Die exponentiell wachsende Leistungssteigerung der IT wird, wie in Abschn. 2.1 ausgeführt, durch das Mooresche Gesetz beschrieben. Die Packungsdichte der Prozessoren hat sich kontinuierlich erhöht und die Chipstruktur nähert sich bei den aktuell geplanten Abständen den physikalischen Grenzen. Die Fortsetzung der exponentiellen Leistungssteigerung erfordert somit einen Wechsel der zugrunde liegenden Basistechnologie. Eine mögliche Option ist, wie bereits in Abschn. 2.7.5 angedeutet, das Quantum Computing. Gerade vor dem Hintergrund vieler Veröffentlichungen in dem Themenfeld soll nun kurz erörtert werden, in welchem Reifegrad dieser Ansatz derzeit steht.

Hierzu zusammenfassend zum Grundansatz und zu den Herausforderungen der Technologie auf dem Weg zur Praxisfähigkeit: Die Basis von Quantencomputern sind sehr kleine Teilchen, die gemäß den Gesetzen der Quantenphysik gleichzeitig zwei verschiedene Zustände annehmen können. Diese sogenannten Qubits werden mit Algorithmen gezielt adressiert, zu Quantenregistern verknüpft und so in der Verbindung zu leistungsstarken Informationsträgern. Jedes weitere Qubit verdoppelt die Anzahl gleichzeitig abzubildender Werte und so reichen schon 300 Qubits aus, um mehr Zahlen darzustellen, als das Universum Teilchen besitzt [Mei19]. Die Herausforderung beim Bau von Quantencomputern besteht darin, dass die Qubits sehr empfindlich sind und ihren definierten Überlagerungszustand nur sehr kurze Zeit halten. Daher arbeiten die „Qubit Prozessoren" im Vakuum bei sehr tiefen Temperaturen knapp über dem absoluten Nullpunkt bei minus 273 Grad Celsius. An der praxistauglichen Umsetzung dieser Rahmenbedingungen wird intensiv weiterentwickelt. Es stehen jedoch bereits erste Systeme von mehreren Herstellern für Pilotanwendungen zur Verfügung. In dieser Phase sammeln die Automobilhersteller und auch Unternehmen aus anderen Industrien Erfahrungen anhand von unterschiedlichen Projekten. Volkswagen hat auf einer entsprechenden Fachkonferenz eine Lösung zur übergeordneten Verkehrsteuerung auf Basis einer umfassenden Routenoptimierung vorgestellt und sieht weitere Potenziale beispielsweise in der Batterieforschung [Hof19]. BMW testet im Bereich der Produktion optimalen Einsatzszenarien von Industrierobotern. Auch weitere Hersteller wie Daimler, Toyota und Ford bauen Wissen in dem Gebiet anhand von Piloten auf [Ben20]. Auch wenn die belastbare und wirtschaftliche Markreife dieser Computer noch einige Jahre auf sich warten lässt, so sind die Kenntnisse aus den Projekten sicher wertvoll, um für langfristige, komplexere Digitalisierungsvorhaben vorbereitet zu sein. Das Leistungspotenzial von Quantum Computing ermöglicht in Fortsetzung des Mooreschen Gesetzes unterschiedliche, komplexe Einsatzfälle.

4.2   Internet of Things

Neben der IT-Technologie wird auch die Sensorik immer preiswerter und leistungsstärker. Das führt dazu, dass immer mehr Gegenstände des Alltags wie beispielsweise
Kleidung, Küchengeräte, Heizungsthermen und auch Wetterstationen über Komponenten
zur Zustandserfassung und Kommunikation verfügen. Das gilt umso mehr für Objekte
und Anlagen produzierender Unternehmen, bei denen die Sensorik zur Ablaufsteuerung
oft ohnehin vorhanden ist, diese aber nun intelligenter und kommunikationsfähig wird.

Der Begriff „Internet der Dinge (IoT)" umfasst die Integration der Sensordaten
aus unterschiedlichsten „Dingen" über web-basierte Anwendungen. Sie haben das
Ziel, Nutzer zu unterstützen, Abläufe zu verbessern, steuernd einzugreifen oder auch
neue Erkenntnisse zu gewinnen. Anwendungsmöglichkeiten sind beispielsweise das
Anschalten einer Heizungsanlage im Haus, wenn der heimreisende Besitzer fast
angekommen ist, die automatische Wahl des richtigen Waschmaschinenprogramms bei
Kleidungsstücken aus empfindlichen Stoffen, oder die Nachlieferung von Lebensmitteln,
die der Kühlschrank mit Blick auf den Bestand zuvor bestellt hatte, nachdem der Nutzer
beim Start der Heimreise nach seinen Essenswünschen im Auto gefragt wurde.

Das Thema Internet of Things wird aufgrund der vielfältigen Anwendungsbereiche
in allen Industrien sowie im öffentlichen und privaten Bereich als Megathema gesehen.
Abb. 4.7 gibt einen Überblick der Einsatzmöglichkeiten [Man15].

Die Übersicht verdeutlicht, dass das IoT-Thema in vielen Bereichen präsent ist und
dort als Treiber von Digitalisierungsprojekten wirkt. Auch das wirtschaftliche Potenzial
ist erheblich, wobei dies einerseits auf der Transformation und somit Verbesserung
bestehender Prozesse und andererseits auf neuen Business-Modellen beruht. Für die
Automobilindustrie ist das Thema IoT von zentraler Bedeutung, da diese Industrie in
annähernd allen Bereichen, die Abb. 4.7 zeigt, involviert ist. Beispiele sind Lösungen
für Fahrzeuge, um sich anbahnende Probleme vorzeitig zu erkennen und zur Vermeidung von Ausfällen Wartungsservices einzuplanen. Des Weiteren ist es möglich,
in Städten beispielsweise die Fahrzeug-Sensorik mit Ampelsignalen oder Parkplatz-
belegungs-Sensoren zu verbinden, um die Fahrtroute entsprechend den Fahrerwünschen
zu gestalten. Im industriellen Umfeld können Informationen von Logistikfahrzeugen
über Liefersituationen zur Steuerung der bedarfsgerechten SupplyChain genutzt werden.
Konkrete Projektbeispiele dazu werden in Abschn. 9.4 erläutert. IoT im Bereich der
Produktion ist direkt Teil von Industrie 4.0 Initiativen.

4.3   Industrie 4.0

Die Bezeichnung „Industrie 4.0" wurde in Deutschland basierend auf einer politischen
Initiative geprägt, um die Produktion im Sinne der Standortsicherung und Wettbewerbs-
verbesserung weiter zu automatisieren. Neu gegenüber früheren Konzepten wie CIM
oder Lean Production ist die durchgängige Digitalisierung von Produkt und Produktion

Setting		Description	Examples
	Human	Devices attached to or inside the human body	Devices (wearables and ingestibles) to monitor and maintain human health and wellness; disease management, increased fitness, higher productivity
	Home	Buildings where people live	Home controllers and security systems
	Retail environments	Spaces where consumers engage in commerce	Stores, banks, restaurants, arenas—anywhere consumers consider and buy; self-checkout, in-store offers, inventory optimization
	Offices	Spaces where knowledge workers work	Energy management and security in office buildings; improved productivity, including for mobile employees
	Factories	Standardized production environments	Places with repetitive work routines, including hospitals and farms; operating efficiencies, optimizing equipment use and inventory
	Worksites	Custom production environments	Mining, oil and gas, construction; operating efficiencies, predictive maintenance, health and safety
	Vehicles	Systems inside moving vehicles	Vehicles including cars, trucks, ships, aircraft, and trains; condition-based maintenance, usage-based design, pre-sales analytics
	Cities	Urban environments	Public spaces and infrastructure in urban settings; adaptive traffic control, smart meters, environmental monitoring, resource management
	Outside	Between urban environments (and outside other settings)	Outside uses include railroad tracks, autonomous vehicles (outside urban locations), and flight navigation; real-time routing, connected navigation, shipment tracking

Abb. 4.7 Anwendungsbereiche des Internet-of-Things. (Manyka)

bei möglichst hoher Flexibilität der Auftragsstruktur und der Lieferantenanbindung bis hin zur Losgröße 1. Hierzu sind IT, Sensorik und Produktionstechnologie so zu verknüpfen, dass eine integrierte IoT-Umgebung entsteht.

Mit „4.0" wird die Positionierung dieser Phase der Digitalisierung als vierte industrielle Revolution betont, nach den vorhergehenden drei Phasen Dampfantrieb, Fließband und speicherprogrammierbare Steuerungen. Um das angestrebte reibungslose Zusammenwirken zwischen Technik, Menschen und Computern zu erreichen, hat ein Arbeitskreis mittlerweile bewährte Umsetzungsempfehlungen zu Architekturen, technischen Standards und Normen erarbeitet [Kag13]. Die Arbeit des Gremiums wird fortgesetzt und Forschungsvorhaben und Pilotprojekte treiben die Umsetzung nachhaltig voran.

Die Industrie 4.0-Referenzarchitektur ist in einem VDI/VDE-Statusreport dokumentiert [Ado15]. Abb. 4.8 zeigt daraus das Komponentenmodell mit der Abgrenzung von Office- und Shop Floor-Layer. Während im Officebereich die Geschäftsprozesse transaktionsorientiert ablaufen, wird im Shop Floor-Bereich nahe den Sensoren und Aktoren in Echtzeit gearbeitet.

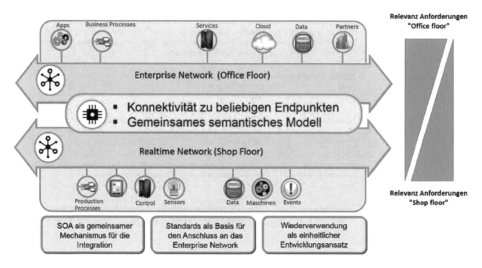

Abb. 4.8 Komponentenmodell Industrie 4.0 in Office und Shop Floor Layer. (VDI/VDE)

Im Office- bzw. Enterprisebereich etablieren sich Cloud-Lösungen. Diese können wegen der geforderten Echtzeitfähigkeit aber nicht gleichzeitig die IT-Services im Shop Floor-Bereich bereitstellen, weil die Übertragungsgeschwindigkeit nicht hoch genug ist und Latenzzeiten hinzukommen. Deshalb etabliert sich hier eine Architektur, die eine Trennung der beiden Umgebungen vorsieht. Für das Produktionsumfeld mit Sensoren, Aktoren, Steuerung, Feldbussystemen etc. finden spezielle Cloud-Lösungen nach dem Prinzip des sogenannten Edge- bzw. Fog-Computing Anwendung [Coo19]. Die Verbindung mit den Cloud-Umgebungen erfolgt über Edge Gateways. Diese verbinden die speziellen echtzeitfähigen Shop Floor-Protokolle mit den überlagerten Enterprise Cloud-Anwendungen. Je nach Größe der IoT- bzw. Produktions-Umgebung sind ein oder mehrere Gateway-Instanzen erforderlich. Auf Basis der Idee, mehrere kleinere Edge-Server auf dem Shop Floor einzusetzen, erfolgt eine Lastverteilung und damit eine Verarbeitung von Echtzeitanwendungen unabhängig von der Enterprise-Cloud. Demzufolge ermöglicht Edge-Computing auch die Umsetzung von machine-to-machine-Anwendungen und die lokale Vorverarbeitung und Handhabung von Massendaten. Ausgehend vom Shop Floor breitet sich das Konzept des Edge Computing auch in anderen Anwendungsbereichen wie beispielsweise Connected Services für Autos, Smart Grid im Energiesektor und im Bereich Smarter Cities aus.

Das Thema Industrie 4.0 ist in Deutschland in den vielen produzierenden Unternehmen in der Implementierungsphase und es ist eine Vielzahl von Referenzen bekannt. Diese stammen oft aus den Bereichen Wartung und Services, wo unter Verwendung von Big Data-Konzepten vorbeugende Maßnahmen helfen, Ausfälle von Produktionseinrichtungen zu vermeiden. Ein umfassendes Implementierungsbeispiel für IoT/Industrie 4.0 zeigt Abb. 4.9 [Man15].

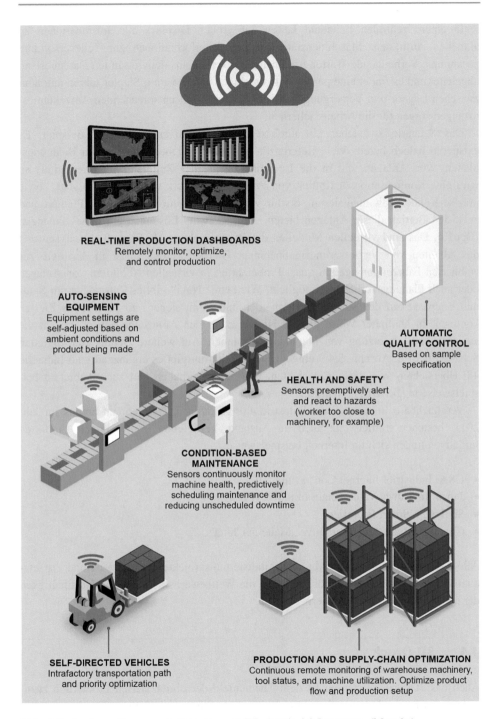

REAL-TIME PRODUCTION DASHBOARDS
Remotely monitor, optimize,
and control production

**AUTO-SENSING
EQUIPMENT**
Equipment settings are
self-adjusted based on
ambient conditions and
product being made

**AUTOMATIC
QUALITY CONTROL**
Based on sample
specification

HEALTH AND SAFETY
Sensors preemptively alert
and react to hazards
(worker too close to
machinery, for example)

**CONDITION-BASED
MAINTENANCE**
Sensors continuously monitor
machine health, predictively
scheduling maintenance and
reducing unscheduled downtime

SELF-DIRECTED VEHICLES
Intrafactory transportation path
and priority optimization

PRODUCTION AND SUPPLY-CHAIN OPTIMIZATION
Continuous remote monitoring of warehouse machinery,
tool status, and machine utilization. Optimize product
flow and production setup

Abb. 4.9 Implementierungsmöglichkeit von IoT/Industrie 4.0-Lösungen. (Manyka)

In einem zentralen Leitstand laufen auf großen Displays alle Informationen zu aktuellen Aufträgen, Maschinenstati und Logistikinformationen zur Teileversorgung zusammen. Vorbeugende Wartungsmaßnahmen werden aus dem gesamten Datenbestand abgeleitet und es findet eine permanente Qualitätskontrolle statt. Stapler fahren autonom zwischen Lägern und Versorgungspunkten. Sensoren mit entsprechenden Anwendungslösungen sorgen für die Arbeitssicherheit.

Das Szenario ist sicher ein umfassendes und fiktives, visionäres Beispiel. Es existieren jedoch bereits viele Referenzen aus den Bereichen der flexiblen Belegungsplanung von Anlagen, die in die Logistikkonzepte der Zulieferer integriert sind. So wird eine Konfigurationsflexibilität von Produkten bis kurz vor Produktionsstart, sowie präzise Kundenindividualisierung bis hin zur Losgröße 1 möglich. Für die Planung und auch den Betrieb dieser Anlagen bieten „Digital Twin" Lösungen ein hohes Potenzial [Deu19]. Das sind virtuellen Modellen der Realumgebung als Basis für Analysen und das Ableiten von Verbesserungsmaßnahmen. Hierbei werden quasi in Analogie zur etablierten Fahrzeugnavigation quasi Probefahrten in virtuellen Abbildern von Anlagen oder auch Planungsvorhaben ermöglicht. Wie beim „Navi" gibt es Ratschläge um Staus und Engpässe auf der Strecke zu vermeiden und somit sicher und planbar ins Ziel zu kommen. In ähnlicher Weise gibt es Hinweise für den Anlagenbetrieb oder auch die automatische Umsetzung von Planungsmaßnahmen. Auf weitere Details zum digitalen Schatten wird in Abschn. 5.4.9 eingegangen. Weiterhin gibt es ergänzend gute Industrie 4.0 Übersichten von Referenzprojekten, Forschungsvorhaben und auch Anbietern beispielsweise in [BMBF17], [Bit20].

Vergleichbare Initiativen wie Industrie 4.0, gestartet in Deutschland bereits im Jahr 2011, bestehen mittlerweile auch im Ausland. Vertiefende Informationen zu diesen Initiativen finden sich im Internet, beispielsweise:

- USA: Industrial Internet Consortium (IIC)
- Japan: Industrial Value-Chain Initiative (IVI)
- Südkorea: Smart Factories
- China: Fünfjahresplan Initiative „Made in China".

Alle diese Aktivitäten wollen durch Digitalisierungsprojekte die Effizienz und Prozessqualität in der Produktion erhöhen und so die Wettbewerbsfähigkeit und Nachhaltigkeit der nationalen Industrie absichern.

4.4 3D-Druck

Auch das 3D-Druckverfahren ist dem Themenfeld der digitalisierten Produktion zuzuordnen. Es ist mittlerweile dem Forschungs- und Pilotprojektstatus entwachsen und in die industrielle Fertigung eingezogen. So positioniert Gartner das 3D-Verfahren bereits nicht mehr im Hype Cycle für kommende Technologien, sondern sieht stattdessen bereits den Nanoscale 3D-Druck und im Ausblick den sogenannten 4D-Druck. Dieses Verfahren befindet sich im Forschungsstadium. Hierbei wird dem Material, gefertigt unter Nutzung von 3D Verfahren, noch eine weitere Dimmension beispielsweise Zeit oder steuerbare Beweglichkeit mitgegeben [Zol20]. Gerade in der Automobilindustrie hat sich das 3D-Verfahren in einigen Bereichen etabliert, ausgehend vom Prototypenbau über den bedarfsgerechten Druck von Ersatzteilen, der Produktion von speziellen Werkzeugen bis hin zur Fertigung von kundenindividuellem Interieur. Wegen der zu erwartenden weiteren Leistungssteigerung des Verfahrens und der Verbesserung der eingesetzten Werkstoffe besitzen die additive Fertigungsverfahren mit Einzug in die Serienfertigung das Potenzial einer „disruptive technology", also einer revolutionären Veränderung bisher etablierter Fertigungsverfahren. Die wachsende Bedeutung und den weiteren Ausbau dieser Technologie untermauert die Abschätzung des zugehörigen Marktvolumens, das bei über 20 Mrd. US$ pro Jahr gesehen wird, worin die Kosten für Drucker, Materialien, Software und Dienstleistungen eingerechnet sind.

Unter dem Oberbegriff 3D-Druck werden unterschiedliche Verfahren aus dem Bereich der additiven Fertigung zusammengefasst. Gemeinsam ist diesen Verfahren, dass im Gegensatz zu traditionellen abtragenden Verfahren, wie z. B Drehen und Fräsen, bei der additiven Fertigung das Zielprodukt schrittweise aus Materialschichten aufgebaut wird. Dabei lassen sich nach Abb. 4.10 drei Verfahren unterscheiden [Pos18].

Beim sogenannten PBF- bzw. pulverbasierten Verfahren wird eine dünne Werkstoffschicht aus Kunststoff oder Metall auf einer Arbeitsfläche aufgetragen und dann mit Laserstrahlen geschmolzen oder gesintert. Nach der Verfestigung wiederholt sich dieser Vorgang schichtweise bis zum Erreichen der Zielform. Beim EB- bzw. Extrusionsverfahren werden thermoplastische Kunststoffe durch eine beheizte Düse in Bahnen bzw. Schichten abgelegt. Das PP- bzw. Photopolymerisationsverfahren nutzt flüssige Werkstoffe, die beispielsweise durch UV-Strahlen zielgenau schichtweise verfestigt werden. Beim Binder Jetting-Vorgehen werden ähnlich dem Tintenstrahldrucken abwechselnd schichtweise Werkstoffpulver und Binder aufgetragen. Das Bauteil besteht dann aus einer Vielzahl Pulver- und Binderschichten. Es erreicht in diesem Verbund eine hohe Festigkeit und ist besonders für große Objekte geeignet. Es sind weitere Verfahren bekannt, oft auch Derivate der vorgestellten Ansätze, auf die hier nicht vertiefend eingegangen und stattdessen auf die Fachliteratur verwiesen wird [Geb13, VDI14].

Die Automobilindustrie setzt seit langem additive Fertigungsverfahren ein und der Reifegrad ist weit fortgeschritten. Am Häufigsten kommen dabei die pulverbasierten Technologien und das Extrusionsverfahren zur Anwendung. Einsatzfelder sind jedoch nicht Groß-Serien mit hohen Stückzahlen, bei denen auch in Zukunft traditionelle Fertigungsverfahren dominieren werden, sondern variantenreiche Produkte mit kleineren Stückzahlen. Neben dem Prototypenbau sind beispielsweise die Fertigung von speziellen Werkzeugen und Ersatzteilen etablierte Einsatzfelder, die die Vorteile der hohen Flexibilität und kurzen Durchlaufzeit nutzen. So können auch komplizierte Bauteilgeometrien wirtschaftlich gefertigt werden. Mit der Leistungssteigerung auch. In Richtung des 4D-Verfahrens ergeben sich sicher weitere Einsatzbereiche.

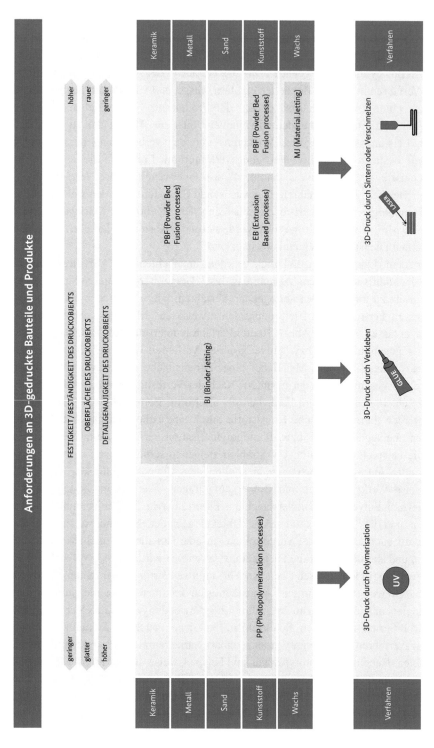

Abb. 4.10 Verfahrensmodelle additiver Fertigung. (Richter)

Führend bei der Fahrzeugfertigung auf Basis von additive Fertigungsverfahren ist die Firma Local Motors aus Kalifornien, die bereits 2014 ein erstes Fahrzeug vorstellte, das komplett mit dieser Technologie gefertigt wurde. In der Weiterentwicklung stellte die Firma 2016 einen selbstfahrenden Mini-Bus vor, genannt Olli, dessen Teilefertigung ebenfalls vollständig mithilfe von 3D-Druckverfahren erfolgt und der kontinuierlich weiter verbessert wird [Hen20]. Das Beispiel wird in Abschn. 9.2 vertieft.

Da die Fertigung des Busses vollständig auf 3D-Druckverfahren aufsetzt, plant Local Motors interessante Produktionskonzepte. Statt der Massenfertigung in zentralen großen Fabriken sind lokale 3D-Druckwerkstätten nahe an den Kunden vorgesehen. Die Vision ist es, marktorientiert ein weltumspannendes Netz dieser Mini-Fabriken zu etablieren, die flexibel in der Lage sind, lokale Erfordernisse unmittelbar in die Produkte einfließen zu lassen.

Angesichts dieser Idee könnte eine Vision, die vor einiger Zeit geäußert wurde, zumindest in Facetten zutreffen. Demnach seien im Jahr 2035 im Wolfsburger Volkswagen-Werk keine Bänder mehr im Einsatz, allenfalls als Museumsstücke. Stattdessen gäbe es ein eng abgestimmtes Netzwerk vieler kleiner Produktionsstätten mit über 10.000 3D-Schnelldruckern, 100 Designbüros, 500 Marketingfirmen und 300 Montage- und Testcentern [Eck13].

Sicher ist es noch ein weiter Weg, um diese Vision umzusetzen. Noch sind gerade bei hohen Stückzahlen traditionelle Fertigungsverfahren den additiven Technologien überlegen. Aber in den bereits genannten Feldern, die bei geringen Stückzahlen Flexibilität und Geschwindigkeit erfordern, ist der 3D-Druck heute schon wettbewerbsfähig. Mit einem weiteren Leistungsausbau ist der Einzug in die Serie absehbar, zumal diese aufgrund der weiter steigenden Kundenindividualität und hohen Segmentierung kleiner werden. Besonders im Bereich der neuen Elektroantriebe, gekennzeichnet durch weniger und einfachere Komponenten und kleinere Serien, wird der 3D-Druck vermutlich eine wichtige Rolle spielen.

4.5 Virtual und Augmented Reality

Im Folgenden wird ein weiterer Technologiebereich vorgestellt, der als Kernelement von Digitalisierungsprojekten in der Produktion, aber auch in vielen anderen Unternehmensbereichen wie beispielsweise Verkauf und Service sowie in der Entwicklung einzuordnen ist. „Virtual Reality" und „Augmented Reality" werden oft als Synonym genutzt, sind jedoch durchaus zu unterscheiden. Bei Virtual Reality (VR) handelt es sich um eine vollständig computergenerierte 3D-Darstellung von Gegenständen ohne Kopplung zur realen, physischen Welt. Der Betrachter kann sich in einer virtuellen Welt bewegen, beispielsweise in einer Straße oder in einer Fabrikhalle. Typische Anwendungen sind 3D-Filme, Computerspiele oder auch animierte Bedienungsanleitungen. Der Nutzer ist reiner Konsument und die Interaktion findet in der programmierten Umgebung über Konsolen oder Eingabegeräte statt.

Unter Augmented Reality oder „AR" (wörtlich: erweiterte Wirklichkeit) versteht man hingegen die Projektion einer computergenerierten Szene in die reale Welt. Hierbei findet eine Interaktion in Echtzeit in hochauflösenden Graphiken oft in 3D-Darstellungen statt. Es gibt Mischformen zwischen beiden Technologien, in denen beispielsweise reale Situationen reflektiert und durch Simulation virtuell vorgeplant werden oder man untersucht Alternativlösungen. So überlagern sich virtuelle und reale Welt, ggf. ergänzt um relevante Informationen. Augmented Reality ist eine Technologie, die unterschiedliche Datenquellen mit heterogener Datenart und hohem Datenvolumen mit leistungsfähigen Ausgabemöglichkeiten wie Animationen, Text und Sprache, intelligent verbindet. Diese Lösungen nutzen Techniken von Big Data, Analytics und Cognitive Computing und sind so in vielen Bereichen einsetzbar. Einsatzmöglichkeiten in der Automobilindustrie beispielsweise in der Entwicklung und auch der Produktion beschreiben [Klo19 und Vol20].

Den grundsätzlichen Aufbau einer Augmented Reality-Anwendung mit den erforderlichen Systemkomponenten zeigt Abb. 4.11 am Beispiel eines Werker Arbeitsplatzes [Teg06].

Die Gesamtlösung besteht aus Hardware- und Softwarekomponenten. Grundsätzlich sind zu unterscheiden: Eingabesysteme zur Erfassung der realen Szene (hier Kamera), Verarbeitungssysteme zur Verfolgung (Tracking) der Situation, Integration von virtuellen Elementen und weiterer Daten zur Aufbereitung der integrierten Gesamtszene (Szenengenerator). Ausgabesysteme zeigen dem Nutzer die Gesamtszene (hier mithilfe einer

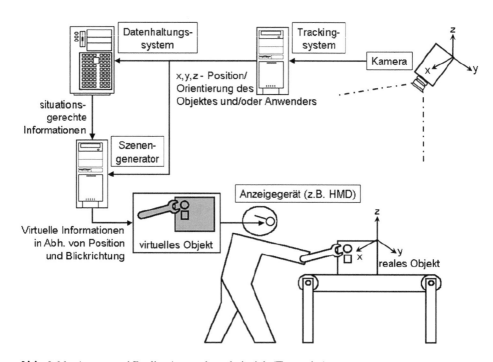

Abb. 4.11 Augmented Reality Anwendungsbeispiel. (Tegtmeier)

Daten-Brille). Die Lösungskomponenten können in unterschiedlichsten Technologien ausgeführt sein. Die Rechenleistung zur Ausführung der AR-Aufgabe steht je nach Anwendungsfall bzw. Leistungsbedarf auf dedizierten Rechnern, über Cloudlösungen oder mit speziellen Appliances bereit. Unter Appliances werden hier integrierte Geräte verstanden, die für einen speziellen Einsatzfall sowohl die Hardware als auch die erforderliche Software enthalten, beispielsweise zur schnellen Analyse von großen Datenmengen oder auch zur abgesicherten Datenübertragung.

Für die Eingabe kommen neben Tastatur, Touchscreen und mechanischen Geräten auch alle Arten von Sensoren und Kameras zum Einsatz. Auch für die Ausgabe bzw. Anzeige stehen verschiedene Geräte zur Verfügung, beispielsweise:

- Monitore … traditionelle Bildschirme, Displays von Smartphones
- Videoprojektionen … Darstellung auf großen Monitoren oder Projektionsflächen
- Videobrille bzw. Head Mounted Display (HMD) … Brille oder auch spezieller Daten-helm
- Datenbrille … partielle Brille, die parallel den Blick auf die reale Szene zulässt
- Kontaktlinsen mit Display … Kontaktlinsen mit integrierten Anzeigen
- Retinale Datenbrille … direkte Projektion auf die Retina des Nutzers.

Es ergeben sich vielfältige Einsatzmöglichkeiten im privaten Bereich und für Unter-nehmen, gerade auch im Bereich der Automobilindustrie. Beispiele für den dortigen AR-Einsatz sind:

- Einblenden von Arbeitsanweisungen über Datenbrillen bei der Ausführung komplizierter Montageabläufe
- Virtueller Test von Montagevorgängen wie beispielsweise Einbau des Antriebsstrangs
- Durchspielen von Materialflusskonzepten an virtuellen Fabrikmodellen
- Darstellung von Fahrzeugkonfigurationen als 3D-Modell im Showroom bei Inter-aktion mit Exponaten unterschiedlicher Interieurs
- Gemeinsame Arbeit von Designern am 3D-Modell eines Fahrzeugs am Großbildschirm zur Verfeinerung von Konzepten
- Einblenden der Fahrbahnbeschaffenheit auf die Windschutzscheibe eines Fahrzeugs
- Sprachgesteuerte Interaktion mit einem intelligenten Fahrerassistenten
- Gestiksteuerung in der Fahrzeugbedienung
- Interaktives Training von Servicemitarbeitern während der Ausführung von Reparaturarbeiten.

Zu fast allen Beispielen findet man im Internet Erfahrungsberichte der Hersteller, die Virtual und Augmented Reality einsetzen. Aufgrund des hohen Nutzens, der Akzeptanz und einer weiteren kontinuierlichen Verbesserung der Leistungsfähigkeit der Lösungen ist mit einem massiven Anstieg der Verbreitung zu rechnen. So wird für VR/AR-Lösungen ein stetiges Marktwachstum auf über 150 Mrd US$ mit Schwerpunkt im Bereich AR und im

Softwareanteil der Lösungen [Kin19]. Andere Studien sehen etwas niedrigere Werte des zukünftigen Markvolumens, allerding auch weiterhin in beträchtlicher Größenordnung, sodass auch diese Technologien ebenfalls als disruptiv einzuschätzen sind.

4.6 Wearables und Beacons

Wichtiges Element aller AR-Lösungen sind die Eingabesysteme. Etabliert sind Techniken wie Tastaturen, Sensoren und Kamerasysteme. Im folgenden Abschnitt seien kurz zwei noch relativ neue Technologien vorgestellt, die als innovative und stark wachsende Lösungen starke Beachtung finden.

Wearable Devices, kurz Wearables genannt, sind intelligente, kleine am Körper getragene Geräte wie Datenbrillen, Fitnessbänder, Smart Watches und Sensoren, die in Kleidung eingearbeitet sind, sowie auch Datenhandschuhe. Einhergehend mit dem steigenden Interesse und Geschäftspotenzial des Internet of Things und von Augmented Reality wird auch für den Bereich der Wearables ein rasches Wachstum prognostiziert. Grundsätzlich sind Wearables mit dem Internet verbunden und es sind zwei Ausführungsformen zu unterscheiden. Zum einen Devices, die eine reine Input/Output-Funktion (I/O) übernehmen, wie beispielsweise Kleidungssensorik oder auch Datenbrillen, und zum anderen Geräte, die neben den I/O-Möglichkeiten auch über eine eigene Rechenleistung verfügen, um so lokal direkt Anwendungen auszuführen, beispielsweise Smart Watches.

Wearables finden sich zunehmend auch in der Automobilindustrie. Beispiele zum Einsatz der Datenbrille wurden im vorherigen Abschnitt aufgeführt. Weitere Optionen bestehen darin, Arbeitskleidung von Werkern mit Sensorik auszustatten, welche die Belastung im Arbeitsablauf erfassen. Unter Nutzung der Daten werden dann Arbeitsabläufe verbessert oder auch gesundheitsbelastende Prozesse durch den Einsatz geeigneter Hilfsmittel für die Werker vermieden.

Weitere Einsatzbeispiele stammen aus dem Kundenservice für Automobile. Die Servicemitarbeiter rufen über ihre Smartwatch den nächsten Serviceauftrag ab. Dann werden sie über „point to pick"-Lösungen angeleitet, die richtigen Ersatzteile zu verbauen und bei der Ausführung durch Anweisungen über eine Datenbrille unterstützt. Weitere Einsatzmöglichkeiten bietet der Vertriebsbereich. Beispielsweise haben viele Autohändler virtuelle Verkaufsräume etabliert. Hier können interessierte Kunden ausgewählte Fahrzeugkonfigurationen in einer virtuellen Umgebung testen. Leistungsfähige 3D-Brillen inkl. Lautsprecher für das Fahrgeräusch vermitteln ein umfassendes Fahrerlebnis. Interaktiv ist die Ausstattung variierbar und über Gestensteuerung lassen sich Motorhaube und Türen des virtuellen Fahrzeugs öffnen, um Details zu inspizieren.

Ebenfalls primär im Handel ermöglicht eine weitere Technologie, die Interaktion mit dem Kunden auszubauen und ihn individuell anzusprechen. Dazu dienen sogenannte Beacons. Hierbei handelt es sich um batteriebetriebene streichholzschachtelgroße Sender. Diese senden in kurzen Intervallen Signale mit ihrer gerätespezifischen ID. Die Datenübertragung erfolgt beispielsweise mit der sogenannten Bluetooth Low Energy

Technologie, die sehr stromsparend bei Reichweiten von bis zu 30 m arbeitet [Hol19]. Die Signale werden mithilfe korrespondierender Apps empfangen. Über die Auswertung der Signale der Beacons im Verkaufsraum kann der genaue Standort eines potenziellen Kunden erkannt und dieser dann punktgenau mit Informationen zu Produkten in seinem Sichtfeld versorgt werden. Darüber hinaus lässt sich der Interessent auch gezielt mit entsprechenden Hinweisen durch den Verkaufsraum zu Angeboten führen, die seine Interessenlage anspricht.

Für den angesprochenen Einsatzfall von Beacons im Handel gibt es bereits viele Referenzen in Apple Stores oder auch bei Starbucks. Der Handelsbereich ist für diese Technologie sicher ein geeignetes Geschäftsfeld. Darüber hinaus eröffnen sich auch in vielen weiteren Feldern interessante Einsatzmöglichkeiten, so in der Logistik, im Service und in der Produktion. Die Nutzung von Beacons im Automobilbereich steht am Anfang.

4.7 Blockchain

Der Begriff „Blockchain" ist vielen aus der Welt der Internetwährungen, den Bitcoins, bekannt und aufgrund der Diskussionen um dieses Thema oft auch eher negativ belegt. Bei dem Ansatz geht es um das Verfahren, die Währungsvolumen und -bewegungen transparent und somit sicher zu steuern und zu dokumentieren. Dieses Verfahren lässt sich von den Internetwährungen abkoppeln und generell nutzen. Die Einsatzmöglichkeiten von Blockchain sind so universeller Natur und nicht auf den Finanzbereich beschränkt. Kennzeichnend für die Nutzungsmöglichkeiten sind Geschäftsbeziehungen zwischen Partnern, die wiederum Teil einer Kette sind bzw. das Bestehen von Vorgänger- und Nachfolgerbeziehungen. So wird der Grundansatz mittlerweile für viele andere Prozess- und Geschäftsbereiche auch in der Automobilindustrie in ersten Projekten genutzt [San20].

Zielsetzung der Blockchain-Architektur ist es, direkte und sichere Geschäftsbeziehungen zwischen zwei Parteien ohne Zwischenhändler zu ermöglichen, beispielsweise für Geldüberweisungen von A nach B ohne eine abwickelnde Bank. Vor und nach einer Transaktion sind schließlich bereits Überweisungen gelaufen, die zumindest Teilumfänge der Transaktion betreffen können. Die Grundidee von Blockchain ist es, ein Netzwerk dieser Transaktionen transparent für alle Beteiligten zu speichern und chronologisch fortzuschreiben. Um das Verfahren fälschungssicher zu machen, wurde eine mehrschichtige Architektur entwickelt, in der die Änderungen der Transaktionen in einem Block des Datensatzes komplex verschlüsselt abgelegt werden. Die Grundstruktur zeigt Abb. 4.12, entnommen den öffentlichen Entwicklerrichtlinien für Bitcoin, dem Internetzahlungsmittel, das, wie ausgeführt, über Blockchainverfahren abgesichert wird [Bit16].

In dem gesamten Verfahren wird über Verifizierungsmechanismen abgesichert, dass der Zahlende zum Zeitpunkt der Transaktion auch Besitzer der Mittel ist. Jede neue Transaktion wird in einem neuen Block gespeichert und an die vorhergehenden Blöcke angehängt. So entsteht eine Kette von Datenblöcken, die den Namen des Verfahrens erklärt.

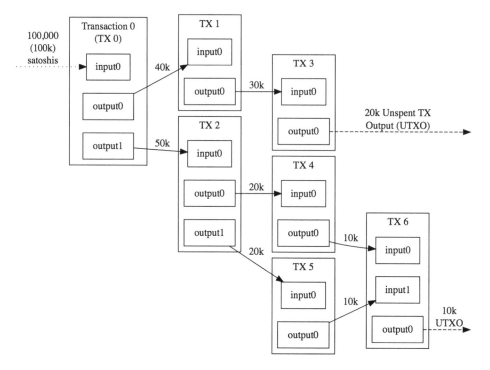

Abb. 4.12 Grundstruktur des Blockchainverfahrens. (Bitcoin)

Blockchain-Lösungen versprechen viele Vorteile. Neben dem Sicherheitsaspekt sind die Kostenvorteile durch die Einsparung einer Mittlerorganisation und die Transparenz der Transaktionen zu nennen. Die Nachteile liegen im Aufwand und der Bearbeitungszeit zur durchgängigen Handhabung (Speichern, Verschicken, Updaten) der Transaktionen. Aus diesem Grunde ist das Verfahren aktuell eher für Anwendungsfälle mit individuellen Geschäftsinhalten und geringem Transaktionsvolumen vorgesehen und nicht für standardisierte Massenvorgänge. Diese sind mit spezialisierten und optimierten IT-Lösungen kostengünstiger abzuwickeln.

Das Thema Blockchain wird als disruptive Technologie eingestuft. Daher greifen diesen Ansatz immer mehr Anwender und Anbieter mit entsprechenden Lösungsangeboten auf. Auch viele Startups gründen sich rund um dieses Thema und es entsteht eine rasch wachsende Community. Im Automobilumfeld sind typische Einsatzfelder beispielsweise Logistikprozesse in der Supply Chain, Services im Bereich Garantieabwicklung, Fahrzeugsteuerung oder Abwicklung von Kurzausleihen im Bereich Mobilitätservices sowie Zahlungen im Bereich Connected Services. Diese Beispiele zeigen die flexiblen Nutzungsmöglichkeiten. Für weitere Einsatzüberlegungen sei auf eine aktuelle Studie verwiesen [Han19]. Ein Praxisbeispiel wird in Abschn. 9.3 erläutert.

Die Ausbreitung von Blockchains könnte sich beschleunigen, wenn sich zur Abwicklung der Transaktionen bei entsprechendem Volumen in Unternehmen generelle

Plattformen auch durch Drittanbieter etablieren, welche die Abwicklung standardisiert anbieten und so effizient gestalten. Auf dieser Basis wird die Bedeutung weiter wachsen. Es bleibt abzuwarten, ob sich hieraus ausgehend von vielen Initiativen der disruptive Trend bestätigt. Mögliche Kosten-, Sicherheits- und Transparenzvorteile sind die Treiber.

4.8 Robotik

Noch vor ein paar Jahren war klar, dass beim Begriff „Robotik" der Einsatz von entsprechenden eisernen Kollegen in der Produktion gemeint war. Seit einiger Zeit ist aber als weiteres Feld die Automatisierung von Geschäftsprozessen mit Hilfe von Softwarelösungen hinzugekommen. Auch hierbei spricht man von Robotern, allerdings Prozessrobotern. Auf beide Themenbereiche wird im folgenden Abschnitt eingegangen.

4.8.1 Industrieroboter

Eine lange bewährte Automatisierungstechnologie in der Fertigungsindustrie sind Industrieroboter. Diese nutzt die Automobilindustrie seit über 50 Jahren in der Produktion. Einsatzfelder sind schwere und für Mitarbeiter körperlich belastende taktgebundene Tätigkeiten beispielsweise in Schweißstraßen oder der Endmontage. Im Jahr 2018 lag die Anzahl der weltweit installierten Roboter in der Industrie bei über 2.4 Mio. Einheiten bei einer sogenannten Roboterdichte (Anzahl Roboter bezogen auf 10.000 Beschäftigte) in der Fertigung im weltweiten Durchschnitt von 99 Systemen. Im Vergleich weist Deutschland mit 338 Einheiten (fast gleichauf mit Japan, 327) eine relativ hohe Dichte auf, während die USA mit 217 Robotern mit Abstand folgt und China mit 140 Einheiten hintenansteht [Wya19]. Auch wenn somit umfassende Erfahrungen beim Robotereinsatz vorliegen, gehört dieses Technologiefeld dennoch zu den Innovationsfeldern, die eine hohe Aufmerksamkeit verdienen, da sich die Einsatzmöglichkeiten der Robotik zurzeit stark erweitern und gerade in den neuen Feldern von zusätzlichem Wachstum auszugehen ist.

Treiber sind sich verändernde Bedarfe und Einsatzfelder einhergehend mit den erweiterten Möglichkeiten der Geräte. Die hohe und weiter steigende Rechnerleistung, einfache Programmierverfahren und die wachsende mechanische Leistung der Roboter treiben die Ausbreitung von Robotik in neue Unternehmensbereiche voran. Der Einsatz wird mit der steigenden Flexibilität auch für kleine Losgrößen interessant. Die Fahrzeuge entstehen immer kundenindividueller in kleinen Stückzahlen. Zukünftig sind daher in der Produktion immer weniger Fließbänder vorhersehbar. Stattdessen entstehen autonome Fertigungszellen, in denen die Werker flexibel ohne Taktbindung direkt mit Robotern zusammenarbeiten.

Auch in den bisher für die Robotik unerschlossenen Bereichen finden zunehmend Roboter Verwendung, beispielsweise zur Montage komplexer Teile und auch bei

Arbeiten im Service- und Dienstleistungsbereich. Neben den etablierten Industrierobotern kommen somit zukünftig leichtere kollaborative Systeme und auch Serviceroboter zum Einsatz. Die Roboter werden über mehr Sensorik verfügen, die auch erforderlich ist, um die Sicherheit in der Mensch-Roboter-Kooperation (MRK) zu gewährleisten. Mithilfe dieser Sensoren erfassen die Roboter, ob Menschen ihrem Aktionsradius gefährlich nahekommen und stoppen dann sofort die Bewegung. Aufgrund dieser Sensitivität sind Roboter zukünftig nicht mehr von Sicherheitszäunen umgeben und man spricht dann von der „Fenceless Production". Auch die Serviceroboter arbeiten ohne Sicherheitszaun und so sind heute bereits Geräte in der Altenpflege oder auch bei der Reinigung von Fahrzeugen im Einsatz.

Weiterhin unterstützen leistungsfähige, innovative Programmierverfahren die zunehmende Robotikausbreitung. Während in der Vergangenheit spezielle Programmierverfahren und Werkzeuge erforderlich waren, erleichtert die graphisch orientierte Programmierung den Einsatz der Roboter. Beim Teach-In-Verfahren führen demgegenüber erfahrene Werker den Roboter direkt und lernen ihn so an. Zukünftig werden auch gesten- und sprachgesteuerte Programmierung genutzt, um die Einsatzmöglichkeiten zu verbessern und die Kosten für die Initialisierung zu senken.

Zusätzlich zur technischen Machbarkeit ist ein Vergleich der zu erwartenden Stückkosten ein wichtiges Entscheidungskriterium für den Robotereinsatz. Volkswagen hat hierzu eine beispielhafte Abschätzung veröffentlicht, zusammengefasst in Abb. 4.13 [Dol15]. Je nach Investitionskosten für den Roboter ergeben sich in dem Szenario Kosten pro Stunde unterhalb einem und zwölf Euro. Vergleichbare Stundenkosten für Werker, wie auch in der Studie ausgeführt, liegen bei Vollkosten im Bereich von fünfzig Euro. Somit spricht auch der wirtschaftliche Vergleich für den Robotereinsatz.

Prämissen

Laufzeit ——————————————— 7 Jahre

Betriebszeit ——————————————— 250 Arbeitstage/Jahr mit 20 Std./Arbeitstag
= 5000 Std./Jahr x 7 Jahre = 35.000 Std.

Betriebskosten ——————————————— Strom: (1 bis13 KW) x 0,10 € x 35.000 Std.

Instandhaltung ——————————————— 5% von Roboter-Grundstruktur

GESAMTKOSTEN ROBOTER:
÷ 35.000 Stunden

30.000 €	75.000 €	112.000 €	182.000 €	217.000 €	250.000 €	400.000 €

= Kosten in Euro pro Stunde

0,90	2,10	3,20	5,20	6,20	7,10	11,40

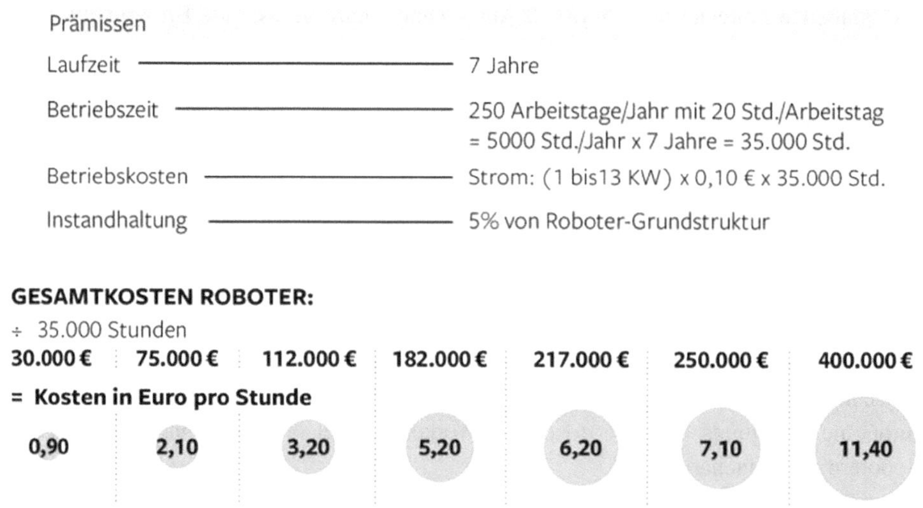

Abb. 4.13 Gesamtkostenvergleich verschiedener Robotertypen. (Volkswagen)

Vor dem Hintergrund dieser Vorteile plant Volkswagen, den Robotereinsatz in der Fertigung weiter auszubauen, nicht nur in etablierten Feldern, sondern zunehmend auch in komplexeren Bereichen und Arbeitsplätzen, zum Beispiel in der Interaktion mit Werkern, also der Mensch-Maschine-Kooperation. Mit dieser Strategie will man auch dem sich abzeichnenden Mangel an Facharbeitern begegnen.

Aufgrund ähnlicher Treiber und Vorteile wie im Industriebereich nimmt auch der Einsatz von Servicerobotern weiter stark zu. Hierunter fallen ganz neue Felder wie Pflegeservices, Conciergedienste oder auch Reinigungsarbeiten. Besonders in diesen Anwendungsfällen ermöglicht Cognitive Computing, dass die Roboter lernfähig werden, für offene Dialoge zur Verfügung stehen und somit auch soziale Funktionen erfüllen können. Ein Beispiel ist der sogenannte humanoide Roboter „Pepper" der Firma Softbank mit der kognitiven Basis „Watson" von IBM [Wal20]. Dieser autonom fahrende Roboter und auch der in einbem Raumschiff mitfliegende Assistent CIMON werden ebenfalls im Abschn. 9.4 vorgestellt. Ergänzend hierzu sei noch auf ein weiteres, in vielen Internetbeiträgen genanntes Beispiel humanoider Roboter verwiesen. Sophia überzeugt durch ein menschenähnliches Aussehen und die Fähigkeiten zur visuellen Erkennung beispielsweise von Gesichtern. Dem Roboter wurde im Jahr 2017 von Saudi-Arabien sogar die Staatsbürgerschaft verliehen. Diese Beispiele verdeutlicht zukünftige Möglichkeiten im Robotikbereich, besonders unter Nutzung weiterer Digitalisierungstechnologien auch in der Automobilindustrie (vergl. hierzu auch Kap. 9).

4.8.2 Prozessroboter

Die Abarbeitung von Geschäftsprozessen lässt sich zumindest teilweise mit Hilfe von Softwarelösungen automatisieren. Dadurch ergibt sich ein erheblicher Nutzen, sodass sich viele Unternehmen mit dem Thema beschäftigen. Es gibt als Basis für diese Lösungen einige Software Anbieter. Aktuelle Übersichten findet man im Internet unter dem Begriff „Robotic Process Automation (RPA)", u. a. ist auch ein aktueller „Magic Gartner Quadrant" dazu verfügbar, beispielsweise [Jol19]. Der RPA Markt ist noch relativ klein, erfährt aber erheblichen Zuwachsraten mit einem jährlichen Wachstum von über 60 %.

Das Potenzial besteht darin, wiederkehrende manuelle Routinearbeiten von Mitarbeitern zu automatisieren. Hierzu übernimmt die RPA-Lösung beispielsweise das Lesen von Bestellungen und prozessiert dann die folgenden Arbeitsschritte auch in unterschiedlichen Unternehmensanwendungen weiter. Dieses Beispiel wird in Abschn. 9.4 vertieft. Das RPA-Tool bedient unterschiedliche IT Anwendungen über die vorhandenen Dialogfenster, ohne dass zusätzlich spezielle Interfaces erstellt werden müssen. Die Einarbeitung der Software erfolgt durch Konfigurieren und durch die Erfassung der manuellen Arbeitsabläufe oft in Flussdiagrammen ebenfalls ohne Programmierung. Somit sind Fachbereiche nach einer kurzen Einarbeitung in der Lage, diese Werkzeuge ohne die Unterstützung von IT Experten zu erstellen.

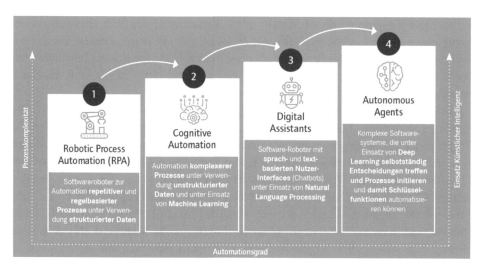

Abb. 4.14 Evolutionsstufen der Robotic Process Automation. (Horwarth)

Durch den Einsatz von RPA-Lösungen lässt sich der manuelle Aufwand für die Prozessbearbeitung erheblich reduzieren, oft verbunden auch mit einer Verbesserung der Arbeitsqualität, weil der „automatische Kollege" in Analogie zum Industrieroboter bei der Abarbeitung der Routinen stoisch und präzise seine Arbeitsschritte erledigt. Es gibt in allen Unternehmen sehr viele Einsatzmöglichkeiten. Kennzeichnend für die Auswahl von Projekten sind wiederkehrende, manuelle Arbeiten. Die Leistungsfähigkeit der Software wird sich erheblich Richtung KI erweitern. Die Entwicklungsstufen zeigt Abb. 4.14.

Mit der Anreicherung der RPA-Software durch Möglichkeiten des cognitiven Computings bzw. der künstlichen Intelligenz können immer komplexere Prozesse abgewickelt werden, sodass sich der Automatisierungsgrad weiter erhöht. Funktional werden die Lösungen über den Dialog via Chatbot oder auch Sprachschnittstellen zu Assistenzsystemen erweitert. Lernende Systeme werden dann in der Lage sein, auch selbstständig Entscheidungen zumindest in einem festzulegenden Rahmen selbstständig zu treffen. Dieser Ausblick weist auf das erhebliche Potenzial dieses Themenfeldes hin, sodass das Thema RPA auf keiner Digitalisierungsroadmap fehlen darf. Insofern wird dieses Themenfeld im Abschn. 5.4.10 mit dem Aufzeigen von plattformorientierten Lösungen und im Abschn. 6.2.3 mit der Erläuterung einer Vorgehensweise zur Projektidentifizierung weiter ausgeführt.

4.9 Drohnen

Als weitere Technologie mit hohem Innovationspotenzial für viele Industrien gelten Drohnen, auf die im Folgenden unter dem Einsatzaspekt für die Automobilindustrie eingegangen wird. Bei Drohnen handelt es sich um unbemannte Flugobjekte, die computer-

oder ferngesteuert fliegen. Sie sind seit langem aus dem militärischen Umfeld bekannt. Bereits 1931 setzte die britische Royal Air Force unbemannte Flugobjekte als Zieldrohnen ein [Fuc19]. Seit einigen Jahren verbreiten sich Drohnen im privaten und auch im industriellen Umfeld mit hoher Zuwachsrate. Die Geräte haben unterschiedlichste Ausprägungen von wenigen Zentimetern Größe bis hin zu Lastenträgern mit Spannweiten von über dreißig Metern wie beispielsweise die Drohne „Aquila" mit der die Firma Facebook experimentiert. Das über vierhundert Kilogramm schwere Fluggerät ist solargetrieben und kann über drei Monate in der Luft bleiben. Mithilfe dieser Drohne soll Menschen in abgelegenen Regionen Zugang zum Internet verschafft werden. An einem ähnlichen Projekt arbeitet die Firma Google [Han16].

Dieses Beispiel verdeutlicht das Innovationspotenzial, das Drohnen auch für die Automobilindustrie haben können. Es sind vielfältige Einsatzmöglichkeiten vorstellbar. In der Logistik könnte die Auslieferung von Teilen mit solchen „Flugrobotern" erfolgen, ebenso wie die Unterstützung bei der Inventur zur Bestandsermittlung in Hochregallagern, aber auch zur Verkehrsüberwachung, die bereits in Pilotanwendungen getestet wird. Weitere Einsatzmöglichkeiten sind im Service und auch zur innerbetrieblichen Teileversorgung denkbar, sodass auch diese Technologie bei der Digitalisierung gerade im Bereich Logistik und Produktion mit der Entwicklung hin zur Smart Factory eine Rolle spielen wird [Win20].

4.10 Nanotechnologie

Unter Nanotechnologie wird ein Themenfeld verstanden, dass sich mit der Erforschung, Herstellung und Anwendung von Strukturen beschäftigt, deren Dimensionen kleiner als 100 nm (1 Zehntausendstel Millimeter) sind. Diese Technologie hat sich seit den 1980er Jahren rasch weiterentwickelt und als Querschnittsthema in vielen Industrien etabliert. Neben natürlich vorkommenden Materialien im Nanogröße gibt es viele künstlich hergestellte Nanomaterialien. Man unterscheidet in kohlenstoffbasierte Materialien, metallische Materialien, Dendrimere und Kompositen [Wer16]. Der Effekt von Nanomaterialien beruht im Wesentlichen darauf, dass das Verhältnis von Oberfläche zu Volumen gegenüber üblichen Materialien viel größer ist und so die Oberflächeneigenschaften die Volumeneigenschaften dominieren. Weiterhin verfügen die feinstrukturierten Nanomaterialien gegenüber gröberen Stoffen über grundlegend andere chemische, physikalische und biologische Eigenschaften [BMBF19]. Die Anwendungsgebiete der Nanotechnologie lassen sich grob in folgende Felder unterscheiden:

- Nanopartikel ... „Mini-Materialien" aus Metallen oder Verbundwerkstoffen
- Coating ... Oberflächenbeschichtungen wie Farben oder Antihaftschichten
- Biologie/Medizin ... spezielle Medikamente und auch Implantate
- Werkzeuge/Devices ... Mini-Sensoren; Mini-Geräte für medizinische oder industrielle Einsatzfelder.

In der Autoindustrie sind Nanopartikel heute fester Bestandteil vieler Fahrzeugteile. Beispielsweise führen Nanopartikel zu besseren Eigenschaften von Autoreifen und ermöglichen effizientere Katalysator- und Luftfiltersysteme. Selbst für Autowäschen werden „Nano-Behandlungen" angeboten, bei denen spezielle Dispersionen die Lackoberfläche mit schmutzabweisenden Eigenschaften versehen. Weitere Bespiele für den Einsatz im Bereich der Automobilindustrie sind:

- Benzinzusätze zur Verbesserung der Verbrennung
- Klebstoffe, die Schweißverbindungen ersetzen
- Hochfeste Werkstoffe als Ersatz für traditionelle Karosserieteile
- Sensorik in Anlagen und auch im Fahrzeug
- Beschichtungen gegen Korrosion
- Leuchtdioden/LED für Fahrzeuglicht
- Selbsttönende Scheiben bzw. Spiegel
- Lacke mit schmutzabweisender Oberfläche bzw. speziellen Farbeigenschaften.

Die Beispiele zeigen die umfassenden Möglichkeiten der Nanotechnologie. Die strategische Entwicklung und auch der achtsame, angemessene Umgang mit Nano-Materialen steht aufgrund der absehbaren Bedeutung im staatlichen Fokus [BMBF19]. Im Sinne der Digitalisierung sind zukünftige Entwicklungen im Bereich der Devices interessant. In Forschungsprojekten werden Nano-Devices mit Mikroelektronik, Sensorik und auch Aktoren ausgestattet. Es entstehen quasi mikroskopisch kleine „Nano-Roboter", die Foglets genannt werden [Stor01, Sem20]. Jeder dieser Foglets verfügt über eine eigene Computerleistung und kann mit seinem Nachbarn bzw. auch mit Steuergeräten kommunizieren.

Für die Foglets sind viele Einsatzmöglichkeiten denkbar. Beispielsweise könnten in der Medizin Foglets in den Blutkreislauf injiziert werden. Dort könnten sie verbleiben, vor Ort den Gesundheitszustand überwachen und selbst vorbeugende Maßnahmen zur Gesunderhaltung ergreifen, indem beispielsweise Kalkablagerungen oder auch krankhafte Zellen entfernt werden. In ähnlicher Weise könnte ein „Utility-Fog" in Autos mitfahren und beispielsweise im Ölkreislauf Verschleißprobleme frühzeitig abstellen.

Ein weiteres, auch für die Automobilindustrie interessantes Einsatzbeispiel wäre, dass sich die Foglets mit ihren Aktoren gegenseitig halten, sodass sich Massen von Foglets zu solidem Material verbinden. So könnten programmierbare Karossen oder auch Komponenten entstehen, sicher eine sehr weit in die Zukunft gerichtete Anwendung. Aber bei weiteren Fortschritten in den relevanten Technologien ist davon auszugehen, dass auch aus dieser Vision innerhalb der nächsten fünfzig Jahre Realität wird.

4.11 Gamification

Nachdem dieses Kapitel bisher primär technisch orientierte Innovationsfelder beschrieben hat, geht es im nächsten Abschnitt um neue Methoden, welche die Effizienz von Prozessen und auch die Nutzungsbereitschaft neuer Abläufe und Anwendungen steigern.

Ein Mittel dazu ist die sogenannte Gamification. Hierunter ist der Ansatz zu verstehen, Spieleprinzipien außerhalb von Spielen zu nutzen, sie auf unternehmerische Belange zu übertragen und dadurch Mitarbeiter zu interessieren und zu motivieren. Als Basis dient eine ansprechende Spielidee mit Blick auf die Interessen der einzubeziehenden Mitarbeiter. Das Spiel erfolgt in konkurrierenden Teams, wobei Fortschrittsanzeigen mit Ranglisten, Sonderaufgaben im Spielverlauf mit spielbezogenen Boni, sowie Transparenz der Spielfortschritte und Aufgabenerfüllung motivierende Elemente darstellen.

Zahlreiche Projektreferenzen für die Nutzung von Gamification in Unternehmen sind insbesondere im Personalbereich, bei der Qualifizierung, aber auch im Change Management zu finden. PwC Ungarn setzt beispielsweise das Spiel „Multiploy" ein, das unter Nutzung von Monoploy-Ansätzen und -Strukturen neuen Mitarbeitern hilft, das Unternehmen spielerisch kennen zu lernen und so deren Einarbeitungszeit zu verkürzen. Walmart nutzt Gamification bei der Sicherheitsausbildung seiner Mitarbeiter, während die Firma Qualcomm die Methode nutzt, um den technischen Support zu verbessern [Cop20]. Auch in der Automobilindustrie wird Gamification eine wachsende Rolle spielen. Gerade die Digital Natives begrüßen es, in den Unternehmen moderne Methoden zu nutzen. Neben dem Nutzen steigt so sicher auch die Attraktivität des Arbeitsumfeldes.

Die genannten Beispiele zeigen mögliche Einsatzbereiche auf. Es ist eine Vielzahl weiterer Felder absehbar. Warum nicht die Budgetplanung nach dem Prinzip der Show „Höhle des Löwen" durchführen oder aber die Qualifizierung für ein neues Anwendungsprogramm als „Memory" in Kombination mit „Activity"-Elementen gestalten? Sicher bietet Gamification das Potenzial, die Transformation der Unternehmenskultur hin zur Digitalisierung zu unterstützen. Auf die erforderliche Kulturveränderung geht Kap. 7 ein.

Literatur

[Abd19] Abdel-Halim, S., Aroudaki, H., Balzer, P. et al…: Konkrete Anwendungsfälle von KI & Big Data in der Industrie, Bitkom. https://www.bitkom.org/sites/default/files/2020-02/200203_lf_ki-in-der-industrie_0.pdf (2019). Zugegriffen: 18. März 2020

[Ado15] Adolphs, P., Bedenbender, H., Dirzus, D.: Referenzarchitekturmodell Industrie 4.0 (RAMI 4.0) VDI/VDE Statusrepor. https://www.zvei.org/fileadmin/user_upload/Themen/Industrie_4.0/Das_Referenzarchitekturmodell_RAMI_4.0_und_die_Industrie_4.0-Komponente/pdf/Statusreport-Referenzmodelle-2015-v10.pdf (2015). Zugegriffen: 20. Februar 2020

[App20] N.N.: Number of available apps; AppBrain. https://www.appbrain.com/stats/ (2020). Zugegriffen: 18. März 2020

[Ben20] Benrath, B.: Quantencomputer – Die nächste Revolution, Frankfurter Allgemeine Zeitung, 18.01.2020. https://www.faz.net/aktuell/wirtschaft/netzkonferenz-dld/quantencomputer-die-naechste-revolution-16585851.html. Zugegriffen: 18. März 2020

[Bit16] N.N.: Bitcoin developer guide. Bitcoin project, 2009–2016. https://bitcoin.org/en/blockchain-guide#introduction. Zugegriffen: 20. Februar 2020

[Bit20] N.N.: Vorschlag zur systematischen Klassifikation von Interaktionen in Industrie 4.0 Systemen, Bitkom, Berlin. https://www.bitkom.org/Bitkom/Publikationen/Whitepaper-

Vorschlag-zur-systematischen-Klassifikation-von-Interaktionen-in-Industrie-40-Systemen (2020). Zugegriffen: 20. März 2020

[BMBF17] BMBF (Hrsg.): Industrie 4.0 Innovation für die Produktion von morgen. Bundesministerium für Bildung und Forschung, Berlin. https://www.bmbf.de/upload_filestore/pub/Industrie_4.0.pdf (2017). Zugegriffen: 20. März 2020

[BMBF19] N.N.: Aktionsplan Nanotechnologie 2020, Bundesministerium für Bildung und Forschung (BMFF, Hrsg.), Bonn, Auflage. https://www.bmbf.de/upload_filestore/pub/Aktionsplan_Nanotechnologie.pdf (2019). Zugegriffen: 20. Februar 2020

[Bri20] Briggs, B., Buchholz, S., Sharma, S. et al.: Tech Trends 2020, Deloitte insights. https://www2.deloitte.com/content/dam/Deloitte/de/Documents/technology/Deloitte_TechTrends2020_full-report.pdf?sc_src=email_4170324&sc_lid=173441769&sc_uid=B46fjGX0cm&sc_llid=446. Zugegriffen: 18. März 2020

[Coo19] Cooney, M.: Gartner – 10 Infrastrukturtrends, die Sie kennen sollten, computerwelt, 22.10.2019. https://computerwelt.at/knowhow/gartner-10-infrastrukturtrends-die-sie-kennen-sollten/. Zugegriffen: 20. Februar 2020

[Cop20] Coppens, A.: Ganification trends for 2020, Ganification nation, 14.1.2020. https://www.gamificationnation.com/gamification-trends-for-2020/. Zugegriffen: 20. Februar 2020

[Deu19] Deuter, A., Pethig, F.: The Digital Twin Theory – Eine neue Sicht auf ein Modewort; Industrie 4.0 Management 35. https://www.industrie-management.de/sites/industrie-management.de/files/pdf/deuter-The-Digital-Twin-Theory-IM2019-1.pdf (2019). Zugegriffen: 20. März 2020

[Dol15] Doll, N.: Das Zeitalter der Maschinen-Kollegen bricht an. Die Welt, 4.2.2015. https://www.welt.de/wirtschaft/article137099296/Das-Zeitalter-der-Maschinen-Kollegen-bricht-an.html. Zugegriffen: 20. Februar 2020

[Eck13] Eckl-Dorna, W.: Wie 3D-Drucker ganze Branchen verändern können, Manager Magazin, 17. Mai 2013. https://www.manager-magazin.de/digitales/it/a-900285.html. Zugegriffen: 20. Februar 2020

[Eng13] Engel, W. (Hrsg.): Unternehmen 2.0: kollaborativ.innovativ.erfolgreich Leitfaden BITKOM. https://www.bitkom.org/sites/default/files/pdf/noindex/Publikationen/2013/Leitfaden/Unternehmen-20-kollaborativ-innovativ-erfolgreich/130924-Unternehmen-20.pdf (2013). Zugegriffen: 20. Februar 2020

[Fuc19] Fuchs, H.: Gute Drohne, schlechter Ruf?, Deutsche Welle (DW), 19.06.2019. https://www.dw.com/de/gute-drohne-schlechter-ruf/a-49232180. Zugegriffen: 20. Februar 2020

[Geb13] Gebhardt, A.: Additive Manufacturing und 3D Drucken für Prototyping – Tooling – Produktion. Hanser, Munich (2013)

[Gei20] Gießler, O., Litzel, N.: Das sind die Big Data Trends 2020, Vogel IT-Medien, BigData-Insider 10.02.2020. Zugegriffen: 18. März 2020

[Gor16] Goral, A.: DIGILITY – Virtual und Augmenteds Reality im Rahmen der photokina, schaffrath medien, 21. Juni 2016. https://knows-magazin.de/digility-virtual-und-augmented-reality-im-rahmen-der-photokina/. Zugegriffen: 20. Februar 2020

[Gur20] N.N.: Guru99, Top 15 big data tools in 2020. https://www.guru99.com/big-data-tools.html. Zugegriffen 18. März 2020

[Han16] N.N.: Facebook-Drohne erfolgreich getestet; Handelblatt 22.07.2016. https://www.handelsblatt.com/technik/it-internet/solar-drohne-aquila-facebook-drohne-erfolgreich-getestet/13912824.html. Zugegriffen: 1. März 2017

[Han19] Hansen, P., Britze, N., Winkelmann, M. et al.: Evaluierung und Implementierung von Blockchain Use Cases, Bitcom, Berlin. https://www.bitkom.org/sites/default/files/2019-09/leitfaden_evaluierungundimplementierungvonblockchainusecases_190917.pdf (2019). Zugegriffen: 20. März 2020

[Hen20] Henßler, S.: Olli 2.0: 3D-gedrucktes, elektrisches, autonom fahrendes Passagier-Shuttle, Elektroauto-News.de, 13.02.2020. https://www.elektroauto-news.net/2020/olli-2-3d-gedruckt-elektrisch-autonom-passagier-shuttle/. Zugegriffen: 20. März 2020

[Hof19] Hofmann, M.: Volkswagen optimiert Verkehrtsfluss mit Quatencomputer; Volkswagen 29.10.2019. https://www.volkswagenag.com/de/news/2019/10/volkswagen-optimizes-traffic-flow-with-quantum-computers.html. Zugegriffen: 18. März 2020

[Hol19] Holzer, G.: Der ultimative iBeacon Leitfaden für 2020, xamoon, 20.09.2019. https://xamoom.com/de/der-ultimative-ibeacon-planungsleitfaden-fuer-2020/

[Jol19] N.N., Jolt Experts: 2010 Gartner magic quadrant for robotic process automation software, 10.07.2019. https://www.joltag.com/blog/2019-gartner-magic-quadrant-for-robotic-process-automation-software. Zugegriffen: 23. März 2020

[Jün13] Jüngling, T.: Datenvolumen verdoppelt sich alle zwei Jahre. Die Welt. https://www.welt.de/wirtschaft/webwelt/article118099520/ (16. Juli 2013). Zugegriffen: 20. Februar 2020

[Kag13] Kagermann, H., Wahlster, W., Helbig, J. (Hrsg.): Umsetzungsempfehlungen für das Industrieprojekt Industrie 4.0; Abschlussbericht. Promotorengruppe Kommunikation der Forschungsunion Wirtschaft – Wissenschaft (Hrsg.). Frankfurt. https://www.bmbf.de/files/Umsetzungsempfehlungen_Industrie4_0.pdf (2013). Zugegriffen: 20. Februar 2020

[Kav14] Kavis, M.J.: Architecting the cloud: Design decisions for cloud computing service models (SaaS, PaaS, and IaaS), 1. Aufl. Wiley, Hoboken (2014)

[Kel15] Kelly, J. E.: Computing, cognition and the future of knowing. White Paper IBM. https://www.kutayzorlu.com/wp-content/uploads/2017/08/Computing_Cognition_WhitePaper.pdf (2015). Zugegriffen: 20. Februar 2020

[Kin19] Kind, S., Ferdinand, J.-P., Richter, S. et al.: Virtual and Augmented Reality – Status quo, Herausforderungen und zukünftige Entwicklungen, TAB, Berlin. https://www.tab-beim-bundestag.de/de/pdf/publikationen/berichte/TAB-Arbeitsbericht-ab180.pdf (2019). Zugegriffen: 20. März 2020

[Klo19] Klostermeier, J.: BMW plant Produktion mit Virtual Reality; IDG Business Media GmbH, CIO Magazin, 11.01.2019. https://www.cio.de/a/bmw-plant-produktion-mit-virtual-reality,3593348. Zugegriffen: 20. März 2020

[Kor19] Korne, W.: Hilfreich: Zehn kostenlose Tools für Selbständige, teletarif.de, 16.05.2019. https://www.teltarif.de/selbststaendige-kostenlos-tools-software/news/76635.html. Zugegriffen: 18. März 2020

[Man15] Manyika, J., Chui, M., Bisson, P.: The internet of things: Mapping the value beyond the hype. McKinsey Global Institut, 2015. https://www.mckinsey.com/~/media/McKinsey/Industries/Technology%20Media%20and%20Telecommunications/High%20Tech/Our%20Insights/The%20Internet%20of%20Things%20The%20value%20of%20digitizing%20the%20physical%20world/The-Internet-of-things-Mapping-the-value-beyond-the-hype.ashx. Zugegriffen: 20. Mai 2020

[Mei19] Meier, J.C.: Was können Quantencomputer – und wann ist mit ihnen zu rechnen; Neue Zürcher Zeitung, 25.10.2019. Zugegriffen: 18. März 2020

[McA17] McAffee, A., Brynjolfsson, e.: Machine platform crowd – Harnessing our digital future, Norton & Company, New York (2017)

[Moo16] Moore, G.: The future of enterprise IT. Report AIIM Organization. https://cdn2.hubspot.net/hub/332414/file-2314261840-pdf/Inbound_Assets/Systems-of-Engagement.pdf (2016). Zugegriffen: 20. Februar 2020

[Per19] Pereira, D.: Gartner 2019 Hype Cycle for Emerging Technologies. What's in it for AI leaders? Medium, 5.9.2019. https://towardsdatascience.com/gartner-2019-hype-cycle-for-emerging-technologies-whats-in-it-for-ai-leaders-3d54ad6ffc53. Zugegriffen: 20. Mai 2020

[Pos18] Posch, G.: Additive Manufacturing – ein Überblick, Schweiß- und Prüftechnik, 05–06/218. https://www.researchgate.net/publication/325153643_Additive_Manufacturing_-_ein_Uberblick. Zugegriffen: 20. Februar 2020

[Ost19] Ostrowicz, S.: Der Kollege Roboter wird immer klüger – Wie die nächste Robotergeneration auch komplexe Prozesse automatisiert, Der Bank Blog, 05.02.2019. https://www.der-bank-blog.de/der-kollege-roboter/technologie/37652024/. Zugegriffen: 22. März 2020

[Rob19] Robin: Thememattic, Fipoblog 12.12.2019. https://fipoblog.de/2019/12/collaboration-tools-software-market-2019-2026-zukunftsstrategien-und-aktuelle-trends-durch-fuhrende-key-player-wrike-montag-projektleiter-zoho-scoro-asana-smartsheet-clarizen-atlassian-jira/. Zugegriffen: 18. März 2020

[San20] Sandner, P.: Die fünf wichtigsten Blockchain-Trends für 2020, Der Bank Blog, 18.3.2020. https://www.der-bank-blog.de/blockchain-trends-2020/technologie/37663299/. Zugegriffen: 20. Mai 2020

[Sem20] N.N.: Advanced nanotechnologie – utility fog, seminarsonly, 17.4.2020. https://www.seminarsonly.com/electronics/Utility%20FOG.php. Zugegriffen: 20. Mai 2020

[Shw14] Shwartz, S., David, B.: Understanding machine learning – From theory to algorithms. Cambridge University Press. https://www.cs.huji.ac.il/~shais/UnderstandingMachineLearning/understanding-machine-learning-theory-algorithms.pdf (2014). Zugegriffen: 20. Februar 2020

[Som20] Somani, A.: Moving value: From system of record to system of intelligence; Forbes Media, 16.1.2020. https://www.forbes.com/sites/forbeshumanresourcescouncil/2020/01/16/moving-value-from-system-of-record-to-system-of-intelligence/#4b367e19f470. Zugegriffen: 18. März 2020

[Stor01] Storrs, H. J.: Utility fog: The stuff that dreams are made of Kurzweil Essays. KurzweilAI.net. https://www.kurzweilai.net/utility-fog-the-stuff-that-are-made-of (5. Juli 2001). Zugegriffen: 20. Februar 2020

[Teg06] Tegtmeier, A.: Augmented Reality als Anwendungstechnologie in der Automobilindustrie. Dissertation, TU Magdeburg (2006)

[VDI14] N.N.: VDI Richtlinie 3405: Additive Fertigungsverfahren Blatt 1–3. Beuth Verlag, Düsseldorf (2014)

[Wal20] Walch, K.: AI revolutionizing the museum experience at the smithsonian, Forbes, 26.3.2020. https://www.forbes.com/sites/cognitiveworld/2020/03/26/ai-revolutionizing-the-museum-experience-at-the-smithsonian/#3238451c56fd. Zugegriffen: 10. Mai 2020

[Vol20] N.N. Mit High-tech in die Zukunft: Volkswagen Design setzt auf digitales Arbeiten, Wolfsburg 2020. https://www.volkswagen-newsroom.com/de/pressemitteilungen/mit-high-tech-in-die-zukunft-volkswagen-design-setzt-auf-digitales-arbeiten-4063. Zugegriffen: 20. März 2020

[Web14] Weber, M.: (Hrsg.): Big-Data-Technologien – Wissen für Entscheider BITKOM-Arbeitskreis Big Data. https://www.bitkom.org/noindex/Publikationen/2014/Leitfaden/Big-Data-Technologien-Wissen-fuer-Entscheider/140228-Big-Data-Technologien-Wissen-fuer-Entscheider.pdf (2014). Zugegriffen: 20. Februar 2020

[Wer16] Werner, M., Kohly, W., Simic, M.: Nanotechnologie in der Automobilbranche. Hessisches Ministerium für Wirtschaft, Verkehr und Landesentwicklung. hessen-nanotech NEWS 1/2005. Zugegriffen: 20. Februar 2020

[Wei19] Weinberg, N.: How softbank robotics builds human trust when building pepper, robotics business review, 28.08.2019. https://www.roboticsbusinessreview.com/service/how-softbank-robotics-builds-human-trust-when-building-pepper/. Zugegriffen: 20. März 2020

[Wim19] Wimmer, E.: THE IN-CAR-NATION CODE – Wie der digitale Wandel in der Mobilitätsindustrie gelingt., e&Co. Publishing (2019)

[Win20] Winkler, M., Mehl, R., Schneider-Maul, R. et.al.: How automotive organizations can maximize the smart factory potential, Capgemini Studie 2020. https://www.capgemini.com/wp-content/uploads/2020/02/Report---Auto-Smart-Factories.pdf (2020). Zugegriffen: 22. März 2020

[Wya19] Wyatt, S., Bieller, S., Müller, C. et.al.: World Robotics Report, IFR Press Conference, Shanghai, 18.09.2019

[Zol20] Zolfagharian, A., Kaynak, A., Kouzani, A.: Closed-loop 4D-printed soft robots, Material and Design 188. https://reader.elsevier.com/reader/sd/pii/S0264127519308494?token=0E4997290D595BD755E44AABB8A230BCB288D3EEC96CC8201B6B4AC4912AFE0B9A0A1F1D22E6ACC438B67679B5A4C740. Zugegriffen: 22. März 2020

Vision digitalisierte Automobilindustrie 2030

5

Neue Rahmenbedingungen und mit der Digitalisierung einhergehende Möglichkeiten motivieren neue Wettbewerber auch aus anderen Branchen, aggressiv auf den Automobilmarkt zu drängen. Für die etablierten Automobilunternehmen ist es daher überlebenswichtig, die erforderlichen Änderungen mit einer umfassenden Digitalisierungsstrategie und -roadmap anzugehen. Ausgangspunkt ist eine Analyse der zukünftigen Erwartungen des Marktes und der Kunden sowie eine kurze Bewertung der aktuellen Strategien ausgewählter Hersteller. Dem wird eine Vision gegenübergestellt, wie sich die Automobilindustrie entwickeln und mit der Umsetzung von Digitalisierungsinitiativen im Jahr 2030 aussehen könnte. Elektroautos, autonomes Fahren in flexiblen Mobilitätsangeboten und auch Connected Services im vollständigen Abgleich zwischen Fahrzeugen und Smartphones werden ebenso behandelt wie eine vollständig veränderte Kundenerfahrung im Vertrieb und Service und die Effizienzsteigerung von Geschäftsprozessen durch Automatisierung beispielsweise in der Entwicklung, der Produktion und im Verwaltungsbereich.

In den vorherigen Kapiteln wurden die relevanten Treiber, Einflussgrößen und beeinflussenden Kriterien als Basis für die Entwicklung einer Vision und Roadmap der Digitalisierung in der Automobilindustrie beschrieben. Die Leistungsfähigkeit und die Verbreitung der IT schreitet ungebremst mit exponentiellem Wachstum voran. Die Fortschreibung der Grundaussage der exponentiellen Leistungssteigerungen des Mooreschen Gesetzes ist gesichert, da sich erforderliche neue Technologien wie beispielsweise neuromorphe Chips auf dem Weg zur Produktreife befinden. Digital Natives dringen in den Arbeitsmarkt und bringen mit ihren Erfahrungen und ihrem Wertesystem neue Verhaltensmuster in die Unternehmens- und Kundenwelt. Es gibt eine Vielzahl von „disruptiven Technologien" wie beispielsweise Cognitive Computing, 3D-Druck und Robotik mit immer flexibleren und effizienteren Geräten oder in der Zukunft die Nanotechnologie mit Foglets.

© Der/die Autor(en), exklusiv lizenziert durch Springer-Verlag GmbH, DE, ein Teil von
Springer Nature 2021
U. Winkelhake, *Die digitale Transformation der Automobilindustrie*,
https://doi.org/10.1007/978-3-662-62102-8_5

Somit sind viele technische Möglichkeiten vorhanden, die Digitalisierung beschleunigt aufzugreifen und zum Erhalt und Ausbau der Wettbewerbsfähigkeit voranzutreiben. Traditionell ist die Automobilindustrie allerdings in der Umsetzung von umfassenden Änderungen und Transformationen eher langsam. Diese Industrie ist es gewohnt, in den Entwicklungszeiten neuer Fahrzeuge in Zyklen von 4 bis 6 Jahren zu agieren und ist somit in keiner Weise kompatibel zum Rhythmus beispielsweise der Smartphone- oder App-Entwicklung, zu denen in der Regel unterjährig Nachfolgeprodukte vorgestellt werden. Parallel zu der Umsetzung der Digitalisierung steht die Industrie vor vielen weiteren Herausforderungen. Der Markt fordert Elektroantrieb, Connected Services und autonom fahrende Autos. Der Druck, Klimaneutralität bei Produktion, Service und bei der Fahrzeugnutzung zu erreichen, wächst mit immer engeren Vorgaben für die Abgaswerten weiter. Die Neuwagenkäufer nähern sich langsam dem Alter der „best agers" und die Jugend ordnet dem Besitz von Fahrzeugen immer geringere Bedeutung zu. Viele Jugendliche besitzen keinen Führerschein. Stattdessen sind Mobilitätsdienste und auch Sharing Modelle gefragt.

Bisher war die Automobilindustrie gegenüber neu einsteigenden Wettbewerbern aufgrund der kapitalintensiven Fertigungseinrichtungen, der aufwendigen Marketing- und Vertriebsstrukturen und auch der erforderlichen After-Sales Services gegen Neueinsteiger und disruptive Strukturveränderungen abgesichert. Doch diese Situation ändert sich grundlegend. Neue Rahmenbedingungen und mit der Digitalisierung einhergehende Möglichkeiten motivieren jetzt viele neue Wettbewerber auch aus anderen Branchen, in den Automobilmarkt einzusteigen. Sie bedrängen die etablierten Unternehmen, die sich schnell grundlegend transformieren müssen, um Marktpositionen zumindest zu erhalten. Neben dem weiter selbstbewusst und mittlerweile als Benchmark geltenden Tesla Motors mit dem Fokus auf Elektroantrieb und Direktvertrieb über das Internet sind besonders auch die Alphabet-Tochter Waymo zu nennen, die sich auf die Entwicklung der Software/Sensor-Einheit für das autonome Fahren konzentriert. Diese Lösung kommt bei Herstellern wie Fiat oder Jaguar in Lizenz zum Einsatz. Auch in China sind neue Hersteller wie beispielsweise NIO, Byton und auch AIWAYS mit dem Fokus auf Elektrofahrzeuge mit dem Hintergrund der großen, lokalen Technologiekonzerne wie Tencent, Baidu und Alibaba im Anlauf. Diese Unternehmen haben oft umfassende IT-Erfahrung und bringen dieses Wissen in die Elektrifizierung, Connected Service und Mobilitätslösungen ein. Die Neueinsteiger werden sicher in Analogie zu Apple mit ihrem chinesischen Fertigungspartner Foxconn etablierte Zulieferer nutzen, um große Teile der Fahrzeuge kostengünstig anzufertigen und sich selbst auf die effiziente Entwicklung, das Branding und digitalen Mehrwertdienste konzentrieren. Dieser Ansatz ermöglicht es, neue Fahrzeuge schneller auf den Markt zu bringen. Große Fabriken mit hoher Fertigungstiefe sind nicht mehr differenzierend am Markt. Vielmehr sind zunehmend IT getriebene Lösungen, Connected Services und innovative Antriebstechnologien als Kaufkriterium gefragt. Autos werden zum software-gesteuerten IoT Device.

In dieser Situation ist es für die etablierten Automobilunternehmen überlebenswichtig die erforderlichen Änderungen unter einer umfassenden Digitalisierungsstrategie und -roadmap anzugehen. Diese wird im Folgenden entwickelt. Ausgangspunkt hierzu ist eine Analyse der zukünftigen Erwartungen des Marktes und der Kunden und auch eine kurze Bewertung der aktuellen Strategien ausgewählter Hersteller. Dem wird eine Vision gegenübergestellt, wie sich die Automobilindustrie entwickelt und diese mit der Umsetzung von Digitalisierungsinitiativen im Jahr 2030 aussehen könnte. Das Verständnis der Kundenerwartungen ist die Basis für eine Geschäftsvision und für Empfehlungen zur Anpassung der Geschäftsstrategie im Einklang mit einer ganzheitlichen Digitalisierungsstrategie. Für diese wird im Kap. 6 ein Rahmen entwickelt, der sicherstellt, dass alle erforderlichen Maßnahmen in einem integrierten Programm bzw. auf Basis einer ganzheitlichen Roadmap angegangen werden.

5.1   Entwicklung des Automarktes

Der Automarkt befindet sich mit der Phase des Übergangs vom Verbrennungsmotor zum Elektroantrieb in einer schwierigen Marktsituation. Hinzu kommen wirtschaftliche Rezession und besonders im Jahr 2020 die weltweite Corona Pandemie verbunden mit einem Absatzrückgang und auch mit extremen Unsicherheiten, Aussagen zu zukünftigen Entwicklungen zu treffen [Eco20].

Nachdem der globale Automobilmarkt bereit im Jahr 2019 auf 90 Mio. Fahrzeugen um 4 % im Jahresvergleich geschrumpft war, sieht man für das Jahr 2020 eine deutliche Volumenreduktion und auch für kommende Jahre leichte Rückgänge, bestenfalls eine Stagnation auf gleichem Niveau. Von vielen Analysten wird bereits gemutmaßt, ob nicht das Rekordjahr 2017 mit 95 Mio. das Peak-Jahr der Industrie darstellt [Ril20]. Unabhängig davon bleibt sicher China auch in den kommenden Jahren der bedeutendste Automarkt der Welt im Hinblick auf Verkaufsstückzahlen und auch zunehmend als Innovationstreiber. Die USA, weltweit zweitgrößter Markt, werden vermutlich wie Zentraleuropa noch einige Jahre auf relativ hohem Niveau stagnieren, bevor dann die zunehmende Nutzung von Mobilitätsservices und Carsharing in spätestens fünf Jahren zu einer deutlichen Volumenabnahme führen werden. Herausforderungen bestehen weiterhin in Indien, Brasilien und Russland. Auch diese Märkte werden mittelfristig stagnieren. Wachstumschancen bestehen in ASEAN, insbesondere in Indonesien, und auch zunehmend in Afrika. Bis 2030 wird sich insgesamt das jährliche Absatzvolumen um 75 Mio. Fahrzeuge einpendeln, um sich im darauffolgenden Jahrzehnt gerade mit den durch Robotaxis getriebenen Mobilitätsservices Richtung 60 Mio. zu entwickeln. Unabhängig von den Verkaufszahlen wird sich die Umsatzstruktur der Automobilindustrie verändern. Dieses untermauert auch eine Studie von McKinsey in Zusammenarbeit mit der Stanford Universität, der das **Abb. 5.1** entnommen ist.

In der Studie wird auf Basis umfassender Experteninterviews in Asien, Europa und den USA abgeschätzt, dass sich der Umsatz der weltweiten Automobilindustrie von ca.

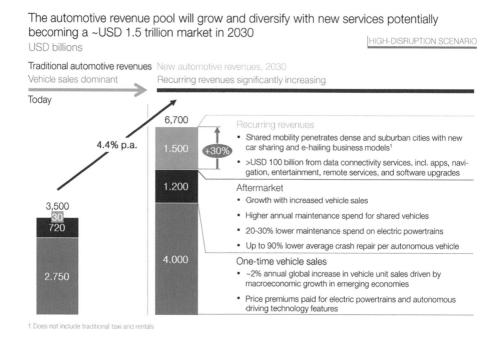

The automotive revenue pool will grow and diversify with new services potentially
becoming a ~USD 1.5 trillion market in 2030
USD billions   HIGH-DISRUPTION SCENARIO

Traditional automotive revenues   New automotive revenues, 2030
Vehicle sales dominant   Recurring revenues significantly increasing

Today

                                  6,700
                                                    Recurring revenues
          4.4% p.a.   • Shared mobility penetrates dense and suburban cities with new
                         1.500   +30%   car sharing and e-hailing business models[1]
                                                    • >USD 100 billion from data connectivity services, incl. apps, navi-
                                                      gation, entertainment, remote services, and software upgrades
                         1.200
                                                    Aftermarket
    3,500   • Growth with increased vehicle sales
     30   • Higher annual maintenance spend for shared vehicles
    720   • 20-30% lower maintenance spend on electric powertrains
                                                    • Up to 90% lower average crash repair per autonomous vehicle

                         4.000   One-time vehicle sales
                                                    • ~2% annual global increase in vehicle unit sales driven by
    2.750   macroeconomic growth in emerging economies
                                                    • Price premiums paid for electric powertrains and autonomous
                                                      driving technology features

1 Does not include traditional taxi and rentals

Abb. 5.1 Entwicklung des Automobilmarktes bis 2030. [Tsc19]

3,5 Billionen im Jahr 2015 auf ca. 6,7 Mrd. US$ im Jahr 2030 entwickelt und in seiner
Struktur verändert. Das entspräche einer jährlichen Wachstumsrate von 4,4 %. Innerhalb des Gesamtumsatzes wachsen neue Mobilitätsangebote und Umsätze aus Connected
Services mit jährlich 30 % und sind somit der Treiber des Gesamtanstiegs. Der Umsatzanteil aus dem traditionellen Fahrzeugverkauf wächst moderat mit 2 %, jährlich, ähnlich
wie die Erlöse aus dem After-Sales Geschäft die von 720 auf 1200 Mrd. US$ ansteigen,
trotz der Reduktion durch geringere Servicekosten für Fahrzeuge mit Elektroantrieb
und weniger Erlöse durch Unfallreparaturen infolge der sinkenden Unfallzahlen im
Bereich der autonomen Fahrzeuge. Diese Umsatzabnahmen werden durch Segment-
veränderungen des Fahrzeugbestandes und durch Mehrservices aus dem Bereich der
„shared vehicles" mehr als ausgeglichen.

Auch wenn somit ein Umsatzwachstum prognostiziert wird, so befindet sich der
Automobilmarkt in einem massiven Umbruch, einerseits aufgrund der neuen Marktteilnehmer und Technologien, andererseits aufgrund eines stark geänderten Kundenver-
haltens. Dieses ist geprägt durch folgende übergeordneten Trends:

• Massiv wachsendes Umweltbewusstsein bzw. ökologische Aspekte des Autofahrens
• Digital Natives Verhaltensmuster … Fokus auf Connectivity, Sharing, Mobiles
  Arbeiten und nicht Autobesitz

- Flexible Mobilitätsservices … Mobilität einfach abrufbar, ohne Markenbezug
- Wachsendes Gesundheits- und Bewegungsbewusstsein … Fahrrad statt Auto
- Urbanisierung – in der Folge mit Staus und Umweltbelastungen
- Verlust des Statussymbolcharakters des Autos … Nutzen anstelle Besitzens
- Lifestyle Anpassung / Individualisierung

Diese übergeordneten Trends beeinflussen die zukünftige Marktentwicklung nachhaltig.

5.2   Zukünftige Kundenerwartungen im PKW-Bereich

Flankierend zu diesen Aspekten sind verschiedene Konsumententrends erkennbar, die gesellschaftliche Entwicklungen sowie den Zeitgeist reflektieren. Am Beispiel der „Digital Natives" wurden einige Verhaltensmuster bereits in Kap. 3 erläutert. Darüber hinaus gibt es weitere Konsumententrends. Auch diese sind zu analysieren und in zukünftigen Fahrzeug- bzw. Mobilitätsangeboten zu reflektieren. Eine übersichtliche Zusammenfassung weiterer Konsumententrends zeigt die Abb. 5.2. Auf einige Entwicklungen wird im Folgenden kurz eingegangen.

Der Konsumententrend der „Multigrafie" umschreibt die gesellschaftliche Gegebenheit, dass sich heutzutage im Vergleich zu den Zeiten unserer Eltern mehr und kürzere Lebensabschnitte ergeben, die auch jeweils neugestaltet und mit Mobilität ausgestattet werden. Beispielsweise gibt es oft mehrere Partnerschaftsphasen und auch mehrere Arbeitgeber mit unterschiedlichen beruflichen Schwerpunkten. Die Hobbies sind anspruchsvoller geworden und auch oft Lebensphasen zuzuordnen, von Windsurfing über Skifahren bis hin zum Golfen. Der Bedarf bezüglich der Fahrzeuge bzw. Mobilitätsangebote wird situativ an diesen relativ kurzfristigen Lebensabschnitten festgemacht. Dieser Trend deutet für die Automobilindustrie darauf hin, dass die Segmentierung

Konsumenten-Trends	Implikationen für die (Auto-)Mobilität
Multigrafie	Lebensentwürfe vollziehen sich immer fragmentierter – Bedürfnisse werden situativer. „Lebensabschnitts-Produkte" werden wichtiger als Zielgruppenstrategien (Alter, soziale Schicht etc.)
Downaging	Konsumenten fühlen sich wesentlich jünger als ihr tatsächliches biologisches Alter, keine Ghetto-Produkte, sondern Erlebnisprodukte für den „zweiten Aufbruch"
Familie 2.0	Netzwerk-, Patchwork- und Fragmentfamilien haben einen hohen und hochdifferenzierten Mobilitäts-Bedarf, der nicht nur über den Family Van, SUV oder Kombi bedient werden kann
Neo-Cities	Auto-Mobilität, die sich den Anforderungen der grünen Zukunftsstädte (zero-emission-cities) anpasst
Greenomics	Auto-Mobilität, die einem gesunden und gleichzeitig genussorientierten Lebensstil gerecht wird. Mobilitäts-Lösungen, die ökologisch korrekt sind, aber auch für den Verbraucher nachhaltig wirken.
New Luxury	Produkte, welche die eigene Lebensqualität steigern. Tendenzielle Abkehr von Status- und Prestigedenken
Simplify	Vereinfachung, Zeitersparnis, Einfachheit, Unsichtbarkeit von technologischen Prozessen
Deep Support	Unterstützungsdienstleistungen, die sich individuell den Bedürfnissen des einzelnen anpassen. Infrastrukturen an Mikro-Dienstleistungen, welches das Leben zwischen Zuhause und Arbeitsplatz organisieren.
Cheap Chic	Bezahlbare, „clevere" Produkte, die trotzdem den Wunsch nach Exklusivität, Design und Luxus befriedigen

Abb. 5.2   Konsumententrends im Automobilmarkt. [Win15]

der Fahrzeugtypen noch weiter voranschreitet bzw. hohe Individualisierung auch von Mobilitätsangeboten gefordert ist. Ein Beispiel dazu sind innovativen Audi-Sharing-angebote.

Bei der „select" Idee erwirbt der Kunde nicht ein einzelnes Fahrzeug, sondern Nutzungsrechte an bis zu drei unterschiedlichen Fahrzeugtypen aus einem Pool junger attraktiv ausgestatteter Gebrauchtwagen, die dann situativ angemessen alternative genutzt werden, wie beispielsweise das Kabrio für die Sommerperiode, der Kombi mit Laderaum für Umbauphasen und die Limousine für lange Urlaubsfahrten. Das Angebot zu der innovativen Idee ist in den USA als Aboservice umgesetzt [Fuh18]. Ein weiteres Beispiel für flexible Nutzungsmodelle ist das „shared fleet" Angebot, das sich an Unternehmen mit einem Fuhrpark für Mitarbeiter richtet [AUDI19]. Eine Carsharing-Lösung ermöglicht über ein Buchungsportal die flexible Nutzung der individuell wählbaren Fahrzeugmodelle von Mitarbeitern sowohl für Dienst- als auch für Privatfahrten außerhalb der Arbeitszeit. Durch diese Möglichkeit zur privaten Nutzung können Unternehmen die Auslastung ihrer Flotte erhöhen und gleichzeitig ihren Mitarbeitern interessante Mobilitätsalternativen anbieten. In ähnlicher Weise gestaltet beispielsweise die BMW Tochter Alphabet interessante Angebote für Flottenkunden und Carsharing [Alp19].

Ein weiterer wichtiger Konsumententrend ist sicher das „Downaging", insbesondere relevant für die Automobilindustrie, da die Älteren eine sehr wichtige zahlungskräftige Käuferschicht darstellen. Das Lebensalter steigt immer weiter an und Menschen, auch im Rentenalter, sind gesundheitlich immer fitter und sie verhalten sich immer jünger. Diese Generation der „best agers" hat sich zu einer aktiven Bevölkerungsschicht entwickelt, für die Autos ein wichtiger Bestandteil ihres Lebensgefühls ist. Mehr als die Hälfte aller Neuwagenkäufer sind über 50 Jahre alt und mehr als ein Drittel der Käufer ist älter als sechzig Jahre. Auch wenn diese Interessenten sich im Internet über Fahrzeugdetails informiert, so ist die Probefahrt weiterhin ein sehr wichtiges Element zur Entscheidungsfindung [Dat20]. Kaufkriterien sind hierbei neben einem Gesamtkonzept, das das sportliche Lebensgefühl betont, auch Komfort, der den Bedürfnissen entspricht. Ein höherer, bequemer Einstieg, Sitz- und Lenkradverstellung sowie leicht zu bedienende elektronische Assistenzsysteme gehören zu oft ausgewählten Ausstattungsmerkmalen. Diese sind für die Margen der Automobilhersteller interessant. Früher oft belächelte biedere Limousinen mit der behäkelten Papierrolle auf der Hutablage sind keinesfalls mehr gefragt. Da der downaging-Trend in Zukunft mit der entsprechenden wirtschaftlichen Kraft anwächst, sollte sich die Automobilindustrie weiter auf diese Kundengruppe mit Fahrzeug- und Mobilitätsangeboten ausrichten, das gilt insbesondere auch bei der Nutzungs- und Bedienerfreundlichkeit.

Der Trend „Neo-Cities" reflektiert einerseits den Trend der zunehmenden Urbanisierung und das Anwachsen der Bevölkerung in den großen Städten und andererseits die Bemühungen vieler Städte ökologisch sauberer bzw. grüner zu werden, bis hin zu „zero emission"-Zielen. Ein Blick in Wikipedia mit dem Schlagwort „autofreie Innenstädte" zeigt aktuell eine Liste von mehr als 90 Orten, die sich dieses Ziel auf die Fahnen geschrieben haben. Kopenhagen war sicher mit der massiven Förderung des innerstädtischen Fahrradverkehrs ein Vorreiter und auch London mit dem Programm „Future London – Footprints of a Generation" dabei. Zielsetzung des Projektes ist es, den grünen Lifestyle in der Metropole zu fördern. Neben Hinweisen zum nachhaltigen Verhalten gibt es beispielsweise für die Londoner Hinweise zu Läden mit ökologischen Lebensmitteln und Fair-Trade-Produkten. In dieses Umfeld müssen die Angebote der Automobilhersteller passen. Mit dem Aufgreifen dieses Trends durch grüne Mobilitätsangebote könnten sich sogar zusätzliche Marktchancen ergeben. London ist nur ein Beispiel. Auch in vielen anderen Städten ist man bemüht, durch unterschiedliche Auflagen den individuellen Autoverkehr zu reduzieren. Beispielsweise ist in Sao Paulo die Fahrzeugnutzung nur an jedem zweiten Tag zugelassen, geregelt über die gerade/ungerade Kennzeichennummer. In Beijing ist die Anzahl Zulassungslizenzen stark limitiert und in Singapur sind zu Stoßzeiten nur Fahrzeuge mit mindestens drei Insassen zugelassen. Das führt übrigens zu ganz neuen Gelegenheitsjobs: ab Stadtgrenze gegen Bezahlung als „dritter Mann" zuzusteigen, sodass die erforderliche Passagieranzahl erreicht wird. Diese Beispiele zeigen, dass auch dieser Trend die Fahrzeugindustrie massiv beeinflusst.

Gleiches gilt für den unter „Greenomics" zusammengefassten Trend, der nicht nur die Mobilität beeinflusst, sondern sich auch auf andere Industrien und auch Städte und Regionen auswirken wird. Ein gesunder und nachhaltigkeitsgeprägter Lebensstil etabliert sich in allen Bevölkerungsschichten. Bei der Ernährung, beim Sport und auch beim Reisen werden diese Aspekte zunehmend in die Planung und Kaufentscheidung einbezogen. Das gilt auch zunehmend für die Fahrzeugbeschaffung bzw. die grundsätzliche Entscheidung, ob überhaupt ein Auto gekauft wird oder stattdessen Mobilitätsangebote genutzt werden. Eine Kaufentscheidung wird ggf. massiv durch Kraftstoffverbrauch und klimarelevante Werte geprägt. Bei Mobilitätsangeboten sind die Einfachheit der Nutzung und auch die Nachhaltigkeit die wichtigsten Kriterien und das Preis/Leistungsverhältnis eher nachgelagert, während im Gegensatz zu früheren Zeiten Motorleistung und Höchstgeschwindigkeit kaum noch eine Rolle spielen. Dieser grundsätzliche Wertewandel hat viele Menschen besonders in den etablierten Ländern erfasst und wird vor dem Hintergrund des Klimawandels und der Ressourcenknappheit eher noch anwachsen. Dies ist ebenfalls ein wichtiger Trend für die Fahrzeugindustrie.

Auch die weiterhin in Abb. 5.2 gezeigten Konsumententrends wie „New Luxury", mit der Haltung weg von Prestige hin zu immateriellen Werten wie Lebensqualität, „Simplify" mit dem massiven Trend zur Fokussierung auf das Wesentliche, „Deep Support" mit den Wunsch nach Komplexitätsreduzierung und einfachen Unterstützungsservices, oder auch „Cheap-Chic" mit dem Fokus auf Qualität und Premium zu angemessenen Preisen, sind ebenfalls für die Autoindustrie relevant und geben Hinweise für zukünftige Produkt- und Angebotsausrichtungen. Darüber hinaus gibt es sicher weitere Trends wie beispielsweise die Gruppe der „DINKs" (double income, no kid), die schon aufgrund der Kaufkraft ein interessantes Kundensegment sind. Auch überlagern sich einzelne Konsumententrends und die aufgezeigten Megatrends. Deshalb ist es wichtig, je nach Markt eine entsprechende Zielkundensegmentierung vorzunehmen. Die Relevanz der aufgezeigten Trends ist je nach „Maturity" des Marktes und auch Marktposition des Herstellers unterschiedlich. Beispielsweise sind für chinesische oder indische Kunden in einigen Kundensegmenten durchaus Prestige und Motorleistung Kaufkriterien, während bei den deutschen „Greenomics" Nachhaltigkeit und CO_2 Ausstoß im Vordergrund stehen. Bei den internet- und sportaffinen Brasilianern mit übersichtlichen Budgets sind kleinere SUVs mit einfach zu bedienende Connected Services wichtig. Anhand der Trendmuster können Mobilitätstypen definiert werden, die wiederum mögliche Kundenzielsegmente darstellen, die es zu adressieren gilt. In den „mature markets" wie den Ländern in Zentraleuropa, in Japan und den USA lassen sich in Fortschreibung der Abb. 5.2 bzw. der zitierten Studie zukünftig folgende in Abb. 5.3 gezeigten Mobilitätstypen unterscheiden.

Einer der wichtigsten Mobilitätstypen sind die „Greenovatoren" (Kunstwort aus Green und Innovator), da diese mittlerweile in Nordamerika, Westeuropa und Japan mehr als 30 % der Bevölkerung ausmachen werden [Tsc19]. Wie die Bezeichnung zum Ausdruck bringt, stehen bei dieser Gruppe Nachhaltigkeit und Innovation im Fokus. Lebensqualität, Ressourcenschonung und Umweltverträglichkeit im Einklang mit dem Interesse an neuen Antriebstechnologien sind wichtige Kriterien bei Kaufentscheidungen für Fahrzeuge. Hierbei steht nicht unbedingt der Besitz im Vordergrund, sondern auch Mobilitäts- oder Sharingmodelle. Wichtig sind ganzheitliche ökologische Konzepte. „Silver Driver", „Global Jet Setters" und auch „Sensation Seekers" sind sicher typische Konsumentengruppen der etablierten Märkte. Im Gegensatz dazu wird in den Schwellenmärkten nicht so fein segmentiert. Dort geht es eher darum, die Basis-Konsumenten zu finden, jedoch parallel dazu auch die prestige-orientierten Luxus-Käufer.

Eine weitere Vertiefung soll an dieser Stelle jedoch nicht erfolgen, sondern es wird auf verfügbare Studien im Internet und in der Fachliteratur verwiesen z. B. [Lan19, Tsc19, Wol19]. Hier geht es darum, die Bedeutung dieses Themas herauszustellen und auch aufzuzeigen, dass die Fahrzeugsegmentierung immer kleinteiliger wird. Das Kunden- und Marktverständnis muss sich von Anfang an auf die Überlegungen zur Geschäftsstrategie und die davon abzuleitende Digitalisierungsstrategie und -roadmap

Abb. 5.3 Mobilitätstypen in den „mature markets". [Win15]

auswirken. Der Wandel ist massiv und fordert insbesondere etablierte Hersteller heraus, diese Analyse kontinuierlich in der Tiefe durchzuführen und fortzuschreiben, da die bewährten Kundensegmentierungen der Vergangenheit sicher nicht die Zielorientierung der neu in den Markt eintretenden Herausforderer sind. Vor diesem Hintergrund stellt sich die Frage, wie die Automobilhersteller aktuell im Thema Kundenorientierung und insbesondere in Bezug auf die Digitalisierung aufgestellt sind.

5.3 Digitalisierungssituation Automobilindustrie

Zur ersten Auflage dieses Buches wurde im Jahr 2016 anhand einer Vielzahl von Informationsquellen, wie Jahresberichten, Investor Relationship Veröffentlichungen der Hersteller und Fachartikel eine Analyse durchgeführt, um die Digitalisierungssituation einiger etablierter OEMs zu bestimmen und zu vergleichen. Folgende Parameter wurden dazu festgelegt:

- Ausrichtung an Kundenerwartungen
- Transformation Vertrieb/Aftersales
- Entwicklung Unternehmenskultur Richtung Digitalisierung
- Digitalisierung von Geschäftsprozessen; Industrie 4.0 bis hin zu Business 4.0
- Connected Services
- Mobilitätsservices
- Autonomes Fahren
- Zusammenarbeit mit Inkubatoren
- Transformation IT

Es zeigte sich seinerzeit, dass alle Hersteller mit einzelnen Initiativen gestartet waren und dass die Premiumhersteller in den Digitalisierungsaktivitäten weiter fortgeschritten waren als die Volumenhersteller. Insbesondere Projekte im Bereich Vertrieb, Aftersales, Kundenexperience und im Bereich Industrie 4.0, im Feld Connected Services, zur Transformation der Unternehmenskultur und auch die Zusammenarbeit mit Inkubatoren waren Top-Themen einzelner Projekte. Bei den Volumenherstellern ergab sich ein gemischtes Bild. Viele Hersteller hatten „Digital-Labs" als Keimzelle für Transformationen aufgesetzt. Es gab Initiativen zur Digitalisierung im Bereich Logistik, Produktion und auch Projekte zum Aufbau von Mobilitätsservices, zur Digitalisierung von Geschäftsprozessen und zur kundenorientierten Ausrichtung waren gestartet. Im Bereich der IT wurden erste Programme zum Aufbau von hybrid Cloud Architekturen aufgesetzt. Benchmark war damals – wie auch heute – Tesla Motors. Als Neueinsteiger in der Branche "born on the web" waren gerade die kundenzentrische Ausrichtung, die digitale Unternehmenskultur und die automatisierten Prozesse basierend auf einer hocheffizienten IT-Cloudumgebung mit hoher Eigenfertigungstiefe für die etablierten Hersteller beispielhaft. Auch der Vertrieb ausschließlich über das Internet unterstützt durch wenige Schauräume meist in großen Einkaufszentren sowie das regelmäßige kostenfreie Update der Fahrzeugsoftware "over the air" waren Benchmark. Zusammenfassend ergaben sich aus der Untersuchung beispielsweise folgende Nachholbedarfe bzw. Unklarheiten:

- Definition Zielkunden bzw. -märkte
- Anpassung Geschäftsstrategie und -fokus
- Definition angepasster Umsatzstruktur inkl. Zielgrößen
- Ganzheitliche Vision und Digitalisierungsstrategie – Übergreifende Roadmap
- Roadmap zur Transformation der Unternehmenskultur

Nun stellt sich natürlich die Frage, wo die Automobilhersteller vier Jahre später bei der ganzheitlichen digitalen Transformation stehen? Innerhalb dieses Zeitraums sind deutliche Fortschritte erreicht worden. Allerdings haben sich auch Prioritäten verschoben. Der massive Klimawandel ist für alle durch lange Trockenperioden bei gestiegenen Temperaturen, aber auch durch Überschwemmungen infolge sintflutartiger Regenfälle, durch Buschbrände und auch durch Gletscherschmelze allgegenwärtig und mit erster Priorität in den Fokus gerückt. Infolge dieser dramatischen Situation sind für die Flottenverbräuche der Hersteller drastische Abgasziele gesetzt worden und so der Druck erheblich erhöht worden, den Umstieg auf Elektrofahrzeuge voranzutreiben und auch auf intermodale Mobilitätsservices zu setzen. Viele Hersteller haben sich im Einklang mit den Zielen der Pariser Klimakonferenz das schneller erreichen von Klimaneutralität für ihr Gesamtunternehmen vorgenommen. Diese Umpriorisierung bindet erhebliche Investments und Kapazitäten. Dennoch nehmen Transformationsprogramme auch in anderen Handlungsfeldern Fahrt auf. Zur aktuellen Standortbestimmung sei auf einige aktuelle Studien verwiesen, [Aut19, Tsc20 und Web19]. Beispielhaft für die Standortbestimmung hier einige Schlagworte aus diesen aktuellen Studien:

- Volkswagen partnert mit Microsoft im Engineering mit Fokus Elektrofahrzeuge und Connected Services für die „Automotivecloud"; eine weitere Partnerschaft mit Amazon zielt auf die Transformation zur digitalen Produktion auf Basis einer Industrial Cloud, die auch für Zulieferer und Partner offen gestaltet werden soll.
- BMW, Daimler und Renault-Nissan setzen auf Innovationspartnerschaften mit Microsoft – oft im Bereich Mobilität, Customer Experience und IT Transformation.
- Tesla eröffnet nach 12 Monaten Projektzeit ein Werk in Shanghai, um den größten Automarkt der Welt direkt zu erschließen; Anfang 2020 startet der Bau einer neuen Produktionsstätte in Brandenburg.
- BMW baut Connected Services weiter aus; die digitale Assistentin Alexa von Amazon ist in Fahrzeuge integriert und in China steht dieser Service mit ähnlichen Diensten auf Basis von Tmall Genie von Alibaba zur Verfügung.
- Google entwickelt eine Android basierte Infotainmentunit; Google Maps ist mittlerweile als Navigationsdienst in vielen Fahrzeugen genutzt.
- Bosch wird zum Softwareunternehmen; man hat mehr als vier Millionen Fahrzeuge auf Basis einer IoT Plattform vernetzt und 52 Mio. internetfähige Produkte pro Jahr verkauft.

- Tesla ist gemäß einer „tear down Analyse" seinem Wettbewerb sechs Jahre voraus in Bezug auf embedded IT Architektur und Controler für autonomes Fahren [Hid20].
- CATL, der größte chinesische Batteriehersteller, wird in Erfurt fertigen; Tesla beschleunigt den Kapazitätsausbau seiner Gigafactories und auch Volkswagen und Daimler wollen Batterien fertigen.
- Waymo führt die Ralley zum autonomen Fahren an und hat Fahrzeuge in den USA im normalen Verkehr auf der Straße; die Firma wird als wertvollstes Start-Up der Welt eingestuft; viele Hersteller schließen sich in Allianzen zusammen, um aufzuholen; Waymo bietet den „intelligenten Kernel" inkl. erforderlicher Sensorik in Lizenz an.
- Durch die Fusion der Mobilitätsdienste Car2go und DriveNow von Daimler und BMW sollen Kosten optimiert werden und so ein schlagkräftiger Wettbewerber zu den starken Konkurrenten Uber, Didi und Lyft entstehen.
- Die Digitalisierung der Händler und der Aftersales Services schreitet voran; von Initiativen berichten die meisten Hersteller; es werden Konzepte zum multichannel Vertrieb für den online Handel getestet.
- 3D-Druck und Digital Twins sind wichtiger Bestandteil vieler Industrie 4.0 Programme.

Diese beispielhafte Auflistung spiegelt zumindest das Umfeld von Innovations- und Transformationsinitiativen der Autoindustrie gut wider. Der jeweilige Reifegrad nach Regionen wird ergänzend für das Thema Elektrofahrzeuge in Abb. 5.4 gezeigt [McK19].

Die Abbildung bezieht sich auf Elektrofahrzeuge, sowohl voll-elektrische als auch hybride Antriebe. Es ist für die beiden gezeigten x/y-Achsen ein Index zugrunde gelegt worden, der jeweils Reifegrade von $0 = $ low bis $5 = $ high reflektiert. In den Marktindex fließen jeweils der Anteil E-Fahrzeuge, die Bandbreite des Angebotes dieser Autos und das installierte Angebot von Ladeinfrastrukturen ein. Der Industrieindex umfasst die Breite des E-Fahrzeugangebotes lokaler Hersteller bzw. deren EV-Produktionsvolumen. Hinzu kommen die Verfügbarkeit bzw. das Vorhandensein lokaler Lieferanten für E-Motor und Batterie. China führt in beiden Dimensionen den Ländervergleich deutlich an. Mit über eine Millionen Fahrzeugen im Markt, einer schnell wachsenden Infrastruktur und auch dem Aufbau von lokalen Herstellern der Schlüsselkomponenten wird dieser Vorsprung voraussichtlich weiter zunehmen. Es folgen mit den USA, Deutschland und Japan Länder mit etablierten großen Herstellern mit einer guten mittleren Industriereife zwischen 3 und 4. Eine Steigerung der Reichweite der Fahrzeuge und auch der Ausbau der Infrastruktur werden den tiefer liegenden Marktindex dieser Länder erhöhen. Abgeschlagen rangieren Länder wie Indien und Italien. Hier wird offenbar noch auf den Verbrennungsmotor gesetzt. Von den Nicht-Herstellerländern ist Norwegen der mit Abstand reifste Markt für E-Fahrzeuge, gefolgt von Holland und Schweden.

Ergänzend zur Situationseinschätzung zum Elektroantrieb zeigt Abb. 5.5 den Umsetzungsstatus weiterer interessanter Technologien.

In der Abbildung werden neben dem Elektroantrieb die Themenfelder Connected Services, Autonomes Fahren und Shared – bzw. Mobilitätsservices aufgezeigt. Im Verlaufe

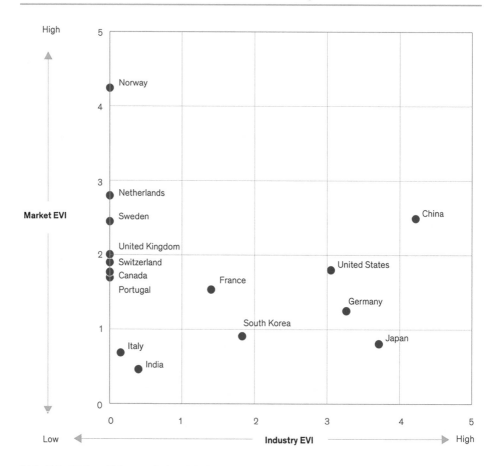

Abb. 5.4   Elektro-Fahrzeug Index: Markt- und Industriereife pro Land. [McK19]

des Kapitels werden Aspekte dieser Themenfelder vertieft. Daher werden hier nur kurz die Einschätzungen des jeweiligen Marktdurchbruchs erörtert. Wie bereits zuvor ausgeführt, sieht auch diese Studie China bei den Elektrofahrzeugen klar vorne und den „Tipping Point" bereits deutlich vor dem Jahr 2030 erreicht. Dieser liegt in Europa etwas später, während die USA mit annähernd fünf Jahren Rückstand auf China folgen. Beim Durchbruch der „Shared" Themen sieht man die gleiche Reihenfolge der Regionen jedoch später rund um das Jahr 2030. Noch etwas später wird die Marktdurchdringung für das autonome Fahren eingeschätzt, allerdings führend die USA, sicher auch getrieben durch Tesla, Wymo und Ubers Robotaxis. Die chinesischen Kunden mit ihrer „digital Affinität" verhelfen den Connected Services früher bereits Mitte des Jahrzehnts zum Durchbruch. Europa liegt mit den eher konservativen, älteren Neuwagenkunden in diesen Technologiefeld hinten an.

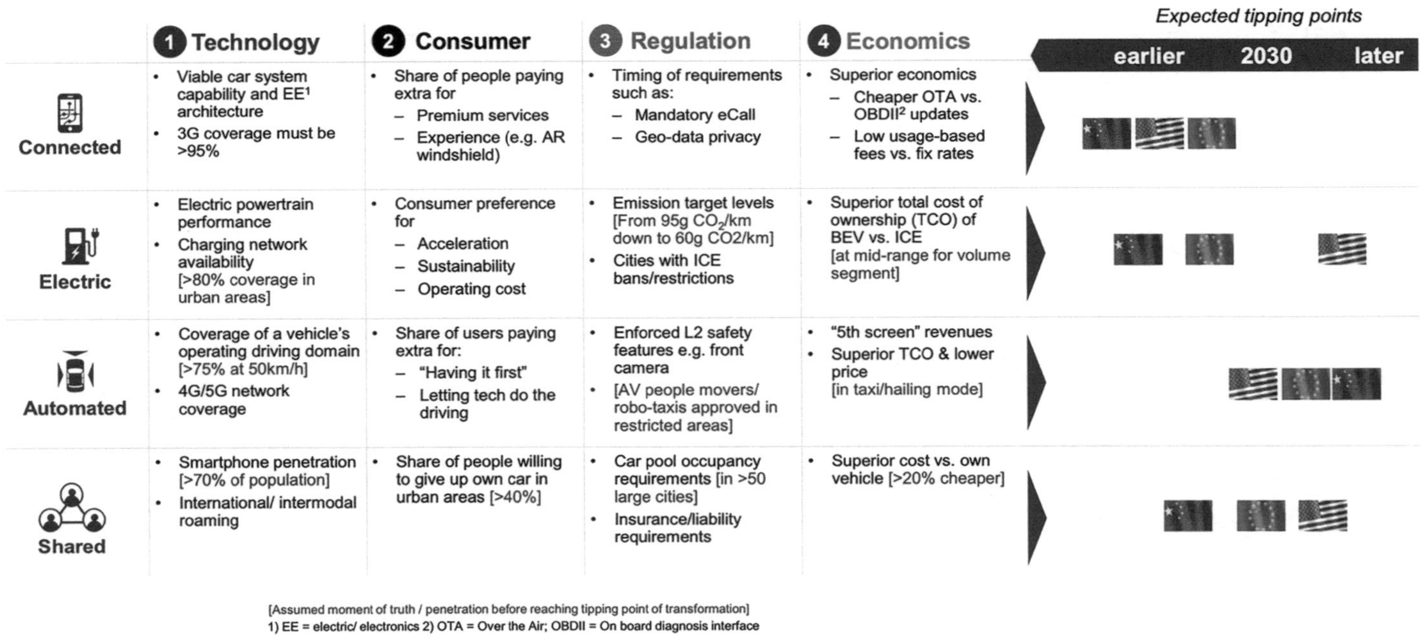

Expected tipping points — earlier | 2030 | later

	❶ Technology	❷ Consumer	❸ Regulation	❹ Economics
Connected	• Viable car system capability and EE[1] architecture • 3G coverage must be >95%	• Share of people paying extra for – Premium services – Experience (e.g. AR windshield)	• Timing of requirements such as: – Mandatory eCall – Geo-data privacy	• Superior economics – Cheaper OTA vs. OBDII[2] updates – Low usage-based fees vs. fix rates
Electric	• Electric powertrain performance • Charging network availability [>80% coverage in urban areas]	• Consumer preference for – Acceleration – Sustainability – Operating cost	• Emission target levels [From 95g CO_2/km down to 60g CO_2/km] • Cities with ICE bans/restrictions	• Superior total cost of ownership (TCO) of BEV vs. ICE [at mid-range for volume segment]
Automated	• Coverage of a vehicle's operating driving domain [>75% at 50km/h] • 4G/5G network coverage	• Share of users paying extra for: – "Having it first" – Letting tech do the driving	• Enforced L2 safety features e.g. front camera • [AV people movers/ robo-taxis approved in restricted areas]	• "5th screen" revenues • Superior TCO & lower price [in taxi/hailing mode]
Shared	• Smartphone penetration [>70% of population] • International/ intermodal roaming	• Share of people willing to give up own car in urban areas [>40%]	• Car pool occupancy requirements [in >50 large cities] • Insurance/liability requirements	• Superior cost vs. own vehicle [>20% cheaper]

[Assumed moment of truth / penetration before reaching tipping point of transformation]
1) EE = electric/ electronics 2) OTA = Over the Air; OBDII = On board diagnosis interface

Abb. 5.5 Übersicht Schlüsseltechnologien und Einschätzung des Durchbruchzeitraums in Regionen. [Web19]

5.4   Vision digitalisierte Automobilindustrie

Soweit ein Überblick zur Digitalisierungssituation der Automobilindustrie zum Beginn
des Jahrzehnts. Aufbauend geht es im Folgenden um eine Vision, wie die Automobilindustrie im Jahr 2030 aussieht. Die Einschätzungen des Autors beruhen auf seiner
langjährigen Tätigkeit und praktischen Erkenntnisse in der Branche in Transformationsprojekten bei unterschiedlichen Geschäftsbereichen einiger Hersteller im In- und Ausland.
Diese Erfahrungen werden ergänzt durch die Mitarbeit in Fachgremien, die Durchführung und auch die Auswertung von IBM-Automotivestudien z. B. [Wol19]. Weiterhin werden die in den vorhergehenden Kapiteln erläuterten Treiber und Einflussgrößen
der Digitalisierung und der sich ändernden Markterwartungen und –situationen berücksichtigt. Auf dieser Basis ergeben sich aus Sicht des Autors zusammenfassend folgende
Hypothesen, die die digitalisierte Autoindustrie im Jahr 2030 prägen werden:

- In den industrialisierten Ländern und besonders in den großen Städten wird der Besitz
  von Autos in den Hintergrund treten und der Markt durch Mobilitätsservices geprägt.
  In den heutigen Schwellenländern und auch in ländlichen Gebieten besteht weiterhin
  ein Kaufmarkt besonders in den Basis- und Luxussegmenten, wobei auch dort in den
  Megacities der Fahrzeugbesitz in den Hintergrund rückt.
- Mobilitätsservices werden mehrheitlich über markenunabhängige Plattformen
  abgerufen; diese umfassen intermodale Anbindungen, d. h. die Integration unterschiedlicher Verkehrstypen und auch die Einbindung von innerstädtischen Angeboten.
- Die Mobilitätsplattformen arbeiten umfassend KI basiert und konfigurieren Serviceangebote kundenindividuell unter Beachtung der speziellen Transportsituation und
  persönlicher Vorlieben.
- Es wird neue Formen von Mobilitätsangeboten geben, beispielsweise Abonnement
  bzw. Flatrate-Konzepte, ähnlich den heutigen Mobilfunkverträgen. Auch Preis-
  staffelungen je nach Fahrzeugtyp oder der Bereitschaft, gemeinsam in Fahrzeugen zu
  fahren, ähnlich einem Sammeltaxi.
- Zur Optimierung der Auslastung und Reduzierung von Status und Wartezeiten
  nutzen die Mobilitätsanbieter eine übergeordnete Verkehrssteuerung, vergleichbar
  der heutigen Luftraumüberwachung im Flugverkehr. Hier bietet sich der Einsatz von
  Quantum Computing an.
- Autonom fahrende Fahrzeuge, insbesondere Busse, Taxis und auch die Autos neuer
  Mobilitätsanbieter nehmen in den großen Städten einen Anteil von mindestens 30 %
  der Fahrzeuge ein und decken so unter Beachtung der höheren Nutzungsgrade über
  50 % des Mobilitätsbedarfs in den Cities ab.
- Elektroantrieb und umfängliche Connected Services, auch von Fahrzeug zu Fahrzeug,
  sind in allen Neufahrzeugen implementiert und unterstützen neue Mobilitätskonzepte.
  Updates der embedded Software erfolgt in kurzen Zyklen „over the air".

- Connected Service der Fahrzeuge und Apps der Smartphones bestehen vollständig synchronisiert, sodass gleiche Lösungsumgebungen in beiden Welten in gleicher Funktionalität und auf gleichem Datenstand zur Verfügung stehen.
- Die „embedded Fahrzeug-IT" basiert auf einer neue Architektur mit zentralen Servern, zusätzlichen Backupserver zur Sicherheit und als Unfallschreiber, quasi eine „Black Box", ähnlich den heutigen Flugzeugen.
- Fahrzeuge werden nicht mehr aufbauend auf Plattformen konzipiert, sondern das zentrale Element werden die Zentralcomputer in Verbindung mit einer Softwareplattform ähnlich dem Ansatz von Smartphones. Viele Ausstattungselemente werden softwaretechnisch bei Bedarf zugeschaltet, ähnlich den heutigen Serverausstattungen.
- Augmented Reality ist als wesentlicher Bestandteil im Entwicklungsprozess etabliert, sodass die Anzahl erforderlicher Prototypen halbiert ist und auch Testfahrten in erheblichem Umfang in virtuellen Umgebungen stattfinden.
- Der Verkauf von Fahrzeugen erfolgt mindestens zu 50 % über markenunabhängige Portale direkt über das Internet. Virtual Reality Lösungen unterstützen die Fahrzeugkonfiguration. Die Präsentation erfolgt im „home megaplex center" quasi einem temporären virtuellen privaten Verkaufsraum.
- Die Anzahl der Händler in den industrialisierten Ländern ist massiv reduziert. Erfolgreiche Händler sind in die Bereitstellung von Mobilitätsservices eingebunden.
- Das traditionelle Aftersales Geschäft ist erheblich reduziert. Die Serviceunternehmen haben neue Umsatzfelder im Bereich Robotaxis beispielsweise bei der Fahrzeugsäuberung und auch bei der Wartung der Ladeinfrastruktur etabliert.
- Die Fertigungsstruktur der Hersteller ist den Märkten angepasst: in den Schwellenländern liegt der Fokus auf Massen- bzw. Fliessbandfertigung; in den „mature countries" für immer kundenspezifischere Fahrzeuge bestimmen Fertigungsinseln mit hohem Robotikanteil in enger Zusammenarbeit mit Werkern das Fabrikbild.
- 3D-Druck von Komponenten und Ersatzteilen sind Teil neuer Fertigungs- und Logistikkonzepte.
- Es besteht ein Überangebot an Fertigungskapazität. Dies nutzen neue Anbieter in offenen Fertigungsnetzwerken. Diese Netzwerke werden auf Basis von übergeordneten Digital Twin Lösungen gesteuert.
- IT-Services werden zu 80 % aus Cloudumgebungen bezogen. Diese betreiben nicht die Hersteller, sondern Spezialanbieter aus Mega-Rechenzentren heraus. Arbeitsplatzsysteme sind vollständig durch mobile Endgeräte ersetzt, die sprach- und gestengesteuert bedient werden.
- Assistenzsysteme sind in vielen Geschäftsbereichen und auch direkt in den Fahrzeugen etabliert. Diese unterstützen die Anwender pro-aktiv und lernen permanent dazu, um die Kundenbedarfe individuell immer besser abzudecken.
- Mindestens 50 % der Geschäftsprozesse der Automobilunternehmen laufen automatisiert ab.

- Es haben sich flexible Arbeitsmodelle mit einem Anteil von mindestens 30 % temporären Mitarbeitern mit Expertenwissen etabliert. Die Top-Experten sind im „war of talent" von vielen Unternehmen umworben. Somit ist das klassische Bewerbungsverfahren umgedreht; Unternehmen bewerben sich bei den Experten

Die wesentlichen Hypothesen werden im Folgenden vertieft und begründet.

5.4.1 Mobilitätsservices anstelle Autobesitz

Die Urbanisierung schreitet unaufhörlich weiter voran. Heute leben bereits mehr als die Hälfte der Weltbevölkerung in Städten und voraussichtlich werden 2050 über 68 % der Weltbevölkerung in Ballungsgebieten wohnen. Fast die Hälfte dieser Menschen lebt in Cities mit weniger als 500.000 Einwohnern, dem am schnellsten wachsenden Segment. Es gibt andererseits über 30 sogenannten Megacities von mehr als zehn Millionen Einwohnern. Auch hier wird weiteres Wachstum erwartet, sodass es wahrscheinlich auch einige Gigastädte mit mehr als fünfzig Millionen Einwohnern geben wird sowie eine hohe Anzahl neuer großer Metropolen, die heute noch nicht als Kandidaten gehandelt werden [DSW18]. Wie vielleicht viele von uns schon persönlich während stundenlangem Staustehen erlebt haben, ist bereits die heutige Verkehrssituation zu Stoßzeiten in den großen Städten wie beispielsweise Sao Paulo, Beijing, Mexico City aber auch Paris und Moskau nicht mehr akzeptabel. Umweltbelastungen und auch Zeitverluste durch den zähflüssigen Verkehrs-„fluss" erzwingen neue Technologien und auch Mobilitätskonzepte. Auch die weiteren Konsumententrends zur Nachhaltigkeit und Akzeptanz von Sharing anstelle Besitzes sprechen gerade die jüngeren Kunden an, zumindest in den Städten. All diese Tatsachen sind Antreiber von Mobilitätsservices, die den Autobesitz ersetzen.

Deshalb wird im Jahr 2030 der private Autoverkehr in den Städten massiv reduziert und das Straßenbild durch autonom fahrende Autos, genutzt in offenen Mobilitätskonzepten, geprägt sein. Die Ladeinfrastruktur für Batterien wird etabliert sein, einhergehend mit stark verbesserten Reichweiten besonders aufgrund verbesserter Batterietechnologien [Blo19]. In den Städten wird Autobesitz ähnlich stigmatisiert sein, wie heute das Rauchen in „mature countries". Anders wird die Situation in den „new emerging countries" wie beispielsweise Indonesien, Namibia, Kolumbien, noch in China und Indien und auch zwangsläufig in ländlichen Gebieten, wie beispielsweise in den „Weiten" der USA, aussehen. In diesen Bereichen besteht weiterhin ein Automobil-Kaufmarkt, wobei die Fahrzeuge einerseits mit kleineren, hoch effizienten Motoren und angemessener Ausstattung im niedrigen, hart umkämpften Preissegment gekauft werden und andererseits das Luxussegment mit entsprechendem Prestigecharakter gefragt sein wird.

Die Mobilitätsservices stehen über Internetplattformen leicht buchbar zur Verfügung. Neben der Fahrzeugmobilität werden weitere Dienstleistungen angeboten, beispielsweise „verkehrstypübergreifende" Buchungen unter Einbezug der zur Zielerreichung erforderlichen komplementären Verkehrssysteme wie Fähren oder S-Bahnen. Optional können auch weitere Angebote wie Ticketsysteme für Theater, Hotelbuchungen oder auch Smart-Home-Funktionen beispielsweise zum zeitgerechten Start der Hausheizung abgerufen werden. Die Nutzung der Mobilitätsservice-Plattform erfolgt sprachgesteuert. Die Lösung erkennt Mehrfachnutzer und unterstützt diese KI-basiert lernend individuell beim Buchungsvorgang unter Beachtung von Gewohnheiten und Präferenzen aus vorhergehenden Buchungen. Es werden unterschiedliche Servicelevel für die Mobilität angeboten, ausgehend von Fahrzeugen der Luxusklasse bestimmter Hersteller mit Chauffeur für individuelle Fahrten bis hin zu Shared Services mit mehreren Mitfahrern unter Nutzung modellunabhängiger freier Mitfahrkapazitäten mit einigen Haltepunkten. Die Preisstruktur wird sich am jeweiligen Servicelevel orientieren, wobei es auch Abonnement- und Flatratemodelle geben wird. Heutige Anbieter wie Uber oder auch Lyft offerieren jetzt schon kreative kommerzielle Modelle und auch sehr flexible Abrufmöglichkeiten und es ist davon auszugehen, dass dieser Trend zu weiteren, neuen Geschäftsmodellen führt.

Ähnlich dem heutigen Flugverkehr wird es eine übergeordnete Verkehrssteuerung geben, auch vergleichbar dem digitalen Schatten im Themenfeld der Industrie 4.0 (vergl. Abschn. 5.4.10). In diesen übergeordneten Verkehrsleitsystemen sind alle Fahrzeuge orts- und nutzungsgenau erfasst, nicht nur autonom fahrende Autos, sondern auch fahrergestützte private Fahrzeuge können sich erfassen lassen und so Hinweise zur Verkehrsführung erhalten und auch zum Anbieter von peer-to-peer Mitfahrgelegenheiten werden. Das Verkehrsleitsystem wird die Bedienung von Mobilitätsabrufen gemäß angefordertem Servicelevel sicherstellen und auch die Lenkung des Verkehrs unter Minimierung von Staus organisieren. Auch diese Informationen können dann in neue Servicemodelle mit einfließen.

Die Nutzung von Mobilitätsservices ist über die Plattform mit den unterstützen Technologien für die Kunden sehr komfortabel möglich und gerade in den Städten werden immer mehr Nutzer dieses Angebot anstelle des Autobesitzes annehmen. Einen weiteren erheblichen Anschub werden diese Services erfahren, wenn die genutzten Fahrzeuge autonom fahren und dann die Mobilitätskosten dieser Robotaxis sehr attraktiv werden, da dann die Arbeitskosten des Fahrers entfallen. Dazu kommen weitere Einsparungen durch den Entfall von Unfallschäden und auch bessere Verbrauchswerte durch gleichmäßiges fahren. Gerade dann werden auch Unternehmen ihre Dienstwagenflotten umstellen und ihren Mitarbeitern die erforderlichen Mobilitätsservices anstelle der Investitionen in Einzelfahrzeuge anbieten. Das untermauert Abb. 5.6 durch einen Kostenvergleich [McK19].

Die Mehrkosten für autonom fahrenden Autos werden relativ kurzfristig deutlich abnehmen, während die Kosten von Selbstfahrern eher konstant bleiben bzw. leichte Kostenvorteile durch Preisanstiege ausgeglichen werden. Somit ergibt sich im Jahr 2026 der Break Even für Mobilitätsservices bei der Flottennutzung. Aufgrund der dann weiter ansteigenden Nutzung der Services und auch der Anzahl teilnehmender Fahrzeuge können die Leistungen noch preiswerter angeboten werden und führen so, im Sinne des Huhn/Ei Effektes, zu einem weiteren Anwachsen der Akzeptanz. Aus Sicht des Autors

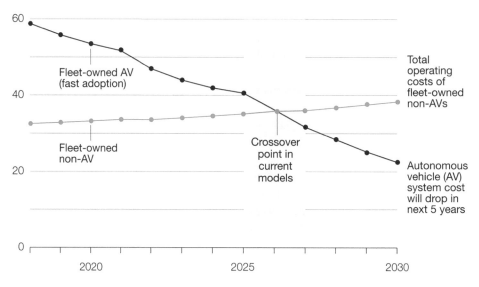

Abb. 5.6 Kostenvergleich bei Flottennutzung eines EVs: autonom vs. Selbstfahrer. [McK19]

werden sich markenunabhängige Plattformbetreiber gegenüber den Herstellern als
Betreiber durchsetzen, da die Breite des Angebotes ähnlich heutigen Übernachtungsplatt-
formen eher als „neutrales" Angebot von Kunden akzeptiert wird. So rufen Kunden dann
Mobilitätsservices markenunabhängig ab, d. h. eine Markenloyalität wird in den Hintergrund treten.

5.4.2 Connected Services

Ein weiteres wichtiges Geschäftsfeld mit einem hohen Potenzial für neue Umsatz-
bereiche gemäß Abb. 5.1 für die Automobilindustrie sind Connected Services. Die
Leistungsfähigkeit dieser Services wächst kontinuierlich weiter an. So wird auch bei der
Ausstattung der Fahrzeuge mit diesen Diensten, wie Abb. 5.7 zeigt, nach Leistungsstufen
unterschieden und die Ausstattungsrate der Fahrzeuge wird im Laufe der Zeit ansteigen
[McK19].
   Heute sind ca. 50 % aller Neufahrzeuge mit Basisservices beispielsweise zu Fahrzeuginformationen und auch Fahrerunterstützung ausgestattet. Im Jahr 2030 werden
jedoch alle Neufahrzeuge umfassend „connected" sein. Dann werden individualisierte
Dienste unter echtzeitähnlicher Einbindung von Dialogen mit Dienstleistern und Service-
gebern als virtuelle Chauffeurdienste verfügbar sein. Der Markt für diese Services
wird im Jahr 2030 auf ein Volumen von bis zu 700 Mrd. € massiv ansteigen. Über die
Lebensdauer eines vernetzten Fahrzeuges können über Abonnementsmodelle kontinuierlich Mehreinnahmen generiert werden. Connected Services sind so nicht nur eine

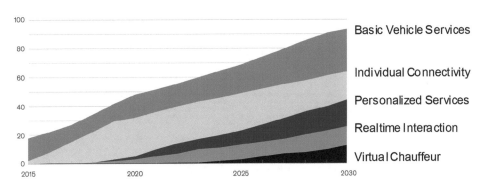

Abb. 5.7 Ausstattung der Fahrzeuge mit Connected Services. [nach McK19]

wesentliche Voraussetzung für die effiziente Ausgestaltung und komfortable Nutzung von Mobilitätsservices, sondern bieten darüber hinaus die Basis für neue Einnahmen. Abb. 5.8 zeigt beispielhaft eine Übersicht möglicher Dienste und Funktionen [Wee15].

Neben den Mobilitätslösungen, gezeigt in der Mitte des Bildes, sind auch Funktionen aufgezeigt, die für Fahrer interessant sind, beispielsweise Navigation, Wettermeldungen und Büroservices, und darüber hinaus Dienste sowohl zur Interaktion mit städtischer Infrastruktur, wie Maut oder Straßenzustandssituation, als auch Services für den Bereich After-Sales, wie Ferndiagnose bzw. Wartung. Darüber hinaus sind Beispiele aus den Bereichen Infrastruktur, wie Parkhäuser, der Kommunikation, und auch aus dem Versicherungsbereich für personalisierte Policen unter Beachtung des Fahrverhaltens aufgezeigt. Diese Themenvielfalt untermauert, dass Connected Services von fast allen Kunden als gewünscht und als wichtiges Differenzierungsmerkmal bei der Autowahl gesehen werden, wie auch umfassende Studien bestätigen [Ber19].

Ergänzend zu den gezeigten Beispielen ergeben sich weitere Möglichkeiten durch innovative Nutzung der immensen Menge an Daten, die über die Connected Services zur Verfügung stehen. Ein großes Datenvolumen generieren Signalgeber innerhalb der Fahrzeuge aus den mechatronischen Komponenten zur Ablaufüberwachung und -steuerung. Auch die wachsende Anzahl an Sensoren und Kameras, die für Systeme zur Fahrassistenz bis hin zum autonomen Fahren benötigt werden, liefern ein hohes Datenvolumen. Diese Informationen können mit Daten aus dem Fahrzeugumfeld und aus den Diensten der Connected Services verbunden und ausgewertet werden. Hieraus ergeben sich wertvolle neue Erkenntnisse wie beispielsweise Muster zum Fahrverhalten, Details zur Erzeugung hochgenauer Karten oder auch genaue Informationen zum Hintergrund von Verschleiß und Ausfall. Diese Informationen können wiederum Bestandteil neuer Geschäftsmodelle werden.

Diese Beispiele untermauern das Potenzial der Connected Services, auch neue Geschäftsfelder zu erschließen. Es ist somit davon auszugehen, dass im Jahr 2030 neue Anbieter in diesem Bereich und bei der geschäftlichen Nutzung der „Big Data" etabliert

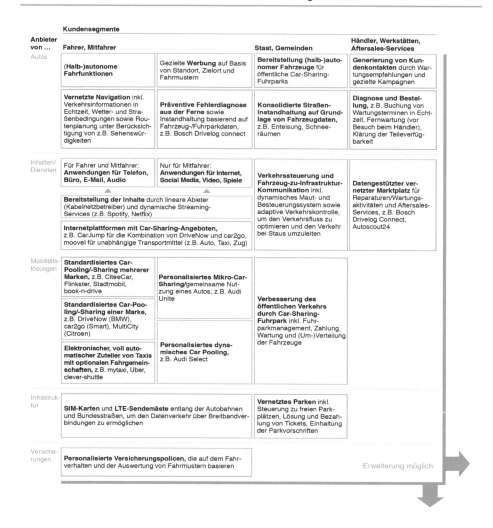

Abb. 5.8 Dienste und Funktionen im Themenfeld Connected Services [Wee15]

sind. Neben den rein fahrzeugorientierten Angeboten werden neue Geschäftsmöglich-keiten durch die Integration von Smarter Cities und flankierenden Dienstleistungs-angeboten wie beispielsweise aus den Bereich Versicherungen und Marketing entstehen. Somit stellt sich natürlich für die Hersteller die Frage, welche Position in diesem neuen Geschäftsumfeld eingenommen werden kann. Bereits während des Automotive News World Congress 2016 in Detroit brachte es seinerzeit der Vorsitzende von Audi Amerika, Scott Keogh, auf den Punkt, indem er feststellte, dass mit dem Wettbewerb bzw. der Ent-scheidung um die Führerschaft der Connected Services und den zugehörigen Plattformen gerade entschieden wird, wer die „profitable Bar im Hotel betreiben wird".

5.4.3   Autonomes Fahren

Ähnlich wie die Connected Services steht das Thema Autonomes Fahren als Zielsetzung und Vision bei jedem Hersteller und auch bei neuen Wettbewerbern und Zulieferern auf der Agenda vieler Initiativen und Projekte. Nachdem erste Forschungsvorhaben und Pilotaktivitäten bereits in den 1990er Jahren publiziert wurden, bekam das Thema im Jahr 2004 eine besondere Aufmerksamkeit durch einen legendären Wettbewerb ausgerufen vom US-amerikanischen Verteidigungsministeriums, bei dem autonom fahrende Landfahrzeuge in einem Wüstenrennen gegeneinander antraten – nachzulesen in vielen Internetberichten unter „DARPA Challenge 2004". Ein weiterer Schub kam, als Google im Jahr 2010 ein entsprechendes Fahrzeugprojekt ankündigte und dann auch 2014 ein vollständig autonom fahrendes Auto vorstellte, das ohne Pedalerie und Lenkrad auskam [Cac15]. Derzeit hat Google dieses Fahrzeugprojekt nicht mehr im Fokus und der Mutterkonzern Alphabet konzentriert sich mit der Tochter Waymo auf das autonome Fahren. Ziel ist die Entwicklung einer integrierten Lösung. Diese umfasst die Fahrintelligenz bzw. das IT-Paket im direkten Zusammenspiel mit der erforderlichen Sensorik. Waymo hat mittlerweile die vierte Fahrzeuggeneration in mehr als 20 Städten in den USA im Einsatz und mehrere Millionen Praxismeilen gefahren, hat zusätzlich umfangreichen virtuellen Test unter hohen Lasten absolviert und so das Gesamtsystem trainiert und stabilisiert [Way18]. Auch viele andere Unternehmen entwickeln Lösungen in dem Bereich und befinden sich im Straßentest mit Pilotfahrzeugen. Einen guten Überblick der Firmen und autonomen Fahrleistungen gibt ein jährlich erscheinender Report des Kalifornischen Departments of Vehicles. Hier müssen die Hersteller Detailberichte zu den in Kalifornien auf öffentlichen Straßen autonom zurückgelegten Meilen einreichen [DMW20]. Neben der Liste aller aktiven Hersteller und deren Fahrleistung ist es interessant zu sehen, wie sich im Jahresvergleich die durchschnittliche Fahrstrecke bis zum erforderlichen Fahrereingriff („Disengagement") verbessert. Diese liegt im Jahr 2019 beispielsweise bei Waymo bei 13.219 Meilen und bei Mercedes und bei BMW jeweils unter 10 Meilen. Baidu erzielt angeblich noch bessere Werte, allerdings angezweifelt von Berichten im Internet durch die Fachcommunity. Alleine die Anzahl der aktiven Hersteller und auch die stetig wachsende Testleistung untermauert die Bedeutung dieses Themas und auch die Fortschritte hin zur Produktionsreife. Auf dem Entwicklungsweg werden in heutigen Serienfahrzeugen immer mehr Automatisierungs- und Assistenzfunktionen serienreif. Für dieses Technologiefeld sind in Abstufung des evolutionären Übergangs der Kontrollfunktion vom Menschen auf Automaten normierte Klassifizierungsstufen etabliert. Neben Definitionen der Bundesanstalt für Straßenwesen ist die Einteilung der SAE (Society of Automobil Engineers) als Standard anerkannt – gezeigt in Abb. 5.9 [SAE14].

Bei den ersten drei Stufen, ausgehend vom „technologiefreien Fahren" über Assistenz bis hin zur Teilautomatisierung liegt die Hoheit über das Fahren in allen Situationen, wie beispielsweise beim Beschleunigen und Lenken, der Beobachtung der Verkehrssituation

Level	Name	Narrative Definition	Execution of Steering and Acceleration/ Deceleration	Monitoring of Driving Environment	Fallback Performance of Dynamic Driving Task	System Capability (Driving Modes)
Human driver monitors the driving environment					
0	No Automation	the full-time performance by the *human driver* of all aspects of the *dynamic driving task*, even when enhanced by warning or intervention systems	Human driver	Human driver	Human driver	n/a
1	Driver Assistance	the *driving mode*-specific execution by a driver assistance system of either steering or acceleration/deceleration using information about the driving environment and with the expectation that the *human driver* perform all remaining aspects of the *dynamic driving task*	Human driver and system	Human driver	Human driver	Some driving modes
2	Partial Automation	the *driving mode*-specific execution by one or more driver assistance systems of both steering and acceleration/deceleration using information about the driving environment and with the expectation that the *human driver* perform all remaining aspects of the *dynamic driving task*	System	Human driver	Human driver	Some driving modes
Automated driving system ("system") monitors the driving environment					
3	Conditional Automation	the *driving mode*-specific performance by an *automated driving system* of all aspects of the dynamic driving task with the expectation that the *human driver* will respond appropriately to a *request to intervene*	System	System	Human driver	Some driving modes
4	High Automation	the *driving mode*-specific performance by an automated driving system of all aspects of the *dynamic driving task*, even if a *human driver* does not respond appropriately to a *request to intervene*	System	System	System	Some driving modes
5	Full Automation	the full-time performance by an *automated driving* system of all aspects of the *dynamic driving task* under all roadway and environmental conditions that can be managed by a *human driver*	System	System	System	All driving modes

Abb. 5.9 Definition von Automatisierungsstufen für systemgestützes Autofahren. [SAE14]

mit allen erforderlichen Reaktionen in der Hand des Fahrers. Nur allgemeine Funktionen wie Spur- und Abstandhalten werden im Level 2 von einem System selbstständig übernommen. In Level 3 bis Level 5 werden dann die drei Stufen der Automatisierung klassifiziert, von hochautomatisiert bis hin zur vollständigen Automatisierung, in der sich die Fahrzeuge ohne Lenkrad auch fahrerlos bewegen.

Die Entwicklung hin zu Autonomen Fahren erfolgt bei den etablierten Herstellern in evolutionären Schritten. Die Marktnachfrage und die Kundenakzeptanz steigen kontinuierlich mit dem angebotenen Komfort und der Attraktivität der Preise. In diesem Sinne sind in Abb. 5.10 der Preisverlauf und die Implementierungszeiträume der Technologielevel abgeschätzt [Kra19].

Das systemgestützte Fahren wird stufenweise in den Fahrzeugsegmenten eingeführt. Aktuell sind beide Basislevel in den drei gezeigten Fahrzeugsegmenten im Markt etabliert. Weitergehende Technologiestufen werden aus Kostengründen und zum Image- und Akzeptanzaufbau jeweils mit zwei Jahren Vorlauf in der Oberklasse eingeführt. Mitte des Jahrzehnts wird Stufe 4 eingeführt werden, während das vollständig autonome Fahren erst im kommenden Jahrzehnt folgen wird. Im Laufe des Jahrzehnts werden beispielsweise durch Volumeneffekte die Preise abnehmen, mit überproportionalen Auswirkungen in den ersten drei Jahren nach Markteinführung. Alle etablierten Hersteller haben autonom fahrende Autos zumindest im Level 4 bis zum Jahr 2030 angekündigt. Treiber, um Level 5 möglichst frühzeitig zu erreichen, sind neben Waymo sicher auch Baidu, Uber und Tesla. Bei der Entwicklung von Lösungen zum systemgestützten Fahren ist eine leistungsstarke Sensorik und hochzuverlässige integrierten Softwareumgebung besonders wichtig. Abb. 5.11 zeigt hierzu eine grobe Struktur.

Fahrzeug	Segment	AF Stufe	<'16	'18	'20	'22	'24	'26	'28	'30	'32	'34	'36	'38	'40	'42	'44	'46	'48	'50
Pkw	Klein/ Kompakt	1																		
		2																		
		3																		
		4																		
		5																		
	Mittel- klasse	1																		
		2																		
		3																		
		4																		
		5																		
	Ober- klasse	1																		
		2																		
		3																		
		4																		
		5																		

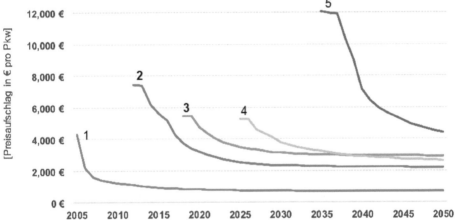

Abb. 5.10 Einführungszeiträume und Preisverläufe von systemgestütztem Fahren. (nach ISI)

Die Ausstattung der Fahrzeuge mit Sensorik und Kamerasystemen wächst mit dem Automatisierungsgrad. Diesem Bereich kommt sehr hohe Bedeutung zu, da die Erfassung des Umfelds auch bei herausfordernden Umweltbedingungen sicher erfolgen muss. Neben Kamera und Radar geht ein Trend auf sogenannte Lidar-Sensoren – abgeleitet aus light detection and randing. Diese Sensoren funktionieren nach dem Prinzip der Luftlaufzeitmessung. Laserstrahlen werden gesendet, von Hindernissen reflektiert und dann vom Sensor erfasst und ausgewertet. Die Datenauslösung und die Erkennungssicherheit bei Nacht und Bewegung bietet Vorteile. Somit setzen viele Hersteller bei der Weiterentwicklung des autonomen Fahrens auf diese Technologie [Ree20]. Die erfassten Informationen werden in der integrierten Software verarbeitet. Zentrales Element dieser

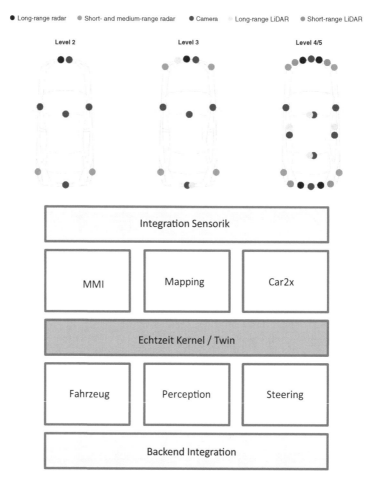

Abb. 5.11 Lösungspaket Sensorik / Software für systemgestütztes Fahren. (Quelle: Autor)

Lösung ist ein Echtzeitkernel, in dem die reale Welt des gesamten Umfeldes und des Fahrzeuges einem virtuellen Abbild, einem digitalen Twin, gegenübergestellt wird und Reaktionen entschieden und unmittelbar eingeleitet werden, um das Fahrzeug sicher weiter auf Kurs zu halten. Weitere Informationen werden beispielsweise vorausschauend von anderen Fahrzeugen, aus hochauflösenden Karten und auch lernend aus den Erfahrungen über eine Backendintegration aufgenommen. Teile der Software laufen auf speziellen Prozessoren im Fahrzeug auf Basis einer zu entwickelnden Softwareplattform und weitere Teile in Cloudumgebungen im Hintergrund (vergl. Abschn. 5.3.5). Diese sehr grobe Übersicht der IT-Lösung soll für das Verständnis der kommenden Herausforderungen für die Hersteller ausreichen. Auch hier ist absehbar, dass Autos mehr und mehr zu IT Devices werden und Wissen in diesem Feld dringend von den Herstellern aufzubauen ist.

Es ist davon auszugehen, dass aufgrund des Wettbewerbsdrucks und der Vielzahl der Ankündigungen von vollautomatisierten Fahrzeugen bis zum Jahr 2030 erhebliche Fortschritte im Bereich des systemgestützten Fahrens trotz kleinerer Rückschläge erreicht werden. Neben den evolutionären Schritten der etablierten Hersteller und Zulieferer greifen neuen Anbieter, wie Waymo, Uber und Tesla aber sicher zukünftig noch weitere Anbieter, wie beispielsweise Baidu, Nvidia und Intel direkt auf der Ebene des Autonomen Fahrens an. Bis 2030 werden die aktuell umfassend diskutierten rechtlichen Rahmenbedingungen gerade in Bezug auf Haftungsfragen geschaffen sein. Auch die Leistungsfähigkeit der Kommunikationsinfrastruktur rund um 5G Technologien wird etabliert sein, um die erforderlichen Fahrzeug/Fahrzeug und Fahrzeug/Hersteller-Backend Dialoge und auch die weitergehende Kommunikation vom Fahrzeug zu neuen Geschäftspartnern sicherzustellen.

Diese Entwicklung hin zum Autonomen Fahren zeichnet sich deutlich ab und entwickelt sich kontinuierlich, sodass bei dieser Technologie nicht von disruptivem Charakter mit Überraschungsmoment gesprochen werden kann. Mit dem Autonomen Fahren kommen jedoch neue Möglichkeiten, die Angebote zu Mobilitätsservices innovativ auszugestalten. In diesem Feld sind Geschäftsmodelle zu erwarten, die etablierte Angebote komplett in Frage stellen werden. Als Ideen seien hier genannt:

- Autonom fahrende Sammeltaxis
- Stadtteilmobilität … Wohnbereiche, die sich autonome Fuhrparks intelligent teilen
- Unternehmensplattformen … Mobilität anstelle Dienstwagen
- Logistikwolke … z. B. Autonome Lieferservices für Ersatzteile
- Supply Chain Plattformen … Autonome Belieferung von Produktionsstraßen
- Gesundheitsdienst Krankenkassen … Autonome Fahrzeuge für Ältere zum Transport zum Arzt
- Autonome Lieferservices von Einkäufen
- Seniorenshuttles
- …

Gemeinsames Kennzeichen dieser Ideen ist, dass Dienstleistungen und autonome Mobilität zu neuen komfortablen Angeboten gebündelt werden und diese dann über internetbasierte Plattformen leicht abrufbar zur Verfügung stehen. Betreiber der Plattformen sind oft IT-affine neue Wettbewerber, die dann aufgrund der Skalierbarkeit der Internetlösung und der schnellen Marktreife der neuen Serviceideen etablierten Anbietern schnell deutliche Marktanteile abnehmen. Auch hier müssen sich die Hersteller klug aufstellen, ihr Angebotsziel definieren und sich ggf. vorbereiten, diese Art von Wettbewerb zu bestehen.

Mit den stetig verbesserten Rahmenbedingungen und auch den wachsenden Möglichkeiten auf Basis dieser Technologie neue Geschäftsmöglichkeiten zu erschließen, steigt der Anteil autonomer Fahrzeuge im Neuwagengeschäft kontinuierlich an. Abb. 5.12 zeigt eine Prognose.

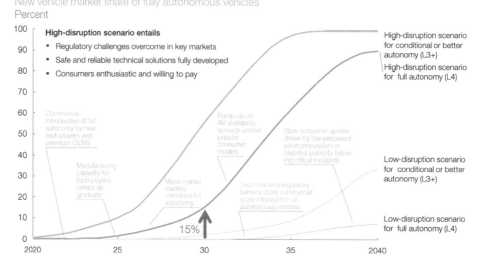

Abb. 5.12 Anteil autonomer Fahrzeuge am Neuwagengeschäft über der Zeit. [Tsc19]

Die Abbildung zeigt die Entwicklung des Anteils autonom fahrender Autos am Neuwagengeschäft bis zum Jahr 2040. Hierbei werden vier unterschiedliche Szenarien untersucht, die sich jeweils in der Vehemenz unterscheiden, mit der die neuen Technologien und Businessmodelle vom Markt absorbiert werden. Weiterhin wird unterstellt, dass heutige Hemmnisse in rechtlichen Feldern und auch letzte technologische Hürden ausgeräumt sind. In diesem Rahmen wird 2030 im mittleren Szenario ein Marktanteil von 15 % vorhergesagt, zwischen 4 % im konservativen und 50 % im progressiven Szenario. Über das Jahr 2030 hinaus wird ein weiterer signifikanter Geschäftsanteil gesehen, z. T. mit exponentiellem Wachstume, sicher auch getrieben durch erhebliche wirtschaftliche Vorteile durch autonomes Fahren. Diese werden in in Abb. 5.13 gezeigt [McK19].

Der in der genannten Studie ermittelte Nutzen vom 800 Mio. Dollar im Jahr 2030 bei umfänglicher AV Nutzung wird im Wesentlichen drei Bereichen zugeordnet. Unfälle werden vermieden und so Einsparungen im Gesundheitswesen und bei der Schadensbehebung abgeschätzt. Durch die höhere kontinuierliche Nutzung sind weniger Parkraum und weniger breite Autobahnen erforderlich. So stehen Flächen beispielsweise für Parks oder auch für neuen Wohnraum zur Verfügung. Weiterhin wird durch die integrierte Verkehrssteuerung und somit die Staureduzierung und durch die gleichmäßige Fahrweise die Umweltbelastung deutlich abnehmen. Somit ergibt sich neben den eigentliche Fahrvorteilen auch indirekt ein erheblicher Nutzen, der die Nutzung der Technologie sicher mit antreibt.

Es ist davon auszugehen, dass die meisten autonomen Fahrzeuge nicht von Privatpersonen im Eigenbesitz genutzt werden, sondern innerhalb neuer Mobilitäts- und Servicemodelle insbesondere in den großen Städten eingesetzt werden. Hieraus leitet der

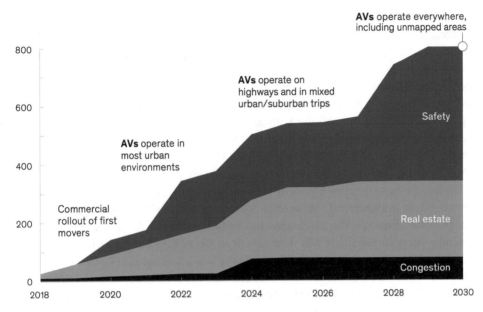

Abb. 5.13   Nutzen durch autonomes Fahren in den USA von über 800 Mio. Dollar. [McK19]

Autor seine Hypothese ab, dass im Jahr 2030 in den Megacities mindestens 30 % der Fahrzeuge autonom fahren. Unter Beachtung der höheren Nutzungsgrade decken diese über 50 % des Mobilitätsbedarfs in den Cities ab. Angeboten über Plattformen zeichnet sich ein „disruptiver" Umbruch in der Industrie ab. Der Neufahrzeugmarkt zumindest in den Megacities wird sich deutlich reduzieren, sicher insgesamt noch kompensiert durch den steigenden Bedarf in den aufstrebenden Ländern.

5.4.4   Elektromobilität

Die aktuell zunehmende Verkehrsdichte besonders in den Großstädten führt zu massiven Umweltbelastungen beispielsweise durch Kohlenstoffdioxid, Feinstaubpartikel und auch Lärm. Diese Entwicklung ist nicht ertragbar und es laufen viele Bemühungen, die Situation zu ändern. Neben dem Angebot von Mobilitätsservices zielt die Automobilindustrie auch darauf, durch den Einsatz leichterer Materialien, konstruktive Maßnahmen und auch den Einsatz kleinerer Motoren die Verbrauchswerte und die Schadstoffbelastung zu senken. Diese technologischen Wege sollen im Rahmen des Buches nicht vertieft werden. Sehr wohl soll aber mit dem Thema Elektromobilität ein weiterer Lösungsbereich für die Umweltthematik behandelt werden, da diese Technologie auch in das Thema Digitalisierung hineinspielt. Treiber der Elektromobilität ist neben den Umweltaspekten auch die Tatsache, dass der Vorrat an fossilen Brennstoffen begrenzt ist.

Elektrische Antriebe waren zu Beginn der Autozeit um die Jahrhundertwende die bevorzugte Antriebstechnologie und um 1900 fuhren in den USA die meisten Autos elektrisch angetrieben. Im Wettbewerb setzte sich dann jedoch schnell der Verbrennungsmotor durch. Die Argumente waren die höhere Reichweite und eine schnell gewachsene Tankstelleninfrastruktur und somit Parameter, die auch in der aktuellen Diskussion um die Verbreitung und Akzeptanz des Elektroantriebs im Mittelpunkt stehen. Weiterhin wird in dieser Diskussion oft die Umweltbilanz von Elektroantrieben im Vergleich zu Verbrennungsmotoren in Frage gestellt. Hierbei sollte nicht nur der Energieverbrauch für das Fahren, sondern der gesamte Lebenszyklus der Fahrzeugtypen mit besonderem Fokus auf die Batterie beispielsweise unter Beachtung von Produktion, Service und auch Verschrottung gegenübergestellt werden. Weiterhin ist es für die Bewertung der Umweltbilanz entscheidend, in welcher Weise der erforderliche Strom erzeugt wird. Regenerative Verfahren, die zunehmend in Deutschland zum Energiemix beitragen, sind besonders umweltfreundlich. Mit dem aktuell in Deutschland bereits erreichtem Anteil dieser „grünen Stromerzeugung" und Beachtung des gesamten Life Cycles erreicht die Elektromobilität deutlich bessere Umweltwerte als Verbrennungsmotoren [VDI15].

Auch Verbrennungsantriebe unter Nutzung von Erdgas oder Bio-Kraftstoffen gelten als sauber. Vorteile des Elektromotors liegen in hoher Energieeffizienz mit einem Wirkungsgrad von über 90 %, während Verbrennungsmotoren bei rund 35 % liegen [VDI15]. Außerdem ist der Fahrzeugaufbau von Elektroautos erheblich einfacher, da viele Teile wie Getriebe, Kraftstoffsystem und Auspuffanlage entfallen und diese so erheblich einfacher herzustellen und auch deutlich wartungsärmer sind. Zum hohen Wirkungsgrad und auch einem geringen Bremsenverschleiß trägt die besondere Eigenschaft bei, dass bei der „Motorbremse" das Fahrzeug ohne Bremseneinsatz verzögert und die Bremsenergie in die Batterie eingespeist werden kann, während diese bei konventionellen Fahrzeugen als Wärme verpufft.

Die für den Betrieb erforderliche elektrische Energie wird derzeit bei fast allen Fahrzeugen über Batterien als Energiespeicher bereitgestellt. Die Energiedichte heutiger Batterien liegt erheblich unter der von Diesel bzw. Benzin. Diese geringe Dichte führt zu sehr großvolumigen, schweren Batterien bzw. zu relativ geringer Reichweite der Elektrofahrzeuge. Deshalb zielen weltweit viele Forschungsvorhaben darauf ab, die Batterietechnologie zu verbessern und so die Reichweite bei akzeptablem Gewicht, Volumen und Preis zu erhöhen. Eine Alternative zur Batterie und parallelem Entwicklungsfokus ist es, die Energie an Bord der Fahrzeuge über Brennstoffzellen aus Wasserstoff bereit zu stellen. Der Reifegrad dieser Technologie liegt deutlich hinter der der Batterie. Mit Blick auf die Klimasituation sollte der Umstieg schnell erfolgen. Für die nächsten Jahre wird allerdings die Batterie der Weg sein.

Aufgrund der massiven Anstrengungen der Forschung bei allen Herstellern und auch dem eindeutigen Konsens der Politik und der Kunden, dass der Elektroantrieb die bevorzugte klimafreundliche und nachhaltige Lösung darstellt ist zu erwarten, dass 2030 ein erheblicher Anteil der Neuwagen einen reinen Elektroantrieb haben. Erste erfolgreiche Serienfahrzeuge einiger Hersteller untermauern diese Hypothese. Besonders

Tesla Motors ist weiterhin Benchmark in vielen Facetten. Als erstes ist sicher der charismatische CEO Elon Musk zu nennen, der die Disruption ausstrahlt und so seine Mannschaft in immer neue visionäre Ziele treibt. Weiterhin beeindruckt Tesla beispielsweise mit der Reichweite der Serienfahrzeuge, mit dem stetig wachsende Fahrzeugportfolio, mit dem Ausbau der Ladeinfrastruktur, mit dem Bau neuer Werke in China und Europa und mit dem Betrieb und dem Erfolg seiner gigantischen Batteriefabriken – bei allen Aspekten die Umsetzung mit hoher interner Fertigungstiefe. Von den Volumenherstellern nimmt Volkswagen den Wettbewerb an und geht mit einer umfassenden E-Fahrzeugstrategie am weitesten. Erste Fahrzeuge der Konzernmarken Audi und Porsche sind erfolgreich angelaufen. Nun gilt es das angekündigte Volumenfahrzeug ID.3 termingerecht und sicher in hohen Stückzahlen auf die Straße zu bringen. Viele Hersteller bieten zur Überbrückung der Reichweitenproblematik Hybridantriebe, also die Kombination von Verbrennungs- und Elektrontrieb, an. Diese werden aus Sicht des Autors im Jahr 2030 mit dem Ausbau der Ladeinfrastruktur, effizienteren und auch preiswerteren Batterien und mit höherer Reichweite weniger nachgefragt sein und eine untergeordnete Rolle spielen.

Auf der Pariser Klimaschutzkonferenz im Jahr 2015 wurden verbindliche Eckpunkte und Maßnahmen vereinbart, um die Erderwärmung im Vergleich zum vorindustriellen Zeitalter auf unter $1.5°$ C zu begrenzen. Die Vereinbarungen sind mittlerweile von über 180 Staaten ratifiziert worden. In der Folge wurden in annähernd allen Ländern enge Abgasvorschriften für die Automobilindustrie festgelegt. Hierbei geht es besonders um die enge Begrenzung der Kohlendioxid-Emissionen. Die resultierenden Vorgaben für die Flottenverbräuche der Hersteller sind ohne einen signifikanten Volumenanteil von Elektrofahrzeugen nicht zu erreichen. Deshalb haben sich alle Hersteller ehrgeizige Ziele vorgenommen. Insgesamt ist bis zum Jahr 2025 die Einführung von über vierhundert neuen batteriebetriebenen Elektrofahrzeugen angekündigt [McK19]. Beispielhaft zeigt Abb. 5.14 die Absatzsituation der wichtigsten Märkte.

Der Leitmarkt für die Elektromobilität nach Volumen und auch Wachstum ist mit Abstand China und untermauert so die Strategie der Technologieführerschaft für Elektromobilität und autonomes Fahren. Hier zeigt die erhebliche staatliche Führung und Förderung Wirkung. Die USA fällt sicher auch aufgrund des aktuell niedrigen Benzinpreises ab, während sich in Europa, UK, Frankreich und Norwegen Zuwachsraten abzeichnen, allerdings auf niedrigem Niveau. Die genannten Studien gehen davon aus, dass der Markt an Dynamik massiv zulegen wird und es werden im Jahr 2030 Anteile am Neuwagengeschäft von 30 % prognostiziert.

Der somit klar bestätigte Trend ist unter dem Aspekt der Digitalisierung sehr interessant und wichtig zu beachten, da sich mit der erheblich vereinfachten Struktur von Elektrofahrzeugen auch die Chancen auf neue Geschäftsmodelle in der Fertigung, Montage und Logistik sowie im Sales und After-Sales ergeben. Auch steigt der Softwareanteil in den Fahrzeugen beispielsweise für die Steuerungselektronik massiv an. Daraus ergeben sich Optionen in der Fahrzeugkonfiguration, beispielsweise Kennwerte zum Fahrverhalten über die Einstellung von Softwareparametern zu verändern.

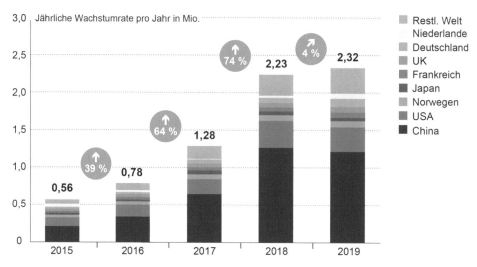

Abb. 5.14 Entwicklung der Absatzsituation Elektrofahrzeuge in wichtigsten Märkten. [ZSW20]

- > 200 - 300 million lines of code are expected
- Level 5 autonomous driving will take
  up to 1 billion lines of code

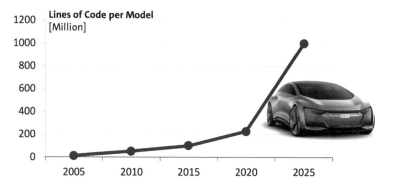

Abb. 5.15 Anstieg des Softwareumfangs im Auto. [Volkswagen, Visual Capitalist]

Erforderliche Updates der Software werden 2030 in Analogie zum Update der Software von Smartphones ausschließlich „over the air" ohne viel Aufwand flexibel und bedarfsgerecht ohne den heute oft erforderlichen Werkstattbesuch erfolgen. Aufgrund dieser Affinität zu Digitalisierungsthemen sollten Hersteller ihre Pläne zur Elektromobilität und zur Digitalisierung abgleichen, um somit Synergiepotenziale zu nutzen und auch ihre Wettbewerbsfähigkeit zu stärken. Das ist besonders wichtig, da die Elektromobilität die Möglichkeit revolutionärer Ansätze ermöglicht und so Markteintrittsbarrieren absenkt. Diese Chance werden neue Wettbewerber insbesondere auch aus China ergreifen.

5.4.5 Zentralisierte embedded IT-Architektur

Connected Services, Autonomes Fahren und Elektromobilität bedeuten einen weiteren deutlichen Schritt des Autos hin zum fahrenden IT-System. Diese Aussage wird untermauert durch eine Bestandsaufnahme der in heutigen Serienfahrzeugen eingesetzten Software. Die Entwicklung zeigt Abb. 5.15 [Wit20].

Die Motor- und Fahrwerkssteuerung wird immer aufwendiger und besonders die Kontrolle des systemgestützten Fahrens und die Steuerung der E-Antriebe erfordern mehr Software. Weiterhin kommen immer mehr Komfortfunktionen wie beispielsweise Scheibenwischerautomatik, ABS oder auch Zonen-Klimaanlage in die Fahrzeuge. Auch die Einbindung der Autos in das Umfeld beispielsweise für Park- und Restauranthinweise ermittelt auf Basis der aktuellen Fahrzeugposition, unter Beachtung von Vorlieben und kommuniziert auf die Infotainmentunit im Auto basieren auf IT. Dieses führt dazu, wie auch das Bild zeigt, dass das Volumen der in Fahrzeugen zum Einsatz gebrachten Software gemessen in „Lines of Code (LoC)" über der Zeit erheblich ansteigt. Parallel steigen auch die Komplexität und die Softwarekosten als Anteil an den Fahrzeugkosten exponentiell über der Zeit an. Dieser Trend wird sich fortsetzen und so wird in den kommenden Jahren der Softwareanteil bis hin zu 200 bis 300 Mio. LoCs für autonome Elektrofahrzeuge wachsen. Zur Veranschaulichung dieses immensen Softwareanteils: Im Jahr 2015 hatte der Ford GT mehr Lines of Code implementiert als der Boeing Jet Airliner [Ede15]. In ähnlicher Weise entwickelt sich die Anzahl der in den Fahrzeugen verbauten Steuergeräte, quasi einzelner Rechnersysteme, zur Steuerung von Fahrzeugsystemeinheiten. In heutigen Premiumfahrzeugen kommen durchaus über hundert Steuergeräte zum Einsatz. Somit ist eindeutig, dass die IT zur prägenden Technologie in der Automobilindustrie wird und die Hersteller im Jahr 2030 mehrheitlich IT Firmen mit „angeschlossener Fahrzeugproduktion" sind. Diese Entwicklung untermauert auch ein Blick auf die Marktentwicklung der Komponenten der embedded IT, gezeigt in Abb. 5.16 [McK19].

Insgesamt wird der E/E Markt im Mittel um 7 % bis zum Jahr 2030 auf 460 Mio. Dollar anwachsen. Zum Wachstum tragen besonders Elektronik und Batterie bei, gefolgt von Software für Funktionen und zur Integration. Neben Sensorik werden zunehmend sogenannte Domain Control Units (DCUs) eingesetzt werden. Hierauf wird später im Rahmen der Architekturbeschreibung eingegangen.

In heutigen Fahrzeugen werden Steuergeräte oft noch als Teil von traditionellen Entwicklungsprojekten gesehen und inselweise als „Blackbox" zur Bereitstellung erforderlicher Funktionen als Zulieferteil vergeben, beispielsweise eine integrierte Hardware/Software-Lösung zur Klimasteuerung. Unabhängig voneinander entstehen weitere lokal

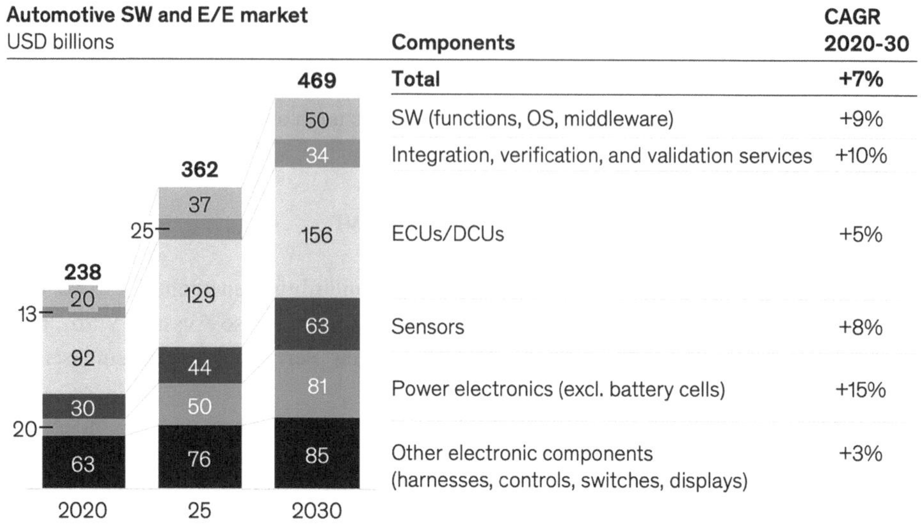

Automotive SW and E/E market
USD billions

Components	CAGR 2020-30
Total	+7%
SW (functions, OS, middleware)	+9%
Integration, verification, and validation services	+10%
ECUs/DCUs	+5%
Sensors	+8%
Power electronics (excl. battery cells)	+15%
Other electronic components (harnesses, controls, switches, displays)	+3%

469
362
238

50
34
156
63
81
85

37
129
44
50
76

25

20
92
30
63

13
20

2020   25   2030

Abb. 5.16 Entwicklung des embedded IT Markets. [McK19]

optimierte „Steuergeräteinseln", um beispielsweise komfortabel automatische, fahrer-individuelle Sitzeinstellungen zu ermöglichen oder Motoroptimierung oder Fahrver-halten zu regeln. Auf diese Weise ist die heutige embedded IT-Architektur über Jahrzehnte evolutionär gewachsen und basiert auf der Fahrzeugstruktur und orientiert sich oft auch an der Organisationsstruktur der Fahrzeughersteller. Die Steuergeräte werden von unterschied-lichen Zulieferern bezogen. Die erforderliche Verdrahtung zwischen den Steuergeräten und angeschlossenen Aktoren, Signalgebern und Bedienelementen hat zu kilometerlangen Kabelbäumen geführt. Unterschiedlichste Netzwerktopologien und Kommunikations-protokolle kommen zum Einsatz. Die Hersteller versuchen als Gesamtintegrator, mit umfassenden Integrationstests ein ausfallsicheres Zusammenspiel aller IT-Komponenten sicher zu stellen.

Die so gewachsenen Architekturen der embedded IT haben zu einer massiven kaum zu beherrschender Komplexität geführt und es ist ein sehr hoher Aufwand für Entwicklungen, Integrationstest, Betrieb bzw. Updates und Anpassungen erforder-lich. Erweiterungen innerhalb dieser Architektur, geschweige denn grundsätzliche Anpassungen im Lebenszyklus eines Fahrzeugs, sind nur mit erheblichem Aufwand möglich. Die Fehleranfälligkeit bzw. Ausfallhäufigkeit aufgrund von IT-und Elektronik-fehlern ist hoch. Die Implementierung neuer Funktionen gerade im Bereich der „drive by wire"-Felder, also der Übertragung der mechanischen Steuerung des Fahrers beim Bremsen oder auch Lenken an die Elektronik, werden durch die Leistungsdefizite der heutigen embedded IT verzögert. Diese unbefriedigende Gesamtsituation ist erkannt und man versucht, beispielsweise mit Standardisierungen zur Harmonisierung und Ver-einfachung zu kommen. Insbesondere ist hier die Initiative Automotive Open System Architecture (AUTOSAR) zu nennen, in der sich viele Hersteller zu einem Konsortium zusammengeschlossen haben [Aut20]. In diesem Gremium wird an Standardisierungen und auch an neuen Architekturkonzepten gearbeitet. Es sind dringend umfassende Verbesserungen dieser IT-Architektur erforderlich, um deren Tragfähigkeit für kommende Anforderungen abzusichern. Abb. 5.17 zeigt daher kommende Entwicklungsschritte ausgehend von der heutigen dezentralen Architektur [Aut20, Loc19].

Aufbauend auf der heutigen heterogenen, dezentralen Welt mit einer hohen Anzahl quasi isolierter Steuergeräte entwickelt sich aktuell eine Domänenstruktur. Hierbei werden Funktionen und Gruppen zusammengefasst und übergreifend mit Hilfe von sogenannten Domain Control Units bzw. DCUs gesteuert. Diese Struktur wird sich weiter konsolidieren und dann in der Vision von einem zentralen Vehicle Computer auch unter Nutzung von Cloudressourcen gesteuert. Bei der Umsetzung dieser Vision reichen kleinere evolutionäre Schritte nicht aus, sondern um mit den Markterwartungen mithalten zu können, sind „disruptive" Ansätze erforderlich. Zumindest neue Marktteilnehmer werden diesen Weg gehen und damit etablierte Hersteller, die lange am „status quo" festhalten, überholen und sich somit wettbewerbsfähiger auf die zukünftigen Erfordernisse der Automobilindustrie einstellen. Kennzeichen der im Jahr 2030 etablierten Architektur sind unter technologischen und funktionalen Aspekten:

- Integration der embedded IT zum Hersteller Backend über offene Plattform
- Hardware: Zentralcomputer, zusätzlich eine Black Box
- Entkopplung von Hardwarestruktur und Softwareebenen
- Standard Softwareplattform zur Integration von Sensorik und Anwendungen; Basis sind Linux Derivate
- Software/Anwendungen: Gruppen/Domänen von Funktionen
- Schichtenmodell … Microservices
- Neben ablauforientierten Verfahren mehr und mehr datengetriebene lernende Algorithmen
- Embedded Breitband-Kommunikation: Ethernet als Haupttechnologie
- Car-to-Backend, Car-to-Car und Car-to-Infrastruktur-Kommunikation nahe Echtzeit
- Hoher Anteil Ausstattungs-/Funktionselemente softwaretechnisch zuschaltbar
- IT-Updates und auch bedarfsgerechte Steuerung von Funktionen „over the air"
- Offenheit zur Anbindung von Anrainer-IT – beispielsweise Smartphones, Mobilitätsdienstleister, Ladestationen, Verkehrsinfrastruktur
- Fahrzeugkonzepte aufgebaut auf Zentralcomputer

Ausgehend von zukünftigen Kundenerwartungen und neuen Geschäftsmodellen erfolgt die Umsetzung dieser Aspekte unter Beachtung der bewährten Konzepte und Erfahrungen der traditionellen IT wie beispielsweise Entkopplung, Virtualisierung, Trennung von Datenhaltung und Logik. Etablierte Open Source Lösungen sind Bestandteil der Technologieplattform, um auf diese Weise die Innovationskraft der interessierten „crowd" zu nutzen und so auch Kostenvorteile zu erzielen. Bei der Umsetzung werden auch die Belange für ein reibungsloses Zusammenspiel von Mechanik, Elektronik

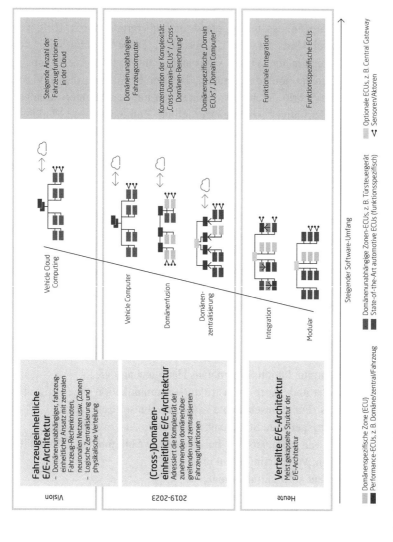

Abb. 5.17 Evolution Vehicle IT Architektur. [Aut20]

und Software berücksichtigt. Bei dem Neuansatz steht auch eine Harmonisierung und Standardisierung im Vordergrund, sodass die technologische Vielfalt reduziert wird. Der somit zu erreichende einfache Gesamtansatz bzw. die geringe Komplexität führen zu vergleichsweiser hoher Betriebssicherheit, geringen Kosten für Entwicklung und Betrieb und zu leichter Erweiterbarkeit, um zukünftige Anforderungen sowie neue Geschäftsmodelle abbilden zu können.

Unter Beachtung dieser Zielsetzungen setzen die Herstellern entsprechende Architekturkonzepte um. Abb. 5.18 zeigt beispielhaft ein Linux-basiertes Konzept für eine offene Infotainmentplattform.

Aufsetzend auf dem Betriebssystem bietet die Middleware Ebene als zentrales Element standardisierte Dienste an, die die Anwendungen über die standardisierte Schnittstelle (API) einbinden – auch in unterschiedlichen nutzungsspezifischen Darstellungen, sogenannten User Experiences (UX). In ähnlicher Weise werden über den Hardware-Layer die unterschiedlichen Steuergeräte, Aktoren und Signalgeber flexibel eingebunden. Innerhalb der gezeigten Architektur sind auch neueste Technologien wie WiFi, Bluetooth, Multimedia und auch sogenannte „location based services" (LBSs) unterstützt [Bre15].

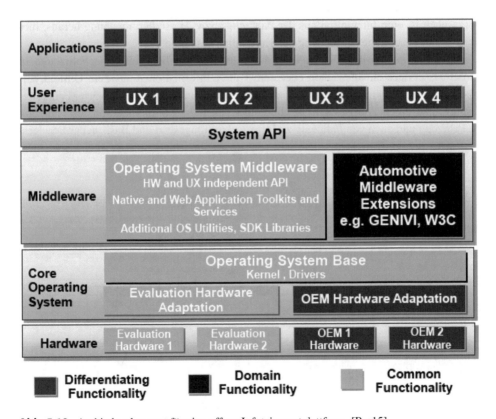

Abb. 5.18   Architekturkonzept für eine offene Infotainmentplattform. [Bre15]

Viele Hersteller greifen diese neuen, ganzheitlichen Architekturkonzepte auf und versuchen, die evolutionären Weiterentwicklungen der bestehenden Ansätze in diese Richtung zu treiben. Erfolgversprechender ist allerdings aus Sicht des Autors eher ein kompletter Neuansatz. Neue Fahrzeugreihen, besonders aber Elektrofahrzeuge, sollten genutzt werden, in einem „green field" einen neuen Architekturansatz zugrunde zu legen. Einen ganzheitlichen Ansatz der Audi AG zeigt Abb. 5.19.

Der IT-Architektur im Fahrzeug liegt, wie die Übersicht in der Bildmitte zeigt, eine Domänenstruktur zugrunde, beispielsweise für Services im Bereich des Cockpits, des Antriebs und auch für Fahrerassistenz. Die fahrzeuginterne Kommunikation basiert auf einer schnellen Ethernet-Technologie. Unterschiedliche Steuergeräte und Signalgeber sind in der Halbleiterebene zusammengefasst und werden über einen flexiblen, nicht angezeigten Adapterlayer eingebunden. Außerhalb des Fahrzeugs erfolgt die Integration in die sogenannten Backendsysteme des Herstellers (OEM) über schnelle 5G Kommunikationsstandards. Im OEM-Backend liegen Anwendungen, die mit den Connected Services des Fahrzeugs zusammenarbeiten, beispielsweise für eine mitlaufende Diagnose, um Wartungsbedarfe vorbeugend zu erkennen oder dem Fahrer individuelle Bedienhinweise zu geben. Im OEM-Backend liegen geschützte Daten beispielsweise zu den Fahrzeugen, zu Kunden oder auch zu Bewegungsprofilen. Ebenfalls vorgesehen ist eine Integration aus der Fahrzeug- bzw. Herstellerumgebung heraus, hier beispielhaft gezeigt die Einbindung des Kartendienstes „here".

Diese Einbindungsoptionen werden auch genutzt, um beispielsweise Fahrzeuge in Mobilitätsservices einzubeziehen oder dem Fahrer Informationen aus dem Umfeld beispielsweise zu Parkmöglichkeiten oder auch Restaurantangeboten auf dem Fahrzeugdisplay anzuzeigen. Auf Basis der Architektur ist auch die Kommunikation von Fahrzeug zu Fahrzeug und auch von Fahrzeug zu Infrastruktur umgesetzt und Basis neuer Services.

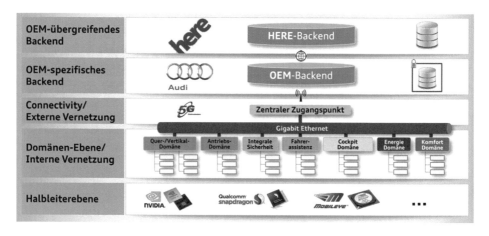

Abb. 5.19 Struktur einer End-2-End Architektur. [Hud16]

Die zukünftige Software- und Anwendungsstruktur erfordert hohe Rechner- und Kommunikationsleistungen. Deshalb wird im Jahr 2030 auch eine veränderte IT-Hardwarestruktur in den Fahrzeugen etabliert sein. Anstelle zahlreicher verteilter Steuergeräte, oft mit einzelnem Funktionsbezug, werden wenige zentrale Hochleistungsrechner, abgesichert durch Backupsysteme, die erforderliche Leistung bereitstellen. Durch diese Konsolidierung wird sich die Vernetzung vereinfachen. Die Softwareentwicklung und das Testen erfolgen zum hohen Anteil automatisch.

Diese hier nur kurz als Perspektive angedeuteten Themen werden nicht weiter vertieft, vielmehr sei auf die entsprechende Fachliteratur verwiesen, beispielsweise auf eine Roadmapstudie mit weiterführenden Quellen, z. B. [Loc19, Zer19, All15]. Für den Digitalisierungsfokus dieses Buches ist es wichtig, dass die Hersteller Maßnahmen ergreifen, um die erforderliche Expertise für dieses strategische Feld in den Unternehmen aufzubauen. Hierauf wird im Kap. 7 eingegangen.

5.4.6 Prototypfreie prozessorbasierte Entwicklung

Die Entwicklung neuer Fahrzeuge von der Idee bis hin zur Serienproduktion ist im allgemeinen im sogenannten Produktentstehungsprozess (PEP) in Anlehnung an die VDA-Norm 4.3 geregelt [VDA11]. Der Entwicklungsbereich ist nach Bauteilen bzw. Fahrzeug-Subsystemen organisiert, beispielsweise gibt es Organisationseinheiten zu Fahrwerk, Antriebsstrang und Interieur. Die embedded IT ist oft eine separate Organisationseinheit, die in einer Art Matrixstruktur in den entsprechenden Themen mit den anderen Entwicklungsorganisationen zusammenarbeitet.

Die Fahrzeugentwicklung erfolgt seit Jahren mit Hilfe von IT-Lösungen. Beispielsweise sind CAD-Anwendungen mit unterschiedlichen Ausprägungen zur Zeichnungserstellung inkl. Berechnungen und Simulationen im Einsatz. Diese arbeiten oft integriert mit Workflowlösungen und auch Stücklistensystemen. Basis der Entwicklung ist die mechanische Fahrzeugstruktur und eine bauteilorientierte Vorgehensweise. Die embedded IT wird in den jeweiligen Komponenten mit konzipiert, oft als Insellösung und ohne integrierte IT-Gesamtarchitektur. Dieser Ansatz bildet, wie bereits im Abschnitt zuvor ausgeführt, die zunehmende Durchdringung der Fahrzeuge mit Elektronik und Software nur unzureichend ab. Das Ergebnis sind derzeit Entwicklungszeiten für neue Fahrzeugprojekte von mehreren Jahren, massive Aufwände bei Anpassungen, Änderungen, Tests und eine unzureichende Nutzung der IT-Möglichkeiten.

Als Ausweg werden zusätzlich zur traditionellen bauteileorientierten Betrachtung der Fahrzeuge zunehmend funktionale Sichten etabliert. Dabei werden Baugruppen eines Fahrzeuges ganzheitlich unter Funktionsaspekten betrachtet und so gegenseitige Beeinflussungen und Auswirkungen transparent beispielsweise bei der Ermittlung von Verbrauch oder auch von Fahrverhalten und zur Überprüfung des Zusammenspiels mechatronischer Bauteile. Dieses Konzept der funktionsorientierten Betrachtung wird im

Jahr 2030 durchgängig etabliert sein. Die gängigen IT-Anwendungen werden zur Unterstützung dieser Methodik erweitert und neue Fahrzeuge mit Hilfe kognitiver Engineering Lösungen umfangreich systemgestützt auf Basis von Funktionsstrukturen entwickelt. Aufbauend zeigen Augmented Reality-Lösungen schnell erste Darstellungen des neuen Fahrzeugentwurfs und in Verbindung mit virtuellen Umgebungen entfallen in weiten Teilen der Bau von Prototypen und auch von Testfahrten [Ors20]. Die Entwicklungsdauer neuer Fahrzeuge wird sich drastisch verkürzen, nach Einschätzung des Autors auf unter ein Jahr. Kundenindividuelle Anpassungen bestehender Fahrzeuge können tagesaktuell eingepflegt werden.

Neben der Werkzeugunterstützung und Automatisierung ist hierfür eine weitere Voraussetzung, dass man sich bei Entwicklungsprojekten methodisch vom sogenannten Wasserfallvorgehen trennt und stattdessen mit agilen Methoden nahe an den Bedarfen mit interdisziplinären Teams und kreativem Vorgehen schnelle Ergebnisse erzielt. Das gilt auch für die nachhaltige Beseitigung von Fahrzeugproblemen, die im Rahmen des sogenannten Fehlerabstellprozesses erkannt werden. Dazu werden 2030 mithilfe umfangreicher „Analyse Agenten" automatisch permanent unternehmenseigene Daten aus unterschiedlichen Quellen, Informationen aus After-Sales und Service und auch öffentlich zugänglichen Daten untersucht, um frühzeitig Probleme bzw. Fehler von im Markt befindlichen Serienfahrzeugen zu erkennen. Diese Erkenntnisse fließen kontinuierlich an die Entwicklung und lösen dort Nachbesserungen aus. Diese gehen paketiert mit weiteren Anpassungen unmittelbar in die Fertigung und ggf. als vorbeugende Maßnahmen im After-Sales und Service flexibel als „Update over the Air" in die betreffenden Fahrzeuge.

Dieser engmaschige Fehlerabstellprozess, die Funktionsorientierung und auch die umfassende Nutzung von Virtual Reality-Technologien hin zur prototyplosen Entwicklung wie auch die Automatisierung der Entwicklungsprozesse durch „IT-Automaten" werden in der Branche durch einige Hersteller aufgegriffen und es sind entsprechende Transformationsprojekte in der Umsetzung.

Als große Herausforderung bleibt, dass all diese Initiativen noch von der traditionellen bauteilorientierten Fahrzeugbetrachtung ausgehen. Dabei wird die embedded IT als separate Baugruppe geführt. Dieser Ansatz trägt aus Sicht des Autors dem massiven Einzug der IT in die Fahrzeuge nicht angemessen Rechnung. Mehr und mehr Bauteile werden durch IT-Komponenten bestimmt. Zukünftige übergreifende IT-Architekturen mit gemeinsamen Serviceelementen, die dann in verschiedenen Baugruppen genutzt werden, sind dann durch Querverweise oder wiederum spezielle IT-Listen zu pflegen. Gerade bei der Stücklistenauflösung für die Materialbedarfsplanung und auch für die Fortschreibung im After-Sales für die Wartung führt das zu erheblicher Komplexität und hohem Aufwand.

Aus Sicht des Autors ist deshalb auch hier ein disruptiver Ansatz absehbar. Es ist davon auszugehen, dass im Jahr 2030 zumindest bei den Elektrofahrzeugen mit 80 % IT-bezogenem Wertschöpfungsanteil der Zentralprozessor mit der übergreifenden Softwareplattform die Basis neuer Fahrzeugkonzepte und somit der Stücklistensysteme wird.

Ähnlich der Entwicklung von Smartphones, wird die IT-Plattform das dominierende Bauteil dieser Fahrzeuge werden und die mechanische Grundstruktur ablösen. Zur Unterstützung dieser Hypothese zeigt Abb. 5.20 die Hardware-Architektur eines Smartphones.

Die Abbildung verdeutlicht, dass der zentrale Prozessor (Application Processor) die Unterbaugruppen des Gerätes dominiert. Sowohl die Sensorik und Kamerasysteme werden angesteuert als auch die Kommunikation, das Energiemanagement und das Nutzerdisplay werden kontrolliert. All diese Funktionen spielen in Fahrzeugen bereits heute eine große Rolle. Hinzu kommen die fahrtypischen Themen in enger Verbindung mit Assistenzsystemen und auch die Steuerung der Elektroantriebe. Es verbleiben wenige mechanische Teile, die nicht mit der IT integriert agieren.

Insofern ist aus Sicht des Autors der Trend zur prozessororientierten Entwicklung auch als Basis der Stücklistenverarbeitung, der Materialbedarfsplanung und weiterer Folgeprozesse absehbar. Die etablierten Hersteller haben zu entscheiden, ob sie diesen disruptiven Ansatz eines prozessorientierten Engineerings aufgreifen. Die Entwicklung neuer Elektrofahrzeuge könnte einen geeigneten Einstieg ermöglichen. Es ist davon ausgehen, dass neue Hersteller diesen Weg verfolgen und somit weiterer Handlungsdruck entsteht, auch die Transformation der Fahrzeug Entwicklung voranzutreiben.

5.4.7   Internetbasierter Multichannel Vertrieb

Ein weiterer Organisationsbereich, der im Rahmen der Digitalisierung eine umfassende Transformation zu durchlaufen hat, ist der Vertrieb. Der Veränderungsdruck wird getrieben durch neue Technologien rund um das Web 2.0, Smartphones und Social Media, durch geänderte Kundenerwartungen und auch verändertes Kaufverhalten. Diese Situation wurde ausführlich im Kap. 2 und auch im Abschn. 5.2 erläutert. Weiterhin ist die Transformation zwingend erforderlich, da die bisher etablierte Struktur den neuen Marktanforderungen und dem sich verändernden Angebot nicht mehr gerecht wird. Diese Situation verdeutlicht Abb. 5.21.

In dem Übersichtsbild werden die langjährig etablierten Hauptprozesse des Vertriebs den handelnden Parteien gegenübergestellt. In der heutigen Vertriebsstruktur, im linken Teil der Matrix gezeigt, haben die Hersteller keinen direkten Endkundenbezug. Marketing-, Verkaufs-, After-Sales- und Service-Unterstützung werden den Importeuren von den Herstellern in deren Ländern bzw. Märkten bereitgestellt. Beispielsweise schalten die Hersteller zum Launch eines neuen Fahrzeugs Werbeanzeigen und Fernsehspots und stellen Marketingmaterial zur Verkaufsunterstützung bereit. Auch Fahrzeugkonfiguratoren und Callcenter für die Kundenunterstützung stellen die Hersteller zur Verfügung. Diese Services gehen über die Importeure, die oft eigene marktspezifische Ergänzungen vornehmen, an die Händler in den Ländern. Händler wiederum sind oft in Handelsketten organisiert und sind deshalb groß genug, um eigene Vertriebsaktionen durchzuführen oder auch eigene lokale Anwendungslösungen, beispielsweise sogenannte

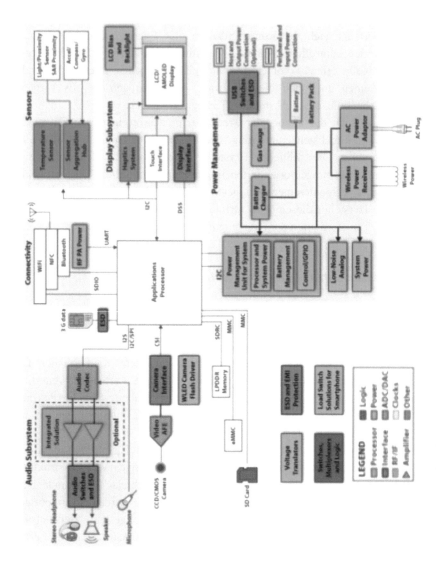

Abb. 5.20 Hardware-Architektur eines Smartphones. [RAM13]

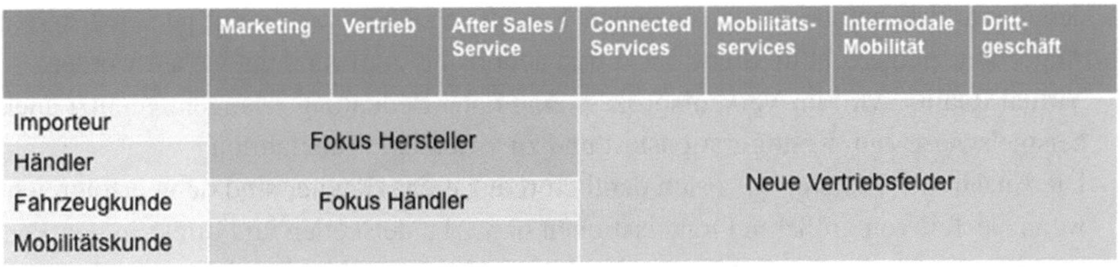

	Marketing	Vertrieb	After Sales / Service	Connected Services	Mobilitäts-services	Intermodale Mobilität	Dritt-geschäft
Importeur	Fokus Hersteller				Neue Vertriebsfelder		
Händler							
Fahrzeugkunde	Fokus Händler						
Mobilitätskunde							

Abb. 5.21 Transformation des Automobilvertriebs. (Quelle: Autor)

Dealer Management Systeme (DMS), zu nutzen. Die Händler sind aktuell das Endglied des Vertriebskanals der Hersteller und in direktem Kontakt mit dem Fahrzeugkunden. Fokus des Händlers ist neben dem Fahrzeugverkauf besonders auch das Servicegeschäft im After-Sales inklusive des attraktiven Ersatzteilgeschäftes.

Zukünftig wird sich diese Vertriebsstruktur massiv verändern, da neben dem Fahrzeug- und Servicegeschäft neue Angebote und Geschäftsfelder und der on-line Handel aufkommen. Falls Hersteller Connected Services, Mobilitätsdienstleistungen, die Vermittlung von intermodalem Verkehr, also der Nutzung unterschiedlicher Transportmittel während einer Reise, und auch Drittgeschäft, wie beispielsweise die Buchung von Hotelübernachtungen mithilfe der Connected Services des Fahrzeuges anbieten wollen, müssen entsprechende Vertriebswege etabliert werden. Diese sind dann speziell auf den Kunden zuzuschneiden. Das sind zukünftig sowohl Fahrzeugkäufer aber auch Neukunden, für die, unabhängig vom Fahrzeug, die neuen Angebote interessant sind. Diese Situation mit den neu zu gestaltenden Vertriebsfeldern ist ebenfalls im Abb. 5.21 dargestellt. Schon die größere Fläche der neuen Vertriebsfelder in der vereinfachten Darstellung verdeutlicht den erheblichen Veränderungsbedarf im Vertrieb.

Eine sehr heterogene Eigentümerstruktur erschwert heute die erforderlichen Anpassungen der aktuellen Vertriebsstruktur. Es sind unterschiedliche Eigentümermodelle bei den Herstellern etabliert, oft in Mischformen welche sich je nach Märkten oft auch unterscheiden. In vielen Fällen besitzen die Hersteller die Importeure in strategisch wichtigen Märkten und sind in einigen Märkten auch Eigentümer ausgewählter Handelsbetriebe, in großen Städten oft auch etabliert als „Flagship-Store". Teilweise sind auch exklusive vertragliche Bindungen mit selbstständigen Handelspartnern etabliert oder aber der Vertrieb erfolgt ausschließlich über freie Unternehmen. Diese heterogene Besitzstruktur und auch die indirekten Wege des Kundenzugangs und der gemischten Kundenführung erschweren die erforderliche Veränderung. Bei dieser sind folgende eindeutigen Trends für die Ausrichtung auf das Jahr 2030 zu berücksichtigen:

- Der Fahrzeug- und auch der Ersatzteilverkauf über das Internet werden massiv ansteigen.
- Big Data und Analytik schaffen durch die Auswertung unterschiedlicher Datenbestände (beispielsweise Social Media, herstellerinterne Daten, Händlerinformationen)

detaillierte Erkenntnisse zu potenziellen Neukunden, sodass diese mit personalisierten Angeboten zielgerecht im Sinne „next best action" bis zum Kauf entwickelt werden.

- Virtual Reality wird im Verkaufsprozess eine hohe Bedeutung erlangen, genutzt auch beispielsweise zum Konfigurationstest und zu virtuellen Probefahrten.
- Die Anzahl der Händler wird sich deutlich reduzieren. Händler sind dann erfolgreich, wenn sie Teil von größeren Organisationen bzw. Handelsketten und direkt in den Verkauf von Angeboten aus den neuen Geschäftsfeldern eingebunden sind.
- Kunden erwarten, dass sie auf allen Vertriebskanälen gleiche Erfahrungen machen und der Informationsstand beispielsweise zu Interessen oder auch Voranfragen synchronisiert ist.
- Der internetbasierte Verkauf wird zu einem hohen Anteil über Mehrmarken-Plattformen abgewickelt. Auch komplementäre Produkte wie Finanzierung, Versicherung, Service werden über diese Plattformen abgewickelt.
- Die Finanzierungsorganisationen bzw. Banken sind mit dem Hauptgeschäftsanteil integraler Bestandteil von Verkaufsplattformen.
- Der Fahrzeugbesitz wird besonders in großen Städten zu Gunsten von Mobilitätsdienstleistungen zurückgehen.
- Das traditionelle Fahrzeuggeschäft mit dem Fokus auf Besitz findet in „emerging markets" statt.
- Mobilitätsdienstleistungen werden zu einem hohen Anteil von autonom fahrenden Fahrzeugen erbracht. Einen hohen Flottenanteil stellen dabei Elektrofahrzeuge.
- Mobilitätsservices werden zu einem erheblichen Anteil über markenunabhängige Plattformen abgewickelt. Auch komplementäre Services wie intermodaler Verkehr, Buchung von Besichtigungstouren oder auch Chauffeurservice als Premiumoption für besondere Anlässe.
- Bei Mobilitätsservices spielen Marken eine untergeordnete Rolle. Fokus wird ein wettbewerbsfähiges Preis-/Leistungsverhältnis bei gewünschtem Servicelevel sein.
- Die Loyalität zu Mobilitätsplattformen wird über kommerzielle Modelle und Kundenprogramme erreicht.
- Hersteller werden neue Geschäftsfelder entwickeln. Beispielsweise können über die integrierten Connected Services Fahrzeugnutzer gegen eine „handling fee" als Kunden an Hotels oder Restaurants vermittelt werden.
- Hersteller verkaufen Erkenntnisse, die aus den Fahrzeug- und Bewegungsdaten gewonnen werden beispielsweise an Versicherungen oder Komponentenhersteller.

Diese Trends zeichnen sich bereits deutlich ab, und treiben somit die Transformation des Vertriebs. Die zwingend erforderliche Neustrukturierung schnell und erfolgreich voran zu bringen, ist für die etablierten Hersteller besonders wichtig, da die neuen Geschäftsfelder zukünftig einen erheblichen Umsatz- und Profitanteil der Branche ausmachen werden und gerade diese Themen hart umkämpft sind und auch von Branchenneueinsteigern angegriffen werden. Diese Situation wird von einigen aktuellen Studien und Fachbüchern untermauert z. B. [Aut19, Bra15, Wol19]. Die zu erwartende Geschäftsentwicklung und -aufteilung zeigt eindrucksvoll Abb. 5.22, welche einer dieser Studien entnommen ist.

Es wird prognostiziert, dass der Umsatzanteil aus dem reinen Fahrzeugverkauf inkl. verbundener Connected Services kontinuierlich abnimmt und im Jahr 2035 bei 50 % liegen wird. Im Gegensatz dazu wird das Geschäft mit Mobilitätsdienstleistungen und auch neuen Umsatzfeldern, wie dem Handel mit Daten sowie Vermittlergeschäften, auf bis zu 50 % ansteigen. In der Studie wird auch die Profitverschiebung untersucht. Es wird prognostiziert, dass die Margen der heutigen Profittreiber After-Sales inklusive Ersatzteile und Finanzdienstleistung deutlich abnehmen und sich Gewinne in die neuen Geschäftsfelder verschieben werden. Mit Blick auf dieses riesige Umsatzpotenzial und die zu erwartenden Markverschiebungen ist es nicht verwunderlich, dass mehr und mehr Wettbewerber um diesen attraktiven Kuchen streiten. Abb. 5.23 zeigt einen Blick auf die Wettbewerber [Sei18].

In dem wachsenden, profitablen Geschäftsvolumen positionieren sich viele Wettbewerber. Neben den etablierten Herstellern und Zulieferern sind das Neueinsteiger aus dem Bereich autonomes Fahren, IoT-Plattformanbieter und auch große Internetunternehmen. Hier sind besonders die dynamisch wachsenden Unternehmen aus China zu beachten. Somit entsteht ein erheblicher Druck auf die etablierten Hersteller, sich in dem verändernden Geschäft klar zu positionieren und auch über neue Vertriebsformen adäquat zu behaupten.

Aus Sicht des Autors findet die Schlacht mit den Waymos, Apples, Ubers, Tencents, Alibabas und Baidus dieser Welt auf dem Smartphone und rund um die Themen Connected Services und Mobilitätsservices statt. In diesen Feldern müssen innovative Produkte und Angebote entwickelt werden und bereitstehen. Flankierend gilt es, diese

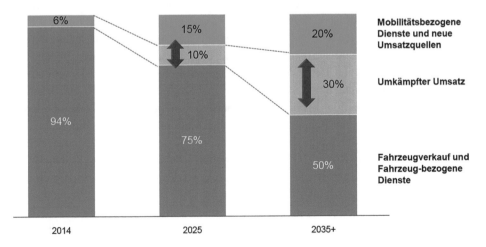

Abb. 5.22 Entwicklung des globalen Branchenumsatzes PKW bis 2035. [Bra15]

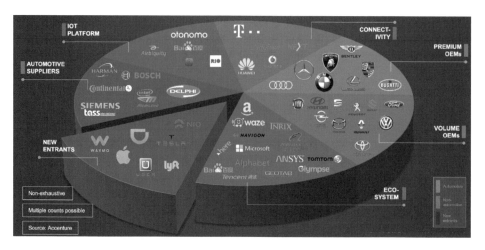

Abb. 5.23 Wettbewerber im Connected Car Umfeld. [Sei18, Accenture]

frühzeitig eng am Kunden zu entwickeln und so die „Lufthoheit" zu sichern. Auch andere Felder sind umkämpft. Beispielsweise konkurrieren etablierte online-Händler wie Ebay, Amazon und Alibaba um Marktanteile im Ersatzteilgeschäft. Sogenannte „Fintechs", quasi Plattformbanken, wie Auxmonex, Kreditech oder auch LendingClub, liefern den Finanzservices der Hersteller einen harten Wettbewerb. Darüber hinaus ist davon auszugehen, dass weitere Start-Ups und auch etablierte Firmen aus anderen Branchen wie beispielsweise Stromanbieter, Retailer oder Eisenbahnen versuchen werden, in den profitablen neuen Bereich des Automobilmarktes einzudringen.

Um weiter erfolgreich zu bestehen, muss es den etablierten Herstellern gelingen, die Vertriebsstruktur in eine „Multichannel"-Struktur mit vielen Kundenzugängen zu transformieren und so die Kunden sowohl direkt über online-Wege als auch über die traditionelle indirekte Ansprache zu gewinnen. Der Kunde sollte jederzeit über unterschiedlichste Wege aufbauend auf einer konsistenten Informationsbasis mit einer einheitlichen Ansprache adressiert werden und mit dem Hersteller im Dialog stehen. Um das zu erreichen, sind die Hersteller gefordert, gewachsene Organisationsinseln aufzulösen und eine neue integrierte Struktur unter Einbezug der Importeure und Händler, der Aftersales Organisation, der inhouse Finanzorganisation und neuen Web-basierten Services zu schaffen. Im Rahmen der Digitalisierung ist es dazu erforderlich, eine bereichsübergreifende Integration von Prozessen, Anwendungen und Daten zu erreichen. Ergänzend muss eine Kultur für die Bereitstellung der neuen Produkte geschaffen werden, beispielsweise integrierte Mobilitätsservices oder den Handel mit Daten, mit strategischen Partnern und Inkubatoren zusammen zu arbeiten, um so schnell wettbewerbsfähige Angebote in Ergänzung zum traditionellen Autogeschäft zu entwickeln. Auch die Händler und Importeure müssen aktiv in diese Transformation einbezogen werden. Während bei den Herstellern erste Leuchtturmprojekte angelaufen sind, sind bei Händlern und Importeuren noch wenige Transformationsprojekte erfolgreich umgesetzt.

5.4.8 Digitale Transformation im Aftersales

Gerade im Aftersales werden sich bis zum Jahr 2030 erhebliche Veränderungen ergeben, auf die sich die Unternehmen intensiv vorbereiten sollten. Heute erwirtschaftet dieses Geschäftsfeld die größten Umsatzanteile aus Wartungsarbeiten am Antriebsstrang, Ersatz von Verschleißteilen und der Unterstützung im Pannenfall. In einer aktuellen Studie wird ein Aftersales Umsatz pro Fahrzeug mit Verbrennungsmotor von durchschnittlich 790 €/ Jahr angenommen [Wag19]. In diesem Jahrzehnt werden drei wesentliche Faktoren diesen Umsatz deutlich reduzieren. Die Anzahl der verbauten Komponenten und die Verschleißteile beim Elektroantrieb sinken erheblich, Mobilitätsservices erhöhen die Nutzungsgrade der Fahrzeuge und reduzieren den Bestand, autonomes Fahren besonders im Einsatz als Robotaxis führt zu weniger Unfällen, höherer gleichmäßigerer Nutzung und somit weniger Verschleiß und ebenfalls zum Absinken des Fahrzeugbestandes. Jeder dieser drei Faktoren bedeutet ca. 30 % Umsatzverlust im Aftersales, sodass pro Fahrzeug ein Umsatz von 260 €/Jahr verbleiben wird.

Bei diesen Aussichten muss der Aftersales dringend gegen halten und Aktionen zur Geschäftsabsicherung aufsetzen. Einerseits sollte die Effizienz der traditionellen Services durch digitale Transformationen erhöht werden, andererseits sollten neue Kunden gewonnen werden und es sollten neue Umsatzquellen erschlossen werden. Bei diesen Herausforderungen stellt sich die Frage, ob nicht ein komplett neues Geschäfts-modell, zumindest aber ein neuer integrierter Ansatz ein hohes Potential bietet.

Mit der umfassenden Smartphone-Durchdringung erwarten Kunden, dass sie auch anfallende Aftersalesservices einfach mobil koordinieren und steuern können. Alle Geschäftsprozesse wie beispielsweise das Initiieren von Wartungsarbeiten, Reklamationen, Statusinformationen oder auch die generelle Herstellerkommunikation sollten über eine einfach zu nutzende App oder ein Portal problemlos mit dem Handy abgewickelt werden können. Auch Produktinformationen, Nutzungshilfen und Erfahrungsberichte sollten im direkten Zugriff hochaktuell dort zur Verfügung stehen. Bei der Bedienung und den Dialogen werden leichte Erreichbarkeit per Sprachkommunikation oder auch per Chat-Funktionen in „echtzeit ähnlicher Abfolge" erwartet. Zukünftig wird sogar pro-aktive Kommunikation erwartet, wenn beispielsweise Diagnose-Sensoren im Fahrzeug auf Basis von IoT-Lösungen im Hintergrund eine Verschleiß-Situation erkennen und Serviceunternehmen diese Information nutzen und vorbeugend auf Kunden mit konkreten Unterstützungsvorschlägen zugehen. Diese Angebote wie auch die gesamte Kommunikation sollten hoch individualisiert ablaufen und Produktdetails und bisherige Serviceverläufe berücksichtigen, sodass diese bekannten Informationen nicht wiederholt erfasst werden müssen.

Es ist zu erwarten, dass bis zum Jahr 2030 für diese Art der Serviceabwicklung Aftersales-Plattform zur Verfügung stehen werden. Diese sind gekennzeichnet durch schnelle
Reaktionen mit guter Erreichbarkeit und hoher Kundenorientierung mit „ease of use".
Die Technologien, solche Plattformen umzusetzen, sind vorhanden und viele Kunden
warten darauf, um Services für ihre Fahrzeuge bequem in der geschilderten Weise abzuwickeln. Einen mögliche Lösungsansatz zeigt das Abb. 5.24:

Beispielhaft ist hier die Idee einer Aftersales-Plattform gezeigt. Diese integriert die
Servicebedarfe von Kunden und das Angebot von Anbietern von Werkstattservices,
Ersatzteilen und komplementären Dienstleistungen. Bei der Initiierung der zugehörigen
App meldet der Kunde sein Fahrzeug mit allen Details per Hersteller VIN an (vehicle
identification number), wählt die Werkstätten seiner Wahl in seiner Wohnumgebung aus
und gibt seine Präferenzen bei Ersatzteilen und auch bevorzugte Servicezeiten als Basis-
informationen an. Diese Informationen nutzt der lernenden „Serviceagenten" im Hintergrund. Ruft ein Autofahrer dann beispielsweise später in der Nutzung die Reparatur einer
Auspuffanlage als Anfrage auf, ist die App vorbereitet. Dem Kunden werden wahlweise
komplette Servicepakte mit Ersatzteilkauf, Werkstattleistung inklusive Reservierung
eines Werkstatttermins und Bereitstellung und Abwicklung eines Ersatzfahrzeug für die
Reparaturdauer angeboten. Hierzu wählt der Kunde sein individuelles Paket auf seiner
App aus den Optionen aus und bestätigt den Angebotspreis und einen möglichen Aus-
tauschtermin bei der ausgewählten Werkstatt. Der Plattformbetreiber konfiguriert im
Hintergrund dann die Ersatzteile, Ersatzfahrzeug, Austauschservice und Termine unter-
schiedlicher Anbieter. Die gesamte Abwicklung und der Bearbeitungsablauf kann auf der
Plattform in einem „Realtime Monitor" vom Kunden verfolgt werden.

Aus dem reinen Ersatzteilgeschäft wird so eine umfassende Lösung, eine bequeme
„aftersales experience". Bedarfsweise kann auch gewählt werden, ob ein Original-
Ersatzteil oder die Komponente eines Drittanbieters verbaut werden soll und ob eine
Fachwerkstatt oder eine freie Servicekette die Arbeiten ausführen soll. Als weitere
Funktion könnte der „Serviceagent" im Hintergrund auch Diagnosen des Fahrzeugs
durchführen und Bedarfe beispielsweise eines Bremsbelagswechsels sicherheitshalber
vor einer Urlaubsreise pro-aktiv melden. Kunden begrüßen sicher diesen Komfort

Abb. 5.24 Ansatz für eine Aftersalesplattform. (Quelle: Autor)

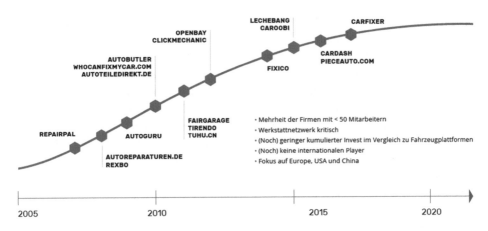

Abb. 5.25 Entwicklung von plattformbasierten Angeboten für Aftersalesservices. [Wag19]

einer integrierten Lösung und besonders die Transparenz im Ablauf und eine einfache Kommunikation mit der Werkstatt. Dieser hier beispielhaft gezeigte Plattformansatz wird bereits von ersten Anbietern für den Automobilbereich aufgegriffen. Abb. 5.25 zeigt eine Übersicht erster Anbieter.

Gerade in den USA und auch in China versuchen einige Neueinsteiger mit Plattformangeboten im Aftersales Markt Fuß zu fassen. Bisher sind das kleinere Firmen, die regional agieren. Der Schlüssel für weiteres Wachstum liegt sicher im Ausbau eines

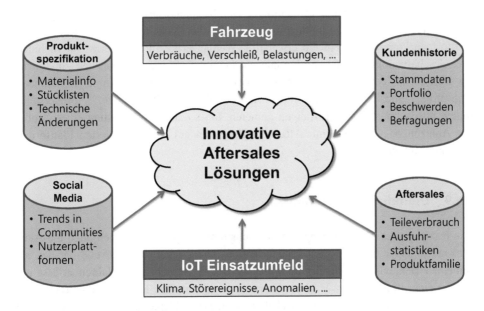

Abb. 5.26 Innovative Aftersales-Lösungen basieren auf Daten. (Quelle: Autor)

engen Werkstattnetzes und in der Bereitstellung integrierter, komfortabler Lösungen. Mit dieser Zielsetzung könnten die Plattformangebote beispielsweise um neue Vertragsmodelle und innovative Services erweitert werden, die dann moderne Technologien nutzen. Den Ansatz zu diesem generellen, datengetrieben Ansatz zeigt Abb. 5.26.

Innovative Aftersales-Lösungen setzen auf Informationen aus unterschiedlichen Quellen auf. Neben den Daten aus dem Umfeld der Hersteller (Produktinformationen, Kundenstammdaten), gilt es, Informationen aus den Werkstätten (Servicehistorie, Gewohnheiten), aus Social Media Kommunikationen (Trends in Nutzergruppen, Ratings) und zukünftig auch direkt aus dem Fahrzeug (Diagnose, Verbrauch. Verschleiß) zu erfassen. Leistungsstarke Big Data Lösungen sind ein zentraler Bestandteil der Lösungsarchitektur, um unterschiedlichste Datenhaltungssysteme und Datenformate über Firmen- und Organisationsgrenzen hinweg sicher einzubinden. Hierbei ist besonders auch die organisatorische Herausforderung aufzugreifen, die Daten aus unterschiedlichen „Hoheitsgebieten" direkt auswerten zu können und hierbei auch Auflagen zum Schutz personenbezogener Daten zu beachten. Erste gesetzliche Regelungen dazu sind zumindest regional etabliert. So müssen die Hersteller beispielsweise die fahrzeugbezogenen Daten auch Dritten zur Verfügung stellen.

Es bestehen vielfältige Erweiterungsmöglichkeiten des Plattformansatzes. Beispielsweise sind Abonnementservices für Fernwartung und vorbeugende Services vorstellbar. Aufbauend sind dann sogar verfügbarkeitsorientierte Bezahlungsmodelle möglich, sodass die Kunden entsprechend eines Servicelevels zahlen. Unmittelbar zu Stosszeiten ausgeführte Reparaturarbeiten könnten teuerer sein, als die Ausführung der Arbeiten innerhalb von drei Tagen in einer Auslastungslücke. Diese neuen Angebote sprechen sicher viele Kunden an. Wenn es dann zeitgleich beispielsweise durch Konsolidierungen zum Zusammenschluss von markenübergreifenden Serviceketten im Hintergrund dieser Plattformen kommt, entsteht ein ernsthafter Wettbewerber für etablierte Unternehmen. Die Geschäftsmöglichkeiten und -chancen in einem Markt mit jährlich rund achtzig Millionen Neuzulassungen sehen aber auch branchenfremde Anbieter, besonders innovative, agile Unternehmen mit ihren bestehenden Plattformen. Die Hersteller sollten also schnell eigene Lösungen anbieten, um so auch den Einstieg eines Großen wie Amazon oder Alibaba mit Aftersales-Derivaten auf ihren etablierten Plattformen begegnen zu können.

5.4.9 Digitalisierte Autobanken

Wie bereits in der Beschreibung der Vertriebstrends angedeutet, stehen auch die Autobanken vor einer umfassenden Transformation. Die Digitalisierungswelle hat den allgemeinen Bankensektor bereits als eine der ersten Branchen vor Jahren erfasst und dort zu einer umfassenden Markttransformation geführt. Die Mehrheit aller Banktransaktionen wird heute online abgewickelt und so sind beispielsweise die traditionellen Schalterbereiche für Privatkunden auf ein Minimum reduziert. Ein ähnlich umfassender

Umbau steht jetzt bei den Banken der Automobilhersteller an. Durchschnittlich werden im Jahr 2019 in Deutschland 77 % aller Autokäufe finanziert [Dat20]. Das übergeordnete Ziel der Autobanken ist es, den Finanzierungsanteil weiter auszubauen und den Fahrzeugverkauf durch attraktive Angebote zu fördern. Diese umfassen nicht nur den Finanzaspekt, sondern es können Aftersalesservices, Mobilitätsservices und zunehmend auch Digitale Dienste in das Paket einfließen. Weiterhin finanzieren die Autobanken auch Investitionen "ihrer" Hersteller, sowie von Importeuren und von ausgewählten Händlern. Dem Gebrauchtwagengeschäft kommt eine wachsende Bedeutung zu, da die Kaufpreise dort steigen und auch dort mehr und mehr Finanzierungsbedarf besteht, um so diesen „Sekundärvertriebskanal" attraktiver zu gestalten. Zunehmend werden auch Privat-Bankengeschäft und komplementäre Mobilitätsservices als intermodale Konfigurationen angeboten. Oftmals ist aus Sicht des Autors gerade bei diesen neuen Geschäftsfeldern die übergeordnete Strategie und Ausrichtung auch im Abgleich mit den Herstelleraktivitäten zu schärfen.

Der traditionelle Vertriebsweg der Autobanken führt über den Autohändler zum Kunden. Interessierte Autokäufer informieren sich heute zunächst umfassend online über Ausstattungsmerkmale des Fahrzeugs, Finanzierungs- und Serviceoptionen sowie Preise. Die Abwicklung des Kaufs erfolgt auf Basis der im Vorfeld gewonnen Informationen weiterhin in der Mehrheit der Fälle nach einer Probefahrt beim Händler. Die im Netz von den Autobanken angebotenen Produktinformationen und Preise sind oft generischer Natur und nicht spezifisch auf die aktuelle Kundensituation zugeschnitten. Das setzt sich vielfach fort und es werden im Handel nur standardisierte Finanzierungspakete mit abgeschlossen.

Direkte online-basierte Interaktionen der Autobanken mit Endkunden finden derzeit in komplementären Geschäftsfeldern beispielsweise im Sparbereich statt, jedoch ohne jegliche Verbindung zum sonstigen Geschäftsverhältnis zwischen Kunden und Hersteller. Eine integrierte Kundensicht über seinen privaten Fahrzeugbesitz auch verschiedener Herstellermarken, die Servicehistorie und sonstige Geschäftsverbindungen bestehen nicht. Auch eine erweiterte Sicht auf den Kunden im Vorfeld des Autokaufs auf Basis von umfassenden Netzinformationen liegt weder beim Händler noch bei der Autobank zur Erstellung eines kundenindividuellen Angebotes vor. Aus dieser Situation leiten sich große Verbesserungspotenziale durch Prozessanpassungen und Digitalisierungsmaßnahmen ab. Abb. 5.27 gibt eine gute Übersicht, wie die kundenorientierten Prozesse in weitem Umfang zukünftig digital unterstützt ablaufen werden.

Der gesamte Leasingprozess, links im Bild gezeigt, von der Anfrage über Detailabstimmung und Bereitstellung von Finanzierungsunterlagen bis zum Vertragsabschluss kann online beispielsweise über Smartphones abgewickelt werden, bei Bedarf im Dialog mit einem Berater per Live Chat. Die gleiche Technologie mit der Oberfläche im selben „look and feel" kommt für die Abwicklung von Zahlungen, Klärungsfragen oder auch Wiedervermarktung von Gebrauchtwagen zum Einsatz. Im Hintergrund steht über alle Prozesse hinweg eine zentrale Unterstützungsorganisation rund um die Uhr zur Verfügung. Parallel läuft dann eine permanente Analytik Lösung mit, die jederzeit

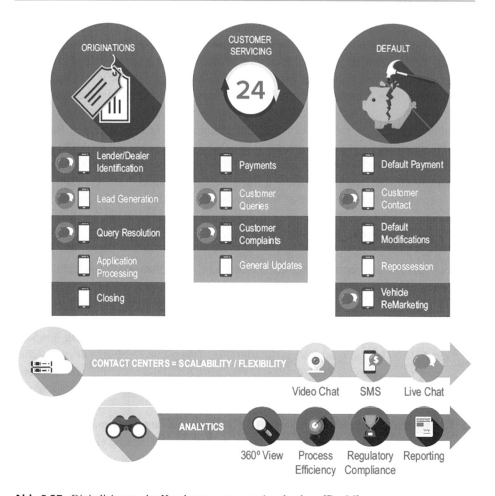

Abb. 5.27 Digitalisierung der Kundenprozesse von Autobanken. [Pan14]

einen ganzheitlichen, integrierten Blick auf den Kunden für den Support und auch für die Vertriebs- und Serviceorganisation unter Nutzung unterschiedlichster Datenquellen bereitstellt. Mit dieser Lösung können auch frühzeitig technische Probleme im Feld aber auch Kundenunzufriedenheit frühzeitig erkannt werden, um dann vorbeugende Maßnahmen zur Situationsverbesserung umzusetzen. Diese vollständigen Digitalisierung der Kundenprozesse steigert die Effizienz und Qualität in der Prozessbearbeitung und die Kundenzufriedenheit massiv. Gleiches gilt auch für die Digitalisierung der weiteren Geschäftsprozesse der Autobanken. Eine Vertiefung des Themas Prozessautomatisierung erfolgt im Abschn. 5.4.11.

5.4.10 Flexible Fertigungsstrukturen/Offene Netzwerke/Industrie 4.0

Der Vertrieb arbeitet in der Programmplanung und der Baubarkeitsprüfung und Feinterminierung von Kundenaufträgen bewährt mit der Produktion zusammen. Auch diese Schnittstelle wird zukünftig aufgrund der zunehmenden Individualisierung der Fahrzeuge enger integriert ablaufen und durch KI- und Big Data-Methoden unterstützt werden. Das ist nur eine Facette der Digitalisierung der Produktion. Diese ist, getrieben durch die Initiative Industrie 4.0 und den damit einhergehenden Internet of Things-Ansätzen, bereits mit Projekten in der Implementierung (vergl. Abschn. 4.2 – 4.6). Es ist zu untersuchen, ob diese Initiativen das Gesamtfeld bzw. das gesamte Digitalisierungspotenzial abdecken. Als Basis für diese Untersuchung sollen folgende Hypothesen dienen, wie die Produktion im Jahr 2030 aussieht bzw. welche Parameter relevant sind. Hierzu die Einschätzung des Autors:

- In den Hochlohnländern wird die Fliessbandfertigung ersetzt sein durch hochflexible Fertigungsinseln, in denen Roboter und Werker in enger Zusammenarbeit kundenindividuell konfigurierte Fahrzeuge produzieren.
- Die Fliessbandfertigung wird besonders in „emerging markets" bestehen bleiben. Dort werden in hohen Stückzahlen kostengünstig Fahrzeuge für den dortigen Massenmarkt und die Flotten der Mobilitätsdienstleister auch für den Einsatz in den etablierten Märkten gefertigt.
- Die Produktion nach dem Prinzip der Lagerfertigung nimmt weltweit massiv ab und es überwiegt die kundenindividuelle Fertigung besonders im Premiumsegment.
- Industrie 4.0-Technologien sind umfassend installiert und ermöglichen die kostengünstige Produktion von kundenindividuellen Fahrzeugen in Losgröße 1.
- Zulieferer sind engmaschig bereits in die Planung mit eingebunden, sodass sich die kundenindividuelle Fertigung in der Lieferkette fortsetzt.
- Zur vorschauenden Steuerung sind „digitale Schatten" der Fertigung und Logistikketten etabliert. Unter Nutzung kognitiver Lösungen werden auf diesen Basis Analysen und Vorplanungen möglich, die die erforderlichen Reaktionszeiten in der Lieferkette schaffen.
- Zur Steuerung und Überwachung ist ein unternehmensweiter Produktionsmonitor etabliert. Aus der Gesamtsicht kann auf einzelne Werke bis hin zu einzelnen Werkzeugmaschinen oder auch Komponenten gezoomt werden. Selbstlernende Anwendungssysteme schlagen dem Steuerungsteam Handlungsmaßnahmen vor, die schrittweise auch automatisiert umgesetzt werden.
- Es werden neue Anbieter besonders für Elektrofahrzeuge am Markt etabliert sein, die keine eigenen Fertigungskapazitäten vorhalten, sondern ausschließlich Auftragsfertiger als Zulieferpartner einsetzen.
- Es besteht ein Überangebot an Fertigungskapazität, das es den neuen Anbietern leicht macht, Fertigungspartner bedarfsweise zu etablieren. Kapazitätsauslastungen werden innerhalb von Fertigungsnetzwerken ausbalanciert. Auch hierbei helfen digitale

Assistenten, alle möglichen Datenquellen zu beachten und lernend in konkrete Vorschläge umzusetzen.

• Neben Robotern bestimmen 3D-Drucker die Produktion. Diese produzieren just in sequence auch hand-in-hand mit Werkern im Fertigungsbereich.

• Ein hoher Anteil (50+%) Ersatzteile werden in den großen Märkten lokal auf Basis 3D-Druck und flexibler Fertigungszellen bei Bedarf produziert.

• In der Produktion und auch in der Anlagenplanung werden in hohem Maße Augmented Reality Technologie verwendet. Simulation von Anlagenstrukturen, Baubarkeitsprüfung, Werkerführungen und auch Ausbildung sind typische Einsatzfelder.

• Recycling von Altfahrzeugen wird massiv zunehmen und gezielt wertvolle Rohmaterialien ressourcenschonend der Nachnutzung zugeführt. Ökologisch abbaubare Stoffe beispielsweise auf Hanfbasis werden verbaut.

• In Weiterentwicklung der RFID-Technologie werden die Fahrzeuge einen „Lifetime-Chip" erhalten, der bereits in der Fertigung eingesetzt wird und mit dem sich das Fahrzeug selbstständig durch die Fertigungszellen steuert. Dieser Chip verbleibt im Fahrzeug und steht dann in aktivem Dialog im After-Sales und auch zur Individualisierung den Connected Services zur Verfügung.

• Bauteile werden kommunikationsfähige Elemente enthalten, deren Daten dann in die Steuerung mit einfließen können, beispielsweise zu vorbeugenden Wartungsmaßnahmen. Foglets (vergl. Abschn. 4.10) werden in Pilotbereichen als onboard Wartungsroboter getestet.

• Anwendungssoftware wie auch Roboter werden in menschlicher Sprache programmiert. KI basierte Werkzeuge unterstützen dabei.

Viele Forschungsvorhaben und Pilotprojekte gehen unter der Überschrift „digitaler Schatten" eines der Schwerpunktthemen der Digitalisierung der Produktion an [DFG19]. Unter diesem Schatten wird ein virtuelles Abbild der Produktion mit allen für die Wertschöpfung

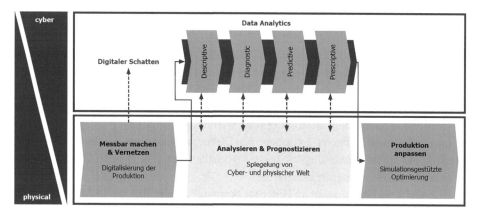

Abb. 5.28 Maßnahmen zur Produktionsanpassung. [Bau16]

relevanten Daten der Linien und auch angrenzender Systeme verstanden. Aus diesen Daten wird dann ein zeitgenaues virtuelles Modell gebildet, oft auch Zwilling genannt, das für Auswertungen und Analysen genutzt wird. Den Ansatz verdeutlicht Abb. 5.28.

Im unteren Teil des Bildes wird die physikalische Ebene der Produktion gezeigt. Diese liefert die Grunddaten zum Aufbau des digitalen Schattens bzw. des virtuellen Abbildes und ergänzend dann kontinuierlich weitere aktuelle Daten beispielsweise zu Belegungssituationen, Maschinen- und Logistikdaten. Diese Informationen werden im virtuellen Modell analysiert und beispielsweise Betriebshinweise gegeben, aber auch vorbeugende Maßnahmen zur Produktionsverbesserung abgeleitet, abgesichert durch Lernverfahren und Simulationen. Bei der Entwicklung der Maßnahmen berücksichtigen die Systeme produktionsrelevante Vorgaben beispielsweise zum Bestandniveau oder zur Rüstreihenfolge. Diese ganzheitliche Steuerung und Optimierung auf Basis eines digitalen Schattens steht heute noch mit ersten Pilotprojekten am Anfang. Im Jahr 2030 wird dieser Ansatz aber umfassend etabliert sein.

Die heutigen Initiativen und Projekte bei den etablierten Herstellern sind vielfach im Rahmen evolutionärer Verbesserungen beispielsweise zum kontinuierlichen Anheben der Ausbringungsleistung in Engpassbereichen gestartet. Hierbei geht es jedoch oft um Einzelprojekte und es fehlt eine übergeordnete Zielsetzung, zu denen in der Umsetzungsempfehlung zu Industrie 4.0 Grundvoraussetzungen genannt werden [BMB13]. Demnach gilt es, in der horizontalen Integration die gesamte Wertschöpfungskette über alle Unternehmensorganisationen und auch über Unternehmensgrenzen hinweg anzugehen, in der vertikalen Integration einen Dialog zwischen der Unternehmenssteuerungsebene und einzelnen Maschinen zu ermöglichen und weiterhin eine digitale Durchgängigkeit und kontinuierliche Einbindung des Engineerings über den gesamten Produktlebenszyklus und das Produktionssystem zu etablieren.

In diesem ganzheitlichen Sinne ist der Digitalisierungsfortschritt in der Produktion bei den etablierten Herstellern aus Sicht des Autors zu langsam und es besteht die Gefahr, dass Neueinsteiger gleich auf deutlich höherem Niveau in ihren neuen Produktionsstätten beginnen. Beispielsweise hat Tesla Motors für eine Fabrik für das Modell 3 das Ziel, ohne direkte Werkerbeteiligung zu produzieren, da Menschen an der Linie die Bandgeschwindigkeit auf Menschentempo verlangsamen [Pri16]. Tesla setzt auch auf konsequente Standardisierung an allen Standorten und kann so flexibel Werkskapazitäten durch Duplizieren skalieren oder auch neue Werke erheblich schneller hochziehen. So wurde das Werk in Shanghai innerhalb von elf Monaten realisiert [Tes20].

Um diese Leistungsfähigkeit zu erreichen, sind sicher „disruptive" Konzepte erforderlich, die ein herausforderndes Gesamtziel adressieren. Damit tun sich die etablierten Hersteller schwer. Ein Grund besteht darin, dass die hochautomatisierten Linien auf Effizienz getrimmt sind und in ihren Abläufen beispielsweise in der Kommunikationsstruktur und in den Logistiknetzen eng integriert sind. Tiefgreifende Änderungen an diesen Strukturen bedeuten oft Betriebsrisiken, die man vermeiden möchte, sodass man sich mit kleineren Verbesserungen zufrieden gibt.

Neben den technologischen Herausforderungen, die in Kap. 6 adressiert werden, liegt ein weiterer wichtiger Grund für den schleppenden Fortschritt jedoch in der heterogenen

Organisation und unterschiedlichen Zielsetzungen der Projektbeteiligten. Es beginnt
bei der IT. Die Werks-IT ist in vielen Fällen Teil der Produktionsorganisation und verantwortet anlagennahe IT-Lösungen und werksorientierte Zielsetzungen, während die
Zentral-IT als Stabsfunktion oft an den Finanzbereich berichtet und eher übergeordnete
Zielsetzungen zu vertreten hat. Die Anwendungslösungen der Zentral-IT sind oft separat
entwickelt und verwenden oft andere Technologien als die Werkslösungen. Auch die
Kommunikationstechnologie in den Bereichen unterscheidet sich oft. Spannend wird es
dann in den Projekten, wenn sich die IT-ler und der Fertigungsleiter unter Verwendung
unterschiedlicher Fachbegriffe auf Projektziele verständigen sollen. Dieses Beispiel verdeutlicht, dass ein übergreifendes Governancemodell erforderlich ist, das alle beteiligten
Parteien in einem Projekt unter einer Zielsetzung mit einem gemeinsamen Verständnis
und gleicher Priorisierung zusammenbringt. Wichtig an dieser Stelle ist es, zu erkennen,
dass die evolutionäre Vorgehensweise der etablierten Hersteller aus Sicht des Autors
zu kurz springt und auch zu langsam ist, um dem Angriff der Brachen-Neueinsteiger
adäquat zu begegnen und die Wettbewerbsfähigkeit nachhaltig zu sichern. Vielmehr sind
ganzheitliche Konzepte erforderlich, die zügig gemeinsam umgesetzt werden.

5.4.11 Automatisierte Geschäftsprozesse

Die Produktionsprozesse werden mit dem Fokus auf die Industrie 4.0-Initiative Richtung
Digitalisierung vorangetrieben. Darüber hinaus besteht auch in allen anderen Unternehmensbereichen ein hohes Potenzial, durch die Digitalisierung Effizienz und Qualität
zu steigern und somit die Wettbewerbsfähigkeit abzusichern. Insgesamt sind nach Einschätzung des Autors in diesem Themenfeld folgende Trends prägend, sodass sich als
Vision für das Jahr 2030 ergibt:

- In den administrativen Bereichen beispielsweise im Finanz-, Personal- und Verwaltungsbereich laufen 80 % der Geschäftsprozesse automatisch ohne manuelle Eingriffe ab (vergl. Abschn. 4.8.2 "Prozessroboter").
- In Unternehmensbereichen, in denen höhere Interaktion und Koordination erforderlich ist wie beispielsweise im Engineering, in der Qualitätssicherung, in der Auf-
  tragsteuerung oder auch im Marketing, werden viele Geschäftsprozesse automatisch
  abgewickelt, jedoch wird der Automatisierungsgrad niedriger im Bereich von 50 %
  liegen. Persönliche digitale Assistenten erleichtern die verbleibende Arbeit.
- Die „Prozessautomaten" basieren auf kognitiven Softwaretechnologien. Diese werden
  in die jeweiligen bestehenden Systeme der Prozessbereiche integriert und entwickeln
  sich lernend weiter.
- Das Blockchain-Prinzip ist ebenfalls Teil der betriebsinternen Plattformen und ermöglicht eine Vereinfachung bzw. Verkürzung von Geschäftsprozessen durch das Entfallen von Prüfaufgaben und durch die leichte Verfolgung von Transaktionen.

- Die Automaten werden in Plattformen integriert. Der Serviceabruf erfolgt über Sprachsteuerung auf Basis intelligenter mobiler Endgeräte.
- In Anlehnung an die Konzepte der Plattformökonomie der heutigen Web 2.0-Wirtschaft werden innerbetriebliche konzernweite zentrale Businessplattformen zu Abwicklung von Verwaltungsaufgaben etabliert sein. Diese Serviceplattformen unterstützen alle Marken größerer Hersteller. Markenspezifische Organisationen, die diese Services heute erbringen, werden entfallen.
- Die Plattformen werden offene Schnittstellen bieten, sodass Funktionserweiterungen der Plattform auch durch Komponenten von Drittanbietern einfach umgesetzt werden können. Die Mitbenutzung nicht differenzierender Plattformen werden für externe Unternehmen als Service angeboten.
- Heutige Rolloutprojekte von großen Softwareprogrammen werden komplett verschwinden und durch „Roll-In" Projekte, d. h. dem Aufschalten beispielsweise von Auslandsorganisationen auf die Plattformen, ersetzt werden. Drehscheibe hierfür werden Portale, ähnlich den bekannten App-Stores für Smartphones.
- Mitarbeiterarbeitsplätze sind mit Assistenzsystemen ausgestattet. Diese unterstützen den Benutzer proaktiv, indem beispielsweise Arbeiten priorisiert und mit Informationssuche vorbereitet und auch viele Themen automatisch abgewickelt werden, wie beispielsweise die Buchung von Reisen oder auch die Einladung und Koordination aller Beteiligten für ein Verhandlungsmeeting.
- Die Anzahl der Angestellten in den administrativen und in indirekten Bereichen wird deutlich abnehmen.

Der hohe Automatisierungsgrad der Geschäftsprozesse und das Etablieren von betriebsinternen Business-Plattformen, welche von allen Konzernmarken als „shared service" genutzt werden, bedeuten eine signifikante Steigerung von Effizienz und Qualität im Vergleich zur heutigem sequentiellen Bearbeitung von Geschäftsprozessen mit relativ hohem manuellen Arbeitsanteil. In ähnlicher Weise heben die Assistenten am Arbeitsplatz zur Unterstützung bei der täglichen Arbeit die Produktivität erheblich an. Erste Ansätze auf diesem Weg werden heute in Initiativen untersucht und in ersten Piloten mit kleineren Arbeitsumfängen getestet. Der Ansatz einer innerbetrieblichen Plattform beispielhaft für den Finanzbereich ist in Abb. 5.29 gezeigt.

Die Kernfunktionalität der innerbetrieblichen Plattform umfasst beispielsweise Zugriffsverwaltung (single sign on), Sicherheit, Datenintegration aber auch Analyse-, Geschäftsprozesssteuerungs- und Automatisierungsfunktionen. Über eine Integrationsschicht werden flexibel bestehende Finanzanwendungen angebunden, sodass bestehendes Know-How und auch erfolgte Investitionen abgesichert sind. Die App- und Mobilitätsschicht ermöglicht den Zugriff auf die Finanzlösungen über mobile Endgeräte wie Smartphones oder auch über Kameras zur Aufnahme von Gestensteuerung. Somit können die Nutzer über moderne Zugriffsmethoden mit der bestehenden „Altsystem-Landschaft" arbeiten. Neue Funktionalitäten werden von vornherein als Apps über diese Ebene eingebunden. Dem Gesamtkonzept liegt ein „Roll-In"-Ansatz zugrunde. Die

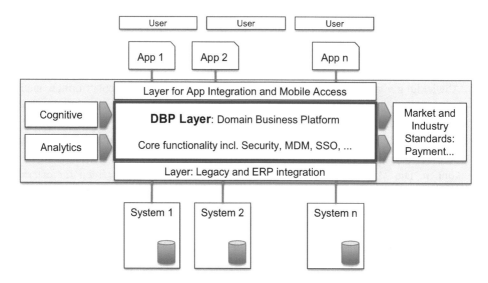

Abb. 5.29 Konzept einer innerbetrieblichen Finanzplattform. (Quelle: Autor)

Gesellschaften können sich über definierte Schnittstellen an die Plattform anschließen und schrittweise beginnen, die Plattformfunktionalitäten zu nutzen und bedarfsweise Zug um Zug die Altsysteme zu reduzieren bzw. abzuschalten. Das Plattformkonzept ermöglicht so eine evolutionäre Transformation aus einer heterogenen Altsystemlandschaft zu einer globalen, harmonisierten Lösungsplattform, die über Apps flexibel und ansprechend für Nutzer erweitert werden kann. Diese Plattform ermöglicht ebenfalls die schrittweise Automatisierung von Geschäftsprozessen.

Das beispielhaft erläuterte Konzept ist auf viele Unternehmensbereiche wie beispielsweise Einkauf, Personal und auch Qualitätsmanagement übertragbar. Die Herausforderungen, aus einer bestehenden historisch gewachsenen Anwendungsumgebung zu neuen Lösungsansätzen zu gelangen, haben viele Unternehmen. Ein Vorschlag zur Umsetzung des Ansatzes erfolgt in Kap. 6. Weiterhin werden sich neben den innerbetrieblichen Lösungen auch branchenübergreifende Plattformen als Marktplatz zwischen Herstellern und Zulieferern, beispielsweise in der Abwicklung von Logistikdienstleistungen etablieren. Hier ist die Zielsetzung, die Effizienz bei der Abwicklung der Transaktionen sowie die Prozesstransparenz zu erhöhen.

5.4.12 Cloudbasierte IT-Services

Bei der Umsetzung der Businessplattformen sowie bei allen anderen Digitalisierungsalternativen sind effiziente IT-Services eine Grundvoraussetzung. Die Bereitstellung dieser Services erfolgt zukünftig aus fundamental anderen Strukturen und auf Basis neuer Methoden und Konzepte im Vergleich zur langjährig etablierten Situation. Kennzeichnend für die IT im Jahr 2030 sind aus Sicht des Autors folgende Aspekte:

- Die Hersteller beziehen Rechner- und Speicherleistung mindestens zu 80 % aus Cloudumgebungen „aus der Steckdose" auf Basis von flexibel zu vereinbarendem Servicelevel.
- Cloudumgebungen betreiben Spezialanbieter aus Mega-Rechenzentren heraus. Diese sind flexibel mit den Hersteller IT-Systemen in sogenannten Hybrid Cloud-Konzepten verbunden.
- Es wird unbegrenzter Datenspeicher nahezu kostenfrei im Internet zur Verfügung stehen. Datenspeicherung erfolgt durchgängig über Softwareschichten (software defined storage).
- Mobile Endgeräte wie Smartphones, Wearables und Smartscreens sind in Möbel, Kleidung und Maschinen integriert. Leistungsstarke Smartphones in Ergänzung zu den über Spracheingabe oder Gesten zu steuernden Computern haben traditionelle Arbeitsplatzsysteme vollständig ersetzt. Die Leistungsfähigkeit der Geräte entspricht denen heutiger Supercomputer.
- IT-Projekte mit langer Laufzeit sowie auch umfassende Rolloutprojekte gibt es nicht mehr. Stattdessen werden App-ähnliche Lösungskomponenten innerhalb von Tagen erstellt und Roll-In Konzepte auf Basis von Integrationsplattformen umgesetzt.
- Agile Projektmethoden ersetzen weitgehend die „Wasserfallmethode"
- Die Softwareerstellung erfolgt im "no coding Verfahren" über Sprachsteuerung unter Nutzung von Modellbaukästen, die wiederum auf Microservice-Architekturen basieren.
- Anwendungen zur Auswertung der massiven Datenbestände mit dem Aufzeigen von Empfehlungen bis hin zur automatischen Umsetzung von Reaktionen nehmen einen hohen Anteil des Softwareangebotes ein. Auch hoch flexible Analysen werden von den Fachbereichen über „natürliche Sprache" initiiert und können so auch von "nicht IT-Experten" bedient werden.
- Die Erstellung und der Betrieb von Plattformen sowohl für innerbetriebliche Services als auch für Marktplätze werden einen hohen Anteil der IT-Services umfassen
- Die Überwachung von IT-Infrastrukturen erfolgt durch sogenannte Agentensysteme, die in den Anwendungssystemen mitlaufen. Diese erkennen aufkommende Probleme vorzeitig und ergreifen automatisch Verbesserungsmaßnahmen.
- Einer der wesentlichen IT Kostentreiber sind die erforderlichen Sicherheitssysteme zur Abwehr von Cyberattacken. Quantencomputer werden zunächst primär im Sicherheitsumfeld beispielsweise im Feld kryptographischer Verfahren zum Unternehmensschutz eingesetzt.
- 5G Technologie ist etabliert. Neben der reinen Übertragungsleistung ermöglichen die enge Zellstruktur und die geringen Latenzzeiten autonomes Fahren. 6G befindet sich mit ersten Piloten im Feldtest.
- Öffentliches Internet steht kostenfrei mit ausreichender Bandbreite zur Verfügung. Geschwindigkeiten von über 100 Gigabit pro Sekunden sind etabliert.
- Es wird eine neue Internetstruktur auf Basis von IPv6-Adressierung etabliert sein. Hierbei werden ein privater und ein kommerzieller Bereich unterschieden werden, die unterschiedliche Services ermöglichen.

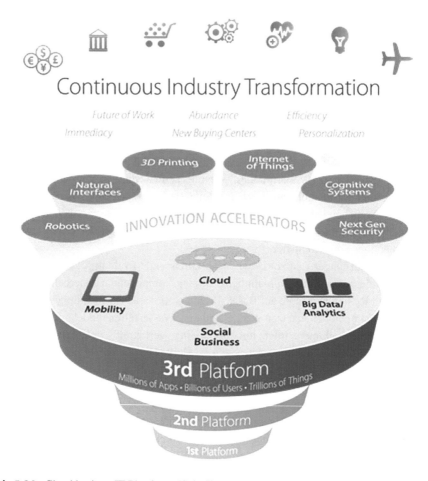

Abb. 5.30 Cloud basierte IT-Plattform. [Sch15]

- Das „Internet of Everything", einer umfassenden Vernetzung aller möglichen Dinge ist etabliert [Tho15].

Zusammenfassend zeigt Abb. 5.30 die Herausforderungen der IT, eine solide Plattform bzw. Basis für die Transformation und Digitalisierung zu etablieren.

Die IT wird in dem Bild als Plattformen dargestellt, evolutionär ausgehend von einer zentral organisierten Struktur in der Stufe eins, über verteilte Client/Server-Architekturen aktuell vorherrschend in der Stufe 2 bis hin in die zukünftige „3rd Platform", die in der Lage sein muss, in den Unternehmen dann „Millions of Apps, Billions of Users, Trillions of Things" verarbeiten zu können. Das gelingt nur, wie in den Trends ausgeführt, mit sehr flexiblen Hybrid-Architekturen, die dann über Cloudumgebungen sowohl in der Rechen-leistung als auch bei der Speicherkapazität skalieren können. Es müssen Big Data-Technologien mit tiefgehenden analytischen Fähigkeiten eingesetzt werden, auf denen beispielsweise zur Automatisierung und zur Unterstützung von Anwendern Lösungen aus dem Bereich der künstlichen Intelligenz aufsetzen können. Die mobile Arbeitswelt mit der always-on-Mentalität ist ebenso durch die IT-Umgebungen zu unterstützen, wie auch neue Formen der Kollaboration auf Basis von „social business"-Lösungen.

5.5 Case Studies – Strategie und Angehen der digitalen Transformation

Eine hocheffiziente, agile IT ist die Basis von Digitalisierungsinitiativen, die oft auf den bereits im Kap. 4 erläuterten relevanten Technologien wie beispielsweise 3D-Druck, Robotik oder auch kognitive Lösungen als Innovationstreiber basiert. Hierbei geht es dann nicht um einmalige Projekte, sondern der Schlüssel liegt in der kontinuierlichen Transformation sowohl in den Unternehmen als auch im gesamten Wertschöpfungsnetz-werk unter Einbezug der Transformation bei den Kunden und den Zulieferern. Diese ganzheitliche Herangehensweise wird anhand von Fallbeispielen im Folgenden erläutert.

5.5.1 Status Transformation General Electric

In der ersten Buchauflage wurde General Electric als Referenzbeispiel zur digitalen Transformation erläutert. Von der Glühbirne kommend hatte sich dieses Unternehmen als Anlagen und Maschinenbauer etabliert. Frühzeitig hat dann in Nachfolge der Management-Ikone „Jack" Welch der langjährige CEO Jeffrey Immelt eine innovative Strategie zur digitalen Transformation hin zum „software- and internet driven industrial solution provider" definiert. Die Transformation in dieser Ausrichtung lief erfolgreich an. So wurde beispielsweise die interne Softwarekompetenz und Fertigungstiefe durch Partnerschaften mit Technologiefirmen und interne Umschulungen und die Kulturver-änderung gestärkt. Die IoT-Plattform „Predix" zur datengetriebenen Unterstützung des Betriebs von GE-Anlagen und als Basis für Serviceangebote wurde etabliert.

Vier Jahre später muss allerdings eine ernüchternde Bilanz zum Fortschritt gezogen werden. Die Transformation ist ins Stocken geraten und die angestrebten Ziele wurden nicht erreicht. Gründe hierfür sind eine Selbstgefälligkeit besonders in der Führung. Der Fokus wurde eher auf Finanztricks und den An- und Verkauf von Unternehme gelegt hat und die Stärkung der internen Kernkompetenzen vernachlässigt [Hoe18]. So ist die Wett-bewerbsfähigkeit verloren gegangen und die neue Ausrichtung konnte nicht am Markt durchgesetzt werden. Das einstige Musterunternehmen, das seit Bestehen im Dow

Jones gelistet war, hat massiv an Aktienkurs und Marktkapitalisierung verloren. In der Konsequenz ist GE Mitte 2018 auf dem Aktienindex ausgeschieden und kämpft jetzt massiv am Comeback. Die Lektion aus dieser Entwicklung ist sicher, dass solides Umsetzen und saubere Buchführung unter Beachtung bewährter Managementpraktiken mit Fortschritts- kontrolle und Nachsteuern auch bei der Umsetzung der digitalen Transformation ent- scheidend sind. Eine beeindruckende Strategie hilft wenig, wenn es mit der Umsetzung hapert. Nun ist es spannend zu sehen, ob GE mit einem neuen CEO unter Besinnung auf alte Tugenden den Turnaround schaffen wird und so als Case Study an anderer Stelle dienen kann. Hier soll stattdessen ein anderes Unternehmen vorgestellt werden.

5.5.2   Volkswagen Gruppe

Die Umsetzung der digitalen Transformation beispielhaft mit bekannten "valley based" Firmen wie Apple, Google, Amazon oder auch Startups zu erläutern, läge sicher auf der Hand. Auch Tesla und Uber sind in Affinität zur Zielbranche des Buches valide Kandidaten und werden daher immer wieder als Einzelbeispiele in entsprechenden Buchabschnitten eingebracht. Als umfassendes Beispiel für die Strategie eines großen etablierter Herstellers, eine tiefgreifende und nachhaltige Transformation zu initiieren, wird hier Volkswagen erläutert.

Die Volkswagen Gruppe ist einer der größten Automobilbauer der Welt. Zum global aufgestellten Konzern gehören neben zwölf Marken mit eigenständigem Image und Ver- triebsauftritt auch eigenständige Finanzdienstleistungen. Insgesamt werden über die Welt verteilt 124 Fertigungsstätten betrieben und die Fahrzeuge werden in 153 Ländern angeboten. Im Jahr 2019 wurden mit über 670.000 Mitarbeitern annähernd elf Millionen Fahrzeuge ausgeliefert und ein Umsatz von über 253 Mrd. Euro erzielt, Dieses Ergeb- nis konnte gegen den weltweiten Markttrend gesteigert werden und somit ein weiteres erfolgreiches Jahr verbucht werden [Die20].

Diese Resultate sind um so beeindruckender, wenn berücksichtigt wird, dass die Diesel- krise erst einige Jahre zurückliegt. Dieser Tiefpunkt der Branche hat gerade die Volkswagen Gruppe massiv durchgeschüttelt. Gleichzeitig kann diese aber als Weckruf und Aufbruch in eine umfassende und dringend notwendige Transformation gesehen werden. Der Zeit- raum davor war für Volkswagen geprägt von ingenieurmässiger und begeisternder Techno- logieführerschaft. Das Unternehmens wuchs beeindruckend auf den bewährten Pfaden und neue Trends wurden daher eher vernachlässigt. Mit dem CEO Wechsel im Herbst des Jahres 2015 kam dann bald die Umorientierung und die Elektromobilität, die IT-Durch- dringung der Fahrzeuge, der Einzug der digitalen Transformation in Geschäftsprozesse, die Veränderung des Kaufverhaltens bzw. der Bedeutung von Fahrzeugbesitz und die neuen Mobilitätsservices wurden aufgegriffen. Somit war die Krise sicher ein „Tipping Point" bzw. ein Wendepunkt für Volkswagen, der neben den Herausforderungen gleichzeitig den erforderlichen Rückenwind für den Aufbruch in eine unvergleichliche Transformationsreise bedeutete. Schon bald wurde die Unternehmensstrategie TOGETHER 25 etabliert.

Ein wesentlicher Bereich dieser Strategie zielt darauf, das Kerngeschäft zu transformieren. Wichtige Elemente sind ein klares Commitment zum Elektroantrieb festgemacht an einer standardisierten E-Plattform unternehmensübergreifend für alle Markengruppen, die Absicht in die Batteriefertigung zu investieren und auch das Ziel der digitalen Transformation der Geschäftsprozesse. Ein weiterer Strategieteil zielt auf den Aufbau von Mobilitätsservices. Hierfür stehen die speziell für diesen Geschäftszweck gegründete Organisation MOIA, die Übernahme des Israelischen Fahrdienstleisters Gett und auch die Entwicklung der Integrationsplattform RIO für den LKW Bereich. Als weiteres Strategiekapitel wird die Stärkung der Innovationskraft betont. Unter dieser Zielsetzung wurden als Keimzellen sogenannte Digital Labs im IT Umfeld und Vertrieb gegründet. Diese sind oft absichtlich entfernt von den Verwaltungsstandorten in „hippen locations" angesiedelt. Dort werden in eher akademischen Strukturen in agilen Arbeitsweisen innovative Lösungen getestet – als Vorentwicklung für den späteren Produktiveinsatz. Oft unter der Orchestrierung von Chief Digital Offices (CDOs) wurden Digitalisierungsinitiativen in den Geschäftsbereichen wie beispielsweise im Vertrieb, in der Finanz oder auch im Einkauf initiiert.

Soweit eine kurze Übersicht zum Start der TOGETHER 25 Strategie. Diese wurde dann evolutionär weiterentwickelt. Einflüsse auf die erfolgten Anpassungen haben neben neuen technologischen Möglichkeiten, der Veränderung des Markumfeldes und die Reaktion der großen Volkswagen Mannschaft. Einen weiteren extremen Einfluss hat zusätzlich der Klimawandel. Die Entwicklungen in diesem Bereich sind besorgniserregend. Insofern sind der Automobilindustrie sehr herausfordernde Abgasvorgaben gemacht worden. Parallel sind auch viele Kunden bereit, einen Beitrag für die Umwelt zu liefern und stehen beispielsweise Elektrofahrzeuge oder auch Mobilitätsservices

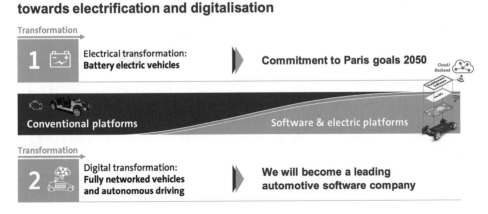

Abb. 5.31 Umfassende Transformation Volkswagen. [Wit20]

positiv gegenüber. Diese Situation reflektiert auch Volkswagen mit einer Anpassung seiner Strategie und einer klaren Ausrichtung, die in Abb. 5.31 gezeigt ist.

Volkswagen steht eindeutig hinter der Einhaltung der Pariser Klimaziele. Man will nicht nur zur Vermeidung von Strafzahlungen klar den vorgegebenen Flottenverbrauch erreichen, sondern möchte auch eine Klimaneutralität für das gesamte Unternehmen einschließlich der Zulieferer erreichen. Hierfür muss der Übergang von der Verbrennungsmaschine hin zum Elektromotor gelingen. Zur Untermauerung des klaren Commitments wurde eine Modelloffensive von dreißig rein elektrisch angetriebenen neuen Fahrzeugen bis zum Jahr 2025 angekündigt. Volkswagen will bis dahin mindesten zwei Millionen E-Autos pro Jahr absetzen und möglichst als Marktführer sogar Tesla überholen. Mit der Umsetzung der Vernetzung der Fahrzeuge und des autonomen Fahrens will Volkswagen zu einer führenden Softwarecompany werden. Diese Visionen münden in der gehärteten und weiterentwickelten Transformationsstrategie TOGETHER 25+, dessen Kernelemente das Abb. 5.32 zeigt.

Der Anspruch der Volkswagen Gruppe ist es, die Mobilität für zukünftige Generationen zu gestalten. Sehr klar werden nochmals die Zielsetzungen zur Klimaverbesserung formuliert und das Commitment zur Elektromobilität und auch die Transformation zur Softwareausrichtung bestätigt. Volkswagens größter Absatzmarkt China wird explizit in den Fokus der Strategie gesetzt. Die Optimierung des Geschäftsportfolios und die Reduzierung der Komplexität umschreibt Initiativen zur Transformation hin zu neuen Umsatzfeldern und auch die Digitalisierung von Prozessabläufen. In diesem Sinne wurden aufbauend auf den erwähnten Umsetzungsmaßnahmen beim Start der Reise weitere wichtige Schritte initiiert. Zur Beschleunigung und Absicherung der Transformation sind Beteiligungen und Partnerschaften etabliert. Hier nur einige Beispiele: Elli, Ionity zum Ausbau der Ladeinfrastruktur; Northvolt, Quantumscape für das Themenfeld Batterie; Argo im Bereich autonomes Fahren und auch Microsoft, Amazon

TОGETHER 2025⁺
FOCUS AND SPEED

Shaping mobility – for generations to come.

- Strong brands with clear positioning and great products that inspire customers
- A leading position in China with global footprint and value creating growth
- Fully committed to "Go to Zero" and shaping e-mobility
- Transforming to one of the leading automotive software players
- Business portfolio optimisation and rigorous allocation of capital
- Taking complexity out and pushing for industry-leading economies of scale
- Delivering on demanding financial targets and committed to dividend pay out ratio

——————— Unleash value ———————

Integrity as the foundation of a successful business

Abb. 5.32 TOGETHER 25 +- Volkswagens Strategie für die Zukunft.   [Die20]

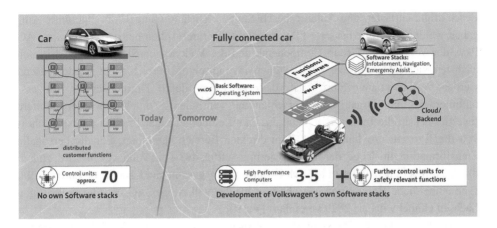

Abb. 5.33 Ausblick – Entwicklung einer Volkswagen Software Plattform. [Wit20]

im Bereich Cloud für Engineering und Produktion. Die Entwicklung hin zu einem führenden Softwareunternehmen untermauert die Abb. 5.33.

Ausgehend von der heutigen Fahrzeug-IT mit oft mehr als siebzig Steuergeräten, die unabhängig voneinander einzelne Funktionen und Abläufe steuern, ist es – in Anlehnung an Abschnitt 5.4.5 – auch Volkswagens Vision, eine standardisierte Softwareplattform als Betriebssystem für das Fahrzeug zu entwickeln. Diese Plattform basiert auf einige leistungsstarken Computern und trägt die Kontrollfunktionen und auch weitere Dienste. Durch die drastische Komplexitätsreduzierung wird so der angestrebte Softwareupdate „over the air", die Entwicklung neuer Funktionen im Bereich Connected Services und auch die Steuerung für das autonome Fahren unterstützt. Zur Umsetzung dieser Vision wurde ein markenübergreifender Vorstandsbereich gebildet und es sollen eine hohe Anzahl IT-Experten eingestellt und ausgebildet werden, um so die Eigenfertigungstiefe in diesem Bereich auf 60 % anzuheben. Hierzu hat Volkswagen unter dem Namen „Fakultät 78" einen eigenen Ausbildungsgang zur Umschulung Richtung Softwareentwicklung geschaffen. Weitere interne Schulungen trainieren Design Thinking und Scrum als Basis für agile Arbeitsmethoden in der Projektarbeit. So soll die Unternehmenskultur Richtung Digitalisierung verändert werden (vergl. Abschn. 8).

Neben diesen innovativen Feldern wurden im Rahmen der Strategieumsetzung auch Transformationsprogramme im Bereich bestehender Geschäftsprozesse initiiert. Beispielhaft sei hier das Programm der Marke Volkswagen kurz in Form eines Zitates aus einer VW Presseerklärung erläutert:

„Bis 2023 will Volkswagen bis zu vier Milliarden Euro in Digitalisierungsprojekte investieren – vorrangig in der Verwaltung, aber auch in der Produktion. Mindestens 2.000 neue Arbeitsplätze mit Bezug zur Digitalisierung sollen geschaffen werden. Das haben Vorstand und Gesamtbetriebsrat in ihrer „Roadmap Digitale Transformation" vereinbart. Agile Arbeitsweisen, verbesserte Prozesse und Digitalisierung sollen

Beschäftigte entlasten und Abläufe beschleunigen. Bislang manuell durchgeführte Aufgaben werden durch verbesserte IT vereinfacht. Dadurch sollen bei der Volkswagen AG Pkw, der Volkswagen Group Components und der Volkswagen Sachsen GmbH in den nächsten vier Jahren bis zu 4.000 Stellen im indirekten Bereich nicht wieder besetzt werden. Voraussetzung hierfür ist, dass Aufgaben durch Digitalisierung, Prozessoptimierung und Organisationsverschlankung entfallen. Zugleich wurden weitere Investitionen in die Industrie 4.0 und ein damit einhergehender Produktivitätsfortschritt von fünf Prozent pro Jahr bis 2023 im direkten Bereich vereinbart. Für die personelle Transformation im Zuge der Digitalisierungs-Offensive von Volkswagen wird zudem das Qualifizierungsbudget um 60 Mio. Euro auf insgesamt rund 160 Mio. Euro erhöht. Eine einheitliche Beschäftigungssicherung für die Volkswagen AG und die Volkswagen Sachsen GmbH wird bis 2029 vereinbart [Vol19]."

Soweit eine kurze Übersicht der Volkswagen Strategie. Zur Vertiefung einzelner Felder sei besonders auf die aktuellen Veröffentlichungen auf dem Portal der Volkswagen Gruppe verwiesen. Aus Sicht des Autors, langjährig mit dem Konzern in vielen Projekten eng verbunden, ist es dem Unternehmen gelungen, mit dem Wake Up Call der Dieselkrise eine beeindruckende Wende zur Transformation einzuläuten. Die Strategie deckt alle erforderlichen Felder ab und kann sicher als Blueprint für andere Unternehmen dienen. Es sind viele Programme. Initiativen und Partnerschaften gestartet worden. Nun bleibt es spannend zu sehen, ob es gelingt, diesen „Mega-Tanker" Volkswagen auf den neuen Kurs zu bringen und auch Speed aufzunehmen, ohne dabei die Mannschaft zu verlieren. Die Transformation der Unternehmenskultur weg von Hierarchie und Inseldenken hin zu Entrepreneurship mit Agilität, Verantwortungsbereitschaft über den Tellerrand hinaus und auch Veränderungsbereitschaft bleibt die eigentliche Herkulesaufgabe. Der Fortschritt in den Initiativen sollte gemessen, eng verfolgt werden und dann auch markenübergreifend genutzt und schnell umgesetzt werden. Nachdem bereits erste Elektrofahrzeuge in kleineren Stückzahlen auf der Straße sind, steht nun mit der Markeinführung des ID.3 ein ganz wichtiger Meilenstein für den Konzern an. Es ist das Ziel, dass dieses Fahrzeug zum absoluten Massenprodukt wird und so den generellen Durchbruch der Elektromobilität einläutet. Für die Volkswagen Gruppe aber auch für unser Klima ist auf einen ähnlich durchschlagenden Erfolg zu hoffen, wie diesen seine Epoche prägenden Vorgänger Käfer und Golf erreicht haben.

Literatur

[Ain13] Ainhauser, C., Bulwahn, L., Hildisch, A., et al.: Autonomous driving needs. ROS BMW Car IT GmbH (2013). https://www.bmw-carit.com/downloads/presentations/AutonomousDrivingNeedsROSScript.pdf. Zugegriffen: 20. März 2020

[Alp19] N.N.: So smart lässt sich Fuhrparkeffizienz steigern; Lösungen Alphabet (2019). https://www.alphabet.com/de-de/produkte/alphacity. Zugegriffen 20. März 2020

[AUDI19] Audi: Audi Business Innovation GmbH, Übersicht: Audi shared fleet. https://www.audisharedfleet.de/audi-mobility/audi-shared-fleet/de_de.html. Zugegriffen 20. März 2020

[Aut19] N.N.: 100 Digital Leaders Automotive; Sonderedition Automobilwoche, 08/2019, https://www.pwc.de/de/automobilindustrie/100-digital-leaders-automotive-2019.pdf. Zugegriffen 26. März 2020

[Aut20] N.N.: AUTOSAR Introduction – The vision, the partnership and current features in a nutshell, Einführungspräsentation, 20.01.2020. https://www.autosar.org/fileadmin/ABOUT/AUTOSAR_EXP_Introduction.pdf, zugegriffen 26.03.2020

[Bau16] Bauerhansl, T.; Krüger, J.; Reinhart, G.: WGP-Standpunkt Industrie 4.0. Wissenschaftliche Gesellschaft für Produktionstechnik (2016). https://www.ipa.fraunhofer.de/content/dam/ipa/de/documents/Presse/Presseinformationen/2016/Juni/WGP_Standpunkt_Industrie_40.pdf. Zugegriffen 20. März 2020

[Ber19] Berg, A.: Vernetzte Mobilität, bitkom Studie, Berlin 5.9.2019, https://www.bitkom.org/sites/default/files/2019-09/bitkom-charts-vernetzte-mobilitat-05-09-2019_final.pdf. Zugegriffen 26. März 2020

[Blo19] Bloch, C., Newcomb, J., Shiledar, S., et al.: Breakthrough Batteries – Powering the Era of Clean Electrification, Paper Rocky Mountain Institute (2019). https://rmi.org/insight/breakthrough-batteries/. Zugegriffen

[BMB13] Umsetzungsempfehlungen für das Industrieprojekt, Industrie 4.0. Abschlussbericht Promotorengruppe Kommunikation der Forschungs-union Wirtschaft – Wissenschaft (Hrsg.), Frankfurt. https://www.bmbf.de/files/Umsetzungsempfehlungen_Industrie4_0.pdf (2013). zugegriffen: 20.03.2020

[Bra15] Brand, F.; Greven, K.: Systemprofit 2035: Autohersteller müssen den Vertrieb neu erfinden; Oliver Wyman-Studie, 2015. https://www.oliverwyman.de/who-we-are/press-releases/2015/oliver-wyman-studie-zum-automobilvertrieb-der-zukunft-systemprof.html. Gezogen 20. März 2020

[Bre15] Brendon, L.: How open-source collaboration is transforming IVI and the auto industry. Embedded Computing Design. https://embedded-computing.com/articles/how-open-source-collaboration-is-transforming-ivi-and-the-auto-industry/ (2015). zugegriffen: 20.03.2020

[Cac15] Cacilo, A.; Schmidt, S.; Wittlinger, P.; et al.: Hochautomatisiertes fahren auf Autobahnen – Industriepolitische Schlussfolgerungen, Fraunhofer-Institut für Arbeitswirtschaft und Organisation IAO; Studie für BMWi (2015). https://www.bmwi.de/BMWi/Redaktion/PDF/H/hochautomatisiertes-fahren-auf-autobahnen,property=pdf,bereich=bmwi2012,sprache=de,rwb=true.pdf. Zugegriffen 20. März 2020

[Dat20] N.N.: DAT-Report 2020 – Die Highlights. https://www.dat.de/news/dat-report-2020-die-highlights/. Zugegriffen 26. März 2020

[DFG19] N.N.: Der Digitale Schatten, DFG Magazin, 24.09.2019. https://www.dfg.de/dfg_magazin/aus_der_forschung/ingenieurwissenschaften/harte_nuesse_knacken_jb18/06_digitaler_schatten/index.html. Zugegriffen 30. März 2020

[Die20] Diess, H., Witter, F.: Reden Jahrespressekonferenz 2020, Wolfsburg, 17.03.2020. https://www.volkswagen-newsroom.com/de/publikationen/reden/reden-jahrespresse-konferenz-2020-385. Zugegriffen 30. März 2020

[DMW20] N.N.: 2019 Autonomous Vehicle Disengagement Report, State of California Department of Motor Vehicles, 26.02.2020, https://thelastdriverlicenseholder.com/2020/02/26/disengagement-report-2019/, zugegriffen 26.03.2020

[DSW18] N.N.: Highlights der World Urbanization Prospects, Deutsche Stiftung Weltbevölkerung, 16.05.2018. https://www.dsw.org/wp-content/uploads/2018/05/Highlights_World-Urbanization-Prospects_2018.pdf. Zugegriffen 26. März 2020

[Dom16] Dombrowski, U., Bauerhansl, T.: Welchen Einfluss wird Industrie 4.0 auf unsere Fabriken und Fabrikplanung haben? 13. Deutscher Fach-kongress Fabrikplanung, Ludwigsburg 20./21. Apr. 2016

[Eco20] N.N.: The world's car giants need to move fast and break things, Economist, 25.4.2020. https://www.economist.com/briefing/2020/04/25/the-worlds-car-giants-need-to-move-fast-and-break-things. Zugegriffen 20. Mai 2020

[Ede15] Edelstein, S.: Ford's new GT has more line of code than a Boeing jet airliner. Digital Trends, 21. Mai 2015. https://www.digitaltrends.com/cars/the-ford-gt-uses-more-lines-of-code-than-a-boeing-787/#/2. Zugegriffen 20. März 2020

[Fuh18] Abo-Modell bei Audi: Zwei Mal im Monat ein anderes Auto, Automobilwoche, 24.9.2018. https://www.automobilwoche.de/article/20180924/NACHRICHTEN/180929958/abo-modell-bei-audi-zwei-mal-im-monat-ein-anderes-auto. Zugegriffen 20. März 2020

[Hid20] Hideyoshi, K.: Tesla teardown finds electzronic 6 years ahead of Toyota and VW, AsianReview, 17.2.2020. https://asia.nikkei.com/Business/Automobiles/Tesla-teardown-finds-electronics-6-years-ahead-of-Toyota-and-VW2. Zugegriffen 20. Mai 2020

[Hoe18] Hoefle, M.: General Electric – eine lange Geschichte manageritischer Hybris, Institut für Sozialstrategie (ifs), 12.07.2018. https://www.institut-fuer-sozialstrategie.de/2018/07/12/general-electric-eine-lange-geschichte-manageristischer-hybris/. Zugegriffen 30. März 2020

[Hud16] Hudi, R.: Die Automobilindustrie im (radikalen) Umbruch Chancen, Risiken, Trends, Herausforderungen, Vortrag Automobil Elektronik Kongress, Ludwigsburg 14./15. Juni 2016

[25]Johanning, V.: Car IT kompakt: Das Auto der Zukunft – Vernetzt und autonom fahren. Springer Vieweg, Auflage (2016)

[Kra19] Krail. M.: Energie- und Treibhausgaswirkungen des automatisierten und vernetzten Fahrens im Straßenverkehr, Studie für das BMVi, Fraunhofer-Institut für System- und Innovationsforschung, Karlsruhe, 8.1.2019. https://www.isi.fraunhofer.de/content/dam/isi/dokumente/ccn/2019/energie-treibhausgaswirkungen-vernetztes-fahren.pdf. Zugegriffen 20. März 2020

[Lan19] Lange, K.: Jeder ist ein Experte – so tickt der Verbraucher der Zukunft, manager magazin 15.01.2019. https://www.manager-magazin.de/unternehmen/handel/top-10-global-consumer-trends-2019-von-euromonitor-verbrauchertrends-a-1247990-2.html. Zuegegriffen 26. März 2020

[Loc19] Lock, A., Tracey, N., Zerfowski, D.: Aufbruch in neue Welten – Neue E/E Architekturen mit Vehicle Computern bringe neue Chancen, Etas White Paper, 27.11.2019. https://www.etas.com/de/downloadcenter/35398.php. Zugegriffen 30. März 2020

[McK19] N.N.: The future of mobility is at our doorstep; McKinsey Compendium 2019/2020. https://www.mckinsey.com/~/media/McKinsey/Industries/Automotive%20and%20Assembly/Our%20Insights/The%20future%20of%20mobility%20is%20at%20our%20doorstep/The-future-of-mobility-is-at-our-doorstep.ashx. Zugegriffen 26.März 2020

[Ors20] Orsolits, H., Lackner, M.: Virtual Reality und Augmented Reality in der Digitalen Produktion, Springer Gabler (2020)

[Pan14] Pandey, I., Jagsukh, C.: Digitizing automotive financing: the road ahead Cognizant 20–20 Insights. White Paper (2014). https://www.cognizant.com/InsightsWhitepapers/Digitizing-Automotive-Financing-The-Road-Ahead-codex949.pdf. Zugegriffen: 20. März 2020

[Pow15] Power, B.: Building a software start-up inside GE. Harvard Business Review (2015). https://hbr.org/2015/01/building-a-software-start-up-inside-ge. Zugegriffen 20. März 2020

[Pri16]   Prigg, M.: Tesla's Model 3 production line will be an „alien dreadnought": Elon Musk reveals humans will be banned as they will slow progress to „people speed". Dailymail, 5.8.2016. https://www.dailymail.co.uk/sciencetech/article-3726179/Tesla-s-Model-3-production-line-alien-dreadnought-Elon-Musk-reveals-humans-banned-slow-progress-people-speed.html. Zugegriffen 20. März 2020

[Ram13] Ramesh, P.: Signal processing in smartphones – 4 G perspective. SlideShare (2013). https://de.slideshare.net/ramesh130/signal-processing-in-smartphones-4g-perspective. Zugegriffen 20. März 2020

[Rau15] Rauch, C.; Mundolf, U.: Automotive Zeitgeist Studie 3.0. Zukunftsinstitut (2015). https://www.zukunftsinstitut.de/artikel/automotive-zeitgeist-studie-30/. Zugegriffen: 20. März 2020

[Ree20] Reeb, W., Härter, H.: Der Staus quo von Lidar in selbstfahrenden Autos, next-mobility. news, 21.02.2020. https://www.next-mobility.news/der-status-quo-von-lidar-in-selbst-fahrenden-autos-a-836047/. Zugegriffen 26. März 2020

[Ril20] Riley, C.: Davos 2020 – The recession in global car sales shows no sign of ending, CNN Business, 20.01.2020. https://edition.cnn.com/2020/01/20/business/global-auto-recession/index.html. Zugegriffen 25. März 2020

[SAE14] SAE: SAE – Society of Automobil Engineers, Standard J3016: Taxonomy and Definitions for Terms Related to On-Road Motor Vehicle, Automated Driving Systems (2014). https://www.sae.org/misc/pdfs/automated_driving.pdf. Zugegriffen 20. März 2020

[Sch15] Schulte, M.A.: Future Business World 2025 – Wie die Digitalisierung unsere Arbeitswelt verändert. White Paper. IDC Central Europe GmbH. https://newfinance.today/wp-content/uploads/2016/04/IDC_White_Paper_Future_Business_World_2025_TA.pdf. Zugegriffen 30. März 2020

[Sei18] Seibert, G., Gruendinger, W.: Data-driven Business Models in Connected Cars, Mobility Services and Beyond, BVDV Research, No.01/18, April 2018. https://www.bvdw.org/fileadmin/user_upload/20180509_bvdw_accenture_studie_datadrivenbusinessmodels.pdf. Zugegriffen 30. März 2020

[Tes20] N.N.: 170.000 Model 3 aus Shanghai-Gigafactory? Report electrive.net, 09.03.2020, https://www.electrive.net/2020/03/09/tesla-170-000-model-3-aus-shanghai-gigafactory/. Zugegriffen 30. März 2020

[Tsc19] Tschiesner, A.: Trends that will transformt he auto industry until 2030, 2025 AD, 11.3.2019, https://www.2025ad.com/trends-that-will-transform-the-auto-industry-until-2030. Zugegriffen 30. März 2020

[Tsc20] Tschiesner, A., Heuss, R., Hensley, R. et al.: The road ahead for e-mobility; Report McKinsey Center for Future Mobility, 01/2020. https://www.mckinsey.com/~/media/mckinsey/industries/automotive%20and%20assembly/our%20insights/the%20road%20ahead%20for%20e%20mobility/the-road-ahead-for-e-mobility-vf.ashx. Zugegriffen 26. März 2020

[VDA11] VDA: Das gemeinsame Qualitätsmanagement in der Lieferkette, Verband der Automobilindustrie e.V. (2011). https://vda-qmc.de/fileadmin/redakteur/Publikationen/Download/Risikominimierung_in_der_Lieferkette.pdf. Zugegriffen 20. März 2020

[VDI15] VDI: Elektromobilität – das Auto neu denken, Bundesministerium für Bildung und Forschung, Redaktion VDI Technologiezentrum GmbH (2015). https://www.thomas-rachel.de/sites/www.thomas-rachel.de/files/elektromobiltaet_das_auto_neu_denken.pdf. Zugegriffen 20. März 2020

[Vol19] N.N.: Volkswagen beschließt Roadmap Digitale Transformation für Verwaltung und Produktion, Wolfsburg 5.6.2019. https://www.volkswagenag.com/de/news/2019/06/digital_transformation_roadmap.html. Zugegriffen 01. Apr 2020

[Wag19] Wagner, J., Heid, C.: Qua Vadis Aftersales? Berylls Sudie zu CASE-Technologien als Disruptoren und Enabler, München, 01/2019. https://www.berylls.com/wp-content/uploads/2019/01/20192301_Studie_Aftersale_DE.pdf. Zugegriffen 30. März 2020

[Way18] N.N.: Waymo Safety Report – On the road to fullyself-driving (2018). https://storage. googleapis.com/sdc-prod/v1/safety-report/Safety%20Report%202018.pdf. Zugegriffen 26. März 2020

[Web19] Weber, H., Krings, J., Seyfferth, J., et.al.: Digital Auto Report 2019, Studie strategy& / PWC. https://www.strategyand.pwc.com/gx/en/insights/2019/digital-auto-report/digital-auto-report-2019.pdf. Zugegriffen 26. März 2020

[Wee15] Wee, D., Kässer, M., Bertoncello, M., et al.: Wettlauf um den vernetzten Kunden – Überblick zu den Chanchen aus Fahrzeugvernetzung und Automatisierung. McKinsey & Company, New York (2015). https://www.forschungsnetzwerk.at/downloadpub/mckinsey-connected-customer_deutsch.pdf. Zugegriffen 20. März 2020

[Win15] Winterhoff, M., Kahner, C., Ulrich, C., et al.: Zukunft der Mobilität 2020 Die Automobilindustrie im Umbruch. Studie Arthur D Little (2015). https://aloe-iao.dfki.uni-kl.de/ AloeMultimediaServlet/content?contentId=1Y3Kauj&sessionId=AloeAnonymousSess ion_311967159829597072-1516755917346. Zugegriffen 20. März 2020

[Wit20] Witter, F.: Leading the transformation, Investor Conference Call, Wolfsburg 23.03.2020. https://www.volkswagenag.com/presence/investorrelation/publications/presentations/2020/03-märz/2020-03-23_VWAG_Call_SocGen.pdf. Zugegriffen 26. März 2020

[Wol19] Wollschläger, D., Knödler, D., Stanley, B.: Automotive 2030 – Racing toward a digital future, IBM Studie 2019. https://www.ibm.com/downloads/cas/NWDQPK5B. Zugegriffen 26. März 2020

[Zer19] Zerfowski, D., Gerstl, S.: Automotive Software: Vertikalisierung versus Horizontalisierung, embedded.software engineer, 29.11.2019. https://www.embedded-software-engineering.de/automotive-software-vertikalisierung-versus-horizontalisierun g-a-887621/. Zugegriffen 30. März 2020

[ZSW20] N.N.: Zahl der Elektroautos steigt wetlweit von 5,6 auf 7,9 Millionen, ZSW, 26.02.2020. https://energie.themendesk.net/zahl-der-elektroautos-steigt-weltweit-von-56-auf-79-millionen/. Zugegriffen 26.März 2020

Roadmap einer nachhaltigen Digitalisierung

Die ersten Kapitel dieses Buches haben die Treiber, Einflussgrößen und Technologien der Digitalisierung vorgestellt. Neben der IT als Digitalisierungstreiber wurden die für die Automobilindustrie relevanten innovativen Technologien und Lösungen beschrieben und besonders der Einfluss der Digital Natives als zukünftige Mitarbeiter und Kunden erörtert. Aufbauend darauf hat Kap. 5 die Veränderung der Kundenerwartungen und des Kaufverhaltens beleuchtet, den derzeitigen Digitalisierungsreifegrad bezogen auf die wesentlichen technologischen Veränderungen in den Marktregionen analysiert und ausführlich eine Vision der digitalisierten Automobilindustrie bis zum Jahr 2030 beschrieben.

Zwischen dem aktuell Erreichten und den kommenden Entwicklungen und Möglichkeiten bis 2030 liegt eine erhebliche Wegstrecke, die es auf Basis einer umfassenden Roadmap zielgerichtet zu gestalten gilt. Zu dem dazu erforderlichen integrierten Vorgehen werden im Folgenden ausführliche Vorschläge erarbeitet, basierend auf langjährigen Studien und Projekten des Autors, ergänzt um relevante Erfahrungen und Referenzen vorgestellt in Studien und Fachliteratur. Als Basis einer umfassenden Digitalisierungs-Roadmap wird als Gesamtrahmen ein „Digitalisierungshaus" entwickelt, gegliedert in vier Fokusbereiche und zwei Querschnittsthemen. Für jedes Fokusthema werden in diesem Kapitel die erforderlichen Schritte zur Umsetzung vertieft. Beispielsweise wird ein Lösungskonzept für eine Integrationsplattform als Basis für Connected Services und neue digitale Produkte vorgestellt und der Lösungsansatz auch für innerbetriebliche Plattformen für Finanz-, Einkauf und Personalservices weiterentwickelt. Prototypfreie Entwicklung und Industrie 4.0 sind weitere Schwerpunktthemen, die strukturiert anzugehen sind.

© Der/die Autor(en), exklusiv lizenziert durch Springer-Verlag GmbH, DE, ein Teil von Springer Nature 2021
U. Winkelhake, *Die digitale Transformation der Automobilindustrie,*
https://doi.org/10.1007/978-3-662-62102-8_6

6.1   Digitalisierungs-Roadmap als Teil der Unternehmensplanung

Digitalisierungsinitiativen setzen als Querschnittsthema beim Geschäftsmodell eines Unternehmens an und beeinflussen alle wesentlichen Geschäftsprozesse. Insofern ist eine alle Felder umfassende Digitalisierungs-Roadmap nicht isoliert zu behandeln, sondern als integraler Bestandteil eines langfristigen unternehmensweiten strategischen Planungsprozesses zu entwickeln. Abb. 6.1 strukturiert eine hierzu geeignete Vorgehensweise.

Das Verständnis der Marktsituation und Kundenanforderungen bilden im ersten Planungsschritt die Basis für die folgende strategische Entscheidung, welche Märkte bzw. Kunden mit welchen Produkten und Lösungen adressiert werden sollen. So ist eine Vision für das Unternehmen festzulegen. Die abzuleitende Geschäftsstruktur mit den zugehörigen Prozessen ist dann zur Umsetzung der Strategie möglichst schlank und effizient zu etablieren. Aufbauend auf dieser optimierten Struktur ist eine Vision zur Ausrichtung und Zielsetzung der Digitalisierung zu entwickeln. Zur Umsetzung sind Digitalisierungsfelder mit Vorgehensweisen und Roadmaps zu definieren. IT und Unternehmenskultur sind dabei nicht Teil einzelner Planungsschritte, sondern übergreifende Themenbereiche, deren Einbezug für die erfolgreiche Transformation und Umsetzung der Digitalisierungs-Roadmap eine Grundvoraussetzung darstellt.

Der Planungsablauf ist nicht einmalig zu vollziehen und Ergebnisse dann als einmalige Maßnahmen umzusetzen. Vielmehr ist dieser als Regelkreis zu etablieren,

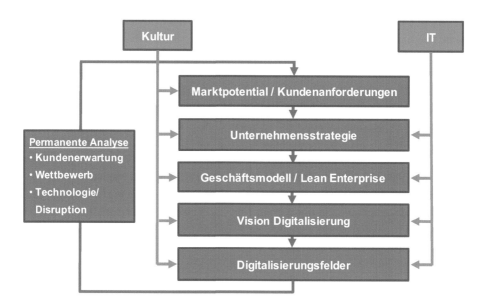

Abb. 6.1 Roadmap für Digitalisierungsfelder . (Quelle: Autor)

der zyklisch üblicherweise jährlich durchlaufen werden sollte. Aufgrund der Dynamik der Digitalisierung ist zumindest in der „Hochlaufphase" der Umsetzung ein halbjährlicher Zyklus empfehlenswert. Begleitend dazu ist permanent zu prüfen, welche Verschiebungen in den Märkten und im Kundenverhalten auftreten und besonders ist zu analysieren, ob disruptive Trends auf Basis neuer Technologien oder Geschäftsmodelle erkennbar sind. Die Erkenntnisse führen zu kontinuierlichen Strategie- und Planungsanpassungen.

Dieser kurz erläuterte Ablauf stellt den Gliederungsrahmen für die weiteren Ausführungen dar. Die folgenden Abschnitte vertiefen die einzelnen Schritte, während die Themen Unternehmenskultur und IT als übergreifende Schwerpunktthemen in Kap. 7 bzw. 8 behandelt werden.

6.1.1 Einschätzung von Marktpotential und Kundenanforderungen

Detailliertes Kunden- und Marktverständnis sind die essentielle Basis zur Formulierung einer Unternehmensstrategie. Diese bewährte Erkenntnis wird von den Automobilherstellen beachtet und es liegen in den Unternehmen umfangreiche Informationen dazu vor, sodass das Themenfeld hier nur kurz und exemplarisch erläutert wird.

Bereits Abschn. 5.2 beschrieb als Basis der dort aufgezeigten „Auto-Vision 2030" Konsumententrends und das sich ändernde Kundenverhalten sowie die daraus abzuleitenden Käufertypen. Wichtig ist, diese Informationen in eine Abschätzung des Marktpotentials nach Regionen und Zielkunden-Segmenten umzusetzen. Für die Hersteller steht traditionell der mögliche Fahrzeugabsatz im Fokus, aufgeschlüsselt beispielsweise nach Fahrzeugtypen, Antriebstechnologien und Ausstattungspräferenzen. Aufgrund der Veränderungen der automobilen Wertschöpfungsbereiche sind aber auch weitere neue Geschäftspotentiale zu untersuchen. Hierzu zählen das Autonome Fahren, Mobilitätsservices und neue digitale Geschäftsfelder, die sich durch den Verkauf von Daten oder durch Vermittlungsprovisionen von Fahrern als Kunden von Restaurants, Hotels oder Handel entwickeln.

Anknüpfend an die Kundensegmentierung aus Kap. 5 zeigt Abb. 6.2 die Aufteilung von Automobilmärkten nach Mobilitätstypen in den Hauptmärkten 2020.

Das Bild unterscheidet die sogenannten Triade-Märkte, das sind der NAFTA-Bereich, die EU und das industrialisierte Ostasien, von den BRIC-Märkten mit Brasilien, Russland, Indien und China. Die etablierten Märkte teilen sich im Mobilitätskonsum feingliederig in unterschiedliche Mobilitätstypen auf. Zur Definition dieser Typen und zur Unterscheidung des Kaufverhaltens sei auf Abschn. 5.2 verwiesen. Die Greenovatoren, die High-Frequency-Commuter und die Silverdriver decken zusammen bereits 75 % des Marktvolumens ab. Werden die Family Cruiser und Low-End User hinzugenommen, sind es 95 % des Potentials.

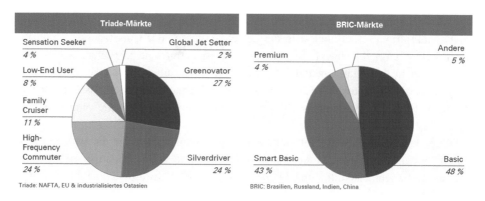

Abb. 6.2 Mobilitätskonsum nach Mobilitätstypen 2020. [Win2015]

Die Segmentierung der BRIC-Märkte erfolgt weniger heterogen und die beiden Segmente Basic und Smart Basic decken 91 % des Volumens. In diesen aufstrebenden Märkten gibt es weiterhin viele Erstkäufer, die üblicherweise im Basic-Segment einsteigen und sich später als Zweitkäufer in das etwas höherwertigere Smart Basic Segment hinein entwickeln.

Diese Marktsegmente bzw. das Kaufverhalten der Mobilitätstypen haben die Hersteller mit entsprechenden Fahrzeug- und Mobilitätangeboten zu adressieren. Gerade die Greenovatoren sind daran interessiert, kleinere Fahrzeuge mit neuesten, schadstoffarmen Antriebstechnologien wie auch Elektroantrieben zu kaufen. Sie sind aber auch offen, statt des Fahrzeugbesitzes alternativ auf Mobilitätsservices zu setzen. Bei High-Frequency Commutern, den täglichen Pendlern, steht Sicherheit, Effizienz und Zuverlässigkeit bei einer Kaufentscheidung im Vordergrund, während in den BRIC-Märkten in den Basic-Segmenten das Preis-Leistungsverhältnis, aber auch das Image des Fahrzeugs also das „Prestigepotential", kaufentscheidend sind. Dazu wird gerade in den aufstrebenden Ländern auf eine Differenzierung über attraktive Connected Services Wert gelegt.

Die Einschätzung des Marktpotentials muss neben den traditionellen Untersuchungen zum möglichen Fahrzeugabsatz in den einzelnen Segmenten auch eine Analyse der weiteren Geschäftsmöglichkeiten der Automobilindustrie umfassen. Diese sind neben den Finanzdienstleistungen und den After-Sales-Services auch die Connected Services, Mobilitäts- und sonstige autoaffine Dienstleistungen sowie das digitale Neugeschäft rund um den Handel mit Daten. Die Notwendigkeit dieser erweiterten Analyse untermauert ein Blick auf die von Price Waterhouse geschätzte weltweite Entwicklung der Umsatz- und Ergebnisverteilung in der Automobilindustrie bis zum Jahr 2030, gezeigt in Abb. 6.3.

Gezeigt wird neben der Umsatzentwicklung (Revenue) auch eine Prognose der Ergebnisverteilung (Profits) im Gesamtmarkt. Wichtig für die etablierten Hersteller ist die Erkenntnis, dass sowohl Umsatz als auch Ergebnis kontinuierlich moderat wachsen, der Geschäftsanteil durch den Fahrzeugverkauf bei Umsatz und Ergebnis dabei deutlich

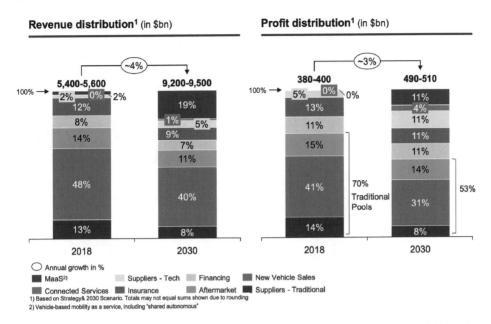

Abb. 6.3 Umsatz- und Ergebnisverteilung der Geschäftsbereiche der Automobilindustrie. [Web19]

abnimmt, im Umsatz von 48 % auf 40 % und im Ergebnisbeitrag von 41 % auf 31 % im Jahr 2030. Auch die After-Sales-Services entwickeln sich im Umsatz leicht rückläufig auf einen Anteil von 11 %. Auch das Ergebnis nimmt leicht auf zukünftig 14 % ab. In der Analyse ist der traditionelle Umsatzanteil aus Komponenten bzw. Ersatzteilen und Fahrzeugen im Ergebnis zusammenfassend gekennzeichnet und nimmt von 70 % bis 2030 auf 53 % ab. Den stärksten Anstieg verzeichnen hingegen die Mobilitätsservices, im Jahr 2030 mit 19 % Umsatzanteil und einem Ergebnisbeitrag von 11 %. Die neuen digitalen Services und technischen Dienste werden häufig nicht von den heutigen Herstellern erbracht. Dieser Geschäftsanteil von ca. 40 % des gesamten Marktvolumens von insgesamt bis zu 9,5 Billionen Dollar Umsatz im Jahr 2030 unterliegt dem Wettbewerb [Web19].

Zusammenfassend ist festzustellen, dass zukünftig das fahrzeugbezogene Geschäft in den Hintergrund tritt und die Bedeutung von Mobilitätsservice und Digitalen Diensten das Wachstum und das Ergebnis massiv beeinflussen. Diese Grundaussage untermauert Abb. 6.4 [Sch18]. Gezeigt ist die Veränderung des Umsatzpotenzials hin zu neuen Geschäftsfeldern über einen längeren Zeitraum bis zum Jahr 2040.

Auch diese Studie geht von einer erheblichen Umsatzverschiebung aus. Das heutige Geschäft ist durch Fahrzeugverkauf und Aftersales Services geprägt. Langfristig ist es absehbar, dass sich die Potenziale umdrehen und mehr Umsatz mit Mobilitätsdiensten und auch komplementären Services erzielt werden. Hierbei entwickeln sich komplett neue Geschäftsfelder und die Rolle des Autos wird sich bis zum Jahr 2040 völlig

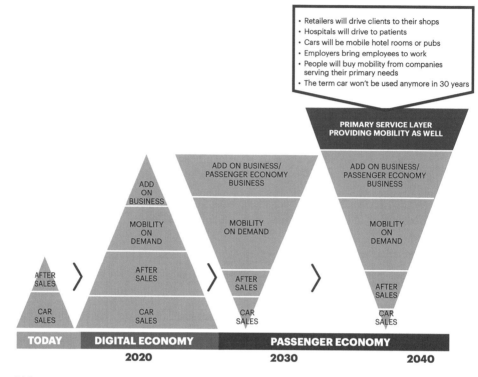

Abb. 6.4 Entwicklung Umsatzstruktur der Automobilindustrie; Flächen in Relation zum Potenzial. [Sch18]

verändern hin zu einem Bestandteil neuer Angebotsformen beispielsweise genutzt als rollender Hotelraum oder als Teil des Serviceangebotes im Handel. Ähnliche Prognosen finden sich in anderen Studien. Das traditionelle Geschäft der Automobilindustrie wird zukünftig abnehmen und sich im Gegenzug ein deutliches Wachstum in den Bereichen Mobilitätsdienstleistungen, Connected Services und Drittgeschäft in Zusammenarbeit mit neuen Partnern und in neuen Geschäftsformen entwickeln. Für die Hersteller ist es somit unerlässlich, eine Neuausrichtung auch auf diese Umsatzpotenziale zu definieren und die Umsetzung einhergehend mit der digitalen Transformation zügig anzugehen.

6.1.2   Anpassung der Unternehmensstrategie

Wie ausführlich dargelegt, ist in den aufstrebenden Märkten der Fahrzeugbesitz noch das übergeordnete Kaufmotiv, zeitgleich zeichnet sich in den gesättigten industrialisierten Märkten einhergehend mit einer zunehmenden Urbanisierung gerade bei den jüngeren Kunden ein klarer Trend hin zur Nutzung von Mobilitätsservices ab. Zur Deckung des Mobilitätsbedarfs werden über Smartphone-Anwendungen leicht abrufbare Mitfahrgelegenheiten in unterschiedlichen Sharing-Modellen genutzt und sind die Basis für die Erfolge von Anbietern wie beispielsweise Uber, Lyft oder Didi. Weiterhin wandeln sich die Autos zu fahrenden IP-Adressen und bringen über ihre Vernetzung immer leistungsstärkere Anwendungen in das Fahrzeug. Neben Funktionen zur Vereinfachung der Fahrzeugbedienung oder auch Funktionsüberwachung mit proaktiven Wartungsoptionen sind zunehmend Anwendungen von Drittanbietern integriert, beispielsweise zur kontinuierlichen medizinischen Überwachung der Diabeteswerte eines Fahrers bis hin zu komplett sprachgesteuerten Bürofunktionen zur Post- und Kalenderorganisation.

Die Daten des Fahrzeugs wie auch Informationen zum Fahrverhalten sind beispielsweise für Versicherungen, Marketingagenturen und auch Serviceanbieter interessant und können so vermarktet werden. Das aus den beschriebenen Marktverhältnissen abzuleitende geschäftliche Umfeld zeigt zusammenfassend Abb. 6.5.

Rund um den Kunden sind im inneren Ring beispielhaft möglichen Produkte und Services erkennbar. Dieses sind neben den traditionellen Geschäftsbestandteilen bestehend aus Fahrzeugen, Wartungsservices und Ersatzteilen auch Finanzierungen,

Abb. 6.5 Ökosystemder Automobilindustrie. (Quelle: Autor)

Mobilitätsservices und Digitale Dienste mit unterschiedlichsten Inhalten und Marketinginformationen.

An der Erstellung dieser Produkte und Services sind sehr unterschiedliche Unternehmen beteiligt, dargestellt im äußeren Ring. Neben den Herstellern mit ihren Zulieferern sind Handelsorganisationen, aber zunehmend auch internetbasierte Plattformen mit unterschiedlichem Handelsfokus wie Mobilitätsservices, Ersatzteile und Finanzierungen vertreten. Weiterhin bieten Content-Provider Inhalte wie Kartenmaterial, Entertainment oder Verkehrssteuerung als Digitale Dienste an. Schließlich sind Versicherungen, Marketingagenturen, Kraftstoff- und Stromanbieter sowie Handelsunternehmen und Restaurants Teil des Ecosystems Mobilität.

Die Vielzahl der Beteiligten in diesem heterogenen geschäftlichen Umfeld bietet umfassende Einstiegsoptionen und verdeutlicht das Risiko, das durch Neueinsteiger und neue Geschäftsmodelle entsteht. Darauf müssen sich die Hersteller einstellen und daher Antworten beispielsweise auf folgende Fragestellungen erarbeiten:

- Wofür soll das Unternehmen mittel- und langfristig stehen. Sieht man sich beispielsweise als integrierter Mobilitätsdienstleister oder eher als „white label" Fertiger für Partner? Unterscheiden sich die Visionen nach Märkten oder nach Fahrzeugsegmenten?
- Welche Geschäftsfelder im Ökosystem Mobilitätsservices sollen adressiert werden? Welche Kerngeschäftsfelder werden etabliert? Derzeitig erkennbare Felder sind:
  - Fahrzeugentwicklung
  - Fertigung, Handel
  - Mobilitätsdienste
  - Connected Services für in-car-Anwendungen bedient aus einem entsprechenden Appstore
  - Datenhandel z. B. mit Marketingagenturen und Versicherungen
  - Drittgeschäft wie z. B. Vermittlungsprovisionen, Handel mit Apps
  - Finanzierung inkl. komplementärer Felder wie Versicherungen
  - Aftersales-Services, Ersatzteilgeschäft
  - Intermodale Mobilitätsangebote (Reisen, Logistik, etc.)
- Bis wann wird mit welchem Geschäftsfeld welcher Umsatz- und Ergebnisanteil erzielt?
- Wie erfolgt der Vertrieb des jeweiligen Produktes? Was wird über den Handel an die Kunden gebracht, was direkt über Internetshops oder Handelsplattformen, was über Partnerschaften?
- Wie hoch ist im jeweiligen Geschäftsfeld die eigene Wertschöpfung? Beispiele dazu, mit Affinität zur Digitalisierung, sind:
  - Aufbau und Betrieb einer Plattform für Mobilitätsservices inkl. Fahrzeugflotte
  - Aufbau und Betrieb von Connected Services und Digitalen Diensten
  - Aufbau und Betrieb von Handelsplattformen für Fahrzeuge, Gebrauchtwagen, After Sales Services, Ersatzteile, Finanzierung

- Welches sind langfristig Kernbestandteile des Unternehmens? Trennt man sich von nicht zukunftsträchtigen Unternehmensteilen und werden im Gegenzug Unternehmen mit strategisch wichtigem Geschäftsbestandteil gekauft?
- Soll mit Partnern zusammengearbeitet werden und in welchen Bereichen? Welche Formen der Partnerschaft werden etabliert?
- Muss die Unternehmensstruktur angepasst und müssen die neuen Geschäftsfelder in neue Unternehmen ausgelagert werden?
- Was sind die wesentlichen Maßnahmen zur Veränderung der Unternehmenskultur?

Die Beispiele zeigen, dass bei den etablierten Herstellern tiefgehende Anpassungen der Unternehmensstrategie und darauf aufbauend eine umfassende Transformation erforderlich sind, um die neuen Geschäftsfelder erfolgreich erschließen zu können. Bei den Entscheidungen zur Neuausrichtung ist neben den Markt- und Kundeninformationen eine detaillierte Analyse des eigenen Unternehmens bezüglich der etablierten Stärken, der derzeitigen Schwächen, eine realistische Einschätzung der Chancen und der kommenden Bedrohungen unabdingbar. Die bekannte SWOT-Analyse ist hierfür eine geeignete Entscheidungsbasis [STR16]. SWOT ist eine Abkürzung für Strengths (Stärken), Weaknesses (Schwächen), Opportunities (Chancen) und Threats (Bedrohungen). Beispielhaft zeigt Abb. 6.6 zusammenfassend eine entsprechende Analyse basierend auf der Einschätzung des Autors.

Die Stärken der Automobilindustrie liegen in den langjährigen Erfahrungen bei der Entwicklung und Fertigung der Fahrzeuge, den etablierten Strukturen und in der

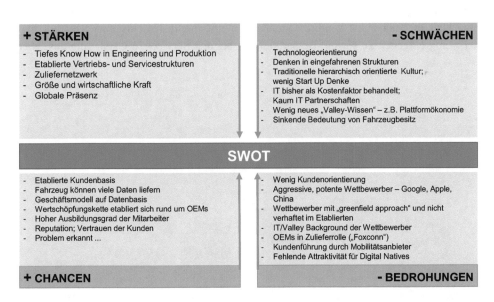

Abb. 6.6 SWOT-Analyse der Automobilindustrie unter dem Aspekt Digitalisierung. (Quelle: Autor)

fahrzeugbezogenen Innovationskraft. Daraus leiten sich auch Chancen ab, die Kundenbasis und den Kundenzugang auch in den zukünftigen digitalen Geschäften zu sichern.
Schwächen bestehen darin, dass das über Jahrzehnte etablierte Geschäftsmodell für
die neuen Geschäftsfelder anzupassen ist und die bisherige Kultur eher traditionell
hierarchisch und nicht Start-Up ähnlich geprägt ist.

Gerade erfolgreichen Unternehmen fällt die Einschätzung der neuen Bedrohungen
bis hin zum Aufnehmen disruptiver Trends für das angestrebte Geschäft und auch das
Erkennen der zukünftigen wichtigsten Wettbewerber schwer [Chr16]. Fast alle etablierten
Hersteller haben neue Strategien entwickelt, die eine Ausrichtung auf Elektroantrieb,
autonomes Fahren, Mobilitätsservices, Connected Services und die Digitalisierung
der internen Prozesse betonen (vergl. Abschn. 5.3). Diese Strategien gilt es nun, mit
Schwung umzusetzen. Festgemacht an den Kundenerwartungen und Marktentwicklungen
ist zu schärfen und klar zu definieren, welcher Umsatzanteil in welchem Geschäftsfeld
bis wann und wie zu erreichen ist. Bisher werden allenfalls Teilziele quantifiziert.

Beispielhaft zeigt Abb. 6.7 die Angebotssituation im dynamisch wachsenden Markt
der neuen Servicefelder [Bra19].

Die überwiegende Anzahl von Serviceangeboten sind im Bereich der Fahrdienstvermittlung zu finden, wobei in dem Segment nach Servicetypen unterschieden wird. Den
größten Anteil nehmen die Robotaxis ein. Diese autonom fahrenden Service-Autos
fahren aktuell noch im Pilotstadium. Ridesharing, also gemeinsam genutzte Mitfahr-
services, sind am Markt solide etabliert. Die mit Abstand größten Anbieter bei den
Fahrdiensten sind gemäß der Studie Didi Chuxing und Uber gefolgt von Lyft. Didi ist
in mehr als 1.000 Städten in fünf Ländern und Uber in 700 Städten in 173 Ländern vertreten [Bra19]. Dieser Marktdominanz haben die Premiumhersteller Daimler und BMW
nun auch in einer Joint Venture Organisation mit ihrem gemeinsamen Angebot bisher wenig entgegen zu setzen. Besser sieht es bei den Services in Carsharing aus. Hier

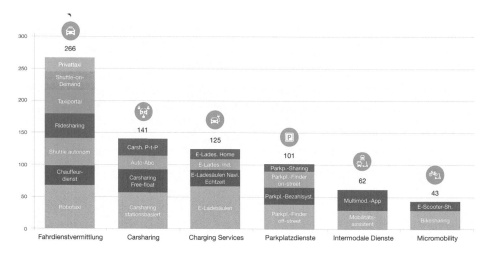

Abb. 6.7 Anzahl Angebote in neuen Automotive Servicefeldern. [Bra19]

dominieren die beiden Deutschen Hersteller mit ihrem Service Share Now die Angebote im free-flaoting, also ohne feste Übergabestationen. Alle anderen Hersteller und Anbieter spielen in den beiden Mobilitätsservices aktuell eher untergeordnete Rollen. Die weiterhin in Abb. 6.7 gezeigten Services für Ladestationen, Parkplatzdienste und auch Intermodale Dienste entwickeln sich dynamisch weiter und bieten sicher ein wachsendes Geschäftspotenzial.

Vor diesem Hintergrund stellt sich die Frage, ob die etablierten Hersteller konzentriert und schnell genug unterwegs sind, um gegen die Branchenneulinge im Wettbewerb um diese neuen Geschäftsfelder zu bestehen. Volkswagen ist beispielsweise mit einigen Initiativen rund um Moia und Gett aktiv, ohne aber wirklich in diesen Services zur Aufholjagd durchzustarten. Klare Geschäfts- und Umsetzungsziele sind in der Strategie TOGETHER 25 + nicht spezifiziert (vergl. Abschn. 5.5.2). Daimler und BMW stärken mit ihrer Kooperation ihre Servicekraft für die Mobilitätsangebote und auch für das autonome Fahren. Ford, Toyota, Renault und auch Honda haben aktuell in den Feldern geringes Geschäftsvolumen erreicht und sicher noch Potential. Viele Hersteller sollten aus Sicht des Autors entschiedener vorgehen und wenn sie diese neuen Services adressieren möchten, Zielmärkte, Zielkunden, das Serviceportfolio und angestrebte messbarer Umsatzpläne eindeutig benennen.

6.1.3   Geschäftsmodell und Lean Enterprise

Die auf der Unternehmensstrategie aufsetzende Umsatzplanung beruht auf Annahmen zur Marktentwicklung und zur Umsetzung der Strategie. Für die Umsetzung ist wiederum eine angemessene Unternehmensstruktur zu etablieren, die das gewählte Geschäftsmodell unterstützt. Bezüglich der Geschäftsmodelle haben die Hersteller über ihre grundsätzliche Ausrichtung zu entscheiden. Die Optionen für die Hersteller verdeutlicht Abb. 6.8.

Grundsätzlich geht es darum, ob ein eher fahrzeugorientiertes oder ein eher mobilitätsservice-orientiertes Geschäftsmodell angestrebt wird. Serviceorientierte Hersteller sehen beide Geschäftsmodelle gleichberechtigt. In Abgrenzung dazu ist für Unternehmen mit klarem Fokus auf Mobilitätsservices das Fahrzeug eher von geringerer Bedeutung, da man Fahrzeuge in der eigenen Flotte eher untergeordnet oder als flankierendes Marketinginstrument positioniert. So werden Fahrzeuge unterschiedlicher Hersteller zur Erbringung der Sharing Services genutzt, wie bei Uber oder Didi.

Viele Hersteller haben eine „Service Focused Manufacturer"-Strategie angekündigt. Ziel ist dort aus nachvollziehbaren Gründen, sowohl das etablierte fahrzeugbezogene Geschäft voran zu treiben als auch die neuen Geschäftsfelder zu entwickeln. Bei der Umsetzung dieser Strategie sind konträre Zielsetzungen auszubalancieren. Beispielsweise stehen sich Elektroantrieb und traditionelle Antriebe, aber auch Mobilitätsservice und Fahrzeugverkauf gegenüber. Die aus diesen Zielkonflikten resultierenden Reibungsverluste bei der Strategieumsetzung sollten minimiert und durch organisatorisch

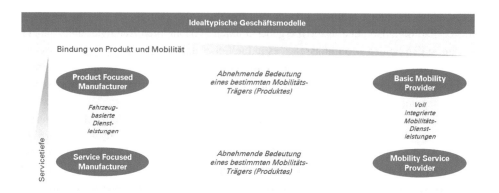

Abb. 6.8 Geschäftsmodelle der Automobilindustrie. [Win15]

getrennte Geschäftsbereiche umgangen werden. Gerade für die Mobilitätsservices und Digitalen Dienste ist die Etablierung neuer Geschäftseinheiten empfehlenswert.

Bemerkenswert ist aus Sicht des Autors, dass bisher keiner der etablierten Hersteller eine „Product Focused Manufacturer"-Strategie angekündigt hat. Vielleicht ist es aber eine sinnvolle Option, zumindest für ausgewählte Fahrzeugmodelle oder auch Regionen diesen Weg zu gehen. Gerade die langjährigen Produktionserfahrungen, etablierte Lieferantennetzwerke und auch Fertigungseinrichtungen in wettbewerbsfähigen Regionen bieten gute Voraussetzungen, diese Strategie erfolgreich umzusetzen. Im Hintergrund dieser Ausrichtung steht dann auch eine „sell through" Strategie, d.h. man zielt darauf ab, dass möglichst viele Fahrzeuge von Servicedienstleistern genutzt werden und so das Produktionsvolumen gesichert wird.

Dabei ist allerdings auch zu bedenken, dass der Preisdruck auf die Fahrzeuge zunehmen wird und daher niedrige Kosten der entscheidende Erfolgsfaktor sein werden. Ein Grund für den Preisdruck sind die erkennbaren Überkapazitäten, die mit dem Übergang auf die erheblich einfacher zu fertigenden Elektroantriebe noch anwachsen. Ein zweiter Grund ist die Verschiebung des Fahrzeugverkaufs von Einzelkunden zu Flottenkunden, besonders zu Anbietern von Mobilitätsservices, die über die Volumenbündelung entsprechende Preisvorteile einfordern und die Fahrzeuge wenig markenloyal, sondern Kosten-Nutzen-orientiert beschaffen. Trotz dieser Herausforderungen sollte es für etablierte Hersteller möglich sein, eine Produkt-fokussierte Strategie erfolgreich anzugehen.

Neben dieser grundsätzlichen Entscheidung zur Ausrichtung des Geschäftsmodells und zur Unternehmensstruktur stehen gleichzeitig massive Änderungen im Vertrieb an. Zusätzlich zum traditionellen fahrzeugbezogenen Vertrieb sind Strukturen für Connected Services und Digitale Dienste zu schaffen, falls diese Teil der strategischen Ausrichtung sind. Den Anpassungsbedarf der Vertriebsstruktur, auch bereit in der Vision 2030 in Abschn. 5.4.7 erläutert, verdeutlicht Abb. 6.9.

Gezeigt wird die derzeitige mehrstufige Struktur im Autohandel und im Vergleich dazu die prognostizierte Struktur ab 2025. Im heutigen Modell liefern die Hersteller (Original Equipment Manufacturer, OEM) die mit Hilfe ihrer Zulieferer gefertigten Autos an die Importeure (National Sales Companies, NSC), die die Fahrzeuge wiederum an verbundene oder freie Händler für den Verkauf an die Kunden abgeben.

Abb. 6.9 Veränderung der Geschäftsmodelle im Automobilhandel. [Kos16]

Mittelfristig ist absehbar, dass sich die Importeurs- und Händlerstrukturen vollständig verändern und sowohl die Fahrzeuge und auch Mobilitätservices zum großen Teil über Internetplattformen bzw. Marktplätze vertrieben werden, die mehrere Herstellermarken im Angebot führen. Auch die Einbindung der Zulieferer erfolgt über Handelsplattformen. Die Hersteller liefern ihre Produkte parallel über digitale Kanäle auch direkt an Endkunden und es entsteht ein sogenannter Multichannel-Vertrieb. In diesem Umfeld positionieren sich dann zusätzliche Unternehmen wie beispielsweise Plattformbetreiber, Serviceprovider für autonome Fahrzeuge, freie Mobilitätsanbieter und auch neue Hersteller. Die Hersteller und besonders die Händler und Importeure müssen sich neu aufstellen, um weiterhin eine maßgebliche Rolle im zukünftigen Wertschöpfungssystem zu behalten. Da sich die Struktur sehr stark an internetbasierten Plattformen ausrichten wird, spielt für diese Transformation die Digitalisierung eine wichtige Rolle.

In ähnlicher Weise sollten auch die Prozesse in anderen Geschäftsbereichen wie beispielsweise in Finanz, Einkauf und auch in der Entwicklung überprüft werden. Eine Vorgehensweise zeigt die Abb. 6.10.

Bei der Überprüfung der jeweiligen Bereiche sollten die relevanten Innovationstreiber, wie beispielsweise Big Data und Analytik, Digital Twin, Augmented Reality oder auch die Veränderung der Kundenerfahrung beachtet werden. Auch aufkommende digitale Geschäftsmodelle und Strukturveränderungen in Bezug auf die zu untersuchende Bereiche, vom Plattformgedanken bis hin zu Marktplatzsystemen, können eine Rolle spielen. Wenn dann ein Veränderungsbedarf erkannt wird, gilt es, die Probleme mit dem etablierten Prozessbereichen genau zu spezifizieren und dann schrittweise digitale Verbesserungsschritte zu initiieren, beispielsweise durch die direkte Kopplung von IT-Lösungen oder auch die ergänzende Automatisierung wiederkehrender Prozessabläufe.

Ungeachtet dieser Digitalisierungsmöglichkeiten kommt der Gestaltung effizienter Geschäftsprozesse und dem Thema Lean Enterprise weiterhin hohe Bedeutung zu. Bevor man Digitalisierungsinitiativen beginnt, ist dringend zu empfehlen, bestehende Abläufe und Prozesse zunächst zu optimieren und nicht den Status quo zu digitalisieren, auch

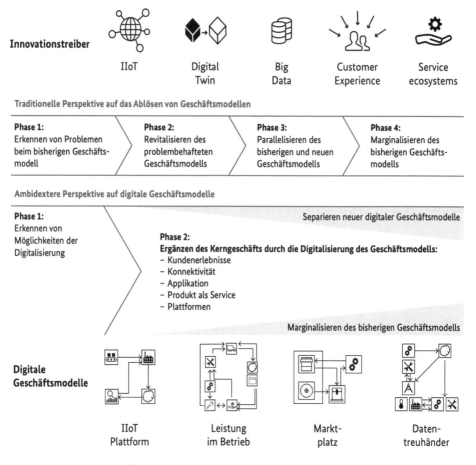

Abb. 6.10 Vorgehen zur Überprüfung von Geschäftsmodellen mit dem Aspekt der Digitalisierung. [Dor19]

wenn Produktivitätsgewinne durch die Automatisierung bestehender Abläufe zu erzielen sind. Vielmehr sollten die in vielen Fachbeiträgen und auch in VDI-Richtlinien vorgestellten Methoden zum Lean Management genutzt werden, um Prozesse möglichst effizient auszurichten. Zur Gestaltung ganzheitlicher Produktionssysteme gibt beispielsweise die VDI 2870–2 einen guten Überblick. Hier seien die Gestaltungsprinzipien und Beispiele relevanter Methoden angeführt [VDI13]:

- Vermeidung von Verschwendung … Low Cost Automation, Verschwendungsbewertung
- Kontinuierlicher Verbesserungsprozess … Benchmarking, Ideenmanagement, Audit
- Standardisierung … 5 S, Prozessstandardisierung
- Null-Fehler-Prinzip … 5 x Warum, Six Sigma, Poka Yoke, Ishikawadiagramm

- Fließprinzip … Wertstromplan, One Piece Flow, First In-First Out
- Pull-Prinzip … Just in Time, Just in Sequence, Kanban, Milkrun, Supermarkt
- Mitarbeiterorientierung und zielorientierte Führung … Hancho, Zielmanagement
- Visuelles Management … Andon, Shopfloor Management.

Zur Anwendung dieser und auch weiterführender Methoden zur Prozessoptimierung sei auf die entsprechende Fachliteratur verwiesen z. B. [Wie14]. Gerade in der Automobilindustrie sind weiterhin das Toyota Produktionssystem und weitere komplementäre Toyota-Methoden das Maß aller Dinge [TUD16]. Die entsprechenden Prinzipien und Vorgehensweisen haben viele Hersteller in unternehmensspezifischen Systemen adaptiert und dort als bewährte Praxis etabliert.

Der Fokus des Lean Managements liegt oft im Produktionsbereich und hat dort zu erheblichen Verbesserungen mit effizienteren Prozessen und Abläufen geführt. Im Sinne einer weitergehenden Optimierung sollten die bewährten Praktiken auf das gesamte Unternehmen mit dem Ziel eines „Lean Enterprise" ausgedehnt werden und mit Initiativen der digitalen Transformation kombiniert werden [Rom19]. Gerade in den indirekten Bereichen und in den Schnittstellen zwischen Organisationen liegen noch Verbesserungspotentiale verborgen, die über entsprechende Werkzeuge und Herangehensweisen entlang vollständiger Prozess- und Wertschöpfungsketten oder auf Basis einer innerbetrieblichen Serviceplattform zu heben sind. Die Initiative und Umsetzung dieser übergreifenden Projekte sollten in agilen Vorgehensweisen mit dem Fokus auf schnelle Ergebnisse erfolgen. Dieser Ansatz muss Teil der Unternehmenskultur werden und wird daher im Kap. 7 vertieft.

6.1.4 Rahmen Digitalisierung

Wie erläutert, haben alle Hersteller das Thema Digitalisierung mit hoher Priorität als Handlungsfeld aufgegriffen und Zielsetzungen dazu in ihrer Strategie verankert. Statt getrieben durch den Druck eines vieldiskutierten und forcierten Hype-Themas in Aktionismus zu verfallen, gilt es, einen strukturierten Ansatz zu entwickeln, der als Teil der Unternehmensstrategie und integriert in das Geschäftsmodell definiert, in welchen Feldern Digitalisierungsinitiativen mit welcher Zielsetzung gestartet werden müssen.

Um den Mitarbeitern und Kunden die Ziele, Ausrichtung und den Nutzen der Digitalisierung zu verdeutlichen, und auch um bei einer Vielzahl von Projekten in großen Organisationen ähnliche Methoden und Werkzeuge zu verwenden, ist die Definition einer klaren, strukturierten Vision zur Digitalisierung zu empfehlen. Das Beispiel eines generellen Zielbildes und die dazu erforderlichen digitalen Fähigkeiten zeigt Abb. 6.11. In dem Vorschlag werden, ausgehend von einer Vision der digitalen Evolution der Industrie, konkrete Themenfelder strukturiert nach einzelnen Bereichen festgelegt, in denen die Digitalisierungsinitiativen ansetzen.

Abb. 6.11 Themenfelder Digitalisierung. [Men16]

Im Bereich Effizienz reduziert der Einsatz von Automatisierungswerkzeugen oder eine übergreifende Steuerung von Vertriebskanälen Kosten oder beschleunigt Prozesse. Beispielsweise lassen sich durch den Einsatz von Überwachungssoftware bei der Steuerung einer Lieferkette oder von Kommunikationsportalen bei der Abwicklung von Beschaffungsvorgängen der Aufwand und somit die Prozesskosten deutlich reduzieren.

Weiterhin sind Initiativen aufzuzeigen, die das Wachstum des Unternehmens stützen. So können mit Hilfe der Digitalisierung neue Produkte geschaffen oder bestehende Angebote erweitert werden, die neue Umsatzpotentiale erschließen. Es sind auch Projekte zu benennen, die das Kundenerlebnis in den bestehenden Strukturen verbessern. Beispielsweise eröffnet die Auswertung unterschiedlicher Daten in den Unternehmen und im Web tiefergehende Einblicke in das Kundenverhalten und deren Wünsche, um zielgenaue Angebote zu erstellen. Neben den traditionellen Handelsstrukturen lassen sich auch neue online-Vertriebskanäle etablieren.

Zur Umsetzung dieser Vorhaben sind angemessene digitale Fähigkeiten bereitzustellen bzw. zu entwickeln. Diese umfassen sowohl technische Kompetenzen, Methoden und Werkzeuge als auch organisatorische Maßnahmen und ebenso eine Struktur des Innovationsmanagements. Dieses ist so zu gestalten, dass neben der etablierten Vorgehensweise zur kontinuierlichen Verbesserung von Prozessen, Methoden und Technologien auch der Markt engmaschig verfolgt wird, um möglichst frühzeitig disruptive Trends zu erkennen, die das gesamte Geschäftsmodell infrage stellen könnten. Das Thema Innovationsmanagement wird als Teil der Unternehmenskultur in Abschn. 7.6 vertieft.

Das generelle Zielbild einer digitalen Vision gilt es nun auf die speziellen Belange der Automobilindustrie zu übertragen. Einen Vorschlag des Autors zeigt hierzu Abb. 6.12.

Ausgehend von den in der Unternehmensstrategie festgelegten strategischen Zielen wird das übergeordnete Geschäftsmodell mit effizienten Geschäftsprozessen im Sinne eines Lean Enterprise etabliert. Darin eingebettet sind vier Digitalisierungsfelder, in denen die Initiativen umzusetzen sind. In der Automobilindustrie sind das:

- der Bereich der Connected Services, wobei zu diesem Feld auch neue Digitale Produkte und resultierende Umsatzmöglichkeiten gehören
- die neuen Geschäftsfelder mit Mobilitätsservices durch einen massiven Anschub mit Technologien zum autonomen Fahren
- die Automatisierung und Digitalisierung von Geschäftsprozessen zur Effizienzsteigerung
- die Bereiche der Kundenerfahrung im Vertrieb und After-Sales.

Alle vier Digitalisierungsfelder nutzen die für die Automobilindustrie relevanten digitalen Technologien. Die Unternehmen müssen deshalb hierzu Kompetenzen aufbauen, wie beispielsweise 3D-Druck, Augmented Reality und Internet of Things, bereits erläutert in Kap. 4. Weiterhin wurden mit Big Data, Cloud Computing und Machine Learning wichtige IT-Technologien vorgestellt, die als Grundservice für die Digitalisierung in den Unternehmen zur Verfügung stehen müssen. Als weiterer

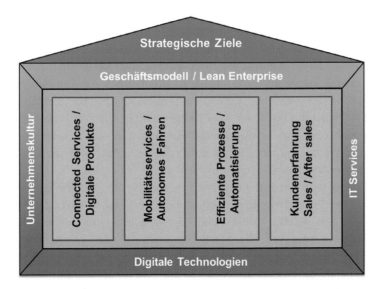

Abb. 6.12 Visionsrahmenzur Digitalisierung eines Unternehmens der Automobilindustrie. (Quelle: Autor)

Erfolgsfaktor für erfolgreiche Umsetzungen ist schließlich eine Unternehmenskultur zu schaffen, die losgelöst von Hierarchien die Mitarbeiter motiviert, im Sinne einer „Start-Up Mentalität" in digitalen Transformationsinitiativen mitzuwirken und sich wissbegierig neue Themengebiete zu erschließen.

Anhand des vorgeschlagenen Visionsrahmens lassen sich die Digitalisierungsbestrebungen der Hersteller positionieren. Exemplarisch sei hierzu ein paar Zitate aus der Internetdarstellung von Daimler zur Digitalisierung angeführt [Dai20].

> „Digitalisierung muss in der Geschäftsstrategie verankert sein. Die Lösung liegt dabei vor allem bei unseren Mitarbeiterinnen und Mitarbeitern."
> Ola Källenius

„Transformation ist ein langfristiger Anpassungsprozess, den wir gemeinsam mit unseren Mitarbeiterinnen und Mitarbeitern gestalten werden. Mit einem lernbereiten und agilen Team entwickeln wir die notwendigen Fähigkeiten für die neuen Anforderungen. Unsere Unternehmenskultur schafft die Grundlage für die herausragende Innovationskraft unserer Mitarbeiter. …. Artificial Intelligence (AI, Künstliche Intelligenz) ist ein wichtiges Werkzeug für uns – auch abseits des autonomen Fahrens. Wir entwickeln auf Basis des maschinellen Lernens zum Beispiel neue Funktionen für zukünftige Fahrzeuge und Mobilitätsdienste. In unserer Arbeitswelt erleben wir durch intelligente Assistenzsysteme eine neue Form der individuellen Unterstützung durch AI. Bei Daimler arbeiten AI-Algorithmiker, Funktionsentwickler, Psychologen, Designer und Juristen an einem gemeinsamen Ziel: Wir wollen die Zukunft der Mobilität gestalten. Wir sind überzeugt, dass AI dabei ein wichtiger Game Changer ist."

Diese Ausführungen belegen die strategische Bedeutung der Digitalisierung für die Zukunft dieses Unternehmens. Die Mitarbeiter und die Unternehmenskultur werden als Kernelemente der Transformation herausgestellt. Das beispielhaft zitierte Technologiefeld Artificial Intelligence (AI) passt als Kernelement in alle Arbeitsfelder des vorgeschlagenen Visionsrahmen. Gerade der Fokus auf die Veränderung der Unternehmenskultur bildet die Verbindung zur übergeordneten Unternehmensstrategie, in der neben dem wichtigen Ziel, im Kerngeschäft zu wachsen, das Bekenntnis zur Klimaneutralität, die Wichtigkeit der Elektroantriebe und der Ausbau neuer Geschäftsfelder herausgestellt werden.

Diese Zielsetzungen geben aus Sicht des Autors den Mitarbeiter, Partnern und Kunden eine klare Perspektive. Ergänzend ist die Angabe quantitativer Ziele wünschenswert, beispielsweise welcher Umsatz- und Ergebnisbeitrag aus welchem Geschäftsfeld bis wann erzielt werden soll. Wann soll beispielsweise der Datenhandel in welchen neuen Geschäftsfeldern oder wann die Mobilitätsservices in welchen Märkten und in welcher Form welchen Umsatz und welches Ergebnis erwirtschaften? Vor dem Hintergrund der Wucht, mit der die Digitalisierung die Industrie verändern wird, ist es wichtig, dass gerade die etablierten Hersteller bei der Festlegung einer Vision zur Digitalisierung kreativ und aggressiv vorangehen und Ziele klar quantifizieren und dann den Fortschritt gegen diese Ziele messen. Nur so kann es gelingen, den Neueinsteigern der Branche zu begegnen, die von vornherein auf einem höheren Digitalisierungs- und somit Effizienz-niveau auf der Basis innovativer Geschäftsmodelle starten.

Als Messlatte der Initiativen kann die im Kap. 5 entwickelte Vision zur digitalisierten Automobilindustrie im Jahr 2030 dienen. Die dort vorgestellten Prognosen sollten mit der herstellerinternen Abschätzung abgeglichen werden, um auf dieser Basis die Ziele der Digitalisierung und Transformation zu beschreiben. Grundsätzliche Empfehlungen zur Herangehensweise sind auch in der Fachliteratur und in unterschiedlichen Studien zu finden. Abb. 6.13 fasst exemplarisch die Ratschläge von drei Unternehmensberatungen zum Aufsetzen von Digitalisierungsprogrammen zusammen.

Ohne auf alle Einzelpunkte der Auflistung einzugehen, lassen sich auf Basis dieser Hinweise und aufbauend auf Erfahrungen des Autors folgenden Handlungs-empfehlungen zusammenfassen:

- Kunden in den Fokus aller Initiativen stellen
- Veränderung und Digitalisierung als Chance sehen und pro-aktiv aufgreifen
- Klare Ausrichtung auf zukünftige Wachstumsfelder und Marktpotentiale
- Disruptive Trends in technologischen Möglichkeiten und das Aufkommen neuer platt-formbasierter Wettbewerber aufnehmen und adäquate Reaktionen festlegen
- Alle etablierten Geschäftsmodelle und Prozesse grundsätzlich hinterfragen
- Integrierte Roadmap der Digitalisierungsinitiativen etablieren
- Messbare Ziele und Kennzahlen zur Projektkontrolle definieren und Fortschritt ver-folgen und nachsteuern
- Übergreifendes Governance-Modell für die Transformation unter Senior Executive-Führung durchsetzen
- Kultur einer Start-Up-Mentalität entwickeln; Aufbruchsstimmung schaffen
- „Think big" im Angehen, bei gleichzeitigem Fokus auf schnellen Nutzen
- Speed, speed, speed …

McKinsey	Roland Berger	Capgemini
Be unreasonably aspirational	Think big, then think profit	Understand the threats
Acquire capabilities	Push supply to pull demand	Access your digital maturity
Ring fence and cultivate talent	Build trust in your company	Establish a transformative digital vision lead by senior team
Challenge everything	Interact, integrate and connect with other mobility models	Adopt your business model
Be quick and data driven	Study your customer – then study them more	Strong enterprise level governance
Follow the money	Keep it simple and convenient	Putting organization in motion
Be obsessed with the customer	Build your own ecosystem	Fill skill gaps
	Lobby the authorities right from the start	Quantify and monitor progress
	Think, act and recruit like a start up	
	Harness a jaw-dropping look and feel	

Abb. 6.13 Entwicklung einer Vision zur Digitalisierung. (Nach [Ola14, Fre14, Wes12])

Unter Beachtung dieser Empfehlungen gilt es, für die vorgeschlagenen bzw. aus-gewählten Digitalisierungsfelder Vorgehenspläne zu entwickeln, die in einen ganz-heitlichen Plan eingehen, um mögliche Synergien aus den Projekten aufzugreifen und gegenläufige Zielsetzungen im Sinne der Unternehmensstrategie zu harmonisieren.

6.2   Roadmap zur Digitalisierung

Im vorherigen Abschnitt zeigte Abb. 6.12 mit den Säulen im „Digitalisierungshaus" eine Gliederung der Geschäftsfelder der Automobilindustrie, auf deren Basis die Digitalisierung erfolgen sollte. Die folgenden Projektschwerpunkte und Vorgehensweisen in diesen Feldern können zeitlich geordnet in eine herstellerspezifische Roadmap einfließen. Für die Entwicklung von Ideen, welche Initiativen zu ergreifen sind, sind die relevanten Techno-logien zur Digitalisierung auf ihre Einsatzmöglichkeiten im Unternehmen bzw. in den jeweiligen Feldern zu überprüfen. Die Ausführungen zu diesen Technologien im Kap. 4 dienen als Hilfe. Ergänzend dazu sind Pilotanwendungen und Referenzen in der Branche auf Übertragbarkeit zu prüfen. Als Einstiegsbasis für diese Analyse werden im Kap. 9 Referenzen innerhalb der einzelnen Digitalisierungsfelder beschrieben.

Im Vorgriff auf die Erarbeitung von Digitalisierungsinitiativen sei hier ein Hinweis auf ein einfaches Werkzeug gegeben, um die Initiativen ganzheitlich anzugehen. Es handelt sich um eine Matrix, welche die ausgewählten Technologien den Initiativen gegenüberstellt, Abb. 6.14.

In den Zeilen sind relevante Digitalisierungstechnologien aufgeführt, die den einzel-nen Initiativen in den vier Geschäftsfeldern zugeordnet werden. Beispielhaft sind zwei einfache Projekte gezeigt: Zum einen die Anzeige des Servicebedarfs eines Fahrzeugs

Digitale Geschäftsfelder / Digitale Technologien	Connected Services Digitale Produkte		Mobilitätsservices Autonomes Fahren		Effizientere Prozesse Automatisierung		Kundenerfahrung Sales / After Sales	
	P1				**P2**			
Cloud	x				x			
Big Data	x							
Mobile	x							
Kollaborationen					x			
...								
Robotics								
3D Druck	**Beispiele**							
Augmented Reality	→ P1: Servicebedarf auf dem Smartphone → P2: Reisefreigabe im automatisierten Workflow							
Wearables								

Abb. 6.14 Die Digitalisierungsmatrix. (Quelle: Autor)

basierend auf Diagnosedaten in einer App und zum anderen die Automatisierung des Arbeitsablaufs einer innerbetrieblichen Reisefreigabe mit einer Workflowlösung. Die Matrix verdeutlicht, welche Technologien bei diesen Projekten zum Einsatz kommen.

Generell spielt beispielsweise das Thema Cloud und auch Big Data mit der zugehörigen Analytik in fast allen Initiativen eine Rolle und ist so als strategisches Querschnittsthema im Unternehmen mit Priorität voranzutreiben. Das Thema 3D-Druck ist relevant für Initiativen im Themenschwerpunkt Industrie 4.0 bei der Transformation der Produktion. Der 3D-Druck spielt ebenfalls eine wichtige Rolle im Bereich After-Sales, um zumindest einfache Ersatzteile zukünftig dezentral in den Serviceorganisationen direkt vor Ort zu produzieren und damit für diese Teile die Lagerhaltung drastisch zu reduzieren. Da auch in diesem Fall ein organisationsübergreifendes Interesse identifiziert wurde, ist zu erwägen, ein gemeinsames Kompetenzzentrum für den 3D-Druck zu etablieren, damit eine kritische Masse zu bündeln und Erfahrungen gemeinsam zu nutzen.

Der Ansatz einer Digitalisierungsmatrix dient der ganzheitlichen Betrachtung und Ableitung erster Ideen, um Synergiepotentiale zu erkennen. Im Folgenden werden die Schwerpunktthemen in den vorgeschlagenen Arbeitsfeldern vertieft.

6.2.1   Roadmap Connected Services und Digitale Produkte

Das Auto wird sich von einem reinen Transport- und Fortbewegungsmittel zu einem „connected device" entwickeln, das mit erheblicher Rechenkapazität und Vernetzungsinfrastruktur an Bord ausgestattet ist. Studien gehen davon aus, dass bereits bis zum Jahr 2025 insgesamt ein Bestand von 100 Mio. Fahrzeugen mit Connected Services unterschiedlicher Art ausgestattet ist und in der verbindenden Kommunikation zwischen den einzelnen Partnern monatlich das unvorstellbare Volumen von bis zu 10 EB an Daten ausgetauscht werden [Aec20]. Ein Exabyte entspricht einer Milliarde Gigabytes bzw. ein EB entspricht DVD-Videos von 50.000 Jahren Laufzeit. Um diese Datenmengen zu handhaben, wird intensiv an Lösungen gearbeitet, beispielsweise in dem Automotive Edge Computing Consortium (ACCE), in dem sich viele Unternehmen organisiert haben. Einem ACCE White Paper ist die Abb. 6.15 entnommen.

In dem gezeigten Konzept geht man zur Lastverteilung von einem Ebenenkonzept und von der Verteilung in Clustern aus. Oberhalb einer Gruppe von connected Fahrzeugen sind Lokale Netzwerke etabliert, in denen unter Beachtung der Relevanz für den entsprechenden Fahrzeugcluster beispielsweise Funktionen zum assistierten Fahren mit der Verarbeitung der Daten hochauflösender Karten und auch die Kommunikation zwischen Fahrzeugen über den Weg vehicle-to-cloud-to vehicle (V2C2V) abgewickelt werden. Auf der übergeordneten Steuerungsebene sind in der Cloud beispielsweise eine übergreifende Verkehrssteuerung und auch die Koordination zwischen den Fahrzeugclustern angeordnet. Durch dieses verteilte Konzept können erforderliche Rechenlasten und auch die Datenverarbeitung auf die Bedarfsbereiche konzentriert und verteilt werden. Zur Umsetzung werden 5G Technologien und auch Edgecomputing eine wichtige Rolle spielen.

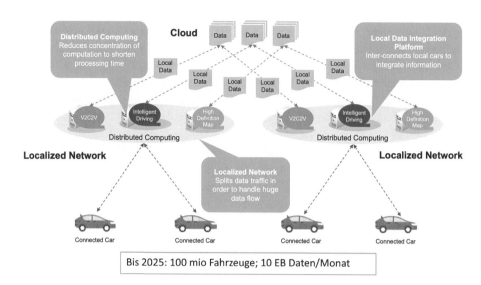

Abb. 6.15   Konzept verteilter IT Ressourcen für Connected Service. (ACCE)

Die Fahrzeuge werden umfassend und dauernd mit unterschiedlichen Partnern kabellos vernetzt. Vom Smartphone des Fahrers werden Adressen, Musik oder Navigationshinweise in die Infotainment-Unit übernommen oder das nächstgelegene Parkhaus liefert Belegungsinformationen in das Auto. Dies sind typische Beispiele aus dem Bereich Connected Services. Dieses Lösungsfeld und weitere neue Geschäftsfelder rund um das Thema Mobilität entwickeln sich dynamisch. Die Kunden erwarten, dass die Fahrzeuge mit leistungsstarken Angeboten ausgestattet sind, die sich mit den Möglichkeiten moderner Smartphones messen können.

Aufgrund der wachsenden Bedeutung dieser Geschäftsfelder verbunden mit entsprechenden Wachstums- und Ertragspotentialen sind alle Hersteller, aber auch viele neue Anbieter dabei, sich in diesem Bereich zu positionieren und Angebote zu entwickeln. Ein intensiver Wettbewerb um den Kunden und dessen Begeisterung für neue Mobilitätsmodelle ist entbrannt. Für die Hersteller ist es daher wichtig, eine technologische Basis zu liefern, um diese Lösungsmöglichkeiten für das Fahrzeug anzubieten und gleichzeitig Kontrollpunkte zu besetzen, um sich Marktanteile zu sichern. Solch ein wichtiger Kontrollpunkt ist eine Integrationsplattform, die als technische Drehscheibe zwischen den neuen digitalen Angeboten, den Fahrzeugen und somit Kunden, den Herstellern und weiteren Teilnehmern in der aufgezeigten Gesamtarchitektur fungiert. Abb. 6.16 erläutert den Ansatz.

In der Mitte des Bildes ist die Integrationsplattform positioniert, im unteren Teil beispielhafte Integrationsfelder, und im oberen Teil sind mögliche Lösungen und Services aus dem Bereich der neuen Geschäftsfelder der Automobilindustrie dargestellt. Die Plattform ist flexibel aus IT-Komponenten in einer offenen, erweiterbaren Architektur aufgebaut, auf deren Details später noch ausführlicher eingegangen wird. Sie sorgt für

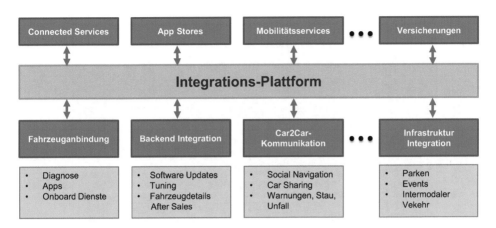

Abb. 6.16 Integrationsplattform für Connected Services. (Quelle: Autor)

die Anbindung der Fahrzeuge und auch für den sicheren Dialog mit den IT-Lösungen in den übergeordneten Ebenen. Beispielsweise werden Öltemperatur und Verschleißwerte aus dem Auto erfasst, von einer Diagnosesoftware, teilweise im Fahrzeug oder auch im Backend ausgewertet und in Form von Handlungsempfehlungen an den Fahrer geleitet.

Apps zur Navigation oder zur Unterhaltung werden in das Fahrzeug geladen oder die Bedienungssoftware erhält technische Informationen zu den im Fahrzeug verbauten Komponenten aus den Aftersales-Daten der Hersteller. Weiterhin kann die Plattform die Fahrzeug zu Fahrzeug-Kommunikation unterstützten, sodass vorherfahrende Fahrzeuge ihren Folgeautos nicht nur aktuelle Stau- oder Straßenzustandsinformationen übermitteln, sondern aus dem Backend noch ergänzende Prognosen oder hochgenaue Karteninformationen erhalten, die in der Zwischenebene anforderungsgerecht aufbereitet werden. Zukünftig kommunizieren auch Fahrer miteinander, um flexibel über „social navigation" Fahrstrecken zu besprechen oder über einen Mobilitätsdienstleister ein „peer-to-peer car sharing" zu vereinbaren, Fahrten gemeinsam zurück zu legen oder zusätzliche Passagiere aufzunehmen. Ebenso lassen sich Informationen zur Ampelsteuerung, zur Belegung von Parkhäusern oder auch Veranstaltungshinweise über die Plattform abrufen.

Bei der Umsetzung der Integrationsplattform besteht die Herausforderung darin, die Architektur so zu konzipieren, dass diese in der Lage ist, dem dynamischen Wachstum der digitalen Anwendungen zu folgen und kommende vielfältige Nutzungsmöglichkeiten und Zugriffe unterschiedlicher Anbieter umzusetzen. Die Plattform muss sowohl erweiterbar und flexibel in den Schnittstellen gestaltet sein als auch große Datenvolumen in hoher Geschwindigkeit abwickeln und dabei die Kommunikation zu den Fahrzeugen, dem Backend und auch weiteren Technologiepartnern sicher beherrschen. Das Konzept einer möglichen Architektur der Integrationsplattform zeigt Abb. 6.17.

Mit der Plattform werden Basisfunktionen als einzelne Bausteine realisiert und unter Einbindung der übergeordneten Cloud-Umgebungen direkt im Fahrzeug zur Verfügung gestellt. Über Messaging und Gateways erfolgt beispielsweise die Fahrzeuganbindung

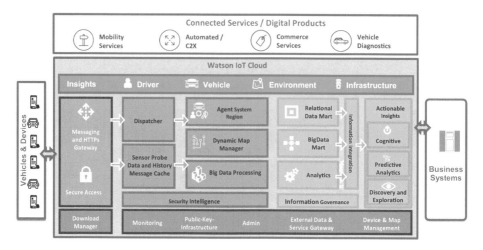

Abb. 6.17   Integrationsplattform für Connected Services und Digitale Produkte (Werkbild IBM)

über konfigurierbare Schnittstellen, die dann mit der Fahrzeug-IT integriert werden (links im Bild). Weitere Module unterstützen Sicherheitsdienste und Services zur Handhabung und Analyse von großen Datenmengen (orange gefärbter Bildbereich).

Eine Vorverarbeitung der Daten bis hin zur schnellen Umsetzung von Trendanalysen und Prognosen und darauf aufbauenden konfigurierbaren Reaktionen erfolgen ebenso auf Basis von Plattformservices an Bord des Fahrzeuges. Die Integration mit den Geschäftssystemen der Hersteller bzw. dem Backend erfolgt über weitere Module gezeigt im gelben Bildbereich. Weitere Basisdienste umfassen die Zugangsverwaltung und die Anbindung von Geräten und Sensoren. Für aufsetzenden Lösungen aus den Bereichen Connected Services und digitale Produkte stehen Anwendungsschnittstellen zur Verfügung (APIs; Application Programming Interface). Darüber sind die Services der Integrationsplattform beispielsweise von Apps, Mobilitätsdiensten oder Versicherungslösungen nutzbar, die zunehmend mit sogenannten Microservices, das sind kleine unabhängige IT-Dienste, konfiguriert werden [May16]. Das Thema Mobilitätsdienste vertieft Abschn. 6.2.2, während Kap. 8 weitergehende IT-Aspekte beispielsweise zu Microservice Architekturen und Cloudlösungen ausführt.

Die Hersteller sollten eine leistungsfähige Integrationsplattform als Standard für alle Fahrzeuge des Unternehmens etablieren. Über die Plattform wird der Zugriff auf die embedded IT bzw. Daten der Fahrzeuge ebenso exklusiv kontrolliert wie auch die Integration von Unternehmens- und Partnerdaten. Somit erhalten die Hersteller zumindest für alle Lösungen, die eingebettete Fahrzeug- oder Backenddaten benötigen, Steuerungsmöglichkeiten. Für diese Angebote kann entschieden werden, in welcher Weise man unternehmensintern Connected Services oder Digitale Produkte entwickeln und vermarkten möchte oder mit welchen Anbietern man ggf. kooperiert. Gerade dieses neue Geschäftsfeld entwickelt sich dynamisch und so zeigt Abb. 6.18 Funktionsbereiche, in denen sich zukünftig weitere Connected Services etablieren werden.

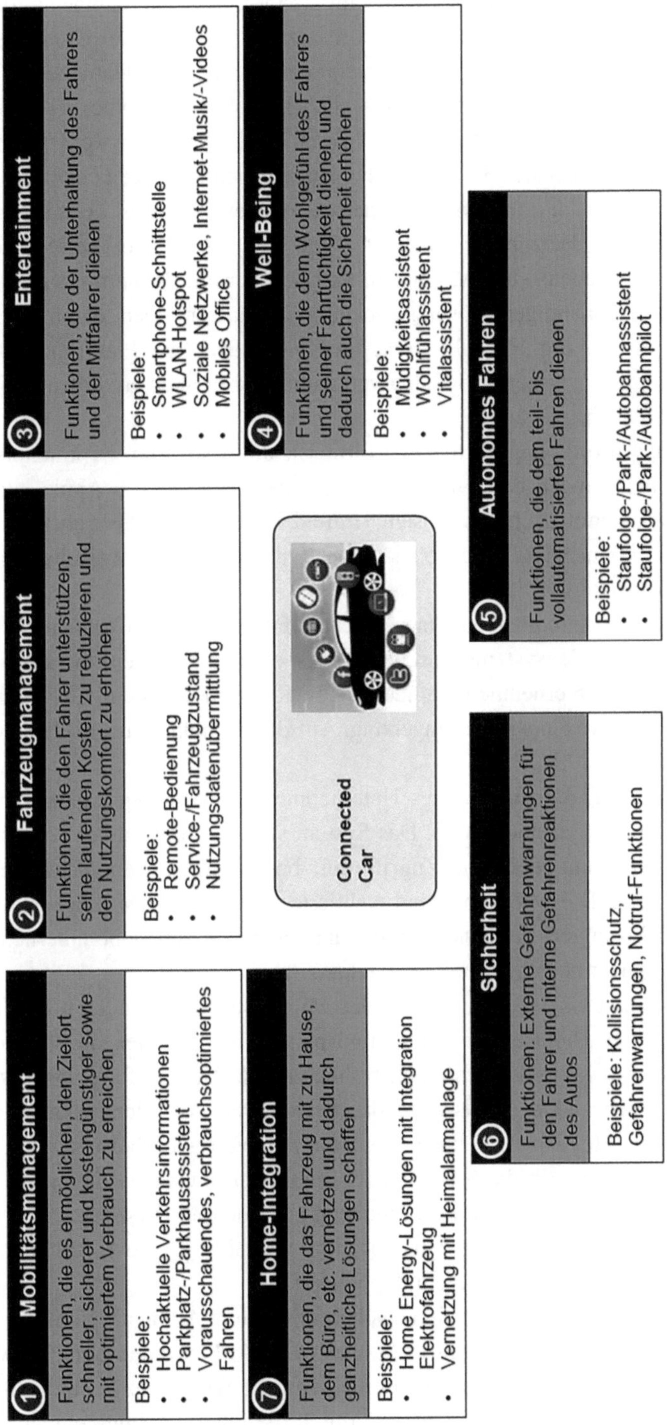

① Mobilitätsmanagement

Funktionen, die es ermöglichen, den Zielort schneller, sicherer und kostengünstiger sowie mit optimiertem Verbrauch zu erreichen

Beispiele:
- Hochaktuelle Verkehrsinformationen
- Parkplatz-/Parkhausassistent
- Vorausschauendes, verbrauchsoptimiertes Fahren

② Fahrzeugmanagement

Funktionen, die den Fahrer unterstützen, seine laufenden Kosten zu reduzieren und den Nutzungskomfort zu erhöhen

Beispiele:
- Remote-Bedienung
- Service-/Fahrzeugzustand
- Nutzungsdatenübermittlung

③ Entertainment

Funktionen, die der der Unterhaltung des Fahrers und der Mitfahrer dienen

Beispiele:
- Smartphone-Schnittstelle
- WLAN-Hotspot
- Soziale Netzwerke, Internet-Musik/-Videos
- Mobiles Office

④ Well-Being

Funktionen, die dem Wohlgefühl des Fahrers und seiner Fahrtüchtigkeit dienen und dadurch auch die Sicherheit erhöhen

Beispiele:
- Müdigkeitsassistent
- Wohlfühlassistent
- Vitalassistent

⑤ Autonomes Fahren

Funktionen, die dem teil- bis vollautomatisierten Fahren dienen

Beispiele:
- Staufolge-/Park-/Autobahnassistent
- Staufolge-/Park-/Autobahnpilot

Connected Car

⑥ Sicherheit

Funktionen: Externe Gefahrenwarnungen für den Fahrer und interne Gefahrenreaktionen des Autos

Beispiele: Kollisionsschutz, Gefahrenwarnungen, Notruf-Funktionen

⑦ Home-Integration

Funktionen, die das Fahrzeug mit zu Hause, dem Büro, etc. vernetzen und dadurch ganzheitliche Lösungen schaffen

Beispiele:
- Home Energy-Lösungen mit Integration Elektrofahrzeug
- Vernetzung mit Heimalarmanlage

Abb. 6.18 Funktionscluster für Connected Services. [Bra14]

Die Schwerpunkte der Angebote liegen im Bereich des Entertainments, der Fahrer-assistenz und der Sicherheit wie auch der Umsetzung der Notrufverpflichtung. Darüber hinaus entstehen weitere Funktionscluster, in denen sich ein deutliches Wachstums-potential abzeichnet. Dies sind besonders die Bereiche Autonomes Fahren, Mobili-tätsservices und Angebote im Gesundheitswesen. Die Hersteller werden sich in den fahrzeug- und mobilitätsnahen Services sicher mit eigenen Lösungen etablieren, während sie beispielsweise in den Feldern der hausbezogenen Services (Home Integration) mit Sicherheits- oder Heizungsüberwachung und der Gesundheitsdienste (Well-Being) beispielsweise zur Diabetes- und Müdigkeitsanalyse, eher mit Partnern zusammenarbeiten oder das Feld unabhängigen Lösungsanbietern überlassen. Den daran interessierten Unternehmen können die Hersteller über den API-Layer die Plattform-Nutzung mit Services und Zugriffsoptionen und Daten verkaufen und so auch an diesem Drittgeschäft kommerziell teilhaben.

Eine weitere Anforderung an die Plattform ist, diese so offen zu konzipieren, dass etablierte und bei Kunden beliebte App-Stores beispielsweise von Apple oder Google integrierbar sind, damit auch aus diesem Umfeld Lösungen in das Fahrzeug herunter-geladen werden können und eine vollständige Synchronisierung zwischen Fahrzeugen und Smartphones erfolgt.

Für den erfolgreichen Aufbau einer offenen Integrationsplattform als Basis eines herstellerspezifischen Ecosystems sind weitere Aspekte zu beachten: Sicherheitskonzept für den Zugriff von Unternehmensfremden, API-Managementsystem zur kommerziellen Nutzung und attraktive Entwicklerumgebung. Auf diese Punkte wird im Folgenden kurz eingegangen.

Die Zugriffe auf IT-Lösungen eines Unternehmens steuern sogenannte Identity- und Access Management-Systeme (IAM). Das System verwaltet die Authentizität der Unter-nehmensmitarbeiter und regelt die Zugriffe auf bestimmte Anwendungen anhand von Rollenzuordnungen. Diese Systeme sind etablierte Praxis und Basis sogenannter Single Sign On (SSO)-Lösungen, bei denen mit einmaliger Passworteingabe unternehmensweit Anwendungen ohne erneutes Anmelden nutzbar sind.

Wollen nun Interessenten von außen oder Mitarbeiter eines anderen Unternehmens über APIs auf die Dienste der Integrationsplattform zugreifen, muss auch dieser Zugriff abgesichert sein, jedoch möglichst ohne erneute Überprüfung von Passwörtern. Das vermeidet Aufwand beispielsweise durch Kopieren von Identitäten oder erneute Passwortabfragen. Heutige Lösungen basieren auf Vertrauensbeziehungen zwischen Organisationen, indem man die Sicherheitslösungen der jeweiligen Organisationen ver-bindet. Der sichere Austausch von Bestätigungen zwischen den Systemen, dass Authenti-fizierungen vorliegen, reicht dann zur Zugriffsfreischaltung. Die Identität der Nutzer liegt im Kernsystem vor und wird nicht doppelt geführt.

Dieses Verfahren zur unternehmensübergreifenden Authentifizierung wird als Federated Single Sign On bezeichnet [May16]. Die APIs werden auf Netzwerkebene angesprochen, sodass für die sichere Kommunikation Netzwerk- bzw. Firewall-Konzepte zu implementieren sind, deren Absicherung durch die internen Unternehmens-Firewalls erfolgt. Hierzu haben sich sogenannte API-Gateways bewährt. Das sind vorgeschaltete Rechner, auf denen die externen API-Zugriffe eintreffen. Sie prüfen den angefragten API-Dialog und steuern ihn kontrolliert durch die internen Firewalls [May16]. Es bestehen somit bewährte Lösungen, die Sicherheitsfrage zu lösen, sodass dieser Punkt kein Hindernis bei der Implementierung einer Integrationsplattform darstellen sollte.

Zur Abwicklung der Transaktionen werden API-Managementsysteme eingesetzt, die in unterschiedlichster Ausführung am Markt verfügbar sind. Es empfiehlt sich, ein ausgewähltes Standardsystem in die Gesamtarchitektur der Integrationsplattform einzubinden. Das System wickelt nicht nur den Dialog zwischen APIs und den Anwendungen ab, sondern bietet auch Funktionen zum Versionsmanagement, zur Systemüberwachung und zum Lastausgleich im Datenverkehr, um beispielsweise Altanwendungen mit hohem Anfragevolumen nicht zu überlasten. Wichtige weitere Aspekte sind die Sicherstellung durchgängiger detaillierter Dokumentationen für Nutzer und Entwickler sowie die Bereitstellung von Analyse- und Kontrollfunktionen. Sie schafft damit auch eine Basis für Nutzungsbewertungen und Verrechnungen für kommerzielle Modelle mit Preisbildung anhand der API-Nutzung.

Der Erfolg der Integrationsplattform und des gesamten Geschäftsfeldes wird in hohem Maße davon abhängen ob es gelingt, möglichst viele Kunden zu begeistern, Connected Services zu kaufen. Für eine hohe Akzeptanz ist neben sinnvollen und leistungsfähigen Apps insbesondere eine vollständige Integration der bestehenden Smartphone-Umgebung und der Infotainment-Unit des Fahrzeuges eine von Kunden gewünschte Funktionalität. Heute besteht ein Problem darin, dass mit Handy und Autoelektronik zwei unabhängige Systeme bestehen, die nur mit eingeschränkter Funktionalität zu koppeln sind. Das führt dazu, dass sogar in Fahrzeugen der gehobenen Preisklasse neben der integrierten Fahrzeugnavigation während der Fahrt parallel Smartphones mit leistungsfähigerer Navigation-Lösung betrieben werden.

Abhilfe bietet eine vollständige Replikation der Handyumgebung inklusive aller Apps, Daten, Bilder und Adressen, ergänzt um eine Sprach- und Gestensteuerung sowie Anzeige auf einem leistungsfähigen Bildschirm. Diese Integration würde zu hoher Akzeptanz führen, sodass der erste Hersteller, der die vollständige Integration dieser Welten anbietet, sicher zusätzliche Kunden auch für seine Fahrzeuge gewinnen könnte. Zugleich vereinfachen sich durch diesen Ansatz auch die Verteilung und die Zahlungsabwicklung für die Anbieter von Apps, da handelsübliche Shops genutzt werden könnten.

Auch für Entwickler außerhalb des Unternehmens bedeutet die Integration und die damit verbundene Marktvergrößerung eine Erleichterung und Motivation, Anwendungen für Fahrzeuge zu entwickeln. Eine weitere Voraussetzung dafür, Entwickler zu gewinnen, ist eine Offenlegung der Architektur der Integrationsplattform und die Bereitstellung leistungsfähiger APIs in einem ansprechenden Entwicklungsumfeld mit guter Dokumentation, hilfreichem Support und umfassendem Unterstützungs- und Plattformservice bis hin zum Durchgriff auf die Fahrzeugdaten, falls der Hersteller sich diesen Bereich nicht selbst sichern möchte. Mit diesem „crowd-sourcing" durch Entwickler außerhalb des Unternehmens wird es schnell gelingen, attraktive Angebote am Markt zu etablieren und so die Akzeptanz der Plattform weiter zu erhöhen. Wichtig sind auch gute Verdienstmöglichkeiten für die digitalen Nomaden (vergl. Abschn. 3.6). Basis dafür ist wiederum der Fahrzeugbestand des Herstellers mit vielen Connected Services-Kunden und somit großen Geschäftspotenzial.

Das wichtigste Element zur Umsetzung von Connected Service bzw. Digitalen Produkten ist, wie im Detail ausgeführt, die Implementierung einer unternehmensweiten Integrationsplattform. Auf dieser können Connected Services und auch weitere Digitale Produkte aus dem wachsenden Ökosystem der Mobilität aufsetzen. Mit der Plattform haben die Hersteller über die APIs ein wichtiges Kontrollinstrument, um den Markt dieser Services mit zu gestalten und nicht von neuen Anbietern überholt zu werden. Deshalb sind im Folgenden wichtige Fragestellungen und Entscheidungen im Sinne einer Roadmap zur Implementierung von Connected Service bzw. Digitaler Produkte zusammengefasst:

- Entscheidung über die zu adressierenden strategischen Geschäftsfelder verankert in der Unternehmensstrategie:
  - Welche Connected-Services sollen angeboten werden – inhouse oder mit Partnerlösungen?
  - Welche weiteren Digitalen Produkte sind im Fokus?
  - Verkauf von Daten, Vermittlungsgebühren für Serviceleistungen – welche?
- Entwicklung eines Geschäftsmodells zur kommerziellen Nutzung dieser Geschäftsfelder:
  - Wie sollen Connected Services vertrieben bzw. verteilt werden? Inhouse Store-Lösung oder partnerschaftliche Nutzung etablierter Stores?
  - Plattform- bzw. API-Lizensierung oder kostenfreie Nutzung?
  - Preismodelle oder kostenfreie Nutzung der Dienste zur Differenzierung und Stützung der Fahrzeugverkäufe
  - Verkauf von Daten … welches Geschäftsmodell?
  - Preismodell weiterer Digitaler Produkte?
- Entwicklung einer Lösungsarchitektur basierend auf einer zentralen und unternehmensweiten Integrationsplattform für Connected Services und Digitale Produkte:
  - Einzusetzende Basistechnologie … Openstack/Opensource
  - Funktionalität zur vollständigen Integration von Smartphones und Fahrzeugen
  - Eigenprogrammierung auf Basis von Microservices oder Verwendung von Standardkomponenten
  - Cloudstrategie … Cloud Foundry … Partnerschaften
- Umsetzung Integrationsplattform
  - Implementierungsstrategie … inhouse vs. extern … Partnerschaften … Zukauf?
  - Betriebsstrategie
- Implementierung Connected Services Agile Vorgehensweise … Priorisierung nach Kundenbedarf

- Etablieren von Partnerschaften
  - Technologie und Entwicklung
  - Store oder Vertriebskanal für Connected Services und Digitale Produkte?
  - Drittanbieter im Ökosystem z. B. Parkhausbetreiber, Städte, Maut-Dienstleister, Versicherungen, Partner zum Intermodalverkehr, Netzbetreiber, …

Eine wichtige Frage ist es, welche Eigenfertigungstiefe die Hersteller im Geschäftsfeld Connected Services aufbauen wollen. Beispielsweise haben FORD und die PSA-Gruppe frühzeitig begonnen, eine Integrationsplattform zu entwickeln [PSA18, Est18]. Über Partnerschaften mit Technologieanbietern für Cloud- und Entwicklungswerkzeuge erreichte man Geschwindigkeit und Nachhaltigkeit bei der Umsetzung. Die Struktur der Architektur und APIs wurden veröffentlicht und erste Entwicklercommunities und Social Media-Kommunikationsforen zum Austausch von Neuigkeiten und Erfahrungen etabliert. So entstand ein umfassendes Portfolio an Connected Services. Der Ausbau der Plattform hin zum Mobilitätsdienstleister und auch für autonomes Fahren wird bei Ford und PSA intensiv verfolgt. Auch andere Hersteller haben bereits vor einigen Jahren erste Lösungen etabliert. Bei einigen OEMs gibt es unternehmensweit mehrere verschiedene Plattformen je nach Region oder Fahrzeugreihe. Nun ufern die Betriebs- und Erweiterungsaufwände aus, da diese Plattformen mittlerweile veraltet sind. Auch die Aufwände zur Homologation als Teil der Typprüfung für die Zulassungen zum öffentlichen Straßenverkehr ist für die vielen Derivate erheblich. Die heterogenen Lösungsstrukturen sind oft nicht in der Lage, die gewachsenen Anforderungen beispielsweise für den hohen Datendurchsatz zu tragen. Modernisierungen sind aufgrund der komplexen Lösungsarchitekturen und veralteter Basistechnologien kaum möglich und so sind Neuansätze schneller und erfolgversprechender aufzubauen. Ein Weg ist es dabei, auf Standardplattformen von Anbieter, wie beispielsweise Ericsson oder auch Aeris, aufzusetzen und Anpassungen zu konfigurieren. Viele Hersteller entscheiden sich mit der inhouse Lösung für den Aufbau eigener Expertise und arbeiten dann oft in der Entwicklung mit Technologiepartnern zusammen. So hat Volkswagen eine enge, weltweite Partnerschaft mit Microsoft im Bereich der Fahrzeug-IT angekündigt. Ziel ist es, gemeinsam eine Automotive Cloud zu etablieren, mit einer Integrationsplattform als Basis für digitales Dienste und Services rund um das Auto [Der20]. Die Plattform wird dann auch ein zentrales Element der Elektrofahrzeuge des Konzerns und damit die aktuellen Lösungen mittelfristig ersetzen.

Der Aufbau des Geschäftsfeldes Connected Services sollte datenzentrisch erfolgen. Immer mehr Datenquellen werden in den Services beispielsweise für Angeboten, Nutzungshinweisen und Verkehrslenkung genutzt. Abb. 6.19 zeigt eine Übersicht relevanter Datenfelder [Pro17].

Die Datenquellen liegen quasi in Schalen rund um das Fahrzeug. Je näher am bzw. im Fahrzeug die Daten entstehen, desto bedeutender ist der strategische Wert für die Hersteller und um so schwieriger wird es für generische Plattformbetreiber

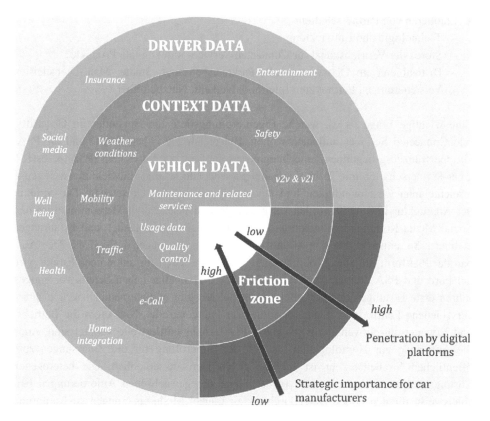

Abb. 6.19   Datenquellen genutzt in Connected Services. [Pro17, PWC]

diese abzugreifen. Daher muss es den Herstellern gelingen, den Mehrwert dieser fahrzeugbezogenen Daten in innovativen Services zu nutzen, bevor Smartphone-basierte
Lösungen von Drittanbietern auftauchen und das Geschäft streitig machen. Typische
herstellerspezifische Services sind beispielsweise Diagnose- und Service-Überwachung,
Hinweise zum Fahrverhalten und zur Verfolgung eines fahrspezifischen ökologischen
Footprints mit Kennwerten zum Kohlendioxidausstoß. Hier werden Fahrzeugsignale verarbeitet und die OEMs sind somit in der Position, diese Themen exklusiv zu besetzen.
Typisches offenes Geschäft, zugänglich auch für Dritte, ist beispielsweise die Interaktion mit einer städtischen Infrastruktur und Parkhäusern, Angebote aus dem Gesund-
heitsbereich oder eine Kooperation mit Amazon zu Abwicklung von Einkäufen oder zur
Ablage von Paketsendungen im Fahrzeug. An solchen Lösungen könnten die Hersteller
wiederum partizipieren, wenn sie die Bewegungsdaten des Fahrzeuges gegen Bezahlung
zusteuern, um ortsspezifische Angebote zu ermöglichen. Die Hersteller könnten dann für
erfolgreiche Transaktionen eine Art Vermittlungsgebühr vereinbaren.

6.2.2 Roadmap Mobilitätsservices und Autonomes Fahren

Neben den Connected Services zur Fahrerassistenz, Fahrzeugüberwachung und zum Entertainment ist für die Hersteller ein weiteres wichtiges Geschäftsfeld der Bereich Mobilitätsservices. Wie bereits Abb. 6.7 zeigt ist das Serviceportfolio breit gefächert und es bestehen bereits, wie im Abschn. 6.1.2 ausgeführt, viele Angebote. Marktführer im Bereich der Fahrdienstvermittlung sind mit Abstand Didi Chuxing und Uber gefolgt von Lyft. Diese jungen Firmen dominieren die öffentliche Meinung zum Thema „easy to use mobility" und arbeiten markenunabhängig. Die Konzepte dieser Unternehmen unterscheiden sich nur in Details bei Anmeldeverfahren oder Zahlungsabwicklung. Allen ist gemeinsam, dass die Kunden die Services sehr einfach in Anspruch nehmen können. Zum Nutzungsstart wird einmalig eine App des gewünschten Anbieters aus einem der üblichen App-Stores heruntergeladen, mit einem Klick auf dem Smartphone installiert und mit dem Hinterlegen von persönlichen Daten initiiert. Die gewünschte Fahrt wird dann zukünftig einfach mit wenigen Klicks über dieser App gebucht. Es bestehen unterschiedliche Auswahlmöglichkeiten, verbunden mit hoher Transparenz über Kosten und Services, beispielsweise wann welches Fahrzeug für eine Fahrt zur Verfügung steht. Auch die Bezahlung erfolgt online einfach über das bei der Initiierung ausgewählte Zahlungsverfahren im Hintergrund bei Fahrtende, wobei sich der Preis nach dem Servicelevel und den Rahmenbedingungen richtet. Gemeinsame Fahrten mit anderen Kunden sind günstiger als exklusive Transporte und Fahrten zu Stoßzeiten. Auch bei Regen wird die Mobilität teurer als bei wenig Verkehr oder guter Wetterlage. Die Einfachheit der Nutzung, die Transparenz, die problemlose Serviceabwicklung und die attraktiven Preise erklären den Erfolg dieser Unternehmen. Die etablierten Hersteller tun sich schwer, mit diesen „companies born on the web" zu konkurrieren, die den Kunden in den Mittelpunkt ihrer Angebote stellen. Zur Positionierung zeigt Abb. 6.20 die gesamte Servicestärke der Hersteller und als Teil davon jeweils den Anteil der Mobilitätsservices.

Die Anzahl der insgesamt angebotenen Services und auch die Vielfalt der Services ist beeindruckend und beides ist gegenüber der Erstauflage dieses Buches deutlich angewachsen. Viele Hersteller bieten unterschiedliche Formen von Mobilitätsservices an. Führend sind die beiden Premiummarken Daimler und BMW, die ihre Kräfte in einem Joint Venture bündeln, jeweils mit Now-Angeboten. Mit Abstand folgen Volkswagen und Ford und dann mit erneutem Abstand beispielsweise Toyota, PSA und Tata. Fahrdienstvermittlung, Carsharing und Intermodale Dienste nehmen den größten Geschäftsanteil ein. Der Bereich der Micomobility, also der Einsatz von leichten Fahrzeugen wie Fahrräder und e-Scooter, entwickelt sich als ergänzender Service. Zur Umsetzung eines Peer-to-Peer-Modells, die Umsetzung von Mobilitätsservices im privaten Umfeld ähnlich dem Airbnb-Ansatz bei Übernachtungen, sind sicher noch rechtliche Rahmenbedingungen zu lösen. Diese Option hätte aber sicher Potenzial. Weitere Verschiebungen

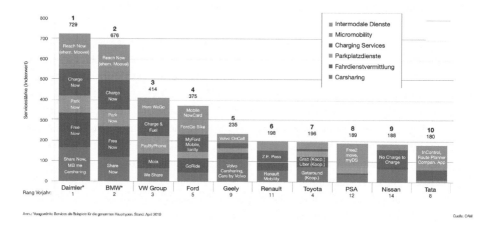

Abb. 6.20 Übersicht zur Servicestärke der Hersteller im Bereich Mobilitätsdienste. [Bra19]

und auch Geschäftschancen ergeben sich mit dem Anwachsen von Elektrofahrzeugen und auch von Robotaxis bzw. autonom fahrenden Autos. Für den E-Antrieb sind bereits charging services etabliert, allerdings eher für Einzelkunden. Wenn man sich das Bild der e-Scooter vor Augen hält, ergeben sich für Services rund um die e-Robotaxis weitere Potenziale. Die Leihroller liegen mittlerweile in vielen größeren Städten wahllos herum. Diese werden von den „Juicern", einer neuen Jobrolle, eingesammelt, neu beladen und an Stationen gebracht. In Analogie ergeben sich für e-Robotaxis neue Geschäftsbereiche. Beispielsweise könnten charging Felder mit vielen Stationen betrieben werden. Dort werden die Fahrzeuge dann während des Ladens für den Neueinsatz gereinigt und bei Bedarf gewartet. Liegenbleiber könnten aufgespürt und auf Basis mobiler Wartungsservices wieder in Betrieb genommen werden. Somit ergeben sich in Anlehnung an die Scooter Erfahrungen auch neue Geschäftschancen für den Aftersales.

Wie bereits im Abschn. 5.4.1 erwähnt, wird die Akzeptanz von Mobilitätsdienstleistungen anstelle von Fahrzeugbesitz und somit das Marktwachstum dieses Segments zukünftig weiter stark zunehmen. Treiber sind Umweltaspekte, die wachsende Urbanisierung einhergehend mit überlasteter Infrastruktur, geänderte Wertemuster der Digital Natives als Kunden und auch immer passendere Sharing-Angebote. Einen zusätzlichen Wachstumsimpuls erzeugen die autonom fahrenden Fahrzeuge, da durch den Entfall der Lohnkosten für den Fahrer die Mobilität noch kostengünstiger werden. Die Herausforderung für die Anbieter wird es bleiben, mit den Services nicht nur Wachstum, sondern auch Profitabilität zu erreichen [Fuc19].

Das Marktwachstum für die Mobilitätsdienstleistung wird direkt zu Lasten der Fahrzeugverkäufe gehen wird, da die Nutzungsgrade im Car Sharing deutlich höher liegen als im Individualverkehr. Eine Kompensation der Umsatzverluste aus Fahrzeugverkäufen bietet das Wachstum im Mobilitätsmarkt. Hier sind mit Didi, Uber und Lyft die größten

Anbieter markenunabhängig unterwegs. Zeitgleich versuchen neue Wettbewerber oft aus fremden Branchen oder auch Start-Ups mit lokalen Angeboten oder Nischenservices noch in den Markt einzudringen.

Wie sieht in dieser Situation die Herstellerstrategie aus? Einerseits sollten Fahrzeugverkäufe durch die Bereitstellung von Autos zumindest für die dominanten Dienstleister abgesichert werden, ggf. auch auf Basis neuer kommerzieller Modelle, die Geschäftsrisiken und – chancen teilen. Andererseits sollten auch die Hersteller versuchen, Nischen und Felder zu entwickeln, die eine Einstiegschance und Geschäftspotenzial bieten. Ein paar Ideen zeigt Abb. 6.21 mit einer zusammenfassenden Gegenüberstellung möglicher Mobilitätsangebote von Herstellern für Kunden (B2C; business to consumer) im Personenverkehr.

Den größten Geschäftsanteil nehmen derzeit Mobilitätsservices aus dem Bereich „Just Mobility" ein, in dem die Kunden nur daran interessiert sind, möglichst flexibel eine Fahrstrecke im Auto zurückzulegen. Hierbei ist die Fahrzeugmarke zweitrangig, das primäre Kaufkriterium ist der Preis. In diesem Segment werden Fahrzeuge aller Volumenhersteller eingesetzt und es ist gut durch Robotaxis zu bedienen. Einstiegschancen bestehen hier beispielsweise in ländlichen Regionen, die noch nicht von den dominanten Playern bedient werden. Der Servicetyp „Seamless Mobility" spricht Kunden an, die längere Fahrstrecken auch intermodal zurücklegen möchten. Dabei wird der Wechsel des Fahrzeugtyps beispielsweise vom Auto auf eine Fähre und von dort auf ein Fahrrad vollständig vom Mobilitätsdienstleister im Hintergrund organisiert und dem Kunden zur Auswahl im „one klick shopping" angeboten. Hier könnte man sich beispielsweise mit KI-basierten intelligenten Serviceangeboten, die sehr kundenindividuell zugeschnitten werden, positionieren. Die „Branded Mobility" ist für Hersteller im Luxus- und exklusiven Sportwagensegment interessant. Hier geht es mehr um Events im oberen Preissegment. Solche Packages beinhalten dann neben Golfen und Restaurantbesuch auch Mobilitätsservices unter Nutzung eines entsprechenden Fahrzeuges in angemessener Klasse. So wird die Mobilität zur brandspezifischen Erfahrung ausgestaltet und interessierte Kunden werden für die Marke begeistert und zu weiterer Nutzung motiviert. Ein weiteres, spezielles Segment im Bereich der dienstlichen Nutzung stellt die „Company Mobility" dar, die anstelle individueller Dienstwagen unternehmensinterne Mobilitätsdienstleistungen für Firmen umfasst.

Mobilitätsservice	Geschäftscharakter	Art der Fahrt	Kaufkriterium
,Just Mobility'	Volumengeschäft	Kurzstrecke, Stadtfahrten	Preis
,Seamless Mobility'	Integrator	Langstrecke, Intermodal	Einfachheit, Sicherheit
,Branded Mobility'	Exklusivität	Kurz-/Mittelstrecke	Image
,Company Mobility'	Zuverlässigkeit	Dienstfahrten (Mittelstrecke)	Flexibilität, Preis

Abb. 6.21 Angebotstypen von B2C Mobilitätsservices. (Quelle: Autor)

Abb. 6.22 Übersicht der
Mobilitätsservices des
Daimler/BMW Joint Ventures.
[Dil19]

Unter Beachtung der Zielmärkte und Kundensegmente müssen die Hersteller auch für das Angebot von Mobilität über ihre Ausrichtung entscheiden und eine Organisationsform sowie ein Geschäftsmodell festlegen. Aus Sicht des Autors sollten die Mobilitätsdienstleistungen mit einer neuen, unabhängigen Organisation umgesetzt werden, um so den Konflikt, dass der Erfolg der Dienstleistung zu Lasten von Fahrzeugverkäufen wächst, zumindest zu mildern. Auf diese Weise hat Daimler das Thema Mobilität in der separaten Unternehmenstochter Daimler Mobility Services organisiert. Hier sind alle Dienstleistungsangebote zu innovativer Mobilität, entsprechende Finanzdienstleistungen und Versicherungsangebote organisiert. Weiterhin werden Partnerkooperationen und Beteiligungen wie beispielsweise mit Blacklane, Bolt und Flixmobility gesteuert und hier ist auch das 50:50 Mobility Joint Ventures zwischen der Daimler AG und der BMW Group aufgehängt [Dai19]. Dieses bündelt die in Abb. 6.21 gezeigten Mobilitätsdienstleistungen beider Unternehmen.

Durch das Zusammenführen der Serviceangebote entsteht ein breites Leistungsportfolio mit einer gestärkten Marktpräsenz und -abdeckung. Gemeinsam will man auch mit weiteren Investitionen das Angebotsportfolio ausbauen und so gegen den starken Wettbewerb bestehen. Für Car Sharing-Services sind Car2go und DriveNow nun gebündelt und haben dann insgesamt mehr als 20.000 Fahrzeuge in der Flotte. Dazu kommt ein breites Angebot unterschiedlicher Fahrdienstleistungen im Reach- und Free-Segment ergänzt um Chauffeurservices. Der e-Scooter hive ist Teil des intermodalen Angebotes. Mit diesen vielfältigen Optionen ist das Joint Venture gut aufgestellt, im Mobilitätsmarkt zu wachsen. Ergänzend werden beide Unternehmen sicher markenspezifische Services anbieten, um so auch das jeweilige Branding weiter zu stärken und zu positionieren.

Die Erstellung und Abwicklung von Mobilitätsdienstleistungen erfolgt in den relevanten IT-Lösungen oft unter Nutzung von Serviceplattformen. Wie Abb. 6.23 zeigt, sind diese oberhalb der in Abb. 6.16 vorgestellten Integrationsplattform angesiedelt. In dieser Plattform werden Kernservices wie beispielsweise Big Data Analytik oder auch KI-Algorithmen zur Verfügung gestellt.

Ähnlich wie bei der Integrationsplattform bündelt die Serviceplattform Softwarebausteine beispielsweise in Form von Microservices, die zur Orchestrierung von Lösungen und Dienstleistungen genutzt werden. Durch diese Bündelung in der Plattform wird der Erstellungsaufwand für Lösungen durch Mehrfachverwendung und Nachnutzung reduziert. Über APIs und Schnittstellenadapter sind weitere Services auch von Drittanbietern integrierbar, beispielsweise intermodale Services, alternative Verkehrsmittel, Kartenmaterial und auch Wetterdaten. So lassen sich auch Lösungen für Restaurantbuchungen oder Einkäufe erstellen und diese unter Nutzung der Dienste der Integrationsplattform auf der Infotainmentunit anzeigen. Der Fahrer bedient die Lösung auf seinem Bildschirm im Auto. Dabei können im Hintergrund auch angeschlossene Zahlungslösungen ablaufen. In ähnlicher Weise kann der Abruf der Lösung auch alternativ über eine Smartphone-App erfolgen, wobei dann ebenfalls Services der gezeigten Plattformen genutzt werden. Ein Beispiel zeigt Abb. 6.24.

Die Displaybeispiele des Nutzerinterface der Mobilitätsplattform „Smile" lassen auf die Einfachheit der Bedienung und die Funktionalität schließen. Über die Plattform wickelt der Nutzer intermodale Fahrten mit mehreren Verkehrsmitteln ab und erfährt dabei die Preise, die Dauer und auch die CO_2-Bilanz. Erforderliche Tickets stehen online zur Verfügung und die Route wird im Stadtplan visualisiert.

Die technischen Details einer Serviceplattform-Architektur sollen an dieser Stelle nicht vertieft werden. Ähnlich der Integrationsplattform sind offene Standards, hohe Modularität, Erweiterbarkeit und Adaptierbarkeit sowie API und Microservice-Design

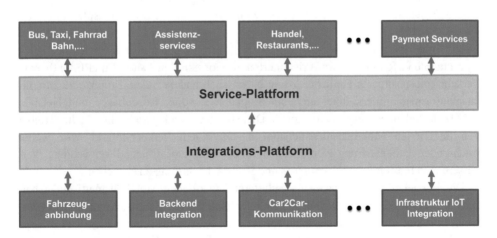

Abb. 6.23 Positionierung einer Serviceplattform. (Quelle: Autor)

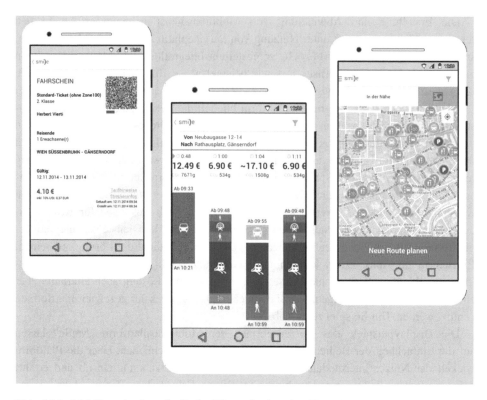

Abb. 6.24 Mobilitätsplattform Smile der Wiener Stadtwerke. [Kot15]

wichtige Umsetzungskriterien im Sinne von Wirtschaftlichkeit und Nachhaltigkeit. Für Details zur Architektur und zu den technologischen Komponenten sei auf ein Forschungsvorhaben eines Konsortiums zum Thema offene Mobilitätsplattform verwiesen [Bro16].

Die Smile-Plattform ist seit 2016 in Wien im Einsatz und die Erfahrungen bezüglich Akzeptanz und Reduktion von Privatfahrten zu Gunsten von Fahrrad und öffentlichem Verkehr sind positiv. In ähnlicher Weise haben auch andere Städte Projekte zu Mobilitätsplattformen initiiert, unter anderem Singapur, London, Kopenhagen und Helsinki [ECO16]. Neben markenunabhängigen Dienstleistern sind gerade die Städte Treiber von integrierten Mobilitätsdienstleistungen, um einem Verkehrsinfarkt trotz weiter wachsender Urbanisierung vorzubeugen, aber auch um dringend notwendige Verbesserungen hinsichtlich CO^2-Ausstoß und Feinstaubbelastung zu erreichen.

Die Hersteller geraten dabei als Zulieferer von offenen Mobilitätsplattformen beispielsweise mit Fahrzeugbewegungsdaten oder auch mit der Bereitstellung der integrierbaren Infotainmentunit in eine untergeordnete Rolle. Um im „commodity"-Bereich der Mobilität auf Augenhöhe vielleicht sogar die Rolle eines Gestalters mit integrierten Angeboten zu erreichen, sind Partnerschaften oder Übernahmen mögliche Optionen, wie viele entsprechende Aktivitäten am Markt zeigen. In den Bereichen spezieller Mobilitätsangebote wie im gehobenen Segment der vorgestellten „Branded Mobility" oder der „Company Mobility" sind noch Marktnischen zu finden und Geschäftschancen gegeben. Gerade bei Dienstwagen können Mobilitätsdienstleistungen als Alternative zur individuellen Fahrzeugüberlassung für Unternehmen eine interessante Möglichkeit eröffnen, um Kosten zu senken, zumindest aber unterstützend etwas am „grünen Image" zu tun. Den Ansatz der Idee verdeutlicht Abb. 6.25.

Das Bild zeigt die Bereiche, die es in einer Mobilitätslösung zu integrieren gilt, um Unternehmensmobilität im Sinne eines Corporate Car-Sharing basierend auf Flotten-fahrzeugen, privaten Autos und öffentlichen Verkehrsangeboten sowie Taxiservices zu integrieren. Der Ansatz ist der gleiche wie bei den öffentlichen Plattformen. Sollte ein Unternehmen aber bestimmte Hersteller in seinem Fuhrpark bevorzugen, könnte dieser oder ein Konsortium von Herstellern die Plattform etablieren und so den Fahrzeugabsatz absichern, wenn auch mit reduziertem Volumen. Deshalb sollten Hersteller überlegen, sich in diesem Feld zu positionieren.

Eine weitere Geschäftsmöglichkeit im Bereich der Mobilitätsdienstleistung besteht in der übergeordneten optimierten Lenkung der Fahrzeuge – ähnlich der Luftraum-überwachung im Flugverkehr. Als Basis einer derartigen Lenkung kann in Analogie zur Fertigungssteuerung ein „digitaler Mobilitätsschatten" dienen. Hierzu erscheinen die Positionen und möglichst auch die geplanten Ziele aller Fahrzeuge in hochgenauen

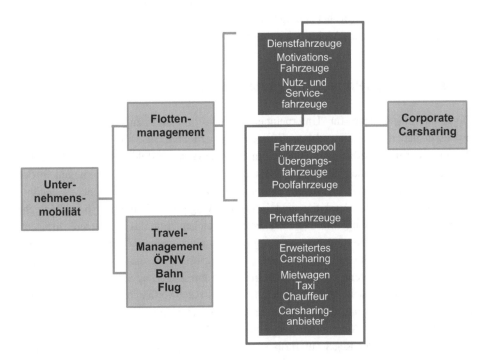

Abb. 6.25 „Company Mobility" als Alternative zu Dienstwagen. [Ren16]

Karten und werden von dort aus in ein virtuelles Modell der Gesamtverkehrslage eines geografischen Gebietes integriert. Unter Beachtung der Fahrziele und einlaufender Anfragen von Kunden lassen sich daraus Prognosen zur Verkehrsentwicklung ableiten und durch lenkende Maßnahmen eine Optimierung der Verkehrsflüsse zur Stauvermeidung bewirken. Bei autonom fahrenden Fahrzeugen kann zudem die Vermeidung von Verdichtungen auch das Risiko von Kollisionen reduzieren und die Gesamtauslastung der Fahrzeuge erhöhen. Durch eine übergeordnete Lenkung ergeben sich somit erhebliche Vorteile sowohl für Einzelfahrer als auch für die Verkehrssituation insgesamt. Ein solches Zukunftsmodell könnte ein Hersteller mit hohem Marktanteil entwickeln, da er Zugriff auf alle herstellerspezifischen Fahrzeugdaten hat und ihm damit ein Modell mit der notwendigen statistischen Aussagesicherheit zur Verfügung steht.

Zusammenfassend ist festzustellen, dass die Bedeutung der Mobilitätsdienstleistung erheblich zunehmen und durch autonome Fahrzeuge, eingesetzt als Robotaxis, ein zusätzliches Wachstum erfahren wird. Die Mobilitätsdienste stehen über Plattformen zur Verfügung, die es Kunden ermöglichen, komfortabel mit Hilfe einer Smartphone-App beispielsweise auch intermodale Mobilitätsservices zu buchen. Der Markt wird derzeit im Wesentlichen von markenunabhängigen Unternehmen beherrscht. Betreiber von Mobilitätsplattformen sind oft Städte und öffentliche Verkehrsbetriebe.

Um sich in diesem erweiterten Mobilitätsökosystem erfolgreich zu positionieren und möglicherweise bereits verlorenen Boden wieder gut zu machen, sind für die Hersteller strategische Partnerschaften und ggf. auch Übernahmen wichtig. Weitere Chancen bestehen im Angebot von herstellergebundenen speziellen Mobilitätsdiensten beispielsweise in einer „Company Mobility" oder „Branded Mobility".

6.2.3   Roadmap Prozesse und Automatisierung

Digitalisierungsansätze für Unternehmensbereiche mit den zugehörigen Geschäftsprozesse haben das Ziel, deren Effizienz zu erhöhen, bis hin zur vollständigen Automatisierung. Hierbei geht es nicht um einzelne Geschäftsfelder, sondern alle Unternehmensbereiche stehen auf dem Prüfstand. Einhergehend mit Verbesserungen in den Prozessabläufen lassen sich weitere Optimierungen durch den Einsatz neuer IT-Technologien wie Big Data, Analytics und besonders Cognitive Computing bzw. Machine Learning in Verbindung mit Automatisierung erreichen. Für das Aufsetzen eines entsprechenden Digitalisierungsprogramms gilt es, in einer ersten Arbeitsphase diejenigen Unternehmensbereiche zu identifizieren und zu priorisieren, die hohe Verbesserungsbedarfe und somit Potentiale zur angestrebten Effizienzsteigerung aufweisen.

Hierfür haben sich prozessorientierte Assessment-Verfahren bewährt, die aus umfassenden Studien und der Fachliteratur verfügbar und dort mit Referenzmodellen für Geschäftsprozesse der Automobilindustrie belegt sind, z. B. [Wed15]. Die Beschreibung der Modelle erfolgt in der Regel auf Basis standardisierter Sprachen und die Dokumentation erfolgt mit Hilfe spezieller Software. Mit den Modellen stehen für die einzelnen Prozesse auch Leistungskennwerte für Benchmarks zur Verfügung, z. B. [APQC18]. Mittlerweile gibt es auch intelligente Softwarelösungen zum sogenannten „process mining", um Prozessschwachstellen unter Beachtung von Datenzusammenhängen aufzuspüren und Verbessrungen geführt anzugehen [Mag20]. Hilfreich sind auch Referenzmodelle von Softwareherstellern, die in Anlehnung an die implementierte Softwarelösungen auch eine generelle Strukturierung von Prozessen und Daten ermöglichen. Aufgrund der in vielen Unternehmen eingesetzten SAP-Lösungen ist in der Automobilindustrie das Modell dieses Softwareherstellers bekannt, die sogenannte Value Map. Abb. 6.26 stellt die obere Ebene dar.

Die Value Map zeigt die Geschäftskompetenzen eines Unternehmens und ordnet ihnen die wesentlichen Geschäftsprozessbereiche zu. Beispielsweise umfasst das Kompetenzfeld Human Resources die Hauptgeschäftsbereiche Bezahlung, Talententwicklung, Zeiterfassung und Mitarbeiterplanung. Weitere Kompetenzfelder sind beispielsweise Fertigung und Logistik, Marketing, Vertrieb und After-Sales sowie Einkauf, jeweils gezeigt mit den zugehörigen Geschäftsbereichen. Mit Hilfe der Map erfolgt eine grobe Unternehmensstrukturierung und die Analyse der Prozessbereiche.

Mit einem ähnlichen Ansatz lassen sich im sogenannten Component Business Model (CBM) der IBM, gezeigt in Abb. 6.27, die Geschäftskompetenzen mit zugehörigen Komponenten erfassen.

Die Spalten zeigen wiederum die Geschäftskompetenzen mit den zugehörigen Komponenten. Diese sind hier eigenständige Prozessbereiche mit ihren wichtigsten Kenngrößen wie beispielsweise Mitarbeitern, IT-Lösungen und Kosten. Die Komponenten sind in drei Bereiche unterteilt; im oberen Drittel sind es die direkten strategischen und planenden Komponenten (Direct), im mittleren Drittel die kontrollierenden Prozessbereiche (Control) und im unteren Drittel die operativen Abläufe (Execute). Auch die auf dem CBM basierende Betrachtung ermöglicht eine Unternehmens- und Prozessstrukturierung als Basis für Schwachstellenanalysen mit dem Ziel, effizienzsteigernde Digitalisierungsinitiativen zu identifizieren und zur Umsetzung einer Roadmap aufzusetzen. Hierzu hat sich das in Abb. 6.28 gezeigte Vorgehen bewährt.

Die Abbildung zeigt vereinfacht die Vorgehensweise und unterstützenden Methoden dieser Arbeitsphase. Im ersten Schritt werden die Geschäftsprozesse des zu betrachtenden Unternehmensbereichs aufgenommen und bewertet. Hierzu stehen in den Unternehmen oft bereits umfassende Dokumentationen zur Verfügung. Für das erste grobe Assessment ist zu empfehlen, die Prozesse eines Unternehmensbereichs zusammenzufassen, entweder in den Value Blocks gemäß SAP oder anhand der CBM-Methode. Für die identifizierten Prozessbereiche erfasst man dann die zur Ausführung erforderlichen Ressourcen bezüglich Personals, IT-Systemen und beachtet besonders Schnittstellen und Systembrüche. Ein Benchmark mit ähnlichen Unternehmensbereichen, zwischen Unternehmensmarken oder besser noch mit am Markt verfügbaren Vergleichswerten bewertet den Reifegrad des jeweiligen Bereichs und das Verbesserungspotential. Bereiche mit vergleichsweise hohem Personalbedarf, mit vielen verschiedenen IT-Systemen bzw. Systembrüchen zwischen

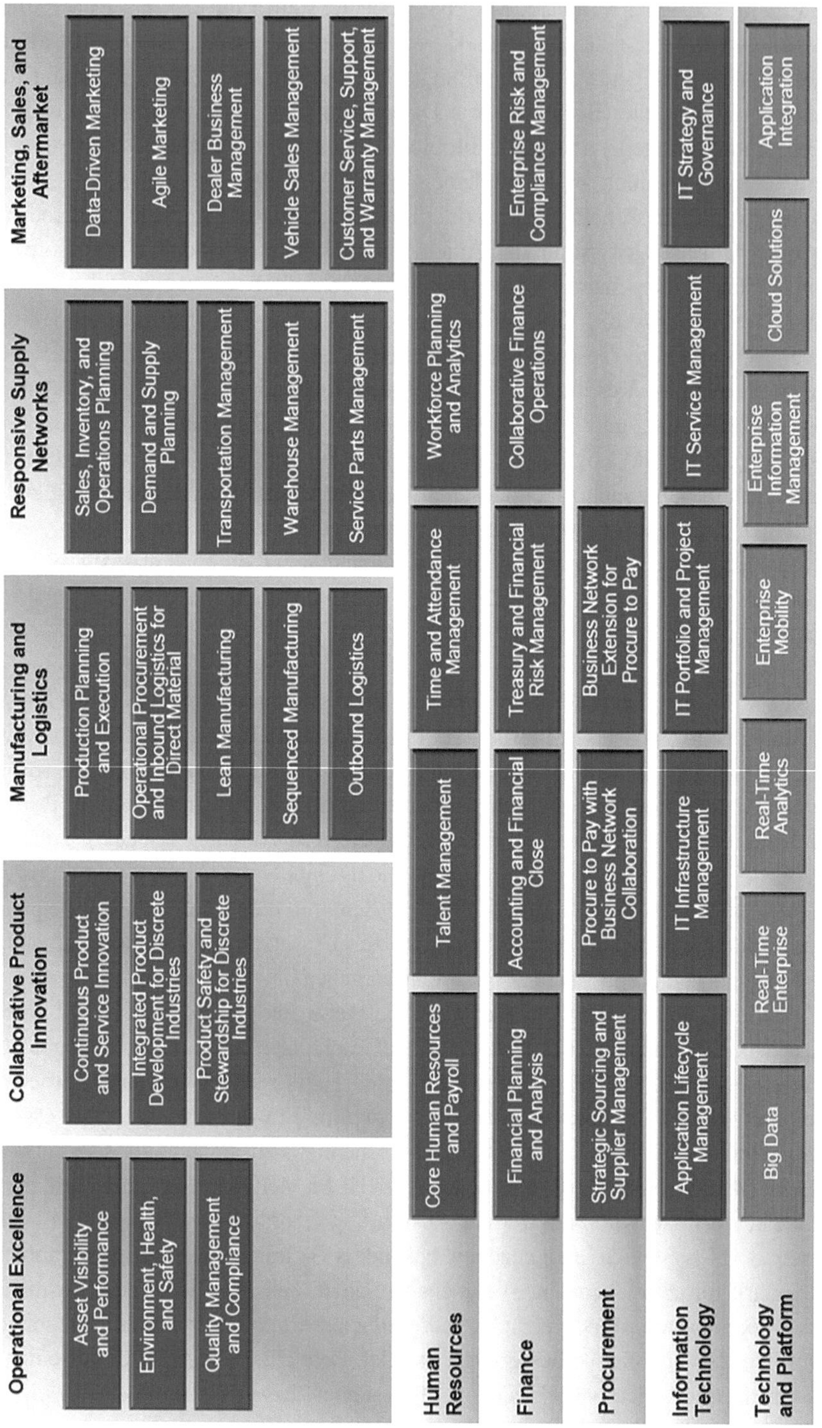

Abb. 6.26 SAP Value Map für die Automobilindustrie. [SAP19]

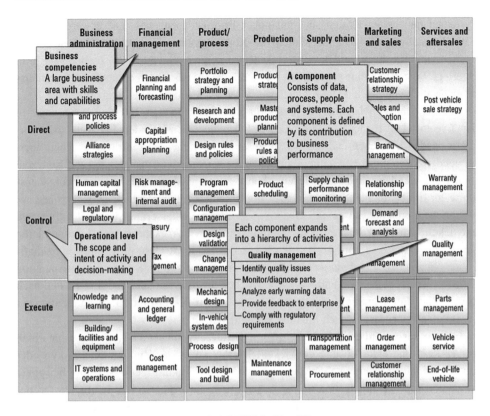

Abb. 6.27   IBM Component Business Model (CBM). [Pou18]

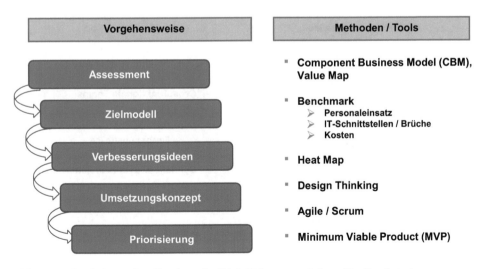

Abb. 6.28   Erarbeitung einer Roadmap für Digitalisierungsvorhaben. (Quelle: Autor)

Systemen und hohen Kosten sind mit hoher Priorität anzugehen. Diese werden in der CBM-Darstellung rot gekennzeichnet, die Komponenten mit mittlerem Potential gelb markiert und die in diesen Bewertungskriterien bereits führenden Prozessbereiche grün unterlegt. So entsteht eine sogenannte Heatmap, die für das Unternehmen oder Geschäftsbereiche auf einen Blick die anzugehenden Bereiche in Ampeldarstellung aufzeigt.

Die Heatmap ist wiederum die Basis für sogenannte Design Thinking-Workshops, in denen gemischte Teams mit Vertretern aus den zu adressierenden Fachbereichen, aus angrenzenden Bereichen und aus der IT zusammenkommen, um in pragmatischer, übergreifender Zusammenarbeit gemeinsam Ideen für Verbesserungsmaßnahmen und Konzepte immer aus Kundensicht zu entwickeln. Abb. 6.29 zeigt hierzu eine bewährte Vorgehensweise zur Erarbeitung einer Roadmap zur Implementierung von Digitalisierungsprojekten.

Für die Bereiche, die gemäß Heatmap ein hohes Verbesserungspotential aufweisen, entwickeln crossfunktionale Teams Lösungsansätze in Workshops und dokumentieren sie in Nutzerstorys. Je ein grober abschätzender Business Case prüft ihren wirtschaftlichen Nutzen. Als Ergebnis werden Projekte priorisiert, die im Sinne von „low hanging fruits" beispielsweise innerhalb von acht Wochen umzusetzen sind und ihre Kosten nach kurzer Zeit durch konkrete Einsparungen einspielen. Es erfolgt so zusammenfassend gesagt eine Priorisierung nach Machbarkeit und Wirkung.

Für die ausgewählten Projekte wird mit Hilfe zeitgemäßer IT-Werkzeuge innerhalb kurzer Zeit eine erste Lösung entwickelt. Hierbei ist es das Ziel, einen Prototyp oder ein sogenanntes Minimum Viable Product (MVP) der zukünftigen IT-Lösung beispielsweise als App auf einem Smartphone auszuführen, um frühzeitig zu beurteilen, ob der Bedarf der Fachbereiche und die Projektziele auch sicher getroffen wurden. Auf Basis dieser MVPs wird in weiteren agilen Workshops ein Umsetzungskonzept vereinbart und

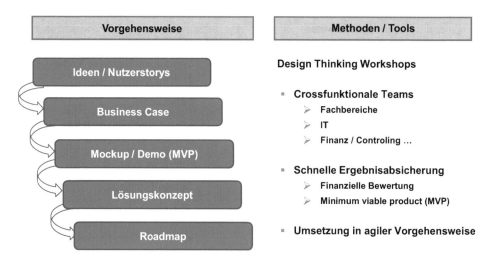

Abb. 6.29 Entwicklung einer Implementierungsroadmap. (Quelle: Autor)

dieses dann in sogenannten Scrumläufen umgesetzt. Scrum bezeichnet eine agile Ent-
wicklungsmethode, die Abschn. 7.2.2 ausführlich erläutert. Die vereinbarten Meilensteine erscheinen in der Roadmap des Gesamtprogramms.

Dieses nur kurz angerissene zeitgemäße Herangehen an innovative Projekte in einer
digital orientierten Unternehmenskultur vertieft Kap. 7. Im Folgenden werden beispielhaft Prozessbereiche vorgestellt, in denen durch Digitalisierungsmaßnahmen oft erhebliche Effizienzsteigerungen bei gleichzeitiger qualitativer Verbesserung zu erreichen
sind. Der Fokus liegt hierbei neben der Verwaltung mit Finanz, Personal und Einkauf
auch auf der Fertigung mit dem Schwerpunkt Industrie 4.0.

Finanz, Personal, Einkauf

In der Verwaltung traditioneller Hersteller werden die Geschäftsprozesse oft noch mit
hohem manuellem Aufwand und Papiereinsatz abgearbeitet. Die eingesetzten Standard-
Softwarelösungen, in Deutschland vielfach Lösungen von SAP oder auch teilweise von
Oracle oder Peoplesoft, sind auf Arbeitsplatzrechnern zugänglich, die an festen Büro-
arbeitsplätzen genutzt werden. Oft finden Analysen und das Zusammenführen von Daten
in Exel-Mappen statt, oft der „wirklichen EDV". Mobiles Arbeiten über Tablets oder
auch Smartphones erfolgt mit ersten Lösungsbausteinen komplementär.

Bei größeren Unternehmen mit mehreren Marken sind oft zwar dem Namen nach
dieselben Softwaresysteme eingesetzt, wurden aber in vielen Fällen marken- oder
länderspezifisch erheblich verändert und angepasst. Das führt beispielsweise dazu,
dass verschiedene Kontenrahmenpläne im Finanzbereich im Einsatz sind, Personalsysteme unterschiedliche Laufbahnstrukturen führen und Einkaufssysteme unterschiedliche Lieferanten-Stammdaten nutzen. Es existiert kein übergeordnetes Governance
Modell, um die unternehmensweite Standardisierung und Harmonisierung von Daten
sicherzustellen, weder in der Abbildungsstruktur noch in der inhaltlichen Normierung
von Inhalten der Datenfelder. Dazu kommt, dass spezielle Prozessbereiche neben den
Standard-Softwarelösungen oft auch noch selbst entwickelte Altsysteme einsetzen, die
über komplexe Schnittstellensysteme mit den Standardpaketen verbunden sind. Übergreifende Analysen in einem Geschäftsbereich sind in diesen heterogenen Umgebungen
oft nur mit erheblichem manuellem Aufwand möglich.

Diese Situation führt als Notlösung zum angedeuteten „Excel-Wahnsinn", d. h.
zur manuellen Übertragung von Daten in auswertende Spreadsheets, die oft nur noch
von Spezialisten bedienbar sind. In derart gewachsenen Umgebungen gilt es, zielgerichtete Digitalisierungsinitiativen umzusetzen. Handlungsfelder wie Datenkonflikte,
Systembrüche, umfassende manuelle Eingriffe oder die fehlende Integration zwischen
Geschäftsbereichen sind mit Hilfe der beschriebenen Vorgehensweise (vergl. Abb. 6.28)
zu identifizieren und in einer Heatmap zu dokumentieren.

Zur Verbesserung sind zunächst die „low hanging fruits" anzugehen. Erfahrungen aus
verschiedenen Projekten zeigen, dass es in jedem Bereich einige dieser schnell und einfach zu erreichenden Verbesserungen gibt. Einige typische Beispiele aus der Praxis des
Autors seien hier in anonymisierter Form angeführt.

- Erfassung der Temperatur und Luftfeuchtigkeit eines Lagers mit Aufbereitung in täglichen Reports; das empfindliche, hygroskopische Material, das diesen Prozess begründete, wurde seit langen nicht mehr gelagert.
  - Sofortiger Entfall des gesamten Prozesses
- Implementierung einer SAP-basierten Einkaufslösung; das Altsystem befindet sich auch nach zwei Jahren noch im Paralleleinsatz.
  - System schrittweise ausphasen und Abschaltung innerhalb von zwei Monaten
- Mehrfache Implementierung von funktional gleichen Prozessabschnitten in verschiedenen Anwendungen – beispielsweise Wareneingang in Logistik, CKD und Ersatzteilwesen.
  - Konsolidierung – zumindest für diesen Teilbereich als übergreifender Shared Service
- Lieferantenstammdaten in mehreren Systemen; manuelle Analysen von Geschäftsvorgängen.
  - Analyse mit Hilfe eines offenen, zeitgemäßen Analysewerkzeugs
- In über 30 % der Bestellvorgänge auf Basis eines Katalogsystems sind entgegen der ursprünglichen Zielsetzung manuelle Eingriffe erforderlich; im Konzern sind mehrere Katalogsysteme im Einsatz.
  - Durchsetzen der etablierten Katalogprodukte; Abweichungen ausschließlich mit begründeter, vom Einkaufschef genehmigter Freigabe bei Übernahme der internen Mehrkosten
- Viele wiederholt und oft zu durchlaufende manuelle Prozessschritte beispielsweise zur Erfassung von Bestellungen im E-Mail Eingang, Anlage der Kundendaten im Bestellsystem, Initiieren von Lagerabruf und Versand, Rechnungsauslösung
  - Einsatz eines Prozessroboters zur Automatisierung des gesamten Ablaufes

Solche Beispiele sind so oder ähnlich sicher in jedem Unternehmen zu finden. Derartige Probleme werden oft nicht abgestellt, weil die Mitarbeiter durch das Tagesgeschäft überlastet sind und „betriebsblind" werden, und weil die Verbesserungen nur abteilungsübergreifend oder nur mit IT-Einbindung umzusetzen sind. Weiterhin besteht oft kein Anreiz, diese Projekte anzugehen, weder durch eine Bonuszahlung noch unter Karriereaspekten. Um diese Situation zu verbessern, muss eine Kultur entstehen, die jeden Mitarbeiter motiviert, derartige Themen aufzuzeigen und abzustellen. Dazu mehr im Kap. 7.

Weiterhin muss es trotz aller Sicherheitsaspekte leichter möglich sein, zeitgemäße Softwarewerkzeuge, die oft von der Nutzung am privaten Computer oder Smartphone bekannt sind, im Unternehmen zum Einsatz zu bringen. Ein Beispiel hierfür sind Chat-Tools wie WhatsApp oder auch Datei Sharing-Systeme wie Dropbox. Diese Lösungen verbessern nachweislich die Zusammenarbeit und verringern gleichzeitig den Kommunikationsaufwand. Obwohl vergleichbare Lösungen für Unternehmen am Markt verfügbar sind, finden diese praktischen und akzeptierten Lösungen noch nicht durchgängig bei den Herstellern oder auch in der Zusammenarbeit zwischen Herstellern und Partnern Verwendung. Der schnelle und pragmatische Einsatz von zeitgemäßen IT-Werkzeugen ist sicher eine weitere „low hanging fruit" zur Effizienzsteigerung in den

Prozessabläufen. Die Nutzung moderner Tools wirkt auch motivierend für die Mitarbeiter.

Das Umsetzen der Maßnahmen in einer ersten Welle führt bereits zu Verbesserungen und Einsparungen. Um weitergehende und nachhaltige Fortschritte zu erreichen, sind gerade für die Verwaltungsbereiche integrierte, ganzheitliche Lösungen sinnvoll. Dazu wurde im Kap. 5 mit der Vision 2030 ein Plattformansatz vorgeschlagen (vergl. Abschn. 5.4.11, Abb. 5.29). Im Grundansatz handelt es sich hierbei um eine innerbetriebliche Geschäftsplattformen, an die sich bestehende Softwarelösungen anschließen lassen und auf denen neue Funktionalitäten in Form von Apps aufbauen. Hiermit wird die „alte Welt" bewährter IT-Lösungen und die „neue Welt" in Form von Apps, die auf beliebigen mobilen Geräten laufen, für eine Übergangszeit als Koexistenz zusammengebracht. Hierzu zeigt Abb. 6.30 eine Weiterführung des im Kap. 5 vorgeschlagenen Grobkonzeptes.

Die Business Foundation-Plattform stellt gemeinsam zu nutzende Basisdienste wie Master Data Management (MDM) bzw. Data Lake, Analytics und Cognitive Computing zur Verfügung. Daneben sichern die Integrations-Services die Anbindung der etablierten IT-Lösungen, und Business-Services bieten wiederkehrende Geschäftsdienste beispielsweise zu Blockchain oder Antragsfreigaben an. Der Zugriff auf die Dienste über flexibel zu wählende mobile Devices oder Webportale erfolgt über standardisierte APIs. Die gesamte Lösung basiert auf Cloud-Strukturen. Die Apps und zusätzliche Funktionalitäten werden unter Nutzung von Microservices innerhalb von „Platform as a Service -Konzepten" (PaaS) konfiguriert. Das gesamte Konzept basiert auf offenen Architekturen und Standards und sieht den Einsatz von Open Source-Software vor.

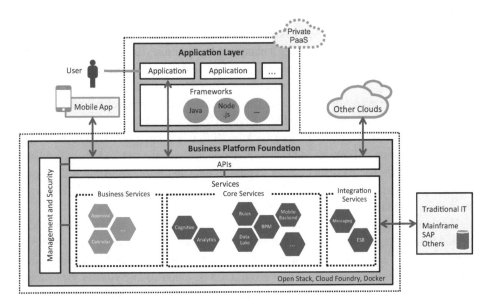

Abb. 6.30 Konzept einer Business-Plattform zur Integration von Altsystemen und mobilen Anwendungen. (Quelle: Autor)

Soweit zum grundsätzlichen Konzept einer innerbetrieblichen Geschäftsplattform; auf weitere technologische IT-Details wie beispielsweise den Betrieb in hybriden Cloud-umgebungen oder auch die Verwendung von microservicebasierten Architekturen geht Kap. 8 ein. Hier folgt nun die Diskussion, welche Geschäftsbereiche für einen solchen Ansatz infrage kommen, welchen Nutzen dieser Ansatz bringt und wie er aufgesetzt werden kann.

Grundsätzlich ist dieses Konzept überall dort nützlich, wo wiederkehrende, standardisierte Abläufe vorherrschen, die unterschiedliche Datenquellen und IT-Lösungen nutzen. Demnach sind Einkauf, Finanz und Personal als erste Bereiche für diesen Platt-formansatz besonders geeignet. Der Nutzen besteht beispielsweise im Einkauf darin, mit einfachen mobilen Anwendungen auf Daten und Anwendungen zuzugreifen, um unternehmensweit die Einkaufsvolumen von Lieferanten zu analysieren oder auch Beschaffungsvorgänge zu bündeln. Dazu nutzen die Einkäufer eine neue „Spending-App" mit einfachen Dialog-, Such- und Analysefunktionen. Diese App greift über die APIs auf die angeschlossenen Einkaufssysteme der Marken zu. Eine Konsolidierung und Normierung der Daten erfolgt automatisch in den MDM- bzw. Data Lake-Funktionen. Diese übergreifende Analyse und Bündelung ermöglicht, Einkaufspreise ohne umfang-reiche manuelle Auswertungen gezielt auf Basis der vorhergehenden Beschaffungs-preise zu verhandeln. Weitere Vorteile entstehen durch die unternehmensweite Nutzung der Apps, sodass Mehrfachentwicklungen und lokale Speziallösungen entfallen. Der schnelle, schrittweise Einstieg in zeitgemäße IT-Lösungen und die entkoppelte, schritt-weise Renovierung der Altsystemlandschaft sind weitere positive Aspekte des Ansatzes.

Die Herausforderungen bei der Konzeption und Umsetzung des Plattformkonzeptes liegen nicht so sehr auf der technischen Ebene. Hierzu sind bewährte Konzepte, Erfahrungen und auch leistungsstarke IT-Werkzeuge verfügbar. Die größere Heraus-forderung besteht in der erforderlichen kulturellen Veränderung, da zur Ausschöpfung der Potentiale die Plattform unternehmensweit etabliert und genutzt werden sollte. Ist bei-spielsweise eine gemeinsame Finanzplattform das Ziel, sind alle bestehenden Finanz-anwendungen oder auch Adaptionen eines gemeinsamen Programmanbieters in den Marken oder auch in den unterschiedlichen Märkten eines Herstellers schrittweise an die Plattform anzubinden. Um darauf aufbauend neue Funktionalitäten in Form von Apps unternehmens-übergreifend nutzen zu können, sind Datenstrukturen und – inhalte und auch Prozessabläufe zu standardisieren. Die Akzeptanz dieser Zentralisierung und Harmonisierung bedingt eine massive Änderung des bisherigen Selbstverständnisses, das meist durch lokale Lösungen mit vielen individuellen Anpassungen und „Prozessschleifen" geprägt ist.

Um innerbetriebliche Plattformkonzepte erfolgreich anzugehen und die erforderliche Veränderung zu erreichen, ist zu empfehlen, mit der Implementierung eines unternehmens-weiten Shared Service Centers zu beginnen. Hierzu werden die Arbeitsabläufe eines Geschäftsbereichs in der aktuellen Form und mit den bestehenden IT-Systemen zusammen-geführt, um aus dem Center die Services für das gesamte Unternehmen zu erbringen. Nach einer Stabilisierungsphase erfolgen schrittweise im Hintergrund durch den ein-gebundenen Dienstleister oder durch die zentralisierte interne Unternehmensorganisation die IT-Anpassungen und Anbindungen und danach die Installation zusätzlicher Funktionen. Den Kunden steht schließlich eine mobile Anwendung zur Arbeit mit dem Center zur Verfügung. Die Abwicklung der Prozesse erfolgt dabei schrittweise mit steigendem Automatisierungsgrad auf Basis von kognitiven Lösungen. Somit erreicht man über den Zwischenschritt des Shared Service-Centers das angestrebte Ziel einer Standardisierung und der Automatisierung der Prozessabwicklung in den Verwaltungsbereichen.

Eine Alternative zu diesem sequentiellen Vorgehen ist die Umstellung der Anwendungen hin zu einem Zielsystem bereits während der Transition Phase. Dieser Weg erfordert sicher verstärkte Change Management-Aktivitäten, damit die Mitarbeiter diese doppelte Veränderung motiviert unterstützen.

Produktentwicklung
In der Produktentwicklung sind seit langem IT-Lösungen zum Produktdatenmanagement, Konstruieren, Berechnen, für Simulationsanalysen und zum virtuellen Testen im Einsatz. Der Einsatz von IT-Werkzeugen ist hier tägliche Praxis. Dennoch birgt auch dieser Bereich erhebliche Potentiale zur Steigerung der Effizienz durch Digitalisierungsprojekte. Typische Themenfelder sind:

- Einsatz von KI und Analytics beispielweise zur Erhöhung der Teilewiederverwendung durch geführte Suchen sowie Unterstützung von Patentrecherchen
- Wissensmanagement, e-Learning und somit die Erhaltung, Weiterentwicklung und Nachnutzunng von Erfahrung
- Assistenz manueller Arbeiten auf Basis kognitiver Lösungen beispielsweise zum Erkennen von Verbesserungspotential in der Konstruktion durch vergleichende Betrachtung und Abgleich mit „Lessons Learned –Datenbanken" sowie Einsatz von Alternativwerkstoffen
- Konstruieren rund um die IT-Plattform des Fahrzeuges und somit extensiver Ausbau des „software defined Parametrierung" (vergl. Abschn. 5.4.5)
- Nutzung von Augmented Reality anstelle Prototypen für Testfahrten und Baubarkeitsprüfungen
- KI-basierte Bilderkennung zur Schadensanalyse im Fehlerabstellprozess
- Durchgängiger Fehlerabstellprozess; Integration des Informationsflusses aus dem Feld über die Entwicklung in die Produktion bis zur Teileversorgung im After-Sales
- Einsatz von Kollaborationswerkzeugen herstellerweit und mit externen Entwicklungspartnern
- Crowdsourcing durch Aufnahme von Kundenanregungen über offene Feedback-Plattformen zur Umwandlung in Produktideen
- Social Media-Analysen und unternehmensweite Auswertung von kundenrelevanten Daten zum frühzeitigen Erkennen von Schwachstellen und Kundenforderungen
- Durchgängiger Requirement- bzw. Anforderungsprozess vom frühzeitigen Erfassen des Kundenbedarfs im Vertrieb, der Bewertung und der Priorisierung und der anschließenden Umsetzung in agilen Vorgehensweisen

Die aufgeführten Ansätze haben alle das Potential, durch die Bereitstellung zusätzlicher Informationen, die IT-basierte Kopplung von angrenzenden Unternehmensbereichen und gezielte Unterstützung der Ingenieure, die Arbeitsabläufe in der Entwicklung zu verbessern. Abb. 6.31 fasst beispielhaft zusammen, mit welchen Digitalisierungstechnologien welche Zielsetzungen im Bereich der Entwicklung ein hohes Verbesserungspotential haben. Eine ähnliche Matrixdarstellung gilt es unternehmens spezifisch gemeinsam in Teams zu entwickeln.

Es zeigt sich, dass besonders der Einsatz von Big Data und Analytics-Werkzeugen neben den „mitdenkenden" kognitiven Lösungen die Verbesserung von Leistungskennwerten der Entwicklung unterstützt. Aber auch die Öffnung einer internetbasierten Feedback-Plattform für Kunden, um hierüber Ideen und Vorschläge zum Produkt direkt zu erfassen, birgt große Chancen. Der umfassende Einsatz von Kollaborationswerkzeugen, um die Zusammenarbeit zwischen Mitarbeitern und Entwicklungspartnern zu vereinfachen und zu forcieren, Durchlaufzeiten zu verkürzen und Aufwände zu reduzieren, führt zu weiteren Verbesserungen.

Neben Maßnahmen zur Prozess- und Ablaufverbesserung sollte aus Sicht des Autors der Entwicklungsbereich der Hersteller dafür verantwortlich sein, zwei grundsätzliche strukturelle Anpassungen in der Fahrzeugkonzeption umzusetzen, deren Notwendigkeit hier nochmals kurz herausgestellt sei. Zum einen geht es um embedded IT und zum anderen um Connected Services.

Die heutige Situation der embedded IT ist gekennzeichnet durch gewachsene heterogene Strukturen und eine dezentrale Architektur mit einer Vielzahl von Controllern unterschiedlichster Netzwerktopologien. Das System ist fehleranfällig, schwer zu kontrollieren, nur aufwändig abzusichern, nur noch begrenzt erweiterbar und zudem teuer. Somit besteht Handlungsbedarf gerade unter dem Aspekt, dass die neuen Geschäftsfelder Connected

Zielsetzung	Big Data/Analytics	Kognitive Lösungen	Wissens-management	Kollaborations-werkzeuge	Crowd-sourcing	Augmented Reality	Social Media Networking
Durchlaufzeiten reduzieren	●	●	●	●			
Aufwand reduzieren	●	●	●	●			
Qualität erhöhen	●	●	●				
Innovationskraft stärken					●	●	
Kundenorientierung erhöhen	●				●		●
Transparenz erhöhen	●			●			
Teileanzahl reduzieren	●	●		●			
Fehlerabstellung beschleunigen	●	●					

(● = hohes Potenzial)

Abb. 6.31 Einsatz von Digitalisierungstechnologien in der Entwicklung. (Quelle: Autor)

Services, Autonomes Fahren, Mobilitätsdienstleistungen und Digitale Produkte rund um die Fahrzeugdaten einen leistungsfähigen car IT und einen problemlosen Datenaustausch voraussetzen.

Neben der weiter auszubauenden Standardisierung von Schnittstellen und IT-Technologien verspricht hier die grundsätzliche Umstellung der Architektur auf einen Zentralansatz deutliche Verbesserungen und die Absicherung der Zukunftsfähigkeit, vergl. Abschn. 5.4.5 und besonders dort genannte Fachquellen. Der Zentralansatz berücksichtigt den Trend, dass Fahrzeuge zunehmend IT-bestimmt sind. Die embedded IT-Plattform entwickelt sich langfristig zum dominanten Fahrzeugbestandteil, um den herum sich die „restliche Mechanik mit Rädern" gruppiert. Diese Umstellung der Architektur ist mit erheblichen Herausforderungen verbunden und aufwendig, aus Sicht des Autors jedoch unerlässlich. Sie bietet die Chance, besonders bei der Entwicklung der neuen elektrogetriebenen Fahrzeuge anstelle eines langgestreckten evolutionären Ansatzes von vornherein auf die beschriebene Zentralarchitektur zu setzen.

Mit dem neuen Ansatz ist mit Blick auf die kommenden e-Fahrzeuge ein zweites dringliches Thema anzugehen. Aktuell entwickeln sich für Fahrer zwei „digitale Welten". Zum einen sind es die über die Infotainment-Unit angebotenen Connected Services und zum anderen ist es die persönliche Smartphone-Umgebung. Beide Bereiche dringen mit Lösungen in die jeweils angestammten Bereiche der Gegenseite ein. In den Fahrzeugen werden beispielsweise zukünftig neben den bekannten Assistenzsystemen auch Einkaufs- und Buchungsoptionen angeboten. Über Handys, ohnehin bereits ständiger Begleiter in allen privaten und geschäftlichen Belangen, stehen leistungsfähige Navigationslösungen zur Verfügung und zukünftig sind auch Service- und Diagnose-Apps zu erwarten.

Um Doppelarbeiten zu vermeiden und die Nutzung zu vereinfachen, gilt es, diese beiden Welten für den Kunden vollständig komfortabel zusammen zu führen. Hierfür stehen Synchronisierungslösungen zur Verfügung, die allerdings nur unter Funktionseinschränkungen arbeiten. Aus Sicht des Autors erwarten die Kunden jedoch eine nahtlose Integration Mit dem Einstieg in ein Fahrzeug sollte dem Nutzer die gewohnte Smartphone-Umgebung im vollen Umfang auf der vorhandenen Infotainment-Unit auf einem komfortablen Display zur Verfügung stehen. Die Nutzung sollte sprach- und gestengesteuert erfolgen, während der Fahrt aber aus Sicherheitsgründen nur im eingeschränkten Funktionsumfang. Auch fahrzeugbezogene Apps sind dann über etablierte App-Stores nachrüstbar (vergl. Abschn. 6.2.1). Allenfalls die fahrzeugbezogenen Assistenzsysteme verbleiben embedded im Fahrzeug.

Mit diesem Ansatz werden zwei weitere Punkte pragmatisch gelöst. Die neuen Apps bieten von vornherein den oft gewünschten Personen- und Fahrzeugbezug, den im bisherigen onboard-Ansatz erst spezielle Softwarelösungen herstellen müssen. Weiterhin gestattet der App-Ansatz über das Smartphone kurzzyklische Updates, entkoppelt von fahrzeugbezogenen meist längeren Innovationszyklen. Die vorgeschlagene Vollintegration führt somit zu einer bruchfreien, uneingeschränkten „mobility experience", wie es gerade die Digital Natives wollen, und so zu mehr Kundenzufriedenheit und in der Folge zu mehr Geschäft.

Fertigung und Industrie 4.0

Neben der Verwaltung und der Entwicklung stellt die Fertigung einen weiteren Prozess-
bereich dar, in dem die Digitalisierung zu erheblichen Verbesserungen führen kann. Die
Produktion der deutschen Hersteller ist diesbezüglich geprägt durch die Aktivitäten,
Ergebnisse und Handlungsempfehlungen der Plattform Industrie 4.0, eine Initiative unter
der Schirmherrschaft des Bundesministeriums für Wirtschaft und Energie (BMWi). Sie
verfolgt kontinuierlich in vielen Gremien und Arbeitsgruppen das übergeordnete Ziel,
Digitalisierung und Produktion systematisch zusammenzuführen und so die Grundlage
zu schaffen, im internationalen Wettlauf um Märkte und Technologieführerschaft zu
bestehen [BMWi16, BMWi19_1]. Dazu entstehen konkrete Handlungsempfehlungen
und es bestehen Netzwerke zwischen Interessengruppen. In enger Kooperation arbeiten
mehr als 150 Organisationen aus Wirtschaft, Politik, Wissenschaft, Verbänden und
Gewerkschaften in dieser Plattform Industrie 4.0 zusammen und helfen deutschen Unternehmen, die digitale Transformation voranzutreiben. Aus dieser Arbeit resultieren viele
White Papers, Praxisberichte und Handlungsempfehlungen veröffentlicht im Netz und
bedarfsweise zur Vertiefung empfohlen. Man arbeitet mit vergleichbaren Initiativen
anderer Länder wie USA, Japan und auch China zusammen, wo ähnliche Programme
bestehen (vergl. Abschn. 4.3) [BMWi19_2]. Zur Konkretisierung entwickelte die
deutsche Initiative als Orientierungshilfe Szenarien, welche die zukünftigen Industrie
4.0 Unternehmen beschreiben und hat hierzu einen Rahmen für Forschungsvorhaben
definiert, in dem die Aktivitäten der Institutionen gebündelt werden. Abb. 6.32 zeigt
diese produktionsrelevanten Zukunftsszenarien in einer Roadmap.

   Alle adressierten Themenfelder sind auch für die Automobilhersteller interessant.
So gilt es, die etablierten Wertschöpfungsnetzwerke zu überprüfen und diese beispielsweise über Plattformansätze zu integrieren, Zusamenarbeitsmodelle zu verändern und
auch die Automatisierung voran zu treiben. Ein durchgängiger Produktlebenszyklus vom
Anforderungsmanagement, über Engineering bis in die vernetzte Produktion, erlaubt
auch unter Nutzung von Twin-Methoden das Aufsetzen von Verbesserungsmaßnahmen
und auch die schnelle Anpassbarkeit von Prozessabläufen. Die Veränderung der Arbeitswelt einhergehend mit der Transformation der Unternehmenskultur getragen durch
relevante Querschnittsthemen sind ebenfalls Felder, die für die Autoindustrie interessant
sind. Zur Ideengebung und zur Starterleichterung findet man in der Fachliteratur
umfassende Hinweis zum Vorgehen. So beschreibt ein VDMA-Leitfaden Werkzeug-
kästen als Orientierungshilfe für den Einstieg, beispielhaft gezeigt in Abb. 6.33.

   Zur Standortbestimmung werden in einer Matrix digitale Handlungsfelder wie Datenverarbeitung, Maschinenanbindung, Vernetzung und Losgrößenflexibilität jeweils möglichen Entwicklungsstufen gegenübergestellt. Mit dieser strukturierten Darstellung kann
in einem unternehmensspezfischen Assessment eine erste Positionsbestimmung vorgenommen werden. Diese dient als Ausgangspunkt für vertiefende Prozessbetrachtungen
gemäß Abschn. 6.2.3, um daraus die bereichsbezogene Heatmap in der vorgeschlagenen

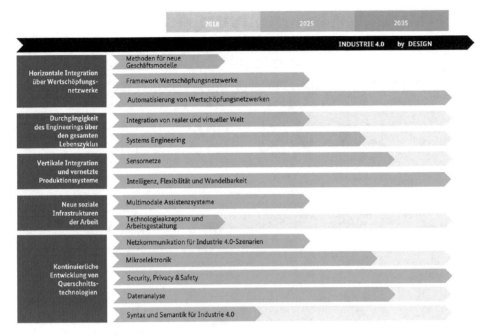

Abb. 6.32 Forschungsroadmap Industrie 4.0. [And16]

Vorgehensweise zu entwickeln. Mögliche Initiativen umfassen nach den Erfahrungen des Autors oft folgende Projektthemen:

- Verbesserung der Anlagenparameter an den Engpaßstationen zur Steigerung der Ausbringungsleistung der Linien
- Einsatz von 3D-Druck direkt an der Linie anstelle Zulieferung diskreter Komponenten
- Robotik-Lösungen für Endmontage und Rohbau zur Entlastung der Mitarbeiter
- Übergeordnete Belegungsplanung der Werke; aufbauend darauf Feinplanung der Linien
- Bedarfsgerechte Teilebevorratung
- Überwachung der Zuliefer- und Qualitätssituation in der Supply Chain
- Vorbeugende Wartung der Produktionsanlagen zur Vermeidung von Ausfallzeiten
- Frühzeitige Erkennung von Qualitätsproblemen
- Echtzeitmonitoring der Linienversorgung und Initiierung vorbeugender Maßnahmen zur Vermeidung von Versorgungsengpässen
- e-Learning-Lösungen zur Einweisung neuer Mitarbeiter
- Schichtfeinplanung unter Verwendung unterschiedlicher Datenquellen
- Assistenzsysteme im Leitstand zur pro-aktiven Initiierung korrektiver Maßnahmen bei Fehlentwicklungen

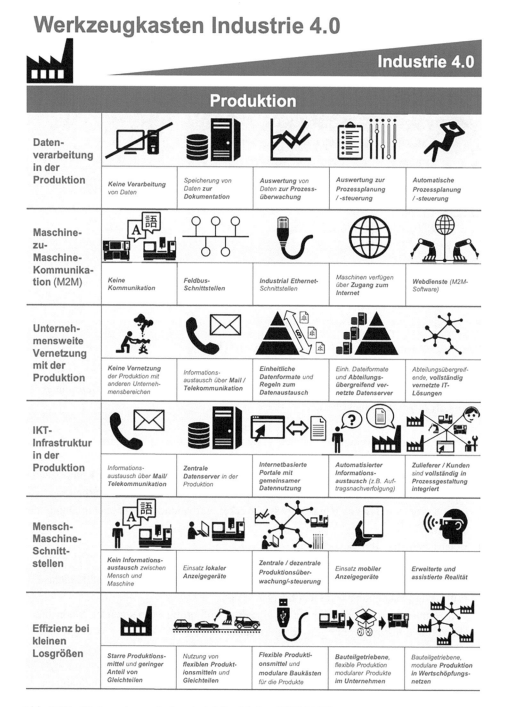

Abb. 6.33   Werkzeugkasten Industrie 4.0 Produktion. [VDMA15]

- Vorbestimmung von Direktläufersituationen, d. h. das Erkennen, welche Fahrzeuge die Fertigung ohne Probleme durchlaufen bzw. in welchen Abschnitten diese zu erwarten sind und aufbauend Vermeidung von Ausfällen durch vorbeugende Maßnahmen
- Kontinuierliche Qualitätsüberwachung und frühzeitige Reparatur oder Ausschleusung von Fahrzeugen zur Vermeidung von Folgekosten durch Weiterverwendung
- Papierlose Fertigung; digitalisierte Warenbegleitkarte
- Kommissionierungsunterstützung; geführte Teileentnahme und Montage.

Bei vielen Industrie 4.0 Initiativen stehen neue Geschäftsmodelle und die Integration von Wertschöpfungsketten und Prozessen auf der Agenda und in den Umsetzungsüberlegungen geht es dazu oft um Plattformen. So sehen einige Anwendungsszenarien einen Produktionsmarktplatz zur Kopplung kundenspezifischer Fertigungsstrukturen, eine Logisitkdrehscheibe sowie eine Plattform für Maschinen- und Produktionsdaten vor. Zum Aufbau der avisierten Datenplattform ist auch eine vollständige Integration der Anlagen-IT auf Shop Floor Ebene erforderlich. Die Problematik besteht darin, dass die Anlagen-IT meist sehr heterogen ist und eine Vielzahl von Netzwerktypen, Protokollen, Sensoren, Adaptertypen und Signalgebern enthält. Um die Anbindung dieser unterschiedlichen Technologien zu gewährleisten, besteht ein Ansatz in der Implementierung eines sogenannten Plant Service Bus [Bon19]. Abb. 6.34 zeigt hierzu einen Umsetzungsvorschlag.

Die heutige, heterogene Welt ist gekennzeichnet durch unterschiedliche Steuerungssysteme (PLCs) an den Anlagen und auch durch unterschiedlichen IT-Lösungen beispielsweise zur Anlagenbelegungssteuerung, zur Wartungsüberwachung oder auch zur Verfolgung und Visualisierung der Betriebszustände (SCADA). Teilweise werden an den Anlagen zur echtzeitnahen Handhabung von Sensor- und Anlagendaten sogenannte Edge-Devices eingesetzt. In dieser gewachsenen Struktur ist es nur mit hohem Aufwand und speziellen Lösungen möglich, beispielsweise die Betriebssignale aller Montagemaschinen und Einlegegeräte im Produktionsbereich kontinuierlich zu registrieren und Verlaufstrends auszuwerten. Auch die Implementierung eines übergreifenden Monitoringsystems ist aufwändig. Weiterhin zieht jeder Austausch von Anlageteilen umständliche Änderungen der laufenden IT-Lösung nach sich.

Die Implementierung eines Plant Service Busses adressiert dieses Problem und bietet neben IT-Kernfunktionalitäten insbesondere Adaptionsmöglichkeiten, um unterschiedliche Anlagen-ITs anzubinden. Weiterhin stellt der Layer verschiedene Anwendungsschnittstellen (APIs) zur Verfügung, die in innovativen IT-Lösungen für Digitalisierungsprojekte nutzbar sind. Eine derartige Integrationsplattform löst somit die starre direkte Verbindung zwischen Technologie und Anwendungen auf. Austausch, Erweiterung und Anpassungen aller beteiligten Komponenten sind durch die Entkopplung leichter möglich. Ebenso wird so die für Industrie 4.0 geforderte vertikale und horizontale Integration möglich [Bon19]. Beispielsweise können Auftragsdaten zwischen Bearbeitungsmaschinen den Bearbeitungsfortschritt begleiten, während die horizontale Kommunikation aus dem Entwicklungsbereich bis an die Maschine für einen schnellen

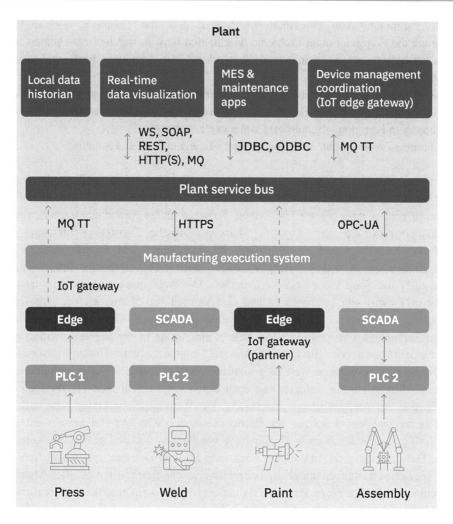

Abb. 6.34 Plant Service Bus zur Anbindung der Anlagen-IT. (IBM)

Fehlerabstellprozess sorgt. Auf dem Production Service Bus setzt dann in Analogie zur
Architektur für die Serviceplattform (vergl. Abb. 6.23) eine Anwendungsplattform mit
Microservices für das Internet der Dinge (Internet of Things; IoT) auf, ausgerichtet auf
produktionsrelevante Lösungen beispielsweise zur vorbeugenden Wartung oder zur
echtzeitnahen Qualitätsüberwachung. Diesen konzeptionellen Ansatz verfolgt beispielsweise auch Volkswagen mit der Ankündigung, eine sogenannte Industrial Cloud (IC) auf
Basis einer Digitalen Produktionsplattform (DPP) als Middlelayer aufzubauen [Hof19].
Abb. 6.35 stellt diesen Ansatz generisch einem in der Fachliteratur vorgestellten Architekturansatz gegenüber [Saq19].

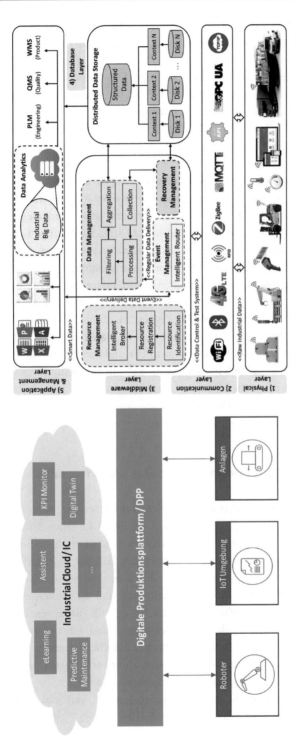

Abb. 6.35 IoT Architekturkonzept in Gegenüberstellung Volkswagen Industrial Cloud. (Autor in Anlehnung [Hof19, Saq19])

In Erweiterung des bei Volkswagen bereits eingesetzten Production Services Bus Ansatzes erfolgt über die DPP sowohl das Handling der IoT Daten in den Werken als auch die Bereitstellung von Basisservices. Die DPP entspricht den beiden mittleren Ebenen im rechts gezeigten Architekturkonzept. Die Bausteine dieser Ebenen dienen dem Datenhandling und koordinieren auch Ressourcen und Events in der Fertigung. Einige dieser Services können zur Einhaltung kurzer Latenzzeiten nahe an den Anlagen auf Edge-Devices bzw. lokalen Servern implementiert werden, während die Anwendungen zur Auswertung der Daten in einer übergeordneten Cloud liegen. Im Volkswagenansatz sollen in dieser Cloud alle Werke verbunden werden, so dass beispielsweise Benchmarks zwischen den Anlagen erfolgen können oder auch die Nutzung von IT-Lösungen aus der Plattform heraus werksübergreifend leicht möglich wird. Die Schnittstellen der Architektur werden normiert und offengelegt. Somit können Anwendungen auch von Dritten erstellt und in der Cloud zur Verfügung gestellt werden.

Dieses visionäre Konzept entwickelt sich derzeit und erste Anwendungen beispielsweise zur Initiierung von vorbeugenden Wartungsmaßnahmen gehen in Betrieb. Somit bestätigt auch diese Initiative, dass übergreifende Integrationslayer wichtig sind, um neben den technologischen Vorteilen auch einen Handlungsrahmen zu geben und so Umsetzungsgeschwindigkeit und Nachhaltigkeit abzusichern. Diese Architektur wird langfristig auch die Basis für den sogenannten Digitalen Schatten bzw. Digital Twin bilden (vergl. Abschn. 5.4.10). In diesem mit Echtzeitdaten belieferten virtuellen Abbild der Produktion können Zukunftsprojektionen und die Simulation von Handlungsalternativen ablaufen, um mögliche Verbesserungsmaßnahmen beispielsweise zur Steigerung der Ausbringungsleistung von Engpassstationen vor dem operativen Einsatz zu prüfen. Ein konkretes Einsatzbeispiel wird dazu in Kap. 9 vorgestellt.

6.2.4   Roadmap Kundenerfahrung, Sales und Aftersales

Ähnlich wie die Fertigung ändert sich auch der Vertrieb und der After-Sales-Bereich der Automobilindustrie umfassend (vgl. Abschn. 5.4.7 und 5.4.8). Der Absatz der Fahrzeuge über die Händler wird zugunsten internetbasierter Vertriebsplattformen zurückgehen. Deshalb ist zu erwarten, dass sich die Anzahl der Händler reduziert, zumindest wird sich deren Geschäftsstruktur verändern. Für die dann entstehenden sogenannten Multichannel-Strukturen sind neue Prozesse, Werkzeuge und Kooperationsmodelle mit den Händlern abzustimmen. Weiterhin sind Vertriebswege für die neuen Herstellerangebote wie Connected Services, Mobilitätsdienstleistungen und fahrzeugbezogene Daten zu schaffen. Im Bereich Aftersales sind neben den Händlern weitere Vertriebswege wie Shopsysteme und herstellerneutrale Plattformen zu erwarten. Auch das Marketing wird sich unter Nutzung digitaler Technologien tiefgehend ändern.

Digitalisierungsinitiativen in den Hauptprozessen des Vertriebs umfassen nach den Erfahrungen des Autors beispielsweise folgende Themen:

- Vertrieb
  - Intuitiv zu bedienende Fahrzeugkonfiguratoren unter Nutzung von Kunden-informationen aus der Historie und Erkenntnissen aus Social Media-Beiträgen; Nachnutzung der Konfiguration in weiteren Kundeninteraktionen
  - Augmented Reality zur Präsentation des Wunschfahrzeugs im virtuellen Raum oder auf hochauflösenden Bildschirmen beim Händler oder im Privatbereich; virtuelle Probefahrten in frei wählbaren Umgebungen
  - Online-Fahrzeugverkauf über Vertriebsplattformen; Entwicklung von Multi-channel-Konzepten
  - Markenübergreifendes durchgängiges Leadmanagement vom Erstkontakt bis zum Fahrzeugkauf
  - Social CRM (Customer Relationship Management); Unterstützung aller Ver-triebsprozesse unter Einbezug unterschiedlicher Daten aus dem Unternehmen und öffentlichen Quellen
  - Kontinuierliche Kommunikation Hersteller/Endkunde über den gesamten Lebens-zyklus des Fahrzeugs beispielsweise zur Vermarktung neuer Connected Services und auch der Unterstützung beim Verkauf und somit Erleichterung zum Wechsel auf einen Neuwagen
  - Digitalisierte Verkäuferarbeitsplätze; Assistenzsysteme mit bedarfsgerechten Unterstützungsfunktionen
  - Unterstützung bei der Definition und beim Aufbau neuer Geschäftsmodelle für Digitaler Produkte beispielsweise für den Handel mit Daten, bei der Vermittlung von Produktkauf oder der Buchung von Übernachtungen mit Hilfe von Connected Services und auch der Monetarisierung der API-Nutzung auf Herstellerplattformen
  - Definition von Vertriebsstrukturen für Mobilitätsservices und für Digitale Produkte sowie Aufbau von geeigneten online Vertriebsplattformen
  - Etablieren von Vertriebspartnerschaften zur gemeinsamen Nutzung etablierter Marktplätze
- Marketing
  - Kundenspezifisches Direktmarketing
  - Marketing für neue digitale Produkte; Strategie im Einklang bzw. zur Förderung von Fahrzeuggeschäft
  - Markenübergreifende umfassende Kundensichten auch unter Einbindung von Social Media-Analysen und Ableitung einer Gesamtsicht auf Kunden (360°-Sicht)
  - Loyalitätsanalyse; frühzeitiges Erkennen von Abwanderungstrends
  - Integration Leadmanagement, Marketing, Vertriebsinitiativen
  - Transaktionsspezifische Kundenzufriedenheits-Analysen im Service
  - Nachverfolgung von Marketing- und Vertriebsmaßnahmen mit kundenspezifischen Ergänzungsangeboten zur Weiterentwicklung des Interesses bis zum Verkaufs-abschluss

- Angebote von Partnerfirmen wie beispielsweise Retailer, Tankstellen und auch Eventanbieter auf der Infotainment-Unit unter Beachtung der kundenspezifischen Lokalisierung
- Medien- und Channel-übergreifendes Brand-Management
- Aftersales / Service
  - Etablieren von Aftersales Plattformen
  - Kontinuierliche Fahrzeugdiagnose; proaktive kundenspezifische Serviceangebote
  - Intelligente Assistenzsysteme bei der Serviceannahme und bei Wartungsarbeiten auf Basis kognitiver Technologien
  - Mobile Devices als Schnittstelle für Anwendungen im App-Format zur digitalisierten Schadensbewertung und für kundenspezifische Finanzierungsoptionen
  - Softwareupdates „over the air"
  - Harmonisierung Garantieabwicklung; Rückkopplung von Trends in den Fehlerabstellprozess
  - Fahrzeugakte online; integrierte Service- und Bauteilehistorie
  - Intelligente Lösungen zur Werkstattbelegungsplanung und Disposition von Ersatzteilen online über die Plattformen
- Ersatzteile
  - 3D-Druck von Ersatzteilen in den lokalen Märkten
  - Teilespezifische bedarfsgerechte Lagerhaltung
  - Online-Teilehandel
  - Blockchain-Methoden zur Teileverfolgung und Quellenabsicherung im Service als Kopierschutz
  - Direktbelieferung von Teilen vom Hersteller in den Service
  - Vorschauende Bedarfsplanung auf Basis von Big Data- und Analytics-Technologien unter Nutzung von Informationen aus Vertriebsprognosen, Social Media, Wetterdaten und historischen Abrufen
- Steuerung und Kontrolle
  - Rollierende Vertriebsplanung unter Nutzung von 360°-Kundensichten
  - Kontinuierliche nutzenorientierte Nachkalkulation von Vertriebs- und Marketingkosten
  - Online-Reporting mit Drilldown-Funktionen
  - Benchmarking ähnlicher Bereiche zwischen Herstellermarken
  - Effizienzsteigerung in der Prozessabwicklung durch Automatisierung.

Diese exemplarische Übersicht mit einer Vielzahl unterschiedlicher Projektthemen zeigt, dass im Vertrieb und im Aftersales tiefgreifende Transformationen in enger Verbindung mit der Digitalisierung stattfinden. Bevor eine Roadmap unter Beachtung der Priorisierung der Initiativen festgelegt wird, sind Entscheidungen zur Ausrichtung und zur Lösung von Zielkonflikten in der bestehenden Vertriebsstruktur zu treffen. Hier sind beispielsweise folgende Situationen zu beachten, jeweils genannt mit einem möglichen Lösungsansatz aus Sicht des Autors:

- Erfolge von Mobilitätsdienstleistungen gehen zu Lasten von Fahrzeugverkäufen
  - Mobilitätsservices in unabhängige Unternehmens-Organisation verlagern; Vertriebswege und Umsetzung der Mobilitätskonzepte unter Einbezug der Händler bestimmen
- Direkter online-Vertrieb von Fahrzeugen und Teilen mindert das Händlergeschäft
  - Abgestimmtes Channel-Konzept rund um zentrale Verteilzentren für die Fahrzeuge („Hubs") definieren; Händler am on-line Verkauf partizipieren lassen und auch in After-Sales-Plattformen und den Vertrieb neuer Produkte einbinden
- Die Mehrheit der Importeure und Händler gehört nicht den Herstellern, sondern sind selbständige Unternehmen. Die Kundeninformation „besitzt" der Handel. Die IT-Infrastruktur im Händlerbesitz ist oft überaltert und ungenügend mit dem Hersteller integriert. Aufgrund geringer Margen bestehen geringe Investitionsmöglichkeiten für Innovation und Digitalisierung.
  - Bereitstellung von offenen cloudbasierten Handelsplattformen für Händler; Teilen der Kundendaten zwischen Handel und Hersteller zur Kompensation.
- Aftersalesplattformen werden herstellerneutrale Services anbieten und so Umsatz und Ergebnis der Hersteller und Servicepartner reduzieren
  - Aufbau von Aftersalesplattformen durch Hersteller für das gesamte OEM Netzwerk
- Vertriebsweg für Mobilitätsdienstleistung, Connected Services und Digitale Produkte
  - Dezidierter Vertrieb in der Mobilitätsorganisation; Nutzung von Partnerschaften und etablierten Plattformen beispielsweise im Vertrieb von Connected Services über App Stores.

Aufbauend auf den grundsätzlichen Entscheidungen zu diesen Fragen sind die Digitalisierungsprojekte auf einer Roadmap zu priorisieren. Dabei ist sicher eine erste Priorität, die Effizienz der Vertriebs- und Serviceprozesse kontinuierlich durch den Einsatz von zeitgemäßen IT- Lösungen gemäß der im Abschn. 6.2.3 erläuterten Vorgehensweise zu verbessern und die Kundenorientierung mit zeitgemäßen Werkzeugen zu erhöhen.

Abb. 6.36 zeigt Digitalisierungsinitiativen der Automobilindustrie über einem zeitlichen Horizont [Wei16]. Die Zeitachse reflektiert die Stabilität und Verfügbarkeit der erforderlichen Technologien und auch die Implementierungsbereitschaft, während die vertikale Achse die Komplexität der Lösung anzeigt. Das Thema der multiplen Vertriebskanäle wird mit hoher Priorität gesehen, gefolgt von weiteren Vertriebsthemen wie die Transformation im After-Sales und im Servicegeschäft sowie die virtuellen Händler. Das Potential des Themas 3D-Druck erfährt mittelfristig ebenfalls eine hohe Einschätzung neben vielen anderen Initiativen aus angrenzenden Unternehmensbereichen wie autonomes Fahren, vorbeugende Wartung und auch standortbezogene Services. Der „smart

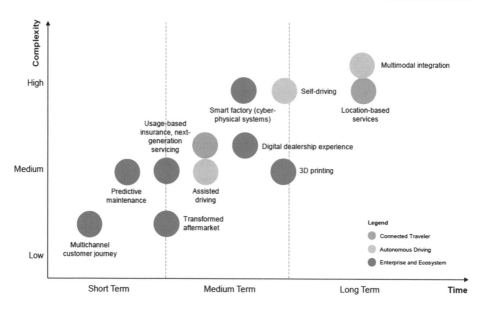

Abb. 6.36 Zeithorizont von Digitalisierungsinitiativen. [Wei16]

factory" auf Basis cyberphysischer Systeme wird hier eine hohe Komplexität zugeordnet und ihre Praxisreife mittelfristig gesehen. Auch nutzungsbezogene Versicherungslösungen werden mit Hilfe der Integration von Fahrzeugdaten angeboten werden.

Die Digitalisierungsinitiativen beeinflussen alle drei Ebenen der etablierten Vertriebsstruktur, sowohl beim Hersteller, als auch bei den Importeuren und im Handel. Es gibt unterschiedliche Abschätzungen zur Quantifizierung des Nutzens der Projekte. Eine Abschätzung zeigt Abb. 6.37.

Beispielhaft sind unterschiedliche Effekte von Digitalisierungsinitiativen gezeigt, die über die etablierte dreistufige Vertriebsstruktur führen (Werte in Prozentpunkten). Durch effizientere Vertriebs- und Marketingaktionen gelingt es, mehr geäußertes Kundeninteresse, sogenannte Leads, in Käufe zu verwandeln und durch proaktive Kundenbetreuung die Herstellerloyalität zu erhöhen. Kundenspezifisches Marketing wird zielgerechter eingesetzt und zeigt bei reduziertem Aufwand mehr motivierende Kaufwirkung, sodass nur geringere Nachlässe erforderlich sind. Insgesamt erwartet man somit in jeder Vertriebsstufe Umsatzsteigerungen von jeweils im Mittel um die 9,5 % bei gleichzeitiger Verbesserung der Ergebnissituation; beim Hersteller sind es bis zu 2,7 % und in den Vertriebsstufen im Mittel um die 1,3 %. Diese Effekte resultieren aus der Effizienzsteigerung der bestehenden Prozesse und Strukturen im Fahrzeuggeschäft. Neue Services, strukturelle Anpassungen sowie neue Produkte sind in den gezeigten Abschätzungen nicht berücksichtigt.

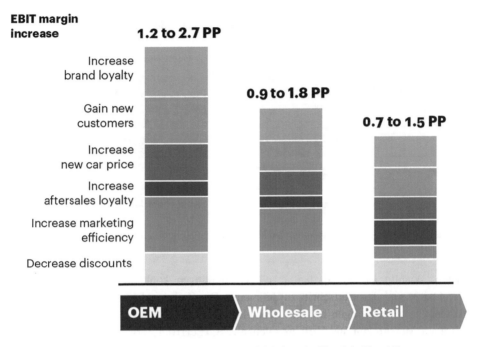

EBIT margin increase

Increase brand loyalty
Gain new customers
Increase new car price
Increase aftersales loyalty
Increase marketing efficiency
Decrease discounts

1.2 to 2.7 PP
0.9 to 1.8 PP
0.7 to 1.5 PP

OEM   Wholesale   Retail

Abb. 6.37   Nutzenabschätzung von Digitalisierungsinitiativen im Vertrieb. [Lan13]

6.3   Übersicht Roadmap und KPIs

Als wesentlicher Teil einer generellen Vorgehensweise zur Entwicklung einer Digitalisierungs-Roadmap für ein herstellerweites Digitalisierungsprogramm wurde mit Abb. 6.12 ein Rahmenkonzept mit vier Themenfeldern und dazu passenden Handlungsempfehlungen zum Vorgehen vorgeschlagen. Für das Querschnittsthema „Steigerung der Prozesseffizienz" durch den Einsatz von Digitalisierungslösungen wurde ebenfalls eine Vorgehensweise entwickelt und diese für die Bereiche Verwaltung, Entwicklung und Produktion mit Fokus auf Industrie 4.0 vertieft. Zusammenfassend ergibt sich als Übersicht für eine konsolidierte Darstellung einer Roadmap Abb. 6.38.

In den Spalten sind die vier vorgeschlagenen Digitalisierungsfelder und jeweils zugeordnet die drei wichtigsten Initiativen zur Umsetzung einer Digitalisierungsstrategie aufgeführt. Diese wurden aus den ausführlichen Erläuterungen dieses Kapitels abgeleitet und sollen daher nicht vertieft werden. Hier geht es vielmehr darum, auf einen Blick die Projekte und ihre Zielrichtung aufzuzeigen. Ein ähnliches Bild sollte jeder Hersteller als Leitbild der unternehmensspezifischen Digitalisierungsstrategie entwickeln und zum Einstieg in die Kommunikation mit Mitarbeitern, Partnern und Kunden zur Orientierung

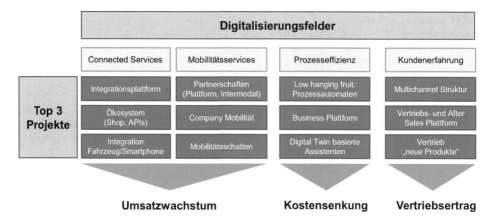

Abb. 6.38 Top-Digitalisierungsinitiativen als Teil einer integrierten Roadmap. (Quelle: Autor)

nutzen. Wichtig ist es, zu den jeweiligen Initiativen konkrete Messgrößen für die Projektziele und den Fortschritt zu definieren. Die Ziele sind herstellerspezifisch, ausgerichtet an der jeweiligen Initiative festzulegen, bei Bedarf abgeleitet aus Studien. Hinweise auf Messgrößen und Verfahren geben z. B. [LeH16, Col14, Web19]. Beispiele für Messgrößen im Digitalisierungsrahmen sind:

- Strategische Ausrichtung
  - Angestrebter Umsatz, Ergebnisbeitrag und Marktanteil aus etabliertem Fahrzeuggeschäft, Mobilitätsdienstleistung, Connected Services und Digitalen Produkten mit Aufbruch zumindest in die Hauptmärkte
  - Umsatzanteil je Vertriebskanal – traditionell, aber auch auf Basis neuer Plattformen in der Multichannelstruktur
- Digitalisierungs-Roadmap
  - Anzahl Mitarbeiter aktiv zur Entwicklung neuer Produkte
  - Investment in Digitalisierungsprojekte
  - Anzahl strategischer Partnerschaften mit Fokus Digitalisierung
  - Anzahl Apps entwickelt außerhalb des Unternehmens (Crowdsourcing)
  - Akzeptanz (Aktive User, Follower) des Herstellers in Social Media
- Digitalisierungsprojekte
  - Anzahl Mitarbeiter und Scrum-Teams
  - Anzahl Use Cases und Story Points
  - Zeitdauer MVP
  - APIs, Microservices: Anzahl, Nutzung
  - Umfang Anwendungen in Cloudumgebungen vs. Interne RZs

Die Festlegung von Zielgrößen und ihre Kommunikation ist Teil einer Kultur, die eine Umsetzung der Digitalisierungs-Strategien bzw. der -Roadmap in agiler, offener Vorgehensweise fördert und forciert. Auf das Thema Kultur als wesentlicher Erfolgsfaktor bei der Umsetzung geht nun Kap. 7 ein.

Literatur

[Aec20] N.N.: General Principal and vision. White Paper Automotive Edge Computing Consortium (AECC). https://aecc.org/resources/publications/ (2020). Zugegriffen: 15. Apr. 2020

[And16] Anderl, R., Bauer, K., Bauerhansl, T., et al.: Fortschreibung der Anwendungsszenarien der Plattform Industrie 4.0, Hrsg. Bundesministerium für Wirtschaft und Energie (BMWi), Berlin. https://www.plattform-i40.de/PI40/Redaktion/DE/Downloads/Publikation/fortschreibung-anwendungsszenarien.pdf?__blob=publicationFile&v=8 (2016). Zugegriffen: 20. Apr. 2020

[APQC18] APQC: APQC Process Classification Framework (PCF) - Automotive. Standardgeschäftsmodell. https://www.apqc.org/resource-library/resource-listing/apqc-process-classification-framework-pcf-automotive-oem-excel-1 (2018). Zugegriffen: 20. Apr. 2020

[BMWi16] BMWi: Die Digitalisierung der Industrie – Plattform, Industrie 4.0; Fortschrittsbericht, Hrsg. Bundesministerium für Wirtschaft und Energie (BMWi), Berlin. https://www.bmwi.de/Redaktion/DE/Publikationen/Industrie/digitalisierung-der-industrie.pdf?__blob=publicationFile&v=10 (2016). Zugegriffen: 20. Apr. 2020

[BMWi19_1] BMWi: Technologieszenario „Künstliche Intelligenz in der Industrie 4.0", Hrsg. Bundesministerium für Wirtschaft und Energie (BMWi), Berlin. https://www.plattform-i40.de/PI40/Redaktion/DE/Downloads/Publikation/KI-industrie-40.pdf?__blob=publicationFile&v=10 (2019). Zugegriffen: 20. Apr. 2020

[BMWi19_2] BMWi: Fortschrittsbericht 2019: Industrie 4.0 gestalten. Souverän.Interoperabel. Nachhaltig, Hrsg. Bundesministerium für Wirtschaft und Energie (BMWi), Berlin. https://www.plattform-i40.de/PI40/Redaktion/DE/Downloads/Publikation/hm-2019-fortschrittsbericht.pdf?__blob=publicationFile&v=6 (2019). Zugegriffen: 20. Apr. 2020

[Bon19] Bonnaud, S., Didier, C., Kohler, A.: Industrie 4.0 and Cognitive Manufacgturing, IBM, Armonk. https://www.ibm.com/downloads/cas/M8J5BA6R (2019). Zugegriffen: 20. Apr. 2020

[Bra14] Bratzel, S., Kuhnert, F., Viereckl, R., et al.: Connected car studie 2014 strategy&, PwC, CAM. Kurzversion. https://www.pwc.de/de/automobilindustrie/assets/automobilbranche-das-vernetzte-fahrzeug-ist-das-grosse-thema-der-zukunft.pdf(2014). Zugegriffen: 20. Apr. 2020

[Bra19] Bratzel, S.: Connected car innovation studie 2019. Center of Automotive Management CAM, https://www.mobility-services-report.car-it.com (2019). Zugegriffen: 15. Apr. 2020

[Bro16] Broy, M., Busch, F., Kemper, A., et al.: Digital mobility platforms and ecosystems, State of the Art Report, Juli 2016, Projektkonsortium Technische Universität München, Living Lab Connected Mobility. https://mediatum.ub.tum.de/doc/1324021/1324021.pdf(2016). Zugegriffen: 20. Apr. 2020

[Col14] Colas, M., Buvat, J., KVJ, S., et al.: Measure for measure: The difficult art of quantifying return on digital investments. Capgemini consulting. https://www.capgemini.com/consulting-fr/wp-content/uploads/sites/31/2017/08/measure-for-measure_the-difficult-art-of-quantifying-return-on-digital-investments_capgemini_consulting.pdf (2014). Zugegriffen: 20. Apr. 2020

[Chr16] Christensen, C., Dillon, K., Hall, T., et al.: Competing against luck: The story of innovation and customer choice. HarperBusiness, New York (2016)

[Dai19] N.N.: Daimler Mobility im Überblick – Ausgabe 2019. https://media.daimler.com/marsMediaSite/de/instance/print/Daimler-Mobility-im-Ueberblick--Ausgabe-2019.xhtml?oid=44137134&ls=L2RlL2luc3RhbmNlL2tvLnhodG1sP29pZD00Mzk2NzA4MSZyZWxJZD02MTEyMyZmcm9tT2lkPTQzOTY3MDgxJmJvcmRlcnM9dHJ1ZSZyZXN1bHRJbmZvVHlwZUlkPTE3NSZhaWV3VHlwZT10aHVtYnNmc29ydERlZmluaXRpb25JbmZvVHlwZUlkPTE3Mzc5NzthV2V3VHlwZT10aHVtYnNfbiMmc29ydENvxJnRodW1iU2NhbGVJbmRleD0wJnJvd0NvdW50c0luZGV4PTU!&rs=0 (2019). Zugegriffen: 15. Apr. 2020

[Dai20] N.N.: Digital Life @ Daimler, Passagen aus der aktuellen Internetdarstellung, Aril 2020. https://www.daimler.com/konzern/strategie/digitallife/ (2020). Zugegriffen: 15. Apr. 2020

[Der20] Dernbach, C., Petermann, J.: Vernetzte Autos – VW und Microsoft bauen Zusammenarbeit aus, Produktion. https://www.produktion.de/themen/mobilitaet-zukunft/vernetzte-autos-vw-und-microsoft-bauen-zusammenarbeit-aus-251.html (2020). Zugegriffen: 15. Apr. 2020

[Dil19] Dillet, R.: Daimler and BMW invest $1.1 billion in urban mobility services, techcrunch. https://techcrunch.com/2019/02/22/daimler-and-bmw-invest-1-1-billion-in-urban-mobility-services/ (2019). Zugegriffen: 15. Apr. 2020

[Dor19] Dorst, W., Falk, S., Hoffmann, M., et.al.: Digitale Geschäftsmodelle für die Industrie 4.0, BMWi Ergebnispapier, Berlin. https://www.de.digital/DIGITAL/Redaktion/DE/Digital-Gipfel/Download/2019/S. 3-digitale-geschaeftsmodelle-ergebnispapier.pdf?__blob=publicationFile&v=3 (2019). Zugegriffen: 15. Apr. 2020

[ECO16] Economist: It starts with a single app. Economist. https://www.economist.com/news/international/21707952-combining-old-and-new-ways-getting-around-will-transform-transportand-cities-too-it (2016). Zugegriffen: 20. Apr. 2020

[Est18] Estrada, z.: Ford plans to develop a connected car open-source platfrom, The Verge. https://www.theverge.com/2018/1/9/16868278/ford-connected-cloud-autonomic-ces-2018. (2018). Zugegriffen: 15. Apr. 2020

[Fre14] Freese, C., Schönberg, T.: Shared mobility – How new businesses are rewriting the rules od the private transportation game. Roland Berger Studie. https://www.rolandberger.com/publications/publication_pdf/roland_berger_tab_shared_mobility_1.pdf (2014). Zugegriffen: 20. Apr. 2020

[Fuc19] Fuchslocher, G.: Für Strategen, car IT Spezial Mobilitätsdienste. https://www.car-it.com/im-mittelpunkt/fuer-strategen-195.html (2019). Zugegriffen: 15. Apr. 2020

[Hof19] Hofmann, M., Walker, G.: Wir schalten Industrie 4.0 live, Volkswagen Portal, Wolfsburg, März. https://www.volkswagenag.com/de/news/stories/2019/03/volkswagen-industrial-cloud.html (2019). Zugegriffen: 20. Apr. 2020

[Kos16] Koster, A.: Das vernetzte Auto im Zentrum der digitalen Disruption, Vortrag Automobil Elektronik Kongress, Ludwigsburg 14./15. Juni 2016

[Kot15] Kotrba, D.: Eine App, um alle Verkehrsmittel zu benutzen, futurezone. https://futurezone.at/digital-life/eine-app-um-alle-verkehrsmittel-zu-benutzen/138.423.413 (2015). Zugegriffen: 20. Apr. 2020

[Lan13] Landgraf, A., Stolle, W., Wünsch, A., et al.: The new digital hook in automotive. White Paper A.T. Kearney. https://de.scribd.com/document/324336814/The-New-Digital-Hook-in-Automotive (2013). Zugegriffen: 20. Apr. 2020

[LeH16] LeHong, H.: Digital business KPIs: Defining and measuring success Gartner research report. https://www.gartner.com/en/documents/3237920/digital-business-kpis-defining-and-measuring-success (2016). Zugegriffen: 20. Apr. 2020

[Mag20] Magenheim-Hörmann, T.: Das Einhorn aus München, Frankfurter Rundschau. https://www.fr.de/wirtschaft/einhorn-muenchen-13419862.html (2020). Zugegriffen: 20. Apr. 2020

[May16] Mayer, M., Mertens, M., Resch, O., et al.: From SOA2WOA, Leitfaden der Bitkom e.V. https://www.bitkom.org/sites/default/files/file/import/160128-FromSOA2WOA-Leitfaden.pdf (2016). Zugegriffen: 20. Apr. 2020

[Men16] Mennesson, T., Knoess, C., Herbolzheimer, C., et al.: Traditionelle Unternehmen in der digitalen Welt – Nachzügler haben das Nachsehen. Studie Oliver Wyman. https://www. oliverwyman.de/content/dam/oliver-wyman/europe/germany/de/insights/publications/2016/ apr/2016_Oliver_Wyman_Traditionelle_Unternehmen_web.pdf(2016). Zugegriffen: 20. Apr. 2020

[Ola14] Olanrewaju, T., Smaje, K., Willmott, P.: The seven traits of effective digital enterprises. McKinsey & Company Artikel. https://www.mckinsey.com/business-functions/organization/ our-insights/the-seven-traits-of-effective-digital-enterprises (2014). Zugegriffen: 20. Apr. 2020

[Pou18] Poutanen, J.: Supporting strategy deployment with EA, IBM / Slideshare. https:// de.slideshare.net/JoukoPoutanen/enterprise-architecture-in-strategy-deployment   (2018). Zugegriffen: 15. Apr. 2020

[Pro17] Probst, L., Pedersen, B., Lonkeu, O.-K: Digital transformation monitor: The race for automotive data, European Commission. https://ec.europa.eu/growth/tools-databases/dem/ monitor/sites/default/files/DTM_The%20race%20for%20automotive%20data%20v1.pdf (2017). Zugegriffen: 20. Apr. 2020

[PSA18] N.N.: PSA will rund drei Millionen Fahrzeuge vernetzen, car IT. https://www.car-it.com/ technology/psa-will-rund-drei-millionen-fahrzeuge-vernetzen-238.html (2018). Zugegriffen: 15. Apr. 2020

[Ren16] Renner, T., von Tippelskirch, M. (Hrsg.): Shared E-Fleet – Fahrzeugflotten wirtschaftlich betreiben und gemeinsam nutzen, Shared-E-Fleet-Konsortium, Forschungsvorhaben BMWi; Abschlussbericht 2016, Fraunhofer-Institut für Arbeitswirtschaft und Organisation IAO. https://shared-e-fleet.de/index.php/de/downloads (2016). Zugegriffen: 20. Apr. 2020

[Rom19] Romero, D., Flores, M. Herrera, M. et.al.: Five management pillars for digital trans-formation integrating the lean thinking philosophy, researchgate Juni 2019. https://www. researchgate.net/publication/333907572_Five_Management_Pillars_for_Digital_Trans-formation_Integrating_the_Lean_Thinking_Philosophy (2019). Zugegriffen 15. Apr. 2020

[SAP19] SAP: SAP roadmap for automotive. https://www.sap.com/germany/products/roadmaps/ finder-industries.html (2019). Zugegriffen: 20. Apr. 2020

[Saq19] Saqlain, M., Piao, M., Shim, Y. et.al: Framework of an IoT-based industrial data management for smart manaufacturing. Journal of Sensor and Actuator Networks. https:// www.google.com/url?sa=t&rct=j&q=&esrc=s&source=web&cd=2&ved=2ahUKEwi Mk4fwqefoAhVL4aQKHUIbDcUQFjABegQIAhAB&url=https%3A%2F%2Fwww.mdpi. com%2F2224-2708%2F8%2F2%2F25%2Fpdf&usg=AOvVaw1ek4O6CA6tkoqRUGnwuzkr (2019). Zugegriffen: 20. Apr. 2020

[Sch18] Schmidt, A., Reers, J., Gerhardy, A.: Mobility as a service, accenture studie. https:// www.accenture.com/_acnmedia/accenture/conversion-assets/dotcom/documents/global/pdf/ dualpub_26/accenture-mobility-as-a-service.pdf (2018). Zugegriffen: 15. Apr. 2020

[Str16] Strelow, M., Wussmann, M.: Digitalisierung in der Automobilindustrie – Wer gewinnt das Rennen, Studie Iskander Business Partner GmbH. https://i-b-partner,com/wp-content/ uploads/2016-09-06-Iskander-RZ-Whitepaper-Digitalisierung-in-der-Automobilindustrie-DIGITAL.pdf (2016). Zugegriffen: 20. Apr. 2020

[TUD16] Technische Universität Darmstadt: 25 Jahre Lean Management. Studie der Staufen AG und des Instituts OTW der Technischen Universität Darmstadt. https://www.staufen. ag/fileadmin/HQ/02-Company/05-Media/2-Studies/STAUFEN.-studie-25-jahre-lean-management-2016-de_DE.pdf (2016). Zugegriffen: 20. Apr. 2020

[VDI13] VDI: VDI Richtlinie 2870, Blatt 2 – Ganzheitliche Produktionssysteme Methoden-katalog, Verein Deutsche Ingenieure, März (2013)

[VDMA15]   N.N.: Leitfaden Industrie 4.0 – Orientierungshilfe zur Einführung in den Mittelstand, VDMA-Verlag, Frankfurt. https://www.vdmashop.de/refs/VDMA_Leitfaden_ I40_neu.pdf (2015). Zugegriffen: 20. Apr. 2020

[Web19] Weber, H., Krings, J., Seyfferth, J. et.al.: The 2019 strategy& digital auto Report, studie strategy&, PWC. https://www.strategyand.pwc.com/gx/en/insights/2019/digital-auto-report/ digital-auto-report-2019.pdf (2019). Zugegriffen 15. Apr. 2020

[Wed15] Wedeniwski, S.: Mobilitätsrevolution in der Automobilindustrie Letzte Ausfahrt digital! Springer Verlag, Berlin (2015)

[Wei16] Weinelt, Bruce (Hrsg.): World economic forum Davos, white paper: Digital trans-formation automotive industry. https://www.accenture.com/t20160505T044104__w__/us-en/_ acnmedia/PDF-16/Accenture-wef-Dti-Automotive-2016.pdf (2016). Zugegriffen: 8. Nov. 2016

[Wes12] Westerman, G., Tannou, M., Bonnet, D.: The digital advantage: How digital leaders outperform their peers in every industry. Studie Capgemini Consulting und MIT Sloan, Management.   https://www.capgemini.com/resource-file-access/resource/pdf/The_Digital_ Advantage__How_Digital_Leaders_Outperform_their_Peers_in_Every_Industry.pdf   (2012). Zugegriffen: 13. Okt. 2016

[Wie14] Wiendahl, H.-P.: Betriebsorganisation für Ingenieure, 8. Aufl. Carl Hanser, München (2014)

[Win15] Winterhoff, M., Kahner, C., Ulrich, C., et al.: Zukunft der Mobilität 2020 Die Auto-mobilindustrie im Umbruch. Studie Arthur D Little. https://www.adlittle.de/uploads/ tx_extthoughtleadership/ADL_Zukunft_der_Mobilitaet2020_Langfassung.pdf   (2015). Zugegriffen: 7. Aug. 2016

Unternehmenskultur und Organisation

Das Thema der Kulturanpassung sowie das Erzeugen einer Start-Up-Mentalität gekennzeichnet durch Agilität und Entrepreneurship als zwingende Voraussetzung für eine erfolgreiche und durch Digitalisierung getriebene Transformation sind Inhalt dieses Kapitel. Dazu werden neue Methoden zum Innovations- und Projektmanagement wie beispielsweise Scrum und Design Thinking vorgestellt und Organisationsvorschläge unter dem Aspekt der Digitalisierung erläutert. Der IT Anwendungsbereich sollte aus der IT-Organisation gelöst und in die Fachbereiche migriert werden, um der Bedeutung der IT als strategischem Kernelement der Automobilindustrie Rechnung zu tragen und Schwung für den digitalen Wandel zu gewinnen. Die Veränderung der Wichtigkeit der CDO-Rolle weg vom Chief Digital Officer hin zum Chief Data Officer wird ebenso behandelt wie zeitgemäße Aspekte der Personalarbeit mit neuen Wegen der Ausbildung, des Hirings und der Karriereentwicklung sowie ein angemessenes Change-Management für eine erfolgreiche digitale Transformation.

Elektrisch angetriebene, autonom fahrende Autos beschleunigen den Trend hin zu Mobilitätsdienstleistungen, die bedarfsweise und komfortabel über Apps per Smartphone verfügbar sind. Zukünftig steht zum gewünschten Abfahrttermin ein fahrerloses „Robotaxi" bereit, das seine Kunden zum Zielort fährt und danach, während im Hintergrund noch die Bezahlung der Services online erfolgt, bereits zum nächsten Einsatzort unterwegs ist. Die Fahrzeuge sind über Connected Services verbunden und werden durch ein übergeordnetes Steuerungssystem innerhalb des „Mobilen Schattens" effizient ohne Staus durch den Verkehr gelenkt. Mit diesen komfortablen Services tritt der Fahrzeugbesitz zumindest in den Städten in den Hintergrund. Nur in den „emerging markets" und auch für wenige Fahrzeuge in den „Liebhabersegmenten" wie beispielsweise Sportwagen und Luxuskarossen, besteht weiterhin das traditionelle Fahrzeuggeschäft. Diese Vision der zukünftigen Automobilindustrie erläuterte Kap. 5, 6 und 9 im Detail und das Kap. 10 im langfristigen Ausblick.

U. Winkelhake, *Die digitale Transformation der Automobilindustrie*, https://doi.org/10.1007/978-3-662-62102-8_7

Anbieter von Mobilitätsdienstleistungen betreiben unterschiedliche Geschäftsmodelle. Für dienstleistereigene Flotten sind Fahrzeuge zu beschaffen, während in „shared Konzepten" Privat- oder auch Unternehmenswagen mit genutzt werden. Insgesamt sinkt der Fahrzeugbedarf aufgrund der höheren Nutzungsgrade im Dienstleistungsgeschäft. Die Bedeutung der IT als Kernbestandteil des Automobilgeschäftes wächst exponentiell. Um in diesem veränderten Marktumfeld auch mit neuen Angeboten zur Kompensation von Umsatzrückgang aus dem Fahrzeugverkauf wettbewerbsfähig teilnehmen zu können, ist es für die Automobilindustrie zwingend erforderlich, sich neu zu erfinden.

Die bewährte Strategie, Innovation an leistungsfähigen Motoren, windschnittigen Karossen, neuen Materialien und effizienter Fertigungstechnologie festzumachen, wird zukünftig nicht mehr entscheidend sein. Die Hersteller müssen neue Strategien und neue Geschäftsmodelle mit neuen Angeboten etablieren. Dabei bewegen sich die Optionen in einem Spektrum von „Mobilitätsdienstleister mit angeschlossener Fahrzeugproduktion" bis hin zu „Foxconn für Mobilitätsdienstleister bzw. Hochleistungsfertiger", aber auch in Mischformen je nach Zielmarkt und Fahrzeugsegment. Mit der Festlegung der Strategie gilt es dann für die Hersteller, mit umfassenden Transformations- und Digitalisierungs-initiativen ihr Unternehmen auf die neuen Ziele auszurichten.

Bei den bevorstehenden tiefgreifenden Veränderungen bestehen die Heraus-forderungen nicht so sehr in der Beherrschung und Verfügbarkeit der erforder-lichen Digitalisierungstechnologien. Viel schwieriger wird es sein, alle Mitarbeiter zu motivieren, die Transformation und den Wandel aktiv mit zu gestalten und nicht skeptisch in alten Verhaltensmustern und Abläufen zu verharren oder den Wandel gar zu torpedieren. Die heutige Unternehmenskultur der Hersteller ist oft noch durch hierarchische Strukturen und traditionelle Wertesysteme geprägt. Um die damit ver-bundenen Verkrustungen aufzubrechen und eine Aufbruchsstimmung als Basis für die Veränderung zu erzeugen, ist eine neue „digitale Kultur" erforderlich. Diese ist geprägt von Neugierde, Änderungsbereitschaft und flachen Hierarchien. Geschwindigkeit und Agilität stehen über formalen, trägen Prozessabläufen.

Das Thema der Kulturanpassung sowie das Erzeugen einer Start-Up-Mentalität als zwingende Voraussetzung für eine erfolgreiche und durch Digitalisierung getriebene Transformation ist deshalb Gegenstand dieses Kapitels.

7.1   Kommunikation und Führung

Eine Unternehmenskultur reflektiert sich im selbstverständlichen Verhalten der Mit-arbeiter untereinander und gegenüber Kunden, sie umfasst die gelebten Werte, das Klima und die Moral. Die Kultur ist auch immer stark durch die Historie und die Wurzeln des Unternehmens, durch die Reputation der Produkte in den Märkten, das Feedback von Kunden und die wirtschaftlichen Rahmenbedingungen geprägt. Sie bildet die Basis für den Unternehmenserfolg, zu dem die Mitarbeiter zielgerecht und motiviert im Sinne der Umsetzung der Geschäftsstrategie beitragen [Kle19].

Aufbauend auf der weit über hundertjährigen Geschichte des Automobils und anhaltender wirtschaftlichen Erfolge der Branche ist bei vielen Herstellern die auf den jeweiligen Grundwerten des Unternehmens basierende Kultur fest im Mitarbeiterverhalten verankert. Berufsbilder und Karrieremodelle haben über Generationen hinweg in gleicher Weise Bestand und wurden oft in den Familien weitergegeben. Hier findet jetzt aber ein Umbruch statt. Gerade unter den Aspekten der Globalisierung und dem damit verbundenen Zusammenarbeiten unterschiedlicher Kulturen und auch mit dem Eindringen von mehr und mehr „artfremder" Technologie, umfassender Digitalisierung und dem Aufbau neuer Geschäftsfelder werden die Grundwerte der Unternehmen stark beeinflusst [Sch19]. Die etablierte Kultur gilt es nun hierfür nachhaltig zu verändern, um damit die Basis für den zwingend erforderlichen Aufbruch zu legen. Das Ziel ist zusammengefasst unter dem Begriff „Corporate Culture 4.0", die wiederum gemäß einer Studie gekennzeichnet ist durch die in Abb. 7.1 gezeigten Werte.

Eine zeitgemäße Unternehmenskultur wird gemäß dem Feedback der Unternehmen durch die im oberen Bildteil gezeigten Werte geprägt. Besonders die Themen Kundenorientierung, Selbstverpflichtung, flache Hierarchien und Feedback-Kultur haben nach Einschätzung des Autors bei den Herstellern noch Nachholbedarf. Kontinuierliches Lernen und Führungskräfte, die eher als Coach und Motivator agieren und auch mal mit Vertrauen loslassen und die Autonomie der Mitarbeiter zulassen, sind ebenfalls wichtige Ziele. Im unteren Bildteil sind die aktuellen Hemmnisse basierend auf einer zeitgleichen anderen Studie aufgeführt. Nach Einschätzung von Mitarbeitern und auch von Führungskräften in den Fachabteilungen wird nicht genug kommuniziert. Hier besteht eine große Lücke gerade beim offenen Umgang mit kritischen Themen und auch als Basis von erfolgreichem Change-Management (vergl. Abschn. 7.7.4). Weiterhin behindern zu viele Regularien die Transformation der Unternehmenskultur hin zu dem gezeigten neuen Wertesystem. Hierbei würde auch, gemäß dem Feedback vieler Studienteilnehmer, mehr Unterstützung und Vorleben von der Geschäftsleitung helfen. Kritische Themen müssen pro-aktiv, auch über Hierarchieebenen hinweg, in einem wertschätzenden Dialog aufgegriffen werden. Diese Verbesserungen sind eindeutig eine Aufgabe der Führungskraft, welche die relevanten Kommunikationslücken bewusst angeht und im Verhalten vorlebt. Die erforderlichen Veränderungen der Führungsrolle in der Transformation verdeutlich die Abb. 7.2.

Besonders gefragt ist die Rolle des Coaches und Konfliktmanagers. Ein schönes Leitbild in diesem Sinne ist in aus Sicht des Autors Jürgen Klopp, Fußballtrainer des FC Liverpool. Mit ausgestrahlter Energie, Motivation und Begeisterung für sein Team und die gemeinsame Aufgabe lebt er als Vorbild seine Vision vor. Er reißt seine Mitspieler auf diese Weise mit – und nicht mit hierarchischen Anweisungen. Rückschläge werden weggesteckt und mit Aufmunterungen und Anpassungen geht ein Ruck durch das Team und es wird gemeinsam gekämpft, einen etwaigen Rückstand aufzuholen. Wenn dann das gemeinsame, hohe Ziel erreicht wird, wird extensiv gefeiert und die Work-Life-Balance kommt im passenden Augenblick nicht zu kurz. Das ist die Grundeinstellung und das Führungsverhalten das von modernen Managern erwartet wird. Dann gelingt

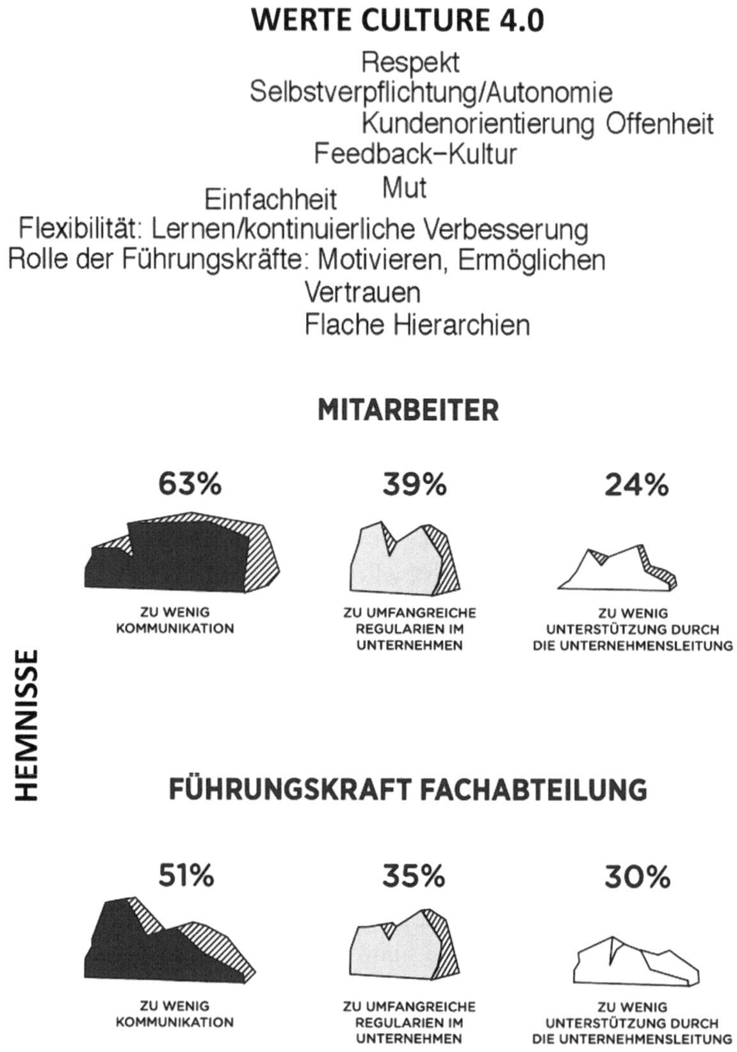

Abb. 7.1 Werte Corporate Culture 4.0 und wesentliche aktuelle Hemmnisse. (in Anlehnung [Hay19, Kle19])

auch der glaubwürdige Umgang mit Veränderungs-, Termin- und Kostendruck. Natürlich sollen dabei traditionelle und bewährte Best Practices der Geschäftsführung nicht hinten runterfallen. Weiterhin gilt es, solide und effizient zu wirtschaften, Investitionen genau zu bewerten und Complianceregeln einzuhalten. Um diesen Herausforderungen gewachsen zu sein, wird in Fachstudien gefordert, dass erfolgreiche Führungskräfte ambidestrous, d. h. beidhändig, agieren müssen [ORe13]. Hierunter wird im Zusammenhang mit Innovation und Transformation die Fähigkeit verstanden, neben dem Managen

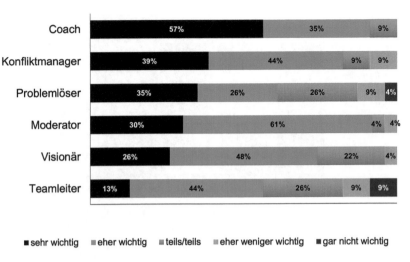

Abb. 7.2 Rolle der Führungskräfte in der Culture 4.0. [Kle19]

traditioneller Verbesserungsmaßnahmen in etablierten Geschäftsfeldern gleichzeitig neue disruptive Modelle zu entwickeln und voran zu treiben. Dabei sollte die „Kloppo-Attitüde" das Leitbild sein, um so alle Mitarbeiter mit Begeisterung abzuholen und mit auf die Transformationsreise zu nehmen.

Die Hersteller waren in der Vergangenheit nahezu ausschließlich auf traditionelle Vorgehensweisen und das kontinuierliche Verbessern der bestehenden Strukturen fokussiert, um beispielsweise mit Lean Methoden Verschwendung in den Produktions-abläufen zu vermeiden oder mit Kaizen und Six Sigma-Ansätzen die Qualität abzu-sichern. Agilität, Experimentierfreude und Risikobereitschaft sind aber typische Voraussetzungen für die Entwicklung bahnbrechender Ideen. Diese neuen Fertigkeiten sind zu fördern, bestimmen sie doch den für die Digitalisierung erforderlichen Kultur-wandel. Bisherige hierarchische Strukturen und Wertesysteme treten mehr und mehr in den Hintergrund und es sind projektbezogene Organisationsformen, „out of the box"-Denken über Grenzen hinweg, Flexibilität, Lernbereitschaft, Verantwortungsüber-nahme und Aufbruchsstimmung gefragt. Aktuell ist in den Unternehmen oft noch das traditionelle Organisationsmodell gegliedert in Bereiche mit vertikalen Berichtslinien etabliert. Gerade im Rahmen der digitalen Transformation und der immens wachsenden Bedeutung der „car IT" könnte zukünftig eine Matrixorganisation für die Hersteller eine passende Alternative sein. Einen Vorschlag unterbreitet Abb. 7.3.

Gezeigt ist einer Organisationsmatrix. In den senkrechten Säulen sind Kompetenzen gebündelt, beispielsweise die Entwicklung, eine neue Einheit für elektronische Fertigung und auch eine Querschnittseinheit für Artificial Intelligence (AI) und Lieferanten-management. Dies Kompetenzteams werden dann in übergreifende Projekte (Domains) eingebunden, beispielsweise zur Entwicklung und Fertigung eines autonom fahrenden

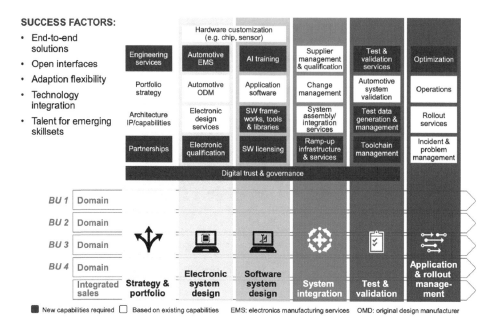

Abb. 7.3 Option für die Zukunft: Hybride Organisationsstruktur. [Web19]

Autos. In dieser Domäne liegt dann die Gesamtverantwortung für das Projekt über den gesamten Fahrzeuglebenszyklus. Weiterhin wird in dem Konzept gezeigt, in welchen Bereichen bei den Herstellern neues Wissen und Fertigkeiten aufgebaut werden müssen. Hierauf geht Abschn. 7.4 ein. Der gezeigte Vorschlag ist sicher ein innovativer Organisationsansatz, der aber durchaus eine Option für zukünftige Fahrzeugprojekte ist, die ohnehin von Grund auf neu „greenfield" aufsetzen.

Auch in solchen neuen Strukturen müssen Führungskräfte in der Lage sein, ihre Mitarbeiter an diese neue Welt heranzuführen, dabei Freiheitsgrade zu schaffen sowie Teams in neuen Organisationsformen zu motivieren, komplexe Themen zu strukturieren und an den Lösungen ohne feste Zielvorgaben mit neuen Vorgehensweisen zu arbeiten. Um das Verständnis und die Kommunikation über hierarchische Ebenen hinweg zu steigern, sollten als innovative Methode beispielsweise das „reverse Mentoring" genutzt werden. Hierbei treffen sich „gestandene Führungskräfte" regelmäßig mit einem digitalen Native ihres Unternehmens als persönlichen Mentor zum Coaching zu aktuellen Themen aus dem Bereich der Digitalisierung. Auf diese Weise werden Blockaden abgebaut und eine offene Kommunikation vorgelebt.

Wie bereits dargelegt, ist die Basis für diese neue Kultur die Vision des Unternehmens und darauf aufbauend die Geschäftsstrategie, die intern und extern mit klaren und messbaren Zielen zu kommunizieren ist. Jeder Mitarbeiter, Partner und Kunde sollte verstehen, was die Ziele des Unternehmens sind und wie diese erreicht werden sollen. Dazu ist aufzuzeigen, welche Grundeinstellung das Unternehmen als Kulturbestandteil von ihren Mitarbeitern erwartet. Die kommunizierte Ausrichtung ist dann durch glaubwürdiges Vorleben durch die Führungskräfte konkret zu vertiefen.

Diese Hinweise zur Veränderung der Unternehmenskultur werden für die Zielsetzung des Buches als ausreichend angesehen. Zur bedarfsweisen Vertiefung wird auf die Fachliteratur verwiesen, die sich wissenschaftlich und umfassend mit dem Thema der Kulturveränderung auseinandersetzt [Kle19, Sch19]. Hier noch kurz ein Praxisbeispiel.

BMW betont die Wichtigkeit, eine einzigartige Unternehmenskultur zu schaffen. Im Fokus stehen die Mitarbeiter und die Ausrichtung auf die wesentlichen Transformationselement wird klar im Internetauftritt kommuniziert. Zur Verdeutlichung dient ein Zitat, entnommen dem entsprechenden Bereich des Internetauftritts des Unternehmens [BMW20]:

> „Das Wir macht den Unterschied. Wir: Das bedeutet, gemeinsam zu wirken, sich gegenseitig zu inspirieren und einander Rückhalt zu geben. Es ist genau dieses Wir-Gefühl, das unsere Leidenschaft für Fahrzeuge und Technik prägt und uns jeden Tag ein Stück Automobilgeschichte schreiben lässt. Egal, ob Forschung, Entwicklung, Marketing oder Produktion – bei der BMW Group ist Teamwork gefragt, wenn es darum geht, die Mobilität der Zukunft zu gestalten. Bereichsübergreifend und über jegliche Hierarchien hinweg leben wir Vertrauen und Wertschätzung. Denn wir wissen: Wegweisende Innovationen und einzigartige Produkte können nur in einer besonderen Unternehmenskultur entstehen. Digitalisierung treibt alles voran. Sie verändert unsere Gesellschaft, die Art, wie wir leben, kommunizieren und uns fortbewegen. Mobilität wird durch sie neu erfunden und kann mittels vernetzter Technologien mehr Sicherheit und Komfort im Straßenverkehr auf ein neues Level heben. Auf dem Gebiet intelligenter Vernetzung von Fahrzeugen und Integration digitaler Mobilitätsdienste sind wir schon heute Vorreiter.“

Die Ausrichtung des Unternehmens auf die Veränderung und die Digitalisierung und die notwendige Transformation der Unternehmenskultur wird deutlich, ohne dabei den Unternehmenskern, nämlich tolle Autos und Mobilität für die Kunden, aus den Augen zu verlieren. Auf dem Weg hin zu Culture 4.0 setzt die Führung auf Kreativität und Teamgeist der Mitarbeiter und motiviert sie mit innovativen Projekten und einer offenen Kommunikation. Zur Veränderung der Kultur gehören die Anwendung und das Vorleben neuer Arbeitsweisen, Methoden und auch entsprechender Werkzeuge beispielsweise für die Projektbearbeitung und Kooperation. Einige werden daher im Folgenden vorgestellt.

7.2   Agile Projektmanagementmethoden

Viele Unternehmen setzen auf agile Methoden und Vorgehensweisen, um in bereichsübergreifend arbeitenden Teams schnelle Projekterfolge zu erzielen. Ursprünglich kommen diese Ansätze aus dem Bereich der Softwareentwicklung, werden aber zunehmend auch auf die Bearbeitung anderer Arbeitsinhalte übertragen. So lassen sich neue Ideen und Ansätze pragmatisch und schnell entwickeln und auf Machbarkeit und Erfolg testen. Diese Vorgehensweisen bieten durch das konsequente Anwenden und Vor-

leben gleichzeitig einen idealen Rahmen, um die Transformation der Unternehmenskultur voranzubringen.

Agile Vorgehensweisen in der Softwareentwicklung wurden bereits in den 1990er
Jahren publiziert und angewandt. Die bis dahin etablierten Verfahren der Softwareentwicklung wurden als zu wenig kundenorientiert, zu schwerfällig, zu dokumenten-
lastig und so zu langsam angesehen. Die neuen Ansätze zielen auf eine Verbesserung
dieser Situation. Die Verbreitung der Ideen beschleunigte sich erheblich durch die
Formulierung des sogenannten Agilen Manifests im Jahr 2001, das siebzehn bekannte
Softwareentwickler veröffentlichten und das heute mehrere tausend Unterzeichner
hat [Bee01]. Das Manifest schreibt vier Werte und 12 Prinzipien der agilen Entwicklung fest. Als Wert gilt beispielsweise, dass die Zusammenarbeit mit dem Kunden
über der Vertragsverhandlung steht und dass das Reagieren auf Veränderungen über
dem Ausführen eines Plans steht. Prinzipien sind beispielsweise die Lieferung von
funktionierender Software in regelmäßigen kurzen Zeitspannen, die nahezu tägliche
Zusammenarbeit der Fachexperten, das ständige Augenmerk auf technische Exzellenz
und gutes Design, die essenzielle Einfachheit sowie die Selbstorganisation der Teams
bei Planung und Umsetzung. Die Werte und Prinzipien strahlen Kundenorientierung,
Flexibilität und Dynamik aus und machen klar, warum diese Ansätze von vielen Unternehmen angestrebt werden, um damit generelle Projekterfolge zu erreichen und auch die
Unternehmenskultur im Sinne der Digitalisierung zu fördern. Die Einsatzmöglichkeiten
sind breitgefächert und leicht anhand von online Leitfäden und Fachliteratur zu erlernen,
beispielsweise [Heb20, Lew20].

Aufbauend auf den Werten und Prinzipien hat sich eine Vielzahl von Methoden
etabliert, unterstützt durch verschiedene Praktiken und Tools. Diesen Zusammenhang
und eine Einordnung verdeutlicht Abb. 7.4.

Die Abbildung zeigt den Zusammenhang der agilen Begriffe ausgehend vom
Manifest über Methoden bis hin zu den Praktiken, Techniken und Tools. Im Bereich der
Methoden sind Scrum und Kanban sehr geläufig, während als Techniken innerhalb der
Methoden dann Story Point-Verfahren zur Beschreibung von Anwendungsszenarien und
sogenannte Burndown-Charts zum Aufzeigen des Erstellungsfortschritts weit verbreitet
sind.

Abb. 7.5 zeigt die Ergebnisse einer Studie, in der acht agile Methoden und das
klassische Vorgehen im Projektmanagement nach neun Bewertungskriterien wie
z. B. Ergebnisqualität, Planungssicherheit und Effizienz von Anwendern verglichen
wurden. Die Agilen Methoden schneiden in der gesamten Leistungsfähigkeit besser
ab als das herkömmliche Projektmanagement. Das traditionelle Angehen wird im
Bereich Planungssicherheit und Fortschrittskontrolle geschätzt und erreicht damit bei
relativ niedriger Feedbackanzahl gute Kundenzufriedenheit. Von den Agilen Methoden
wiederum bewerten die Anwender Scrum am höchsten, gefolgt von Kanban. Design
Thinking wird besonders in den Feldern Innovationsfähigkeit, Teamwork und Ergebnisqualität relativ hoch eingeschätzt. Die Methode findet daher als genereller Ansatz

Abb. 7.4 Hierarchie
der Begriffe Agile Werte,
Agile Methoden und Agile
Techniken. [Kom15]

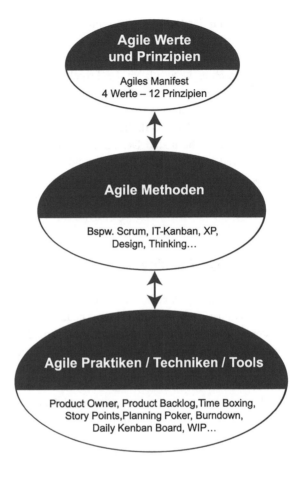

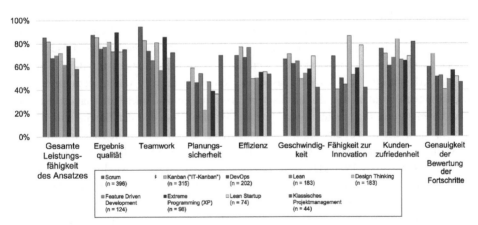

Abb. 7.5 Bewertung agiler Methoden im Projekteinsatz. [Kom20]

auch außerhalb der Softwareerstellung beispielsweise in Innovationsworkshops und im Bereich der Ideenfindung Anwendung. Das Kriterium Planungssicherheit schneidet im Methodenvergleich insgesamt am schlechtesten ab, hier liegen die Probleme von Design Thinking, während das klassische Projektmanagement am besten bewertet ist. Es ist anzumerken, dass bei agilen Methoden oft nach dem sogenannte Time-Boxing-Prinzip gearbeitet wird, bei dem der Arbeitsumfang variabel ist, aber der Endtermin beibehalten wird. So entstehen Unsicherheiten und Abweichungen vom angestrebten Zielumfang.

Bei den Herstellern sind Design Thinking und Scrum oft eingesetzte Methoden, mit hohem Anteil in IT-Projekten, zunehmend aber auch im Innovationsmanagement. Beide Verfahren werden daher im Folgenden kurz beschrieben. Für eine Vertiefung weiterer agiler Vorgehensweisen sind entsprechende Studien und Fachliteratur verfügbar. z. B. [Heb20, Lew20].

7.2.1 Design Thinking

Design Thinking ist ein vielfältig zu nutzender agiler Ansatz beispielsweise zur Lösung von Problemen oder auch zur Entwicklung neuer Ideen. Wichtig ist, dass bei dieser Methode Kundenerwartungen und -wünsche im Vordergrund stehen, während die technische Machbarkeit und wirtschaftliche Aspekte erst im Nachgang folgen. Kern des Ansatzes ist es, in einer iterativen Vorgehensweise mit bereichsübergreifend besetzten Teams in enger Rückkopplung mit den zukünftigen Kunden kreative Lösungen zu erarbeiten. Neben den interdisziplinären Gruppen und der interaktiven Vorgehensweise ist es für den Erfolg maßgeblich, dass die Arbeit in ansprechender Atmosphäre in variabel gestaltbaren Räumen idealerweise auch außerhalb der gewohnten Umgebung stattfindet, um die Kreativität zusätzlich zu fördern. Zur Vorbereitung von Workshops werden die Verhaltensweisen und Abläufe beim Kunden erfasst, Erwartungen im Dialog bestimmt und beispielsweise Situationen in typischen „day in a life"-Ablaufdiagrammen dokumentiert [Lew20]. Im weiteren Verlauf der Methode kommen eine Vielzahl weiterer Verfahren und Tools zum Einsatz. Für den Design Thinking-Ansatz existiert kein standardisierter Lösungsweg, jedoch hat sich eine Vorgehensweise in sechs Prozessschritten etabliert, die Abb. 7.6 zeigt.

Man erkennt die sechs Arbeitsphasen, die jeweils iterativ zu durchlaufen sind. Beim wiederholten Durchlauf können jeweils neue Erkenntnisse oder auch Informationen aus der Rückkopplung mit dem zukünftigen Nutzer einfließen. Während der Bearbeitung werden sowohl analytische Arbeitsweisen beispielsweise durch systematische Informationsauswertungen mit intuitiven Methoden wie Brainstorming und Visualisierungen gekoppelt.

Am Beginn eines Projektes steht das Verstehen der Problemstellung aus Kundensicht. Hierbei ist es wichtig, dass alle Teammitglieder die Situation und Aufgabenstellung möglichst vollständig erfassen und für die nächsten Schritte verinnerlichen. Die Aufgabenstellung sollte ebenso wie die Zielgruppe klar als Basis für die Teamarbeit beispielsweise auf einem Poster dokumentiert werden und im Workshopraum ausgehängt werden. Wenn es bei der Aufgabenstellung um Menschen geht, werden

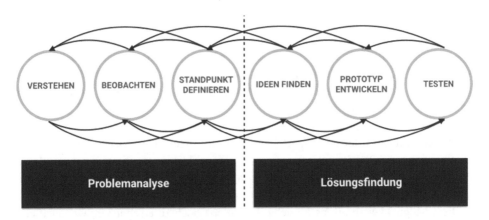

Abb. 7.6 Prozessschritte im Design Thinking Ansatz. [Lob16, Pla09]

diese in sogenannten „Personas" in Bezug auf die Bedürftigkeit bzw. Problemstellung beschrieben. In der folgenden Phase des Beobachtens gilt es, sich weiter in die Kundensituation zu vertiefen. Wo immer möglich, sollte das Team vertiefend mit dem Kunden sprechen und sich mit Fachleuten zu Lösungen aus ähnlichen Problembereichen auszutauschen, beispielsweise mit Monteuren oder Logistikern aus dem betroffenen Umfeld. Aufbauend darauf werden in der dritten Arbeitsphase zum Abschluss der Problemanalyse die verschiedenen Informationen der Teammitglieder beispielsweise in einem „Journey Mapping" konsolidiert, gemeinsam bewertet und daraus ein Standpunkt definiert. Erst dann folgen drei Schritte der Lösungsfindung.

Dabei finden unterschiedliche Kreativitätstechniken wie Brainstorming oder auch Idea Napkin Anwendung, um möglichst viele Ideen zu entwickeln. Diese werden zunächst nur gesammelt und weder bewertet noch kommentiert. Erst im nächsten Schritt erfolgt im Team die Bewertung und Auswahl nach Kriterien wie technische Machbarkeit, Wirtschaftlichkeit und vermuteter Kundenakzeptanz. Für die ausgewählten Favoriten entstehen im fünften Arbeitsschritt Prototypen. Bei Softwareprojekten versucht das Team unter Nutzung moderner Entwicklungsbaukästen bereits erste Arbeitsabläufe mit einem minimalen Funktionsumfang beispielsweise in Form von Apps zu präsentieren. Bei mechanischen Problemlösungen können Lego- oder Holzmodelle zur Darstellung dienen, bei Serviceprozessen auch Rollenspiele des Teams.

Bei den Prototypen geht es nicht um eine möglichst perfekte Umsetzung der Idee, sondern um die Veranschaulichung der Lösung als Basis der Bewertung und Entwicklung einer verbesserten Lösung unter Berücksichtigung der verstandenen Anforderungen. In der abschließenden Phase testen zukünftige Kunden den Prototyp. Mit dem Kundenfeedback wird der Prototyp bedarfsweise in weiteren Iterationen verbessert. Zur Bestätigung der Lösung und für den Start der Realisierung müssen die technische Machbarkeit geklärt und die wirtschaftliche Tragfähigkeit gegeben sein sowie alle Anforderungen der Kunden umsetzbar sein.

Die interaktive Vorgehensweise des Design Thinking sehr nah am zukünftigen Kunden mit flexiblem Vorgehen und einer fundierten Erfolgseinschätzung in einer frühen Phase hat sich mittlerweile in vielen Projekten bewährt [Lew20, Sch15]. Dabei wird der Ansatz nicht nur für die Entwicklung neuer Produkte und Geschäftsmodelle genutzt, sondern auch für die Verbesserung interner Prozesse und Abläufe sowie zur Konzeption nutzerfreundlicherer Softwaresysteme.

Zu Anwendern des Design Thinking gehören nach Angaben des Hasso Plattner Instituts HPI beispielsweise Airbnb, BMW, DekaBank, DHL, Freeletics, Volkswagen sowie SAP. Oft adressieren die Projekte allerdings nur einzelne Probleme und schaffen so meist Insel-lösungen. Das Potenzial von Design Thinking liegt jedoch besonders im bereichsüber-greifenden Arbeiten und Schaffen kreativer Lösungen über Abteilungsgrenzen hinweg.

Diese Möglichkeiten gilt es in vielen Fällen erst noch zu erschließen, wie auch eine diesbezügliche Studie belegt [Sch15]. Die Kundenfokussierung steht im Vordergrund des Design-Thinking-Prozesses und nimmt dabei neben der Analyse und Befragung der Zielgruppe und neben dem persönlichen Testen von Ausgangssituationen einen hohen Stellenwert ein. Abläufe in Rollenspielen selbst auszuprobieren und diese Erfahrungen in kreative Lösungen umzusetzen, führt zu effektiver Teambildung in den Workshops. Somit beeinflusst dieser Ansatz mit seiner offenen, iterativen Vorgehensweise auch die Unternehmenskultur und die Kommunikation über Abteilungsgrenzen hinweg positiv.

7.2.2 Scrum

Eine weitere agile Methode, die bereits von vielen Herstellern genutzt wird und die ein umfassendes Nutzungspotenzial nicht nur für die Softwareentwicklung bietet, ist Scrum. Der Begriff stammt aus dem Rugbysport und steht dort für ein „angeordnetes Gedränge", um das Spiel nach kleineren Regelverstößen neu zu starten [Fle14]. Dieses Bild reflektiert eine dynamische Projektarbeit mit sporadischen Meetings und einem geordneten Wiederanlauf. Auch das Scrum-Verfahren läuft iterativ ab, wobei ein angestrebtes Projektziel in Teilschritte zerlegt wird, die das Team in Erstellungsschleifen, sogenannten Sprints, schrittweise bearbeitet. Den Ablauf eines Scrum-Projektes, die Rollen und die wesentlichen Elemente eines Scrumdurchlaufs verdeutlicht Abb. 7.7.

Das Team sollte zwischen fünf und zehn Mitarbeiter umfassen und ist ohne Hierarchie in Selbstorganisation für die Erstellung des Produktes zuständig. Die Methode unterscheidet drei Rollen. Der Produkt Owner vertritt den Endkunden und seinen Arbeitsauftrag und ist für die Definition und Priorisierung der Anforderungen zuständig. Er führt die Entwicklung. Der Scrum Master unterstützt das Team und ver-antwortet die Organisation und die Rahmenbedingungen für eine reibungslose Arbeit. Aus dem Arbeitsauftrag leitet das Team die Anforderungen ab, formuliert in den Worten der Anwender sogenannten User Storys, je nach Umfang auch unterlegt mit mehreren Story Points. Die User Storys bilden den Produkt-Backlog, der eine Sammlung

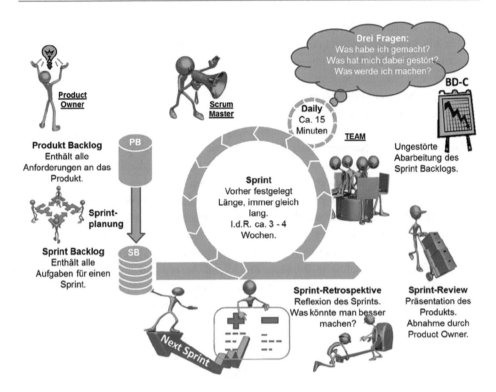

Abb. 7.7 Ablauf der Scrum-Methode. [Kom14]

sämtlicher Funktionen und Merkmale umfasst, die das Produkt haben soll. Diese Beschreibungen werden im Laufe des Projektes ergänzt und verfeinert.

Aus dem Backlog wählt das Team im Rahmen der Sprintplanung die Aufgaben, die es im kommenden Arbeitszyklus, dem Sprint, bearbeiten will. Der ausgewählte Arbeitsvorrat für das Team steht in Form von Tickets im Sprint-Backlog zur Verfügung. Aus diesem Vorrat übernehmen die Teammitglieder eigenverantwortlich Tickets zur Abarbeitung. Während täglicher Standup Meetings berichtet jeder über seine Arbeit, auch darüber, was als irritierend oder hinderlich empfunden wurde und was im nächsten Schritt anzugehen ist. Das sogenannte Breakdown-Chart (BD-C) dokumentiert die Abarbeitung des Arbeitsvolumens im Vergleich zum Plan.

Die Durchführungsdauer der Sprints ist konstant. Hierzu passt das Team im sogenannten Time Boxing-Verfahren bedarfsweise den Arbeitsumfang unter Beachtung von Prioritäten an. Am Ende des Sprints werden in der Retrospektive die Abläufe und Ergebnisse analysiert und erforderliche Verbesserungen für kommende Durchläufe initiiert. Das Arbeitsergebnis des Sprints, der Teilumfang des Produktes, erhält der Endkunde, vertreten durch den Product-Owner, zum Testen. Unter Beachtung des Feedbacks erfolgen Anpassungen des Arbeitsergebnisses oder auch Ergänzungen von Anforderungen.

Kennzeichnend für die Scrum-Methode ist somit das iterative Vorgehen in festen Zyklen mit sich selbstorganisierenden Teams. Die enge Einbindung des Endkunden zur Bewertung von Zwischenergebnissen aus den Sprints sowie die direkte Umsetzung von Feedback und die flexible Anpassung an geänderte Anforderungen stellen sicher, dass das Endprodukt den Erwartungen entspricht. Die Transparenz der Arbeitsvorräte, der Bearbeitungsstände, die tägliche Kommunikation und die offene Teamarbeit erzeugen eine motivierende Arbeitsatmosphäre und führen zügig zu gewünschten Arbeitsergebnissen.

Insgesamt ist die Nutzung agiler Methoden sehr zu empfehlen. Es ist allerdings zu beachten, dass diese nicht in allen Situationen greifen und es durchaus Themenfelder gibt, die eher traditionell mit bekannten Wasserfallansätzen anzugehen sind. Basierend auf Empfehlungen der Fachliteratur ergänzt um der Projekterfahrungen des Autors gibt Abb. 7.8 vereinfacht Hinweise, für welche Rahmenbedingungen sich welche Methode eignet.

Der traditionelle Ansatz der Wasserfallmethode vom Groben zum Detail ist immer dann zu bevorzugen, wenn es gilt, in bewährter Vorgehensweise und unter Nutzung vorhandener Werkzeuge etablierte Prozesse mit klaren Anforderungen umzusetzen. Auch wenn in der Implementierungsphase nur eingeschränkt Endkunden mit übergreifendem Prozesswissen und Entscheidungsbefugnis zur Verfügung stehen oder das Projekt nicht iterativ getestet werden kann, ist die Wasserfallmethode sinnvoll. Immer dann jedoch, wenn innovative Lösungen mit noch nicht vollständig festgeschriebenen Anforderungen zu finden sind und bereichsübergreifende Teams mit Know-How und Entscheidungsmandat zur Verfügung stehen, sind agile Methoden wie beispielsweise Scrum oder Kanban zu bevorzugen.

7.3   Entrepreneurship

Durch den verstärkten Einsatz agiler Projektmanagementmethoden entwickeln sich bei den Projektmitarbeitern neue Grundhaltungen und Gewohnheiten, die für die angestrebte „Digitalkultur" weichenstellend sind. Die Grundansätze dieser Methoden sind:

- Vertrauen und Zutrauen in die Mitarbeiter
- Selbstständigkeit
- Nutzung der Gruppen-Intelligenz
- Lernen durch Experimente
- Akzeptanz von Fehlern und Scheitern
- Feedback geben und reflektieren
- Ergebnisorientierung in iterativen Phasen
- Selbstorganisation

Die gemeinsame Arbeit in bereichsübergreifenden Teams fördert die kreative, selbstständige Arbeit bei der Entwicklung neuer Ideen und Bearbeitung von Projekten und wird dann zunehmend Teil der Unternehmenskultur. Viele dieser Elemente entsprechen

Wasserfallmethode	Agile Methoden
∧ **Projektfokus**: statische Prozesse und Anforderungen	∧ **Projektfokus**: Innovative Lösung bei zu fixierenden Anforderungen
∧ Etablierte Vorgehensweise auf Basis vorhandener Werkzeuge	∧ Bereichsübergreifende Zielsetzung mit hohem Abstimmungsbedarf
∧ Limitierte Verfügbarkeit von Know-How und Entscheidungsbefugnis im Team	∧ Know-How und Entscheidungsbefugnis im Team verfügbar
∧ Projektergebnis nur als Gesamtprodukt zu testen	∧ Permanente Endkundeneinbindung möglich
	∧ Iteratives Testen möglich

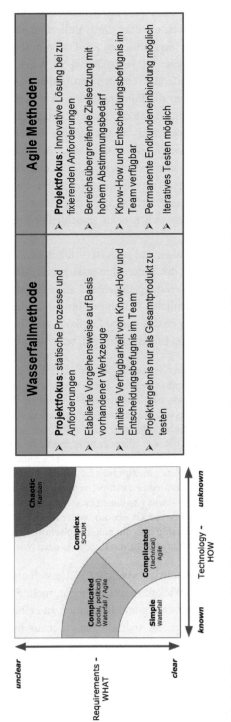

Abb. 7.8 Methodenauswahl im Projektmanagement – adaptierte Stacey Matrix und Erfahrungen. ([Mar19], Autor)

nicht den etablierten althergebrachten Führungselementen des klassischen Command & Control und des Micromanagements, die eher die Unselbständigkeit und das Arbeiten in vorgegebenen Grenzen und festen hierarchischen Strukturen gefördert haben. Aber genau die dadurch geprägte Vorgehensweise gilt es zukünftig zu verändern, um so Innovation, kreatives Denken, bereichsübergreifendes Arbeiten und Initiative zu ermöglichen.

Bei dieser Transformation haben die Führungskräfte, wie bereits in Abschn. 7.1 ausgeführt, eine wichtige Rolle zu übernehmen. Es gilt, entsprechende Elemente in den eigenen Führungsstil zu integrieren und vorzuleben. Es ist eher auf offenes, teamorientiertes Coaching zu setzen und die Mitarbeiter sind zu ermutigen, Risiko und Verantwortung zu übernehmen, dabei aber auch über den Tellerrand der eigenen Organisation hinauszuschauen. Das stellt für die Organisation die größte Herausforderung dar und gerade hieran mangelt es nach den Erfahrungen des Autors bei einigen etablierten Herstellern. Vielfach orientiert man sich nahezu ausschließlich an der Optimierung der eigenen Abteilung.

Letztendlich müssen dieses Denken und auch das Aufbrechen der Strukturen mit mehr Entrepreneurship als weiterer Teil der Unternehmenskultur verändert werden. Zu diesem Begriff, der schon langjährig Verwendung findet und auch Gegenstand von Forschungsvorhaben ist, besteht keine einheitliche Definition. Im Sinne der angestrebten Digitalkultur beschreiben die Ausführungen des online Lexikons der Gründerszene auch in der Abgrenzung zwischen Manager und Entrepreneur gut, was zukünftig gesucht ist [Grü16]:

> Die gegenwärtige Lesart von Entrepreneurship wurde wesentlich durch die Arbeiten des Ökonomen Joseph Schumpeter geprägt, der den Entrepreneur vom Manager unterscheidet. Der Manager ist nach Schumpeter ein Unternehmens-Verwalter, der mit Neuschaffung wenig zu tun hat. Es ist der Entrepreneur, der als Innovator in Erscheinung tritt und neue Ideen aufgreift und etabliert. Der Entrepreneur zerstört im Rahmen des Innovationsprozesses zuerst die bestehenden Strukturen, bevor er Platz für neue und bessere Strukturen schafft. An der Entwicklung dieser ist er auch maßgeblich beteiligt. … Ein Entrepreneur erfindet nicht, sondern setzt Bestehendes durch Neuordnung und analytisches Verständnis des Marktes in erfolgreiche Innovationen um. … Entrepreneurship zeichnet sich dadurch aus, dass Marktchancen erkannt und aufgegriffen sowie gewinnstrebend umgesetzt werden. Dies umfasst den koordinierten Einsatz von Ressourcen ebenso wie die kalkulierte Übernahme von Risiken. Es geht beim Entrepreneurship also um einen Dreischritt, bestehend aus der Identifizierung von Marktchancen, dem Entwickeln von Geschäftsideen sowie deren Umsetzung.

Diese Definition beschreibt anschaulich, in welcher Weise sich eine Unternehmenskultur hin zu mehr Entrepreneurship entwickelten sollte. Es gilt, mehr Start-Up-Mentalität verbunden mit positiver Aufbruchsstimmung und Innovation zu etablieren. Es sollte bei den Mitarbeitern eine Lust erzeugt werden, sich als Entrepreneur in den Transformationsprozess einzubringen [Fal11]. Ein Beispiel dafür ist ein bekannter Gründer in den USA, dem es nicht möglich war, den Kauf eines Fahrzeuges komplett online abzuschließen. Er erkannte die Chance und gründete kurzerhand das Start-Up „Drive Motors", das eCommerce -Lösungen für Autohändler anbietet, u. a. die „Buy Online"-Option in die Internetpräsenz von Händlern. Nach kurzer Zeit nutzen mehr als einhundertfünfzig

Händler diese Funktion und die Verkäufe steigen sehr deutlich [Som16]. Dieses Startups firmiert jetzt unter dem Namen „Modal Commerce" und die Erfolgsstory geht seit der ersten Auflage des Buches mit Schwung weiter. Die Kundenbasis wächst, das Lösungsportfolio wurde Richtung Finanzierungsintegration und Plattform ausgebaut und es wurden beispielsweise mit Peter Thiel wichtige Investoren gewonnen [Mod19]. Dieser Erfolg ist einerseits gelebtes Entrepreneurship, das die Hersteller dringend benötigen, andererseits aber auch eine verpasste Chance, selbst mit kreativen Ideen im Vertriebsbereich voran zu schreiten.

7.4 Ressourcenbereitstellung für die Digitalisierung

Neben der Veränderung der Unternehmenskultur und dem daraus resultierenden Mitarbeiterverhalten ist eine weitere wichtige Voraussetzung für eine erfolgreiche Umsetzung von Digitalisierungsprojekten die Verfügbarkeit von Mitarbeitern mit dem erforderlichen Wissen und Erfahrungen. Die Herausforderungen der Ressourcenbereitstellung sind immens, da sehr viele neue Wissensgebiete abzudecken sind. Einen Überblick dieser neuen Felder gibt Abb. 7.9.

Zum einen sind in den Kernbereichen der Fahrzeuge neue Materialien, Robotik, 3D-Druck und neue Fertigungs- und Steuerungsverfahren gefragt. Auch der Bedarf

Abb. 7.9 Bedarfsanalyse neuer Wissensgebiete als Basis für die Ressoucenbereitstellung. (Quelle: Autor)

für car IT, Connected Services und autonomes Fahren wächst stark. Zum anderen ist die Kapazität mit den neuen Wissensgebieten wie Cloud, Micro Services, KI und auch Security in der IT-Organisation auszubauen. Den hohen Bedarfen an „neuen Talenten" stehen am Arbeitsmarkt in diesen Themenbereichen nicht genug Bewerber gegenüber. Der Wettbewerb um Studienabgänger aus den MINT-Fächern und auch die Nachfrage nach erfahrenen Kräften mündet in einem „war of talents". Um die Ressourcenbereitstellung gezielt anzugehen, ist rollierend eine Bedarfsanalyse nach Themenfeldern, Skill-Level und Zeithorizont erforderlich. Zur Deckung der ermittelten Bedarfe bestehen dann drei Optionen: die innerbetriebliche Entwicklung und Weiterbildung der Stammbelegschaft, Neueinstellungen von Digital Natives und Führungskräften mit entsprechendem Wissen und Erfahrungen und Kooperationen und Partnerschaften in den relevanten Bedarfs-bereichen. Diese Optionen sollten durch Methoden des Wissensmanagement gestärkt werden, um somit Anlerndauern zu minimieren und auch den Abfluss von Wissen aus dem Unternehmen zu verhindern. Auf diese Optionen wird im Folgenden eingegangen.

7.4.1   E-Learning als Basis der Digitalausbildung

Zur Umsetzung von Digitalisierungsinitiativen müssen die Mitarbeiter in den neuen IT- Technologien und auch in agilen Projektmanagementmethoden ausgebildet sein, um bei der Projektumsetzung aktiv mitarbeiten zu können und für die neuartige Arbeit vorbereitet zu sein. Für die Ausbildung stehen unterschiedliche Wege offen wie bei-spielsweise Frontalunterricht, Praktika, online-Kurse oder auch Selbststudium. Diese traditionellen Wege werden im Rahmen dieses Buches ebenso wenig ver-tieft wie didaktische Fragen und generelle Anpassungen, die vor dem Hintergrund der Digitalisierung in der Berufsausbildung und im Studium erforderlich sind. Vielmehr liegt der Fokus darauf, wie sich digitale Lösungen der Ausbildung zeitgemäß nutzen lassen, um Lerninhalte vorzuhalten und diese den Lernenden bedarfsgerecht, flexibel und individuell im Rahmen des E-Learning anzubieten.

Unter E-Learning werden alle Formen des Lernens verstanden, die digitale Lösungen für die Präsentation von Lernmaterial und die Dialoge zwischen Lernenden und Lehrenden nutzen [Ker12]. Seit den 1980er Jahren hat sich zunächst das sogenannte Computer Based Training (CBT) verbreitet, bei dem oft ergänzend zu traditionellen Ausbildungsformaten multimediale Lerninhalte auf DVDs oder anderen Speicher-medien zur Verfügung stehen. Gelernt wird beim CBT im Selbststudium ohne interaktive Kommunikationsmöglichkeiten mit einem Tutor oder anderen Lernenden.

Mit der Verbreitung des Internet und der Intranets in den Unternehmen hat sich als Weiterentwicklung das sogenannte web-basierte Lernen etabliert. Hierbei erfolgt die Ver-teilung der Lerninhalte online über das Netz. Diese stehen auf Arbeitsplatzcomputern über Web-browser oder Portallösungen und mehr und mehr auch über Lern-Apps auf mobilen Endgeräten wie Tablets oder auch Smartphones zur Verfügung. Parallel zum Studium der Lerninhalte kann der Lernende in Analogie zur gewohnten Social Media Kommunikation in online-Dialoge mit Ausbildern und auch Mitlernenden führen. Als Basis dienen in den Unternehmen spezielle IT-Lösungen, oft sogenannte Learning Content Management Systeme (LCMS). Abb. 7.10 zeigt ein Beispiel.

Den Kern dieser Lernplattformen bilden Managementsysteme zur Bereitstellung von Lerninhalten. Sie sind in konfigurierbaren, kleinen Modulen zum Kursmanagement und auch zur Verwaltung von Mediendaten gespeichert. Die Lerninhalte entstehen mit Hilfe von Autorensystemen, wobei auch Dokumentationen aus Projekten wie beispielsweise Benutzerhandbücher oder Bildmaterial und Informationen aus Foren und Chats eingebunden werden können. Das Lernmaterial steht den Lernenden wahlfrei auf unterschiedlichen Systemen zur Verfügung. Eine generelle Nutzung durch Lehrer im Klassenraumunterricht mit Anzeige auf Großdisplays ist ebenso möglich wie ein vollständig individualisiertes E-Learning auf Basis eines Smartphones zu einer beliebigen Tageszeit. Hierbei sind die Lerninhalte zur Abdeckung bestimmter Lernbedarfe für eine spezielle Tätigkeit oder unter Beachtung des Wissensprofils und der Vorerfahrung des Lernenden individualisiert aufbereitet. Die Individualisierung basiert auf Analysefunktionen der Lernsysteme, die beispielsweise Lernhistorien, persönliche Ausbildungsdaten und Tätigkeitsprofile des Lernenden auswerten.

Diese integrierten Systeme ermöglichen somit die flexible Bereitstellung von Lerninhalten aus unterschiedlichen Autorensystemen auf unterschiedlichen Arbeitsgeräten und die Einbindung unterschiedlicher Informationsquellen. Sie unterstützen so die Organisation von Lernveranstaltungen und sichern die online-Kommunikation zwischen Lernenden und Ausbildern. Die Systeme sind web-basiert, sodass die Nutzer nur eine Internetverbindung und einen Web-browser auf ihrem Arbeitsplatzcomputer benötigen. Für mobile Endgeräte stehen in der Regel Apps zum Abruf und Download der gewünschten Lerninhalte zur Verfügung. Somit ist das Lernen jederzeit und sehr flexibel

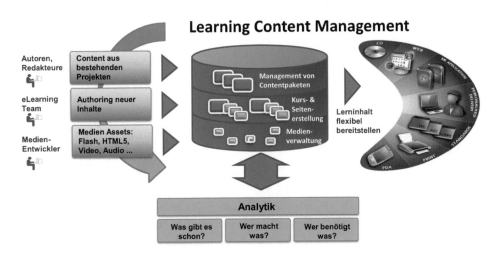

Abb. 7.10 Learning Content Management System. (Quelle: Autor)

möglich. Aufgrund der Flexibilität und der Kostenvorteile nutzen mittlerweile viele Hersteller E-Learning für die Weiterbildung ihrer Mitarbeiter.

Als Basis sind Lernplattform zentral für alle Organisationseinheiten als Cloudlösung zu empfehlen. Auch die Bereitstellung der Lerninhalte sollte unternehmensweit auf Basis gleicher Prozesse und Werkzeuge erfolgen, um die möglichst umfassende Nutzung der Lerninhalte sicher zu stellen sowie den Inhalt mit möglichst wenig Aufwand aktuell zu halten. Dann können beispielsweise die Bilder und das Video eines Lernmoduls zur Maschinenbedienung weltweit genutzt werden. Zur lokalen Anwendung passt man das Lernsystem mit wenig Aufwand an das Branding der Markengruppe an und übersetzt die Texte in die Nutzersprache, während Struktur und Basismaterial weltweit gleich sind. Mit dem Einzug von KI auch in dieses Themenfeld wird es möglich, sehr individuelle Lerninhalte zugeschnitten auf jeden Einzelnen und jeden speziellen Bedarf flexibel zur Verfügung zu stellen. Das Lernen wird dann zur „experience" und demzufolge diese Lösungen dann Neu-Deutsch Learning Experience Plattform (LXP) genannt [Swi20]. Neben diesen innerbetrieblichen Angeboten entwickelt sich das online-Lernen angeboten über frei verfügbare Marktplätze sehr dynamisch und startet oft bereits in früher Jugend. Diese Entwicklung untermauert die Abb. 7.11.

Gezeigt sind drei Lernplattformen unterschiedlicher Anbieter und deren Entwicklung. Die beiden Video-basierten Angebote in China bzw. Indien richten sich schulbegleitend an Jugendliche. Die Entwicklung der Anzahl Schulungsteilnehmer verläuft exponentiell. Die Lernenden der VIPKid-Lösung kommen im Wesentlichen aus China und die Lehrer großenteils aus Amerika. Zu beiden Angeboten gibt es ergänzendes Lernmaterial wie White Boards, Bücher und Sticker zu kaufen, insgesamt ein sprudelnder Markt. Der globale Learning Marketplace Udemy hat aktuell über 50 Mio. Lernende und viele Unternehmen nutzen die Angebote auch für Ihre Mitarbeiter. Die Akzeptanz von online Kursen steigt kontinuierlich, zumal die Digital Natives ja bereits von Kindesbeinen an, an diese Lernform herangeführt werden.

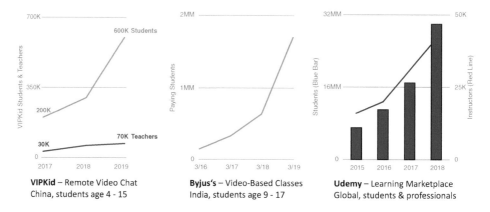

Abb. 7.11 Dynamische Entwicklung des online-Learning. (basierend auf [Mee19])

7.4.2   Neue Wege des Lernens

E-Learning wird oft in Kombination mit traditionellen Lernverfahren wie externen Seminaren oder innerbetrieblichem Klassenraumunterricht eingesetzt. Dieses sogenannte Blended Learning kombiniert unter Beachtung didaktisch abgestimmter Inhalte die Vorzüge beider Verfahren [Ger19]. Die Vorteile des E-Learning liegen in der Effizienz und den flexiblen Nutzungsmöglichkeiten, während die Präsenzausbildung die sozialen und teambildenden Elemente durch die persönlichen Kontakte stärkt und das gemeinsame praktische Einüben von Tätigkeiten möglich ist. Somit ergänzen sich beide Lernverfahren besonders dann, wenn ausbildungsbegleitend innerbetriebliche soziale Medien wie Chat, Wiki, eBooks, interaktive White Boards und auch Filesharing zur Verfügung stehen. In dieser Kombination hat sich Blended Learning in der Ausbildung als gängiges Verfahren in Unternehmen, aber auch an Schulen und Universitäten etabliert.

Mit der umfassenden Verbreitung der Smartphones auch als Endgerät für das E-Learning geht ein deutlicher Trend zum sogenannten Microlearning einher. Hierbei werden Lerninhalte in kleine Module unterteilt und bedarfsweise „just-in-time" abgerufen, beispielsweise zur zielgerichteten Unterstützung bei der Ausübung einer neuen Arbeitssituation. Diese flexible Nutzung entspricht dem Verhaltensmuster der Digital Natives mit ihrer always-on-Mentalität (vergl. Abschn. 3.1). Aktuelle Tätigkeiten müssen dann nicht länger als nötig unterbrochen werden und durch dieses flexible „learning by doing" stellen sich schnelle Lernerfolge ein.

Das Microlearning verwendet vorhandene Lerninhalte aus dem LCMS-Archiv. Bei der Aufbereitung der Lerninhalte ist diese Nutzungsmöglichkeit beim Zuschnitt der Lernmodule in kleine Einheiten, sogenannte Lern-Nuggets, zu beachten. Aktuelle Microlearning-Lösungen bieten die nutzergesteuerte Abrufmöglichkeit von Lerninhalten. Zukünftig sind selbstlernende kognitive Lösungen zu erwarten. Diese Systeme begleiten den Nutzer in seinem Arbeitsverhalten im Hintergrund, kennen seinen Ausbildungs- und Erfahrungshorizont und bieten Lerninhalte proaktiv an, noch bevor der Bedarf erkannt bzw. abgerufen wird.

Weitere Möglichkeiten zum innovativen Lernen bietet die Einbindung von Virtual Reailty-Technologien in Lernlösungen. Beispielsweise können in einer virtuellen Umgebung Serviceabläufe oder auch Maschinenbedienungen eingeübt werden. Auch kann der Werker in der Endmontage Ausführungshinweise direkt an der Maschine in Augmented Reality-Brillen angezeigt bekommen. Die Unterstützung könnte durch einen erfahrenen Kollegen an einer vergleichbaren Montagestation in einem anderen Werk in einem Chat zur Verfügung gestellt und bedarfsweise abgerufen werden. Weitere Trends in der Entwicklung des Lernens, die zukünftig auch Unternehmen nutzen, sind:

- Massive Open Online Course (MOOC) [Vio19]
  MOOC sind oft kostenfreie, offene online-Lernangebote mit sehr großen Teilnehmerzahlen. Verschiedene Kursformen stehen dabei zur Auswahl und das Angebot wächst kontinuierlich. Beispielsweise bieten auch renommierte Universitäten wie Harvard, MIT oder auch TUM solche Kurse komplett an, aber auch Unternehmen

wie beispielsweise die SAP mit ihrem kostenfreien Angebot openSAP; vergl. aktuelle Angebotsübersicht beispielsweise [Cla19]. Teilweise entwickeln sich auch interaktive Formate mit Dialogmöglichkeiten und auch der Option, dass sich die Teilnehmer ausgehend von Vorgaben innerhalb eines leitenden Rahmens ihr Lernmaterial selbst erstellen. Solche Verfahren könnten durchaus auch herstellerweit eingesetzt und als Zeichen einer neuen Kultur wahrgenommen werden.

- Social Learning/Gamification
  Vereinfacht umfasst dieses Verfahren das gemeinsame Lernen in sozialen Medien bei-spielsweise in thematischen Chatbots, Blogs oder Wikis mit oder ohne Tutorbeteiligung zur Orchestrierung des Ablaufs. Durch das Entwickeln und Entdecken wird Lernstoff pragmatisch und oft festgemacht an Anwendungsbeispielen aus dem Arbeitsalltag ver-tieft. So bilden sich zeitgleich Interessengruppen und Communities über Organisations-grenzen hinweg. Beispielsweise könnten sich die Bediener gleicher Anlagen an unterschiedlichen Standorten in einem Social Media Blog zusammenschliessen und Erfahrungen und Hinweise zum Betrieb austauschen und so voneinander lernen und sich motivieren. Zur Akzeptanzerhöhung oder auch, um zusätzliche Impulse zu setzen, können hierbei spielerischen Elemente und Wettbewerbe angeboten werden. Warum nicht auch Ideenfindung und Initiativen mit dem Start-Up Format „Höhle der Löwen" ergänzen oder die Überprüfung von Lernerfolgen als „Wer wird Millionär" Quiz gestalten.

- Cognitive Learning/Microlearning
  Im Rahmen der zunehmenden Individualisierung von Lernangeboten werten Big Data-Verfahren relevante Daten des Lernenden aus, um pro-aktiv Lernangebote zu konfigurieren und auf dem bevorzugten Wege anzubieten. So können bedarfs-gerecht persönliche Lern-Bausteine in Form von Microlearning mithilfe einer App mobil angeboten werden. Ein persönlicher „Learning Coach" im Hinter-grund kennt aktuelle Ausbildungsbedarfe und Lerngewohnheiten und bietet einen individuellen Ausbildungsplan an, der innerbetriebliche Angebote und auch offen ver-fügbare Materialen anbietet und dann bei der Abarbeitung des Plans immer wieder mit Aufrufen etc. motiviert. Im Hintergrund könnten die Ausbildungssituation und der Fortschritt beispielsweise von Personalbereichen anonym und zusammenfassend für Organisationseinheiten ausgewertet werden.

- Badges
  Als Motivationselement und auch zur Anerkennung von persönlicher Initiative, sich mit neuen Themen auseinanderzusetzen, etablieren sich sogenannte Badges. Eigent-lich umschreibt diese Wort Plaketten oder auch Abzeichen. Im Rahmen von Lernen geht es um die Anerkennung, einen Lerninhalt durch Absolvierung eines Kurses erworben zu haben. Für dieses sogenannte Open Source Verfahren sind generelle Leitlinien vereinbart worden und es machen immer mehr Lernanbieter und auch Unternehmen bei dem Badge-Verfahren mit [Bad17]. Die Normierungen der Badge-Level in den Wissensgebieten, die Vergabeverfahren und auch die Anerkennung haben sich so etabliert. Lernende bekommen somit quasi ein Lernzertifikat verliehen und können diese Plakette auch als Lernnachweis publizieren.

Dieser kurze Ausblick auf weitere Trends des Lernens verdeutlicht, dass mit der Digitalisierung auch neue Lernbedarfe, aber zugleich auch neue Lernangebote entstehen. Unter Beachtung dieser Möglichkeiten und der Digitalisierungs-Roadmap sollten die Hersteller eine Ausbildungsplanung entwickeln und diese in Lernangebote umsetzen, um sowohl die Digital Natives aber zugleich auch die älteren Mitarbeiter anzusprechen. Die leistungsorientierten jungen Mitarbeiter gehen selbstverständlich mit Smartphones um und akzeptieren einen fließenden Übergang zwischen Freizeit und Beruf. Ihnen kommt bedarfsweises kognitives Microlearning entgegen, während ältere Mitarbeiter eher auf organisierte Blended Learning-Angebote ansprechen. Das Einbeziehen und die Weiter-entwicklung der älteren Mitarbeiterschaft ist wichtig, um zum einen ihre Erfahrungen in der Projektarbeit zu nutzen und zum anderen, um den zu erwartenden Fachkräftemangel durch eine verlängerte Lebensarbeitszeit dieser Mitarbeitergruppe teilweise aufzufangen.

7.4.3 Wissensmanagement

Gerade vor dem Hintergrund der wachsenden Komplexität, der schnelleren Abläufe und der steigenden Mitarbeiterfluktuation kommt der Speicherung und der leichten Zugäng-lichkeit von Wissen eine hohe Bedeutung zu. Auch aufgrund des demographischen Wandels und des anstehenden Ausscheidens eines hohen Anteils langjähriger Mitarbeiter aus wichtigen Unternehmensfunktionen ist Wissensmanagement ein gefragtes Thema. Hierunter wird verstanden: „Die Gezielte Gestaltung von Rahmenbedingungen und Prozessen in einer Organisation, unter besonderer Berücksichtigung des Produktions-faktors „Wissen". Im Mittelpunkt steht dabei, individuelles Wissen zu schaffen, zu vernetzen und dieses in Wertschöpfungsprozessen anzuwenden" [Wis20]. Es gilt, die Erfahrungen und das langjährig aufgebaute Know-how, das oft unstrukturiert in ver-schiedenen Dokumenten wie Präsentationen, E-Mails und Zeichnungen oder auch nur in den Köpfen der Mitarbeiter vorliegt, aufzunehmen, zu strukturieren und zu archivieren und so für die Nachnutzung verfügbar zu machen. Weiterhin sollte es auf diese Weise gelingen, das Wissen der Mitarbeiter, die an unterschiedlichen Stellen eines Arbeits-prozesses aktiv sind, über die gesamte Prozesskette zusammenzuführen, um so die Basis für übergreifende Digitalisierungsprojekte zu legen. Von Nutzen ist es auch, das Wissen, das in verschiedenen Unternehmensbereichen teilweise für ähnliche Aufgabenstellungen besteht, elektronisch zu erfassen, abzulegen und idealerweise in Form von best practices als Handlungsempfehlungen pro-aktiv für zukünftige Arbeiten vorzuschlagen. Wissens-management wird somit auch ein Teil der berufsbegleitenden Weiterbildung.

Effizientes Wissensmanagement bringt Unternehmen deutliche Vorteile. Die Bedeutung des Wissens als differenzierende Ressource zeigen auch die Handlungs-empfehlungen der Norm ISO 9001:2015 [Bre16]. Darin werden Organisationen auf-gefordert, Wissen zu erwerben und zu bewahren, um dadurch die Qualität der Produkte und Dienstleistungen nachhaltig zu verbessern. Um dieser Forderung nachzukommen, ist das benötigte Wissen zu bestimmen, aktuell zu halten und weiter zu entwickeln, um im

Unternehmen wirksam zu werden. Die Norm schlägt somit die Brücke zwischen Wissen und Lernverfahren bzw. Lernen. Aus den Handlungshinweisen der Norm lässt sich auch die Notwendigkeit zur Implementierung von leistungsfähigen Anwendungslösungen zum Wissensmanagement ableiten.

Es steht heute eine Vielzahl von Standardsoftware zum Wissensmanagement zur Verfügung. Bei der Auswahl sollte der Nutzungskomfort für die Endanwender im Vordergrund stehen, um eine hohe Akzeptanz und Motivation zum Teilen von Wissen zu erreichen und dieses als Element der Unternehmenskultur zu gestalten. Das Wissen sollte auf mobilen Endgeräten mit rascher Antwortzeit abzurufen sein. Leistungsstarke Suchalgorithmen und die flexible Integrationsfähigkeit in Arbeitsabläufe sind ebenfalls wichtig. Anstelle von Insellösungen sind möglichst standort- und organisationsübergreifende Standardpakete einzusetzen. Die Software sollte intuitiv und ohne zusätzlichen Lernaufwand zu bedienen sein und einen Dialog zwischen Experten und Suchenden für Feedback und Rückfragen ermöglichen.

Herkömmliche Systeme bieten diese Optionen im Gegensatz zu heutigen Web 2.0-orientierten Lösungen oft nicht. Da die neuen Werkzeuge oft aus dem Privatbereich bekannt sind, werde sie von den Mitarbeitern auch als Unternehmenslösung erwartet. Typische Softwarebausteine zum Wissensmanagement sind:

- Wissensdatenbanken
- Dokumenten-Managementsysteme
- Search Engines, Textmining
- Workflowlösungen
- Kollaborationswerkzeuge
- Sharing-Systeme
- Wikis, Blogs

In diesen Bereichen wird eine Vielzahl von Standardlösungen angeboten [Sie17]. Neben der reinen Aufbereitung, Haltung und Verteilung gibt es mittlerweile auch KI-basierte Ansätze, um diese Prozesse zu automatisieren. Aufbauend auf Textanalysen können automatisch Wissensmodelle und Wissenslandkarten generiert werden [Kam20]. Erfolgreiche Projekte zum Wissensmanagement sind aber nicht primär eine Frage der Softwareauswahl, sondern vielmehr eine Frage des Changemanagements und der Kulturveränderung, bei der die Dimensionen Technologie, Organisation und Mensch unter einer gemeinsamen Zielsetzung in Einklang zu bringen sind.

7.4.4   Hiring

Neben der Erhaltung des Wissens, der internen Ausbildung und Weiterentwicklung zur Deckung der Personalbedarfe in den neuen Wissensgebieten ist eine weitere Option die Einstellung neuer Mitarbeiter. Die Digitalisierung schreitet auch im Bereich der

Personalsuche voran. Die Zeiten der papiergebundenen Verfahren mit Stellenanzeigen in Zeitungen und Bewerbungen per Post sind zumindest in den für die Digitalisierung relevanten Bereichen vorbei. Neben der aktiven, oft computerbasierten Suche nach potenziellen Kandidaten auf Onlineplattformen wie Xing oder LinkedIn und auch in relevanten Communities, sind Stellenausschreibungen auf den Onlinekanälen der Hersteller-Webpage, der Branche oder auch auf entsprechenden Webportalen wie stepstone, indeed oder experteer sicher ein geeigneter Weg, um mit Interessenten in Kontakt zu kommen. Die einlaufenden digitalen Bewerbungen erfahren unter Einbezug von öffentlich verfügbaren Informationen zum Bewerber aus Sozialen Medien und persönlichen Postings eine Vorfilterung. Ausgewählte Kandidaten erhalten, nachdem sie im ersten Auswahlschritt erfolgreich einen online-Test absolviert haben, eine Einladung zu einem Erstgespräch mit einem Recruiter via Videoconference-Call. Wenn auch diese Auswahlstufe genommen ist, erfolgt meist die Einladung zu einem persönlichen Assessmentcenter und vertiefenden Gesprächen. In dieser letzten Auswahlphase stehen dann Persönlichkeit und Soft Skills für die Entscheidung im Vordergrund.

Der kurz beschriebene Hiring-Prozess läuft weitgehend mit digitaler Unterstützung ab und ist beispielsweise bei der aktiven Suche von Kandidaten und auch der Analyse von Bewerbungen vollständig automatisierbar. Bei der Beurteilung, ob Kandidaten zur Unternehmenskultur und in das Teamgefüge passen, ist jedoch die Erfahrung von Recruitern gefragt. Der beschriebene Ablauf geht davon aus, dass die offene Position und auch das suchende Unternehmen interessant genug sind, um eine Vielzahl von Interessenten zur Bewerbung zu motivieren. Der demographische Wandel und der wachsende Bedarf an Digitalisierungs- und MINT-Expertise werden allerdings dazu führen, dass sich immer weniger Interessierte auf offene Stellen bewerben. Deshalb basieren Neueinstellungen zukünftig auf einer aktiven Suche und Ansprache von potenziellen Kandidaten im Social Web und in Community Plattformen.

Mithilfe intelligenter Suchmaschinen sind geeignete Profile aufzuspüren und möglicherweise in einer Art „externen Talentpool" in ihrer Entwicklung zu begleiten, um sie zum geeigneten Zeitpunkt durch persönliche Ansprache zum Wechsel zu bewegen. Dabei ist zu berücksichtigen, dass gerade bei den Digital Natives die Wechselmotivation nicht ausschließlich über das Einkommen zu steuern ist. Stattdessen spielen eine herausfordernde Aufgabe, ein interessantes, innovatives Arbeitsumfeld und das Image des suchenden Unternehmens, geprägt durch seine Produkte und seine Kultur, eine wichtige Rolle. Ähnlich zu den genannten Faktoren sind Entwicklungsmöglichkeiten und auch Freiheiten zum grundsätzlichen Wechsel des Arbeitsortes und der Organisation beeinflussende Faktoren.

Weiterhin ist zu beachten, dass die neue Arbeitsgeneration schneller bereit ist, das Unternehmen zu wechseln. Die jahrzehntelange Loyalität der Elterngeneration zu einem Unternehmen gehört der Vergangenheit an. Die Bindung seiner Mitarbeiter muss jedes Unternehmen zukünftig kontinuierlich bedarfsweise absichern. Auch hier helfen KI-basierte „automatische Agenten". Diese Software läuft im Hintergrund der Personalsysteme mit und verfolgt das Verhalten und die Äußerungen der Mitarbeiter im

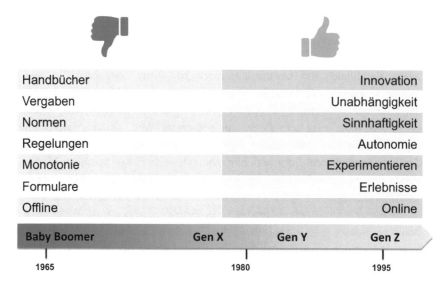

Abb. 7.12 Motivationselemente der Digital Natives. (Quelle: Autor)

Unternehmen und in sozialen Medien und analysiert so kontinuierlich die Mitarbeiterzufriedenheit und ein Abwanderungsrisiko. Die Führungskraft bekommen bei der
Überschreitung von eingestellten „Alert-Levels" einen pro-aktiven Hinweis, um den
abwanderungsgefährdeten Mitarbeiter durch „persönliche Fürsorge" beispielsweise
mithilfe attraktiver Sonderaufgaben und mit pro-aktiven Entwicklungs- und Gehalts-
angeboten zu halten. Wichtig ist, dass die direkten Führungskräfte die Mitarbeiter-
bedürfnisse kontinuierlich aufnehmen, diese aufgreifen und möglichst weitgehend erfüllen.
Zusammenfassend zeigt Abb. 7.12 die Motivationselemente der Digital Natives.

Die heute in den Unternehmen anzutreffenden Arbeitsgenerationen sind auf der
groben Zeitleiste ihrem jeweiligen Geburtsjahrgang zugeordnet. Der Nachkriegs-
generation der Babyboomer folgen die Generationen X, Y und Z, die zunehmend mit
Internet und Smartphone sozialisiert wurden. Vereinfacht sind in der rechten Bildhälfte
Motivationselemente für die jüngeren Generationen gezeigt. Diese Abb. fasst nochmals gut die Ausführungen des Kap. 3 zum Digital Lifestyle und auch Abschn. 7.1 zu
moderner Führung und Kommunikation zusammen und spiegelt die laufende Veränderung in den Unternehmen wider. Alles Regelnde und Strukturierte wird von den
Digital Natives eher als hemmend empfunden, während Innovation, Dynamik, Flexibilität und Sinnhaftigkeit einen Antrieb erzeugen. Unter Beachtung dieser Elemente sind
heute das Arbeitsumfeld zu gestalten sowie Entwicklungsperspektiven und Projektinhalte
auszurichten, um mit einer hohen Motivation gute Arbeitsergebnisse zu erzielen und eine
Bindung der jungen Generation an die Unternehmen zu erreichen.

7.5 Kooperationsformen

Ein weiterer Weg, die erforderlichen Ressourcen für die digitale Transformation bereit zu stellen und gleichzeitig die Unternehmenskultur durch die Kooperation mit externen Mitarbeitern positiv zu beeinflussen, sind Partnerschaften und Allianzen. Für die Kapazitätserweiterung und die Einbindung zusätzlicher Mitarbeiter mit projektrelevantem Wissen und entsprechender Erfahrung ist die Zusammenarbeit mit Universitäten, Start-Ups, Dienstleistern oder auch engere Kooperationsmodelle mit Sourcing-Plattformen sinnvoll.

Die Nutzung von „liquid workforce"-Plattformen (vergl. Abschn. 3.6.2) ermöglicht die globale Suche nach geeigneten Ressourcen, sodass sich dieser Beschaffungsweg etablieren wird und Hersteller erwägen sollten, sich als bevorzugte Partner auf solchen Plattformen darzustellen. Darüber hinaus sollten sie erwägen, für größere Digitalisierungsprogramme partnerschaftliche Rahmenvereinbarungen mit einer Auswahl bereits bewährter Sourcing-Partner zu treffen. Eine langfristige Bindung bietet wirtschaftliche Vorteile durch die Reduzierung von Verwaltungs- und Steuerungskosten und kann auch den herstellerspezifischen Know-How-Verlust durch häufigen Wechsel der Mitarbeiter minimieren.

Über das reine Sourcingthema hinaus sind strategische Partnerschaften ein wichtiges Mittel, um die Verfügbarkeit von Expertenwissen zu erhöhen, den Zugang zu bestimmten Technologien abzusichern und die Ausrichtung von Entwicklungen herstellerspezifisch zu beeinflussen [Ber19]. Bei dieser Art der strategischen Partnerschaft im Digitalisierungsumfeld stehen die etablierten Hersteller allerdings erst noch am Anfang und diese müssen sich bewähren. Oft wird IT noch als „indirektes Material" vom selben Einkaufsbereich und mit gleichem Vorgehen wie für Öle, Catering, Feuerlöscher und Gärtnerei-Services eingekauft. Ausschlaggebend für die Auswahl ist hierbei ausschließlich der Preis der angefragten Leistung.

Dieser Ansatz hat mit Vergaben an den jeweils preiswertesten Anbieter im Ausschreibungsumfang zu sehr heterogenen IT-Landschaften mit verschiedensten Technologien und einer hohen Anzahl von Zulieferbeziehungen geführt. Eine Gesamtkostenbetrachtung über ein gesamtes Lösungsportfolio und einen längeren Zeitraum inkl. der Berücksichtigung von Koordinations-, Integrations- und Betriebsaufwänden findet oft nicht statt. Vergaben im Sinne von Total Cost of Ownership (TCO) sind gemäß der Erfahrungen des Autors auch heute noch zu selten etabliert. Unter dem Aspekt, dass IT zum Kernelement von Fahrzeugen wird, muss hier ein Umdenken einsetzen. Es gilt, Partnerschaften unter strategischen Aspekten einzugehen, und diese nicht ausschließlich an Einkaufspreisen fest zu machen. Hierbei müssen die Hersteller das oft genannte Risiko eines „vendor lock ins", also der Abhängigkeit von nur einem Partner, ergebnisoffen bewerten. Dieses Thema wird aus Sicht des Autors oft unreflektiert überbewertet und verstellt so den Blick auf Chancen. Abgeleitet aus der Transformation der Branchen und der sich ständig erweiternden Wertschöpfungskette sind strategische Partnerschaften und Allianzen mit dem Fokus auf Digitalisierung beispielsweise in folgenden Feldern denkbar, hier jeweils genannt das Thema gefolgt von Nutzungsbeispiel:

- IT-Technologie – Cloudservices, embedded IT, Softwareentwicklung, Testing, Betrieb
- Entwicklung und Betrieb von Mobilitätsplattformen – Verkehrssteuerung
- Nutzung von Shop-Lösungen – Vertrieb von Ersatzteilen oder Merchandising
- Kooperation mehrerer Hersteller – Aufbau und Betrieb von herstellerübergreifender Lade-Plattformen
- Forschungspartnerschaften – Batterietechnologie, Service-Foglets, Neuromorphe Chips
- Lösungsentwicklung im Crowdsourcing – Connected Services
- Softwareentwicklung – Beiträgen in Open Source, Open Stack
- Services – After-Sales- oder Logistikplattformen
- Telekommunikation – Aufbau und Betrieb von innerbetrieblichen 5G Netzen
- Stromanbieter – Aufbau von Solar- oder Windparks für „Green-Mobility"
- Chiphersteller – in car Spezial-Chips für autonomes Fahren
- Parkhausbetreiber – Basis für „city crusing experience" Angebote
- Städte, Mautbetreiber – Aboservice von Straßennutzung oder Citynutzung
- Contentprovider – Wetter-, Börsendaten als Input für Connected Services
- Bezahlungsabwicklung – Micro Payments für API- und Daten-Nutzung
- Versicherungen, Handel, Hotelketten – Branded Mobility Angebote
- Intermodaler Verkehr – Seamless Mobility Angebote

Die Hersteller müssen entscheiden, in welchen Bereichen sie auf Partnerschaften setzen wollen, um Marktzugänge zu schaffen, Geschwindigkeit zu gewinnen oder Entwicklungskosten und -risiken zu teilen. Aus Gründen der Know-How-Absicherung oder um sich mit eigenen Lösungen am Markt zu differenzieren, wird ein Unternehmen aber auch ggf. auf rein innerbetriebliche Entwicklungen setzen.

Beim Eingehen strategischer Partnerschaften stehen langfristige gemeinsame Zielsetzungen im Vordergrund. So könnte es um die Entwicklung und den anschließenden Betrieb einer Mobilitätsplattform oder um die gemeinsame Weiterentwicklung von Bezahl-Lösungen für Connected Services gehen. Oder man entwickelt gemeinsam eine Plattform zur Integration der Fertigungs-IT in den Werken für Industrie 4.0-Lösungen, um sie dann weltweit zu implementieren und zu betreiben.

Immer geht es bei derartigen Partnerschaftsvereinbarungen neben technologischen Punkten und Fragen zum geistigen Eigentum der gemeinsamen Entwicklungen auch um kommerzielle Aspekte. Hier haben sich sogenannte risk sharing-Modelle bewährt, bei denen beide Partner einerseits gemeinsam das wirtschaftliche Risiko aus der Unsicherheit eines Markterfolges tragen, andererseits gemeinsam an Erträgen teilhaben. Dieser Ansatz betont das gegenseitige Vertrauen in der Partnerschaft. Grundsätzlich empfiehlt es sich, in dem Vertrag eine konkrete Zielsetzung festzulegen sowie einen Zeitrahmen und eine agile Vorgehensweise zu vereinbaren, um so die notwenige Flexibilität in der Umsetzung zu erreichen.

Aufgrund der Komplexität und des Umfangs der digitalen Transformation sind Partnerschaften ein wichtiges Erfolgskriterium. Deshalb ist es für die Hersteller wichtig, sich mit dem Thema auseinander zu setzen und zu lernen, in strategischen Partnerschaften zu arbeiten. Sicher können dabei vorhandene Erfahrungen aus dem traditionellen Herstellerumfeld beispielsweise aus gemeinsamen Entwicklungspartnerschaften für Komponenten genutzt werden. Diese sind aber um die spezifischen Digitalisierungsaspekte wie Start- Up-Mentalität, agile Vorgehensweise, Geschwindigkeit und Globalisierung zu ergänzen.

7.6   Open Innovation

Durch Partnerschaften beispielsweise mit Forschungseinrichtungen oder auch führenden Technologiepartnern kann auch die Innovationsfähigkeit von Unternehmen gesteigert werden. Traditionell liegen der Fokus und auch die Stärke der Hersteller darin, Innovationen in fahrzeugnahen Bereichen wie neuen Werkstoffen, Produktionsverfahren und Antrieben voranzutreiben. Nun gilt es, eine ähnliche Innovationskraft im Bereich der Digitalisierung und car IT zu erreichen. Hierzu sollte das Konzept der sogenannten „Open Innovation", d. h. das Einbeziehen externer Quellen in den etablierten Innovationsprozess als Teil der Unternehmenskultur einbezogen werden. Dieser Ansatz unterscheidet gemäß Abb. 7.13 drei Kernprozesse.

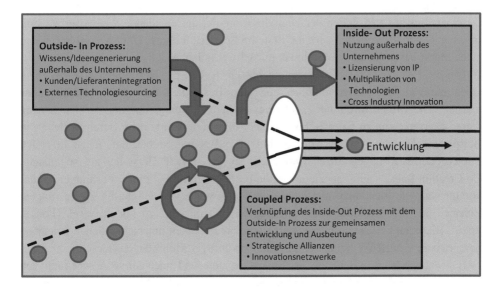

Abb. 7.13 Kernprozesse im Open Innovation-Konzept. [Gas06]

Beim Outside-In-Prozess wird das Wissen externer Quellen wie beispielsweise Kunden, Zulieferer, Entwicklercommunities und auch Forschungseinrichtungen einbezogen. Hierzu ist ein gezieltes Scouting nach möglichen kreativen Ideen und Ansätzen und entsprechenden Partnern zu organisieren. Empfehlenswert sind dabei spezielle Innovations- und Scoutingeinheiten und ergänzend auch Kooperationen mit Start-Ups in den Innovationszentren der Digitalisierung wie Silicon Valley, Israel, Indien, München oder London. So sind frühzeitig Trends und Verschiebungen, insbesondere „disruptive forces", für das eigene Geschäftsmodell erkennbar und diese im Innovationsprozess aufzugreifen.

Beim Inside-Out-Prozess geht es darum, eigene Ideen zu veröffentlichen, diese in Interessengruppen oder Kooperationen zu verproben und anzureichern. Auch das Einbringen in offene Entwicklercommunities gehört dazu. Sehr interessant sind beispielsweise das Gremium Automotive Grade Linux (ADL), welches die Nutzung von Linux in der car IT vorantreibt, die Open Stack Community, die offene Software für Cloud-Umgebungen entwickelt und auch das Automotive Edge Computing Consortium (AEEC), das eine IT-Architektur für conected und autonome Fahrzeuge konzipiert [Aec20, AGL18, Ope16]. Die aktive Mitarbeit in solchen Communities liefert Impulse und gewinnt weitere Erkenntnisse für die eigenen Ideen und sichern diese ab, beeinflussen aber auch die Unternehmenskultur. Die Herausforderung bei der Arbeit in den Commmunities ist es, sinnvoll mitzuarbeiten ohne jedoch differenzierende Ideen in den Arbeitsfeldern frühzeitig offen zu legen.

Beim Coupled Prozess geht es in einer Kombination der beiden Innovations-richtungen darum, in Allianzen, Joint Ventures oder Partnerschaften die Umsetzung von Ideen zu beschleunigen und diese schnell zu kommerzialisieren. In diesem Zusammenhang ist auch die Kooperation mit sogenannten Inkubatoren zu nennen, die gerade jungen Unternehmen Starthilfe durch Gründer-Know-How und Kapital geben. Geschwindigkeit ist in Zeiten der Digitalisierung der entscheidende Wettbewerbsfaktor. In neuen Geschäftsmodellen wird der Erste im Erfolgsfall immer einen Vorteil haben und einen Markt besetzen, an dem Follower nur schwer teilhaben.

Um die Potenziale des Konzeptes zu nutzen, sollten die Hersteller das Arbeiten in Open Innovation-Initiativen einüben und zum Bestandteil ihrer Unternehmenskultur machen. Die oft anzutreffende „not-invented-here"-Haltung, die bei der Umsetzung dieser Konzepte oft zu Skepsis bis hin zur Ablehnung führt, kann durch Vorleben in Beispielen abgebaut werden. Hierzu sind viele Referenzen bekannt, meist in ersten Piloten oder auch abgegrenzten Bereichen. So setzen viele Hersteller auf sogenannte Co-Creation-Labs, auf spezielle „non-profit" Vereine zum Zusammenschluss von Innovatoren oder auch auf Innovationswettbewerbe mit definierten Zielsetzungen. Beispiele für die Ergebnisse dieser Initiativen sind im Netz zu finden, vergl. [Fou19, itp20]. Hier sind Co-Creation Ergebnisse von Unternehmen unterschiedlichen Branchen beschrieben, u. a. BMW mit der Konzeption zukünftiger Mobilitätsservices.

Ein weitergehendes Beispiel für die konsequente und nachhaltige Anwendung von Open Innovation bzw. Crowd Sourcing-Konzepten ist Lokal Motors, ein sogenannter Open Source-Automobilhersteller. Die Entwicklung der Fahrzeuge erfolgt dort durch offene Gemeinschaften im Internet. Local Motors hat gewissermaßen seine Entwicklungsabteilung im Sinne von Crowdsourcing und Co-Creation in eine online-Community verlegt. So arbeiten rund um die Welt etwa 1400 Designer gemeinsam daran, Fahrzeuge für Local Motors zu entwickeln [Buh17]. Die Designer, Ingenieure und Fachexperten kommen oft aus der Branche, sind jedoch nicht bei Local Motors beschäftigt. Umso mehr sind sie in den agilen Projekten begeistert bei der Sache, individuelle Fahrzeuge zu entwickeln, die dann kundenspezifisch gefertigt werden. Viele Komponenten entstehen in 3D-Druckverfahren und der Zusammenbau der Fahrzeuge erfolgt dann größtenteils unter Kundenbeteiligung beim Händler vor Ort. Die Fahrzeugdetails sind offen einsehbar und somit für weitere Fahrzeugentwicklungen gut nachnutzbar. Die Enzwicklungszeiten für Fahrzeuge liegen bei Local Motors bei ca. 18 Monaten und es werden 12 Monate angestrebt, während Hersteller heute eher von bis zu fünf Jahren auszugehen. Die Beispiele verdeutlichen die Potenziale von Crowdsourcing-Initiativen.

Es scheint erfolgversprechend, den Ansatz der Open Innovation auf die Transformation zur Digitalisierung zu übertragen. Auch hier gibt es erste Beispiele, bei denen Hersteller und Zulieferer sogenannte Hackathons durchgeführt haben. Berichte darüber sind unter dem entsprechenden Suchwort im Internet zu finden. Ein Beispiel ist ein Volkswagen Hackathon, der zum Ziel hatte, mehr Transparenz in der Lieferkette zu erzielen. Diese Veranstaltung fand gemeinsam mit Industriepartnern wie Adidas, Zalando und Deutsche Bahn, mit Start-Ups und auch Vertretern aus der Wissenschaft statt. Die Teilnehmer haben Wissen und Erfahrungen vor dem Hintergrund ihrer jeweiligen Basis ausgetauscht und innovative, digitale Lösungen konzipiert. Hierbei standen Datennutzung und Blockchain oft im Mittelpunkt der Ideen [Vol19].

Derartige Veranstaltungen werden von Unternehmen unter einem Thema organisiert und Partner, Start-Ups, Studenten und interessierte Digtial Natives eingeladen, in einem begrenzten Zeitraum von maximal zwei Tagen beispielsweise eine App zur Lösung von Problemen in dem vorgegebenen Themenfeld zu programmieren. Die IT- Infrastruktur, die Lokation und die Verpflegung stellt der Veranstalter. In lockerer Atmosphäre bilden sich dann mehrere Teams, die mit ihren Ideen gegeneinander antreten. An Ende locken oft ein Preisgeld und die Weiterverfolgung der besten Idee unter Einbindung der Beteiligten im veranstaltenden Unternehmen. Die Ergebnisse dieser Hackathons sind oft vielversprechend und bringen neue Impulse in die Unternehmen und so sind natürlich auch Ideenwettbewerbe und Laborveranstaltungen direkt aus dem IT-Umfeld denkbar. Ein weiterer positiver Effekt ist es, dass die Teilnehmer das veranstaltende Unternehmen als innovativ wahrnehmen und so sicher auch eine Imageveränderung stattfinden kann. Auch eine frühzeitige Bindung der Teilnehmer an das Unternehmen kann aufgebaut werden.

Neben dem Crowdsourcing und Hackathon bestehen im Open Innovation Ansatz weitere Optionen sowohl interne als auch externe Initiativen anzugehen. Hierzu gib Abb. 7.14 einen Überblick.

Zur gemeinsamen Suche nach neuen Ideen kann mit der „Ideation" über eine offene Kommunikationsplattform ein Wettbewerb zu einem bestimmten Themenfeld aus-

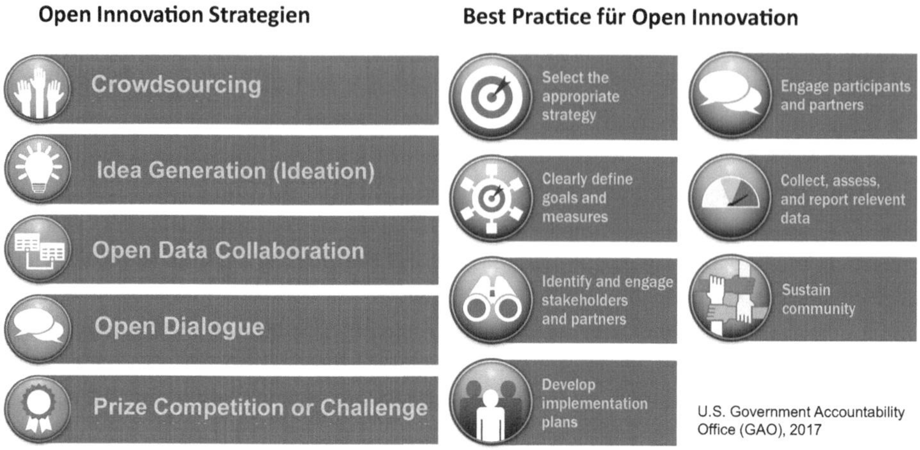

Open Innovation Strategien   **Best Practice für Open Innovation**

Abb. 7.14 Optionen und Best Practices für Open Innovation. [GAO17]

geschrieben werden. Die Beteiligten aus Universitäten, Unternehmen und auch aus dem Privatbereich könnten beispielsweise in einem offenen Brainstorming kreative Vorschläge zu Peer-to-Peer Mobilitätsansätzen entwickeln. In einem anderen Ansatz geht es im Feld der „Open Data Collaboration" in ähnlicher Weise darum, öffentlich verfügbare Datenbestände zu neuen Lösungen zusammenzubringen. Ideal wäre es, wenn Teilnehmer dann jeweils unterschiedliche „Datenpools" vertreten, die isoliert zunächst wenig Nutzen bringen, dann aber in der Kombination von einigen dieser „Pools" neue Lösungsmöglichkeiten ermöglichen. Weiterhin sind in der Abbildung bewährte Vorgehensweisen aufgeführt, die es bei der Initiierung von Open Innovation Strategien zu beachten gilt. Die Projekte sollten in einem begrenzten Themenfeld unter einer klaren Zielsetzung starten. Die Teilnehmer sollten möglichst einen unterschiedlichen Background haben und, um eine Ausgewogenheit abzusichern, pro-aktiv angesprochen und zum Mitmachen motiviert werden. Die Vorstellung der Strategie, der Zielsetzung und der Ansatz zur späteren Umsetzung geben weitere Impulse. Aber auch Preisgelder oder auch die Finanzierung von Start-Ups stellen die nachhaltige Teilnahme sicher. Eine Moderation des Arbeitsablaufs ist Voraussetzung, um Arbeiten und Ideen in die gewünschte Richtung zu leiten und im Dialog neue Trends aufzugreifen. Das Coaching fördert darüber hinaus die Motivation im Arbeitsablauf. Agile Projektmanagement-Methoden und Anwendung innovativer Methoden wie Gaming oder gegenseitige Beurteilung (Votings) der Gruppenergebnisse motivieren dazu, dass sich die Zusammenarbeit auch nach Abschluss beispielsweise eines Hackathons oder Entwicklungsprojektes fortsetzt. Die Loyalität der Teilnehmer zu einem Projekt sollte auch über längere Entwicklungsphasen erhalten bleiben, beispielsweise für Fahrzeugprojekte bei Local Motors.

Insgesamt ist Open Innovation ein Verfahren zur Steigerung der Innovationskraft, das gerade auch für Digitalisierungsprogramme hohe Potenziale bietet. Erste Piloten stützen diese Einschätzung und überraschen mit guten Ergebnissen. Solche Pilotprojekte sollten die Hersteller zu kompletten Programmen ausbauen und das Verfahren als Teil

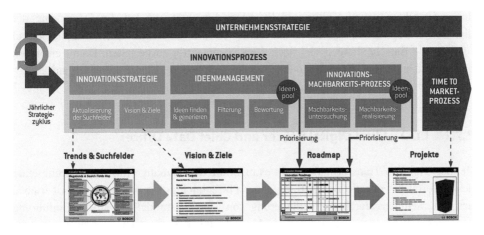

Abb. 7.15 Innovationsprozess in Verbindung mit der Unternehmensstrategie. [Kno11]

des gesamten Innovationsprozesses umfassender nutzen. Die Ergebnisse und neue Trends und Erkenntnisse aus dem Scouting der Outside-in-Prozesse sollten mindestens jährlich, bei der Dynamik der Digitalisierung besser halbjährlich, in der Unternehmensführung besprochen und mit der Digitalisierungs-Roadmap abgeglichen werden (vergl. dazu Abschn. 6.1). Diesen Aspekt und auch einen strukturierten Innovationsprozess zeigt Abb. 7.15.

Das Bild bringt die Arbeitsphasen des Innovationsprozesses in einen Zusammenhang. Alle Elemente sollten die Hersteller in ähnlicher Weise, versehen mit Messgrößen, im vorgeschlagenen Digitalisierungsrahmen implementieren (vgl. Abb. 6.12). Beim Durchlaufen des Innovationsprozesses erfolgt unter Beachtung der Digitalisierungsvision beispielsweise für Connected Services die Definition der Suchfelder, für die anschließend mit Open Innovation-Verfahren Ideen entstehen. Diese werden gefiltert und bewertet, in einem Ideenpool priorisiert und in einer Roadmap vorgehalten. Im Machbarkeitsprozess folgen dann deren Evaluierung und die Umsetzung ausgewählter Ideen besonders unter time-to-market-Aspekten. Der dargestellte strukturierte Prozess, angewendet für jedes Digitalisierungsfeld, stellt sicher, dass Ideen konsequent entwickelt, verfolgt und umgesetzt werden, ohne dass Themen verloren gehen oder sich „dynamisch" auf Zuruf Prioritäten ändern.

7.7 Organisationsaspekte der Digitalisierung

Für die Entwicklung der Digitalisierungsstrategie, die Ableitung einer ganzheitlichen Roadmap und deren Umsetzung in Verbindung mit dem Innovationsprozess muss die Verantwortlichkeit klar geregelt und in der Unternehmensorganisation abgebildet sein. Die oft behäbigen, hierarchisch orientierten Organisationsstrukturen behindern matrixorientiertes, flexibles Zusammenarbeiten (vergl. Abb. 7.3). Sie entsprechen oft nicht der angestrebten neuen Kultur und Start-Up-Mentalität, die bei der Umsetzung der digitalen Transformation gefordert ist. Daher ist auch die Organisation anzupassen und für schnelle Entscheidungen viel flacher als gegenwärtig zu gestalten. Damit entstehen neue Berufsbilder und Karrieremodelle werden sich ändern. Einige dieser Organisationsaspekte vertieft der folgende Abschnitt.

7.7.1 CDO – Chief Digital Officer und Chief Data Officer

Bei der Digitalen Transformation geht es nicht um die einmalige Implementierung einer neuen Software oder die Beschaffung neuer IT-Technologie, sondern um das Überleben des Unternehmens durch die Veränderung von Geschäftsmodellen und die Einführung ganz neuer Produkte. Das bedingt die Veränderung des gesamten Unternehmens, der Organisation und der Kultur. Diese Aufgabe ist nicht delegierbar, sondern ist von allen Mitarbeitern zu tragen. Die Gesamtverantwortung liegt beim CEO und in bestimmten Teilen bei den übrigen Vorständen. Aufbauend sind dann alle Führungskräfte und alle Mitarbeiter mit einzubeziehen. Um diese gewaltige Aufgabe strukturiert anzugehen, ist es unerlässlich, die Verantwortung für die Entwicklung einer Digitalisierungs-Roadmap, die Kaskadierung der daraus abzuleitenden Aufgaben und Projekte in die einzelnen Bereiche sowie die Überwachung der Umsetzung klar zu regeln und zu kommunizieren.

Viele Unternehmen setzen hierzu als Gesamtkoordinator einen sogenannten Chief Digital Officer (CDO) ein oder übertragen die Umsetzungsverantwortung für die Digitalisierung auf relevante Executives wie beispielsweise den Chief Information Officer (CIO), den Entwicklungs- oder den Vertriebschef. Aus Sicht des Autors ist aufgrund der Breite der Aufgabe, die in den vorhergehenden Kapiteln deutlich wurde, die neue Querschnittsorganisation unter Leitung eines CDO als Übergangslösung bis zur Erlangung eines fortgeschrittenen digitalen Reifegrades zu empfehlen. Parallel ist das Einsetzen einer weiteren übergreifenden Rolle erforderlich, die der immensen und wachsenden Bedeutung von Daten im Unternehmen Rechnung trägt. Wie bereits in Abschn. 6.2.3 ausgeführt, ist das Thema Daten in den Unternehmen oft eine „Problemzone". Es gibt wenig Standards, weder technischer noch inhaltlicher Art, es gibt keine Governance zur Haltung und Pflege und es gibt Mehrfachhaltung. So wird das Thema Daten oft zu einem Hemmschuh bei Innovationsprojekten. Hier für Ordnung zu sorgen, ist die Aufgabe des Chief Data Officers, ebenfalls mit CDO abgekürzt. Dieser CDO leitet unternehmensweit das Thema Daten. Zur Verbesserung der Situation baut er eine Governance inkl. Haltung, Pflege und Standardisierung auf und sorgt dafür, dass die Bedeutung des Themas unternehmensweit erkannt und so von allen Mitarbeitern als Teil der Kultur mit unterstützt wird [Web20]. In diesen übergeordneten Aufgaben sollte der Data Officer an den Chief Digital Officer berichten, der ja die Gesamttransformation koordiniert.

Der Chief Digital Officer sollte an den CEO berichten, der weiterhin in der Gesamtverantwortung steht und die Bedeutung der digitalen Transformation immer wieder herausstellen und auch persönlich den Kulturwandel durch die Veränderung traditioneller

Unternehmensführung	Digitalisierungsfelder						
	Geschäftsmodell	Kultur	Connected Services; Digitale Produkte	Mobilitätsservices; Autonomes Fahren	Effiziente Prozesse	Sales / Aftersales	IT Services
CEO/CDO	●	◑	◑	◑	●	◑	◑
Finanz	◑				◑		
Personal		●			◑		
Vertrieb	◑		●	●	◑	●	
Entwicklung			◑	◑	◑		
			Lead Autonomes Fahren & Integrations-Plattform				
Produktion					◑		◑
					Lead: Industrie 4.0		
Beschaffung	◑				◑		
IT	◑	◑	◑	◑	◑	◑	●

● : Hauptverantwortung ◑ : Teilverantwortung

Abb. 7.16 Zuordnung der Verantwortung zur Umsetzung von Digitalisierungsfeldern. (Quelle: Autor)

Verhaltensweisen vorleben muss. Die Bereitschaft zum Umbau des Unternehmens, zur Kulturveränderung und das klare Commitment zur Digitalisierung sind die Basis für eine erfolgreiche Transformation. Multi-Marken-Hersteller sollten erwägen, jeweils in den größeren Marken einen eigenen CDO einzusetzen, der dann an den Konzern-CDO berichtet. Auf Konzernebene werden die strategischen Ziele, der jeweilige Digitalisierungsrahmen und die Methoden und Standards vereinbart. Die Umsetzung erfolgt dann jeweils in den Marken.

Der CDO hat die Aufgabe, gemeinsam mit dem CEO, die digitale Transformation voran zu treiben. In Anlehnung an den im Kap. 6 vorgeschlagenen Digitalisierungsrahmen zeigt Abb. 7.16 einen Vorschlag zur Aufteilung der Verantwortung der anzugehenden Digitalisierungsfelder.

Die Spalten zeigen die Digitalisierungsfelder und die Zeilen die Bereiche der Unternehmensführung. Den einzelnen Bereichen der Unternehmensführung ist jeweils eine Hauptverantwortung und Teilverantwortung für ein oder mehrere Digitalisierungsfeld zugeordnet. Die Gesamtverantwortung für die Transformation trägt der CEO in enger Zusammenarbeit mit dem an ihn berichtenden CDO [Wes14]. Er stellt die saubere Abstimmung zwischen Unternehmensbereichen sicher, wenn Digitalisierungsfelder in der Umsetzung mehrere Unternehmensbereiche betreffen, wie dieses beispielsweise bei Connected Services und Digitalen Produkten der Fall ist. Im Sinne der Kundenorientierung und Marktkenntnisse übernimmt der Vertriebschef hier die Hauptverantwortung, während der Entwicklungschef für eine zeitgemäße embedded IT-Architektur und eine leistungsfähige Integrationsplattform sorgt und der CIO effiziente cloudbasierte IT-Plattformen bereitstellt. Einige Hersteller organisieren das Thema car IT separat, teilweise in einem eigenen Vorstandsbereich. Bei diesem Ansatz muss sichergestellt werden, dass Synergien zwischen der traditionellen IT und der car IT genutzt werden und das Rad nicht mehrfach erfunden wird. Aus Sicht des Autors sollte der Entwicklungschef auch die car IT verantworten und eng abgestimmt mit dem CIO arbeiten, da dieses Thema immer mehr zum Kernbestandteil des Fahrzeuges wird.

Eine ähnliche Verantwortungsteilung ist bei den Mobilitätsservices zu finden, die mit dem Autonomen Fahren einen besonderen Schub erfahren. Für die technische Umsetzung dieser Technologie sowie auch Realisierung der Integrationsplattform (vergl. Abschn. 6.2.1) sollte die Lead bzw. Verantwortung in der Entwicklung liegen. Das Etablieren effizienter, digitalisierter Prozesse ist eine Verantwortung, die alle Unternehmensbereiche in ihrer Organisation übernehmen, so liegt beispielsweise die Lead für die Umsetzung von Industrie 4.0 beim Produktionschef. Für das gesamt Prozess-Programm muss wiederum der CEO bzw. der CDO die Verantwortung tragen.

Erfolgsentscheidend ist, ob es gelingt, eine tiefgreifende digitale Transformation in den bestehenden Organisationen umzusetzen. In der Vergangenheit haben die Hersteller mit inkrementellen Verbesserungen der Fahrzeuge, von Fertigungsverfahren und auch von Prozessen Innovationen erreicht. Bei den zu erwartenden disruptiven Veränderungen des Geschäftsmodells gerade in den Bereichen der Connected Services, Digitalen Produkte und Mobilitätsservices bleibt offen, ob das vielzitierte „Innovators Dilemma", demzufolge etablierte Unternehmen diese sprunghaften Innovationen nicht bewerkstelligen können, gelöst werden kann [Chr11].

Um Unabhängigkeit und Agilität zu gewinnen, verlagern viele Hersteller daher einige neue Geschäftsfelder in kleinere, separate Organisationen in Form sogenannter „Digi-Labs". Es bleibt zu beweisen, dass dieser Weg zielführend ist. Nach Erfahrung des Autors wird einerseits Agilität gewonnen, andererseits aber eine mögliche Synergie geschwächt, insbesondere dann, wenn einzelne Organisationen innerhalb der Marken separate Einheiten wie beispielsweise Innovations- und Mobilitäts-Labs aufbauen. Dieses Modell interner Start-Ups oder Spin-Offs, die nahe an der bestehenden Organisation agieren, wird Intrapreneuership genannt. Die Arbeit dieser Units ist sicher wichtig und richtungsweisend durch die Erkundung der Möglichkeiten neuer Technologien und einer agilen Arbeit, die auch das Scheitern zulässt und dennoch innovative Lösungen schafft.

Der Rückfluss dieser „Leuchtturm-Entwicklungen" aus den Labs in die Herstellerorganisation erweist sich jedoch als problematisch und der Einfluss auf das produktive Tagesgeschäft als eher übersichtlich [Mey20]. Der Weg über separate Einheiten bietet dennoch große Chancen und sollte deshalb konzernübergreifend organisiert und unter Bündelung der Kräfte geschehen. Um dabei einen deutlichen Entwicklungs- und Separierungsschub zu erreichen, sollte dieser Schritt jedoch in Kooperation mit starken Partnern erfolgen, die bereits in den neuen Geschäftsfeldern etabliert sind und ihre Geschäftsmodelle, die Start-Up-Mentalität und notwendige Assets prägend in die gemeinsame Arbeit einbringen.

Unabhängig von dieser Organisationsfrage sollte der CDO zur Unterstützung der Unternehmensbereiche bei den Digitalisierungsinitiativen über ein schlagkräftiges Team verfügen, um seinen Kollegen Anschubhilfe zu geben beispielsweise mit Digitalen Kompetenzen zu den relevanten Digitalisierungstechnologien und mit der Durchführung von Design Thinking-Workshops bei Prozess-Assessments sowie zur Entwicklung neuer IT-Lösungen wie beispielsweise unternehmensinterne Plattformansätze. Hierbei stellt die IT die entsprechenden Werkzeuge und Testfelder zur Verfügung und implementiert die neuen Lösungen in agiler Vorgehensweise.

7.7.2 Anpassung der IT-Organisation

Um die digitale Transformation in den Unternehmensbereichen zu beschleunigen, ist die interne Organisation der Unternehmens-IT effizienter auszurichten. Auch in der Vergangenheit war die IT mit der Implementierung von Softwarelösungen zur Verbesserung von Geschäftsabläufen intensiv beteiligt. Der IT-Beitrag war dabei aber eher technologischer Art. In diesem Sinne ist die IT auch heute noch oft in drei Bereiche gegliedert, orientiert an den IT-Lebensphasen. Die „Plan"-Organisation setzt die Projekte auf und organisiert den Ablauf, im Bereich „Build" erfolgt die Umsetzung der Projekte in Softwarelösungen und in der abschließenden „Run"-Phase werden die IT-Lösungen zumeist in herstellereigenen Rechenzentren möglichst sicher betrieben.

In den Plan- und Build-Phasen ist die Organisation meist grob nach den Prozessbereichen Entwicklung, Vertrieb, Kundenauftragserfüllung und Verwaltung organisiert. Neuerdings ordnen einige Hersteller dem Planbereich noch ein internes Accountmanagement zu, um die Nähe zum Fachbereich zu erhöhen. Die Run-Phase ist meist nach Technologien unterteilt wie Großrechner, Linux-Server und Netzwerke, während das Thema Cloud meist separat im Run-Bereich organisiert ist. Zusätzlich gibt es weitere IT-Teams zur Unterstützung der Komponentenwerke und eine IT-Organisation in den Financial Services der Hersteller. Die Organisation dieser „Enterprise-IT" mit gewachsenen heterogenen Prozessen und Strukturen erweist sich für die Anforderungen der Digitalisierung oft als zu reaktiv und es wird ein höherer Beitrag für die Digitalisierung und für Innovation erwartet [Rot20]. Die auch nach den Erfahrungen des Autors typische Situation in der Kooperation zwischen IT- und Fachbereichen fasst Abb. 7.17 zusammen.

Die Zusammenarbeit zwischen den Bereichen ist oft durch Vorbehalte geprägt. „Die IT" wird von den Fachbereichen als zu langsam und wenig pro-aktiv, als zu bürokratisch und mit wenig Geschäftsverständnis gesehen. Die eingesetzten Anwendungssysteme gelten als veraltet, kaum erweiterbar und starr. Anderseits vermisst die IT auf der Fachbereichsseite IT-Kenntnisse und Verständnis für ihre Belange, auch erkennt sie kein bereichsübergreifendes Denken.

Diese Sichten beruhen oft auf Erfahrungen aus den früher üblichen großen Implementierungsprojekten unter IT-Leitung, die sich teilweise über Jahre erstreckt

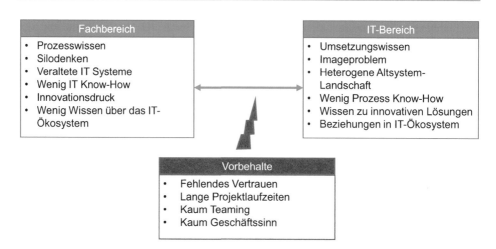

Abb. 7.17 Situation in der Zusammenarbeit Fachbereich-IT. (Quelle: Autor)

haben. Ausgehend von einer sogenannten Blueprint-Phase, welche die Anforderungen dokumentierte, und der anschließenden Implementierungs- und Testphase folgte abschließend die Rolloutphase. Dieser Projektansatz führte oft zu Ergebnissen, von denen die Fachbereiche überrascht waren, was wiederum umfangreiche Anpassungen und Nacharbeiten nach sich zog. Bei großen Herstellern liefen häufig mehrere derartige Projekte nebeneinander, die ohne Integration zu Insellösungen führten, den heutigen gewachsenen heterogenen Anwendungslandschaften. Diese Historie hat das Verhältnis zwischen den Bereichen vielfach belastet und ist vor dem Hintergrund des wachsenden Digitalisierungsdrucks zwingend auf eine neue Basis zu stellen.

Als Reaktion oder auch Notlösung haben Fachbereiche teilweise begonnen, in ihrer Organisation eigene IT-Lösungen einzuführen und somit eine Art „Schatten-IT" zu schaffen, die oft an allen Sicherheitsvorkehrungen vorbei in öffentlichen Cloud-Umgebungen oder auf „Servern unter dem Schreibtisch" betrieben wird. Dies ist sicher kein zu empfehlender Weg. Als weitere Lösung wird das von Gartner vorgeschlagene Konzept der sogenannten bimodalen IT gesehen, womit eine Organisation der zwei Geschwindigkeiten gemeint ist [WeJ19]. Hierbei wird die Weiterentwicklung und der Betrieb der traditionellen Anwendungsumgebungen oft als „IT 1.0" bezeichnet und die agilen neuen Digitalisierungs- projekte, oft entwickelt in sogenannten Innovation-Labs, als „IT 2.0" positioniert. Dieser Weg wird mittlerweile allerdings auch kritisch gesehen, da er zu wenig Nachhaltigkeit und Breitenwirkung in den Fachbereichen erreicht und die „IT 1.0 Mitarbeiter" sich wenig motiviert entkoppeln. Es entsteht eine „Zwei-Klassen-Gesellschaft" mit zu wenig Syn- ergien. Es muss vielmehr gelingen, eine Organisation zu etablieren, die eng zusammen- arbeitet und somit Umsetzungsgeschwindigkeit gewinnt, eine Right-Speed IT [Fau17].

Unstrittig ist, dass Fachbereiche und IT näher zusammenrücken müssen, um die Herausforderungen der digitalen Transformation gemeinsam zu bewältigen. Die dabei anstehenden Projekte sind von ganz anderem Charakter als die früheren technologisch

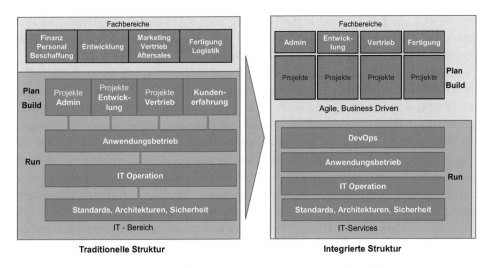

Abb. 7.18 Traditionelle und integrierte Anwendungsentwicklung. (Quelle: Autor)

geprägten Projekte. Es gilt, gemeinsam Transformationsmaßnahmen zu verabreden, um dann in agiler Vorgehensweise eng am Geschäft erste Digitalisierungslösungen zu implementieren, die schrittweise in kurzen Zyklen weiterwachsen oder bei fehlendem Nutzen wieder gestoppt bzw. umgesteuert werden. Für diese neue agile Vorgehensweise fehlt es den Fachbereichen aber oft an notwendigem lösungsbezogenen IT-Know How.

Aus Sicht des Autors ist hierzu eine tiefgreifende organisatorische Veränderung erfolgsversprechend, wozu Abb. 7.18 einen Vorschlag zeigt.

Gezeigt ist links im Bild die bisher übliche Organisation der IT in der Automobilindustrie, wie bereits zu Beginn des Kapitels kurz erläutert. In der Plan- und Build Phase erfolgt die Anwendungsentwicklung entsprechend der Struktur der Fachbereiche mit allen beschriebenen Akzeptanz- und Abstimmungsproblemen. Um mehr Geschäfts-, Prozess- und Bedarfsnähe zu schaffen, sollten daher alle lösungsorientiert arbeitenden IT-Mitarbeiter, wie im Bild rechts dargestellt, aus ihrer bisherigen Organisation in die Fachbereiche wechseln. Die enge Kopplung von Prozess- und IT-Wissen in den Fachbereichen führt zu erheblichen Synergien, um beispielsweise in Design Thinking-Workshops die Digitalisierung von Prozessketten anzugehen und diese mit einem ersten Prototyp schnell zu testen.

Die Konsolidierung der Anwendungs-IT in den Fachbereichen folgt damit dem Gesamttrend, dass die Wertschöpfung eines Autos sich zukünftig zu einem hohen Anteil über IT definieren wird. Insofern ist es nur konsequent, die IT-Kompetenz der Fachbereiche durch die Eingliederung der IT-Mitarbeiter aus den jeweiligen Plan- und Build-Bereichen nachhaltig zu stärken. Der IT-Bereich kann sich dann auf die Erbringung der IT-Services konzentrieren und dabei den Weg in die Cloud erheblich beschleunigen. Das Coaching der Vorgehensweise und Methodenkompetenz muss die CDO-Organisation in den Fachbereichen beistellen. Die IT unterstützt mit Architektur-, Security und Technologievorgaben.

Das versetzt alle Fachbereiche in die Lage, die angestrebte digitale Transformation ausgehend von den Geschäftsprozessen fokussierter und mit mehr Geschwindigkeit anzugehen,
ohne dass die beschriebene Schatten-IT weiterwächst.

Bei diesem Vorgehen übernimmt der CIO mit seiner Organisation eine wichtige Rolle.
Er muss dafür sorgen, dass hocheffiziente und sichere IT-Strukturen für die Lösungen
der Fachbereiche zur Verfügung stehen. Einerseits sind diese als hybride Cloud-Archi-
tekturen implementiert und umfassen andererseits Basistechnologien wie Middleware,
Big Data- und KI-Werkzeuge und Microservice-Umgebungen. Weiterhin muss die IT
sogenannte DevOps-Konzepte bereitstellen, um die schnelle Nutzung neuer Anwendungen
und drauf aufbauend einen „smartphone-orientierten" Releasezyklus zu ermöglichen. Der
Begriff DevOps bedeutet eine Wortkombination aus Development (Entwicklung) und
Operations (IT Betrieb) und zielt auf die Verbesserung der Zusammenarbeit zwischen
Softwarentwicklern und der IT. Auf Details dazu und weitere technologische IT-Aufgaben
geht Kap. 8 näher ein. Neben diesen Aufgaben ist die IT als Berater der Fachbereiche und
auch als Scout für neue Technologien gefragt. Diese Positionierung zeigt Abb. 7.19.

Das Bild verdeutlicht die unterschiedlichen Rollen und die Verantwortung der IT
im Rahmen der digitalen Transformation. Neben der bereits kurz beschriebenen Verantwortung der IT, sichere Serviceumgebungen und den Betrieb von Basisanwendungen

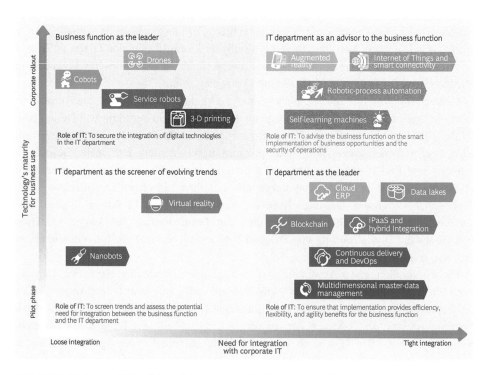

Abb. 7.19 Rolle der IT in Abhängigkeit vom technologischen Reifegrad und Integrationsbedarf.
[Gum16]

wie beispielsweise die Enterprise Resource Planning (ERP) Lösung zur Verfügung zu stellen, agiert die IT als Berater und Unterstützer der Fachbereiche. Neue technologische Trends wie z. B. Nanobots sind frühzeitig zu evaluieren, um die IT-Anforderungen aufzunehmen, sie in den Lösungen zu berücksichtigen und bei Bedarf die Integration und den Betrieb sicher zu stellen.

Die Fachbereiche werden durch die IT in den Projekten unterstützt, um Lösungen wie beispielsweise Drohnen für die Logistik oder auch 3D-Druck für die Teilefertigung zu nutzen. Auch beim weiteren Rollout dieser Lösungen und bei Erweiterungen beispielsweise hin zur Robotics-basierten Prozessautomatisierung und zu selbstlernenden Maschinen arbeiten der zuständige Fachbereich und die IT eng zusammen. Hierbei sorgt die IT für effiziente und sichere IT-Services, die schnell und flexibel neue Anforderungen der Fachbereiche unterstützen. Die Prozessintegration und Umstrukturierung von Geschäftsmodellen auf Basis von Digitalisierungslösungen verantworten in der vorgeschlagenen Struktur aber die Fachbereiche.

7.7.3 Neue Berufsbilder und Karrieremodelle

Mit der neuen Arbeitsteilung verändern sich Rollen und Aufgabenfelder sowohl der Fachbereiche als auch der IT. Erfolgsentscheidend ist es, bei diesem umfassenden Wandel die Mitarbeiter mit einer zeitgemäßen Personalarbeit hoch motiviert zu halten und sie mit auf die Transformationsreise zu nehmen. Dazu sind Angebote bereit zu stellen, die die gesamte Mitarbeiterschaft ansprechen, und zwar sowohl die neu einsteigenden Digital Natives als auch die langjährigen Mitarbeiter, die Digital Immigrants. Die Veränderung in den Tätigkeitsfeldern verdeutlicht Abb. 7.20.

Die Übersicht ist zusammengestellt aus dem Inhaltsverzeichnis eines Fachmagazin zum Thema Jobs der Zukunft. Offensichtlich ist, dass es keine klare Trennung von Berufsfeldern mehr gibt, sondern sich die Kenntnisse gegenseitig durchdringen. Die Ingenieure benötigen mehr IT-Wissen und die IT-ler mehr Fachkenntnisse. Jeder sollte sich mit agilen Methoden und besonders auch KI beschäftigen. Auch IoT-, Security- und Blockchain-Hintergründe sollten zumindest in Grundzügen vorhanden sein, da auch diese Themenfelder in alle Unternehmensbereiche einziehen werden. Viele dieser Wissensgebiete sind in den letzten Jahren neu gewachsen und so wird deutlich, dass auch gestandene Mitarbeiter in Eigenverantwortung gefordert sind, sich kontinuierlich weiter zu bilden, um so ihre „employablity" zu erhalten.

Durch die Möglichkeiten der Digitalisierung, die agilen Methoden, das sich wandelnde Wertesystem und neue Formen der Zusammenarbeit werden bisher bewährte Prinzipien der Personalarbeit obsolet und neue Modelle erforderlich. Hierbei sind folgende Trends zu beachten:

- Neue Berufsbilder, z. B. Computerlinguisten, Data-Scientisten
- Längere Lebensarbeitszeit

Arbeitswelt 2025: Die Jobs der Zukunft

Die neue Welt von Industrie 4.0: Maschinenbauer spricht Java

Techniker müssen lernen, mehr über den Tellerrand zu schauen.

Informatiker benötigen mehr Ingenieur-Know-how

Wer als Informatiker in der Produktion mitreden will, muss die Ingenieure verstehen.

Projektarbeit – agiles Arbeiten – KI: Müssen wir Arbeit neu denken?

Hays-Manager Frank Schabel wagt einen Blick in die neue Arbeitswelt.

Data Scientist muss sich rasch auf neue Aufgaben einstellen

Informatiker, Physiker und Mathematiker werden als „Datenschürfer" bevorzugt.

Von der Quereinsteigerin zur IT-Security-Spezialistin

Auch Quereinsteiger können sich gute Chancen in diesem höchst gefragten Beruf ausrechnen.

KI, IoT und Blockchain: SAP-Beratung wird noch anspruchsvoller

SAP-Berater kommen mit ihrem aktuellen Know-how nicht weiter.

Abb. 7.20 Veränderung der Arbeitswelt – Anspruch an zukünftige Berufskenntnisse. (Nach [Cow19])

- Arbeit in virtuellen Teams und losen Netzwerken, z. B. in Partnerschaften, Open Innovation
- Verändertes Wertemuster, Verblassen von Statussymbolen, z. B. Jobinhalt vs. Geld
- Neue Karrieremodelle in „Mosaikverläufen", z. B. Personalführung im Wechsel mit Fachlaufbahnphasen und gelegentlichen Sabbaticals [Rum19]
- Flexible Arbeitszeitmodelle
- Fachlaufbahnen statusgleich mit Personalführungspositionen
- Lebenslanges Lernen
- Diversity als Selbstverständlichkeit
- Bedeutungsanstieg von Feedback und Coaching
- Betonung von Autonomie, Selbstverwirklichung und life-time-balance
- Wachsende Projektorientierung in temporären Aufgabenfeldern

Diese Trends erfordern neue, erheblich flexiblere Karriere- und Arbeitszeitmodelle, verbunden mit anderen Kompensations- und Incentive-Systemen, die den Aspekt der freien Zeitgestaltung und Ausbildungsmöglichkeiten einschließen. Die neuen Ansätze haben auch die derzeitigen Mitarbeiter einzuschließen und so zur Motivation und zum Wandel der Unternehmenskultur beizutragen. Die Angebote müssen so ausgestaltet sein, dass sie Bewerber überzeugen, in das Unternehmen einzutreten und diesem auch über längere Zeit die Treue zu halten. Aufgrund der absehbaren Verknappung qualifizierter Arbeitskräfte gilt es, sich im „war for talents" zu differenzieren. Es zeichnet sich eine Umkehr beim Berufseinstieg ab: Unternehmen bewerben sich dann bei den hochqualifizierten Berufseinsteigern und Fachexperten.

Den Führungskräften kommt in der neuen Arbeitswelt eine entscheidende Rolle zu. Sie sind direkte Bezugsperson und somit Ansprechpartner, um die neuen Modelle mit Leben zu füllen und den Wandel der Unternehmenskultur voran zu bringen. In kontinuierlichen Feedback- und Coaching-Gesprächen sind Talente aufzuspüren und zu entwickeln, Feedback der Mitarbeiter aufzunehmen und an die Personalbereiche zurück zu spielen. Gleichzeitig wird sich das Personalwesen zukünftig stark verändern. Wie Abb. 7.21 zeigt, gilt es auch in diesem Bereich, einen bimodalen Wandel voranzutreiben. Mit der digitalen Transformation werden administrative Aufwände gesenkt, zeitgleich ist die inhaltliche Neuausrichtung voranzutreiben und unter Beachtung der Unternehmensziele die Rolle des Beraters für die Fachfunktionen zu stärken.

Die links gezeigten Digitalisierungsinitiativen geben dem Personalbereich die Chance, effizienter zu werden und so Freiräume für Neues zu schaffen. Ausgangspunkt dieser Bestrebungen müssen auch im HR Bereich effiziente, standardisierte Prozesse sein, basierend auf einer umfassenden Datengovernance. Zeitgemäße, durchgängige IT-Lösungen mit flexiblen Analysewerkzeugen und Apps als mobiles Frontend mit Assistenzfunktion für die Personaler und die Mitarbeiter entlasten von Verwaltungsauf-

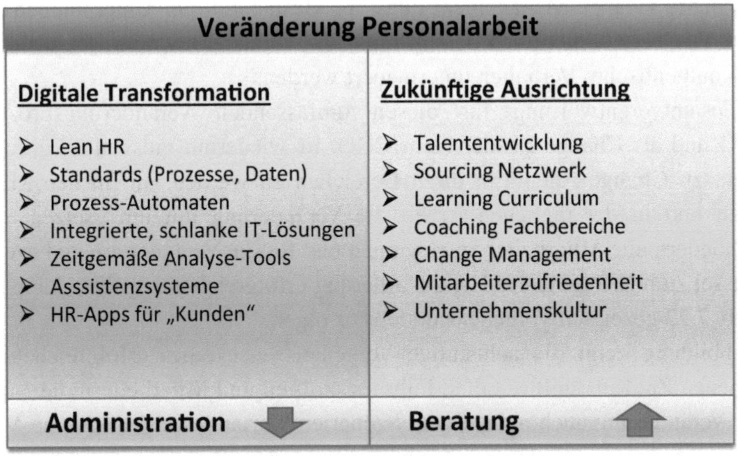

Abb. 7.21 Veränderung der Personalarbeit. (Quelle: Autor)

gaben. Die Automatisierung wiederkehrender Arbeiten schaffen weitere Luft und zeitgleich einen verbesserten Servicegrad bei den Verwaltungsaufgaben. Der Freiraum muss
genutzt werden, die Beratung der Fachbereiche und konzeptionelle Arbeit beispielsweise
zur Entwicklung neuer Lern- und Recruitingstrukturen zu schaffen. Der Personalbereich
wird zum Coach und Change Agent, um so zu helfen, die Unternehmenskultur zu verändern. Als Bindeglied zwischen direkter Führungskraft und Mitarbeitern unterstützt
Personal mit flexiblen Tools und neuen Angeboten. Das führt zu höherer Mitarbeiterzufriedenheit, die wiederum die Basis für gute Arbeitsergebnisse ist.

7.7.4 Change-Management

Neben attraktiven Arbeitsmodellen und Personalangeboten ist ein innovatives Arbeitsumfeld ein weiteres wichtiges Element zu Mitarbeitermotivation. Dabei kommt es
den Digital Natives nicht auf die Größe des Büros oder die Anzahl der Bürofenster an.
Viel wichtiger ist, durch den Einsatz zeitgemäßer Arbeitswerkzeuge und eine offene
Kommunikation eine ansprechende, agile Arbeitsatmosphäre zu schaffen. Dazu gehört
auch die freie räumliche Anordnung des Arbeitsplatzes und Veränderung einer Arbeitsumgebung auf einer großen Fläche ohne Wände durch ein Team. Ergänzt um die in
diesem Kapitel angesprochenen Elemente entwickelt sich dann eine Unternehmenskultur, die Veränderungen und Transformationen offen gegenübersteht.

Diese Motivationselemente sind die Basis für eine erfolgreiche Umsetzung der
Digitalisierung, die ein zielgerichtetes Change-Management flankierend begleiten muss.
Wichtig ist dabei, alle Mitarbeiter frühzeitig in die Veränderungsprozesse einzubinden,
um mögliche offene oder versteckte Widerstände zu vermeiden. Entgegen früheren
projektbezogenen Veränderungen umfasst die digitale Transformation fast alle Unternehmensbereiche und wird ein lang andauernder Prozess sein. Demzufolge ist auch ein
kontinuierliches Change-Management quasi als Bestandteil der Unternehmenskultur zu
verankern. Wie bereits mehrfach betont, muss die Veränderung vom Vorstand vorgelebt
und durch authentisches Verhalten untermauert werden.

Die Gesamtverantwortung für diesen umfassenden Veränderungsprozess liegt
beim CEO und als Change Leader beim CDO. Er wiederum muss alle Führungskräfte
motivieren, zu Change Agents in ihren Bereichen zu werden, um in den Mitarbeiter-
gesprächen und in der täglichen Arbeit die Veränderung mit umzusetzen. Nicht die
Technik, sondern alle Mitarbeiter zu gewinnen und für die Veränderung zu begeistern, ist
der Schlüssel zum Erfolg. Diese Herausforderung erfolgreich anzugehen, kann auf Basis
des in Abb. 7.22 gezeigten Vorgehensmodells erfolgen.

Die Abbildung zeigt die achtstufige Vorgehensweise eines erfolgreichen Change-
Managements. Zunächst gilt es, allen Führungskräften und Mitarbeitern die Notwendigkeit einer Veränderung auch anhand von Szenarien klar aufzuzeigen und die Motivation
zum Wandel zu erzeugen. Dann ist ein Netzwerk aus Personen aufzubauen, die die
Kommunikation während des Veränderungsprozesses kontinuierlich aufrechterhalten.

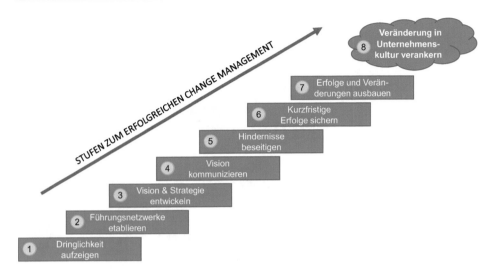

Abb. 7.22 Bewährtes 8-Stufen Modell zum Change-Management. (Nach [Kot11])

In den nächsten Schritten ist eine Vision zu entwickeln einhergehend mit einer nachvollziehbaren Strategie, wie diese Ziele erreicht werden sollen. Im fünften Schritt sind auftretende Hindernisse in den Strukturen oder Arbeitsabläufen und Defizite in der Projektausstattung zu beseitigen.

Zu Beginn sollten möglichst schnell Erfolge erzielt werden, um die Kommunikation damit zu verstärken und im nächsten Schritt mit neuen Ideen und ergänzenden Maßnahmen weitere Veränderungen anzugehen. Im abschließenden Schritt ist sicherzustellen, dass die Veränderungen dauerhaft im Unternehmen verankert sind und der Wandel Bestandteil der Unternehmenskultur geworden ist. Ein Rückfall in alte Strukturen und Verhaltensmuster ist auf jeden Fall zu verhindern.

Die beschriebene Vorgehensweise stellt die Kommunikation und die Einbindung der Mitarbeiter auf Basis der Vision und Strategie in den Mittelpunkt. Alternativ zeigt Abb. 7.23 eine vierstufige Vorgehensweise zur Mobilisierung im Change-Management, bewährt in einem Transformationsprogramm im Finanzbereich [Vat19].

Zunächst gilt es, in dem Ablauf auf Basis eines eindeutigen Kommunikationskonzeptes das Bewusstsein für die Situation und die Dringlichkeit der anstehenden Veränderung zu schaffen. Hierbei sind alle Mitarbeiter einzubeziehen und die Geschäftsführung hat das Programm mit Vorleben zu unterstützen. Die authentische Ausrichtung des Unternehmens auf sein Umfeld und das Sicherstellen des Lernens und das Umsetzen neuer Arbeitsweisen stärken die Akzeptanz der Veränderungen. Hindernisse gilt es konsequent auszuräumen. Wichtig ist es, wie auch der in Abb. 7.23 gezeigte Ablauf herausstellt, die Nachhaltigkeit der Veränderung abzusichern und auch Erfolge und nächste Schritte zu kommunizieren und so diese Phase zum Change-Management mehrfach zu durchlaufen. Die Kommunikation sollte möglichst frühzeitig starten, um so Gerüchten vorzugreifen. So verspüren Mitarbeiter Respekt und sind motiviert eingebunden.

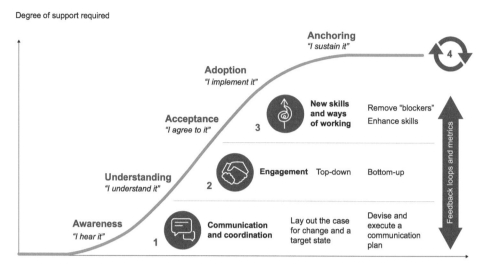

Abb. 7.23 Vier Stufen zur Mitarbeitermobilisierung. [Vat19]

7.8   Transformation IBM

Es wurde deutlich, dass die Änderung der Unternehmenskultur hin zu mehr Agilität, Entrepreneurship, Start-Up-Verhalten und die Bereitschaft, übergreifende Verantwortung zu übernehmen sowie Dinge aktiv anzugehen und zügig durchzusetzen, die bedeutendsten Voraussetzungen für eine erfolgreiche digitale Transformation eines Fahrzeugunternehmens hin zu einem Mobilitätsunternehmen sind. Als Referenz für eine erfolgreiche Transformation einhergehend mit einem grundlegenden Wandel der Unternehmenskultur kann die IBM gelten. Die Veränderung vom Hardwarehersteller hin zu einem cloudbasierten Serviceanbieter stellt eine Analogie zum anstehenden Transformationsweg der Autoindustrie dar. Diese verändert sich von der Hardware- sprich Fahrzeugorientierung hin zu Service- sprich Mobilitätsorientierung. Wegen dieser Analogie wird im Folgenden die Transformation der IBM als Case Study zur Kulturveränderung vorgestellt.

Die IBM als ein internationaler Konzern mit Verwaltungssitz in den USA beschäftigt mehrere hunderttausend Mitarbeiter, ist über einhundert Jahre am Markt tätig und langjährig weltweit bei sehr vielen großen und mittleren Unternehmen aller Branchen als IT-Partner etabliert. Ausgehend von der Lochkarte hat die IBM mit vielen Erfindungen und Neuerungen die Computerindustrie immer wieder maßgeblich mitgestaltet. Eine der bedeutendsten Neuerungen waren die in den 1960er Jahren entwickelten universellen Großrechner, die sogenannten Mainframes. Diese waren in den 1970er und auch noch in den 1980er Jahren unangefochtene Marktführer und sind bis in die Gegenwart zentrale IT-Infrastruktur sehr vieler Unternehmen und Institutionen.

Damit war ein beachtlicher wirtschaftlicher Erfolg verbunden, der in der damaligen Organisation zu einer Sättigung führte, die wiederum in Trägheit mündete und auch einen

Wildwuchs an interner Bürokratie zuließ. Die durchaus bewundernde und seinerzeit gebräuchliche Bezeichnung „Big Blue" suggerierte den Mitarbeitern eine Unverletzlichkeit und führte zu einem Image, das teilweise als überheblich wahrgenommen wurde. Das war sicher auch in einer heute unvorstellbaren Situation begründet. Die Mainframes wurden den Kunden teilweise zugeteilt; es gab lange Wartelisten für die neuesten Systeme und die Kunden haben sich darum gerissen, ihren Listenplatz für den Bezug zu verbessern [Mus10]. Dieser Erfolg führte aber auch zu einer Art Tunnelblick. Veränderungen am Markt wurden spät wahrgenommen oder schlicht nicht als relevant beachtet.

In den 1970er Jahren kamen die Personal Computer (PC) auf, u. a. von den Firmen Apple, Commodore, Tandy und Atari. Diese wurden zunehmend von Unternehmen, aber auch in zunehmender Weise privat genutzt. Nachdem IBM diesen Trend lange ignoriert hatte, brachte der Konzern 1981 den ersten eigenen PC auf den Markt. Dieser bestand aus Komponenten, die sich einfach zu unterschiedlichen Systemen konfigurieren ließen. Entgegen der bisherigen Geschäftsstrategie wurde die Systemarchitektur offengelegt und wesentliche Bestandteile von anderen Unternehmen zugekauft. Intel lieferte die Prozessoren und Microsoft das Betriebssystem.

Das System war ein riesiger Erfolg mit hoher Marktbeachtung und innerhalb kurzer Zeit verbreiteten sich die PCs auch in Privathaushalten. Sicher ist der damalige Erfolg der IBM auch an dem gängigen Begriff „IBM kompatibel" festzumachen. Es war aber auch ein Pyrrhussieg, der letztendlich die IBM-Position schwächte. Da die Baugruppen für die PCs frei verfügbar waren, gab es nämlich bald viele Anbieter, sowohl große Unternehmen als auch viele Kleinstunternehmen, sogenannte „no names", die sich in diesem Markt einen harten Preiswettkampf lieferten. IBM hatte durch die offene Komponentenbauweise den Erfolg der PCs mitbegründet, aber dadurch keinerlei Kontrollmöglichkeiten, um adäquat am Wachstum partizipieren zu können. Schlimmer noch, die PCs verdrängten mit Textverarbeitungslösungen die damals durchaus gängigen IBM-Schreibmaschinen und wurden mit zunehmender Leistungsfähigkeit und Vernetzung teilweise eine Alternative zum Mainframe.

Die Schwerfälligkeit, Bürokratisierung und das Festhalten an alten Strukturen und Produktlinien führten in kurzer Zeit zu wirtschaftlichen Problemen und zu Beginn der 1990er Jahre zu hohen Verlusten. Es wurde erwogen, die große IBM in eigenständige Unternehmen aufzuteilen, um so Geschwindigkeit und zumindest ein Überleben der gesunden Teile sicher zu stellen. Im Jahr 1993 betrug der Nettoverlust 8 Mrd $. Louis V. Gerstner trat in diesem Jahr seinen Dienst als CEO an, das erste Mal in der IBM-Geschichte ein von außen kommender Vorstandsvorsitzender. Die Wahl erwies sich als Glücksgriff für IBM. Gerstner traf nach kurzer Analyse fundamentale Entscheidungen und setzte diese konsequent um, sodass sie auch in der heutigen IBM noch nachwirken. Wesentliche Vorgaben waren [Ger03]:

- Erhalt der IBM und Fokus auf Integration anstelle Zersplitterung
- Ausbau des Servicegeschäftes
- Netzwerkzentrische Lösungen (später: „eBusiness")

- Weltweite Standardisierung von Geschäftsprozessen
- Abbau von Bürokratie und Verschlankung von Abläufen
- Konsolidierung und Harmonisierung der internen IT
- Ausbau des Softwaregeschäfts auch durch Zukäufe
- Open Innovation
- Transformation der Unternehmenskultur

Diese Entscheidungen führten zu einem kompletten Wandel der IBM von einem Hardware-Hersteller hin zu einem Integrations-Dienstleister, der neben Services auch führende Software- und Hardware-Technologie in seinem Portfolio anbietet. Die herausfordernde Aufgabe bei dieser Transformation war nach Einschätzung von Gerstner die Veränderung der Unternehmenskultur unter respektvoller Einbindung aller Mitarbeiter. Dem Autor sind einige Schlagworte der damaligen Zeit noch aus eigenem Erleben heraus geläufig, wie beispielsweise „customer first" und auch „execute". Gerade diese Kundenorientierung und gleichzeitig das fokussierte Umsetzen von Projekten anstelle erneuter Diskussionen prägten diese Aufbruchjahre. Die damals gelungene Adaption des Mitarbeiterverhaltens passt aus Sicht des Autors gut in die Welt einiger Automobilhersteller zum Start der Veränderung dieser Industrie hin zu Mobilitätsservices und dem aggressiven Auftritt neuer Wettbewerber wie Tesla, Uber, Baidu und Waymo.

Gerstners Amtszeit endete 2002 und zu dem Zeitpunkt hatte sich die Kultur der IBM so weit geändert, dass aus dem „sich-verändern-müssen" eine Haltung des „sich-verändern-wollens" geworden war. Das ist ein wichtiger Verhaltenswandel, um Veränderungen auch in wirtschaftlich gesunden Zeiten angehen zu können. Das Aufbrechen der „alten Mainframe-Kultur" gelang aufgrund des demonstrierten Leadership von Gerstner, verbunden mit einer intensiven Kommunikation und Mitarbeitereinbindung, aber sicher auch, weil die Veränderung aufgrund der drohenden Insolvenz, alternativlos war. Umso bemerkenswerter ist, dass die so etablierte neue Unternehmenskultur zu weiteren Veränderungen auch in wirtschaftlich erfolgreichen Zeiten führte. Diese Situation verdeutlicht Abb. 7.24 mit der Umsatzverteilung der IBM in den Hauptgeschäftsbereichen Hardware, Services, Cloud und dem relativ neuen Feld Cognitive Solutions seit den 1960er Jahren.

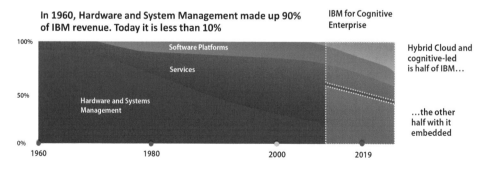

Abb. 7.24 Umsatzverteilung der IBM. (Werkbild IBM)

Deutlich zu erkennen ist die Dominanz des Hardwareanteils in den sechziger und siebziger Jahren und dessen danach einsetzende kontinuierliche Erosion. Die Abnahme ist begründet in dem exponentiellen Leistungsanstieg der Hardware auf der einen Seite und einem Preisverfall auf der anderen Seite; später auch durch den Verkauf von „commodity"-Hardwaregeschäft wie beispielsweise der PC-Sparte an Lenovo im Jahr 2004. Deutlich zu erkennen sind das Wachstum und der Bedeutungsanstieg der Services, des integrierten Lösungsgeschäftes, und die Entwicklung des Softwareanteils basierend auf Gerstners Richtungsentscheidungen.

Auch im Jahr 2020 ist IBM im Bereich der Hochleistungs-Hardware gut positioniert, mit hoher Bedeutung für viele Kunden, obwohl der Geschäftsanteil unter 10 % gesunken ist. Einen wachsenden Teil der Rechner- und Speicherleistung beziehen die Unternehmen zu Lasten von Hardware in eigenen Rechenzentren als Cloud-Services. Hier wächst auch die IBM kontinuierlich gegen herausfordernden Wettbewerb. Überproportionales Wachstum wird in dem neuen Geschäftsbereich kognitive Lösungen in Kombination mit „as a service" Bezugsmodellen aus der Cloud erwartet. Datengetriebene, kognitive Services gelten als wichtiger Baustein der digitalen Transformation der Unternehmen bei der Automatisierung von Geschäftsprozessen und bei der Entwicklung von mitdenkenden Assistenzsystemen (vergl. Kap. 6 und 9). Dieser Lösungsbereich macht bereits die Hälfte des IBM Geschäftes aus. Die anderer Hälfte umfasst Lösungen rund um Systeme, sogenannte embedded IT.

Die unaufhörliche Veränderung der IT-Branche und die notwendige Fokussierung der IBM auf neue Geschäftsfelder erfordert auch nach dem Ausscheiden von Gerstner als Vorstandsvorsitzender die Fortsetzung der Veränderung und Transformation. Ein Weg dazu sind beispielsweise Ideationworkshops in Labs oder auch sogenannte Innovation Jams. Das sind zeitlich begrenzte online-Brainstorming-Veranstaltungen, ausgeführt im Intranet, offen für alle Mitarbeiter. In diesen Sessions stehen ausgewählte Themenbereiche zur Diskussion und Beteiligung auf der Agenda. Der Kommunikationsverlauf wird von Senior-Executives moderiert und durch gezielte Kommentare und Beiträge in gewünschte Richtungen gelenkt. Beispielsweise wurden in solch einer zweiundsiebzigstündigen Veranstaltung die Unternehmenswerte, die Bedeutung des Unternehmens und die zukünftige Ausrichtung und Arbeitsschwerpunkte durch die Mitarbeiter durchaus kontrovers diskutiert. Die Ergebnisse mündeten in einer neuen klareren Definition der Ziele und Grundwerte des Unternehmens, aus denen dann als Führungsleitlinien sogenannte Practices abgeleitet wurden. Diese unter dem Begriff „1-3-9 ibm" auch im Internet beispielsweise im Youtube vorgestellte Struktur zeigt Abb. 7.25.

IBM hat sich als übergeordnetes Ziel vorgenommen, für die Welt und die Kunden einen wichtigen Unterschied zu machen und bedeutend, d. h. „essential", zu sein. Die links gezeigten drei Grundwerte konkretisieren das Ziel mit dem Fokus auf Kundenerfolg, Innovation und persönlicher Verantwortlichkeit in allen Beziehungen. Diesen Grundwerten sind neun sogenannte Practices als Führungsprinzipien zugeordnet, beispielsweise Erfahrungen zu teilen oder außergewöhnliche Meinungen und Vorgehensweisen zu akzeptieren, charakterisiert mit „Treasure wild ducks".

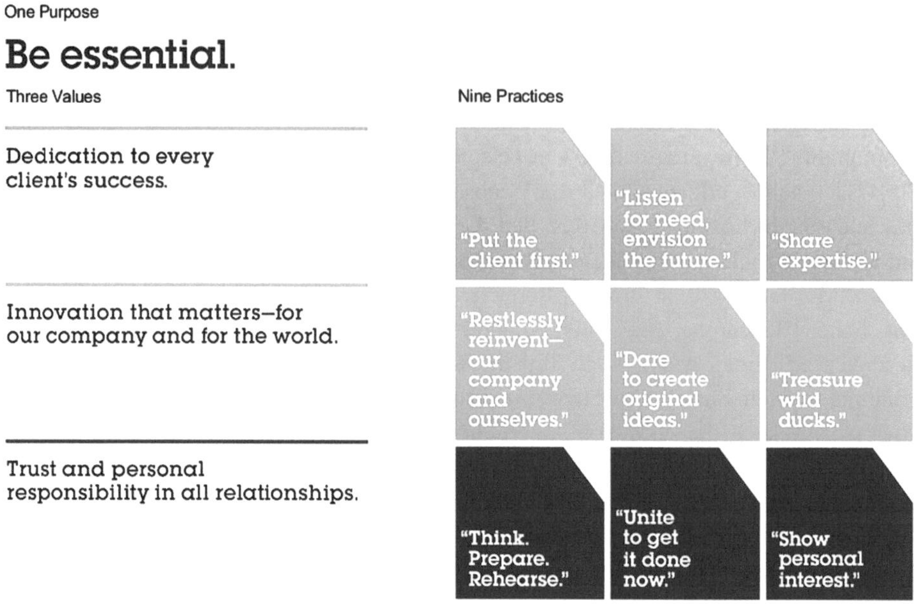

One Purpose

Be essential.

Three Values   Nine Practices

Dedication to every
client's success.

"Listen
for need,
envision
the future."

"Put the
client first."

"Share
expertise."

Innovation that matters—for
our company and for the world.

"Restlessly
reinvent—
our
company
and
ourselves."

"Dare
to create
original
ideas."

"Treasure
wild
ducks."

Trust and personal
responsibility in all relationships.

"Think.
Prepare.
Rehearse."

"Unite
to get
it done
now."

"Show
personal
interest."

Abb. 7.25 IBM Unternehmenswerte und Führungsprinzipien. (Werkbild IBM)

Diese Struktur charakterisiert die IBM-Unternehmenskultur, die sich allerdings auch kontinuierlich und flexibel weiter verändert, unter anderem getrieben durch die immer wieder neuen Erfordernisse des Marktes. Als Teil der Veränderung wurden auch Abläufe verändert und strukturelle Anpassungen vorgenommen. Hier einige wesentliche Maßnahmen:

- Reduzierung der Hierarchieebenen von neun auf maximal sieben
- Vierteljährliche anstelle jährlicher Mitarbeiter-Zielgespräche
- Gleichstellung von Fachlaufbahn und Personalführungs-Laufbahn
- Ausbau von online-Learning (mindestens 40 h jeder Mitarbeiter jährlich)
- Einstellung Senior-Executives von außen
- Mobile Arbeitsplätze, Shared Desk
- Modernisierung der IT-Landschaft
- Open Innovation – enge Kooperation mit Universitäten und „open communities"
- Akquise strategisch wichtiger Unternehmen bzw. Start-Ups wie z. B. Red Hat

Damit hat IBM sehr erfolgreich eine umfassende Transformation durchlaufen und wird sich weiter kontinuierlich verändern. Die heute fest verankerte Änderungsbereitschaft ist ein wichtiger Teil der Unternehmenskultur geworden. Eine vergleichbare Motivation zur zwingend erforderlichen Veränderung muss auch bei allen Mitarbeitern der Automobil-industrie erzeugt werden. Der Wandel der Kultur, bisher geprägt durch ein über ein-hundert Jahre lang erfolgreiches Geschäftsmodell, ist die wichtigste Voraussetzung für eine erfolgreiche digitale Transformation. In diesem Sinne bieten die Entwicklung und die Erfahrungen der IBM Möglichkeiten, für diesen Weg zu lernen.

Literatur

[Aec20] N.N.: General Pricipal ands Vision, White Paper Automotive Edge Computing Consortium (AECC), 31.01.2020, https://aecc.org/resources/publications/. Zugegriffen: 15. Apr. 2020

[AGL18] N.N.: Automotive Grade Linux Software Defined Connected Car Architecture, Linux Foundation (2018), https://www.google.de/url?sa=t&rct=j&q=&esrc=s&source=web&cd=3&ved=2ahUKEwi32MLksfLoAhUGycQBHcPrAPUQFjACegQIBRAB&url=https%3A%2F%2Fwww.automotivelinux.org%2Fwp-content%2Fuploads%2Fsites%2F4%2F2018%2F06%2FGoogleDrive_The-AGL-software-defined-connected-car-architecture.pdf&usg=AOvVaw27g8NLFSQJPWvTw-2zalA-. Zugegriffen: 20. Apr. 2020

[Arm16] Armutat, S., Dorny, H., Ehmann, H., et al.: Agile Unternehmen – Agiles Personalmanagement; DGFP-Praxispapiere Best Practices 01/2016 Deutsche Gesellschaft für Personalführung e. V., https://www.dgfp.de/fileadmin/user_upload/DGFP_e.V/Medien/Publikationen/Praxispapiere/201601_Praxispapier_agileorganisationen.pdf. Zugegriffen: 21. Apr. 2020

[Bad17] N.N.: Leitlinien zu Open Badges, Open Badge Network, (2017), https://www.openbadgenetwork.com/wp-content/uploads/2017/10/O3_A3_Guidelines_Individuals_Organisations-German.pdf. Zugegriffen: 20. Apr. 2020

[Bee01] Beedle, M., van Bennekum, A., Cockburn, A., et al.: Manifesto for Agile Software Development. https://agilemanifesto.org/ (2001). Zugegriffen: 11. Nov. 2016

[Ber19] Berlin, C.: Autobranche setzt verstärkt auf Kooperationen, automotive IT, 10.5.2019, https://www.automotiveit.eu/management/autobranche-setzt-verstaerkt-auf-kooperationen-283.html. Zugegriffen: 20. Apr. 2020

[BMW20] N.N.: Einzigartige Unternehmenskultur bei der BMW Group, Internetauftritt (2020), https://www.bmwgroup.jobs/de/de/ueber-uns/unternehmenskultur.html. Zugegriffen: 20. Apr. 2020

[Bre16] Brecht, A., Bornemann, M., Hartmann, G. et al.: Wissensmanagement in der Norm ISO 9001:2015; Praktische Orientierung für Qualitätsmanagementverantwortliche. Deutsche Gesellschaft für Qualität (DGQ), https://www.gfwm.de/wp-content/uploads/2016/05/Praktische_Orientierung_fuer_Qualitaetsmanagementverantwortliche_GfWM_DGQ.pdf. Zugegriffen 21. Apr. 2020

[Buh17] Buhse, W., Reppesgaard, L., Lessmann, U., et.al.: Der Case Local Motors: Co-Creation und Collaboration in der Automotive-Industrie, doubleYUU, (2017), https://doubleyuu.com/der-case-local-motors-co-creation-und-collaboration-in-der-automotive-industrie/. Zugegriffen: 20. Apr. 2020

[Chr11] Christensen, C., Matzler, K., von den Eichen, S.: The Innovator's Dilemma: Warum etablierte Unternehmen den Wettbewerb um bahnbrechende Innovationen verlieren (Business Essentials). Vahlen (2011)

[Cla19] N.N.: Massive list of MOOC Providers around the world, classcentral (2019), https://www.google.de/url?sa=t&rct=j&q=&esrc=s&source=web&cd=2&cad=rja&uact=8&ved=2ahUKEwjejKqRmu_oAhVYxMQBHZizAy8QFjABegQIAhAB&url=https%3A%2F%2Fwww.classcentral.com%2Freport%2Fmooc-providers-list%2F&usg=AOvVaw3NKmAXDGLp2GsQO2RyVKaw. Zugegriffen: 20. Apr. 2020

[Cwo19] N.N.: Arbeitswelt 2025 – Die Jobs der Zukunft, Sonderheft COMPUTERWOCHE in Zusammenarbeit mit Hays, April (2019), https://www.hays.de/documents/10192/118775/hays-cw-sonderheft-arbeitswelt-2025.pdf/7a57a526-35db-76ad-5029-2531a0974025. Zugegriffen: 21. Apr. 2020

[Fal11] Faltin, G.: Kopf schlägt Kapital. Die ganz andere Art ein Unternehmen zu gründen. Vor der Lust, ein Entrepreneur zu sein. Hanser, Munich (2011)

[Fau17] Fauser, J., Voigt, M., Rütten, F.: Digital Effectiveness – Der WEeg von Factory IT zu Rght-Speed IT, Deloitte, (2017), https://www2.deloitte.com/de/de/pages/technology/articles/bimodale-it-und-rightspeed-it.html#. Zugegriffen: 20. Apr. 2020

[Fle14] Fleig, J.: Agiles Projektmanagement – So funktioniert Scrum. business-wissen. de; b-wise GmbH. https://www.business-wissen.de/artikel/agiles-projektmanagement-so-funktioniert-scrum/ 27. Juni 2014. Zugegriffen: 16. Nov. 2016

[Fou19] Fournier, A.: Customer Co-Creating Examples: 10 Companies Doing it Right, braineet, 20.03.2019, https://www.braineet.com/blog/co-creation-examples/. Zugegriffen: 20. Apr. 2020

[GAO17] N.N.: Executive Branch Developed Resources to Support Implementation, but Guidance Could Better Reflect Leading Practices, Report to Congressional Committees, 2017, United States Government Accountability Office (GAO), https://www.gao.gov/assets/690/685161.pdf. Zugegriffen: 20. Apr. 2020

[Gas06] Gassmann, O., Enkel, E.: Open Innovation – Die Öffnung der Innovationsprozesses erhöht das Innovationspotential. zfo wissen/. https://drbader.ch/doc/open%20innovation%20zfo%202006.pdf (2006). Zugegriffen: 30. Nov. 2016

[Ger19] Gerner, V., Jahn, D., Schmidt, C.: Blended Learning – Die richtige Mischung macht's!, Institut für Lern-Innovation, (2019), https://www.ili.fau.de/wp-content/uploads/2019/12/Leitfaden-Blended-Learning-2019.pdf. Zugegriffen: 20. Apr. 2020

[Ger03] Gerstner, L.: Who Says Elephants Can't Dance? Inside IBM's Historic Turnaround. Harpercollins, UK (2003)

[Grü16] Gründerszene: Was ist Entrepreneurship; Online Lexikon, gründerszene.de. https://www.gruenderszene.de/lexikon/begriffe/entrepreneurship (2016). Zugegriffen: 24. Nov. 2016

[Gum16] Gumsheimer, T., Felden, F., Schmid: Recasting IT for the Digital Age. BCG Technology Advantage. https://media-publications.bcg.com/BCG-Technology-Advantage-Apr-2016.pdf (2016). Zugegriffen: 20. Apr. 2020

[Hay19] N.N.: HR-Report 2019 – Schwerpunkt Beschäftigungseffekte der Digitalisierung, Hays (2019), https://www.hays.de/documents/10192/118775/hays-studie-hr-report-2019.pdf/b4dd2e3c-120e-8094-e586-bdf99ac04194. Zugegriffen: 20. Apr. 2020

[Heb20] Hebenstreit, K.: Agile Methoden – Der umfassende Guide, manymize 2020, https://www.manymize.com/agile-methoden. Zugegriffen: 20. Apr. 2020

[itp20] N.N.: Non-Pofit-Verein soll Technologietransfer beschleunigen, IT&Production online, https://www.it-production.com/news/maerkte-und-trends/non-pofit-verein-soll-technologietransfer-beschleunigen/. Zugegriffen: 20. Dez. 2020

[Kam20] Kampmann, I., Hähnlein, I., Pirnay-Dummer, P.: Automatisierte Modellierung von akademischen Wissensdomänen als Methode zm innovativen Wissensmanagement, De Gruyter, Information – Wissenschaft & Praxis. **71**(1), 28–38 (2020) https://www.degruyter.com/view/journals/iwp/71/1/article-S.28.xml?language=de. Zugegriffen: 20. Apr. 2020

[Ker12] Kerres, M.: Mediendidaktik: Konzeption und Entwicklung mediengestützter Lernangebote, 3. Aufl. De Gruyter Oldenbourg, Berlin (2012)

[Kle19] Klein, B., Streeb, M., Zirnig, C.: Zukunftsprojekt Arbeitswelt 4.0 Baden-Württemberg, Corporate Culture 4.0 – Die Unternehmenskultur in Zeiten der Digitalisierung, Hohenheim (2019), https://wm.baden-wuerttemberg.de/fileadmin/redaktion/m-wm/intern/Dateien_Downloads/Arbeit/Bd-14-HOH-CC04.pdf. Zugegriffen: 20. Apr. 2020

[Kno11] Knospe, B., Warschat, J., Slama, A., et al.: Innovationsprozesse managen, Fit für Innovation; Bericht Arbeitskreis 1 im Verbundprojekt „Schnelle Technologieadaption", Förderung durch BMBF und ESF. https://wiki.iao.fraunhofer.de/images/studien/innovations-prozesse-managen.pdf. Zugegriffen: 20. Apr. 2020

[Kom14] Komus, A., Kamlowski, W.: Gemeinsamkeiten und Unterschiede von Lean Management und agilen Methoden. Working Paper BPM-Labors HS Koblenz. https://www.hs-koblenz.de/fileadmin/media/fb_wirtschaftswissenschaften/Forschung_Projekte/Forschungsprojekte/BPM-Labor/BPM-Lab-WP-Lean-vs-Agile-v1.0.pdf. Zugegriffen 20. Apr. 2020

[Kom20] Komus, A.; Kuberg, M.: Status Quo (Scaled) Agile 2019/2020; Studie zu Verbreitung und Nutzen agiler Methoden; Studie des BPM Labors der Hochschule Koblenz, (2020), https://www.process-and-project.net/studien/download/downloadbereich-status-quo-scaled-agile-2019-2020/. Zugegriffen: 20. Apr. 2020

[Kot11] Kotter, J.: Leading Change: Wie Sie Ihr Unternehmen in acht Schritten erfolgreich verändern, 1. Aufl. Vahlen (2011)

[Lai16] Laitenberger, O.: Bimodale IT – Fluch oder Segen? CIO von IDG Media Business Media GmbH,. https://www.cio.de/a/bimodale-it-fluch-oder-segen,3253885 07. März 2016. Zugegriffen: 5. Dez. 2016

[Lew20] Lewrick, M., Link, P., Leifer, L.: The Design Thinking Toolbox: A Guide to Mastering the Most Popular and Valuable Innovation Methods, Wiley (2020)

[Lob16] Lobacher, P. Innovationstreiber design thinking. Informatik aktuell,. https://www.informatik-aktuell.de/management-und-recht/projektmanagement/innovationstreiber-design-thinking.html 12. Jan. 2016. Zugegriffen: 11. Nov. 2016

[Mar19] Maretzke, M.: When to use waterfall, when agile?, agile-minds (2019), https://www.agile-minds.com/when-to-use-waterfall-when-agile/. Zugegriffen 20. Apr. 2020

[Mee19] Meeker, M.: Internet Trend Trends (2019) – Code Conference KPCB Menlo Park, 11.6.2019.   https://www.scribd.com/document/413052320/Mary-Meeker-s-Internet-Trends-2019. Zugegriffen: 20. Apr. 2020

[Mey20] Meyer, J.-U.: Warum Digital Labs überschätzt warden: Innovation in homöopathischer Dosis, manager magazin, 04.02.20, https://www.manager-magazin.de/unternehmen/artikel/digitallabore-werden-in-ihrer-wirkung-schlicht-ueberschaetzt-a-1304512.html.   Zugegriffen: 20. Apr. 2020

[Mod19] N.N.: Drive Modals is now modal, https://news.modalup.com/blog/drive-motors-is-now-modal#. Zugegriffen: 20. Apr. 2020

[Mus10] Mustermann, M.: Ändere das Spiel. Die Transformation der IBM in Deutschland und was wir daraus lernen können. Murmann Verlag, Hamburg GmbH (2010)

[OAA16] Open Automotive Alliance: Introducing the Open Automotive Alliance. https://www.openautoalliance.net/#about (2015). Zugegriffen: 30. Nov. 2016

[Ope16] Open Stack: Open source software for creating private and public clouds. https://www.openstack.org/. Zugegriffen: 30. Nov. 2016

[ORe13] O'Reilly, C., Tushman, M.: Organizational Ambidexterity: Past, Present and Future; Graduate School of Business Stanford University Havard Business School. https://www.hbs.edu/faculty/Publication%20Files/O'Reilly%20and%20Tushman%20AMP%20Ms%20051413_c66b0c53-5fcd-46d5-aa16-943eab6aa4a1.pdf. 11. Mai 2013. Zugegriffen: 11. Nov. 2016

[Pla09] Plattner, H., Meinel, C., Weinberg, U.: Design-Thinking. Innovation lernen – Ideenwelten öffnen. FinanzBuch Verlag, München (2009)

[Rot20] Roth, S.L., Heimann, T.: Studie IT_Trends 2020 – Digitalisierung und intelligente Technologien, Capgemini (2020), https://www.capgemini.com/at-de/wp-content/uploads/sites/25/2020/02/IT-Trends-Studie-2020.pdf. Zugegriffen: 20. Apr. 2020

[Rum19] Rump, J., Schwierz, C.: Ws heute getan werden muss, um Karrieren von morgen zu managen, von Rundstedt White Paper, (2019), https://www.ibe-ludwigshafen.de/download/arbeitsschwerpunkte-downloads/karrierepolitik/Whitepaper_Karrieren-im-Wandel.pdf. Zugegriffen: 21. Apr. 2020

[Sch15] Schiedgen, J., Rhinow, H., Köppen, E.: Without a whole – The current state of design thinking practice in organizations. Study Report, Hasso-Plattner-Institut Potsdam, https://idw-online.de/de/attachmentdata45603.pdf. Zugegriffen: 21. Apr. 2020

[Sch19] Schein, E.H., Schein, P.A.: The corporate culture survival guide, 3rd edition, Wiley, (2019), https://www.wiley.com/en-us/The+Corporate+Culture+Survival+Guide%2C+3rd+Edition-p-9781119212287

[Sie17] Siegl, J.: Wissensmanagement im Vergleich – Die besten Wissensmanagement Anbieter im Test 2017. Trusted GmbH, München. https://trusted.de/wissensmanagement (2017). Zugegriffen: 4. März 2017

[Som16] Sommer, C.: How this 30-something entrepreneur is giving the 100 year-old automotive industry a tune-up. Forbes Online. https://www.forbes.com/sites/carisommer/2016/11/28/how-this-30-something-entrepreneur-is-giving-the-100-year-old-automotive-industry-a-tune-up/#7bbd3c981ae8. 28. Nov. 2016. Zugegriffen: 30. Nov. 2016

[Swi20] Swibel, D.: LXP in 2020 – The future of Online Learning, newrow (2020), https://www.newrow.com/lxp-the-future-of-online-learning/: Zugegriffen: 20. Apr. 2020

[Vat19] Vater, D., Engelhardt, J., Fielding, J., et al.: As Banks Pursue Digital Transformation, Many Struggle to Profit from it, Bain&Company, (2019), https://www.bain.com/contentassets/90508fe93245419b921f99a2f7251cfe/bain_brief___as_banks_pursue_digital_transformation_many_struggle.pdf. Zugegriffen: 21. Apr. 2020

[Vio19] Vioreanu, D.: Should I Study a MOOC in 2020 and What Its Advantages, studyportals, (2019), https://www.distancelearningportal.com/articles/645/should-i-study-a-mooc-in-2020-and-what-its-advantages.html. Zugegriffen: 20. Apr. 2020

[Vol19] N.N.: Volkswagen sucht bei Hackathon innovative Lösungen für mehr Transparenz in der Lieferkette, Berlin 09.09.2019, https://www.volkswagen-newsroom.com/de/pressemitteilungen/volkswagen-sucht-bei-hackathon-innovative-loesungen-fuer-mehr-transparenz-in-der-lieferkette-5335. Zugegriffen: 20. Apr. 2020

[Web19] Weber, H., Krings, J., Seyfferth, J. et al.: The 2019 Strategy& Digital Auto Report, Studie Strategy&, PWC, (2019), https://www.strategyand.pwc.com/gx/en/insights/2019/digital-auto-report/digital-auto-report-2019.pdf. Zugegriffen: 15. Apr. 2020

[WeJ19] Webering, J.: Biomodale IT beschleunigt Digitalisierung, COMPUTERWOCHE, 24.06.2019, https://www.computerwoche.de/a/bimodale-it-beschleunigt-digitalisierung,3547241. Zugegriffen: 20. Apr. 2020

[Web20] Weber, K.: Die Rolle des Chief Data Officers für die Digitalisierung, BI Spektrum SIGS Datacom, (2020), https://www.sigs-datacom.de/ots/2018/bis-data-integration-and-big-data/1-die-rolle-des-chief-data-officers-fuer-die-digitalisierung.html?tx_web2pdf_pi1%5Bargument%5D=printPage&tx_web2pdf_pi1%5Baction%5D=&tx_web2pdf_pi1%5Bcontroller%5D=Pdf&cHash=5f61a7a47b946fdeac57e6edef9e50b8. Zugegriffen: 20. Apr. 2020

[Wes14] Westerman, G., Bonnet, D., McAffee, A.: Leading Digital – Turning Technology Into Business Transformation. Harward Business Review Press, Brighton (2014)

[Wis20] N.N.: Wissensmanagement Glossar 2020, Gesellschaft für Wissensmanagement e. V., (2020), https://www.gfwm.de/wp-content/uploads/2020/01/D-A-CH_WM-Glossar_2020.pdf. Zugegriffen: 20. Apr. 2020

Informationstechnologie als Enabler der Digitalisierung

Der Informationstechnologie als Unternehmensfunktion kommt bei der digitalen Transformation eine Schlüsselrolle zu. Diese Organisation ist nicht nur als Berater und Unterstützer aller Fachbereiche bei der Transition gefragt, sondern muss auch die bestehende technische IT-Umgebung bereitstellen und dann kosteneffizient und sicher betreiben sowie sich selbst umfassend weiterentwickeln. Diese Herausforderung erfordert eine „two speed IT", die als Arbeitsgrundlage eine ganzheitliche IT-Strategie in Anlehnung an die Digitalisierungs-Roadmap umsetzt und dabei auch eine Methode zur Bewertung des Nutzenaspekts der IT für die geschäftlichen Abläufe etabliert. Ein „software defined environment", also die vollständige Flexibilisierung der IT-Infrastruktur, ist die Basis für zeitgemäße microservice-basierte Apps unter Verwendung von Open Source Lösungen und auch für KI-basierte Projekte. Die etablierten Architekturen und Technologien sind zu modernisieren oder durch neue Lösungen zu ersetzen, um die Anforderungen der Fachbereiche flexibel und effizient zu erfüllen. Aber nicht nur neue Architekturen und Infrastrukturen sind zu implementieren, auch die Organisation und die internen Abläufe der IT müssen sich verändern, einhergehend mit der Entwicklung des Wissens und der Verhaltensweise der IT-Mitarbeiter. Die Finanzierung dieser Transformation kann über Einsparungen infolge erfolgreicher Rechenzentrumskonsolidierungen, Anwendungsharmonisierungen und Standardisierungen in der Serviceerbringung erreicht werden. Hierbei wird dem Thema Sicherheit sowohl für die Business IT als auch für die Shop Floor- und Fahrzeug-IT eine hohe Priorität zugeschrieben, jedoch ohne zum Hemmschuh für neue Initiativen wie beispielsweise eine API-Vermarktung zu werden.

Diese Situation wird im Folgenden mit Fokus auf die Business-IT behandelt, während die im Fahrzeug verbaute IT mit Steuergeräten für diverse Funktionen wie Klimaanlage oder Abstandskontrolle sowie die Werks-IT mit ihren Feldbussystemen, Anlagen- und

Robotersteuerungen am Rande betrachtet werden. Zunächst wird die Herausforderungen der IT als Unterstützer und Enabler der digitalen Transformation erläutert, dann folgen die Angehensweisen zur Entwicklung einer ganzheitlichen IT-Strategie in Anlehnung an die Digitalisierungsroadmap und schließlich kurz eine Methode zur Bewertung des Nutzenaspekts der IT für die geschäftlichen Abläufe. Die detaillierte Ausarbeitung einer IT-Strategie ist nicht Gegenstand dieses Buches. Vorgehensweisen hierzu finden sich umfassend in der entsprechenden Fachliteratur und Normen wie COBIT, ITIL und ISO, z. B. [Joh14, Car19, ISA20]. Stattdessen stehen typische Initiativen und Themenfelder im Vordergrund, die aufbauend auf den Erfahrungen des Autors zukünftig in der IT-Organisation der Hersteller anstehen und dringend umzusetzen sind. Zwei Case Studies untermauern abschließend die Ausführungen.

8.1   IT-Transformationsstrategie

Die IT-Organisation befindet sich in einem Spagat zwischen den gewachsenen traditionellen Anwendungslandschaften und Rechenzentren auf der einen Seite und der neuen Welt der Digital Natives, geprägt durch Apps und Smartphones, auf der anderen Seite. Seit Jahrzehnten werden Computer in der Automobilindustrie für vielfältige Aufgaben genutzt und für die Fachbereiche sind spezifische Lösungen implementiert. So setzen beispielsweise die Fahrzeugentwickler Systeme zur Zeichnungserstellung und Stücklistenverwaltung ein, der kaufmännische Bereich nutzt sogenannte ERP-Systeme und die Produktion arbeitet mit Leitständen zur Feinsteuerung und zur Überwachung der Fertigungslinien. Die Systeme sind entweder in Eigenprogrammierung entwickelte funktional abgegrenzte Lösungen, sogenannte Legacy Systeme, oder handelsübliche Standardpakete, wie CATIA von Dassault Systemes oder SAP. Sie sind teilweise mehr als dreißig Jahre alt und unterstützen weiterhin mit hoher Zuverlässigkeit einen Großteil der Geschäftsabläufe.

Die üblicherweise hochgradig angepassten und ausgefeilten Anwendungen gelten oft als geschäftskritisch und erfordern eine hohe Servicequalität. Eine Anpassung der Prozesse und der dazu eingesetzten IT-Systeme ist aufgrund des Programmumfangs und der komplexen, oft schlecht dokumentierten Prozess/Technologie-Integration sehr aufwendig. Auch die komplette Ablösung dieser Anwendungen beispielsweise durch Apps ist nicht absehbar. Zugleich fordern die Fachbereiche aber zeitgemäße Apps, die auf mobilen Endgeräten laufen. Wie im Privatbereich gewohnt, sollen diese Anwendungen schnell und flexibel zur Verfügung stehen. Somit wird es zu einer langjährigen Koexistenz beider Ansätze kommen.

Die heutige Situation in den Unternehmen und die erforderliche Ausrichtung der IT fasst stark abstrahierend Abb. 8.1 zusammen. Unter Beachtung der Unternehmensziele als Ausgangsbasis sind die Geschäftsprozesse zu überprüfen und lean zu gestalten

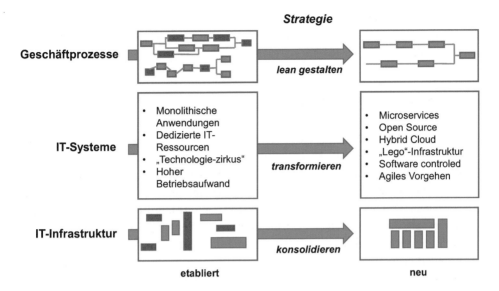

Abb. 8.1 Ganzheitliche IT-Strategie. (Quelle: Autor)

sowie Hand in Hand die IT-Systeme und IT-Infrastruktur zu transformieren bzw. zu konsolidieren. Die etablierten Systeme werden oft als monolithisch bezeichnet, weil die Anwendungen als geschlossener Block in einer Technologie erstellt, auf einen Anwendungsbereich ausgerichtet und nur unter hohem Aufwand an neue Geschäftsprozesse anzupassen sind. Die Lösungen laufen auf fest zugeordneten Infrastrukturen, wobei die Technologie durch die Anwendungen vorgeben ist.

Dadurch ist in den Rechenzentren eine enorme Infrastrukturvielfalt, ein „Technologie-Zirkus", entstanden, der nur unter hohem Aufwand sicher zu betreiben ist. Nach neuen Studien erfordern der Betrieb, die Anwendungsbetreuung dieser Bereiche und kleinere Erweiterungen der bestehenden Lösungen oft einen Anteil von bis zu 70 % des zur Verfügung stehenden IT-Budgets, während für Innovationen somit nur bis zu dreißig Prozent zur Verfügung stehen [Rot20]. Mithilfe von Standardisierungen und Konsolidierungen wird diese Kostensituation zwar verbessert, es verbleibt aber für die Altsysteme immer noch ein signifikanter Budgetanteil.

Der Aufbau der „neuen IT-Welt" ist gekennzeichnet durch Open Source Software und Microservices als Lösungselemente für Anwendungen sowie durch standardisierte Hardwarekomponenten, deren Kapazität durch Zuschalten von „Legobausteinen" leicht erweiterbar ist, verbunden in hybriden Cloudarchitekturen. Die Steuerung der gesamten Infrastrukturebene erfolgt übergreifend sehr flexibel bedarfsgerecht auf Basis von Software (software controled environment). Projekte sind durch agile Vorgehensweisen gekennzeichnet. Die erforderlichen Investitionen sind zumindest teilweise durch

Einsparungen im etablierten Bereich zu finanzieren, um so die geforderten modernen Anwendungen zur Unterstützung der transformierten Geschäftsprozesse zur Verfügung stellen zu können.

8.2   Bausteine einer IT-Strategie

Um die neuen Herausforderungen zielgerecht anzugehen, ist eine IT-Strategie gefragt, die alte und neue Technologiebereiche zusammenführt und zukunftssicher auf die Erreichung der Geschäftsziele ausrichtet. Darauf bauen dann Transformationsinitiativen und Optimierungsprojekte auf, die in eine Programmplanung münden. Diese zeigt die einzelnen Projekte auf einer Zeitachse mit Umsetzungsprioritäten. Die Strategie beschreibt als Arbeitsgrundlage beispielsweise die Sourcingstrategie, die Zielarchitekturen, die technologischen IT-Standards und die Programmplanung zur Umsetzung der erforderlichen Transformation.

Die klassische Vorgehensweise bei der Strategieentwicklung geht von den Unternehmenszielen und den abgeleiteten Geschäftsprozessen aus und definiert danach Ziele und Basisarchitekturen der IT. Dieser Weg bewährt sich bei relativ stabilen Prozessen und im etablierten IT-Umfeld mit bestehender Prozess- und Anwendungslandschaft. Zeitgleich ist es jedoch wichtig, in enger Abstimmung mit den Fachbereichen die ausgewählten Initiativen der Digitalisierungsroadmap aufzugreifen und diese in der IT-Strategie zu berücksichtigen. Die besondere Herausforderung besteht darin, dass möglicherweise kurzfristig disruptive, neue Geschäftsmodelle und Strukturen erforderlich werden. Hierauf muss sich die IT mit flexiblen Strukturen vorbereiten, die reaktionsschnell die neuen Anforderungen erfüllen können. Beispielsweise sollten die in den Kap. 5 und 6 vorgeschlagenen Plattformkonzepte für Mobilitätsdienste, administrative Funktionen und die Vertriebsabwicklung, aber auch für neue digitale Produkte durch die IT-Strategie abgedeckt sein, um die erforderlichen Services schnell und effizient bereitstellen zu können.

Bei der Formulierung der Strategie ist auch zu beachten, dass sich die Rolle der IT als mächtiger Enabler der digitalen Transformation zukünftig stark verändern muss. In der Vergangenheit war dort primär die technische Expertise gefragt, um Anwendungen zu entwickeln, die erforderliche Infrastruktur aufzubauen und diese sicher zu betreiben. Die IT-Experten waren oft in „ihrer Welt" unterwegs, teilweise isoliert auch durch die Verwendung von Fachbegriffen, die zu Berührungsängsten bei den Anwendern führten. Geschäftsprozesse wurden in der Definitionsphase von Implementierungsprojekten gemäß den technologischen Erfordernissen beschrieben. Ein kontinuierlicher Austausch mit den Fachbereichen fand jedoch selten statt.

Diese Situation ändert sich jetzt grundlegend. Durch die Nutzung moderner IT-Technologien auch im privaten Bereich und die Verjüngung der Mitarbeiterschaft mit dem Einzug der Digital Natives wächst in den Fachbereichen das Wissen zu Einsatz- und Nutzungsmöglichkeiten der IT. Es gibt kaum noch Berührängste und die Erwartungshaltung gegenüber den internen IT-Services steigt, moderne Lösungen schnell und flexibel zur Verfügung zu stellen. Im Gegenzug ist die IT gefordert, mehr Prozesswissen und Geschäftsorientierung aufzubauen, um zukünftig mit den Fachbereichen beispielsweise in Design Thinking-Workshops gemeinsam Ideen und Projekte der digitalen Transformation zügig voranzutreiben. Die IT muss dieses Wissen auch aufbauen, um sich als akzeptierter Berater und Treiber der Digitalisierung einzubringen. Wenn das nicht gelingt, besteht die Gefahr, dass sich die Fachbereiche entkoppeln und selbstständig Cloudlösungen und App-Entwicklungen etablieren. Diese „Schatten-IT" gilt es auf jeden Fall zu vermeiden, da solche Inseln sicher Mehrkosten erzeugen und oft auch ein Sicherheitsrisiko darstellen.

Eine IT-Strategie muss also aufzeigen, wie die gemeinsam erarbeiteten Ziele unter Beachtung der Ausgangssituation erreicht werden sollen. Der Weg sollte klar beschrieben, Verantwortlichkeiten zugeordnet und eindeutige Messpunkte und -größen zur Fortschrittskontrolle in den Arbeitspaketen definiert sein. Folgende Themenfelder sind in einer IT-Strategie zu behandeln:

- Architekturen/Standards
  - Architekturen abgeleitet aus Unternehmensarchitektur
  - Standardanwendungen/Bebauungsplanung
  - Technologiestandards
- Applikationen/Microservices
  - Strategische Services: Big Data, Analytik, Cognitive Computing
  - Anwendungsstrategie
  - Softwareentwicklung: Werkzeuge, Methoden, Open Source Software
  - Konzept: Microservices/PaaS, Container Plattformen, API-Bewirtschaftung
  - DevOps
- Daten / Datengovernance
  - Dateninhalten, Strukturen
  - Architekturen, Technologien zur Datenhaltung
  - Archivierung, Bereinigung, Regularien
- Infrastruktur
  - Plattformstrategie, Betriebssysteme, Integrationstechnologie
  - Cloudstrategie
  - Kommunikationstechnologie, Netzwerkkonzepte
  - Betriebsstrategie, SLAs
- Sourcing
  - Kerngeschäft vs. Commodity
  - Inhouse vs. Outtasking/Outsourcing
  - Nearshore/offshore
  - Inhouse Factory Konzepte: Softwareentwicklung, Testen
  - Partnerkonzept
  - Lieferantenstrategie/-konsolidierung
- Mobile Endgeräte, „Bring your own Device"-Konzept
- Sicherheitskonzept

- Innovationsmanagement
- Rechenzentrum-Konzept, Standortkonsolidierung
- Ausbildungsplanung
- Organisation, interne Prozesse, Governance
- Investmentplan, Personalplanung, Controlling.

Für die detaillierte Ausarbeitung einer IT-Strategie wird, wie einführend bereits gesagt, auf entsprechende Fachliteratur verwiesen. Wichtig ist, dass die Strategie beide IT-Welten und die Bedarfe ganzheitlich zusammenführt. Hierbei ist zu beachten, dass die Entwicklung einer IT-Strategie gerade unter dem Aspekt der sich schnell entwickelnden Technologien und der mit der Transformation einhergehenden Veränderung der Anforderungen ein dynamischer Prozess ist. Die Strategie und auch das daraus abgeleitete Umsetzungsprogramm sollten daher etwa halbjährlich im Gleichschritt mit der Überprüfung der Digitalisierungsstrategie zusammen mit den Fachbereichen validiert und nachjustiert werden. Auch ein regelmäßiger externer Benchmark ist sinnvoll, um zu erkennen, wo möglicherweise neue Maßnahmen zu ergreifen sind.

8.3   Kosten- und Nutzentransparenz

Eine IT-Strategie wird sich auch an der angestrebten und erreichten Effizienz mit klar definierten Zielen messen lassen müssen. In der Vergangenheit beurteilte die Automobilindustrie ihre IT-Organisation bei selbstverständlicher Servicequalität fast ausschließlich nach den Kosten, während der Nutzen der IT-Unterstützung bei der Abarbeitung der Geschäftsprozesse kein Thema war. Das Ziel bestand meist darin, in reinen Kostenbenchmarks einen möglichst niedrigen Wert zu erreichen. Hierzu hat sich als eine pauschale Kenngröße das Verhältnis der aufsummierten IT-Kosten zum Unternehmensumsatz als Prozentwert etabliert. Als generelle Daumenregel gilt in der Branche, dass Volumenhersteller in Europa Werte unter zwei Prozent erreichen sollten, und in höherwertigen Fahrzeugsegmenten aufgrund der kleineren Fahrzeugvolumen Werte bis zu vier Prozent als akzeptabel gelten. Um diese Kenngröße für sinnvolle Vergleiche heranziehen zu können, ist genau zu definieren, welche Kostenarten der IT mit einbezogen werden. Abzugrenzen ist beispielsweise, bis zu welcher Ebene die IT-Kosten an den Produktionslinien einzurechnen sind, in welchem Umfang Aufwände für die fahrzeuginterne IT berücksichtigt werden und welche Kommunikationskosten dazu gehören. Diese reine Kostenbetrachtung ist glücklicherweise in den Hintergrund gerückt, da der durch die IT erzeugte Nutzen nicht bewertet und auch die Entwicklung des digitalen Reifegrades der Unternehmen und somit die Entwicklung der Wettbewerbsfähigkeit nicht gemessen wird. Diese Aspekte sollte aber gerade als Wertbeitrag für die Digitalisierung und Transformation im Fokus stehen und sinnvoll steigende Budgetbedarfe akzeptiert werden. Es ist somit zu empfehlen, gemeinsam mit den Fachbereichen Kennwerte festzulegen, die neben den Kosten auch den angestrebten Geschäftsnutzen und die Unterstützung der digitalen Transformation beschreiben, ohne Maßnahmen zur Effizienzsteigerung zu vernachlässigen. Eine bewährte Gartner-Vorgehensweise zur Festlegung solcher Kennwerte zeigt Abb. 8.2.

Zunächst sind die aktuellen IT-Kosten mit einem angemessenen Detaillierungsgrad zu erfassen. Hierzu gehören die Kosten für Personal, Hardware, Software, zugelieferte Services, Kommunikation und auch Gebäude. Diese grobe Betrachtung ist anschließend funktional zu verfeinern und als Basis für externe Benchmarks mit Leistungsparametern zu versehen, wie beispielsweise die Kosten pro Terabyte Speicher nach Serviceklassen, Linux Kosten pro Instanz oder auch MIPS-Kosten (Million Instructions per Second) im Großrechnerbereich.

Auf Basis dieser Aufgliederung lassen sich in einem Kostenvergleich zwischen den Markenorganisationen der Hersteller und besonders auch durch den Vergleich mit Benchmark-Kennzahlen eines vergleichbaren Industriesegments IT-Bereiche erkennen, in denen Verbesserungen möglich und Optimierungsmaßnahmen sinnvoll sind. Dieses Vorgehen ist etabliert, vielfach beschrieben und soll deshalb hier nicht weiter vertieft werden [GadA16, Spi20].

Weitergehend wird empfohlen, die IT-Kosten möglichst verursachungsgerecht zumindest den Haupt-Geschäftsprozessen der Fachbereiche zuzuordnen. Eine geeignete Basis hierfür ist beispielsweise die im Abschn. 6.2.3 vorgestellte Segmentierung nach der SAP-Value Map oder dem Component Business-Modell. Gemeinsam können dann Prozessbereiche mit Verbesserungspotenzial auch unter Beachtung der IT-Kosten identifiziert und Transformationsinitiativen im Einklang mit der Digitalisierungsroadmap aufgesetzt werden.

Die verursachungsgerechte Kostenverrechnung ist bei spezifischen Anwendungslösungen wie beispielsweise CAD-Programmlizenzen relativ einfach möglich, während bei unternehmensübergreifenden IT-Services wie Firewall-Lösungen oder auch Serverbetrieb

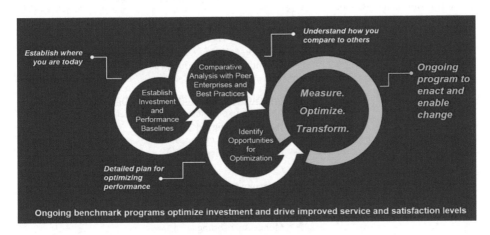

Abb. 8.2 Ausgangssituation und Zielrichtung einer IT Strategie. [Gue17]

Verteilungsschlüssel festzulegen sind. Dies sollte in Abstimmung mit den Fachbereichen erfolgen, um so eine gemeinsame Basis auch für die zukünftige Kostenverfolgung zu schaffen. Diesen IT-Kosten sollten die Fachfunktionen dann Nutzenbewertungen zuordnen, beispielsweise die IT-Kosten zur Abwicklung einer Verkaufstransaktion, oder den Anteil der IT-Kosten bei der Konstruktion einer Fahrzeugkomponente. Obwohl das hier vorgeschlagene Verfahren anfangs sicher aufwendig ist, empfiehlt es sich als Brücke zwischen IT und Fachbereichen, da dieser Ansatz gerade zur wirtschaftlichen Bewertung von Projekten und Initiativen im Rahmen der digitalen Transformation hilfreich ist.

8.4   Transformationsprojekte

Ausgehend von den Unternehmenszielen wird die Unternehmensarchitektur mit den erforderlichen Geschäftsprozessen definiert und daraus die Zielsetzung und die strategischen Anforderungen an die IT abgeleitet, die dann wiederum die Basis für die als Handlungsrahmen festzulegende IT-Gesamtarchitektur bildet. Die Gesamtarchitektur umfasst die in Abschn. 8.2 genannten Themenfelder wie beispielsweise Anwendungen, Daten, Sicherheit und Technologie. Neben den Anforderungen und Bedarfen sind insbesondere technologische Trends und Innovationen und daraus abzuleitende Migrationsprogramme mit aufzunehmen, um die Neuausrichtung und Nachhaltigkeit der IT-Lösungen sicherzustellen. Im Folgenden werden wesentliche Aspekte der IT-Transformation vertieft. Die abzudeckenden Felder zeigt Abb. 8.3.

Ausgangspunkt ist sicher die genannte Ausrichtung der IT Organisation an den Unternehmenszielen. Eine funktionale Ausrichtung in einer Matrixstruktur mit schlagkräftigen

Abb. 8.3 Themenfelder bei der IT Transformation. (Quelle: Autor)

Transformation der IT

Aufbau funktionale IT Organisation
- ➤ Ausrichtung / Fertigungstiefe / Sourcing / Learning
- ➤ Matrixorganisation / Übergreifende Kompetenzfelder
- ➤ Einbindung Digitalisierungsroadmap

Modernisierung Anwendungslandschaft
- ➤ Ablösung / Konsolidierung / Cloudifizierung
- ➤ Harmonisierung ERP / SAP Hana
- ➤ Microservices / Opensource
- ➤ Big Data / KI Ausrichtung

Optimierung Infrastruktur
- ➤ Konsolidierung / Virtualisierung
- ➤ Hybrid Cloud Architektur
- ➤ Mobile Ausrichtung
- ➤ Security

Kompetenzfeldern ist einer technologisch geprägten Organisation vorzuziehen, vergl. Abschn. 7.7.2. Ein hohe Bedeutung kommt der Modernisierung und Neugestaltung der Anwendungslandschaft zu. Hier muss eine zeitgemäße Dynamik, Agilität und App-/ Mobile-Orientierung erreicht werden, die alle Anwender und Kunden erwarten. Diese Umgebung muss getragen werden durch eine effiziente sichere Infrastruktur, die bedarfs- gerecht auch überraschende Anforderungen abfedern und auffangen kann.

8.4.1 Entwicklung im Bestand

In gleicher Weise sollten zeitgemäße IT-Anwendungen kosteneffizient, sicher und skalierbar auch bei starken Bedarfsschwankungen sein, aber auch leicht anpass- bar, erweiterbar bei Änderungen der Geschäftsbedarfe sowie im Zusammenspiel mit angrenzenden Anwendungen funktionieren. Weiterhin sollten sie app-orientierte ansprechende Nutzeroberflächen bieten, die eine intuitive Bedienung ermöglichen, und die Steuerung sollte über Smartphones, Sprachen oder Gestik erfolgen. Mit diesen Ziel- setzungen sind bestehende Anwendungen, die sogenannten Legacy Systeme, umfassend zu renovieren. Hierbei stehen drei Optionen zur Verfügung, die Abb. 8.4 zusammenfasst.

Der obere Teil des Bildes zeigt die bereits erläuterten Anforderungen an zeitgemäße IT-Anwendungen. Bei der Umsetzung der Bebauungsplanung reichen die in der Bild- mitte genannten Optionen von der Modernisierung bestehender Anwendungen, über die Beschaffung von Softwarelösungen auf Basis neuester Technologien, quasi „born

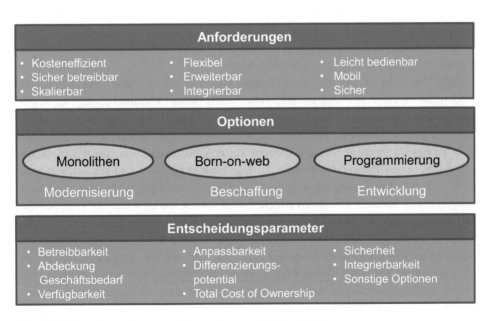

Abb. 8.4 Migrationsoptionen von Anwendungen. (Quelle: Autor)

on the web", bis hin zur Neuentwicklung unter Einsatz innovativer Technologien und Methoden. Im unteren Teil des Bildes sind die wesentlichen Entscheidungsparameter aufgeführt, um zwischen den Optionen zu wählen. Wichtigste Einflussgrößen sind der Status des Bestandssystems bezüglich Sicherheit und Betreibbarkeit, die Abdeckung der Geschäftsbedarfe durch die gewählte Lösung, die Anpassbarkeit und die Total Cost of Ownership, also die gesamten Nutzungskosten. Betreibbarkeit bedeutet auch die Verfügbarkeit von IT Ressourcen zur Erweiterung und Pflege. Auch wenn beispielsweise COBOL-Programme stabil und funktional zufriedenstellend arbeiten, so ist doch fraglich, ob das entsprechende Wissen noch langfristig zur Verfügung steht und die Basistechnologie noch lange gewartet werden kann. In solchen Situationen besteht für viele Hersteller sicher ein Betriebsrisiko bzw. Handlungsbedarf.

Bei stabilen Geschäftsbedarfen und sicheren und wirtschaftlich zu betreibenden Anwendungen stellt die Modernisierung eine gute Option dar. Ist ein Altsystem wegen fehlender Funktionalität oder ständiger Instabilität abzulösen, empfiehlt sich die Beschaffung eines zeitgemäßen Standardsystems. Falls dies nicht in der erforderlichen Funktionalität auf Basis neuer Technologien und auch betreibbar in Cloudumgebungen zur Verfügung steht, bleibt die Neuentwicklung unter Nutzung innovativer Entwicklungswerkzeuge und Umsetzungsmethoden.

Die bestehenden traditionell entwickelten Anwendungen beinhalten alle erforderlichen Programmmodule, Bibliotheken und Schnittstellen, die für den reibungslosen Betrieb erforderlich sind. Aufgrund dieser Architektur sind bereits kleine Anpassungen mit hohem Aufwand verbunden, da jeweils umfassende Tests, Kompilierungen und Produktivsetzen der Gesamtanwendung erforderlich sind. Das erklärt, warum eine Modernisierung, um diese Anwendungen beispielsweise für den Betrieb in Cloudumgebungen umzurüsten oder um neue Benutzeroberflächen zu gestalten, sehr aufwendig ist. Auch die Funktionserweiterung und die Umstellung auf den Zugriff über mobile Endgeräte erfordern umfassende Arbeiten.

Falls die Renovierung der entschiedene Weg ist, erfolgt dieser auf Basis einer modernen, offenen Architektur über eine schrittweise Modularisierung und zeitgleich der Erzeugung einer Cloudbereitschaft [Bal20]. Zur Unterstützung dieser Arbeiten stehen Methoden und Werkzeuge zur Verfügung, die durch die Ausführung in Migrationsfactories in offshore-Centern kostengünstig wird. Bei dieser Option sind neben den reinen Projektkosten auch die Durchführungsrisiken und die Aufwände für Test- und Produktivsetzung zu bewerten. Das Umstellungsrisiko ist beherrschbar, wenn das Altsystem durch eine Softwareschicht beispielsweise zur Abwicklung von Zugriffen und die Steuerung der Ablaufintegration gekapselt wird, eine Angehensweise nach dem Konzept sogenannter „strangler patterns". Dieser Ansatz ermöglicht ein schrittweises Herauslösen von Funktionalität aus der Altanwendung, die Neuerstellung der Funktion als Microservice und dann eine Mischverwendung alt/neu. So kann schrittweise der Übergang auf das Neusystem erfolgen [Ida19]. Eine weitere Option ist die Anbindung des zu erhaltenden Altsystems an die Integrationsschicht einer Businessplattform, um hierüber eine app-basierte zeitgemäße Bedienung, die Anbindung neuer Funktionen in Form mobiler Funktionsbausteine oder die Nutzung von innovativen Lösungen zur Datenanalyse zu ermöglichen (vergl. Abb. 6.30 in Abschn. 6.2.3).

Neben den individuell programmierten Legacy-Systemen setzen viele Hersteller Standardanwendungen ein. Sehr verbreitet sind seit Jahren SAP-Lösungen. Ein großer Vorteil dieser Kaufsoftware besteht darin, dass der Anbieter die kontinuierliche Weiterentwicklung und Modernisierung der Anwendung sicherstellt. Beispielsweise ermöglichen In-Memory-Technologien (Programme und Daten befinden sich während der Ausführung im Hauptspeicher) sehr performante Datenanalysen. Die Betreibbarkeit in Cloudstrukturen steht zur Verfügung und neueste SAP-Releases bieten nach einer grundsätzlichen Architekturüberarbeitung eine hohe Modularisierung, eine neue Benutzeroberfläche und mobile Zugriffsmöglichkeiten. Dabei besteht für die Automobilhersteller eine Herausforderung darin, dass die Standardsoftware in vielen Fällen durch Parametrierung bzw. Customizing oder komplexe Zusatzprogrammierung erheblich verändert wurde. Dadurch hat man sich vom Standard so weit entfernt, dass die Releaseupdates oft erhebliche Aufwände und Kosten verursachen.

Weiterhin nutzen viele Hersteller nicht nur ein einziges SAP-System, sondern es sind in verschiedenen Organisationseinheiten spezielle Systeme als Insellösungen gewachsen. Dort werden diese Veränderungen oft als bereichsspezifische Standards gepflegt, sogenannte Templates, um beim Rollout in vergleichbare Organisationseinheiten im In- und Ausland eine Wiederverwendung zu erreichen. Dazu sind aber die erforderlichen Lokalisierungen in den Templates als Standard nachzupflegen, eine ebenfalls aufwendige Aufgabe. Hinzu kommt, dass SAP-Systeme zumindest aus drei eigenständigen Einzelsystemen jeweils für Entwicklung, Test und Produktion bzw. Betrieb bestehen. Abb. 8.5 verdeutlicht diese Situation.

Das Bild zeigt die gewachsene SAP-Landschaft eines Herstellers. Die Spalten stehen jeweils für einen Organisationsbereich, beispielsweise sind es bei der Logistik die Teilbereiche CKD (Exporte im Completely Knocked Down-Konzept), die interne Werks-Logistik und die Outbound-Logistik zur Teileversorgung. Weiterhin bestehen im Sales & Service die Einheiten DMS (Dealer Management Systeme) und CRM (Customer Relationship Management). Die Bereiche sind hier auszugsweise gezeigt. Es bestehen noch weitere Felder beispielsweise im Finanzumfeld oder auch für die Beschaffung.

Die Zeilen stehen für die unterschiedlichen Projekt- und Betriebsphasen, und umfassen die genannte meist dreistufige Systemstruktur (Entwicklung, Test, Produktion) einer „SAP-Insel", also z. B. der Werkslogistik. Zum Start eines Implementierungsprojektes definieren die Geschäftsbereiche die Systemanforderungen zur IT-Unterstützung in Form eines Business- und Prozess-Modells. Das Customizing des Systems erfolgt im Entwicklungssystem und anschließend wird es im Testsystem durch die Fachbereiche getestet. Bei Rollouts werden lokale Erweiterungen des Templates möglichst als Standard im „Template Build" nachgepflegt, oft sogar in speziellen Entwicklungs- und Testsystemen.

Die Weiterentwicklung und Pflege der Systeme erfolgt im Application Management-Bereich; dort werden sogenannte Application Management-Services (AMS) erbracht.

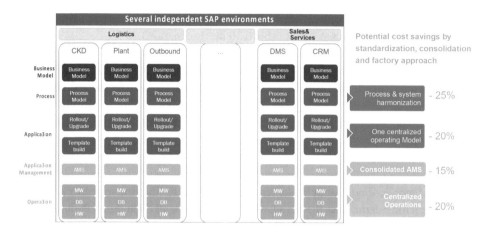

Abb. 8.5 Beispiel einer SAP-Umgebung. (Werkbild IBM, Erfahrungswerte Autor)

Im IT-Betrieb (hier Operation genannt) laufen neben den SAP-Anwendungen auch die Middleware (MW), Datenbanken (DB) und die Hardware (HW), zusätzlich weitere Technologien beispielsweise zur Netzeinbindung und Sicherheit. Die Darstellung verdeutlicht die Komplexität einer gewachsenen SAP-Umgebung, die bei großen Unternehmen durchaus mehrere hundert verschiedene SAP-Systeme umfassen kann. Solche IT-Landschaften bieten erhebliches Einsparpotenzial, wenn man die Systeme zunächst möglichst nah an den Softwarestandard zurückführt. Das muss in enger Abstimmung mit den Fachbereichen erfolgen, denn eine zwingende Voraussetzung ist die Anpassung und organisationsübergreifende Vereinheitlichung von Geschäftsprozessen, die auch bei zukünftigen Änderungen und Erweiterungen diszipliniert auf Basis eines harten Anforderungsmanagements einzuhalten sind.

Darüber hinaus ist anzustreben, die Anzahl der SAP-Templates zu reduzieren und bereichsübergreifend zu konsolidieren. Derzeit besteht eine große Chance, diese Konsolidierungsaufgabe anzugehen. SAP erneuert ihre bisherige Softwarearchitektur durch eine komplett überarbeitete neue Produktlinie mit der Bezeichnung SAP S/4HANA. Diese umfasst das komplette und in vielen Unternehmen eingesetzte ERP Software Portfolio und setzt auf der In-Memory Datenbank Hana auf, daher der Name. Die neue Lösungssuite modularisiert die Anwendungsteile und wird als Cloud-Variante oder On-Premises angeboten. Die Wartung für die bisherige Technologie wird absehbar auslaufen, sodass jetzt alle Unternehmen gezwungen sind, in die neue „S/4" Welt zu migrieren. Das ist eine riesige Aufgabe und die Nachfrage nach entsprechender Expertise ist sehr hoch. Bei den anstehenden Migrationen werden basierend auf Projekterfahrungen des Autors grundsätzlich die in Abb. 8.6 gezeigten drei Optionen unterschieden.

Der Brownfield Ansatz zielt auf eine rein technische Migration der bestehenden SAP Systeme ohne Veränderungen von Prozessen und Daten. Somit erfolgen keine

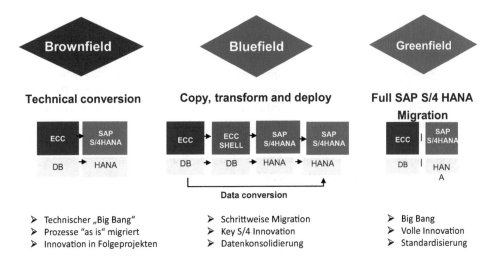

Abb. 8.6 Alternative Angehensweisen S/4HANA Migrationen. (Quelle: Autor)

Konsolidierungen, keine Bereinigung von individuellen „Schleifen" durch Überführung in den SAP Standard und auch keine Nutzung von neuer Softwarefunktionalität. Diese oft von den Fachbereichen gewünschten Verbesserungen müssen in Folgeprojekten nachgezogen werden. Der Vorteil dieses Ansatzes besteht darin, dass die Migration in einem Schritt relativ schnell erfolgt und dann wieder Wartungssicherheit für die SAP Umgebung gegeben ist. Beim Bluefield Konzept wird eine Kopie als Zwischensystem generiert, in dem dann entkoppelt Prozess- und Datenverbesserungen eingearbeitet werden, neue Funktionen integriert werden und eine schrittweise Migration in die neue Software erfolgt. Die Migration dauert länger als bei beiden „Big Bang" Ansätzen, dafür besteht dabei weniger Betriebsrisiko. Wichtige Innovationen können eingearbeitet und bewährte Funktionalität weiter genutzt werden. Beim Greenfield Ansatz wird ohne Migration ein komplett neues System aufgebaut und es erfolgt ein konsequenter Sprung in Richtung Innovation und Standardisierung. Allerdings sind die Vorbereitungen bei diesem Ansatz mit Analyse- und Konzeptarbeit umfangreich. SAP unterstützt bei der Migration mit Werkzeugen, beispielsweise einem systemgestützten readiness check der bestehenden Umgebung, um Handlungsfelder zu identifizieren, und der Abbildung einer Automotive Modell Fabrik mit Standardprozess-Einstellungen als Basis für das Customizing. Auch mit diesen Tools ist die Umstellung auf S/4HANA ein extrem aufwendiges und teures Projekt, das viele Ressourcen bindet. Die Vorgehensweise ist sorgfältig zu planen und auch zeitgleich die Chance zu Standardisierung und Innovation zu ergreifen.

Je nach Unternehmensgröße ist ein ehrgeiziges Konsolidierungsziel zu definieren, um die Systemanzahl deutlich zu reduzieren, ohne durch zu große Anwendungsmonolithen wiederum die Agilität bei Rollouts und Erweiterungen zu sehr einzuschränken. Als Folge der Reduzierung und Standardisierung der Anwendungen verringern sich auch die Anzahl der Hardware-Systeme und der Weg in die Cloud wird geöffnet. Mit der Standardisierung wird auch der Aufwand für Releasewechsel geringer, sodass kommende Software-Innovationen den Fachbereichen deutlich schneller zur Verfügung stehen. Weiterhin können Entwicklungs- und Betriebsaufgaben mit erheblichem Synergiegewinn durch organisationsübergreifende Teams, aufgestellt in mehreren Regionen, im 7×24h-Betrieb „follow the sun" erbracht werden. Diese Teams sollten global einheitlich nach „Fabrikkonzepten" arbeitsteilig organisiert sein und zur weiteren Aufwandsreduzierung bei gleichzeitiger Serviceverbesserung zeitgemäße Werkzeuge zur Problemanalyse, zum Wissensmanagement und zur Automatisierung einsetzen. Vor diesem Hintergrund sind die rechts im Abb. 8.4 gezeigten Einsparpotenziale von jährlich zwischen fünfzehn und zwanzig Prozent eher konservativ zu sehen und liegen je nach Ausgangssituation oft deutlich höher.

Somit ergeben sich im Anwendungsbestand bei den Legacy- und SAP-Systemen in vielen Fällen deutliche Potenziale zur Serviceverbesserung, zur Erhöhung der Innovationsfähigkeit und besonders auch zu Einsparungen durch Konsolidierung und Bereinigungen von „Sonderlocken". Die Ersparnisse sollten verwendet werden, um die Anwendungen weiter zu flexibilisieren und in Richtung Zielarchitektur zu entwickeln, und so Innovationsprojekte zu finanzieren.

8.4.2   Microservice-basierte Anwendungsentwicklung

Mit zunehmender Digitalisierung steigt der Softwarebedarf unaufhörlich weiter an. IT wird zum Kernelement betrieblicher Abläufe und Produkte. Damit wächst die Bedeutung der Softwareentwicklung in den Unternehmen und wird zum Bestandteil des Kerngeschäftes. Die Forderungen der Fachbereiche an die IT, schnell und flexibel skalierbare Anwendungen zur Verfügung zu stellen, die sich bedarfsweise in kurzen Zyklen weiter ausbauen lassen, sind mit traditionellen Softwareentwicklungs-Methoden, Technologien und den Architekturen der monolithischen Anwendungen kaum zu erfüllen.

Als Alternative gewinnen daher sogenannte Microservices immer mehr an Bedeutung [McC20]. Als evolutionäre Entwicklung von objektorientierter Programmierung oder SOA (serviceorientierte Architekturen) sind Microservices kleine, eigenständige Funktionsbausteine, die in unterschiedlichen Technologien erstellt werden können. Umfangreichere Anwendungsprogramme entstehen durch die Kopplung vieler Microservices. Die einzelnen Objekte sind unabhängig voneinander separat lauffähig, als Einzelmodul getestet und skalierbar, lassen sich also leicht an veränderte Bedarfe anpassen. Dieses Konzept wird als Microservice-Architektur bezeichnet und bietet viele Vorteile gegenüber monolithischen Anwendungen [Fow15]. Eine Gegenüberstellung von Architekturkonzepten zeigt Abb. 8.7.

Die erste Zeile des Bildes vergleicht die Architekturansätze. Geschlossene Programme stehen als Monolithen einer Verbindung unabhängiger Einzelbausteine gegenüber, die auch in weiteren Anwendungen nutzbar sind. Die Skalierbarkeit der

	Monolith-Architektur	Microservice-Architektur
Architektur	Besteht aus einer einzigen logischen Programmeinheit. Sämtliche Funktionen, Bibliotheken, Abhängigkeiten befinden sich innerhalb eines "Applikationsblocks".	Besteht aus einer Reihe von kleinen Services die vollständig und unabhängig voneinander funktionieren und miteinander kommunizieren. Jeder Service kann in mehr als einer Applikation eingesetzt werden.
Skalierung	Die gesamte Applikation skaliert horizontal hinter einem Load-Balancer.	Jeder Service skaliert unabhängig wenn es notwendig ist.
Agilität	Änderungen am System führen dazu, dass die gesamte Applikation erneut kompiliert, getestet und bereitgestellt werden muss.	Die Änderungen werden unabhängig an jedem Service einzeln vorgenommen.
Entwicklung	Die Entwicklung findet in der Regel in einer einzigen Programmiersprache statt.	Jeder Service kann in einer anderen Programmiersprache entwickelt werden. Integration erfolgt über eine definierte API.
Wartung	Sehr langer und unübersichtlicher Programmcode.	Viele kleine Programmcodes die sich einfacher verwalten lassen.

Abb. 8.7 Monolithische und microservice-basierte Anwendungsarchitekturen. [Büs15]

Microservice-basierten Anwendungen ist sehr hoch, da den jeweils stark belasteten Bausteinen zusätzliche Rechner, Speicher oder Datenübertragungskapazitäten zugewiesen werden können. Auch die Verfügbarkeit des Gesamtsystems ist hoch, da der Ausfall eines einzelnen Microservice nicht zwangsläufig zum Ausfall der ganzen Anwendung führt. Agilität und Wartbarkeit der Microservices sind ebenfalls sehr hoch, da zur Produktivsetzung von Anpassungen und Erweiterungen nur die entsprechenden Bausteine zu testen sind und nicht das gesamte Programm.

Die Entwicklung der Bausteine kann von verschiedenen Entwicklerteams vorgenommen werden und die Verbindung der Bausteine erfolgt über vordefinierte APIs (Application Program Interfaces). Durch die Parallelisierung ist das Konzept gut geeignet zur Umsetzung in Scrum-Teams. Der geringe Testaufwand und die flexiblen Möglichkeiten zur Produktivsetzung erleichtern die schnelle Reaktion auf Anforderungen der Fachbereiche. Diese Vorteile der Microservice-Architekturen lassen sich durch die Verwendung weiterer Technologien und Konzepte wie beispielsweise Container und DevOps noch steigern.

In der Logistik sind normierte Container zum Transport aller möglichen Güter selbstverständlich. Durch diese Normierung der Behälter ergeben sich erhebliche Vorteile in der Transportabwicklung, da Kräne und Fahrzeuge weltweit in Häfen, Bahnhöfen oder Umladepunkten auf die Handhabung abgestimmt sind. In Anlehnung an dieses Konzept kapselt die IT-Containertechnologie Microservices zusammen mit den erforderlichen Betriebssystemdiensten und Laufzeitservices durch eine sie umgebende Software, packt sie also quasi in einen Container, der auf jeder Art von Infrastruktur und Betriebssystemumgebung lauffähig ist [Pre15]. Die Umsetzung dieser Idee erfolgt beispielsweise über das Open-Source-Projekt Docker und erfreut sich wachsender Beliebtheit [Lop20]. Die auf jedem beliebigen Server lauffähigen „verpackten Microservices" ermöglichen eine sehr komfortable Infrastrukturnutzung und die Übertragung einer Anwendung beispielsweise zwischen Entwicklerteams und Rechenzentren wird sehr flexibel. Bei traditionellen Anwendungen musste mit hohem Aufwand sichergestellt werden, dass die Infrastruktur einschließlich der Systemsoftware zwischen den Systemen vollständig gleich aufgesetzt war.

Auf den Servern können unabhängig voneinander mehrere Docker-Container laufen, ohne dass dort weitere Installationen oder Virtualisierungsmaßnahmen erforderlich sind. Jedem Container werden individuell die erforderlichen Ressourcen zugeordnet. Somit lässt sich die zunehmende Komplexität bei wachsender Containeranzahl auch im IT-Betrieb beherrschen. Abb. 8.8 zeigt eine Übersicht zum Einsatz von Microservices mit weiteren Diensten.

In der Mitte des Bildes sind aufsetzend auf der IT-Infrastruktur Container C_1 bis C_n gezeigt, die jeweils Microservices (MS_1 bis MS_n) mit den individuell erforderlichen Bibliotheken (Lib) und Betriebssystemkomponenten (OS) kapseln. Die Orchestrierung der Microservices zu Anwendungen erfolgt über ein eigenes MS-Managementsystem [MSV16]. Eine weit verbreitete Technologie hierzu ist Kubernetes, Hierbei handelt es sich um eine Open-Source Lösung, die ursprünglich von Google entwickelt wurde und

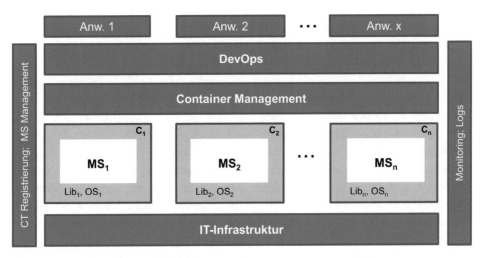

Anw. Anwendung, C Container, CT Container-Registrierung, Lib Bibliothek, Logs Log-Funktionen
MS Microservice, OS Betriebssystem-Komponente

Abb. 8.8 Microservices in Containern. (Quelle: Autor)

später an die Cloud Native Computing Foundation (CNCF) übergeben wurde und in der Community jetzt weiterentwickelt wird [Lub19]. Kubernetes ermöglicht das Einrichten, Verwalten, Betreiben und Warten von microservices-basierten Anwendungen. Über die Containerregistrierung erfolgt die Ressourcenzuordnung und diese Ebene verwaltet auch Releases und Einsatzbereiche der Microservices. Monitoring und Log-Funktionen, die beispielsweise interne Abläufe protokollieren, unterstützen die Betriebsteams. Damit stehen über den gesamten Lifecycle microservices-basierter Anwendungen umfangreiche Werkzeuge zur Verfügung. Diese werden von unterschiedlichen Herstellern angeboten, sodass die unternehmensweite Verwendung der Architektur abgesichert ist.

Neben den erheblichen Vorteilen sind bei einer Entscheidung für diese Architektur einige Herausforderungen zu beachten. Zusätzlich zum Technologiewissen ist bei den Entwicklern auch Cloud-Know-How erforderlich, um im Einsatz die Vorteile hybrider Hardwarearchitekturen nutzen zu können, auf die Abschn. 8.4.6 eingeht. Gerade in diesem Zusammenhang sind beim Betrieb der verteilten Services auch Latenzzeiten, also Verzögerungen in der Kommunikation, zu beachten, die durch leistungsstarke Kommunikationskonzepte aufzufangen sind. Weiterhin sollten die Entwickler Wissen in den Themenfeldern DevOps und APIs mitbringen, da beides zur vollen Nutzung von microservice-basierten Architekturen wichtig ist.

Unter DevOps-Modellen sind Vorgehensweisen und Werkzeuge zu verstehen, welche die Bereiche Entwicklung (Dev_elopment) und Betrieb (Op_eration) enger zusammen-führen, um somit schnelle Releasezyklen und kurze Produktivsetzung zu ermöglichen [IDC19]. Wichtig ist hierbei, dass sich eine Kultur der engen, offenen Zusammenarbeit und des Teilens über Standorte und Organisationen hinweg etabliert. Gemeinsam gilt es, in agiler Projektvorgehensweise möglichst effiziente Prozesse über die entsprechenden Arbeitsschritte zu schaffen, die in bestimmten Phasen auch zunehmend automatisiert ablaufen, wie beispielsweise das Testen und Produktivsetzen. Besonders der Einsatz von Containern reduziert hier die Aufwände erheblich, da keine anwendungsspezifische Infrastrukturumgebung mehr erforderlich ist.

Ein weiterer Vorteil microservice-basierter Architekturen besteht darin, auch externe Microservices leicht einbinden zu können. Insbesondere im Open Source-Umfeld bestehen vielfältige Angebote direkt nutzbarer Microservices, oft kostenfrei auf Sharing Plattformen von Entwicklergemeinschaften bereitgestellt. Es sind auch Services anderer Unternehmen oder externer Anbieter nutzbar. Natürlich ist es auch möglich, eigene Microservices, Programme oder auch Daten über APIs zur Nutzung durch Interessenten außerhalb des Unternehmens zur Verfügung zu stellen. Beispielsweise könnten fahrzeugbezogene Daten an Versicherungsunternehmen oder Marketingorganisationen verkauft werden oder man ermöglicht Anbietern von Dienstleistungen den Zugang in das Fahrzeug zur Anzeige von Angeboten auf der Infotainmenteinheit (vergl. Abschn. 5.4.2 und 6.2.1). Zur Verfolgung dieser Geschäftsstrategie ist nicht nur im Umfeld der Microservices, sondern auch für die Interaktion mit anderen Anwendungstechnologien ein API-Managementsystem aufzubauen und auch kommerzielle Lösungen für die Monetarisierung zu schaffen.

8.4.3 Daten – Governance und Haltung

Wie im vorhergehenden Buchabschnitten zu unterschiedlichen Aspekten mehrfach ausgeführt, kommen Daten zukünftig eine strategische Bedeutung zu, sie sollen zum „Gold der Industrie" werden. Explodierende Datenbestände in den Unternehmen, den sozialen Netzen und im Internet of Things eröffnen Chancen zur höheren Transparenz, für neue Erkenntnisse und für zusätzliche Geschäfte basierend auf neuen Geschäftsmodellen. Um dieser Situation Rechnung zu tragen, etablieren viele Unternehmen, wie in Abschn. 7.7.1 beschrieben, sogenannte Chief Data Officer (CDO). Er treibt die Entwicklung neuer, datenzentrischer Geschäfts- und Nutzungsmodelle. Zunächst liegt aber sicher ein Schwerpunkt seiner Arbeit darin, die gewachsene, heterogene Datensituation in den Unternehmen zu bereinigen. Es fehlen oft organisationsübergreifende Standards, sowohl unter technologischen als auch inhaltlichen Aspekten. Datenfelder mit gleichen Bezeichnungen werden unterschiedlich belegt und können so nicht einfach zusammengeführt werden. Es werden unterschiedliche Werkzeuge zur Datenspeicherung und zur Datenverarbeitung eingesetzt, auch unterschiedliche Ansätze zur Haltung bzw. Archivierung. Diese Struktur gilt es durch eine übergreifende Governance, Datendefinitionen und klaren Regelungen zu verbessern. Es sind zukunftssichere unternehmensweite Datenarchitekturen festzulegen, um damit die darauf aufbauende gezielte Nutzung der Informationen aus diesen Daten durch den Einsatz leistungsstarker Technologien zu vereinfachen und abzusichern. Details zu den CDO-Aufgaben werden hier nicht weiter vertieft, sondern es wird auf entsprechende Fachliteratur verwiesen, z. B. [Leh19, Hay19].

Hier wird ergänzend auf einen wichtigen Aspekt der Governance und Nutzung, der Datenhaltung und – bereitstellung, eingegangen. Frühere Auswertungs- und Reporting-Anwendungen arbeiteten mit einem definierten zeitlichen Raster über fest programmierte Schnittstellen für den Zugriff auf Daten in ebenfalls definierten Strukturen. Das Auslesen der Daten aus verschiedenen Anwendungen und die Aufbereitung der Berichte erforderte Zeit und Aufwand. Ad hoc-Abfragen waren nicht möglich und Abweichungen von der Report-Struktur oder auch die Einbindung weiterer Datenquellen waren aufwendig. Um diese Nachteile zu vermeiden, entstanden sogenannte Datawarehouses (DWH). Ein DWH übernimmt Daten aus verschiedenen Quellsystemen, überführt sie in eine Zieldatenstruktur und legt sie im DWH ab. Reports und Auswertungen speisen sich dann aus den Zieldaten des DWH, während die Ausgangsdaten in den Quellsystemen überschrieben werden [Dit16, Fat19]. Bei genau definierten Analysen und Stabilität der einzubindenden Datenquellen ist dieses Konzept bewährt und vielfach im Einsatz. Der „kleine Bruder" eines DWHs sind sogenannte Data Marts. In diesen wird ein reduzierter fachspezifischer Datenumfang strukturiert zur Analyse zur Verfügung gestellt [Nae20]. Diese kleineren Lösungen sind schneller aufzubauen und erfreuen sich aufgrund dieser Agilität wachsender Beliebtheit.

Neben dem Aufbereitungs- und Speicheraufwand bestehen die wesentlichen Nachteile von Datawarehouse-Architekturen jedoch in der eingeschränkten Flexibilität bezüglich spontaner Abfragen, der festen Datenstruktur und dem Verlust der Rohdaten nach der Ablage im Zielsystem; auch sind Auswertungsrichtungen im Voraus festzulegen. Das Gewinnen neuer Erkenntnisse durch veränderte Abfragen oder eine neuartige Kombination von Rohdaten ist nicht möglich. Zeitgemäße Lösungen zur Informationsaufbereitung müssen aber flexible Auswertungsmöglichkeiten auch unterschiedlichster Datenformate bieten und „near real time" leistungsstark arbeiten.

Als Antwort auf diese Forderungen hat sich das Konzept der sogen. Data Lakes bewährt [San15]. Der Ansatz besteht darin, alle Arten von Rohdaten ohne weitere Aufbereitung in einem flexiblen System kostengünstig abzulegen. Dabei kann es sich beispielsweise um strukturierte Daten aus etablierten Anwendungssystemen, Daten aus Fahrzeugen, maschinengenerierten Informationen, Social Media Daten oder auch Audio- und Videodateien handeln. Zusammenfassend stellt Abb. 8.9 DWH- und Data Lake-Lösungen nach verschiedenen Kriterien gegenüber.

Zunächst wird die Datenhaltung in beiden Konzepten verglichen. Während im Data Lake die Rohdaten unverändert einschließlich der Kopplung zu den Quelldaten erhalten bleiben, nahezu „near time" übernommen werden und diverse Technologien zur Datenhaltung zur Verfügung stehen, werden im DWH die Daten in einer Zielstruktur abgelegt, ohne die Rohdaten zu erhalten. Dabei kommen relationale Datenbanken zum Einsatz und die Datenübernahme erfolgt in einem festen Rhythmus, oft am Ende eines Arbeitstages (EOD, end of day).

Abfragen im Data Lake sind komplexer, da die Datenaufbereitung erst im Zuge der Anfrage erfolgt. Date Lake-Lösungen skalieren ihren Bedarf in Bezug auf große Datenmengen durch den Einsatz flexibler Technologien und auf Basis von Standard-Hardware

Data Lake		„klassisches" DWH	
Datenhaltung	• Fachliche 1:1 Datenhaltung zum originären System • Technische Abbildung im originären System rekonstruierbar	• Fachlich harmonisierte und technisch normierte Datenhaltung • keine Verfügbarkeit der originären Daten im persistierten Zieldatenmodell	
	• Langfristig persistierte Quelldaten • Logische Einbindung von Quelldaten möglich	• Temporär persistierte Eingangsdaten („Staging Area")	
	• diverse Technologien für nutzungsorientierte Bereitstellung (z.B. Hadoop, NoSQL-DB)	• i.d.R. relationale Abbildung	
	• Datenübernahme Neartime möglich	• Datenübernahme i.d.R. EOD	
Abfrage	• Individuelle Zugriffsarten (z.B. HiveQL, JAVA, PHP, SQL) ; teilw. komplex	• Einfache strukturierte Abfragemöglichkeit per SQL	
	• Aufbereitung der Daten (z.B. Harmonisierung von Feldausprägungen) erfolgt „on the fly"	• Aufbereitung/ Normierung/ Harmonisierung bereits im Zieldatenmodell erfolgt	
Performance/ Skalierung	• Verfügbare Technologien für sehr große Datenmengen entwickelt („Big Data") • Skalierung erfolgt linear auf Basis von „Standard"-Hardware	• Relationale DBMS grundsätzlich für große Datenmengen ausgelegt • Skalierung z.T. nur auf Basis von spezieller Hardware möglich	
Entwicklung	• agiles/ iteratives Vorgehen • Umfeld in Entwicklung (div. Technologien, Modelle im Aufbau)	• zielbildorientiertes Vorgehen • etabliertes Umfeld (Tools, Modelle,…)	

Abb. 8.9 Vergleich von Datawarehouse und Data Lake. [San15]

besser als DWH-Lösungen, die oft eine spezielle Hardware benötigen. Bei standardisierten Abfragen mit fest definierter Auswertungsrichtung und regelmäßigen konsistenten Reports haben DWH weiterhin ihre Stärken. Data Lake-Konzepte bieten demgegenüber flexible Analysemöglichkeiten und passen wegen des möglichen Gewinns neuer Erkenntnisse gut in die agile, digitale Welt. Sowohl für die technologische Umsetzung der Data Lakes als auch für die Definition und Abwicklung der Abfragen stehen Big Data-Technologien verschiedener Anbieter zur Verfügung [Kos19].

Welche der beiden Ansätze gewählt wird, ist anhand des Anwendungsfalls und der Datensituation zu entschieden. Das DWH hat eine klare Struktur und die Daten werden vor der Speicherung aufbereitet. Somit ist sichergestellt, dass auch die Inhalte qualitativen Ansprüchen genügen. Die Data Lake Lösung verarbeitet Quelldaten und überprüft die inhaltliche Qualität nicht. Beide Konzepte lassen sich auch kombinieren, indem beispielsweise ein Data Lake einem DWH als Eingangssystem vorgeschaltet wird [Mar15]. Somit sollten sowohl DWH als auch Data Lake als Kernbestandteil in Datenarchitekturen integriert werden.

Folgende Trends und kommende Technologien im Bereich Big Data sollten bei der Architekturdefinition ebenfalls berücksichtigt werden:

- Data Stream Management-Systeme (DSMS)
  DSMS-Systeme verarbeiten Datenströme, die kontinuierlich und in kurzen Abständen anfallen [Ara04]. Suchalgorithmen extrahieren aus dem Strom permanent gewünschte

Ergebnisse und stellen sie der Verarbeitung zur Verfügung. Beispiele sind Fahrzeugbewegungsdaten oder Daten aus Kamerasystemen beim autonomen Fahren.

- In-Memory Datenmanagement
Beim In-Memory-Datenmanagement befinden sich Daten im Hauptspeicher von
Servern statt auf separaten Speichermedien und stehen somit der Bearbeitung
hochperformant zur Verfügung. Zur effizienten Nutzung der verfügbaren Speicher-
bandbreite werden die Daten sequentiell im Fluss gelesen. Diese Technologie wird oft
dann eingesetzt, wenn Analysen aktueller Daten gefordert sind. Einsatzbeispiele sind
komplexe Reports, Auswertung von Sensordaten und auch echtzeit-nahe Auswertung
von Social Media Daten [Pla16]. Bekannteste Referenz ist das SAP HANA Daten-
banksystem (High Performance Analytic Appliance).
- Self-Service BI / Machine Learning
Die Datennutzung soll möglichst von den Fachbereichen erfolgen, da dort die
Nutzungs- und Einsatzfälle anstehen. Um nicht für jeden neuen Analyseansatz auf IT-
Expertise oder Data Science Wissen angewiesen zu sein, besteht ein Trend, möglichst
Self-Service Business Intelligence (SSBI) Werkzeuge zu schaffen [Gho19]. Diese
ermöglichen es Endanwendern, intuitiv auf Basis leicht zu bedienenden Tools, Ana-
lysen zu erstellen. Dieser Trend wird zukünftig noch mit KI bzw. machine Learning
und auch Mobile-Technologie gestärkt werden, sodass dann quasi „Software-
Agenten" zu erwarten sind, die im Hintergrund flexibel zugeschaltete Datenbestände
kontinuierlich in Richtung bestimmter Trends und Ereignisse überwachen und Ergebnisse dem Nutzer auf seinem Smartphone präsentieren.
- Appliances:
Appliances sind integrierte schlüsselfertige Systeme, optimiert für einen bestimmten
Einsatzzweck. In einem Gehäuse befinden sich Server, Speicher, Systemsoftware
einschließlich Visualisierung und teilweise auch Software zur Datenhandhabung und
für hochperformante Big Data-Analysen. Einsatzbeispiele sind Edge-Appliances an
Produktionslinien zur echtzeitnahen Überwachung von IoT-Signalen.

Zur Vertiefung der hier nur kurz aufgeführten Technologien, die in der Automobilindustrie in Zeiten wachsender Datenvolumen beispielsweise aus Fahrzeugbewegungs-
sensoren und dem Internet of Things der Industrie 4.0 an Bedeutung gewinnen, sei
auf bereits genannte weiterführende Literatur verwiesen. Insgesamt steht für die
Informationsaufbereitung eine wachsende Anzahl von Produkten zur Verfügung und die
Bedeutung des Themas wächst massiv weiter.

8.4.4 Mobile-Strategie

Wie in den Abschn. 3.1 und 4.1.3 ausführlich erläutert, gewinnt das Thema mobile Endgeräte und Apps immer stärker an Bedeutung. In Fortsetzung der privaten Gewohnheiten
erwarten Mitarbeiter, Geschäftspartner und auch Kunden, dass neue Anwendungen

beispielsweise aus dem Bereich Big Data und Analytik zur Nutzung als Apps auf mobilen Endgeräten wie Smartphones und Tablets zur Verfügung stehen. Auch für etablierte unternehmensinterne Anwendungen sollte diese zeitgemäße Bedienung möglich sein. Damit rückt der Einsatz von Arbeitsplatz-PCs in den Hintergrund und bleibt „Power-Usern" oder Programmierern und Testern vorbehalten. Die Nutzung mobiler Anwendungen sollte über ansprechende graphische Oberflächen erfolgen, die ohne Ausbildung intuitiv leicht zu bedienen sind.

Weiterhin erwarten die Nutzer jederzeit von allen Orten einen Zugang zu den von ihnen genutzten Unternehmensanwendungen und den relevanten Daten. Um den schnell wachsenden Bedarf strukturiert aufgreifen zu können, sind klare Vorgaben zu den mobilen Endgeräten und mobilen Anwendungen zu definieren. Diese Mobile-Strategie ist besonders wichtig, weil damit für alle Mitarbeiter und Kunden die Schnittstelle zur Digitalisierung und zum Aufbruch in innovative Nutzungsmodelle definiert wird. Auch der agile Umgang mit neuen Anforderungen aus den Organisationen und die schnelle Bereitstellung von Lösungen müssen durch leistungsstarke Technologien möglich sein, festgelegt in der Strategie.

Zunächst ist der Geräte-Standard für unternehmensinterne Ausstattungen zu definieren und auch zu entscheiden, ob man den Mitarbeitern eine BYOD-Option (bring your own device) anbietet und sie somit ihre privaten Geräte auch im Unternehmen nutzen können. Dabei spielen neben kommerziellen Überlegungen auf Basis einer umfassenden TCO-Betrachtung (total cost of ownership) die Sicherheitsaspekte eine wesentliche Rolle (vergl. Abschn. 8.4.7). Aufgrund der weltweiten Kundenakzeptanz und der daraus resultierenden Marktanteile dominieren mit Apple- und Android-Geräten zwei wesentliche Technologierichtungen. Für beide Plattformen bestehen Architekturen und Lösungen zur sicheren Integration in die Unternehmens-IT, sodass viele Unternehmen beide Plattformen unterstützen.

Aufbauend auf den Gerätestandards und der Sicherheitsarchitektur ist die Applikationsstrategie festzulegen. Besondere Herausforderungen bestehen darin, dass mobile Geräte sehr kurzen Innovationszyklen unterliegen und die Anwendungen somit auf mehreren Geräte- und Systemsoftware-Generationen laufen müssen. Die daraus resultierenden Anforderungen sind in einer zentralen Serviceeinheit für Betrieb, Support, Verteilung und Verwaltung der Devices umzusetzen. Auch die Integration der mobilen Anwendungen in die bestehenden Unternehmensanwendungen, die sogenannte Backend-Integration, erfordert eine tragfähige Architektur und Vorgaben, um in der Entwicklung Synergien zu schöpfen und den Betrieb und die Sicherung zu erleichtern.

Weiterhin sind Kriterien zu definieren, um die Art der Anwendungsumsetzung nachvollziehbar zu entscheiden. Hierbei bestehen drei Optionen. Native Apps setzen direkt auf dem Gerätebetriebssystem auf und nutzen Gerätefunktionen wie Kamera, Sensoren und Kommunikationsschnittstellen unmittelbar mit hoher Effizienz und Sicherheit. Programmierung, Pflege und Betrieb sind aufwendiger im Vergleich zur zweiten Option, den Webanwendungen. Hierbei erfolgt die Anwendungsentwicklung deviceunabhängig und die App-Nutzung über einen Webbrowser. Dadurch werden spezielle Geräteoptionen

nicht genutzt, sodass oft die Benutzerfreundlichkeit leidet. Dafür sind die Entwicklungs-
und Betriebskosten niedriger. Eine weitere Option besteht in sogenannten Hybrid-
Anwendungen, die eine Mischform darstellen. Alle drei Wege sind bewährt und haben
Ihre Nutzungsvorteile.

Gerade das Feld der agilen App-Entwicklung eignet sich besonders gut, um Fachbereiche und IT in Digitalisierungsinitiativen als Team zusammenzubringen und
gemeinsam Entscheidungen zum Design und zur Umsetzung zu treffen. Das Thema
App wird fälschlicherweise oft unterschätzt und teilweise als „ein paar bunte Seiten für
Handys" abgetan. Gerade diese Anwendungen sind aber das geeignete Instrument, um
die Transformation von Geschäftsprozessen voranzutreiben und für die Anwender leicht
zugänglich und erlebbar zu machen. Sie sind gewissermaßen das User-Interface der
Digitalisierung. Dadurch kann sich die IT gegenüber den Fachbereichen als innovative,
agil arbeitende Organisation positionieren, die auch die Geschäftsprozesse versteht und
schnelle Umsetzungen und Anpassungen realisiert. Diese Chance sollte die IT nutzen
und bei Apps nicht nur den Technologie- und Sicherheitsaspekt verwalten. Einen möglichen Ablauf dieser Zusammenarbeit zeigt vereinfacht Abb. 8.10.

In Design Thinking-Workshops entstehen erste Ideen, indem das Team die Geschäfts-
situation des Bereiches beleuchtet, disruptive Trends analysiert, day in a live Szenarien
von Kunden durchspielt und Potenziale für Prozessverbesserungen durch Apps heraus-
arbeitet. Die priorisierten Ideen werden gesammelt und in der folgenden Konzeptphase die
zu adressierenden Nutzer (Personas), die abzubildenden Abläufe (User Story) und Prototypen besprochen, um danach den Umfang eines ersten Lösungsansatzes (MVP, minimum
viable product) zu vereinbaren (vergl. hierzu auch Abschn. 6.2.3 und 7.2.1). Hierzu
gehört auch die Priorisierung weiterer Ideen und die Einordnung in ein begleitendes
Anforderungsmanagement auch unter Beachtung neuester Mobiletrends [Mob20].

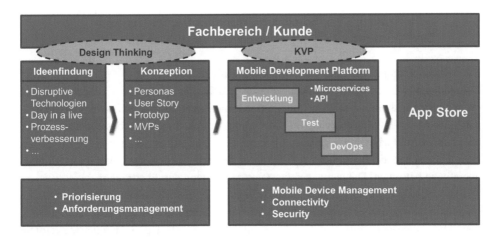

Abb. 8.10 Agile App-Entwicklung. (Quelle: Autor)

Die Entwicklung, das Testen und die Produktivsetzung sollten auf Basis von Entwicklungsumgebungen, den sogenannten Mobile Development Plattformen MDP, erfolgen. Diese unterstützen verschieden Geräte-Typen und Umsetzungswege auch unter Einbindung von Microservices. Die fertigen Apps werden auf unternehmenseigenen App-Stores zum einfachen Download zur Verfügung gestellt.

Die Verwaltung der Geräte erfolgt mithilfe einer MDM-Lösung (Mobile Device Management), wobei zur sicheren Einbindung bezüglich Connectivity (Netzwerkfähigkeit) und Security bewährte Architekturen zur Verfügung stehen. Diese Technologiebaukästen unterstützen agile Vorgehensweisen besonders in der Testphase, sodass immer wieder eine Rückkopplung mit den Fachbereichen erfolgen kann, um das Produkt und weitere Releases kontinuierlich weiter zu verbessern. DevOps Methoden sichern dabei schnelle Releasewechsel. Die Abläufe und Vorgaben zum Design der Benutzeroberfläche und auch Farbkonzepte, um ein bestimmtes Branding bzw. „look and feel" sicherzustellen, sollten in Ergänzung zur Mobile-Strategie in einem online-Handbuch beschrieben sein. Beispiele sind entsprechender Fachliteratur zu entnehmen und auch im Netz zu finden [DHS19].

Eine strukturierte Beschreibung widerspricht auf den ersten Blick der gerade im Feld der mobilen Anwendungen geforderten agilen Vorgehensweise. Dennoch sind einige Regeln erforderlich, um in dem schnell wachsenden Lösungsbereich einen manchmal zu beobachtenden Wildwuchs zu vermeiden und eine hohe Qualität und Betriebseffizienz zu erreichen. Die IT sollte daher auf Basis einer durchdachten Mobile-Strategie die technischen und organisatorischen Voraussetzungen schaffen, um die Fachbereiche durch Umsetzungsgeschwindigkeit, Flexibilität und Qualität zu überraschen und somit als Partner bei der Entwicklung mobiler Lösungen akzeptiert werden. Die leider oft in diesem Bereich zu beobachtenden Umsetzungen außerhalb der IT, verbunden mit Sicherheits- und Betriebsproblemen, sind so vermeidbar.

8.4.5 Infrastruktur-Flexibilisierung durch Software Defined Environment

Die Voraussetzungen für eine hohe Reaktionsfähigkeit und Effizienz beim Einsatz der IT-Lösungen werden in den Rechenzentren geschaffen. Herausforderungen, wie sie im Anwendungsbereich mit der Integration von Legacy, Standardanwendungen und container-basierten Microservices in einer einzigen Zielarchitektur bestehen, sind auch im IT-Infrastrukturbereich zu finden. Hierbei ist unter Infrastruktur eine Kombination aller technischen Einrichtungen zu verstehen, die erforderlich sind, um Anwendungen operativ zu betreiben, Daten zu speichern und zur Nutzung zu übertragen.

In der Vergangenheit installierte man für jede größere Anwendung spezielle Hardware oft auch mit spezifischer Systemsoftware. Auf diese Weise haben sich über Jahre hinweg komplexe, heterogene Infrastruktur-Umgebungen entwickelt. Der Systembetrieb erfolgte in Technologieclustern wie beispielsweise Linux-Servern, Speichersystemen und Netzen. Diese lieferten Services oft ohne Bezug auf die Anwendungen, geschweige denn mit einem Kundenbezug. Die Bereitstellung von Systemumgebungen für neue Anwendungen oder Projekte dauerte oft Monate. Produktivsetzungen von Lösungen oder die Bereitstellung kleinerer Softwareupdates erforderten langfristige Planungen und spezielle Wartungsfenster im Betriebsablauf.

Diese Struktur und Servicefähigkeit waren in Zeiten stabiler Geschäftsabläufe, stationärer Arbeitsplatzsysteme, ohne Internet und bei übersichtlichem Datenvolumen ausreichend. Heute haben isolierte Server-, Speicher- und Netzwerkstrukturen ausgedient. In Zeiten der Digitalisierung mit anspruchsvollen Anforderungen in den Bereichen Mobilitätsdienste, autonomes Fahren, Big Data, IoT, Blockchain und Social Media sind zwingend neue Lösungen erforderlich.

Als Vision und nachhaltige Antwort zur Erfüllung der Anforderungen aus der digitalen Transformation hat sich das Konzept des Software Defined Environments (SDE) mit Zwischenschritten über Konsolidierung, Virtualisierung und Teilautomatisierung etabliert [Qui15, Bec16]. Bei diesem Ansatz wird die gesamte technische Infrastruktur über Software ohne menschliche Eingriffe oder Veränderungen der Hardware gesteuert. Über den Compute-Nodes (das sind Rechnereinheiten ohne weitere Teilsysteme wie I/O-Einheiten und Stromversorgung), Speicher- und Netzwerkeinheiten liegt eine Steuerungsebene. Deren Software erkennt die System-Anforderungen der Anwendungen und setzt sie durch Anpassungen in der angeschlossenen Infrastruktur automatisch um, sodass die bisher üblichen komplexen manuellen Arbeiten entfallen. Die Hardwaretechnologie tritt damit in den Hintergrund. Dieses Konzept ist weiterhin gekennzeichnet durch folgende Eigenschaften:

- Automatische echtzeitnahe Anpassung der technischen Infrastruktur an Bedarfe der Anwendungen
- Automatische Produktivsetzung initiiert per Softwarerequest
- Kontinuierliche dynamische Optimierung der Konfigurationen zur Erreichung der einstellbaren Ziel-Servicelevel und Ressourcenauslastung
- Hoch skalierbar und atmungsfähig bei Belastungsschwankungen und Änderung von Betriebsparametern
- Ausfallsicher und im Bedarfsfall selbstheilend
- Hardwareunabhängig
- Modulares, offenes Konzept ohne „Vendor-Lock" (Anbieterabhängigkeit).

Die Herausforderung der IT besteht darin, eine Zielarchitektur zu definieren, die die vollständige Abdeckung der Geschäftsanforderungen sicherstellt, die bestehende Infrastruktur berücksichtigt und eine Koexistenz von etablierter und neuer Welt ermöglicht. Nebeneinander müssen beispielsweise noch über Jahre hinaus bestehen:

• Monolithische Anwendungen	Microservices
• Virtualisierung	Container
• Kommerzielle Software	Open Source
• Festplatten, Bandlaufwerke	Flash-Speicher
• Mainframe-Technologie	Standardserver („lego bricks")
• Dedizierte, eigene Hardware	Multi-Cloudlösungen

Dazu ist eine Transitionroadmap hin zum Software Defined Environment festzulegen und umzusetzen. Abb. 8.11 zeigt die Übersicht eines Zielszenarios mit den technologischen Komponenten und deren Kopplung zum Anwendungsbereich.

Voraussetzung zur Umsetzung des SDE-Konzeptes ist eine vollständige Virtualisierung der technologischen Infrastruktur bestehend aus Computern, Speichern und Netzwerk. Hierunter wird die vollständige logische Abbildung der Hardware in software-basierten logischen Einheiten verstanden. Damit werden virtuelle Server, Speichersysteme und Netzwerkkomponenten, sogenannte Images, vollständig entkoppelt von den Details der Hardwareausführungen verwaltet. Ein weiteres Element von SDE-Konzepten ist die Einbindung von Cloudservices sowohl in herstellerspezifischer Ausführung (private) also auch öffentlich geteilten Lösungen (public); vergl. Abschn. 4.1.1.

Zur Umsetzung der zugrunde gelegten sogenannten hybriden Cloud-Architekturen setzen viele Unternehmen auf die OpenStack-Technologie. Hierbei handelt es sich um ein umfassendes Software-Portfolio zum Aufbau von offenen Cloudlösungen, von der OpenStack Foundation entwickelt und als Open Source Lösung zur Verfügung gestellt. Der offenen Community gehören mehr als 600 Firmen an und deren über 50.000 Mitglieder sind in mehr als 180 Ländern vertreten [Buc16]. Die Herstellerunabhängigkeit,

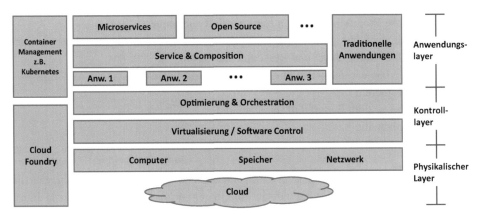

Abb. 8.11 Übersicht Software Defined Environment. (Quelle: Autor)

die Offenheit der Architektur und die schnelle Weiterentwicklung der Technologie mit der Möglichkeit, eigene Beiträge einzubringen und Trends mit zu beeinflussen, sind Vorteile dieser Technologie [Sch19]. Durch die aktive Gestaltung in der offenen Umgebung ist auch die Hoheit über eigene Daten im Vergleich zu geschlossenen, herstellerspezifischen Lösungen gut sicherzustellen.

Aufbauend auf der vollständigen Virtualisierung übernimmt die Kontrollebene auf Basis der erkannten Infrastrukturbedarfe der Anwendungen automatisch die Orchestrierung der Ressourcenzuordnung und deren Optimierung im Betrieb. Hierzu sind kognitive Lösungen integriert. Die Vermeidung von Ausfällen basiert auf Technologien zur vorbeugenden Wartung, die wiederum eine kontinuierliche Analyse der Betriebsparameter und der Betriebs-Logs (z. B. An- und Abmeldungen) voraussetzt.

Die Softwareebene im SDE-Konzept übernimmt auch die automatische Produktivsetzung sowohl traditioneller Standardpakete als auch neuer Anwendungen, die herkömmlich programmiert sind, auf Open Source Software basieren oder als Microservices konfiguriert sind. Als cloud-neutrale Entwicklungsumgebung in diesem Umfeld hat sich mit beachtlichem Wachstum CloudFoundry etabliert. Dies ist eine cloudbasierte Software-Umgebung für Entwickler, eine sogenannte PaaS Lösung (Platform as a Service), beispielsweise mit Diensten zur Entwicklung, Produktivsetzung und Test, welche die CloudFoundry Foundation als Open Source zur Verfügung stellt. Der Foundation gehören viele Branchengrößen wie SAP, IBM und Cisco an, die helfen, die Lösung als Standard zu etablieren [Mar19]. Die volle Kompatibilität zu OpenStack und somit die Integrationsmöglichkeit in Software Defined Environments stützen eine Entscheidung, auch diese Technologie mit in ein Zielbild aufzunehmen.

Die IT-Technologie verliert bei SDE-Konzepten stark an Bedeutung. Waren früher spezielle Leistungs- und Konfigurationsparameter von Servern oder auch Speichersystemen wichtig, um bestimmte Anwendungen möglichst performant und sicher zu betreiben, erkennt die Anforderungen zukünftig die SDE-Software und ordnet die erforderliche Anzahl von virtuellen Ressourcen zu. Die Anwendungen laufen dann verteilt auf beliebigen Servern und werden wahlfrei auf Speichersystemen abgelegt, um so den angestrebten Service-Level zu ermöglichen. Dabei besteht die physikalische IT-Ebene aus standardisierten Einheiten, die vergleichbar einem Lego-Konzept in ausreichendem Maße bereitstehen. Bei Ausfällen werden die Einheiten automatisch auskonfiguriert. Zum Ersatz oder zur Kapazitätserweiterung erfolgt die Installation solcher gleichen „Lego-Bausteine", die die Virtualisierungsebene adaptiert.

8.4.6 Multi-Cloud Strukturen

Bei den beschriebenen Themenfeldern zur Migration hin zu Software Defined Environments ist die Zielsetzung, die gewachsene Infrastruktur in unternehmenseigenen

Rechenzentren zu flexibilisieren und zugleich besser auszunutzen. Parallel entwickelt sich die Nutzung von Cloud-Ansätze mit hoher Geschwindigkeit weiter. So zeigt eine Studie einen Anstieg auch in Deutschland [Pol19]. Mit deutlichem Wachstum im Jahresvergleich nutzen im Jahr 2018 insgesamt 73 % der befragten Unternehmen Cloud-Services. Sicherheitsaspekte und dabei besonders die Handhabung personenbezogener Daten sind ein wichtiges Auswahlkriterium bei Anbieter- und Konzeptauswahl. So hat der Zuspruch für Public Cloud Servicemodelle im Jahresvergleich leicht abgenommen (nun 35 %), während Private Cloud Ansätze bei 55 % der Unternehmen im Einsatz sind, eine Zunahme von 22 %. Auch wenn die Akzeptanz wächst, so wird doch von einigen Serviceproblemen berichtet, insbesondere haben nur wenige Unternehmen eine Multi-Cloud Strategie etabliert. Als Basis dafür ist es erforderliche eine Hybrid-Gesamtarchitektur zu definieren, die eine flexible Nutzung der unternehmenseigenen Infrastruktur und Cloud-Umgebungen verbindet. In Fortführung des in Abb. 8.11 gezeigten Ansatzes zeigt Abb. 8.12 die Erweiterung zur einer ebenfalls Software Controlled Multi-Cloud Architektur.

Gezeigt ist eine hoch virtualisierte Umgebung sowohl im Infrastruktur- als auch im Netzwerkbereich und die Einbindung von unterschiedlichen Cloudstandorten bzw. -anbietern. Wo immer möglich werden offene, cloud-neutrale Standards bzw. Open Source Lösungen eingesetzt. Zentrales Element der Gesamtumgebung ist der sogenannte Distributed Cloud Manager (DCM), der eng mit Deploymentservices und dem Cloud-Infrastrukturmanager zusammenarbeitet. Über diese werden die Anwendungen unter Beachtung von Service- und Kostenaspekten bedarfsgerecht und flexibel in der Gesamtumgebung verteilt. Es ist ein Monitoring aller Komponenten vorgesehen und Automatisierung ist ein weiteres Designelement. Durch die Verwendung der offenen Plattformen wird ein Vendor Lock-in bei der Auswahl der Servicepartner vermieden, eine wichtige Zielsetzung der Hersteller. Da alle Unternehmen mehrere Cloudanbieter einsetzen, ist die Erarbeitung und Umsetzung einer Hybrid-Architektur mit hoher Priorität anzugehen. Wenn dann aufbauend IT-Ressourcen sehr flexibel abgerufen werden können, gilt es auch, eine Governancestruktur für die Cloudnutzung zu etablieren, um somit eine Übersicht zu Nutzen, Kosten und Anwendungsszenarien zu behalten.

Außerhalb dieser Umgebungen bestehen noch wenige Inseln, in denen eine spezielle Technologie zur Deckung spezieller Bedarfe eingesetzt wird. Hierzu zählen, wie in Abschn. 8.4.3 kurz ausgeführt, sogenannte Appliances, die durch Hochparallelisierung von Rechnereinheiten sehr große Datenmengen leistungsstark verarbeiten. Weiterhin sind die Entwicklung von Servern auf Basis neuromorpher Chips absehbar, die neuronale Strukturen direkt in Silizium-Schaltkreisen abbilden (vergl. Abschn. 2.7.4). Diese Technologie ist besonders stark in der Muster- und Bilderkennung und somit sicher auch gut zum Einsatz in der Autoindustrie geeignet. Ein weiterer kommender Trend sind Quantencomputer. Nach Stabilisierung der genannten Technologien und Anstieg der Geschäftsbedarfe ist die Steuerungssoftware der Hybrid-Architektur zu erweitern, sodass auch diese Lösungen zukünftig mit in die Softwaresteuerung eingebunden werden können.

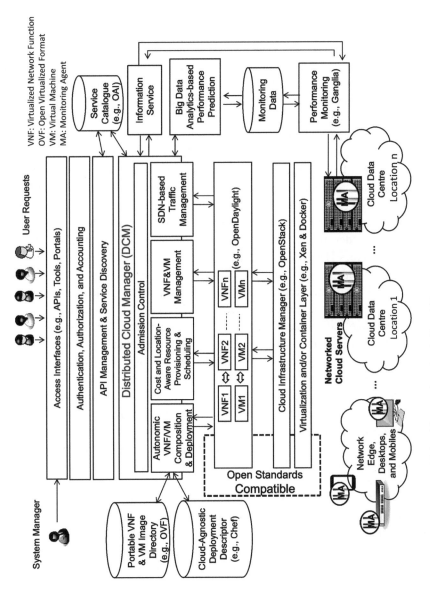

Abb. 8.12 Hybrid-Architektur zur Multicloud Integration. (nach [Buy18])

8.4.7 Rechenzentrums-Konsolidierung

Bei den Transformationsprojekten im Anwendungs- und Infrastrukturbereich geht es in beiden Bereichen darum, als Teil der IT-Strategie ein Zielszenario aufzustellen und den Bestand schrittweise dorthin zu überführen. Durch Konsolidierung und Optimierung der gewachsenen heterogenen Umgebungen werden Kosten eingespart, die für Innovationen zur Verfügung stehen. Ähnlich der Erneuerung im Anwendungsbereich bietet die Konsolidierung der bestehenden Rechenzentrums-Struktur erhebliche Einsparpotenziale. Bei großen Herstellern bestehen oft weit über hundert Rechenzentren, die von kleineren Rechnerräumen bei Importeuren und Händlern, über spezielle IT-Räume in den Werken bis hin zu Rechenzentren in den Markenorganisationen reichen. Noch in den 1970er Jahren erforderten lokale Anforderungen spezielle dort installierte Server- und Betriebssoftware, da die damaligen Netze nicht über die erforderliche Bandbreite und Betriebssicherheit verfügten, um die erforderliche Rechner- und Speicherleistung in einem zentralen Rechenzentrum vorzuhalten. Auch Hosting- und Cloudlösungen standen nicht zur Verfügung. Dadurch hat sich bei vielen Herstellern über Jahre an vielen Standorten eine heterogene Rechenzentrumsstruktur entwickelt, wie diese schematisch Abb. 8.13 zeigt.

Die linke Seite des Bildes zeigt die bereits kurz beschriebene typische Rechenzentrumsstruktur eines Herstellers. Neben den großen, separaten Rechenzentren jeweils pro Marke oder auch für den Finanzbereich bestehen in den Werken und auch bei den Importeuren oft kleinere Rechenzentren (RZ), zumindest aber abgesicherte Serverräume und selbst bei den Händlern finden sich eigene IT- Bereiche. Oft fahren lokale Betriebsteams die jeweilige Infrastruktur mit lokalen Anwendungen. Der durchschnittliche Nutzungsgrad der Infrastruktur wird vom Autor insgesamt auf unter 50 % geschätzt. Der hohe Energieverbrauch aufgrund dieser niedrigen Auslastung, aber auch aufgrund der teilweise betagten Rechenzentren, bietet sicher Verbesserungspotenzial.

Neben dieser aktuellen Situation wird im Bild auf der rechten Seite ein mögliches Zielszenario gezeigt. Um spürbare Einsparungen zu erzielen und die Komplexität der Struktur zu verringern, sollte es das oberste Ziel sein, die Anzahl der Rechenzentren zu minimieren und die Nutzung der Cloud zu maximieren. Die technologischen Entwicklungen im Netzwerkbereich und der Infrastruktur lassen heute sehr ehrgeizige Konsolidierungsziele zu [KriS19].

Aus diesem Grunde schlägt der Autor vor, dass Hersteller vollständig auf lokale Rechenzentren verzichten und stattdessen regionale RZ-Hubs beispielsweise in Europa, für den Nord- und Südamerikanischen Kontinent und für Asien aufbauen. Aufgrund der speziellen Sicherheitsfragen ist möglicherweise auch ein separater Hub in China und bei Marktpräsenz auch in Afrika sinnvoll. Die Hubs bedienen dann Markenorganisationen, Werke und auch Vertriebsorganisationen der jeweiligen Region auf Basis hybrider Cloud-Architekturen, wie Abb. 8.13 rechts zeigt. Diese sind in den Hubs als private Cloudumgebungen ausgeführt, die unter Beachtung von Sicherheitskonzepten wiederum mit öffentlichen Clouds verbunden sind. Es sollten klare Ziele umgesetzt werden, die Cloudanteile außerhalb der Herstellerumgebung massiv auszubauen, um so die bisher

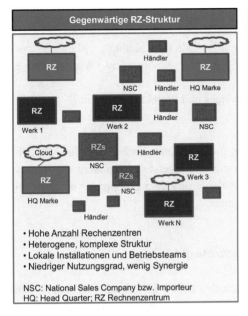
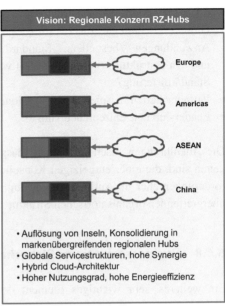

Abb. 8.13 Konsolidierung einer Rechenzentrumsstruktur. (Quelle: Autor)

genutzte, herstellereigne RZ-Fläche trotz erheblicher Bedarfssteigerungen durch die absehbare Digitalisierung und die damit wachsenden Daten- und Speicherbedarfe möglichst zumindest konstant zu halten. Der Betrieb der Infrastruktur ist global organisiert und erfolgt auf Basis standardisierter Prozesse. Die Hubs sind untereinander verbunden und mit Backup- und Notfall-Lösungen so abgesichert, dass im Katastrophenfall in einer Region eine andere Region einspringen kann und den Betrieb der ausgefallenen Region weiterführt.

Die Umsetzung solcher Szenarien ist technologisch beherrschbar und die Vorteile im Bereich der Kosten, der Komplexitätsreduzierung, der Sicherungsmöglichkeiten und der Flexibilisierung sind erheblich. Der Weg zur Umsetzung ist durchaus anspruchsvoll und viele Hersteller sind bisher in deutlich kleineren Schritten unterwegs, ohne ein übergreifendes großes Ziel vor Augen zu haben. Dieses sollte jedoch als Teil der IT-Strategie definiert und entsprechend dem Konzept „think big, start small, move fast" angegangen werden [Low16]. Voraussetzungen zur Umsetzung sind beispielsweise:

- Unternehmensweite Hybrid-Architekturen unter Multi-Cloud Einbindung
- Leistungsstarke Netze mit hohem Servicegrad
- Regionale Rechenzentren für die Hubs mit ausreichendem Flächenangebot und hoher Energieeffizienz
- Starke globale Governance und Durchsetzungsmöglichkeiten zur Auflösung der lokalen und organisatorischen „Fürstentümer"

- Global integrierte Servicestrukturen
- Globale IT-Strategie mit zukunftsorientierten Zielen und Transformationszielen für Anwendungen (besonders: Standardisierung, „Cloudifizierung", Microservices) und Infrastruktur (besonders: Software Defined Environment, Virtualisierung, Standardisierung)
- Partnerschaften beispielsweise für Cloudservices und Projektdurchführung
- Leadership und Entrepreneurship

Die Ausführungen machen deutlich, dass es nicht fehlende technologische Möglichkeiten sind, die einer ehrgeizigen Konsolidierung im Wege stehen, sondern die Herausforderungen eher im Aufbrechen gewohnter Abläufe und dem Etablieren von globalen, übergreifenden organisatorischen Strukturen liegen.

8.4.8 Businessorientierte Sicherheitsstrategie

Ein weiteres, sehr wichtiges Element der ganzheitlichen IT-Strategie ist das Thema Sicherheit. Fast täglich wird in Schlagzeilen über Hackerangriffe, den Diebstahl von Unternehmensdaten und das Eindringen in Unternehmenssoftware durch Viren, teilweise als latentes Risiko schlummernd in Trojanern, berichtet. Die mit der Digitalisierung weiter zunehmende Integration annähernd aller Geschäftsprozesse mit Anwendungslösungen, die Durchdringung der Fahrzeuge mit IT, die direkte Kopplung von Händleranwendungen mit dem Hersteller-Backend oder die Umsetzung von Industrie 4.0-Initiativen einhergehend mit dem „Internet of Things" in den Werken bieten immer mehr Angriffsmöglichkeiten. Auch die offenen, agilen Projektbearbeitungsmethoden mit der temporären Einbindung von Fachexperten teilweise unter Einsatz schlecht gesicherter Internetkommunikation erhöhen die Risiken. Es ist somit zwingend erforderlich ein umfassendes Sicherheitskonzept zu entwickeln und zu implementieren. Zu diesem Thema gibt es sehr viele Regelungen und Empfehlungen unterschiedlicher Institutionen. Eine Übersicht dieser Organisationen für das Themenfeld Industrie 4.0 zeigt Abb. 8.14.

Gezeigt ist links im Bild eine Übersicht von beteiligten Gremien wie ISO, DIN, IEC Behörden und Verbänden und rechts ist dargestellt, wie deren Vorgaben und Hinweise beispielsweise in Industrie 4.0 Projekten zu reflektieren sind. Die Vielfalt der Vorgaben ist verwirrend und es ist schwer, einen angemessenen Überblick zu behalten und alles zu berücksichtigen. Hierfür ist ein Kompendium hilfreich, das das Bundesamt für Sicherheit in der Informationstechnik (BSI) regelmäßig herausgibt [BSI20]. Dieses stellt einen pragmatischen Leitfaden dar, in dem viele dieser Vorgaben und Umsetzungsempfehlungen allen möglichen Gefährdungsarten gegenübergestellt werden. Diese Zusammenstellung ist als Basis für die Entwicklung einer Sicherheitsstrategie hilfreich. Die Vollständigkeit des Konzeptes mit dessen Maßnahmen kann anhand von sogenannten Kreuzreferenztabellen überprüft werden. Hierbei werden in einer Matrix erforderliche Maßnahmen den abzusichernden Gefährdungen gegenübergestellt und

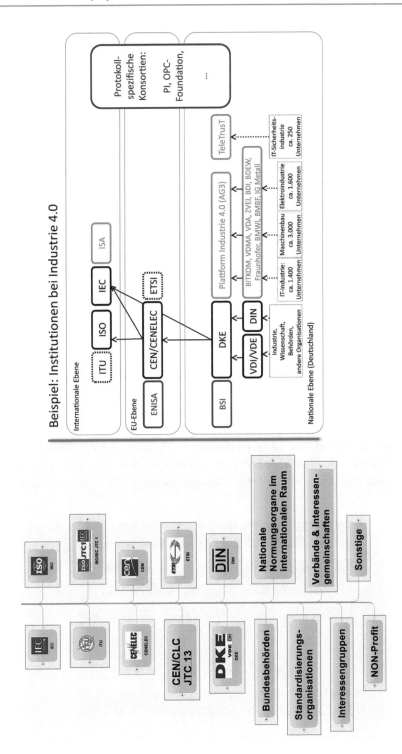

Abb. 8.14 Übersicht von beteiligten Organisationen und Institutionen im Themenfeld IT-Sicherheit. (nach: [Mue19], [BMWi16])

es kann hiermit gut der Plan gegen die Empfehlung verglichen werden. Dieses Vorgehen soll hier nicht weiter im Detail vertieft werden, sondern es werden ergänzend
pragmatische Handlungsempfehlungen erläutert.

Das Thema Sicherheit ist entsprechend seiner Wichtigkeit und des Arbeitsumfangs
speziellen Fachorganisationen zugeordnet. Viele Unternehmen haben diese unter die
Leistung eines CISOs (Chief Information Security Officer) gestellt. Wichtig ist, dass
der CISO neben der Unternehmens-IT auch die Sicherheitthemen der Werks- und Fahrzeug-IT verantwortet und so ein integriertes Gesamtkonzept entsteht. Weiterhin ist die
Sicherheit im Händler- und Servicenetz auch bei herstellereigenen Unternehmen oft
eine Schwachstelle und ist dringend mit zu behandeln. In einem ähnlichen Feld, dem
Zusammenspiel zwischen Dienstleistern und Herstellern, hat der VDA in Erweiterung
einer ISO-Norm unter der Bezeichnung TISAX (Trusted Information Security Assessment Exchange) ein einheitliches, sicheres Verfahren für den Informationsaustausch
und die Datenhaltung definiert [DQS18]. Auch diese Vorgabe gehört in das Sicherheitskonzept und die Einhaltung dieser Standards sind anhand von Zertifizierungen
regelmäßig nachzuweisen. Ein weiteres Themenfeld, das viele Hersteller beschäftigt,
ist die Einhaltung der im Jahr 2018 in Kraft gesetzten EU-Verordnung zum Schutz
personenbezogener Daten (GDPR: General Data Protection Regulation bzw. in Deutsch
DSGVO: Datenschutz Grundverordnung) – ebenfalls ein Securitythema.

Die Bandbreite der nur kurz ergänzend aufgezeigten Themen zeigt den Umfang und
die Komplexität des Themas Sicherheit. Dieses gilt es, mit Nachdruck und strukturiert
und dennoch mit einer angemessenen Priorisierung und Geschäftsorientierung anzugehen. Die Einbindung in einen übergeordneten Rahmen und pragmatische wesentlichen
Entwicklungsschritte einer businessorientierten Sicherheitsstrategie zeigt Abb. 8.15.

Zur Akzeptanz des oft als lästig empfundenen Themas wird empfohlen, dass die
CISO-Organisation die Sicherheitsstrategie gemeinsam mit IT und Fachbereichen
definiert. Ausgangspunkt sind die Unternehmensstrategie und die daraus abgeleiteten

Abb. 8.15 Entwicklung einer businessorientierten Sicherheitsstrategie. (Quelle: Autor)

Geschäftsziele. Anhand von Schutzbedarfs- und Risikoanalysen ermittelt das Team die potenziellen Risiken und leitet daraus die konkreten Sicherheitsziele ab. Dies sollte pragmatisch erfolgen, damit die IT-Sicherheit nicht als geschäftshindernd empfunden wird und sich die Akzeptanz der späteren Maßnahmen bereits in dieser Phase entwickelt.

Zur Absicherung der Geschäftsorientierung und zur Strukturierung der unternehmensweiten Kooperation ist es empfehlenswert, die in der Branche in den Themenfeldern Sicherheit und Unternehmensarchitektur bewährten Methoden SABSA und TOGAF zu nutzen [Kni14]. SABSA (Sherwood Applied Business Security Architecture) ist ein Rahmenwerk zur strukturierten Erfassung von Anforderungen an die Sicherheit sowie zur Entwicklung und Umsetzung von Sicherheitsarchitekturen. Hierbei liegt der Fokus auf dem Sicherheitsaspekt, es fehlt aber eine Kopplung mit den Geschäftsprozessen. Diese Lücke schließt die Verwendung von TOGAF (The Open Group Architecture Framework). Mit der Kombination beider Ansätze steht eine geeignete Vorgehensweise zur Verfügung, um Sicherheitsforderungen aus Risiko- und Geschäftssicht strukturiert aufzunehmen und in ein Zielbild für eine geschäftsbezogene Sicherheitsstrategie zu überführen [ScT19].

In der Sicherheitsstrategie werden dann beispielsweise das Thema Sicherheitsmaßnahmen beschrieben und die generellen Richtlinien zur Erreichung der Sicherheit mit Zielsetzungen sowie Standards und Verantwortungen festgelegt. Konkrete Ziele und Messgrößen sind die Basis für den Umsetzungsplan. Die Vollständigkeit kann anhand der beschriebenen Kreuzreferenztabellen des BSI-Kompendiums erfolgen. Im Sinne der Nachhaltigkeit sollte die Sicherheitsplanung kontinuierlich überprüft und die Anpassung der Schutzbedarfe aufgrund einer Veränderung der Geschäftsziele reflektiert werden. Im Rahmen der Implementierung steht eine Vielzahl von Themen an. Einige typische Arbeitsfelder abgeleitet aus „best practices"-Erfahrungen zeigt Abb. 8.16.

Die Arbeitsfelder sind nach Infrastruktur und IT-Betrieb gruppiert. Beispielsweise wird unter Vulnerability Management die kontinuierliche Untersuchung aller Komponenten der Infrastruktur auf Schwachstellen verstanden sowie das Aufzeigen und die Abstellung erkannter Probleme. So können etwa Firewall-Lücken auftreten oder eine fehlende Absicherung auf der Server-BIOS-Ebene. Diese werden im Rahmen des Patch Managements, das sich auf alle Softwarekomponenten der Infrastruktur bezieht, beseitigt. Weitere Arbeitsfelder betreffen den Einsatz von Verschlüsselungstechniken und besonders auch Remote-Zugänge für Techniker und Servicemitarbeiter von außerhalb des Unternehmens. Im IT-Betrieb betreffen viele Felder die sichere Abwicklung von Prozessen, wie beispielsweise Change-Management und auch das Incident Management, das die Problembearbeitung im Rahmen des Service Managements umfasst, aber auch die Regelung von Zugriffsberechtigungen und die Personalsicherheit.

Auf eine weitere Detaillierung zur Umsetzung der Strategie zur Informationssicherheit der Business-IT soll an dieser Stelle verzichtet werden, ebenso wie auf eine Erläuterung und Vertiefung der Vielzahl der hier zu beachtenden Standards, Normen und Richtlinien des Bundesamtes für Sicherheit. Vielmehr sei auf umfangreiche Fachliteratur und Quellen verwiesen, sowie auf Ausführungen zu neuen Anforderungen, abgeleitet aus Clouddiensten und offenen Architekturen z. B. [BSI17, BSI20, NIS18].

Infrastruktur	IT Betrieb
Vulnerability Management	Informationsicherheitsprozess
Patch Management	Zugriff und Berechtigungen
Systemhärtung	Asset-Management
Fernzugang	Personalsicherheit
Softwareentwicklung	OPS-Forderungen: Virenschutz, Logs, Backup, Netz
Kryptographische Lösungen	Change Prozess
Dokumentation	Security-Incident Management
Reporting Sicherheitsausfälle	Physische Sicherheit, Zutrittsschutz
Nicht-technische Sicherheit	Sicherheit Auslagerungsprozess

Abb. 8.16 Arbeitsfelder Informationssicherheit. (Quelle: Autor in Anlehnung an [KRIT19])

Es ist wichtig zu verstehen, dass das Thema IT-Sicherheit nicht allein von einem CISO oder den Mitarbeitern der Sicherheitsabteilung verantwortet und umgesetzt werden kann. Vielmehr ist das Thema top-down von allen Unternehmensbereichen mit zu tragen und mit entsprechender Sorgfalt anzugehen. Auch in Führungstreffen des Unternehmens gehört das Thema immer wieder auf die Tagesordnung, zumal verschiedene Gesetze die persönliche Haftung von Geschäftsführern und Vorständen im Fall von Versäumnissen und Fahrlässigkeit vorsehen.

8.4.9 Sicherheit der Werks-IT und Embedded-IT

Die bisher aufgezeigten Vorgehensweisen und Sicherungsmaßnahmen betreffen die Sicherung der Business-IT. Zusätzlich sind aber alle Hersteller gefordert, auch die IT direkt an den Fertigungslinien in den Werken und ebenso die embedded IT in den Fahrzeugen abzusichern. Beide Felder benötigen Sondermaßnahmen, die im Folgenden kurz behandelt werden.

Im Rahmen der Umsetzung von Industrie 4.0-Projekten erfolgt eine massive Durchdringung relevanter Geschäftsprozesse mit IT. Die Fertigungs- und Montagelinien werden mit zusätzlicher Sensorik ausgestattet und die Linienbereiche über IT-Lösungen auf Basis von Feldbussystemen gekoppelt, um beispielsweise Aufträgen beim Durchlauf durch die Fertigung individuelle Messwerte aus den Arbeitsschritten mitzugeben oder Folge-Bearbeitungsstationen flexibel anzusteuern. Das Produktionsplanungssystem leitet Auftragsdaten über das Shop Floor-System an die Linien weiter, damit Einlegeroboter mithilfe ihrer speicherprogrammierbaren Steuerung (SPS) automatisch die richtige Greifvorrichtung wechseln. Daten aus der Linienüberwachung werden mit den Informationen aus Linien anderer Werke verglichen, um Vorschläge zu vorbeugenden

Wartungsmaßnahmen oder Optimierungsmaßnahmen zur Anlageneinstellung abzuleiten. Die Beispiele verdeutlichen, dass die traditionelle IT und die Werks-IT immer stärker zusammenwachsen und mit der IT-Ausbreitung das Sicherheitsrisiko steigt. Das begründet auch, warum die Werks-IT beginnend mit der Anlagensensorik und den SPSen in eine ganzheitliche Sicherheitsstrategie einzubeziehen ist und somit vom CISO mit verantwortet werden sollte.

Die oben vorgestellten Verfahren zur IT-Sicherheit genügen in vielen Fällen allerdings nicht den Bedarfen der Werks-IT. Beispielsweise ist die Verwendung von Antiviren-Software in Steuerungsrechnern problematisch, da der Scan-Vorgang Rechnerleistung verbraucht und somit Performanceverluste in der echtzeitnahen Ablaufsteuerung entstehen. Auch übliche Maßnahmen der Antiviren-Software beim Aufspüren eines Virus, wie das Einstellen in Quarantäne und das Herunterfahren des Rechners lässt der gewünschte unterbrechungsfreie Produktionsbetrieb nicht zu, ebenso wenig wie regelmäßige Updates der Signaturdatenbank mit entsprechender Laufzeit. Wenn also der Einsatz von Antiviren-Software nicht möglich ist, sind andere Sicherheitsmaßnahmen zu treffen wie beispielsweise das Auslagern der ungesicherten Komponenten in ein spezielles Netzwerksegment, das mit einem zusätzlichen Firewall geschützt wird. Ausführliche Hinweise zur Informationssicherung im Industrie 4.0-Umfeld finden sich in der entsprechenden Fachliteratur [BMWi16].

Ebenso wie bei der Werks-IT greifen auch bei der Informationssicherung der embedded Fahrzeug-IT Sonderverfahren und nicht die üblichen Maßnahmen der Informationssicherung. Der Schutz der Fahrzeug-IT hat allerdings auch noch andere Aspekte bezüglich der Sicherungsziele. Hierbei stehen nicht „nur" die Unternehmensziele im Fokus, sondern die Interessen vieler Beteiligter. Das Sicherheitsrisiko der Fahrzeug-IT erhöht sich mit dem schnellen Wachstum der IT im Fahrzeug, festzumachen am Anstieg von Computereinheiten, den sogenannten embedded Control Units (ECUs), und dem wachsenden Softwareumfang(vergl. Abschn. 5.4.5 und 6.2.1). Zusätzlich wird das Fahrzeug mit den Connected Services Teil des zukünftigen Mobilitäts-Ecosystems verbunden mit einer umfassenden Kommunikation, wie Abb. 8.17 zeigt.

Bei intermodalen Verkehrsverbindungen stehen Autos zur Abstimmung der Passagier-Umsteigepunkte mit anderen Mobilitätsdiensten wie Linienbussen und Verkehrsmitteln des öffentlichen Nahverkehrs im Austausch. Zwischen den Fahrzeugen wird „Vehicle-to-Vehicle" auch unter Einbezug von Sensordaten aus der Infrastruktur kommuniziert, um sich untereinander beispielsweise auf Gefahrensituationen im Straßenverlauf aufmerksam zu machen. Mobilitätsdienstleister nehmen Fahrzeuginformationen auf, um die Auslastung ihrer Flotten zu erhöhen oder auch Routen bedarfsgerecht dynamisch anzupassen. Die Verkehrssteuerung in Städten und die online-Abwicklung von Mautzahlungen erfordert ebenfalls eine Fahrzeuganbindung. Über die gezeigten Beispiele hinaus entsteht zukünftig mit dem autonomen Fahren und der wachsenden Anzahl von Fahrer-Assistenzsystemen weiterer Kommunikationsbedarf, ebenso wie für die Fernwartung und Softwareupdates „over the air".

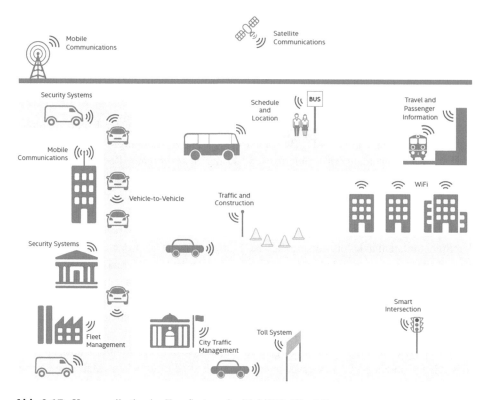

Abb. 8.17 Kommunikation im Eco-System der Mobilität. [Bro16]

Die zahlreichen Kommunikationskanäle und zunehmende IT in den Fahrzeugen verbunden mit mehreren Feldbus-Systemen, bieten eine große Angriffsfläche für Hackerattacken. Die verlaufen nach einem wiederkehrenden Muster [Mil14]. Zunächst versuchen Eindringlinge über einen der vielen Kommunikationswege in die Fahrzeug-IT zu gelangen und dann mithilfe einer Schadsoftware Falschdaten im Fahrzeugnetz zu generieren, die dann, je nach Zielsetzung des Angriffs, von sicherheitsrelevanten oder sensitiven ECUs gelesen werden. Dort führt die Interpretation der Falschdaten zu Fehlfunktionen, wie beispielsweise das ungewollte Auslösen von Bremsvorgängen, Störung der Motorelektronik oder Blockieren von Lenkbewegungen. Das Eindringen kann auch über andere Schwachstellen wie beispielsweise Fernbedienung des Türverschlusses, Sensorik zur Reifendruckkontrolle, Bluetooth-Handyanbindung oder auch heruntergeladene Apps in der Infotainment-Unit erfolgen.

Diese Beispiele von Sicherheitsproblemen und möglichen Angriffspunkten verdeutlichen, dass von den Herstellern und ihren Zulieferern für die Sicherung der Fahrzeug-IT besondere Maßnahmen erforderlich sind. Sie setzen bei einer Härtung der in den Fahrzeugen verbauten IT-Technologie an. In den ECUs sollten beispielsweise Identitätsmanagement, Verschlüsselung und aktiver Speicherschutz einprogrammiert sein.

Weiterhin sind Absicherungen der Anwendungen und auch der Bordnetze vorzunehmen. Auch für die Fahrzeug-IT gilt, dass die Grundprinzipien Identifizierung, Authentifizierung und Autorisierung bei sicherer Handhabung in einer geschützten, fälschungssicheren Umgebung eine sehr hohe Schutzfunktion besitzen. Ein Weg zur Umsetzung ist ein „on board Vehicle Security Module", wie es die Lösungsübersicht in Abb. 8.18 zeigt [Ati17].

In dem Bild ist die Kommunikationsstrecke aus den Backend-Systemen des Herstellers ins Fahrzeug dargestellt. Unterschiedliche Service-Partner sorgen für die Kommunikation, die Bereitstellung von Diensten unter Einbindung von Daten auch aus dem Internet. Der Fahrer kommuniziert über Nearfield- oder Bluetooth-Einbindung. Alle diese Komponenten stellen Angriffsflächen dar und sind abzusichern. Im Auto sind die Controler (ECUs) über Bussysteme verbunden und zusätzlich ist als Sicherheitszentrale ein Vehicle Security Module (SEC) gezeigt. Dieser übernimmt das übergreifende Security Management im Fahrzeug beispielsweise durch die Handhabung von Rechten, Authentifizierungen oder auch die Koordination von Updates und Changes. Im Backend werden im Abgleich mit dem SEC-Modul Zertifikate, Zugriffsschlüssel und Autorisierungen verwaltet. Intelligente Sicherheitslösungen erkennen Anomalien und bewirken vorbeugende Maßnahmen. Diese können beispielsweise in einem sogenannten zentralen Security Operation-Center, einer Serviceorganisation beim Hersteller, kontinuierlich remote überwacht werden.

Diese Ausführungen zu den Sicherheitsaspekten in den Bereichen Werks-IT und Fahrzeug-IT verdeutlichen die besonderen Herausforderungen dieser sensitiven Bereiche. Durch den ständigen Datenaustausch mit Backendsystemen können sich Hackerattacken und das Eindringen von Schadsoftware auch über diesen Weg fortsetzen. Beide Bereiche erfordern daher teilweise spezielle Schutzmaßnahmen, die jedoch auf den Prinzipien der traditionellen IT-Sicherheit beruhen. Auch aus diesem Grunde gehört die Fahrzeugsicherheit in eine ganzheitliche Sicherheitsstrategie und die Verantwortung der Hersteller.

8.5 Fallstudien zur IT Transformationen

Soweit die Beschreibung einiger wichtiger Themenfelder zur Transformation der IT von einer gewachsenen Struktur hin zu mehr Innovation und Agilität in Anwendungs- und Infrastrukturbereich, ergänzt um pragmatische Hinweise zum Thema Sicherheit. Im Folgenden zeigen zwei Fallstudien, wie sich Unternehmen diesen Herausforderungen stellen und ihre Ziele erreichen.

8.5.1 Transformation Netflix

Netflix soll, obwohl branchenfremd, als Transformationsbeispiel dienen, da dieses Unternehmen extrem kundenfokussiert agiert und innerhalb der kurzen Zeit seines Bestehens dreimal das Business Modell massiv anpassen musste. Hierbei setzt man als Enabler bei

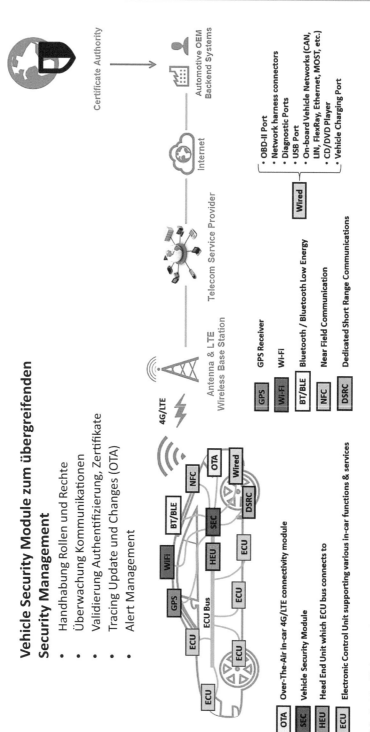

Abb. 8.18 Sicherung der Fahrzeug-IT auf Basis eines Vehicle Security Modules. (nach [Ati17])

dieser Transformation und bei der Umsetzung höherer Service- und Kundenorientierung auf moderne IT-Lösungen. Diese Erfahrungen sind auch für die Automobilindustrie interessant, da die beschriebenen Ansätze gut in die Vertriebs-, Marketing- und Service bereiche einfließen könnten.

Netflix wurde im Jahr 1997 als Verleihservice für DVDs mit Postversand als Wettbewerber zu Videotheken gegründet, also eher ein traditionelles Geschäftsmodell. Um sich im Markt zu differenzieren, setzte das Unternehmen auf guten Kundenservice und attraktive Preise. Auf dieser Basis wuchs das Geschäft stetig und man erreichte 2007 mit einem Portfolio von 35.000 Filmen über eine Million versandte DVDs pro Tag [Kee16]. In dieser Zeit hatten sich auch die technologischen Möglichkeiten und Bandbreite der Netze verbessert, sodass genau in dem Jahr ein sogenannter Tipping Point erreicht wurde, ab dem die Downloadkosten eines Films niedriger als der Postversand einer DVD waren. Der Netflix CEO erkannte die Gefahr für die bestehend Struktur frühzeitig und trieb seine Mannschaft an, das Geschäftsmodell anzupassen und zum hoch effizienten Download-Provider zu werden.

Diese Transformation war erfolgreich, doch schon bald etablierte sich mit dem Streaming eine neue Technologie mit disruptivem Potenzial und Einstiegsmöglichkeiten für Wettbewerber. Aber auch diesen Schwenk adaptierte Netflix erfolgreich und mutierte vom Download-Dienstleister zum führenden Streaming-Anbieter. Aber dann wurde eine weitere Geschäftsmodellanpassung erforderlich. Als Reaktion auf den unaufhörlichen Anstieg der Rechtekosten für Filme, Shows und andere Contents wurde Netflix selbst zum erfolgreichen Produzenten von Filmen und Serien wie beispielsweise „House of Cards" und „Orange is the new black", beide erschienen im Jahr 2013 [Iqb20]. Dieser erfolgreiche Einstieg in das Content Business wurde mit Nachdruck ausgebaut und so erhielt Netflix im Jahr 2020 die meisten Oscar-Nominierungen im Vergleich zu anderen Filmstudios. Mit diesem Kurs erreichte Netflix ein beeindruckendes Wachstum, gezeigt in Abb. 8.19.

Das Bild zeigt die Entwicklung von Umsatz, Profit, Gewinn pro Aktie (EPS) und Kundenbasis ergänzt um eine grobe SWOT-Analyse. Alle Kennzahlen beeindrucken mit kontinuierlichem Wachstum. Diese Geschäftsentwicklung überzeugt auch Analysten und so hat sich der Aktienkurs innerhalb des gezeigten Zeitraums sehr positiv entwickelt. Allein in den USA sind 85 % aller Streamingkunden bei Netflix unter Vertrag. Das sind über 60 Mio. Nutzer, während ca. 100 Mio. Kunden von außerhalb Amerikas kommen, wobei Netflix in China nicht vertreten ist. Mögliche Schwächen und Bedrohungen (links im Bild gezeigt), diesen erfolgreichen Kurs fortzusetzen, bestehen in der Abhängigkeit und somit Kosten- und Lizensierungsrisiko, von Contentprovidern wie Disney oder NBC. Mittlerweile gibt es auch ernst zu nehmende direkte Wettbewerber, wie Amazon, Disney, Youtube und hulu, neben lokalen Anbietern in China wie iQiyi und Tencent. Für alle Anbieter ist die Internetabhängigkeit und der daraus resultierenden Klimaaspekt eine Bedrohung. Die Streaming-Nutzung generiert einen erheblichen Internetverkehr, der entsprechende Energie erfordert und somit eine Klimabelastung darstellt. Diese Situation gilt es durch ökologische Maßnahmen aufzugreifen, bevor daraus ein Imagethema für das Streaming wird. Hier können sich die Wettbewerber differenzieren. Für Netflix können

	2015	2016	2017	2018	2019
Revenue in $B	6.8	8.8	11.7	15.8	20.1
Net income in $M	122	187	559	1.200	1.900
EPS in $	0.29	0.44	1.29	2.78	4.13
Customer Base in M	71	89	111	139	167

• Kultur / Leadership / Team • Image / Marktanteil • Content • Technologie / Daten / AI / Cloud	• Regulierung • Kosten Content Lizensierung
• Marktwachstum • White Spaces / Expansion	• Klimaaspekt • Wachsender Wettbewerb • Piraterie • Internetabhängigkeit

Abb. 8.19 Netflix Entwicklung und SWOT-Analyse. (Quelle: Autor)

weiterhin Regulierungen in bestimmten Märkten wie beispielsweise China das Wachstum und die Erschließung neuer Märkte beeinflussen. Dem gegenüber stehen Stärken und Chancen. Die Kernpunkte dieses erfolgreichen Kurses verbunden mit massiven Anpassungen des Geschäftsmodells sind:

- Führung mit Leadership und Entrepreneurship
  - Frühzeitiges Adaptieren von disruptiven Technologien
  - Mut zur Anpassung des Geschäftsmodells
  - Konsequente Umsetzung von Veränderungen
  - Unternehmenskultur geprägt durch Entrepreneurship und der Bereitschaft zum Change
  - Screening von Technologietrends
  - High Performance-Mitarbeiterschaft [Kno16]– Einstellung von Top-Performern („A-Team")
  - Offene Leistungsbeurteilungen und Ergebnisorientierung
  - Hohes Festgehalt (Markt-Benchmark); keine Bonuszahlungen
  - Minimierung interner Vorschriften – z. B. keine Urlaubs- oder Reisekostenregeln
- Uneingeschränkte Kundenorientierung
  - Fokus auf „Erlebnis" mit hohem Servicegrad
  - Loyale Kundenbasis mit hoher Brandaffinität
  - Intensive Auswertung von Social Media, Feedback und Markttrends, frühzeitiges Erkennen von Kundenwünschen durch innovative IT-Lösungen

- Attraktives, erwartungsgerechtes Angebot: Sehr umfangreiches Film-Sortiment, Flexible Nutzung (Verleih, Download, Streaming)
- Attraktiver, eigener Content
- Aktives „nahe-echtzeit" Social Media-basiertes Marketing (Facebook, Twitter, Instagram)
- Attraktive Preisstruktur
- Nutzung von Technologie als Enabler für Innovation und Transformation
  - Microservice-basierte Anwendungslandschaft; API-Öffnung
  - Vollständige Cloudorientierung; keine eigene IT-Infrastruktur
  - AI-basierte Analytic von Big Data zum Erkennen von Kundenbedarfen
  - Adaption neuer Technologien
  - Crashtests zur Absicherung der Verfügbarkeit

Weitere Details zu den genannten Aspekten finden sich in vielen Beiträgen im Internet und es ist sicher interessant, die weitere Entwicklung zu verfolgen. Aufgrund der thematischen Schwerpunktsetzung dieses Buchkapitels wird im Weiteren das Thema Technologie vertieft. Auch in diesem Zusammenhang wurde Netflix ausgezeichnet. Das Unternehmen erhielt im Jahr 2012 einen „Technologie Emmy" in Anerkennung der beeindruckenden Engineering Leistungen eine völlig neue, innovative Entertainmentumgebung bereitzustellen [Iqb20].

Netflix hat die komplette Anwendungsumgebung in eine Cloudstruktur migriert und betreibt über mehrere 10.000 virtuelle Instanzen verteilt über mehrere Zeitzonen und Regionen [Nai17, Tot16]. In der Hostingstruktur sind Sicherheitskonzepte aktiv, deren Leistungsfähigkeit immer wieder mit speziellen Szenarien getestet wird. Dabei werden virtuelle Server oder auch ganze Hosting-Regionen zur Übung ausgeschaltet und dabei die Reaktionsfähigkeit geprüft, um eine hohe Verfügbarkeit von über 99.99 % für die Kunden zu sichern. Die vielen Terabyte Daten sind deshalb redundant bei einem zweiten Cloudunternehmen abgelegt.

Netflix unterhält für den Anwendungsbetrieb keine eigenen Server mehr. Das Unternehmen betreibt allerdings noch inhouse das Netzwerk zum Kunden, ihr sogenanntes Content Delivery Network (CDN), da dieses als differenzierend eingestuft wird. Basis hierzu sind hunderte von Servern verteilt über die Welt, die jeweils Kopien des Contents tragen. Diese sind verbunden auf Basis von Netflix-eigener Netzwerktechnologie, über die die Kunden jeweils vom nächsten Server aus bedient werden, um so Latenzzeiten zu minimieren. Mit dieser Architektur sichert man das Know-How als Basis für das leistungsstarke Streaming. Zu Spitzenzeiten benötigt Netflix ein Drittel der Internetbandbreite in den USA.

Ein weiteres Kern-Know-How des Unternehmens sind AI-basierte Big Data-Technologien und eigene Algorithmen zur Prognose von Kundenbedarfen. So erzielen beispielsweise die proaktiv kommunizierten Filmempfehlungen bei den Kunden sehr hohe Trefferquoten. Analytik und Prognostik werden auch im Marketing genutzt. Dort erkennt man durch Analyse von Social Media Daten Trends und Bedarfe und postet beispielsweise im Facebookauftritt regional fein zugeschnittene Informationen. So unterstützt die IT agile und eng segmentierte Auftritte in den sozialen Medien, die neben aktuellen Informationen immer auch unterschiedliche Bilder oder Auszüge aus neuen Serien-Episoden zeigen. Entscheidungen, welche Filme und Serien in Produktion gehen und welche inhaltliche Ausrichtung diese nehmen, basieren auf detaillierten Analysen der Kundenerwartungen. Die Auswahl treffen nicht die Netflix Executives, sondern die jeweiligen Content-Verantwortlichen.

Die komplette Anwendungslandschaft des Unternehmens ist auf Basis einer microservices-basierten Architektur aufgebaut und umfasst über siebenhundert Lösungsbausteine beispielsweise zur Abwicklung der Prozesse Registrierung, Bewertungen, Empfehlungen und Leihhistorie. Eine Architektur-Übersicht zeigt Abb. 8.20.

Die Kunden können für die Zugriffe beliebige Geräte wie Smartphones, Webbrowser oder Spielkonsolen nutzen. Insgesamt erfolgen täglich über mehrere Milliarden Zugriffe, orchestriert über Loadbalancer zur Verteilung der Lasten und geführt über APIs, die in der Opensource Community veröffentlicht sind. Die APIs laufen über eine intelligente Pufferebene, die etwaige Fehler abfängt und zur Vermeidung von Ausfällen glättet. Die Verwaltung der lose gekoppelten auch einzeln installierbaren und upgradebaren Business-Services ebenso wie die System-Services besorgt ein Abwicklungssystem, die Service-Registry. Datenzugriffe auf die verteilte Datenhaltung erfolgen über eine Zugriffsebene. Die Technologiebasis besteht im Wesentlichen aus Opensource-Produkten wie beispielsweise HTTP-Server oder auch Tomcat; als Programmiersprachen werden Java, Ruby, Python und Go genutzt und für die Datenhaltung Casandra eingesetzt [Tot16].

Interessant ist auch ein Blick auf das Umfeld und die Arbeitsbedingungen der Entwicklung. Die Services werden parallel in vielen Teams erstellt. Diese tragen jeweils die Komplettverantwortung für ihre Lösungsbausteine ausgehend von der Entwicklung über die Produktivsetzung (Deployment) bis zum Betrieb. Es bestehen keine generellen Vorgaben beispielsweise zur Qualitätssicherung, zum Releasemanagement oder zur Definition von Standards. Welche Technologien zum Einsatz kommen, entscheiden die Teams; die optimale Problemlösung steht dabei im Vordergrund. Der technology-fit steht über dem Anspruch auf Standardisierung; Innovationskraft und Wachstum haben Vorrang vor Planungsfähigkeit und Statusaussagen und Schnelligkeit der Auslieferung sind wichtiger als Fehlerfreiheit. Das Arbeitsumfeld ist mit der Überschrift „Freedom and Responsibility" treffend beschrieben. Mit diesem Vorgehen und der microservice-basierten modularen Architektur aufsetzend auf Cloudservices sind viele Vorteile verbunden. Die gesamte Anwendungslandschaft ist aufgrund der Modularität fehlertolerant und bietet eine sehr hohe Verfügbarkeit. Mit der Cloud im Hintergrund ist die Skalierbarkeit abgesichert und Innovationen stehen den Kunden sehr schnell zur Verfügung. Aktuell erfolgen durchschnittlich über tausend Deployments pro Tag [Nai17].

Das innovative Umfeld ist sehr attraktiv für junge Talente. Nachteilig ist, dass die Teams erst ein umfangreiches Wissen über die Netflix-Anwendungslandschaft und die eingesetzten spezifischen Frameworks und Tools aufbauen müssen und somit eine längere Einarbeitungszeit benötigen. Auch kommt ein heterogenes Technologie-

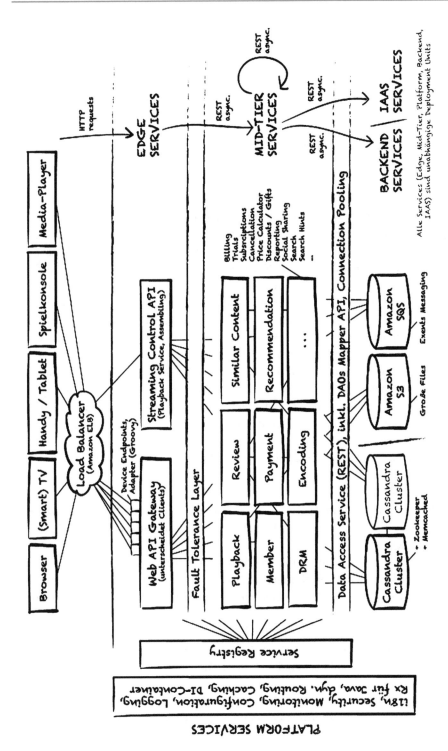

Abb. 8.20   Anwendungsarchitektur Netflix. [Tot16]

portfolio zum Einsatz. Weiterhin erfordern die unabhängigen Services ein umfassendes Monitoring und Logging. Diese Nachteile werden aber durch die beschriebenen Vorteile der Flexibilität, der Redundanz und der vollständigen Kundenorientierung kompensiert. Die Aspekte des Netflix-Ansatzes sind für Hersteller sicher beachtenswert und beim Aufbau neuer Connected Service und Digitaler Produkte zu reflektieren.

8.5.2 Transformation General Motors

Als weitere Fallstudie wird die IT-Transformation von General Motors (GM), einem führenden Volumenhersteller, vorgestellt. Besonders interessant an dieser Referenz ist die Wandlung der IT ausgehend von einer durch Fremdleistungen geprägten Arbeitsweise hin zu einer Ausrichtung auf Innovation, Eigenkompetenz und Agilität. Diese Art der Neuausrichtung ist heute Thema bei fast allen Herstellern und auch fast allen Zulieferunternehmen.

Zunächst einige Grunddaten des Konzerns. General Motors ist ein international agierendes US-Unternehmen präsent in mehr als 140 Ländern mit über 170 Produktionsstätten verteilt auf zehn Marken mit insgesamt 164. 000 Mitarbeitern. Der Umsatz im Jahr 2019 liegt bei über 7.7 Mio. verkauften Fahrzeugen pro Jahr bei 137 Mrd. $ mit einem Renditeziel von 10 % [GM20]. Die Hauptmärkte sind USA, China und Europa, wobei beim angestrebten weiteren Wachstum der Fokus auf den Emerging Countries liegt.

Nach der schweren Automobilkrise mit dem Höhepunkt in 2009 griffen die aufgesetzten Maßnahmen zur Effizienzsteigerung und Neuausrichtung. Insgesamt zeigt sich in den letzten Jahren eine Umsatz- und Ergebnisverbesserungen, wenn auch besonders die aktuelle Corona-Situation wie auch das Vorjahr sicher schwierig sind. Die Strategie abgeleitet aus Missions- und Visionsaussagen aufgeführt auf der GM Homepage gliedert sich zusammenfassend in folgende Schwerpunktfelder:

- Earn customers for life
  Kundenrelevante Innovationen wie Connectivity und Connected Service frühzeitig in gewünschter Funktionalität im Markt; hoher Fokus auf Sicherheit und Qualität; Social Communities
- Lead in technology and innovation / continuous improvement
  Markführer bei 4G LTE (Mobilfunkstandard der 4. Generation) und früher 5G Einstieg; umfassende Mobilitätsservices; autonomes Fahren (Investements in Cruise); e-Fahrzeuge
- Building brands that inspire passion and loyalty
  Stärkung von Cadillac als „ikonische" Luxusmarke mit Fokus USA und China; Chevrolet als globale Volumenmarke; gezielte Markenpflege
- Drive core efficiency
  Sichere Umsetzung eines Programms zur Effizienzsteigerung mit ehrgeizigen Einsparzielen in Verwaltungsprozessen, Fertigung und Entwicklung; Reduzierung der Break Even Grenzen

- Zero crashes, zero emissions, zero congestion
  Klares Bekenntnis zu Effizienz der Antriebe, zu autonomen Fahren und zu Elektroantrieb

Bei der Umsetzung dieses Programms ist die IT in allen Feldern mit vielen Projekten als Enabler eingebunden und parallel auch gefordert, direkte Beiträge beispielsweise zur Bereitstellung von Innovationen bei gleichzeitigen Einsparungen zu erbringen. Zur Erreichung dieser Zielsetzung hat die IT eine umfassende Transformation durchlaufen. Wesentliche Kennzahlen dazu zeigt Abb. 8.21.

Im Einklang mit vielen anderen Unternehmen hatte General Motors seine IT noch im Jahr 2009 nahezu vollständig outgesourct. Es waren im Wesentlichen nur noch Mitarbeiter zur Lieferantensteuerung im Unternehmen verblieben und die inhouse-Kompetenz in dem Themenfeld verblasste. Mit der wachsenden Bedeutung der IT als Motor für Innovation und Digitalisierung hat GM die Strategie vollständig auf ein insourcing-Konzept ausgerichtet und dreitausend IT-Mitarbeiter des bisherigen Outsourcing-Dienstleisters eingestellt [Sav12]. Zur weiteren Stärkung der inhouse-Kompetenz kommen kontinuierlich weiterer Experten und auch Berufsneueinsteiger von renommierten Universitäten, jährlich etwas 500, hinzu, sodass GM 2019 insgesamt ca. 10.000 eigene IT-Mitarbeiter beschäftigt.

Kennzahl	2009 ⟹	2019
IT Mitarbeiter	1.400	10.000
Leistungserbringung Ratio Extern/ Intern	90/10	10/90
Arbeitsinhalt, Ratio Run/ Neuentwicklung	80/20	20/80
Anzahl Hauptdatacenter	23	2
Anzahl Kernanwendungen	4.000	3.000 Ziel: 1.000
IT Concept	Dedicated Monolith	Virtualized, Hybrid Cloud, Microservices
Governance	Dezentral Lokale Interessen	Ziel: Global

Abb. 8.21 Kennzahlen der General Motors IT-Transformation. (Quelle: Autor, nach [Hig18, Pre16])

Mit diesem konsequenten Ausbau der eigenen Kompetenzen und „Fertigungstiefe" hat sich das Verhältnis der externen Dienstleister zu eigenen Mitarbeitern komplett gedreht, sodass heute 90 % aller Services inhouse erbracht werden. Auch die Arbeitsinhalte der Mannschaft veränderten sich hin zu Prozessverbesserungen, globalen Betriebsteams und Fokus auf Automatisierung komplett. So können 80 % der Kapazität für neue Entwicklungen und somit Innovationen genutzt werden, während der Betrieb der bestehenden IT-Landschaft nur noch 20 % Kapazität benötigte. Eine Basis hierfür ist sicher auch die globale Governance mit konzernweiten Verantwortungen und Synergie in den Serviceteams über Marken hinweg. So werden Doppelarbeiten vermieden, weil nicht mehr jede Marke beispielsweise ein Serverbetriebsteam unterhält, sondern nur noch ein Team weltweit besteht.

Einhergehend mit dem Aufbau der GM IT-Mannschaft wurden die Rechenzentren, ehemals dreiundzwanzig, auf heute zwei Hauptrechenzentren im gegenseitigen Backup konsolidiert. Die RZs sind hoch energie effizient ausgelegt, um somit die Visionskomponente „zero emission" zu unterstützen. Die Rechenzentren sind eingebunden in ein Hybrid-Multicloudkonzept, wobei GM auf eine eigene Public Cloud Architektur namens Galileo setzt [Hig18]. Die Anzahl der zentralen Anwendungen schrumpfte von 4000 auf 3000, wobei die Arbeiten weitergehen, um das Ziel von 1000 Anwendungen zu erreichen. Parallel überführte man eine erhebliche Anzahl von Anwendungen aus der „gewucherten Schatten-IT", also IT-Lösungen betrieben in den Fachbereichen, in die IT-Verantwortung und somit einen sicheren Betrieb. Bei der Legacy Modernisierung und auch bei Neu-Entwicklungen wird auf Microservice-Architekturen und die Verwendung von Open Source gesetzt. Zur Beschleunigung des Innovationskurses hat GM vier IT Innovationcenter etabliert, in denen auf Basis agiler Methoden in Teams gruppenübergreifend an Projekten gearbeitet wird [GM19]. Die Datenhaltung ist jetzt komplett zentralisiert und im zentralen RZ besteht ein globales Data Warehouse (EDWH, Enterprise Data Warehouse) zunächst für Nord-Amerika, in dem alle strukturierten und unstrukturierten Daten abgelegt sind und für Auswertungen zur Verfügung stehen. Auf dieser Basis ist es beispielsweise erstmals möglich, detaillierte Kostenanalysen zu Fahrzeugmodellen in einzelnen Märkten durchzuführen, um Deckungsbeiträge im Vorfeld zu ermitteln oder auch Maßnahmen simulieren zu können, die die Profitabilität erhöhen. Zusammenfassend folgen noch einige weitere Innovationen:

- Konsolidierung der Social Media-Anwendungen; zentrales Servicecenter zur Zentralisierung von 30 separaten Anwendungen und Bereitstellung einer Anwendung im Servicecenter; eine Kundensicht bei Anfragen oder auch Vertriebsaktionen
  – Steigerung Kundenzufriedenheit
- Ausbau High Performance-Computing zur Nutzungssteigerung von Simulationen in der Entwicklung beispielsweise zur Optimierung von Verbrauch und Materialeinsatz der Fahrzeuge
  – Verkürzung der Entwicklungszeit

- Einsatz von predictive Analytics in Lackiererei und Robotik
  - Steigerung Ausbringung und Verfügbarkeit
- Echtzeitnahe Bestandsführung im zentralen Ersatzteillager Brasilien
  - Steigerung Servicegrad, Absenkung Bestand
- Innovationscenter für Connected Services; beispielsweise remote-Zugriff auf Fahrzeuge über eine App zur Reifendruckkontrolle oder Bedienung der Klimaanlage bzw. Heizung; onboard Diagnose-Lösungen
  - Steigerung Wettbewerbsfähigkeit

Diese Beispiele zeigen, wie die IT mit ihren Projekten direkt zur Umsetzung der Unternehmensstrategie beiträgt. Insgesamt scheint es GM gelungen, die Handlungsfähigkeit und die Möglichkeiten der IT auf die Erwartungen der Fachbereiche und Kunden auszurichten. Anforderungen werden kompetent aufgegriffen und Lösungen in kurzer Zeit in agiler Vorgehensweise in enger Zusammenarbeit mit den Fachbereichen erarbeitet. Die IT stellt zeitgemäße Lösungen zur Verfügung, die auf mobilen Endgeräten über graphische Benutzerschnittstellen zu bedienen sind. Der Nutzen der IT und die Rolle als Enabler und Moderator für Innovation und Digitalisierung werden zunehmend anerkannt. Voraussetzung für diesen Erfolg war, eine Änderungskultur bei den Mitarbeitern zu etablieren und auf dieser Basis die Transformation entlang einer klar kommunizierten Roadmap umzusetzen.

8.6 Fazit

Insgesamt kommt der IT im Rahmen der digitalen Transformation eine wichtige Rolle zu. Sie stellt die Plattformen für neue digitale Geschäftsmodelle und den Einsatz neuer Technologien wie beispielsweise 3D-Druck und Augmented Reality als Basis für neue Lernverfahren bereit. Sie wird aber auch Berater der Fachbereiche zu den Möglichkeiten neuester IT-Lösungen, um beispielsweise Einsparungen durch die KI-basierte Automatisierung von Geschäftsprozessen und den Einsatz von Apps zu erzielen.

Gleichzeit muss sich die IT technologisch erneuern und beispielsweise auf Microservices, Data Lakes und Hybrid-Cloud umstellen, das Ganze finanziert durch Konsolidierungen und Optimierungen im Bestand. Bei dieser Transformation kommt dem Thema Sicherheit eine hohe Bedeutung zu, nicht nur in der Business-IT, sondern auch der Werks- und Fahrzeug-IT. Erfolgreiche Fallbeispiele zeigen, dass es entscheidend ist, mit Entrepreneur- und Leadership voranzugehen, eine Änderungskultur zu etablieren und dann ganzheitlich sowohl im Bestand als auch in den neuen Feldern mit agilen Projektmethoden gemeinsam mit den Fachbereichen voran zu gehen. Im folgenden Kapitel werden einige erfolgreiche Digitalisierungsprojekte erläutert, die unter Beachtung dieser Erfolgskriterien entstanden sind.

Literatur

[Ara04] Arasu, A., Babcock, Babu, S., et al.: STREAM: The Stanford data stream management system. White Paper Dep. of Computer Science, Stanford University. (2004). https://ilpubs. stanford.edu:8090/641/1/2004-20.pdf. Zugegriffen: 30. Apr. 2020

[Ati17] N.N.: Improving Vehicle Cybersecuritry, Alliance for Telecommunications Industry Solutions, QWashington, 2017. https://access.atis.org/apps/group_public/download. php/35648/ATIS-I-0000059.pdf. Zugegriffen: 30. Apr. 2020

[Bal20] Ballüder, K., Pietsch, S.-L., Langmack, B.: So bringen Sie Legacy Anwendungen in die Cloud, COMPUTERWOCHE 5.3.2020. https://www.computerwoche.de/a/so-bringen-sie-legacy-anwendungen-in-die-cloud,3548100. Zugegriffen: 30. Apr. 2020

[Bec16] Beckereit, F., Wittmann, I., Keller, L., et al.: Überblick Software Defined „X" – Grundlage und Status Quo. Bitkom (2016). https://www.bitkom.org/noindex/Publikationen/2016/ Leitfaden/Software-Defined-X/160209-LF-SDX.pdf. Zugegriffen: 30. Apr. 2020

[BMWi16] N.N.: IT-Sicherheit für die Industrie 4.0, Abschlussbericht BMWi Studie, (2016). https://www.bmwi.de/Redaktion/DE/Publikationen/Studien/it-sicherheit-fuer-industrie-4-0.pdf?__blob=publicationFile&v=4. Zugegriffen: 30. Apr. 2020

[Bro16] Brown, D., Cooper, G., Gilvarry I., et al.: Automotive security best practices. White Paper McAfee. https://www.mcafee.com/de/resources/white-papers/wp-automotive-security. pdf (2016). Zugegriffen: 30. Apr. 2020

[BSI20] Bundesamt für Sicherheit in der Informationstechnik: IT-Grundschutz Kompendium, BSI, Bonn, 2020. https://www.bsi.bund.de/SharedDocs/Downloads/DE/ BSI/Grundschutz/Kompendium/IT_Grundschutz_Kompendium_Edition2020.pdf?__ blob=publicationFile&v=6. Zugegriffen: 30. Apr. 2020

[BSI17] Bundesamt für Sicherheit in der Informationstechnik: Anforderungskatalog Cloud Computing – Kriterien zur Beurteilung der Informations sicherheit von Cloud-Diensten, BSI, 09/2017. https://www.bsi.bund.de/SharedDocs/Downloads/DE/BSI/Publikationen/ Broschueren/Anforderungskatalog-Cloud_Computing-C5.pdf?__blob=publicationFile&v=4. Zugegriffen: 30. Apr. 2020

[Buc16] Buch, M.: OpenStack und Co. – Veni, vidi, vici, Crisp Research. https://www.crisp-research.com/openstack-und-veni-vedi-vici/# 26. Sept. 2016. Zugegriffen: 18. Jan. 2017

[Buy18] Buyya, R., Son, J.: Software-defined multi-cloud computing: A Vision, architectural elements, and future directions, research gate, 05/2018. https://www.researchgate. net/publication/325414031_Software-Defined_Multi-Cloud_Computing_A_Vision_ Architectural_Elements_and_Future_Directions. Zugegriffen: 30. Apr. 2020

[Büs15] Büst, R.: Microservice: Cloud und IoT-Applikationen zwingen den CIO zu neuartigen Architekturkonzepten. Crisp Research 30.04.2015. https://www.crisp-research.com/ microservice-cloud-und-iot-applikationen-zwingen-den-cio-zu-neuartigen-architektur-konzepten/. Zugegriffen: 30. Apr. 2020

[Car19] Card, D.: Developing a winning IT Strategy, SysAid Technologies, 13.3.2019. https:// www.joetheitguy.com/developing-a-winning-it-strategy/. Zugegriffen: 30. Apr. 2020

[DHS19] U.S. Department of Homeland Security: Mobile Application Playbook (MAP), U.S.Department of Homeland Security (DHS), Office of the CTO, 2019. https://atarc.org/ wp-content/uploads/2019/05/Mobile-Application-Playbook-MAP-v1-04-15-2016.pdf. Zugegriffen: 30. Apr. 2020

[Dit16] Dittmar, C, Felden, C., Finger, R., et al.: Big Data – Ein Überblick, dpunkt.verlag GmbH. https://emea.nttdata.com/uploads/tx_datamintsnodes/1606_DE_WHITEPAPER_ BIGDATA_UEBERBLICK_TDWI.pdf (2016). Zugegriffen: 30. Apr. 2020

[DQS18] N.N.: TISAX – Informationssicherheit in der Automobilindustrie, DQS 08/2018, https://www.dqs.de/fileadmin/user_upload/Produkte/TISAX/Downloads/Produktinfo_TISAX.pdf. Zugegriffen: 30. Apr. 2020

[Fat19] Fatima, N.: Ein Leitfaden für Einsteiger in die Data Warehouse-Architektur, Astera, 24.12.2019. https://www.astera.com/de/type/blog/data-warehouse-architecture/. Zugegriffen: 30. Apr. 2020

[Fow15] Fowler, M., Lewis, J.: Microservices: Nur ein weiteres Konzept in der Softwarearchitektur oder mehr? OBJEKTspektrum 01/2015. https://www.sigs-datacom.de/uploads/tx_dmjournals/fowler_lewis_OTS_Architekturen_15.pdf. Zugegriffen: 30. Apr. 2020

[GM19] N.N.: Discover the GM Arizona IT innovation center, Youtube, (2019). https://www.youtube.com/watch?v=mGUEk2tYydU. Zugegriffen: 30. Apr. 2020

[GM20] General Motors: General Motors – Capital Markets Day, Detroit, 5.2.2020. https://investor.gm.com/static-files/55af6ee7-b6ba-4970-b54d-e6952829e434. Zugegriffen: 30. Apr. 2020

[Gho19] Gosh, P.: Fundamentals of self-service machine learning, dataversity, 28.5.2019. https://www.dataversity.net/fundamentals-of-self-service-machine-learning/#. Zugegriffen: 30. Apr. 2020

[GSM16] GSM association: IoT big data framework architecture vers. 1.0, GSM association. https://www.gsma.com/connectedliving/wp-content/uploads/2016/11/CLP.25-v1.0.pdf   20. Okt. 2016. Zugegriffen: 30. Apr. 2020

[Gue17] Guevara, J.: Gartner ITBudet – Enterprise Compareison Tool, Healthcare Providers vertical industry comparison, 17.03.2017. https://s0.whitepages.com.au/0ac393d7-4b56-4a78-9d4a-2dd86b3295a9/gartner-australasia-pty-ltd-document.pdf. Zugegriffen: 30. Apr. 2020

[Hay19] Hay, J.: Seven Core Responsibilities of a Chief Data Officer (CDO), Eckerson Group, 27.11.2019.   https://www.eckerson.com/articles/seven-core-responsibilities-of-a-chief-data-officer-cdo. Zugegriffen: 30. Apr. 2020

[Hig18] High, P.: After fice years of transformation, GM CIO Randy Mott Has the company promed for innovation, forbes, 18.6.2018. https://www.forbes.com/sites/peterhigh/2018/06/18/after-five-years-of-transformation-gm-cio-randy-mott-has-the-company-primed-for-innovation/#440fe90843f1. Zugegriffen: 30. Apr. 2020

[Ida19] Idan, H.: Stangler pattern – How to deal with legacy code during the container revolution, overops, 15.5.2019. https://blog.overops.com/strangler-pattern-how-to-keep-sane-with-legacy-monolith-applications/. Zugegriffen: 30. Apr. 2020

[IDC19] N.N.: DevOps in Deutschland 2020, IDC Multi Client Projekt 12/2019. https://www.consol.de/fileadmin/pdf/infomaterial/IDC_Executive_Brief_DevOps_in_Deutschland_2020_ConSol_Software.pdf. Zugegriffen: 30. Apr. 2020

[Iqb20] Iqbal, M.: Netflix Revenue and Usage Statistics (2020), BusinessofApps, 24.04.2020. https://www.businessofapps.com/data/netflix-statistics/. Zugegriffen: 30. Apr. 2020

[ISA20] N.N.: COBIT 2019 Framework – Introduction and Methodology, ISACA 2020. https://www.isaca.org/resources/cobit. Zugegriffen: 30. Apr. 2020

[Joh14] Johanning, V.: IT-Strategie – Optimale Ausrichtung der IT an das Business in 7 Schritten. Springer Vieweg Verlag, Berlin (2014)

[Kee16] Keese, C.: Silicon Germany – Wie wir die digitale Transformation schaffen, 3. Aufl. Albrecht Knaus Verlag, München (2016)

[Kos19] Kostow, K.: BI Tools im Vergleich – Einführung und Motivation, Data-Science-Blog, 2.12.2019.   https://data-science-blog.com/blog/2019/12/02/artikelserie-bi-tools-im-vergleich-einfuhrung-und-motivation/. Zugegriffen: 30. Apr. 2020

[Kni14] Knittl, S., Uhe, C.: SABSA-TOGAF-Integration: Sicherheitsanforderungen für Unternehmensarchitekturen aus Risiko- und Business-Sicht. OBJEKTspektrum. https://www.sigs-datacom.de/uploads/tx_dmjournals/knittl_uhe_OS_03_14_Mk8J.pdf (2014). Zugegriffen: 30. Apr. 2020

[Kno16] Knoblauch, J., Kuttler, B.: Das Geheimnis der Champions: Wie exzellente Unternehmen die besten Mitarbeiter finden und binden. Campus Verlag, Frankfurt (2016)

[KriS19] Krishnapura, S., Achuthan, S., Jahagirdar, P., et al.: Data center strategy leading intel's business transformation. Intel White Paper. https://www.intel.de/content/www/de/de/it-management/intel-it-best-practices/data-center-strategy-paper.html. Zugegriffen: 30. Apr. 2020

[KRIT16]   UP Kritis: Best-Practice-Empfehlungen für Anforderungen an Lieferanten zur Gewährleistung der Informationssicherheit in kritischen Intrastrukturen. UP KRITIS, 2019. https://www.kritis.bund.de/SharedDocs/Downloads/Kritis/DE/Anforderungen_an_Lieferanten.pdf;jsessionid=6F386E565B268966472FCB03490E2C08.2_cid353?__blob=publicationFile. Zugegriffen: 30. Apr. 2020

[Lub19] Luber, S., Karlstetter, F.: Was ist Kubernetes (K8s)?, CloudComputing Insider, 28.05.2019.   https://www.cloudcomputing-insider.de/was-ist-kubernetes-k8s-a-832381/. Zugegriffen: 30. Apr. 2020

[Leh19] Lehmann, P.: Was macht einen starken Chief Data Officer aus?, uniserv, 28.2.2019. https://www.uniserv.com/unternehmen/blog/detail/article/was-macht-einen-starken-chief-data-officer-aus/. Zugegriffen: 30. Apr. 2020

[Lop20] Lopez, J.: What are the most important technology trends that await us this year, Santander Global Tech, 14.01.2020.https://santanderglobaltech.com/en/technological-trends-2020/. Zugegriffen: 30. Apr. 2020

[Low16] Lowe, S., Green, J., Davis, D.: Building a modern data center – Principles and strategies of design. Atlantis Computing, 2016. https://www.actualtechmedia.com/wp-content/uploads/2016/05/Building-a-Modern-Data-Center-ebook.pdf. Zugegriffen: 30. Apr. 2020

[Mar19] Martins, F., Kobylinska, A.: Gründe für Cloud Foundry – Cloud-agnostische Softwareentwicklung, DevOps, 18.11.2019. https://www.dev-insider.de/gruende-fuer-cloud-foundry-a-881797/. Zugegriffen: 30. Apr. 2020

[Mar15] Marz, N., Warren, J.: Big data: Principles and best practices of scalable realtime data systems. Manning Publications Co., Greenwich (2015)

[McC20] McCall, J.: It's a great time to transtion to microservices architecture, devpro jounal, 2.4.2020.   https://www.devprojournal.com/business-operations/devops/its-a-great-time-to-transition-to-microservices-architecture/. Zugegriffen: 30. Apr. 2020

[Mil14] Miller, C., Valasek, C.: A survey of remote automotive attack surfaces. White Paper. https://illmatics.com/remote%20attack%20surfaces.pdf (2014). Zugegriffen: 30. Apr. 2020

[Mob20] N.N.: Top Mobile App Development Trends in 2020, MobileAppDialy, 20.03.2020. https://www.mobileappdaily.com/mobile-app-development-trends. Zugegriffen: 30. Apr. 2020

[MSV16] MSV, J.: Managing persistence of docker containers. White Paper. The new stack 23.09.2016. https://thenewstack.io/methods-dealing-container-storage/. Zugegriffen: 30. Apr. 2020

[Mue19] Mueller, S., Hauschke, S.: VDE/DKE Yellow Pages zum IT-Security Navigator, VDE 2019.   https://www.dke.de/resource/blob/1805096/cd69053e8991bc23a53c04fa4bd84299/yellow-pages-data.pdf. Zugegriffen: 30. Apr. 2020

[Nae20] Naeem, T.: Best practices für ein skalierbares Data Mart-Architekturdesign, Astera, 15.1.2020. https://www.astera.com/de/type/blog/data-mart-architecture/. Zugegriffen: 30. Apr. 2020

[Nai17]   Nair, M.: How Netflix works: the (hugely simplified) complex stuff that happens every time you hit Play, medium refraction. (2017). https://medium.com/refraction-tech-everything/how-netflix-works-the-hugely-simplified-complex-stuff-that-happens-every-time-you-hit-play-3a40c9be254b. Zugegriffen: 30. Apr. 2020

[NIS18]   National Institute of Standards and Technology: Framework for improving critical infrastructure cybersecurity, 16.4.2018. https://nvlpubs.nist.gov/nistpubs/CSWP/NIST.CSWP.04162018.pdf. Zugegriffen: 30. Apr. 2020

[Pla16]   Plattner, H.: In Memory Data Management. in online Lexikon: Enzyklodädie der Wirtschaft. https://www.enzyklopaedie-der-wirtschaftsinformatik.de/lexikon/daten-wissen/Datenmanagement/Datenbanksystem/In-Memory-Data-Management 22. Nov. 2016. Zugegriffe: 30. Apr. 2020

[Pol19]   Pols, A., Vogel, M.: Cloud-Monitor 2019 – Eine Studie von Bitkom RTesearch im Auftrag von KPMG, 18.06.2019. https://www.bitkom.org/sites/default/files/2019-06/bitkom_kpmg_pk_charts_cloud_monitor_18_06_2019.pdf. Zugegriffen: 30. Apr. 2020

[Pre15]   Preissler, J., Tigges, O.: Docker – perfekte Verpackung von Microservices. Online-Special Architektur 2015; OBJEKTspektrum. https://www.sigs-datacom.de/uploads/tx_dmjournals/preissler_tigges_OTS_Architekturen_15.pdf. Zugegriffen: 20. Apr. 2020

[Pre16]   Preston, R.: General motors' IT transformation: Building downturn – Resistant profitability. ForbesBrandVoice. https://www.forbes.com/sites/oracle/2016/04/14/general-motors-it-transformation-building-downturn-resistant-profitability/#f7382ea63ad3 14. Apr. 2016. Zugegriffen: 30. Apr. 2020

[Qui15]   Quintero, D., Genovese, W., Kim, K., et al.: IBM software defined environment. IBM Redbook. https://www.redbooks.ibm.com/abstracts/sg248238.html?Open (2015). Zugegriffen: 30. Apr. 2020

[Rot20]   Roth, S.L., Heimann, T.: Studie IT_Trends 2020 – Digitalisierung und intelligente Technologien, Capgemini (2020). https://www.capgemini.com/at-de/wp-content/uploads/sites/25/2020/02/IT-Trends-Studie-2020.pdf. Zugegriffen: 20. Apr. 2020

[San15]   Sandmann, D.: Big data im banking: Data lake statt data warehouse? Banking Hub by zeb. https://bankinghub.de/banking/technology/big-data-im-banking-data-lake-statt-data-warehouse 01. März (2015). Zugegriffen: 30. Apr. 2020

[Sav12]   Savitz, E.: Outsourced reversed: GM hiring back 3000 people from HP. Forbes/CIO next. https://www.forbes.com/sites/ericsavitz/2012/10/18/outsourcing-reversed-gm-hiring-back-3000-people-from-hp/#744cb87d1377 18. Okt. 2012. Zugegriffen: 30. Apr. 2020

[Sch19]   Schmitz, L: Train ist pünktlich unterweg – OpenStack gibt den nächsten Streckenabschnitt in die Zukunft frei, Vogel Communications, 25.10.2019. https://www.datacenter-insider.de/train-ist-puenktlich-unterwegs-a-877023/. Zugegriffen: 30. Apr. 2020

[ScT19]   Schneider, T.: Building an effective cybersecurity program, 2nd Edition, Rothstein Publishing, (2019)

[Spi20]   Spiegelhoff, A.: IT-Organisation neu ausrichten – 5 Aufgaben für IT_Transformation, IDG CIO Newsletter 5.3.2020. https://www.cio.de/a/5-aufgaben-fuer-it-transformation,3101766. Zugegriffen: 30. Apr. 2020

[Tot16]   Toth, S.: Netflix durch die Architektenbrille – Die umgekehrte Architekturbewertung eines Internet-Giganten. EMBARC JUG Darmstadt, (2016). https://www.embarc.de/wp-content/uploads/2016/06/JUG_DA_2016_stoth.pdf. Zugegriffen: 30. Apr. 2020

Beispiele innovativer Digitalisierungs-Projekte

9

In der Industrie besteht eine große Unsicherheit, wie das Thema Digitalisierung anzugehen ist. Zur Motivation und Veranschaulichung zeigt dieses Kapitel für die in Kap. 6 entwickelten Tragsäulen des „Digitalisierungshauses" innovative und erfolgreiche Praxisbeispiele. Der Minibus „Olli" ist ein Beispiel für Crowdsourcing, 3D-Druck und kognitive Lösungen als Basis für autonomes Fahren. Vorbeugende Wartung, Transparenz in der Zulieferkette und eLearning am Montageplatz sind Lösungen aus dem Bereich Industrie 4.0 und lernende Konfiguratoren und Fahrzeugverkauf über das Internet verändern die Kundenerfahrung im Vertrieb. Weiterhin wird ein Beispiel erläutert, zusätzlichen Umsatz durch die Vermarktung von Daten und durch die Vermittlung von Serviceleistungen zu generieren.

9.1 Digitalisierung

Viele Gespräche des Autors in der Autoindustrie haben gezeigt, dass dort eine hohe Unsicherheit darüber besteht, wie das Thema Digitalisierung in einem umfassenden Programm und nachhaltig anzugehen ist. Allen Verantwortlichen dieser Branche und ihrer Zulieferindustrie ist klar, dass etwas getan werden muss, aber wie soll man beginnen? Oft wartet man auf Richtungsvorgaben der Geschäftsführung oder startet ohne eine übergreifende Planung mit kleineren Leuchtturmprojekten.

In dieser Situation will dieses Buch eine Hilfestellung geben. Die vorangegangenen Kapitel haben dazu die Grundlagen gelegt und das Thema strukturiert. Zunächst wurden Hintergründe wie IT-Treiber und der Wandel der Industrie hin zu Mobilitätsservices beleuchtet. Dann folgte die Erläuterung der für die Digitalisierung zur Verfügung stehenden, relevanten Technologien wie z. B. IoT, Augmented Reality, 3D-Druck und Cloudcomputing. Anschließend wurde eine Prognose entwickelt, wie sich die

U. Winkelhake, *Die digitale Transformation der Automobilindustrie*,
https://doi.org/10.1007/978-3-662-62102-8_9

Industrie bis zum Jahr 2030 entwickeln könnte und darauf aufbauend, ausgehend von einer Einschätzung zum aktuellen Digitalisierungsstatus in der Branche, Vorschläge zur Entwicklung einer Roadmap präsentiert, um die digitale Transformation ganzheitlich voranzutreiben. Flankierend sind Change-Management und Unternehmenskultur wichtige Erfolgskriterien ebenso wie die IT-Transformation, die als Enabler und Wegbereiter die Fachbereiche zielgerecht unterstützt.

Als Quintessenz des Buches fasst Abb. 9.1 die wesentlichen Schritte zusammen, um für Fachbereiche oder Werke ein Digitalisierungsprogramm aufzusetzen.

Ausgehend von den grundsätzlichen Entscheidungen zur Unternehmensstrategie und den Geschäftszielen wird im ersten Schritt der Rahmen und die Vision der digitalen Transformation festgelegt. Diese bestimmt die Ausrichtung und Folgeschritte der Umsetzung. Bei der Initiierung gilt es, mögliche Disruptionen der bisherigen Geschäftsabläufe zu erkennen und diesbezüglich Wettbewerber, angrenzende Unternehmen und neue Technologien zu überprüfen. Kap. 2 und 4 geben hierzu Anregungen. In Schritt 2 ist die Ausrichtung des Unternehmens und die Vision für die Digitalisierung festzulegen und ebenso sind die bestehenden Prozesse auf Effizienzpotenziale zu überprüfen, wozu Kap. 5 und 6 entsprechende Methoden vorstellen. Im Schritt 3 ist dann auf Basis der zu adressierenden Digitalisierungsfelder die Digitalisierungsrichtung der Organisation zu beschreiben und es sind erste Ideen zur Umsetzung zu entwickeln. Anschließend konkretisieren weitere Workshops im Schritt 4 die priorisierten Ideen, führen erste Wirtschaftlichkeitsbetrachtungen durch und erstellen Funktionsmuster (MVPs) der priorisierten Ansätze zur Absicherung der Machbarkeit. Gemeinsam mit der IT entsteht dann im Schritt 5 eine detaillierte Roadmap, die im Schritt 6 in die Kommunikation des Changemanagements einfließt. Dort sollten, unter Nutzung von Hinweisen aus Kap. 7,

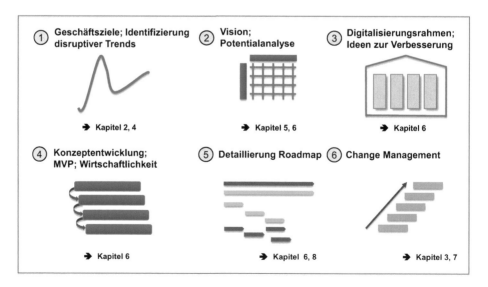

Abb. 9.1 Entwicklung einer Digitalisierungsroadmap. (Quelle: Autor)

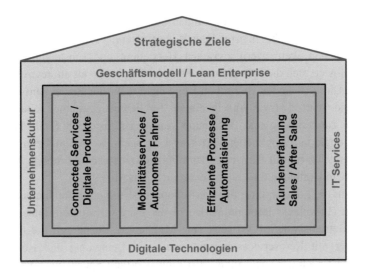

Abb. 9.2 Säulen der Digitalisierung in der Automobilindustrie. (Quelle: Autor)

alle Mitarbeiter begeistert und motiviert werden, mitzumachen, um die Vision und die Ziele auf Basis der Roadmap gemeinsam zu erreichen.

Die bisherigen Ausführungen enthielten zahlreiche Referenzbeispiele zum jeweiligen Kontext. Um den Praxisanspruch des Buches weiter zu erfüllen, folgen zusätzliche erfolgreiche Beispiele für innovative Digitalisierungsprojekte verbunden mit Ideen und Impulsen für die Arbeit im Digitalisierungsbereich. Das Kapitel folgt den vier „Tragsäulen" des vorgeschlagenen Digitalisierungsrahmens (vergl. Abb. 6.12), das Abb. 9.2 zur Erinnerung mit Hervorhebung der Säulen zeigt.

Auf jede der Säulen wird im Folgenden anhand von Beispielen eingegangen, wobei inhaltliche Hintergründe in gleicher Struktur Kap. 6 enthält.

9.2 Connected Services/Digitale Produkte

Alle Autohersteller messen Connected Services eine hohe Bedeutung zu und entwickeln mit Hochdruck Angebote für diesen wichtigen Wachstumsmarkt. Man sieht in innovativen Lösungen eine Chance, sich als erster Anbieter gegenüber dem Wettbewerb zu differenzieren und Innovationskraft gerade für jüngere Käufer auszustrahlen. Weiterhin legt das Themenfeld die Grundlagen für neue Geschäftsfelder sowie für Mobilitätsservices und autonomes Fahren. Die Möglichkeiten und Chancen in einem Markt mit jährlich rund achtzig Millionen Neuzulassungen sehen aber auch branchenfremde Anbieter, besonders innovative IT-Unternehmen mit ihren Plattformen und Apps. Es gilt also nicht nur Umsatz und Profit mit Connected Services und neuen Geschäftsmodellen zu erschließen, sondern auch darum, den Kundenzugang für komplementäre Angebote und Marketing zu verbessern und die Kundenführung bei Mobilitätsservices und neuen Angeboten beispielsweise bei intermodalen Transportservices abzusichern.

In diesem neuen Wettbewerb zwischen Herstellern und Einsteigern aus dem IT-Umfeld kristallisiert sich die Infotainment-Unit der Fahrzeuge als strategischer Kontrollpunkt heraus. Diese Einheiten sind schon lange nicht mehr nur Bedienkonsole für Radio, Navigation und Telefon sowie Anzeigeeinheit für Fahrzeugsysteme, sondern auch die Schaltzentrale zur Nutzung und Bedienung von Apps. An dieser Stelle kommen beispielsweise Google und Apple über Mirroring-Lösungen ins Auto und zum Fahrer. Hier treffen Fahrzeugelektrik mit Hinweisen zum Fahrzeugzustand und mobile App-Welt mit Services aus dem Umfeld aufeinander, verdeutlicht mit Abb. 9.3.

Man erkennt die Layerstruktur der Wertschöpfungskette der Infotainment-Units, auch IVI abgekürzt (In-Vehicle Infotainment). Auf der Hardware dieser Einheiten mit dem zugehörigen Betriebssystem (OS) setzt eine Middleware-Ebene auf. Sie umfasst einen Software-Layer mit Kernservices beispielsweise zur Bedienung und Kommunikation [Sax20]. Hier ist auch das sogenannte Mirroring (wörtlich Spiegelung) positioniert, das Apple mit der CarPlay-Lösung und Google mit Android Auto nutzen. Diese Funktion überträgt ausgewählte Apps vom Smartphone auf die Infotainment-Unit, zeigt sie dort an und macht sie dort nutzbar. Den nächsten Schritt der Kette bilden Integrationsleistungen für Systembausteine wie Radio und Media. Dann wird die Fahrzeug-IT eingebunden und schließlich folgen die Anwendungs-Services.

Zur Umsetzung der Wertschöpfungskette bieten unterschiedliche Anbieter Systeme an. Wichtige Kontrollpunkte, um den Lösungsbereich für die Kunden zu beherrschen, sind, wie in Abb. 9.3 rot gekennzeichnet, beispielsweise das Betriebssystem und das erwähnte Mirroring. Bei den Betriebssystemen verfügt die QNX-Software über einen hohen Marktanteil während beispielsweise mit GENIVI, Apollo und besonders auch

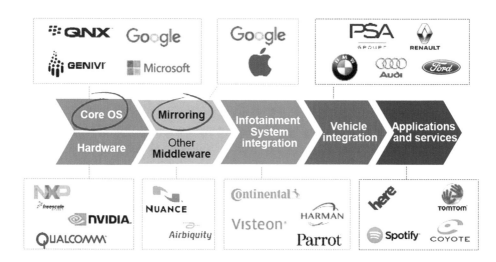

Abb. 9.3 Wertschöpfungskette Infotainment-Unit. [Cou16]

Linux Herausforderer auf Open Source-Basis folgen [Spr19]. Aufgrund ihrer Markt-
führerschaft bei Smartphones haben Google und Apple mit Abstand die höchsten Marktanteile im Bereich Mirroring. Weitere Herausforderer sind offene Hersteller-Konsortien
wie beispielsweise Ford und Toyota mit der Lösung SynchAppLink. Anzumerken
ist, dass die Mirroring-Services den Content bestimmen, der über diese Schnittstelle
läuft. Beispielsweise wird Google sicher ihr Maps favorisieren und nicht etwa anderer
Lösungsanbieter. Hier liegt ein Interessenskonflikt zwischen Herstellern und IT-
Anbietern vor.

In den folgenden Abschnitten der Wertschöpfungskette positionieren sich weitere
Anbieter wie Nvidia und Qualcom im Hardwareteil, Continental und Visteon als
Integratoren und bei den Lösungen beispielsweise das Unternehmen here mit Karten-
informationen sowie Spotify für Musik-Streaming. Darüber hinaus sind viele weitere
Anbieter im IVI-Umfeld aktiv, insbesondere auch Chinesische Anbieter. Sprach- und
Gestensteuerung sind etabliert und die Lösungen greifen auf KI-basierte lernende
Funktionen zu. Die Größe der als Touch-Screens ausgeführten Displays nimmt beein-
druckende Dimensionen an. Diese haben beim neuen SUV des Chinesischen Anbieters
Byton bereits in der Serienausstattung 48 Zoll und nehmen so annähernd die gesamte
Fahrzeugbreite ein. Auch die von außen eingebrachten Services werden immer
umfassender und leistungsstärker. So werden die von Elon Musk für des Tesla-Fahrzeuge
angekündigten Netflix und Youtube Streamingoptionen fast zum Kinoerlebnis [Lip19].

Derzeit wird dieses wachsende Feld neuer Services nicht von den Herstellern
dominiert und sie müssen auch abwägen, wie sie sich im Umfeld der Smartphone-
Anbindung stärken können. Dazu sollte das Mirroring mit einer tiefgehenden Device
Management-Funktion Teil der vorgeschlagenen Integrations-Plattform werden, wie das

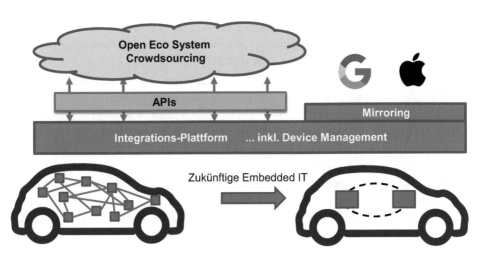

Abb. 9.4 APIs der Integrations-Plattform. (Quelle: Autor)

Abb. 9.4 zusammenfassend zeigt. Die Details wie Funktionsweise und Bausteine der Integrationsplattform erläuterte Abschn. 6.2.1.

Unterhalb der Integrationsplattform sind zwei Fahrzeuge skizziert. Links ein Fahrzeug mit sehr heterogener embedded IT-Landschaft mit vielen einzelnen Steuergeräten und komplexer Vernetzung und rechts als Vision – im Detail in Abschn. 5.4.5 erläutert – ein Fahrzeug mit Zentral- und Backup-Computer mit einfacher Vernetzung. Die Integrationsplattform sorgt für die Einbindung der Fahrzeuge in verschiedene Dienste, was aufwendig in der heterogenen Welt und erheblich einfacher in der zentralisierten Architektur ist. Die Dienste stehen über Programmierschnittstellen (APIs) für die Anwendungsentwicklung der Connected Services zur Verfügung. Die Anwendungen setzen über diese Schnittstelle auf der Plattform auf, und sie werden mithilfe der Infotainment-Unit angezeigt und von dort aus bedient. Alternativ ermöglichen die Services des Device Managements die Einbindung unterschiedlicher Smartphones als Basis für das Mirroring von Apps. Durch diese Nutzung der Integrationsplattform haben sich die Hersteller die Alternative eröffnet, neben den gespiegelten Apps der IT-Hersteller auch weitere Anwendungen ins Fahrzeug zu bringen.

Grundsätzlich stehen den Herstellern somit drei Optionen zur Verfügung, um sich gegenüber den IT-Wettbewerbern aufzustellen. Man könnte vollständig auf das Mirroring bzw. den Smartphone-basierten Weg setzen und damit den IT-Anbietern die Kundenführung überlassen. Als zweite Option könnte man eigenständig Apps entwickeln und einen Hersteller App-Store einschließlich „Kunden-ID" parallel zu den bestehenden Stores der IT-Wettbewerber etablieren. Schließlich wäre eine dritte Option, auf die beschriebene Integration zu setzen und in Anlehnung an Apple und Google ein offenes, attraktives Ecosystem für Entwickler mit APIs, Ausbildung und Support zur Verfügung zu stellen, um so Crowdsourcing und Open Innovation zu fördern. Gerade das dritte Modell bietet eine hohe Skalierbarkeit und es können innerhalb kurzer Zeit eine große Anzahl innovativer Lösungen entstehen. Somit besteht die Chance, mit den umfassenden App-Angeboten im Smartphone-Umfeld mitzuhalten und die Aufmerksamkeit der Kunden zu erreichen. Auf dieses vielversprechende Konzept setzen daher einige Hersteller wie Ford, Toyota und auch PSA [Pil17].

In China, dem größten Automarkt der Welt, etablieren sich viele lokale Anbieter in den innovativen automotive Geschäftsfeldern. Besonders zu nennen ist die wachsende Anzahl junger Firmen in Feldern von Sensorik und Lidar, wie Hesai oder Horizon Robotics, neue e-Fahrzeuganbieter wie Byton, Pony oder Nio und auch eine wachsende Anzahl Plattform- und AV-Anbieter als Ableger gestandener Technologiegrößen [Sch18], wie Abb. 9.5 in einer Übersicht zusammenfasst.

Gezeigt sind im unteren Bildteil fünf Chinesische Internetunternehmen jeweils mit beachtlicher Marktkapitalisierung. Diese Firmen fokussieren sich auf die Entwicklung von Lösungen zum autonomen Fahren. Baidu und DiDi haben bereits Piloten in den USA im Straßenverkehr im Einsatz. Baidu leitet eine Open Source Initiative zur Entwicklung der Apollo Plattform, der sich mittlerweile 150 Partner angeschlossen haben [Res20]. Volkswagen, BMW und auch Daimler sind Teil des Programms und auch

Hintergrund Baidu's Apollo Plattform

- Open Source Basis für autonomes Fahren
- Launch 04 / 2017 ... aktuell Release 5.0
- 150 Partner – u.a. VW, BMW, Daimler
- Über 50% Marktanteil mit lokalen OEMs

1 Improve Road Safety
2 Improve Traffic Efficiency
3 Environmental Considerations
4 Improve Competitiveness
5 Consumer Acceptance

	Baidu 百度	Tencent 腾讯	JD.COM 京东	DiDi	Alibaba Group
Major Business	Search Engine	Social Media and Gaming	E-Commerce	Ride-Hailing	E-Commerce
Valuation	$90 billion	$540 billion	$60 billion	$56 billion	$500 billion
Start Automated Vehicle Project	2013	2016	2016	2017	2018
Focus	Passenger Cars	Passenger Cars	Delivery Robots	Passenger Cars	Delivery Robots
US Testing Permit	Yes (2016)	No	No	Yes (May 2018)	No
China Testing Permit	Yes (Beijing, March 2018))	Yes (Shenzhen, May 2018)	No	Yes (Beijing)	No

Abb. 9.5 Technologieanbieter für Plattformen und Autonomes Fahren in China. (Autor, nach [Sch18])

viele lokale Hersteller sind dabei, beispielsweise Dongfeng, FAW und Great Wall, sodass ein lokaler Marktanteil von über 50 % durch die Plattform bedient wird. Die Angebotsfelder der aufbauenden Connected Services sind im rechten oberen Bildteil gezeigt. Es gibt Lösungen aus den Bereichen Fahrerassistenz, Umwelt, Verkehrsführung und Entertainment. Im Bereich Smart Home ist SAIC/Volkswagen gemeinsam mit JD.com in einer Partnerschaft unterwegs. Über ihre IOT-Plattform JD Whale können Licht, Klimaanlage und Kühlschrank per Sprachsteuerung oder IVI-Touchscreen bedarfsgerecht gesteuert werden [Bor20].

In ähnlichen Bereichen sind die OEMs in Europa positioniert. So wird im Folgenden als Fallbeispiel auf die Connected Services des französischen Herstellers PSA eingegangen. Das Unternehmen ist mit einem Gesamtumsatz von jährlich fast 75 Mrd. EUR und mehr als 3.5 Mio. verkauften Fahrzeugen der zweitgrößte europäische Hersteller [PSA20]. Im Rahmen der Fokussierung auf Innovation und Beschleunigung der digitalen Transformation setzt das Unternehmen im Rahmen der „Push to Pass" Strategie auf die Initiativen „Customer Connected Company" und „Efficient Digital Processes" und hat dabei die Zielsetzung „Get Closer to Final Customer" im Fokus. PSA geht davon aus, dass zukünftig alle Neuwagen connected sind und somit dem Aufbau eines attraktiven Portfolios an Connected Services eine hohe Bedeutung zukommt. Dabei hat PSA das Ziel, rund um die Themenfelder Data Services, Smart Services und Mobilität ein neues Ecosystem zu schaffen, das attraktiv für Kunden ist und neue Kaufanreize für Fahrzeuge bietet aber auch zusätzlichen Umsatz generiert. Diese Geschäfte werden ebenso wie Mobilitäts- und Leasingservices in einer neuen Organisation unter der Bezeichnung „Free2Move" gebündelt. Für die Bereitstellung der Services soll eine unternehmensweite gemeinsame Integrationsplattform für die gesamte Fahrzeugflotte etabliert werden. Bei der Entwicklung und später auch beim Rollout und bei den Betriebsservices arbeitet man mit dem Technologiepartner Huawei zusammen [Hua20]. Hierbei wird die IoT Plattform OceanConnect des Partners erweitert zu einer Connected Vehicle Modular Platform (CVMP), auf der dann die Services aufsetzen. Eine Übersicht des Free2Move Portfolios zeigt Abb. 9.6.

Die Lösungen werden als Apps über etablierte iOS oder Android Stores zum Download angeboten. Neben Smart Services zur Unterstützung bei der Fahrzeugbedienung, bei der Lokalisierung des Autos und auch zum Parken gibt es unterschiedliche Formen von Mobilitätsangeboten flankiert von Finanzierungsoptionen bereits beim Fahrzeugkauf. Für die intermodalen Mobilitätsangebote arbeitet PSA mit einer Vielzahl von Partnern zusammen, um somit den Kunden einen durchgängigen Komplettservices bieten zu können.

Bei der Erstellung der Lösungen setzt PSA in hohem Maße auf Crowdsourcing. Man bietet Digital Natives ein interessantes technologisches Umfeld mit spannenden Fragestellungen und herausfordernden Problemen an und begeistert sie, sich dort mit vielen anderen Entwicklern zu treffen und gemeinsam Themen weiter zu entwickeln sowie neue Ideen zu kreieren. Als Basis für dieses Modell wurde eine hohe Anzahl APIs aus dem Entwicklungsumfeld für Connected Services veröffentlicht. Diese stellen beispielsweise Fahrzeugsignale wie Öltemperatur, Reifendruck oder auch Bewegungsdaten zur Verfügung. Zur Verteilung der APIs hat PSA eine offene Entwicklerumgebung geschaffen, über die auch Dokumentationen, Blogs zum Erfahrungsaustausch und Supportfunktionen bereitgestellt werden. Die Arbeit in diesem Umfeld erfolgt beispielsweise über PSAs Open Innovation Plattform mit unterschiedlichen Initiativen und Angeboten zum Mentoring und zur direkten Zusammenarbeit oder im Rahmen spezieller Hackathons

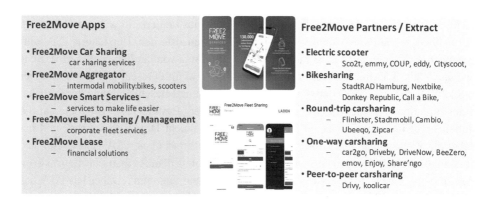

Abb. 9.6 Übersicht PSA Mobilitäts- und Connected-Services gebündelt in der Free2Move Organisation. (Autor, nach [PSA18])

auch im Ausland wie beispielsweise bei der Tochter Opel in Rüsselsheim. Durch dieses Crowdsourcing gelingt es, zeitgleich Entwickler für PSA zu motivieren und neue Ideen mit ersten Apps einzubringen und auch Kundennähe und ein innovatives Image aufzubauen.

Ähnliche Ansätze verfolgen auch andere Hersteller. Ford hat beispielsweise seine Connected Services in der App FordPass gebündelt. Über die in üblichen Stores verfügbaren Apps werden umfangreiche Funktionen auch zum direktem Dialog mit dem Fahrzeug angeboten. Öffnen der Türen, Abfrage des Reifendrucks und auch die Anzeige von Ölstand und Tankstatus gehören dazu, wie auch Mobilitäts- und Finanzierungsservices [FOR18]. Bei der Erstellung der Apps setzt Ford auch auf eine offene Developer Community angesprochen beispielsweise über Hackathons und Wettbewerbe. Zur Beschleunigung der Innovation werden Start-Ups finanziert und es erfolgen Beteiligungen an Technologiepartner. Hier sind besonders die Investments in Rivian mit dem Fokus E-Fahrzeuge und in Argo, gemeinsam mit Volkswagen, zur Stärkung des Feldes autonomes Fahren zu nennen. Im Bereich der Mobilitätsservices sucht Ford einen zukunftsweisenden Weg. Man sieht sich nicht (mehr) im „Massen-Sharing" im Wettbewerb zu Uber, Didi und Lyft und hat auch die Nischenidee GoDrive Health, Mobilitätsservices im Gesundheitswesen, nach kurzer Zeit wegen zu geringer Resonanz gestoppt. Insgesamt sieht Ford, die Notwendigkeit, das Fahrzeugaufkommen in den Städten zu reduzieren und hat deshalb quasi in Anleihe an das traditionelle türkische Dolmusch ein Konzept entwickelt, größere Sammeltaxis unter Nutzung von Ford-Transportern einzusetzen [Abu19]. Ein erster Ansatz hierzu mit der Übernahme des Ridesharing-Dienstes Chariot ist aktuell gestoppt. Die Nachfrage und somit die wirtschaftliche Basis war beim Piloten in San Francisco nicht gegeben [Dah19]. Dennoch ist der Ansatz unter Nutzung bestehender Assets, eine Nische im hart umkämpften Sharing-Geschäft zu suchen und zu versuchen, das Verkehrsaufkommen in den Städten zu senken, sicher der richtige Weg. So bleibt es spannend, zu sehen, ob als weitere Idee Services im Bereich Logistikdienstleistung eine tragfähige Option sind.

Zusammenfassend ist festzustellen, dass fast alle Hersteller im Feld der Connected Services unterwegs sind, allerdings mit sehr unterschiedlichem Erfolg und Reifegrad. Das gilt genauso für den Update der embedded Software der Fahrzeuge „over the air". Dieser ist beispielsweise bei Tesla Motors etabliert und als Teil der „Tesla-Experience" bewährt, während die meisten anderen Hersteller in dem Thema noch aufholen müssen [McK16, Hal19]. Diese sogenannte OTA Funktion (over the air) bringt den Kunden viele Vorteile und wird zukünftig auch bei den übrigen Fahrzeugen erwartet. Als Beispiel zeigt Abb. 9.7 die Funktionalität des aktuellen Softwareupdates der Tesla Fahrzeuge.

Die aufgeführten Funktionen sind mit dem anstehenden Update per Download, ähnlich dem Update einer Smartphone-App, auch für ältere Tesla-Fahrzeugen kostenlos verfügbar. Dabei handelt es sich nicht nur um technische Verbesserungen bestehender Funktionen, sondern auch um deutliche Verbesserungen, wie beispielsweise die Unterstützung des Ladeservices und die Funktionerweiterung der Dashcam. Auch die erhöhte Erkennungs- und Reaktionsfähigkeit von Ampel- und Verkehrszeichen und

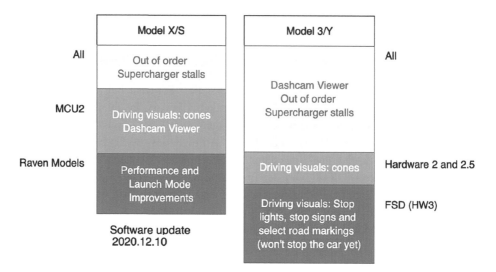

Abb. 9.7 Softwareupdates „over the air" von Tesla-Fahrzeugen. [Tes20]

Verbesserungen im Leistungsverhalten sind Teil des Updates. Mit dem regelmäßigen Updateservice und den kontinuierlichen Ausbau der Fahrzeugfunktionen und der Steigerung der Sicherheit begeistert Tesla seine Kunden und kann als Messlatte für viele Hersteller gelten. Auch in weiteren Themenfeldern, die Abschn. 5.4.5. und 6.2.1 behandelten, sollten die etablierten Hersteller aus Sicht des Autors Fortschritte erzielen, um nicht von den „Neueinsteigern" der Branche überholt zu werden. Besonders sind hierbei zu nennen:

- Zentralisierte Architektur für die embedded IT (vergl. Abschn. 5.4.5)
- Überführung der heterogenen, nur schwierig sicher betreibbaren Infrastruktur mit über einhundert Steuergeräten und mehreren Bussystemen in einen zentralen Ansatz (vereinfacht nach Abb. 9.4), um die Betriebssicherheit und Integrierbarkeit zu erleichtern bzw. die Zukunftsfähigkeit abzusichern
- Stärkung der Integrationsplattform
- Ausbau einer offenen, markenübergreifenden Plattform; Einbindung des Mirroring, sodass beim Fahrzeugeinstieg automatisch eine vollständige Synchronisation von Apps im Fahrzeug mit dem Smartphone-Umfeld des Fahrzeugnutzers erfolgt. Erfolgskriterium ist der Wegfall der Handyhalterung sowie die automatische Fahrer-erkennung beim Fahrzeugeinstieg und das Spiegeln der persönlichen Apps
- APIs mit ansprechender Systemumgebung realisieren
- API-Strategie definieren, Entwicklerplattform mit APIs, Social Media und Support-umgebung für Entwicklercommunities und interessierte gewerbliche Nutzer wie bei-spielsweise Versicherungen oder Retail-Unternehmen aufbauen

Abb. 9.8 Anzeige GM Infotainment-Unit mit verschiedenen Angeboten. (Autor, nach [Bur16, GM19]

- Etablieren eines Geschäftsmodells für digitales Neugeschäft, Entwicklung eines Geschäftsmodells für Apps, APIs und Daten einschließlich der erforderlichen Prozesse wie Zahlungsabwicklung, Vertrieb und Regelung der Datennutzung mit Fahrern

Connected Services werden sich mit immer mehr Funktionalitäten zunehmend auch in das Umfeld der Fahrzeuge integrieren und sich so zu einem wichtigen Kaufkriterium und Differenzierungsmerkmal entwickeln [Kni15]. Dieser Trend wird beispielsweise durch innovative Angebote von General Motors untermauert. Aufbauend auf ihrer lang-jährig bewährten Connectivity-Plattform mit Basisfunktionalität bringt General Motors gemeinsam mit IBM innovative Anwendungen mit kognitiven Möglichkeiten in die Fahrzeuge [Bur16, GM19]. Zum einen ist diese Lösung als ein lernender Assistent zu verstehen, der im Hintergrund technische Probleme pro-aktiv frühzeitig erkennt und dem Fahrer Maßnahmen vorschlägt oder aus dem Kalender und Adressbuch des Fahrers selbstständig Navigationshinweise für den nächsten Termin gibt. Zum anderen ist die Software eine Marketing- und Vertriebsplattform, auf der sich Serviceunternehmen wie in Abb. 9.8 gezeigt, mit ihren Angeboten präsentieren.

Auf dem Einstiegsbildschirm der Infotainment-Unit eines GM-Fahrzeugs erscheinen die Logos unterschiedlicher Unternehmen als Icons. Hier kann der Nutzer durch-scrollen und seine Auswahl treffen. Klickt der Fahrer beispielsweise das Icon Fuel an, erscheinen Tankstationen in der Fahrzeugumgebung. Bei Auswahl COFFEE Time erscheint ein weiterführender Dialog zur Lokalisierung eines Cafés und dann einem Menü zur Getränkeauswahl. Wenn man sich entschieden hat, den Kaffee nur abzuholen und unterwegs „to go" zu trinken, kann auch gleich die Bezahlung via Mastercard vom Auto aus erfolgen. Die Plattform ist offen ausgeführt, sodass sich weitere interessierte Unternehmen einbringen können. Bei Nutzung dieser Dienste erhält der Hersteller einen

Vermittlungsbonus. Auch diese Beispiele verdeutlichen, wie Connected Services helfen können, sich am Markt zu differenzieren und potenzielle Kunden anzusprechen.

9.3   Mobilitätsservices und Autonomes Fahren

Die zweite Säule des Digitalisierungsrahmens umfasst Mobilitätsservices und Autonomes Fahren. Bevor hierzu eine Referenz vorgestellt wird, folgt zunächst eine kurze Übersicht zur aktuellen Situation am Markt und zu den Entwicklungen, die aber auch als Positionierungshilfe für eigene Projektideen dienen soll.

Der Markt für Mobilitätsservices entwickelt sich mit hohen Zuwachsraten weiter. Uneingeschränkter Marktführer nach rasantem Wachstum in den letzten Jahren ist Didi Chuxing mit 30 Mio. Fahrten am Tag und 550 Mio. Kunden in China [Bra19]. Guter Zweiter und globaler Anbieter ist Uber mit 15 Mio. Fahrten täglich, monatlich 91 Mio. aktiven Nutzern und annähernd vier Millionen Fahrern in 63 Ländern. Der Herausforderer Lyft, nur in Nord-Amerika etabliert, hat 30 Mio. Kunden monatlich und insgesamt zwei Millionen Fahrer [DeN20]. Dem beeindruckenden Marktwachstum stehen allerdings bei den genannten Anbietern erhebliche Herausforderungen gegenüber, profitable zu arbeiten. Der Durchbruch wird nachhaltig vermutlich erst mit dem umfassenden Einsatz autonomer Fahrzeuge, den Robotaxis, erreicht werden, da sich dann die Kosten annähernd halbieren [Kee20]. Diese Gewinnperspektiven motivieren Investoren zu weiteren Finanzspritzen und ebenso die Hersteller, sich in dem umkämpften Geschäftsfeld zu positionieren und Marktanteile zu sichern. Beispielsweise hält General Motors eine Beteiligung an Lyft und hatte versucht mit Maven eine eigene Mobilitätsservice-Organisation auszubauen. Deren Dienste wurden aufgrund der Marktprobleme infolge der Corona-Pandemie eingestellt. BMW und Daimler versuchen in einem gemeinsamen Joint Venture und einer Konsolidierung ihrer Services wettbewerbsfähig zu bleiben und Volkswagen versucht, nachdem die Gett-Initiative gescheitert ist, ihre Moia-Services in ersten Städten in Deutschland zu etablieren. Toyota und auch Daimler haben in Uber investiert und schließen jeweils einen Ausbau der Partnerschaft nicht aus, um das autonome Fahren als Basis für Mobilitätsservices zu fördern [Arn19, Ger17]. Insgesamt ein herausforderndes Geschäftsumfeld, das sicher einen weiteren Schub durch das Autonomes Fahren erhalten wird.

In diesem Themenfeld engagieren sich alle Hersteller und es ist ein scharfer Wettbewerb entstanden, wer diese Technologie als erster serienreif präsentieren kann. Der Weg hin zum autonomen Fahren wird in fünf technologische Schritte bzw. Reifegrade unterteilt (vergl. Abschn. 5.4.3). Bis hin zum Level Drei sind Fahrzeuge im Markt bereits etabliert. Mit Technologie-Level Vier laufen Pilotversuche im Stadtverkehr und Level 5 befindet sich in internen Erprobungen. Auf allen relevanten Automessen präsentieren die Hersteller autonom fahrende Fahrzeuge und die Zulieferer und Technologiepartner Lösungen zu dem Themenfeld. Eine aktuelle Einordnung der Strategien und des Reifegrades bzw. Liefervermögens von führenden AV-Unternehmen zeigt Abb. 9.9.

Dargestellt ist eine Einordnung in vier Klassen von Follower bis Leader in Bezug auf strategisches Commitment und Umsetzungssituation. Die Studie sieht Waymo mit ihren über zehn Millionen Testmeilen führend, gefolgt von Ford mit ihren Investments in Argo AI und für Quantum Signal AI und dann GM mit Cruise. An diesem Unternehmen hat sich auch Softbank beteiligt, sodass der Führungsanspruch möglichst bald am Markt zu sein, finanziell untermauert ist. Mit klaren Aussagen zu Einführungstermine zu Level 5 Fahrzeugen halten sich die Hersteller zurück. Viele Piloten laufen in Kalifornien und auch in Singapur, Seoul, Greenwich und Pittsburg und auch in Deutschland in begrenzten Straßenbereichen. Somit sind Einführungen auf Autobahnen und in speziellen Verkehrsgebieten der nächste Schritt [Fag20]. Generelle Einführungen bzw. Zulassungen für alle Straßenbereiche mit voller Automatisierung im Level 5 sind aus Sicht des Autors bis 2030 zu erreichen. Herausforderer Baidu, auch mit umfangreichen Pilotkilometern erfolgreich in Kalifornien unterwegs, hat Partnerschaften mit einigen Chinesischen Herstellern und will die Markteinführung deutlich schneller schaffen. Überraschend ist in dem Benchmark die Einordnung von Tesla im hinteren Feld. Mit der etablierten embedded IT Architektur und dem bewährten OTA Umfeld wäre eine höhere Einordnung sicher angemessen. Schrittweise führt Tesla über Softwareupdates mehr und mehr Unterstützungsfunktionen ein. Uber fehlt in der Aufstellung, ist aber ebenfalls sehr aktiv und sieht voll autonome Mobilitätsservices im Jahr 2030 im Einsatz. In der Übersicht fehlen weiterhin einige Neueinsteiger insbesondere aus China wie beispielsweise Pony.ai, Tencent, Bayton und Alibaba. China hat eine klare übergeordnete Strategie und Roadmap, die Weltführerschaft auch in den Bereichen AI, Elektrofahrzeuge und AV zu übernehmen. Die Marktgröße, relativ lockere Auflagen zu personenbezogenen Daten, die

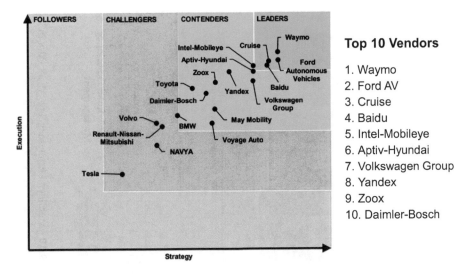

Abb. 9.9   Benchmark Unternehmen mit Fokus Autonomes Fahren / AV. [Duf20, Gui20]

The EyeQ® 5

Projekt PINTA: MaaS for Israel

- JV Volkswagen, Champion Motors, Mobileye
- Full-Stack Mobility as a Service (MaaS)
- Full MaaS: AVs ... Operation ... Content
- Fleet of Robotaxis until 2022
- Scale up all of Israel 2023+

Utilize ADAS Products to enable Crowd Sourced Mapping
- Large crowd = good coverage = low "time to reflect reality"
- Camera is in the car – No need to add expensive hardware

Develop a fully automatic map creation process that will work everywhere
- Creation, update, validation and distribution of maps are automatic

Rely on compact and efficient modeling methods
- Don't upload images or video.
- Invest in client-side algorithms to optimize data bandwidth: 10kb per km

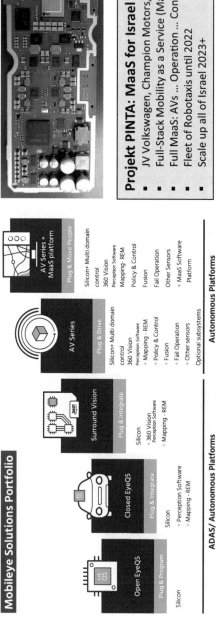

Mobileye Solutions Portfolio

Open EyeQ5
Plug & Program
Silicon

Closed EyeQ5
Plug & Integrate
Silicon
+ Perception Software
+ Mapping - REM

Surround Vision
Plug & Integrate
Silicon
+ 360 Vision
Perception Software
+ Mapping - REM

AV Series
Plug & Drive
Silicon+ Multi domain control
360 Vision
Perception Software
+ Mapping - REM
+ Policy & Control
+ Fusion
+ Fail Operation
+ Other sensors
Optional subsystems

AV Series + MaaS platform
Plug & Move People
Silicon+ Multi domain control
360 Vision
Perception Software
Mapping - REM
Policy & Control
Fusion
Fail Operation
Other Sensors
+ MaaS Software
Platform

ADAS/ Autonomous Platforms   **Autonomous Platforms**

1 HARVESTING
Collecting road and landmarks through EyeQ-equipped vehicles

2 Anonymising & encrypting REM data

3 AGGREGATION
Generating HD crowdsourced road -book for the autonomous vehicle

4 Map tile distributed to the car

5 LOCALIZATION
Localizing the car within 10cm accuracy in the road book.

REM: Road Experience Management

Abb. 9.10 Mobileye Lösungsangebot, MaaS Pilot in Israel. (Autor, nach [Mob19])

Technikbegeisterung und auch staatlichen Umsetzungsdirektiven beschleunigen die Entwicklung in China. Hierbei partnert man auch mit internationalen Technologieanbietern wie Waymo und auch mit Mobileye. Eine Lösungsübersicht dieses hoch eingeordneten Unternehmens zeigt Abb. 9.10.

Mobileye ist seit dem Jahr 2017 ein Unternehmen des Intelkonzerns und entwickelt seit über zwanzig Jahren intelligente Lösungen für assistiertes und autonomes Fahren. Hochleistungssensorik wird mit selbstlernenden IT-Lösungen verbunden, die auch teilweise auf speziellen Prozessoren bzw. Boards implementiert sind. Die Spezialboards sind bereits in der fünften Generation verfügbar, daher der Name EyeQ5. Zentrale Elemente der IT-Lösung sind mathematische Modelle zur Kollisionsvermeidung und Fahrtsteuerung und eine Prozedur zur Erzeugung hochgenauer Karten, genannt Road Experience Management (REM) [Sha19]. Dieses Verfahren arbeitet in fünf Schritten. Bereits heute im ADAS-Level fahrende Autos erfassen Umfeldinformationen, die an eine cloudbasierte Aggregationslösung im Backend gesendet werden. Aufbauend generieren hochperformanten Modellierungsverfahren daraus dann hochaktuelle Karten mit einer 10 cm Genauigkeit, die in bedarfsgerechten Ausschnitten an die Fahrzeuge geschickt und dann als Basis für die Steuerung genutzt werden. Somit werden heute schon von den eingebundenen Fahrzeugen auf Assistenzlevel Informationen auch zur späteren Nachnutzung gesammelt. Mobileye-Technologie ist bei vielen Herstellern wie beispielsweise BMW, Lexus, Nissan, Honda und auch SAIC in China im Einsatz [Mob20]. Ein großes Pilotprojekt ist gemeinsam mit Volkswagen und als weiterer Partner Champion Motors in Israel gestartet. Bis zum Jahr 2022 sollen Robotaxis in einem vollen Mobility as a Service (MaaS) Umfang im Einsatz sein und dann weiter ausgebaut werden.

Die Verfügbarkeit autonom fahrender Autos wird, wie mehrfach erwähnt, einen weiteren, deutlichen Wachstumsschub für Mobilitätsservices und Car Sharing-Modelle auslösen, weil der Entfall der Fahrerentlohnung deutliche Kostenvorteile bedeutet. Unter Auswertung verschiedener Studien zeigt Abb. 9.11 einen Vergleich der Fahrtkosten von Elektroautos in verschiedenen Nutzungsmodellen.

Es sind die Fahrtkosten in $ pro Meile für konventionelle Autofahrt und autonome Fahrzeuge jeweils in der Nutzung als Taxi, Shuttle bis 4 Personen und individueller PKW aufgezeigt. Am günstigsten sind die autonomen Shuttles, die bereit im Jahr 2025 unter 50 % der Kosten für Robotaxis und PKWs liegen. Der Kostenvorteil vergrößert sich aufgrund umfassender Angebote und durch Wettbewerb noch weiter. Auch individuell genutzte Robotaxis werden gegenüber Privatautos einen Preisvorteil erreichen, sodass von einer deutlichen Nutzungssteigerung der Mobilitätsservices auszugehen ist. Aufgrund der Attraktivität werden mehr Fahrten und längere Distanzen zurückgelegt. So steigt das Verkehrsaufkommen und damit die „Stauzeit" im Jahr 2030. Der Fahrzeugbestand wird leicht abnehmen, wie auch der Flächenbedarf für Parkplätze sinken wird [Sch19].

Autonom fahrende Elektrofahrzeuge und gerade die preiswerten Shuttleservices werden also langfristig den privaten Autobesitz zurückdrängen. Unter diesem Aspekt

$/Mile		Aktuell	2025	2035
Fahrer	Taxi	3.20	3.10	
	Shuttle	1.40	1.30	
	PKW	0.60	0.55	
Autonom	Taxi		0.62	0.48
	Shuttle		0.22	0.18
	PKW		0.58	0.52

Ausblick 2035:
Verkehr in den Städten
- 30% der Fahrzeuge autonom
- Abnahme des Fahrzeugbestandes
- Zunahme des Verkehrs / der Staus
- Abnahme Parkplatzbedarf

Abb. 9.11 Entwicklung der Fahrtkosten von Elektrofahrzeugen und Ausblick Verkehr 2035. (Autor, nach [Kee20, Sch19])

ist es interessant, den in Abb. 9.12 gezeigten Minibus Olli kennenzulernen, vergl. Abschn. 4.4.

Dieser Shuttlebus für bis zu zwölf Personen entstand als Open Innovation Projekt unter Führung von Local Motors durch freiwillig mitarbeitende Entwickler in einem öffentlichen, sechswöchigen Wettbewerb. Nach der Auswahl des Siegerdesign, das dem Gewinner 28.000 $ Preisgeld zuzüglich zukünftiger Royalties am Fahrzeugverkauf einbrachte, dauerte es nur drei Monate bis zum SOP (Start Of Production). Mittlerweile wird das Fahrzeug mit erheblichen Verbesserungen in der Version 2.0 produziert. Außer den Scheiben und dem Aluminiumchassis entstehen die Fahrzeugkomponenten mit 3D-Druck-Verfahren, insgesamt ca. 80 % des Umfangs. Bei den relativ geringen Stückzahlen ist dieses Fertigungsverfahren wirtschaftlich. Das Fahrzeug hat kein Lenkrad, verfügt über rund dreißig Sensoren und fährt vollständig autonom. Bei einer Geschwindigkeit von 25 miles/h beträgt die Reichweite 100 Meilen, die im Shuttleeinsatz sicher ausreicht. Die kognitive Plattform wird angelernt, auch über Crowdsourcing, und steht den Passagieren zum Dialog zur Verfügung. Die Kommunikationsfähigkeit ist auf das Einsatzumfeld trainiert und entwickelt sich selbstlernend weiter. Mehrere Ollis können auch untereinander kommunizieren und sich bei hohem Passagieraufkommen selbstständig zu einem Verband organisieren. Erste Exemplare fahren autonom als Shuttleservice in Washington D.C. und weitere Fahrzeugen sind in den USA und auch in Europa geplant, zunächst als Piloten auf nicht öffentlichem Gelände.

Sowohl die kognitive Plattform als auch die Struktur und das Interieur der Fahrzeuge lassen sich anforderungsgerecht anpassen. Auf diese Weise könnte Olli zu einem fahrenden Café oder auch Fitnessstudio mutieren. Local Motors und seine Projektpartner

- Shuttlebus für 12 Passagiere

- Fertigung überwiegend in 3D-Druck

- Elektrofahrzeug

- Autonom / fahrerlos

- Cognitive Plattform

Abb. 9.12   Autonom fahrender Shuttlebus Olli. (Autor, nach [Kor19])

sehen das Fahrzeug darüber hinaus auch als Lernplattform für weitere Projekte dieser Art. Dabei ist es das Ziel, Micro-Fabriken in allen relevanten Märkten zu errichten, um so die spezifischen Kundenwünsche schnell zu erkennen und umzusetzen sowie den Logistikaufwand für Komponenten und Fahrzeugauslieferungen zu minimieren. Als Vision soll sich Olli nach Fertigstellung selbstständig auf den Weg zu „seinem Kunden" machen. Später könnte er vor der Haustür warten, wenn die integrierte kognitive Plattform nach einem Abgleich von Kalenderfunktionen, Nutzerverhalten und Wetter das nächste verfügbare Fahrzeug zum Kunden schickt.

Die Idee, Fahrzeuge in einem Verband zu führen, wird auch im Bereich der Lastkraftwagen unter dem Begriff „Platooning" (engl. platoon: Kolonne) untersucht. Darunter versteht man eine Kolonne aus mehreren LKWs, die mit geringem Abstand einem Führungsfahrzeug folgen. Dabei kommunizieren die LKWs echtzeitnah miteinander, sodass sich beispielsweise ein Bremsmanöver des Führungsfahrzeugs direkt auf die folgenden Wagen überträgt. Die LKWs sind quasi durch eine elektronische Deichsel verbunden. Dabei sollen die Folgefahrzeuge autonom fahren [Ber20]. Als Vorteil dieses Konzeptes ist ein deutlich niedrigerer Kraftstoffverbrauch anzuführen und somit weniger Schadstoffbelastung. Weiterer Nutzen ergibt sich durch geringeren Straßenbedarf infolge des engeren Auffahrens, Entlastung der Fahrer durch die gleichmäßige Geschwindigkeit und durch die übergeordnete Koordination weniger Staus. Aktuell befindet sich das Verfahren in Pilotierungen auch im Rahmen umfangreicher Detailstudien für den Einsatz in den Niederlanden und in Deutschland [Hart20]. Bis zur möglichen Einsatzreife sind noch, ähnlich wie beim autonomen Fahren, die gesetzlichen Regelungen für die Zulassung auf öffentlichen Straßen in Kraft zu setzen.

Das vielversprechende Platooning könnte auch eine Nutzungsoption im Bereich der Mobilitätsservices im Personenverkehr sein. Wenn sich autonom fahrende Autos auf derselben Fahrstrecke finden, könnten sie sich zur Nutzung der genannten Vorteile des Verfahrens zumindest temporär auf längeren Teilstrecken automatisch zu einem Verbund zusammenschließen. Weitere visionäre Aspekte in dem Bereich gehen dahin,

Angebote zu schaffen, um die Zeit der Passagiere im Fahrzeug sinnvoll zu nutzen. Wenn das personengebundene Fahren und die damit verbundene feste Sitzanordnung und -ausrichtung entfallen, können auch die Innenräume der Fahrzeuge völlig anders aussehen. Das Olli-Café oder das Olli-Fitness-Studio wurden bereits erwähnt. Es kann auch ein Konferenzraum, Restaurant oder Schulungsraum während der Fahrt entstehen – der Phantasie sind keine Grenzen gesetzt. Wichtig ist, dass sich die Hersteller auf diese Entwicklungen einstellen und vorausschauend genügend Expertise aufbauen, um auf diese neuen Themenstellungen vorbereitet zu sein und wettbewerbsfähige Lösungen anbieten zu können.

9.4   Effiziente Prozesse und Automatisierung

In der dritten Säule des Digitalisierungsrahmens geht es um die Effizienzsteigerung von Prozessen bis hin zur vollständigen Automatisierung der Abläufe durch Digitalisierung. Hierbei gilt die These des „Digitalen Darwinisten" Karl-Heinz Land: „Alles, was sich digitalisieren lässt, wird digitalisiert werden. Was sich vernetzen kann, wird sich vernetzen. Und was sich automatisieren lässt, wird automatisiert werden. Das trifft auf jeden Prozess der Welt zu" [Lan16]. Abschn. 6.2.3 erläuterte eine generelle Vorgehensweise, wie die Digitalisierung von Prozessen anzugehen ist und entwickelte für drei Unternehmensbereiche konkrete Initiativen. Die folgenden innovativen Projekte aus diesem Feld ergänzen die dortigen Ausführungen.

Das Themenfeld Industrie 4.0 ist als Ergebnis der langjährig laufenden und breit angelegten Initiative der Bundesregierung seit Mitte der 2010er Jahre in allen produzierenden Unternehmen in den Fokus gerückt und es wurden viele Initiativen und Projekte gestartet. Insgesamt geht es darum, durch Digitalisierung eine horizontale und vertikale Prozessintegration zu erreichen und damit die Unternehmen flexibler und effizienter zu machen. Neben der Erhöhung der Reaktionsfähigkeit und somit Kundenorientierung sind gemäß einer Fraunhofer-Studie in der Automobilindustrie direkte Einsparungen von durchschnittlich 10 bis 20 % zu erreichen. Die Aufteilung auf die Organisationsbereiche zeigt Abb. 9.13.

Die Reduzierung der Komplexität durch modulare und standardisierte Produkte und die Vereinfachung von Abläufen und Schnittstellen lassen das höchste Einsparpotenzial von bis zu 70 % erwarten, während Bestandsreduzierungen infolge harmonisierter Produktionsabläufe und vorausschauender, eng getakteter Materialabrufe Kostenreduzierungen von bis zu 50 % ermöglichen. In den weiteren Bereichen wie beispielsweise Fertigung, Qualität und Wartung sind Einsparungen von bis zu 20 % zu erwarten. Die Ziele sind erreichbar durch lean-orientierte Prozessoptimierung in Verbindung mit digitalen Werkzeuge zur Uterstützung der Prozessabläufe.

Die Hersteller sollten daher ihren Transformationsprojekten entsprechende Zielgrößen zugrunde legen. Gemäß den Erfahrungen des Autors liegen die höchsten Potenziale am Übergang zwischen Organisationsgrenzen und Prozess-Schnittstellen. Die

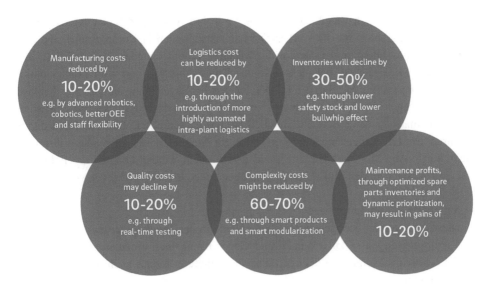

Abb. 9.13 Einsparpotenziale Industrie 4.0. [Win16]

Herausforderung, diese zu realisieren, liegt aber oft nicht in technologischen Problemen, sondern eher in kulturellen Fragen, um die schnittstellenübergreifende Kooperation zu motivieren. Hierbei kann eine technologische Plattform, die sich über diese Grenzen erstreckt, behilflich sein (vergl. Abb. 6.35). In Umsetzung der gezeigten Architektur zeigt das Abb. 9.14 ein vereinfachtes Industrie 4.0-Szenario mit einer derartigen Ebene, hier Shop-Floor Integration Layer genannt.

Als Beispiel sind drei Stationen einer Lackierstraße dargestellt. Im ersten Bearbeitungsschritt erfolgt die Lackierung der Karosse durch Roboter, im Folgeschritt eine Handmontage und dann eine abschließende Inspektion zur Qualitätsprüfung. An

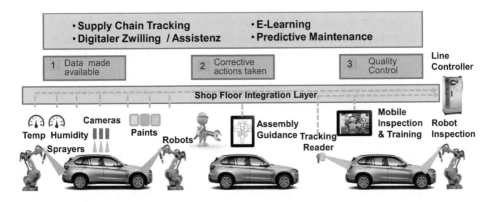

Abb. 9.14 Shop Floor Integration Layer am Beispiel Lackierstraße. (Quelle: Autor)

der Linie befinden sich verschiedene Roboter mit ihrer jeweiligen Steuerung, Sensoren, Kameras sowie Tablets für die Werker. Die unterschiedlichen IT-Komponenten sind über den Shop Floor Integration Layer in die Business IT eingebunden. Auf der Software-ebene stehen Basisdienste beispielsweise zur Kommunikation und zum Datenhandling zur Verfügung (vergl. Abschn. 6.2.3). Der Integration Layer kann die gesamte Lackier-straße und weitere Produktionsbereiche verbinden, sodass der Zugriff auch auf Sensoren und Steuerungen anderer Bereiche möglich ist, um übergreifende Datenanalysen durch-zuführen. Der Layer bietet standardisierte APIs zur Nutzung durch Anwendungslösungen, die in einem App-Store des Unternehmens bereitgestellt werden könnten. Im Folgenden soll ein Überblick zu den im Bild beispielhaft genannten Lösungen gegeben werden:

- Supply Chain Tracking
  Diese Anwendung beobachtet die Logistikkette in der Teilezulieferung, um frühzeitig Versorgungsengpässe zu erkennen und Gegenmaßnahmen einzuleiten. Für kritische Teile geht das Monitoring über den direkten Zulieferer hinaus auch bis hin zu dessen Lieferanten.
- Digitaler Zwilling / Assistenz
  Der digitale Zwilling nimmt echtzeitnah eine umfassende Anzahl Sensor-, Steuerungs- und Auftragsdaten auf und verbindet diese zu einem virtuellen Abbild der Anlage; in dem Modell werden auf Basis der Zustandssituation und unter Beachtung von Erfahrungswerten aktuelle und kommende Probleme erkannt und mit Hilfe von Simulationen und mathematischen Algorithmen Optimmierungsmaßnahmen ermittelt, die als konkrete Hinweise zur Verbesserung an den Bediener gegeben werden.
- E-Learning
  Zur Bedienung komplexer Maschinen oder auch für aufwendige Servicearbeiten an Maschinen können dort angebrachte QR-Code-Label mithilfe eines Tablets ausgelesen und so die spezielle Fehlersituation lokalisiert werden. Aus einem Learning Management System lädt der Werker dann zielgerecht Lernmodule auf sein Tablet, die er durch-arbeiten kann und so Informationen zur Ausführung der anstehenden Arbeiten erhält.
- Predictive Maintenance
  Bei der Anwendung zur vorbeugenden Wartung geht es darum, Maschinenaus-fälle durch pro-aktive Servicemaßnahmen zu vermeiden und so eine konstant hohe Ausbringungsleistung zu erreichen. Hierzu werden Maschinendaten kontinuierlich erfasst, Trends und Abweichungen von Vorgaben erkannt, mit Hilfe von Modellen Prognosen erstellt und verbeugende Maßnahmen wie beispielsweise der Austausch eines Verschleißteils vorgeschlagen.

Solche Lösungen lassen sich effektiv auf Basis eines Integration Layer entwickeln, da dieser die Anwendungsentwicklung durch Nutzung der Plattform-Basisdienste verein-facht. Noch wichtiger ist, dass sich der Austausch von Maschinen im Integration Layer einfach abbilden lässt und die zugehörige Anwendung keine Anpassungen erfordert, sodass sie schrittweise weiterwachsen kann, auch über Organisationsbereiche hinweg.

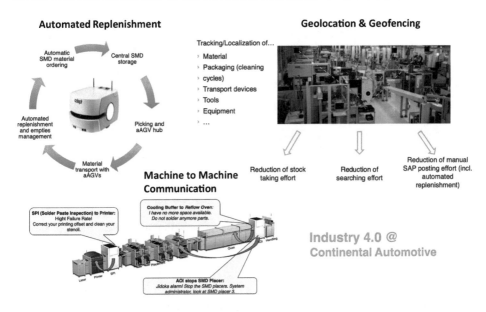

Abb. 9.15 Industrie 4.0 Projekte bei Continental im Werk Regensburg. (Autor, nach [Gün19]

Ebenso wird der Rollout der Anwendungen zu anderen Produktionsstandorten erleichtert und quasi zum Download, wenn auch dort der Integration Layer als Basis installiert ist. Ein konkretes weiteres Industrie 4.0 Referenzumfeld zeigt Abb. 9.15.

In einer „Modellfabrik Industrie 4.0" pilotiert Continental in seinem Elektronik-werk Regensburg drei neue Verfahren mit dem Ziel, diese unter Erfolgsvoraussetzung weltweit als Standard auszurollen. Die automatische Nachschubsteuerung (Automated Replenishment) basiert auf einem Kanban-Konzept. Die Produktionsanlage erkennt Teile-bedarfe für anstehende Aufträge und ruft die Komponenten automatisch aus dem Lager ab. Die Logistik erfolgt mit Hilfe von Automated Guided Vehicles (AGVs) und das Ver-fahren kommt ohne manuelle Eingriffe aus. Bei einem weiteren Projekt geht es um die Lokalisierung und die Verfolgung von Fahrzeugen und Teilen auf dem Werkgelände, um mehr Effizienz und Versorgungssicherheit in der Teilebereitstellung zu erhalten – bei abgesenktem Bestand, besserem Servicegrad und einer erheblichen Reduzierung von Suchaufwand. Eine Vernetzung in der IoT-Ebene der Anlagen mit einer Machine-to-Machine (MtM) Kopplung erhöht den Automatisierungsgrad und die Betriebstrans-parenz. Weitere Projekte laufen im Bereich der Logistikoptimierung auch mit Hilfe von „Cobots", Industrieroboter die direkt mit Werkern zusammenarbeiten. Dieses Kooperationskonzept, das viele Unternehmen im Rahmen von Industrie 4.0-Initiativen vorantreiben, wurde bereits im Abschn. 4.8 aufgeführt. Hierbei geht es nicht, wie in den 1980er Jahren, darum, Roboter in die Fließfertigung zu integrieren und diese möglichst zuverlässig immer gleiche Arbeitsschritte ausführen zu lassen. Vielmehr möchte man die auf den Fortschritten von Sensorik, Kinematik und Software beruhende hohe Flexibilität ausnutzen und auch beispielsweise komplexere Montagevorgänge ausführen.

Abb. 9.16 Fähigkeiten von Werkern und Robotern mit Einsatzbeispiel Hardtopmontage. (Autor, nach [Kos19])

Roboter sind heute erheblich sensibler, reaktionsfähiger und beweglicher als die ersten Einlege- oder Schweißroboter. Mit diesen Fähigkeiten können Roboter auch in ganz anderen Bereichen nützlich sein. Einsätze im Haushalt, in der Pflege und auch im OP eines Krankenhauses sind ebenso denkbar, wie das Teaming mit Werkern in der Automobilproduktion [Spa20]. Hier wird der Roboter entsprechend seinen Stärken gezielt zur Unterstützung der Menschen eingesetzt. Eine Gegenüberstellung der Fähigkeiten von Mensch und Roboter und ein Einsatzbeispiel zeigt Abb. 9.16.

Wenn es um die Montage komplexer Bauteile, das flexible Treffen von Entscheidungen im Fertigungsablauf und auch das auf Erfahrung beruhende Ausgleichen von Toleranzen und Fügebewegungen geht, sind Menschen gegenüber den eisernen Kollegen sicher (noch) im Vorteil. Roboter spielen ihre Vorteile dann aus, wenn es um die Handhabung schwerer und scharfkantiger Lasten geht, um Wiederholgenauigkeit und um Ausdauer. Stoisch führen sie immer gleiche Arbeitsschritte mit gleichbleibender Qualität durch. Als Team sind beide Partner noch stärker, wie das Beispiel der Hardtop-Montage in Abb. 9.15 zeigt. Der Roboter bringt das sperrige und schwere Bauteil präzise bis kurz über die Aufsatzposition über der Karosse. Das Ausrichten und Einsetzen des Daches übernimmt dann der Werker.

Das Nutzungspotenzial der Roboter wächst mit steigender Leistungsfähigkeit der Software weiter an. Heute erfolgt die Programmierung bereits relativ einfach durch Teach-In-Verfahren oder graphisches Konfigurieren auf einem Tablet. Dadurch sind zur Programmierung keine IT-Fachleute mehr erforderlich, sondern sie erfolgt durch Mitarbeiter aus der Fertigung. Es ist absehbar, dass Fertigungsroboter zukünftig über kognitive Fähigkeiten verfügen, die noch flexiblere Einsatzmöglichkeiten eröffnen. So könnte der Springer an der Endmontagelinie, aber auch der Disponent zur Feinsteuerung der Belegungsplanung bald ein Roboter bzw. Softwarebaustein sein, um so den befürchteten Fachkräftemangel aufzufangen. Wenn dann aufgrund der zunehmenden

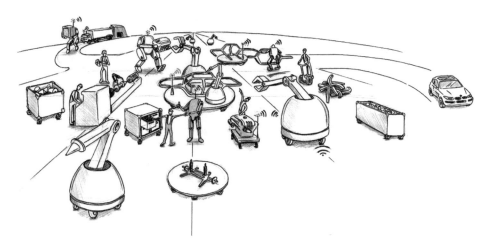

Abb. 9.17 Produktionsvision der BMW Gruppe für ein hybrides Produktionssystem. ([Kos19])

Flexibilisierung der Produktion mittel- bis langfristig die Fertigungslinien durch flexible Montagezentren ersetzt werden, könnte sich das in Abb. 9.17 gezeigt Scenario ergeben.

Gezeigt ist die Vision eines Produktionssystems in dem Werker und mobile Roboter Hand in Hand arbeiten. Alle Abläufe sind flexibel verketten und die nächsten Arbeitsschritte und das Material suchen sich selbst. Sicher ist dieses noch eine Zukunftsvision. Aber Basiselemente mit der Integration cyber-physischer Automaten sind heute bereits im Einsatz.

Nicht nur in der Fertigung ist unter der Überschrift Industrie 4.0 das Thema der Prozessoptimierung durch Digitalisierung hochaktuell, sondern auch in allen anderen Unternehmensbereichen. In der Entwicklung ist zum Beispiel die Steigerung der Teilewiederverwendung durch intelligente Assistenzsysteme oder das prototypfreie Testen neuer Produkte bis hin zur Baubarkeitsprüfung mit Augmented Reality denkbar. Im Personalbereich führen Automaten das Bewerber-Screening durch und Mitarbeiter setzen Apps ein, um persönliche Stammdaten leichter zu pflegen. Zukünftig sind aber auch in ganz anderen Einsatzfeldern kognitive Lösungen zu erwarten. Beispiele zeigt Abb. 9.18.

Bei Pepper, links im Bild, handelt sich um einen humanoiden Roboter, der mithilfe der kognitiven IBM-Plattform Watson in der Lage ist, sich in seinem Umfeld zurecht zu finden und mit Menschen zu unterhalten. Die Umgebungsdetails und auch das Themenfeld für die Dialoge muss das System in einer ersten Trainingsphase lernen. Aufbauend auf diesem Basiswissen trainiert das System dann mit dem Feedback in der Interaktion weiter. Aktuell ist Pepper beispielsweise in Banken, Shopping Malls und auch in Museen zur Kundenbegrüßung und Führung aktiv [Wal20]. Das rechts im Bild gezeigte CIMON System (Crew Interactive MObile CompanioN) wird aktuell auf der Raumstation ISS als Assistenzsystem für die Astronauten eingesetzt. Der KI-basierte frei bewegliche Roboter wird mit Sprachbefehlen gesteuert und unterstützt bei Experimenten und Reparatur-

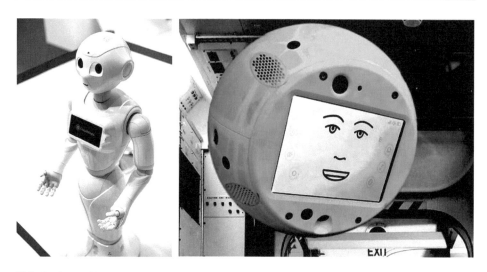

Abb. 9.18 Intelligente Roboter Pepper und CIMON im Einsatz. [DLR20, Wal20]

arbeiten, nimmt Fotos und Videos eigenständig auf. Selbst eine linguistische Emotions-
analyse während des Gesprächs ist möglich, sodass CIMON zum empathischen
Kollegen wird, der auch Stress reduzieren kann [DLR20]. Mit diesen flexiblen Einsatz-
möglichkeiten und sicher weiterwachsenden Fähigkeiten sind Einsätze von humanoiden
Robotern auch bei Automessen oder im Handel denkbar, um beispielsweise Interessenten
Fragen zu Fahrzeugmodellen zu beantworten.

Diese bereits mehrfach implementierten Einsätze werden hier nicht weiter vertieft,
sondern im Folgenden Blockchain als Mittel zur Effizienzsteigerung anhand möglicher
Anwendungsbeispiele in der Automobilindustrie vorgestellt. Hintergrund und Funktionsweise der Blockchain-Technologie erläuterte Abschn. 4.7. Vereinfacht und zusammenfassend gesagt, handelt es sich hierbei um verschlüsselte Datensätze zur Dokumentation
von Transaktionen, die über eine Transaktionskette, Blockchain genannt, bei kontinuierlicher Überprüfung der Korrektheit durchgehend fortgeschrieben und in mehreren verteilten Datenbanken abgelegt werden. Das Verfahren stellt die Werthaltigkeit und den
Fluss von Bitcoins sicher und bildet das Herzstück dieses Internet-Zahlungsmittels.

Auch wenn die Blockchain-Technologie eng mit der Bitcoin-Währung verbunden ist,
ist sie unabhängig davon auch auf viele anderer Anwendungsfälle übertragbar und hat
ein disruptives Potenzial, da sich durch die Anwendung Abläufe und Strukturen komplett
ändern. Beispielsweise ist zur Abwicklung einer Zahlung zwischen zwei Parteien bei
Verwendung der Blockchain-Technologie keine Bank mehr nötig. Der Transfer erfolgt
direkt, schnell und kostengünstig durch ein im Hintergrund laufendes netzbasiertes,
abgesichertes Verfahren. Auch der personenbezogene Datenschutz stellt kein Hindernis
dar, da keine Klarschrift-Namen auftauchen, sondern jedem Nutzer ein eigener Code
aus Zahlen und Buchstaben zugeordnet ist. Eine weitere Absicherung geschieht durch

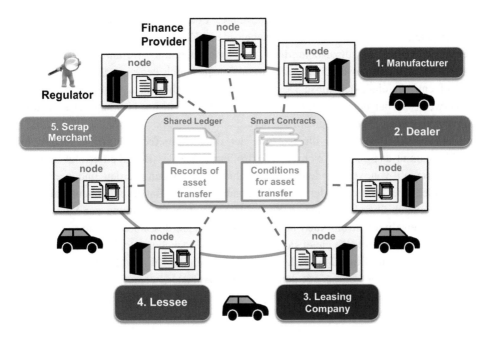

Abb. 9.19 Blockchain-Technologie im Lebenszyklus eines Fahrzeugs. [Hon16]

die Verwendung von verteilten Speicherorten für die Daten, sodass viele synchrone Kopien der Transaktionsketten zeitgleich abgelegt sind. Manipulationen werden so nahezu unmöglich. Wesentliche Vorteile des Verfahrens sind die hohe Sicherheit, die Einfachheit in der Verifizierung der Transaktion und das Potenzial, Prozesse zu vereinfachen, da zusätzliche Kontrollfunktionen beispielsweise zur Rechnungs- oder Vertragsprüfung entfallen können. Als Nachteile sind der Umfang der wachsenden Blockchains, Beschränkungen in der Performance beim Durchsatz der Transaktionen sowie der Aufwand zur Berechtigungsverwaltung zu nennen.

Aufgrund der deutlich überwiegenden Vorteile besteht an dem Thema ein hohes Interesse und viele Hersteller haben erste Projekte etabliert, oft im Bereich der sogenannten Smart Contracts. Hierbei handelt es sich um Computerprotokolle und softwarebasierte Algorithmen, die Vertragsinhalte abbilden. Die Abwicklung und Einhaltung der Verträge wird automatisch überwacht und dokumentiert, sodass die Papierform entfällt [Kle19]. Mit diesem Ansatz ist das Blockchainverfahren auch die Basis für die Nachverfolgung im Nutzungsablauf von Fahrzeugen zur Pflege einer sogenannten Fahrzeugakte, Abb. 9.19.

Die Abbildung zeigt den Lebenszyklus eines Fahrzeugs ausgehend von der Übergabe des Wagens vom Hersteller an den Händler, der zur Finanzierung des Kaufs einen Leasinggeber hinzuzieht, sodass auf Basis eines Leasingvertrages das Auto an den Kunden (Lessee) übergeben wird. Am Ende der Nutzung übernimmt ein Gebrauchtwagen-Händler den Wagen und das Leasing endet auf Basis einer Gutachterbewertung.

Der gesamte Ablauf ist in einer Blockchain dokumentiert, schrittweise abgelegt in verteilten Datenbanken (nodes). Neben dem Fahrzeug-Transfer wird auch der vertragsgemäße Fahrzeugzustand direkt im Smart Contract-Verfahren mit überprüft und in den Informationsblöcken der Kette abgelegt. Durch den einfachen sequentiellen Ablauf entsteht eine lückenlose Dokumentation des Fahrzeugzustandes, die auch bei Halterwechsel oder dem Austausch von Teilen nutzbar ist, um beispielsweise auch die Verwendung von Originalteilen abzusichern.

Ein weiteres Beispiel für die Nutzung der Blockchain-Technologie im Automobil-umfeld stammt aus dem Bereich der Elektrofahrzeuge. Das Betanken erfolgt an Lade-säulen, die oft von verschiedenen Stromanbietern betrieben werden und meist auch unterschiedliche Methoden der Bezahlung anbieten. Die Bandbreite reicht dabei von Münzautomaten über Kunden- und Kreditkarten bis hin zur Zahlung per Smartphone-App. Teilweise wird Strom auch nur an Vertragskunden des Anbieters abgegeben. Zur Vereinfachung der Abläufe bietet sich auch hier das Blockchain-Verfahren auf Basis von Smart Contracts an. Bei jedem Ladevorgang schließen die Kunden durch Identifizierung an der Station einen Vertrag mit dem jeweiligen Anbieter, worauf die Abwicklung der Transaktion einschließlich der Bezahlung im Hintergrund erfolgt [Bat19].

In ähnlicher Weise bieten sich vielfältigste Einsatzmöglichkeiten an, wie die Abwicklung von:

- Zahlungsverkehr, Bestellungen, Rechnungsabwicklung
- Lieferketten – Tracking und Tracing
- Mietverträgen
- Vergabe von Smartkeys zum Öffnen des Fahrzeugs
- Dienstleistungen
- Reparaturen
- Solarstrom (Rückspeisung und Bezug)
- Mobilfunknutzung bei unterschiedlichen Anbietern (Roaming).

Die Beispiele verdeutlichen das Potenzial der Blockchain-Technologie, zumal mit dem Einsatz auch oft eine Prozessvereinfachung durch den Entfall von Kontrollfunktionen durch den „man in the middle" und somit eine Effizienzsteigerung einhergeht.

Eine weitere Technologie zur Vereinfachung von Abläufen sind sogenannte Chatbots, abgeleitet von „chat" (sprechen) und „bot" (verkürzt von robot – arbeiten). Sie umfassen das automatisierte Kommunizieren beispielsweise in Softwareanwendungen als Hilfs-angebot bei Bedienungsfragen oder auch als Auskunftssystem im öffentlichen Nahver-kehr. Die Kommunikation kann schriftlich über Dialogboxen oder auch mittels Sprache erfolgen. Die Lösungen funktionieren nach dem Prinzip der Mustererkennung. Mit den angefragten Merkmalen wird in Datenbanken nach passenden Übereinstimmungen gesucht und aus der gefundenen Information eine zutreffende Antwort abgeleitet. Die Nachfrage nach diesen Lösungen wächst mit zunehmender Leistungsfähigkeit und Ein-

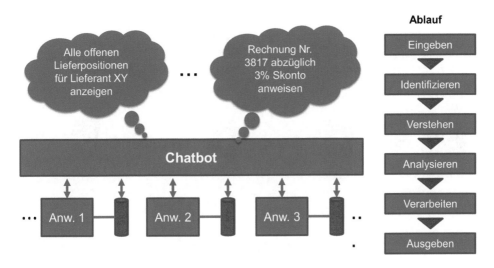

Abb. 9.20 Einsatzbeispiel und Arbeitsschritte eines Chatbots. (Quelle: Autor)

fachheit der Bedienung auch als mobile Lösungen [ShR19]. Angereichert um kognitive Möglichkeiten wird die Leistungsfähigkeit der Lösungen weiter zunehmen und sich die Nutzung auf weitere Bereiche ausdehnen.

Ein weiterer Einsatzbereich von Chatbots sind persönliche digitale Assistenten im Büro oder auch im Privatbereich, realisiert beispielsweise in Amazons Echo, Apples Siri oder von Microsoft mit der Cortana Plattform [Wal19]. Diese Systeme sind lernfähig und beantworten unter Zugriff auf Internetdaten Fragen der Nutzer, erinnern unter Auswertung des Kalenders an Termine oder initiieren das Abspielen von gewünschter Musik.

In einer nächsten Entwicklungsstufe ist zu erwarten, dass Chatbots zur Bedienung unterschiedlicher Anwendungen per Sprachsteuerung eingesetzt werden und dann lernen, bestimmt Arbeitsabläufe automatisch zu vollziehen. Ein mögliches Einsatzszenario zeigt Abb. 9.20.

Die Chatbot-Lösung arbeitet unter Zugriff auf Datenbanken unterschiedlicher Anwendungen und steht im direkten Dialog mit Anwendungen eines bestimmten Unternehmensbereichs, beispielsweise der Finanzabteilung. Der Chatbot könnte direkt angesprochen werden, um bestimmte Tätigkeiten in Interaktion mit den angeschlossenen IT-Systemen auszuführen. Beispielsweise könnte er offene Lieferpositionen anzeigen oder aber eine bestimmte Rechnung unter Abzug von Skonto begleichen. Die dabei ablaufenden Arbeitsschritte sind rechts im Bild aufgeführt. Nach der Eingabe per Sprache oder über Dialogfenster identifiziert der Chatbot den Nutzer und überprüft Berechtigungen, interpretiert und versteht die Aufgabe und arbeitet anschließend die erforderlichen Schritte ab, um danach die gewünschten Ergebnisse anzuzeigen oder den Vollzug der Aufgabe zu melden. Um diese Transaktion manuell durchzuführen, hätte

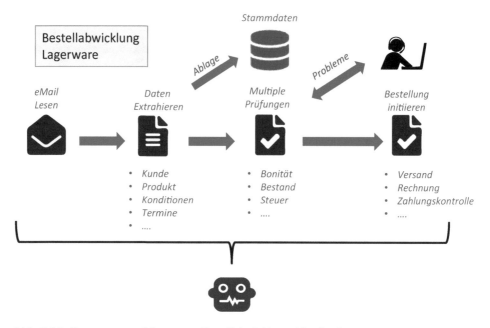

Abb. 9.21 Prozessautomatisierung zur Bestellabwicklung. (Quelle: Autor)

der Nutzer möglicherweise drei verschiedene Systeme zur Suche der Rechnung, Überprüfung der Warenanlieferung und zur Begleichung der Rechnung ansprechen müssen.

Bereits dieses kleine Beispiel verdeutlicht das Potenzial zur Effizienzsteigerung in der Prozessbearbeitung. Gerade bei der Abwicklung von Finanzgeschäften, Reisebuchungen, Help Desk-Services und auch im Einkaufs- und Personalbereich bietet sich die Nutzung der Chatbots an. Für Mobilitätsservices, um Fahrten zu buchen oder auch intermodale Verkehrsverbindungen zu suchen, sind bereits Lösungsbeispiele bekannt. Die Integration von Chatbots in bestehende Lösungsfelder ist relativ einfach möglich, die Bedienung intuitiv und der Nutzen hoch. Ähnliche verhält es sich, wie bereits einführend in Abschn. 8.8.2 erläutert, mit Lösungen zur Prozessautomatisierung. Mithilfe dieser Softwarebausteine kann die Abarbeitung von Geschäftsprozessen auch in Zusammenarbeit mit unterschiedlichen IT-Systemen ohne manuelle Eingriffe ablaufen. So zeigt Abb. 9.21 die Verarbeitung einer Bestellung.

Die Automatisierungslösung öffnet ein Postfach, liest die nächste E-Mail, erkennt eine Bestellung und übernimmt daraus die relevanten Daten. Anschließend überprüft der Automat im Warenwirtschaftssystem die Verfügbarkeit der bestellten Ware, verifiziert die Bonität des Kunden im Finanzsystem und initiiert den Versand in einem weiteren System. Aufbauend wird die Rechnung ausgelöst und zeitlich versetzt der Zahlungseingang überwacht, bedarfsweise der Kunde erinnert. Die Stammdaten werden ordnungsgemäß abgelegt. Nur erkannte Probleme gehen an den Sachbearbeiter, der dann für seinen virtuellen Kollegen die Klärung übernimmt. Diese Lösungen können mit Chatbot-Funktionen und ebenfalls mit kognitiven Elementen ausgebaut werden und so beispielsweise zur Abarbeitung von Ausnahmesituation trainiert werden. Automatisierungslösungen bieten immense Vorteile beim komplementären Einsatz zur Unterstützung von wiederkehrenden Tätigkeiten [Bin20]. Typische Einsatzfelder sind Finanz, Einkauf, Logistik und Planung und Steuerung. Auch die komplette Abwicklung von Kundenbeschwerden, Bagatellschäden und Garantieansprüchen kann vollautomatisch ohne Mitarbeitereingriffe ablaufen. Aufgrund dieser flexiblen Einsatzmöglichkeiten verbunden mit hohem Nutzen ist davon auszugehen, dass die Unternehmen gerade auf Basis dieser Lösungen mehr und mehr zum „Cognitive Enterprise" werden, unter Nutzung von KI bzw. Machine Learning und Daten aus unterschiedlichsten Quellen [Bel19].

9.5 Kundenerfahrung – Marketing, Sales, Aftersales

Die Digitalisierung und die Veränderung des Automobilgeschäftes führen zu einem Umbruch der bestehenden Vertriebsstrukturen hin zu einem internetbasierten Multichannel-Vertrieb. Parallel dazu ändern sich die direkten Kontaktstellen mit den Kunden in den Bereichen Marketing, Vertrieb und Service durch die Nutzung innovativer Digitalisierungs-Technologien. Treiber hierfür sind die Kundenerwartungen, abgeleitet aus dem gewohnten Umgang mit Apps auf mobilen Endgeräten wie Smartphones und Tablets. Für die Details der Transformation und einer möglichen Roadmap sei auf die Ausführungen in Abschn. 5.4.7 und 6.2.4 verwiesen. Die bisherige Situation und die zukünftige Veränderung der Vertriebsstruktur fasst Abb. 9.22 zusammen.

Wie links in der Darstellung erkennbar ist, haben die Hersteller im Vertrieb und Service bisher keine direkte Verbindung zum Endkunden. Importeure und Händler wickeln den Verkauf und die Services der Fahrzeuge ab und schirmen alle direkten Kundenkontakte quasi als „Betriebsgeheimnis" vor dem Hersteller ab. Diese stellen zur Unterstützung unter anderem Marketingmaterial, Marktinformationen, Technischen Support für die Servicehäuser und zunehmend auch Funktionen aus dem Bereich Customer Relationship Management (CRM) wie Kampagnen- und Leadmanagement zur Verfügung.

Mit den zukünftigen digitalen Services werden sich direkte Beziehungen zwischen Herstellern und Kunden entwickeln. Diese umfassen auch Connected Services oder das Auslesen und Analysieren von Fahrzeugdaten, um den Kunden Fahrhinweise zu geben oder über Diagnosen vorbeugende Servicebedarfe zu ermitteln und zu kommunizieren. Für den kommenden online-Verkauf von Fahrzeugen findet dann eine direkte Interaktion der Hersteller mit dem Endkunden statt. Bei der Abwicklung der folgenden geschäftlichen Transaktionen binden die etablierten Hersteller derzeit meist die vorhandene Vertriebsstruktur mit ein [Sil19]. Es wird sich zeigen, ob das langfristig so bleibt oder ob die Zwischenebenen auf Dauer entfallen, sich zumindest aber erheblich anpassen werden. Tesla arbeitet zum Beispiel im Vertrieb ohne Handelsstufen vollständig direkt online.

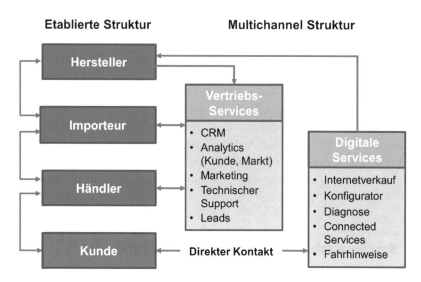

Abb. 9.22 Veränderung der Vertriebsstruktur. (Quelle: Autor)

Als Praxisbeispiel für eine direkte Kommunikations- und Geschäftsbeziehung zwischen Kunde und Hersteller dient die Vertiefung des General Motors-Cases, der mit Abb. 9.7 vorgestellt wurde. Hierbei erhalten die Fahrer über die Infotainment-Unit Service- und Dienstleistungsangebote beispielsweise von ExxonMobil, COFFEE Time oder Mastercard. Zur Abwicklung dieser Transaktionen ist eine integrierte Serviceplattform implementiert, die vereinfacht Abb. 9.23 zeigt.

Die Fahrzeuge werden über ein öffentliches API-Gateway an die unterschiedlichen Services angebunden. Als Alternative zur Infotainment-Unit steht den Kunden für die Abwicklung auch eine Smartphone-App oder eine Web-Portallösung zur Verfügung. Eine Data Management-Ebene ergänzt um KI-basierte Funktionen bereitet beispielsweise die Nutzer-, Fahrzeug- und Bewegungsdaten auf, analysiert sie kontinuierlich und identifiziert für die Fahrer passende Angebote aus seinen Vorlieben und Interessen und dem Portfolio der angeschlossenen Anbieter (Merchants), abgelegt in der Target Marketing Cloud. Die Ergebnisse nimmt der Servicebereich auf und generiert konkrete Vorschläge.

So könnte das System erkennen, dass der Tank des Fahrzeugs nur noch geringe Reserven bietet. Die Information wird zusammen mit den aktuellen Lokalisierungsdaten des Fahrzeuges der Serviceplattform zur Verfügung gestellt. Diese verarbeitet die Information und erstellt mit dem Partner Exxon ein Angebot mit Preis- und einem eventuellen Discount als Nutzungsanreiz für eine Tankstelle in der Nähe und stellt es auf der Infotainment-Unit dar. Der Fahrer kann das Angebot durch Anklicken annehmen und dann an einer vorreservierten Säule tanken. Die Bezahlung erfolgt über den weiteren Partner Mastercard, ohne dass der Fahrer den Kassenbereich der Tankstelle betreten muss.

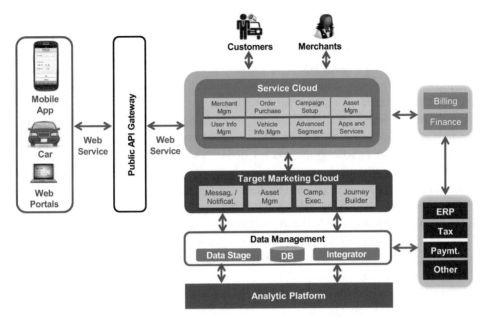

Abb. 9.23 Lösungsplattform zur Abwicklung von Drittgeschäft. (Werkbild IBM/GM)

Die Service Cloud bietet die zur Abwicklung dieser Transaktionen erforderlichen Dienste und verwaltet auch Kunden-, Fahrzeug- und Anbieterinformationen. Ein weiterer Baustein der Plattform, die Target Marketing Cloud, übernimmt kundenspezifische Werbekampagnen. In möglichst engen Kundensegmenten analysiert das System Daten aus verschiedenen Quellen und setzt sie in kundenindividuelle Angebote um, um so eine hohe Annahmequote zu erreichen. Die gesamte Lösung ist in die Backendsysteme des Herstellers integriert, sodass dort neben der Stammdatenverwaltung auch die Verbuchung und Abrechnung der Vermittlungsprovision stattfinden. Der Betrieb der Lösung erfolgt durch einen Servicepartner. Das Geschäftsmodell beruht auf dem risk sharing-Ansatz, bei dem Hersteller, IT-Dienstleister und Anbieter jeweils anteilig am Umsatz der jeweiligen Transaktion partizipieren. Die Plattform ist offen, um zukünftig weitere Partner aufzunehmen oder die Lösung in weitere Märkte auszurollen und dort lokale Partner einzubinden. Insgesamt hat GM damit einen direkter Vertriebs- und Kommunikationskanal zwischen Hersteller und Kunden aufgebaut, der für die Kunden zusätzlichen Komfort bedeutet und gleichzeitig den Plattform-Parteien zusätzliches Geschäft einbringt.

Ein weiteres wichtiges Thema bei dieser Vertriebstransformation ist der Aufbau eines internetbasierten Verkaufskanals. Das belegen auch unterschiedliche Analysen, die davon ausgehen, dass zukünftig ein wachsender Anteil von Fahrzeugen online gehandelt wird [Aut20]. Führend ist auf diesem Gebiet Tesla, die ausschließlich auf den online-Vertrieb setzt. Doch auch weitere Hersteller arbeiten mit Hochdruck daran, entsprechende Lösungen anzubieten [Köt20]. Gemäß BMW recherchieren 97 % aller zukünftigen Käufer zunächst online passige Fahrzeugangebote, um anschließend zur weiteren Validierung im Durchschnitt 1.4-mal einen Verkaufsraum aufzusuchen [HaO20]. Aufbauend launcht BMW in Uk eine neugestaltete online Plattform, die den kompletten Kaufprozess abbildet. Diese sollten die Kunden möglichst effizient unterstützt durch virtuelle Konfigurationsdarstellungen, ergänzende Vorschläge und realtime Chatfunktionen durchlaufen. Zum Verkaufsabschluß wählt der Kunde dann einen Händler in seiner Nähe. Die finalen kommerziellen Schritte, falls gewünscht einschließlich einer Leasingoption und bei Bedarf auch die Übernahme eines Bestandsfahrzeugs, erfolgen dann ohne Systembruch für den Kunden weiter online in der Systemumgebung des gewählten Händlers. Mit dieser Lösung steht den Kunden eine komfortable Umgebung zum online-Kauf eines Fahrzeugs zur Verfügung. Die Abwicklung erfolgt in einem Verbund von Hersteller und Händler. Da den Händlern kein Umsatz verloren geht und keine Konkurrenzsituation zwischen den Parteien besteht, ist die Akzeptanz der Händler sehr hoch. Mit 95 % nutzen fast alle BMW-Händler in UK diese Lösung [HaO20].

Viele herstellerunabhängige Plattformen bieten einen online Verkauf von Neu- und Gebrauchtwagen, allerdings nicht frei konfigurierbare Fahrzeuge, sondern Bestandsfahrzeuge von Händlern. Gemäß dem Plattformkonzept erfolgt quasi eine online Vermittlung und dann der eigentlich Verkaufsabschluss mit dem Händler. Erste Hersteller bieten ähnlich dem BMW-Beispiel online Optionen für den direkten Fahrzeugkauf, beispielsweise Volkswagen für ausgewählte Modellen, Porsche und auch Ford. Zur Unterstützung des Verkaufsprozesses bieten alle Hersteller ihren Kunden virtuelle Optionen im Laufe der Recherche und auch zur Konfiguration. So wird nachfolgend ein Beispiel aus dem Händlerumfeld von Audi vorgestellt. Ergänzend zum online-Vertrieb hat Audi eine innovative Showroom-Lösung für seine Autohäuser entwickelt. Einen Eindruck vermittelt Abb. 9.24.

Die „Audi City"-Lösung bietet ein virtuelles Kundenerlebnis. Alle Audi Modelle erscheinen auf hochauflösenden wandhohen Bildschirmen in nahezu realer Größe. Das Fahrzeug kann in unterschiedlichen Fahrsituationen dargestellt werden und man kann sich virtuell in das Fahrzeug hineinbegeben. Die Bedienung erfolgt über Gestensteuerung oder Multitouch-Tische. Der Kunde kann beispielsweise eine zuvor online ausgewählte Konfiguration über seine online-Id per Smartphone aufrufen, sich „sein" Fahrzeug in unterschiedlichen Situationen anschauen, Veränderungen an Farbe, Ausstattung und Motorisierung vornehmen und diese Veränderungen unmittelbar online in der virtuellen Welt erkennen. Komplementär sind die Systeme mit Augmented Reality-Geräten und auch Soundmaschinen ausgestattet, um das Erleben noch realitätsnäher zu gestalten.

Die hierzu notwendige umfassende Systemtechnik hat Audi in ihren Flagship-Stores in den Innenstädten großer Metropolen wie Berlin, Istanbul und Paris installiert. In diesen Häusern stünde ohnehin nicht genug Fläche für die direkte Präsentation mehrerer Fahrzeugmodelle zur Verfügung. Die Herausforderung, eine Balance zwischen ver-

- Hochauflösende lebensechte dynamische Darstellung
- Raumhohe Großbildschirme Objektgröße nahezu 1:1
- Konfigurationsdialog
- Multitouch-Tablets zur Bedienung
- Gesamte Modellpalette
- Top-Innenstadtlagen – z.B. Berlin, Istanbul, Moskau; Paris, Warschau

Abb. 9.24   Virtueller AUDI Showroom. [AUDI18]

fügbarer Ausstellungsfläche und Exponatumfang zu finden, besteht für alle Händler. Aufgrund der wachsenden Modellpalette und steigenden Variantenvielfalt bietet der „virtuelle Showroom" hier einen Ausweg. Teilelemente der Lösung, wie beispielsweise die virtuellen Fahrzeugmodelle, stehen auch kleineren Händlern zur Verfügung. Die nächste Ausbaustufe von „Audi City" umfasst die Integration lernender Konfiguratoren, die einen Kunden beim Betreten des Autohauses bereits aus den Sozialen Medien und seiner Historie mit dem Hersteller kennen und darauf aufbauend pro-aktiv Konfigurationsvorschläge auf Bildschirmen anzeigen.

Neben der digitalen Transformation im Verkauf stehen auch im Aftersales erhebliche Veränderungen an. Wie bereits in Abschn. 5.4.8 ausgeführt, führen Elektrofahrzeuge, Autonomes Fahren und Mobilitätsservices zu einer erheblichen Reduzierung des Geschäftspotenzials im Service. Zusätzlich drohen auch hier mit dem Einzug bequem zu nutzenden herstellerneutralen Plattformen komplette Strukturveränderungen, es besteht Disruptionsgefahr. Hierauf gilt es sich vorzubereiten, beispielsweise mit dem Aufbau neuer Geschäftsfelder und auch mit der Effizienz- und Servicelevelverbesserung bestehender Prozesse, um so Kunden zu halten und auch neue Kunden zu gewinnen. Dazu zeigt Abb. 9.25 ein mögliches Lösungskonzept.

Dargestellt ist eine integrierte Aftersaleslösung ausgehend links oben im Bild von einer „onboard" Diagnose eines Software-Agenten, der kontinuierlich Verschleiß- und Betriebsparameter des Fahrzeuges überwacht. Bei Unregelmäßigkeiten erfolgt automatisch im Hintergrund über eine Automotive Cloud die Einbindung der Backendsysteme des Herstellers. Hier sind die aktuellen Verbauinformationen mit Komponentendetails und auch Erfahrungsberichte ähnlicher Zustandssituationen abgelegt. Diese Daten wertet eine KI-basierte Lösung aus und gibt Handlungsempfehlungen über die Infotainmentunit an den Fahrer. Aus diesem Dialog wählt der Nutzer beispielsweise den Besuch einer nahegelegenen Werkstatt aus, um ein Problem schnell beheben zu lassen. Im Hintergrund werden im Servicehaus Kapazitäten reserviert

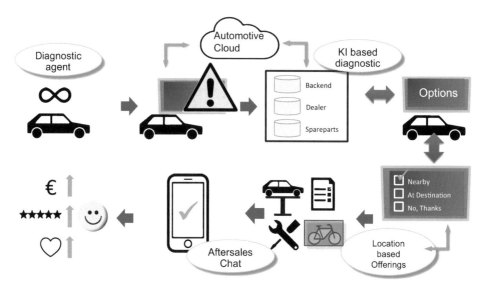

Abb. 9.25 Integrierte Aftersales Lösung. (Quelle: Autor)

und auch die Ersatzteile bereitgestellt. Auf der Fahrt zur Reparatur werden dem Kunden weitere Optionen angeboten, die entstehende Wartezeit zu nutzen, beispielsweise Einkaufen oder Fahrradtour. Während der Reparatur steht die Werkstatt im Aftersales Chat mit dem Kunden im direkten Austausch, um ggf. noch Reparaturoptionen abzustimmen und auch unmittelbar die Fertigstellung zu kommunizieren. Somit wird aus einem Störfall für den Kunden noch eine transparente und erträgliche Serviceerfahrung, sodass auch seine Zufriedenheit und die Chance auf Zusatzgeschäft steigen.

Beim Durchlauf derartiger Prozesse als auch in vielen anderen Situationen kommt es zu unterschiedlichen geschäftlichen Kontakten mit dem Kunden. Dieser könnte Besitzer mehrerer Fahrzeuge unterschiedlicher Marken desselben Herstellers sein oder auch Kunde des Finanzbereichs sein. Er könnte bereits unterschiedliche Probefahrten absolviert haben und über die Serviceorganisation einen Garantiefall abgewickelt haben. Alle diese Situationen erzeugen Kundendaten, die von unterschiedlichen Systemen auch über die Vertriebsstruktur hinausgehen, oft ohne in einem integrierten Blick zumindest innerhalb des Herstellers zusammengeführt zu werden. Darüber hinaus äußert sich derselbe Kunde vielleicht in den sozialen Medien zu seinen Erlebnissen mit den Fahrzeugen oder bespricht seine zukünftigen Fahrzeuginteressen mit Freunden oder in öffentlichen Foren. Auch diese Informationen liefern den Herstellern wertvolle Hinweise und sollten deshalb mit den integrierten, herstellerinternen Informationen zusammenfließen.

Die konsolidierte Nutzung von Daten ist nicht nur für den Hersteller interessant, sondern es gibt, wie Abb. 9.26 beispielhaft zeigt, weitere Interessenten und somit neue Geschäftsmöglichkeiten.

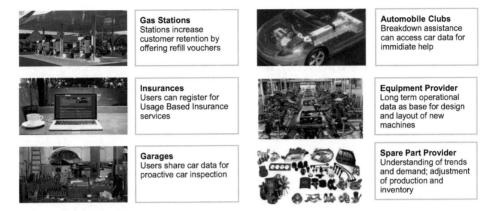

Gas Stations
Stations increase customer retention by offering refill vouchers

Automobile Clubs
Breakdown assistance can access car data for immidiate help

Insurances
Users can register for Usage Based Insurance services

Equipment Provider
Long term operational data as base for design and layout of new machines

Garages
Users share car data for proactive car inspection

Spare Part Provider
Understanding of trends and demand; adjustment of production and inventory

Abb. 9.26 Beispiele zur Nutzung von Fahrzeug-, Kunden- und Herstellerdaten. (Quelle: Autor)

Natürlich sind aktuelle Füllstandsanzeigen von Benzin und Öl für Tankstellenketten interessant, um Fahrer in Stationsnähe mit pro-aktiven Angeboten einzuladen. In gleicher Weise sind Verschleißinformationen für Serviceketten und Komponentenanbieter interessant. Nutzungsorientierte Versicherungsprodukte sind bereits am Markt [Gud20]. Die Hersteller von Produktionsanlagen sind ebenfalls interessiert, aus der Analyse von Betriebsparametern, Hinweise auf die Nutzungsoptimierung und auch Auslegungsverbesserung abzuleiten. Diese Beispiele belegen, dass es ein umfassendes Interesse an Daten gibt und die Hersteller Monetarisierungskonzepte erarbeiten sollten, um den Nutzen der Daten nicht Dritten zu überlassen. Hierbei ist anzumerken, dass aus Datensicherheitsgründen nur neutralisierte Daten weitergeleitet werden dürfen. Hierzu haben sich Konzepte und auch Anbieter zwischen Hersteller und Datenkunde als Zwischenschritt mit einem „neutral server" etabliert [Rei20]. Über diese Zwischenebene werden die Daten ohne Personenbezug weitergeleitet. Auch bei der Datenvermarktung gibt es Hilfestellung, beispielsweise Amazon mit einem entsprechenden Plattformservice [Hor19].

Es besteht also ein Potenzial, aus dem „neuen Gold der Branche" tatsächlich Geschäft zu generieren. Dazu sind zügig Konzepte und aufbauend Strukturen zu schaffen. Der entsprechende Handlungsbedarf ist vielen Herstellern bewusst und es laufen entsprechende Projekte. Typische Technologien, die dabei zum Einsatz kommen, sind Master Data Management, Data Lake und Hadoop Datenbanktechnologien. Für eine Vertiefung des technologischen Thema anhand bewährter Architekturen wird auf die entsprechende Fachliteratur verwiesen z. B. [LaP16, Spi19]. Neben dem Datenthema sollte auch der Aufbau einer Serviceplattform und der online Handel angegangen werden. Typische weitere Digitalisierungsprojekte im Bereich Marketing, Vertrieb und Aftersales sind:

- Kognitive Lösungen im Kundenservice, beispielsweise digitale Assistenten in der Reparaturannahme oder im Kunden Help-Desk

- Charging Plattform für Robotaxis
- Aftersales Plattform inkl. Diagnose, online-Werkstattbuchung und Reparaturverfolgung
- Steuerung von digitalem Marketing; Reporting von Kundenresonanz
- Social Media Monitoring; Kundensegmentierung; next best action im Marketing
- 3D-Druck zur lokalen, bedarfsgerechten Ersatzteilfertigung
- Big Data-basierte Langzeitprognosen zur Teilebevorratung im Ersatzteilwesen
- Bedarfsorientierte Preisbildung auf Basis von Markttrends

Zusammenfassend ist festzustellen, dass die digitale Transformation an der Kundenschnittstelle bei allen Herstellern mit großem Engagement vorangeht. In diesem Bereich entscheidet sich der Markterfolg und es ist Kreativität und Geschwindigkeit gefordert. Der Wettbewerb schläft nicht. Dabei sollte der Erfolg einzelner Projekte mit der Gesamtstrategie und der daraus abgeleiteten integrierten Roadmap abgesichert sein, um so auch übergreifend hohe Synergie beispielsweise durch die Einbindung von Kompetenzteams oder die Nachnutzung bestehender Lösungen zu erreichen.

9.6   Unternehmenskultur und Change-Management

Neben einer strukturierten ganzheitlichen Planung sind, wie bereits in Kap. 7 ausführlich ausgeführt, eine frische agile Unternehmenskultur mit dem Hunger auf Veränderung und Digitalisierung sowie ein effizientes Change Management wichtige Voraussetzungen für eine erfolgreiche Transformation. Deshalb werden im Folgenden einige Beispiele und Erfahrungen aus diesem Bereich aufgeführt.

Die digitale Transformation muss einhergehen mit einer klaren Kommunikation der Unternehmensführung über deren Notwendigkeit und Ziele, um so die gesamte Mitarbeiterschaft zum engagierten Mitmachen zu bewegen. Die Mitarbeiter sind es, die die einzelnen Projekte umzusetzen haben und somit unmittelbar den Erfolg der Reise bestimmen. Die Kommunikation startet an der Spitze des Unternehmens durch authentisches Verhalten und ist ein wichtiges Erfolgskriterium [ScM19]. Das Executive-Team steht besonders in Zeiten der Veränderung unter genauer Beobachtung der Mitarbeiter. Die Führung muss den Willen zur Digitalisierung, die Motivation zur Innovation und die Entschlossenheit in der Umsetzung ausstrahlen, indem man beispielsweise neue Kommunikationswege benutzt, einen offenen Dialog vorlebt und auch neue Partnerschaften eingeht. Weitere Aspekte, die es bei der Kommunikation zu beachten gilt, sind:

- Führungsmannschaft mobilisieren und Meinungsmacher einbinden
- Klare Zielsetzungen formulieren, was in den einzelnen Feldern mit der digitalen Transformation erreicht werden soll, warum sie wichtig ist und was sie für die Mitarbeiter bedeutet
- Messgrößen für die Ziele definieren
- Roadmap zur Implementierung mit Meilensteinen aufsetzen

- Neue Werte und Verhaltensmuster zum Bestandteil der Unternehmenskultur machen
- Mehrdimensionale und dennoch konsistente Kommunikation unter Nutzung vieler Kanäle unterstützen
- Dialog und Feedback stimulieren und in Maßnahmen aufgreifen
- Schnelle Erfolge suchen und herausstellen; auch Scheitern akzeptieren und benennen
- Kontinuierliche Kommunikation ohne Abriss pflegen

Zur Kommunikation unter Beachtung dieser Regeln sollten unbedingt innovative Lösungen und Wege genutzt werden. Hier bieten sich neben den etablierten Werkzeugen innerbetriebliche Videos, Wikis, Foren, Chats und Kollaborationswerkzeuge an. Es gilt aber die Regel: nicht zu viel auf einmal, sondern dem gewählten Weg konsequent zum Durchbruch verhelfen. Wichtig ist, dass sich die Geschäftsführung aktiv mit einbringt – tatsächlich persönlich und nicht an Assistenten delegiert.

Die Einführung einer Kollaborationsplattform z. B. bei Coca-Cola oder auch Bayer wurden erst zum Erfolg, nachdem sich auch die Führungskräfte aktiv am Dialog beteiligten. Weitere Beispiele für überzeugendes Vorleben in der Kommunikation sind: [Wes14]:

- Societe Generale
  Mobilisierung von sechzehntausend Mitarbeitern in neunzehn Ländern in einem Meinungsaustausch auf einer internen social media Plattform, um die Digitalisierungs-Roadmap mit Vorschlägen zu Initiativen zu untermauern und die Elemente der IT-Ausstattung zu spezifizieren.
- Pernod Ricard
  Entwicklung der Digitalisierungs-Roadmap im internen Crowdsourcing.
- IBM
  Innovationsjam zur Justierung der Unternehmensgrundwerte (vergl. Kap. 7).
- Virgin Group
  Vorleben der Kundenorientierung; CEO Richard Branson bittet Kunden via Twitter unter dem hashtag #AskRichard zum direkten Dialog.

Die Beispiele verdeutlichen, dass kreative Ideen, authentisches Einbringen und der Dialog für den Erfolg gleichermaßen wichtig sind. Den durchaus häufig anzutreffenden Fehler, neue IT-Werkzeuge in den Vordergrund der Kommunikation zu stellen, sollte man vermeiden. Bei der Implementierung von Kollaborationswerkzeugen sind unbedingt Aufwand und Kosten für Schulungen und Change-Management einzuplanen und das Projekt darf nicht mit der Installation enden. Die kontinuierliche Nutzung der Werkzeuge unter Einbindung von Führungskräften und Meinungsmachern sowie die transparente Veränderung des Arbeitsverhaltens durch den Einsatz der neuen Werkzeuge sichert die Nachhaltigkeit und beeinflusst so die Unternehmenskultur.

Die Kultur wird ebenfalls deutlich verändert durch bereichsübergreifende Zusammen-arbeit der Mitarbeiter unter Einsatz agiler Arbeitsweisen wie Scrum in Entwicklungs-

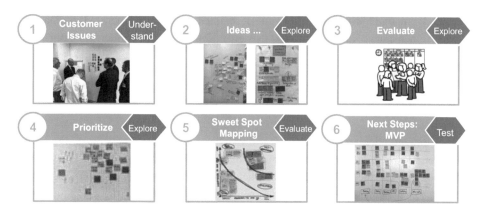

Abb. 9.27 Anwendung Design Thinking in einem eintägigen Innovationsworkshop. (Quelle: Autor)

projekten und Design Thinking in Innovationsworkshops. Die Methoden wurden in Abschn. 7.2 im Detail erläutert. Gerade zu Design Thinking gibt es sehr viele positive Referenzen [Wei19]. Unter anderen wenden Bosch, Telekom, SAP, Volkswagen, Bayer und auch Lufthansa diese Methode an. Der Erfolg beruht besonders auf einer starken Kundenorientierung und der interdisziplinären, bereichsübergreifenden Zusammenarbeit. Auch Praxiserfahrungen des Autors sollen zur Anwendung dieser Vorgehensweise ermutigen, Abb. 9.27.

In diesem Fall bearbeiteten in einem eintägigen Workshop drei Gruppen mit insgesamt fünfzehn Teilnehmern aus den Bereichen Einkauf, der Organisation des CDOs und IT die Situation im Einkaufsbereich eines Herstellers. Ziel war es, neue Ideen zur digitalen Transformation zu finden. Vorbereitend wurden vor dem Workshop die Abläufe in dem Fachbereich aufgenommen und in einem „Day in a live"-Format – darunter ist das Aufzeigen der täglichen Arbeit eines Einkäufers auch mit seinen Werkzeugen zu verstehen – ebenso wie die Case Study zu Einkaufsabläufen eines anderen Unternehmens zu Beginn der Gruppenarbeit vorgestellt. Es folgte im ersten Arbeitsschritt die Durchleuchtung der Situation im Einkauf, gefolgt von der Identifikation der Defizite, Anforderungen und Bedarfe zur Verbesserung der Arbeitsabläufe aus Sicht der Kunden des Einkaufs, also den Fachbereichen und auch aus Sicht eines Lieferanten.

Aufbauend darauf entstanden in weiteren Arbeitsschritten in moderierter Metaplantechnik Innovationsideen, die zur Vereinfachung in den Arbeitsabläufen führen sollen. Nach Untersuchung des konkreten Nutzens und der Machbarkeit (Zeitdauer, Aufwand) lag eine Prioritätenliste mit mehr als zehn Ideen vor. Für die zwei besten Ideen entschied das Team, sie in einem einfachen Prototyp als App für die Fachbereiche mit Einkaufsbedarf abzubilden und als Basis für gemeinsame Folgeworkshops in ersten Piloten zu nutzen. Insgesamt wurde der Tag als sehr erfolgreich eingestuft und neben den erarbeiteten Ideen besonders die übergreifende Zusammenarbeit positiv wahrgenommen.

Abb. 9.28 Nutzungsbeispiele für Graphic Recording. [DD20]

Erfahrungsgemäß etablieren sich mit der Methode und dem pragmatischen Vorgehen eine neue Verhaltensweise sowie ein offener Austausch und Dialog, die zukünftig in Kollaborationswerkzeugen in der Community weiterleben können. Besonders die Anwendung innovativer Werkzeuge stimuliert die Motivation, dabei sein zu wollen und auch abseits der gewohnten Wege, neue Ideen voranzubringen. So ist z. B. auch das kreative Verfahren Graphic Recording zur Dokumentation von Workshops und Meetings anstelle der Textform oder der traditionellen Powerpoint-Darstellungen nutzbar, Abb. 9.28.

Gezeigt sind hier zwei Graphiken, welche die Ergebnisse von zwei Workshops zusammenfassend dokumentieren. Beide Bilder entstanden während der jeweiligen Veranstaltung und dienen als Basis der Abschlussdokumentation. Die einprägsam gestalteten Szenen bleiben nachhaltig in Erinnerung und verleihen den Veranstaltungen einen innovativen Charakter. Die Erstellung übernehmen Designer oder können mit etwas Einarbeitung auch in Eigenleistung vom „Protokollanten" erbracht werden. Hierzu stehen unterschiedliche, leicht bedienbare Apps zur Verfügung.

Als ein weiteres Element zur Beeinflussung der Unternehmenskultur soll ein Praxisbeispiel aus dem Bereich Arbeitsplatz der Zukunft mit dem Fokus Büroausstattung dienen. Unter dem Aspekt des „war of talents", dem Konkurrieren um gut ausgebildete IT-Kräfte und als Aufbruchssignal zur Motivation der Mitarbeiterschaft, sind Büros unter Beachtung neuer Anforderungen zu gestalten. Zukünftige Arbeitsstrukturen sind erheblich offener und flexibler als bisherige, feste Arbeitsplätze und starr geregelte Arbeitszeiten gibt es nicht mehr. Einen Eindruck solcher Lösungskonzepte vermittelt Abb. 9.29.

Die Fotos zeigen Bürobereiche von Google am Standort Zürich. Dort sind Shared Desk-Konzepte ausgestattet mit großen Displays neben Teamräumen mit flexiblen Abtrennungsmöglichkeiten zu finden. Rückzugszonen in bepflanzten Bereichen und die Nutzung von Hängestühlen mit Blick auf die Berge bieten abwechslungsreich gestaltete Umgebungen zum ungestörten und kreativen Arbeiten. Alle Arbeitsplätze sind an leistungsstarke Netzwerke angeschlossen und sichern so den Zugriff auf Daten und moderne IT-Lösungen zur Arbeitsunterstützung. Zukünftig sollen Digitale Assistenten

Abb. 9.29 Innovative Büroumgebung bei Google in Zürich. [BW17]

im Hintergrund Routinearbeiten wie Reisebuchungen und Terminabstimmungen übernehmen.

Die Gestaltung des Arbeitsplatzes der Zukunft ist ein zentrales Thema der
anstehenden Transformation in den Unternehmen. Wie sieht „Arbeit 4.0" morgen aus
und welche Rahmenbedingungen sind dafür zu schaffen? Wie können IT-Lösungen
helfen, die Prozesse in der Personalarbeit effizienter zur gestalten und zu unterstützen,
sowie erfolgreiche Initiativen in Ausbildung und Recruitment zu ergreifen, um die
richtige Mitarbeiterschaft für eine erfolgreiche digitale Transformation zu gewinnen?
Es gilt, überzeugende Antworten zu diesen Fragen zu finden, sie zum Bestandteil der
digitalen Roadmap zu machen und so zu einer Veränderung der Unternehmenskultur beizutragen.

Um im Feld der Innovationsfreudigkeit und -fähigkeit schneller voran zu kommen,
haben viele Unternehmen sogenannte „Labs" gegründet, oft verbunden mit Zusätzen
wie Innovation, Digitalisierung oder Mobilität oder anderen branchenspezifischen
Begriffen. In Deutschland betreiben alle größeren Unternehmen solche Einrichtungen,
die auch in unterschiedlichen Studien immer wieder vorgestellt und bewertet werden
[Kre19]. „Labs" sind separate Organisationen mit Sitz abseits des Unternehmensstand-
ortes meist in attraktiven IT-affinen Städten. Coole Büroausstattungen und auch viele
Freiräume geben den Teams ein Start-Up Feeling und sollen Kreativität und Innovations-

geschwindigkeit steigern. Berichte zu den „Labs" sind auch fast von allen Herstellern unter Youtube zu finden.

Zusätzlich unterhalten viele Hersteller Scouting-Einheiten in den internationalen „IT Melting Points" wie Silicon Valley, Tel Aviv, London oder auch Bangalore und zusätzlich sind Incubator-Einheiten installiert, um die Zusammenarbeit mit neuen Partnern, relevanten Universitäten und Forschungseinrichtungen zu fördern. Flankierend werden dann zeitweise Abordnungen von Mitarbeitern in diese Organisationen entsandt oder gemeinsam Hausmessen zur Präsentation und Verbreitung der Ideen durchgeführt.

Genau in diesem Bereich liegt auch die Herausforderung für die Labs. In vielen Fällen muss es besser gelingen, die Arbeiten und Erkenntnisse und besonders die Start-Up-Kultur in die bestehende Organisation zu überführen, um daraus mehr Nutzen zu ziehen. Es muss gelingen, einen digitalen Spirit in die Unternehmen zu bringen und zum Bestandteil der Kultur zu machen. Die gesamte Organisation sollte motiviert und auch entsprechend vorbereitet und ausgestattet sein, um aus den neuen digitalen Möglichkeiten schnell und nachhaltig geschäftlichen Nutzen zu ziehen, sie sollte eine „digital dexterity" (digitale Geschicklichkeit) erwerben [Sou16].

Diese Eigenschaft lässt sich durch vier Themenfelder charakterisieren, die Abb. 9.30 zeigt. Digitale Lösungen sind immer zu bevorzugen, wenn Veränderungen anstehen oder sich neue technische Möglichkeiten abzeichnen. Das Ziel sollte stets eine vollständige Prozessautomatisierung sein. Wo immer möglich, sind Daten aus unterschiedlichsten Quellen zu nutzen, um daraus verbesserte Entscheidungen oder neue Initiativen abzu-

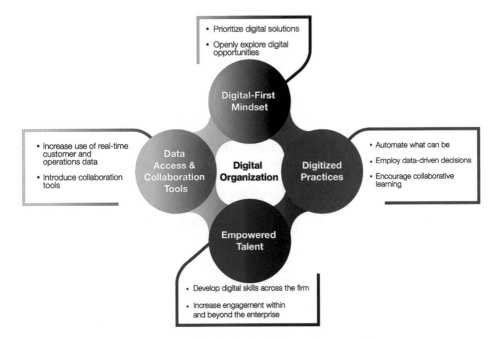

Abb. 9.30 Kernkompetenzen einer digitalen Organisation. [Bon17]

leiten. Hierbei sollten umfassende Kollaborationen auf Basis innovativer Werkzeuge gängige Praxis sein. Der Aufbau von Wissen zur Digitalisierung sollte für jeden Mitarbeiter hohe Priorität haben und das Engagement für digitale Projekte ist bereichsübergreifend wie auch über Unternehmensgrenzen hinweg im Sinne neuer Geschäftsmodelle zu denken und voran zu treiben.

Abschließend ist festzustellen: Die in diesem Kapitel vorgestellten innovativen Projekte aus den einzelnen Feldern der Digitalisierung zeigen, dass bereits viele erfolgreiche Initiativen und Referenzen umgesetzt sind. Aus Sicht des Autors besteht das Verbesserungspotenzial in der Umsetzungsgeschwindigkeit und in der Breite der Projekte, eingebunden in einen integrierten Gesamtplan zur digitalen Transformation.

Literatur

[Abu19] Abuelsamid, S.: Ford's Farley on building Mobility Technologie and Services amid Auto Industry Disruption, Forbes, 21.10.2019, https://www.forbes.com/sites/samabuelsamid/2019/10/21/fords-jim-farley-on-building-mobility-technology-services-and-brands/#219aa66899a8. Zugegriffen: 10. Mai 2020

[Arn19] Arnold, H.: 1 Mrd.Dollar für autonomes Fahren von Uber, Markt&Technik, 14.3.2019, https://www.elektroniknet.de/markt-technik/automotive/1-mrd-dollar-fuer-autonomes-fahren-von-uber-163400.html. Zugegriffen: 10. Mai 2020

[AUDI18] AUDI: Audi City, Audi MediaCenter. 11.8.2018, https://www.audi-mediacenter.com/de/pressemitteilungen/audi-city-6195. Zugegriffen: 10. Mai 2020

[Aut20] N.N.: Are online sales the future of automotive retail?, Autovista, 2020, https://autovistagroup.com/news-and-insights/are-online-sales-future-automotive-retail. Zugegriffen: 10. Mai 2020

[Bat19] Bathke, R.: Blockchain als Baustein für die Ladeinfrastruktur, ebergate messenger, 23.05.2019, https://www.energate-messenger.de/news/191973/blockchain-als-baustein-fuer-die-ladeinfrastruktur. Zugegriffen: 10. Mai 2020

[Bel19] Bellissimo, J., Foster, M., Curioni, A., et.al.: The Cognitivce Enterprise – Reinventing your company with AI, IBM White Paper, 2019, https://www.ibm.com/downloads/cas/GVENYVP5?cm_mmc=OSocial_Socialhub-_-Global+Business+Services_Digital+Strategy+and+iX-_-HK_HK-_-AI+DL&cm_mmca1=000037CJ&cm_mmca2=10000692. Zugegriffen: 10. Mai 2020

[Ber20] Berlin, C.: Platooning steht vor technischen und rechtlichen Herausforderungen, car IT, 10.2.2020, https://www.car-it.com/technology/platooning-steht-vor-technischen-und-rechtlichen-herausforderungen-211.html. Zugegriffen: 10. Mai 2020

[Bin20] Bingler, D., Finkler, M., Gode, A.: ERP und Robotic Process Automation (RPA) – Eine Einordnung, Bitkom Leitfaden, 2020, https://www.bitkom.org/sites/default/files/2020-04/200415_lf_rpa-und-erp.pdf. Zugegriffen: 10. Mai 2020

[Bon17] Bonnet, D., Puram, A., Buvat, J.: Organizing for digital: Why digital dexterity matters. Capgemini Consulting, https://www.capgemini.com/consulting/wp-content/uploads/sites/30/2017/07/digital_orgns_cover_08-12.pdf. Zugegriffen: 10. Mai 2020

[Bor20] Bork, H.: Vernetzte Autos und fahrerlose Taxis erobern Chinas Städte, Automobil-Industrie, 30.04.2020, https://www.automobil-industrie.vogel.de/vernetzte-autos-und-fahrerlose-taxis-erobern-chinas-staedte-a-928665/. Zugegriffen: 10. Mai 2020

[Bra19] Bratzel, S.: Connected car innovation studie 2019. Center of Automotive Management CAM, https://www.mobility-services-report.car-it.com, zugegriffen 15.04.2020

[BW17] BÜROWISSEN: bürowissen – Innovative Bürokonzepte, Fotogalerie; Google Zürich. https://www.buerowissen.ch/Zukunftsvisionen/Innovative-Burokonzepte-/#!prettyPhoto (2016). Zugegriffen: 10. Mai 2020

[Cou16] Coutris, J., Grouvel, A.: Automotive infotainment: How the OEMs contain the digital giants surge into the cockpit. Emerton Market insights. https://www.emerton.co/app/uploads/2016/10/Emerton-Connected-Mobility-Market-insights-Oct-2016.pdf (2016). Zugegriffen: 10. Mai 2020

[Dah19] Dahlmann, D.: Carsharing-Pleite: Warum Ford mit Chariot alles falsch gemacht hat, Gründerszene, 21.1.2019, https://www.gruenderszene.de/automotive-mobility/drehmoment-carsharing-ford-chariot?interstitial. Zugegriffen: 10. Mai 2020

[DeN19] DeNisco Raymone, A.: Uber vs. Lyft: We compare the two ride-hailing apps, CNET, 27.2.2020, https://www.cnet.com/news/uber-vs-lyft-we-compare-the-two-ride-hailing-apps/. Zugegriffen: 10. Mai 2020

[DD20] N.N.: DesignDoppel - Beispiele in Bildergalerie Firma designdoppel, Hamburg, 2020, https://www.designdoppel.de/portfolio-item/workshopergebnisse-illustriert/. Zugegriffen: 10. Mai 2020

[DLR20] N.N.: Auch CIMON-2 meistert seinen Einstand auf der ISS, Deutsches Zentrum für Luft- und Raumfahrt (DLR), 15.4.2020, https://www.dlr.de/content/de/artikel/news/2020/02/20200415_auch-cimon-2-meistert-seinen-einstand-auf-der-iss.html. Zugegriffen: 10. Mai 2020

[Duf20] Duffy, R.: Waymo, Ford lead Navigant's Automated Driving Leaderboard, TechBrew, 18.3.2020, https://www.morningbrew.com/emerging-tech/stories/2020/03/18/waymo-ford-lead-navigants-automated-riving-leaderboard, zugegriffen 10.5.2020

[Fag20] Faggella, D.: The Self-Driving Car Timeline – Predictions from the Top 11 Global Automakers, Emerj AI Research Company, 14.3.2020, https://emerj.com/ai-adoption-timelines/self-driving-car-timeline-themselves-top-11-automakers/. Zugegriffen: 10. Mai 2020

[FOR18] NN.: FordPass Connect, Broschüre zur App, https://www.asf-autoservice.de/wp-content/uploads/2019/01/Broschuere_FordPassConnect_Dezember-2018.pdf. Zugegriffen: 10. Mai 2020

[GM19] OnStar and IBM Watson COFFEE Option, GM Media, 22.3.2019, https://media.gm.com/media/us/en/gm/bcportal.html/currentVideoId/5192615229001/pnId/1/typeId/c/currentChannelId/Most%20Recent.html. Zugegriffen: 10. Mai 2020

[Ger17] Gerster, M.: Nutzung der Plattform: Daimler und Uber kooperieren. Automobilwoche. https://www.automobilwoche.de/article/20170131/NACHRICHTEN/170139981/nutzung-der-plattform-daimler-und-uber-kooperieren 31. Jan. 2017. Zugegriffen: 10. Mai 2020

[Gud20] Gudehus, H.: Disruption Ade? Aspekte der digitalen Transformation in der Versicherungswirtschaft, Independently published, 2.5.2020. Zugegriffen: 20. Mai .2020

[Gün19] Günnel, T.: Projekt Modellfabrik: Wie Continental sein Werk in Regensburg vernetzt, Industry of Things, 19.10.2019, https://www.industry-of-things.de/projekt-modellfabrik-wie-continental-sein-werk-in-regensburg-vernetzt-a-875175/. Zugegriffen: 10. Mai 2020

[Gui20] N.N.: Guidehouse Insights Leaderboard – Automated Driving Vehicles, Guidehouse Insights, 1Q2020, https://guidehouseinsights.com/reports/guidehouse-insights-leaderboard-automated-driving-vehicles?utm_content=buffereb595&utm_medium=social&utm_source=twitter.com&utm_campaign=buffer. Zugegriffen: 10. Mai 2020

[Hal19] Halder, S., Ghosal, A., Conti, M.: Secure OTA Software Update in Connected Vehicles: A survey, Cornel University, 1.4.2019, https://arxiv.org/pdf/1904.00685.pdf. Zugegriffen: 10. Mai 2020

[HaO20] Harry, O.: BMW launches online retail service which allows customers to buy a car in. under 10 minutes, CarDealer Magazine, 15.4.2020, https://cardealermagazine.co.uk/publish/bmw-launches-online-retail-service-which-allows-customers-to-buy-a-car-in-under-10-minutes/101735. Zugegriffen: 10. Mai 2020

[Har20] Hartwig, M., Stegmaier, D., Ringwald, R.: Truck-Platooning in Deutschland und den Niederlanden, Gutachten im Rahmen des Projektes I-AT Interregional Automated Transport, 01/2020, https://www.ikem.de/wp-content/uploads/2020/01/20200130-Gutachten-Truck-Platooning-DE.pdf. Zugegriffen: 10. Mai 2020

[Hen20] Henßler, S.: Olli 2.0: 3D-gedrucktes, elektrisches, autonom fahrendes Passagier-Shuttle, Elektroauto-News.de, 13.02.2020, https://www.elektroauto-news.net/2020/olli-2-3d-gedruckt-elektrisch-autonom-passagier-shuttle/, zugegriffen 20.03.2020

[Hon16] Hongwiwat, S.: Blockchain experiences. IBM Presentation. https://www.slideshare.net/suwath/ibm-blockchain-experience-suwat-20161027 27. Okt. 2016,zugegriffen: 10.05.2020

[Hor19] N.N.: Amazons Cloud-Sparte eröffnet Marktplatz für Daten, HORIZONT, 14.11.2019, https://www.horizont.net/tech/nachrichten/aws-amazons-cloud-sparte-eroeffnet-einen-marktplatz-fuer-daten-179029. Zugegriffen: 10. Mai 2020

[Hua20] N.N.: PSA baut "Connected Car" mit HUAWEI, Firmenvideo 2020, https://e.huawei.com/de/videos/de/PSA_baut_Connected_Car_mit_Huawei. Zugegriffen: 10. Mai 2020

[Kee20] Keeney, T.: Autonomous Ridehailing Could Be More Profitable Than We Had Modeled, ARK Invest, 19.2.2020, https://ark-invest.com/analyst-research/autonomous-ridehailing-fees/. Zugegriffen: 10. Mai 2020

[Kle19] Klebsch, W., Hallensleben, S., Kosslers, S.: Roter Faden durch das Thema Blockchain, VDE 2019, https://www.vde.com/resource/blob/1880776/1c616e33e550c2f387202e7b8b8ad53a/roter-faden-blockchain-download-data.pdf. Zugegriffen: 10. Mai 2020

[Kor19] Mett Olli 2.0, a 3D-printed autonomous shuttle, techcrunch, 31.8.2019, https://techcrunch.com/2019/08/31/come-along-take-a-ride/. Zugegriffen: 10. Mai 2020

[Köt20] Kötter, S.: Online Besuch im Autohaus, Auto Zeitung, 6.5.2020, https://www.autozeitung.de/auto-online-kaufen-195184.html. Zugegriffen: 10. Mai 2020

[Kni15] Knight, W.: Rebooting the automobile. MIT Technology Review. https://www.technology-review.com/s/538446/rebooting-the-automobile/ 23. Juni 2015, zugegriffen: 10.05.2020

[Kos19] Kossmann, M.R.: Sicherheit in der Mensch-Roboter-Interaktion durch einen biofidelen Bewertungsansatz, Dissertation TUM, angenommen 05.06.2019, https://mediatum.ub.tum.de/doc/1475085/44998.pdf. Zugegriffen: 10. Mai 2020

[Kre19] Kreimeier, N.: Digilabs deutscher Konzerne arbeiten näher am Kernprodukt, Capital, 18.6.2019, https://www.capital.de/wirtschaft-politik/digilabs-deutscher-konzerne-arbeiten-naeher-am-kernprodukt. Zugegriffen: 10. Mai 2020

[Lan16] Lang, K.: Alles, was digitalisiert werden kann, wird digitalisiert werden. Vortrag auf dem BME Procurement-Tag. https://www.bme.de/alles-was-digitalisiert-werden-kann-wird-digitalisiert-werden-1427/ 03. Febr. 2016. Zugegriffen: 10. Mai 2020

[LaP16] LaPlante, A., Sharma, B.: Architecting Data Lakes – Data Management for advanced business use cases. O'Reilly Media. https://www.oreilly.com/ideas/best-practices-for-data-lakes (2016). Zugegriffen: 10. Mai 2020

[Lip19] Liptak, A.: Elon Musk says that Teslas soon we be able to stream Netfliy and Youtube, TheVerge, 2019, https://www.theverge.com/2019/7/27/8932929/tesla-netflix-youtube-elon-musk-self-driving-in-car-display-watch-streaming-video. Zugegriffen: 10. Mai 2020

[43] [McK16] McKenna, D.: Making full vehicle OTA updates a reality. White Paper NXP, B.V. https://www.nxp.com/assets/documents/data/en/white-papers/Making-Full-Vehicle-OTA-Updates-Reality-WP.pdf (2016), zugegriffen: 10.05.2020

[Mob19] N.N.: The State of AV/ADAS at Mobileye/Intel, CES Präsentation, 2019, https://www. google.de/url?sa=t&rct=j&q=&esrc=s&source=web&cd=1&ved=2ahUKEwiW_ObN wZrpAhUYAWMBHX6PARIQFjAAegQIAhAB&url=https%3A%2F%2Fwww.intc. com%2Ffiles%2Fdoc_presentations%2F2019%2F01%2FMobileye_CES2019.pdf&usg=AOvV aw3miWvfZX11xyN0tiLH3TUs. zugegriffen 10. Mai 2020

[Mob20] N.N.: 2020 CES. Mobileye raise th bar, CES Videos, 9.1.2020, https://newsroom.intel.de/ news/2020-ces-mobileye-raises-the-bar/#gs.5uh5pf, zugegriffen 10. Mai 2020

[Pil17] Pillau, F.: Ford und Toyota: Open-Source-Standard für Apps, heise online, 04.01.2017, https://www.heise.de/autos/artikel/Ford-und-Toyota-Open-Source-Standard-fuer-Apps-3588339.html. zugegriffen 10. Mai 2020

[PSA20] Financial publications PSA Groupe. 2019 Financial Results, 26.02.2020, https://www. groupe-psa.com/en/publication/2019-annual-results/ . Zugegriffen: 10. Mai 2020

[PSA18] PSA: Freedom of Movement – Mobility by PSA, https://www.groupe-psa.com/en/story/ freedom-of-movement/. Zugegriffen: 10. Mai 2020

[Res20] N.N.: 40+ Corporations working on autonomous Vehicles, CBinsight Research Brief, 4.3.2020, https://www.google.de/url?sa=t&rct=j&q=&esrc=s&source=web&cd=19&ved =2ahUKEwjRlY3TypfpAhXd8OAKHYBZB4o4ChAWMAh6BAgJEAE&url=https%3A% 2F%2Fwww.cbinsights.com%2Fresearch%2Fautonomous-driverless-vehicles-corporations-list%2F&usg=AOvVaw3vH1W-fmEZtSnzBaoUz1Ld. Zugegriffen: 10. Mai 2020

[Rei20] Reichardt, M.: Here stellt Server für offenen Datenaustausch bereit, Automobil Industrie, 17.01.2020, https://www.automobil-industrie.vogel.de/here-stellt-server-fuer-offenen-datenaustausch-bereit-a-896824/. Zugegriffen: 10. Mai 2020

[Sax20] Saxena, A.: How AUTOSAR Adaptive Plattform is Assisting Automotive Mega Trends, eInfochips, 2020, https://www.einfochips.com/blog/how-autosar-adaptive-platform-is-assisting-automotive-mega-trends/. Zugegriffen: 10. Mai 2020

[ScM19] Schaffner, M.: Digital Transformation – Widerstände in produktive Dynamik über-führen, FOM Berlin, 25.11.2019, https://www.tekom.de/fileadmin/user_upload/Digitale-Trans-formation-und-Widerstand_Schaffner.pdf. Zugegriffen: 10. Mai 2020

[Sch19]Schiller, T., Andersen, N., Börsch, A., et.al.: Urbane Mobilität nd autonomes Fahren im Jahr 2035, Deloitte Studie, 09/2019, https://www2.deloitte.com/content/dam/Deloitte/de/ Documents/Innovation/Datenland%20Deutschland%20-%20Autonomes%20Fahren_Safe.pdf. Zugegriffen: 10. Mai 2020

[Sch18] Schlobach, M., Retzer, S.: Defining the Future of Mobility: Intelligent and Connected Vehicles (ICVs) in China and Germany, Deutsche Gesellschaft für Innternationale Zusammen-arbeit (GIZ) GmbH, Beijing, 2018, https://www.sustainabletransport.org/wp-content/ uploads/2018/09/Defining-the-Future-of-Mobility-ICVs-in-China-and-Germany-1-1.pdf. Zugegriffen: 10. Mai 2020

[Sha19] Shalev-Shwartz, S., Shammah, S., Shashua, A.: Vision Zero – on a Provable Method for Eliminating Roadway Accidents without Compromising Traffic Throuput, Cornell University, 17.1.2019, https://www.google.de/url?sa=t&rct=j&q=&esrc=s&source=web&cd=3&ved= 2ahUKEwjEzZKpy5rpAhWGwqYKHWdrAUcQFjACegQIAxAB&url=https%3A%2F%2Far xiv.org%2Fabs%2F1901.05022&usg=AOvVaw2jLS7uO9jujHz3aCXfjWL4. Zugegriffen: 10. Mai 2020

[ShR19] Shapiro, R.: 3 reasons chatbots are transforming the automotive industry, Martech, 25.1.2019, https://martechtoday.com/3-reasons-chatbots-are-transforming-the-automotive-industry-230115. Zugegriffen: 10. Mai 2020

[Sil19] Silberg, G., Mayor, T., Dubner, T., et.al.: The future of automotive reatiling, KPMG, Delaware, 2019, https://assets.kpmg/content/dam/kpmg/br/pdf/2020/01/br-futureautomotive. pdf. Zugegriffen: 10. Mai 2020

[Sou16] Soule, D., Puram, A., Westerman, G., et al.: Becomming a digital organization: The journey to digital dexterity. MIT Center of Digital Business, Working Paper #301. https://papers.ssrn.com/sol3/papers2.cfm?abstract_id=2697688 05. Jan. 2016, zugegriffen: 10.05.2020

[Spa20] Spatz, J.: Roboter arbeiten mit Menschen Hand in Hand, Line of Biz, 25.3.2020, https://line-of.biz/industrie-4-0-und-iot/roboter-arbeiten-mit-menschen-hand-in-hand/.   Zugegriffen: 10. Mai 2020

[Spi19] Spiekermann, M.: Chancen und Herausforderungen in der Datenökonomie, Bundeszentrale für politische Bildung (bpb), 7.6.2019, https://www.bpb.de/apuz/292341/chancen-und-herausforderungen-in-der-datenoekonomie. Zugegriffen: 10. Mai 2020

[Spr19] Spreitz, G., Zahir, A., Kropf, R.: Software for the Connected Car – A secure open source platform for an app-centric SW architecture, BVDI Wissensforum, 2019, https://www.vdi-wissensforum.de/news/software-for-the-connected-car/. Zugegriffen: 10. Mai 2020

[Tes20] N.N.: What's in Teslas's software update 2020.12.10. Tesletter, 22.04.2020, https://tesletter.com/2020-12-10-tesla-software-update/. Zugegriffen: 10. Mai 2020

[Wal20] Walch, K.: AI Revolutionizing The Museum Experience At The Smithsonian, Forbes, 26.3.2020,   https://www.forbes.com/sites/cognitiveworld/2020/03/26/ai-revolutionizing-the-museum-experience-at-the-smithsonian/#3238451c56fd. Zugegriffen: 10. Mai 2020

[Wal19] Walker, J.: Chatbot Comparison – Facebook, Microsoft, Amazon and Google, Emerj, 13.12.2019,   https://emerj.com/ai-sector-overviews/chatbot-comparison-facebook-microsoft-amazon-google/. Zugegriffen: 10. Mai 2020

[Wei19] Weinberg, U.: Design Thinking – Vom Innovationsmotor zum Kulturtransformator, Trend Report,   29.9.2019,   https://www.trendreport.de/design-thinking-vom-innovationsmotor-zum-kulturtransformator/. Zugegriffen: 10. Mai 2020

[Wes14] Westerman, G., Bonnet, D.: McAfffee: Leading digital – Turning technology into business transfromation. Harvard Business Review Press, Massachusetts (2014)

[Win16] Winterhoff, M., Keese, S., Boehler, C., et al.: Think act beyond mainstream digital factories. Roland Berger GmbH. https://www.rolandberger.com/publications/publication_pdf/roland_berger_tab_digital_factories_20160217.pdf (2016). Zugegriffen: 10. Mai 2020

Auto-Mobilität 2040

Die Ausführungen dieses Kapitels werfen einen Blick in das Jahr 2040 und wagen anhand einiger Beispiele eine Vision, wie sich die Umwelt, die IT, sowie Autoindustrie und Mobilität entwickeln könnten. Der futuristische Ausblick soll für die mit Hochdruck anlaufende digitale Transformation zusätzliche Ideen geben und besonders die Attitüde und den Mut stärken, weitreichend, innovativ und agil in kurzen Schritten voranzugehen. In der aktuellen Situation muss Schnelligkeit vor sorgfältigem Abwägen gehen. Es ist Zeit zum „Execute", wie es seinerzeit der IBM-CEO Lou Gerstner seiner Mannschaft in Zeiten großer Veränderungen einhämmerte. Nur in dieser Angehensweise besteht die Chance, dass die Goliaths bzw. die etablierten Hersteller sich weiter gegen die Davids bzw. die neuen Herausforderer durchsetzen.

Bei dem folgenden Ausblick ist die exponentielle Entwicklung der Technologien zu beachten, auch wenn das für Menschen eher schwierig zu prognostizieren ist, da wir lineares Denken gewohnt sind. Besonders herausfordernd werden Abschätzungen auch unter dem Aspekt, dass exponentielle Entwicklungen in vielen Technologie-bereichen wie in Vernetzung, Cloud, Prozessoren, Algorithmen, Daten und Nano-Materialen erfolgen, die dann zu extrem leistungsstarken und aufgrund der Skalierung preiswerten Lösungen zusammenwachsen [McA17]. Es werden mehrere exponentielle Entwicklungen gebündelt. Ein gutes Beispiel für diese Situation ist das Smartphone. Noch vor zwanzig Jahren hat kaum jemand diese Entwicklung und die Lösungs- und Nutzungsbreite kommen sehen. Die Komponenten waren damals unerschwinglich und das Gerät hätte mit der heutigen Leistungsfähigkeit die Größe eines Mehrfamilien-Kühl-schrankes gehabt. Diese Analogie einer Entwicklungsexplosion gilt es in die digitale Transformation der Industrie zu übertragen. Die sich häufenden Piloten, Projekte und Absichtserklärungen im Bereich der Mobilitätsservices, der Digitalen Dienste in den Infotainment-Units sowie die Aktivitäten aller Hersteller im Bereich Elektrofahrzeuge und autonomes Fahren vermitteln den Eindruck, dass sich die Entwicklungen seit Mitte

U. Winkelhake, *Die digitale Transformation der Automobilindustrie*, https://doi.org/10.1007/978-3-662-62102-8_10

der 2010er Jahre stark beschleunigen und der Knick der Exponentialkurve heraus aus dem allmählichen, stetigen Anstieg hin zum sehr steilen Verlauf erreicht ist, oder anders ausgedrückt, die zweite Hälfte des Schachbretts bespielt wird. Vor diesem Hintergrund trifft das Kapitel mutige Prognosen und bündelt sie in einem fiktives Day-in-a-Life Szenario eines Freiberuflers, der im „liquid work force" Modell arbeitet. Zunächst wird das Umfeld der Autoindustrie im Jahr 2040 und darüber hinaus beschrieben. Die anschließenden Prognosen basieren auf einigen Studien, ergänzt um Einschätzungen des Autors aufgrund seiner langjährigen Industrieerfahrung.

10.1 Umfeld

Die zunehmende Nutzung intelligenter IT-Technologie wie beispielsweise KI, Robotik, Automatisierung sowie 3D-Druck führt dazu, dass sich „Arbeit" zukünftig stark verändern wird [Win19]. Viele heute noch manuelle Arbeitsabläufe werden bald im Hintergrund automatisch ablaufen und die digitale Durchdringung aller Tätigkeiten ermöglicht eine Kooperation zwischen Robotern und Menschen. In diesem Umfeld sind andere Fähigkeiten und auch gesellschaftliche Einstellungen erforderlich. In einer Prognose zu den langfristigen Auswirkungen der digitalen Transformation auf die Arbeit bis zum Jahr 2050 unterscheidet eine umfassende Studie der Bertelsmannstiftung drei mögliche Szenarien, die Abb. 10.1 zusammenfasst.

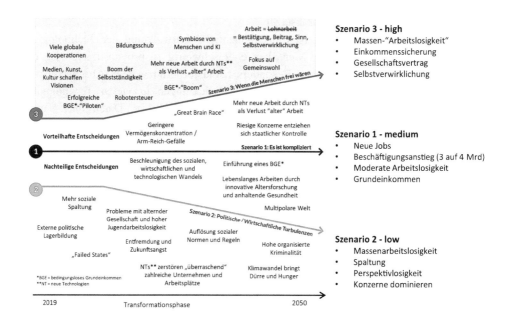

Abb. 10.1 Drei Szenarien zum Thema Arbeit 2050. (Nach [Sch19, Win19])

Das mittleren und nach Einschätzung des Autors wahrscheinlichste Szenario geht davon aus, dass mit der Digitalisierung zusätzliche neue Jobs entstehen, so der Kampf um Talente anhält und die weltweite Beschäftigungsanzahl von 3 Mrd. bis zum Jahr 2050 auf 4 Mrd. ansteigen wird, aber dennoch eine moderate Arbeitslosigkeit eher im bildungsschwachen Segment und bei der Jugend entsteht. Es ist eine neue Form des Grundeinkommens etabliert. Riesige nur schwer zu kontrollierende Konzerne bestimmen das Wirtschaftsgeschehen. Das pessimistische Szenario Nr. 3 geht davon aus, dass eine Massenarbeitslosigkeit entsteht, da nur noch 2 Mrd. Menschen Arbeit finden, aber es noch nicht gelungen ist, neue Formen der Einkommensabsicherung aufzusetzen. Die Spaltung der Gesellschaft in unterschiedlichen Aspekten wie Einkommen, Beschäftigung, Alter und Zugehörigkeit wächst. Viele Unternehmen und somit Arbeitsplätze werden durch Disruptoren vom Markt gedrängt. Dem steht im optimistischen Ausblick trotz Massenarbeitslosigkeit eine sehr ausgeglichene Gesellschaft gegenüber, da es gelungen ist, Arbeit und Selbstverwirklichung zu entkoppeln und neue Formen der Arbeit zu etablieren. Technologie, Umwelt und Menschen und auch die KI haben ihren Frieden in Co-Existenz gefunden. Die Einkommensabsicherung muss dazu auf neuen Konzepten aufbauen und wird beispielsweise mithilfe einer Roboter- oder Finanztransaktions-Steuer finanziert [Pre18]. Der Bevölkerungsanteil der Senioren nimmt stetig zu. So wächst der Anteil der über Siebenundsechzig-jährigen in Deutschland kontinuierlich weiter und macht im Jahr 2050 insgesamt 26 % der dann 78 Mio. Einwohnern aus [bpb19]. Roboter sind im Haushalt und auch in der Pflege etabliert und Einkaufsdrohnen liefern gewünschte Waren kurz nach der Bestellung am vereinbarten Übergabepunkt ab. Kreditkarten und Bargeld sind abgeschafft und die Zahlung erfolgt mit einem persönlichen ID-Chip, der optional auch einoperiert sein kann. Telemedizin ersetzt Arztbesuche, da eine umfassende Sensorik den Gesundheitszustand kontinuierlich auch bereits im „Smart Home" überwacht. Diese Daten werden auch genutzt, um dem Essen aus dem 3D-Drucker die individuell benötigten Vitamine und Wirkstoffe zuzumengen.

Computer für einen Preis von unter eintausend Dollar verfügen über eine Rechenleistung von über eintausend menschlichen Gehirnen und der Zeitpunkt der Singularität ist überschritten [Kur01]. Speicherplatz und Netzbreite stehen in ausreichendem Maße kostenlos überall zur Verfügung. E-Mails sind im Jahr 2040 verschwunden und durch Echtzeitkommunikation ersetzt. Über neuartige Mensch-Maschine-Schnittstellen steuern Menschen durch Gedanken und Gestik digitale Assistenten [Har16]. Diese organisieren auch virtuelle Treffen zur Kommunikation und zum gemeinsamen Arbeiten im Metaversum. Kognitive Lösungen bilden sich selbst weiter und lernen kontinuierlich dazu. Impulse dazu und auch zu Erweiterungen in neue Wissensgebiete werden im einfachen Sprachdialog mitgeteilt und so „programmiert". Blinde Menschen können wieder „sehen", indem Lese- und Navigationssysteme Informationen über die Mensch-Maschine-Schnittstelle an das Hirn übertragen. Neuronale Implantate unterstützen menschliche Organe und gleichen Schwächen beim Sehen, Hören und Schmecken aus [Har18].

Diese visionären Beispiele, wie sich die Welt bis 2040 weiterentwickeln wird, charakterisieren auch das Umfeld der zukünftigen Automobilindustrie. Nachdem im

Abschn. 5.3 bereits ein Ausblick auf das Jahr 2030 gegeben wurde, folgt eine Prognose für das Jahr 2040.

10.2   Elektroantrieb und autonomes Fahren

- Der Anteil von Elektrofahrzeugen im Neuwagengeschäft beträgt mindestens 50 % [Sco19]. Aus Sicht des Autors ist unter Beachtung der Klimasituation, der resultierenden Emissionsauflagen, der Fortschritte in der Batterietechnologie und dem Fokus der Hersteller ein Wert von deutlich über 50 % zu erwarten. Brennstoffzellen werden beherrschbar und wirtschaftlich und setzen sich als Technologie für E-Antriebe durch.
- Autonom fahrende Autos machen einen Anteil von 50 bis 70 % des Verkehrs aus [Lit20, Piz19].
- Über 90 % der autonomen Fahrzeuge werden als Robotaxis im Bereich der Mobilitätsservices eingesetzt. Diese sind preiswert und komfortabel zu nutzen und drängen so den privaten Autobesitz weiter zurück.
- Autonome Autos fahren mit gleichmäßiger Geschwindigkeit, sodass Staus und Unfälle der Vergangenheit angehören. Bei Fahrten über längere Distanz finden sich Fahrzeuge zu Platoons zusammen und optimieren so Platzbedarf und Verbrauch.
- Aufgrund der drastisch reduzierten Unfallzahl fehlt Serviceanbietern, Gutachtern und auch Rechtsanwälten ein erheblicher Umsatzträger. Die Berufe werden zunehmend durch innovative kognitive Technologien ersetzt.
- Die autonomen Fahrzeuge überwachen ihren Servicebedarf und melden sich selbstständig zu den noch selten erforderlichen Werkstattbesuchen an. Ein erheblicher Serviceanteil wird durch Miniatur-Wartungsroboter erbracht, die in die Fahrzeugkomponenten dauerhaft integriert sind und sich bedarfsweise aktivieren (vergl. Abschn. 4.10).
- Ein wichtiges neues Geschäftsfeld im Aftersales ist die Säuberung und die Überwachung der Robotaxis, neue Aufgaben, ähnlich den „Juicern" bei heutigen eScootern.
- Die Anzahl der Fahrzeuge auf den Straßen nimmt deutlich ab, ebenso der Parkraumbedarf; Parkplätze werden zu Grünanlagen.
- Trotz sinkender Höchstgeschwindigkeiten der autonomen Autos steigt die Durchschnittsgeschwindigkeit. Durch die gleichmäßige Fahrt reduzieren sich Umweltbelastungen durch Verbrauchs- und Lärmreduzierung.

10.3   Marktveränderung

- Der Klimawandel ist nicht gestoppt und der Druck auf Klimaneutralität wächst. Innerlandflüge sind verboten und es findet eine Konsolidierung von Flughäfen statt [All19].

- Fahrzeugbesitz wird nur noch für wenige Jahre in einigen „emerging" Ländern als erstrebenswert angesehen.
- Städte sind emissionsfrei und die Einfahrt mit Fahrzeugen mit Verbrennungsmotor ist in Innenstadtbereichen untersagt.
- Annähernd die Hälfte der Straßen in den Städten ist nicht für Autos zugelassen, sondern für Fahrrädern, Scooters und eBoards reserviert.
- Privater Fahrzeugbesitz ist fokussiert auf Nischensegmente wie Sport- und Vintagefahrzeuge. Die Besitzer organisieren sich als Liebhaber in Nutzergruppen durch Kommunikation und Austausch in virtuellen Räumen.
- Das Volumen an Neuzulassungen pro Jahr wird aufgrund der höheren Nutzungsgrade der Sharingmodelle um mindestens 20 % sinken. Im Jahr 2020 hat sich der weltweite Fahrzeugverkauf aufgrund der Corona-Pandemie um über 20 % auf unter 70 Mio Einheiten reduziert [Way20]. Nach einem erneuten Anstieg nach einer wirtschaftlichen Erholung wird das Volumen nach 2040 auf deutlich unter 60 Mio. Einheiten zurückgehen.
- Die Umsatzstruktur der Hersteller wird sich erheblich verändern. Der reine Fahrzeugverkauf wird nur noch maximal 50 % des Geschäftsvolumens ausmachen, während der Rest aus Service und neuen Themen wie beispielsweise aus dem Handel mit Daten und APIs und auch Vermittlungsgebühren kommen wird.
- Der Autohandel findet im Wesentlichen über herstellerunabhängige Portale in virtuellen Showräumen online statt. Anstelle der Autohändler wird es Distributionszentren geben, aus denen sich die Fahrzeuge mit hohem Anteil autonom fahrend selbst an Kunden ausliefern. Die Anzahl der Händler und Servicehäuser ist mindestens um 30% reduziert.
- Für Männer in der Midlife-Crisis lösen Flugdrohnen den Porsche als Prestigesymbol ab. Die Drohnen verfügen über klimaneutralen Antrieb.
- Viele Alltagskrankheiten haben sich reduziert, da der mit dem Autofahren verbundene Stress entfallen ist. Aufgrund geringerer Fehlzeiten steigt die verfügbare Arbeitskapazität.

10.4   Mobilitätsservices und Fahrzeugausstattung

- Neben großen internationalen Anbietern von Mobilitätsservices etabliert sich privates Peer-to-Peer Sharing, bei dem Einige aus der verbleibenden kleinen Gruppe von privaten Autobesitzern ihr autonom fahrendes Auto mit anderen teilen, wenn sie ihr Fahrzeug nicht benötigen, um so einen höheren Deckungsbeitrag zu erzielen.
- Die Abwicklung des Carsharings erfolgt automatisch bargeldlos im Hintergrund auf Basis von Blockchain-Technologien.
- Aufgrund der attraktiven Preise und der komfortablen Nutzungsmöglichkeiten getrieben durch Robotaxis wird Carsharing zum bestimmendem innerstädtischen Mobilitätsmittel. Dadurch schwächt sich der Urbanisierungstrend ab, da die Anbindung ländlicher Gebiete problemlos möglich ist.

- Neben professionellen Anbietern von Sharing-Services entwickeln sich neue Modelle. Beispielsweise sind Fahrzeuge Teil der Infrastruktur in Wohnbezirken oder Sharing wird Teil von großen Einkaufszentren, einer Massagebehandlung oder von Fitness-services während der Fahrt.
- Die Geschäftsstruktur des Aftersales hat sich komplett verändert. Nur noch 30 % des Umsatzes wird mit traditionellen Servicearbeiten erzielt. Die „Fürsorge" für die Robotaxis mit dem Betrieb von Ladefeldern, der Reinigung und pro-aktiven Wartungsarbeiten ist ein wichtiges neues Geschäftsfeld. Eine weitere Geschäfts-chance ergibt sich im Bereich Recycling und dem „Schürfen" und Verkauf wertvoller Rohmaterialen aus zu verschrottenden Fahrzeugen. Der Aftersales ist auch beteiligt am Datenhandel und mit der Vermittlung intermodaler Mobilitätsservices.
- Die Ausführung und Ausstattung der autonomen Fahrzeuge unterscheidet sich massiv von den traditionellen Ausführungen mit Lenkrad und starrer Sitzausrichtung. Die Autos werden zu rollenden Clubhäusern, Restaurants, Meeting- und Familienräumen mit Spieltisch in der Mitte [Way15]. Auch Ausstattungen als Kino, Arztpraxis und Klassenzimmer sind möglich.
- Die Ausstattung von Fahrzeugen mit Grünpflanzen wird zu einem bedeutenden Umsatzträger für Gärtnereien

10.5   Innovative Prozess- und Produktionsstrukturen

- Die Fahrzeugproduktion wird sich in zwei Richtungen entwickeln: Kundenspezi-fische Modelle mit großem Ausstattungsluxus entstehen in flexiblen Fertigungszellen. Massenprodukte für die Standard-Mobilität werden wie bisher getaktet auf flexiblen Montagelinien gefertigt.
- Ersatzteile werden mit einem Anteil von über 70 % in 3D Druck-Technologie lokal in Servicehubs bedarfsweise gefertigt und so Logistikkosten und Bestände vermieden.
- Geschäftsprozesse sind unter umfassender Datennutzung zu einem Anteil von 80 % auf Basis mitdenkender IT-Lösungen automatisiert.
- Die Entwicklung von Fahrzeugen erfolgt großenteils automatisch durch „Robo-Ingenieure" bzw. mitdenkende IT-Lösungen. Tests erfolgen virtuell und Prototypbau ist nur noch reduziert erforderlich.
- Aufgrund der gleichmäßigen und kontinuierlichen Fahrweise der Robotaxis erhöht sich die Laufleistung der Fahrzeuge. Die veränderten Nutzungs- und Lastprofile sind bei Auslegung der Bauteile zu beachten.
- Fahrzeuge werden aufbauend auf einer zentralen IT-Einheit entwickelt. Diese dominiert das Fahrzeug mit Motorleistung, Fahreigenschaften, Ausstattung und Integration. Damit hat sich das „software defined vehicle" etabliert. Dazu gehört auch, dass bestimmte Ausstattungsmerkmale oder ein spezielles Leistungsverhalten per Software freigeschaltet und bedarfsweise bezahlt werden.

- Bei den Connected Services wird nicht mehr zwischen Fahrzeug, Smartphone oder Computer unterschieden. Es besteht eine einheitliche Nutzer-ID, mit der die Kunden ihre persönliche Softwareumgebung jederzeit voll synchronisiert nutzen können – auch in Leihwagen oder in der IT-Umgebung eines Hotels.
- Es ist eine übergeordnete, intermodale Verkehrssteuerung etabliert (vergl. Abschn. 6.2.2) Diese übernimmt in kontinuierlicher Verbindung mit den Fahrzeugen, der Infrastruktur, öffentlichem Verkehr und auch den Kunden die ganzheitliche Optimierung beispielsweise mit den Parametern Fahrzeit, Auslastung und Stauvermeidung. Die Steuerung kann auch zulässige Fahrrichtungen von Straßen flexibel dem Bedarf anpassen. Verkehrszeichen, Ampeln und Verkehrsleitsysteme sind nur noch unter historischen Aspekten interessant.

Diese Vision zur Automobilindustrie im Jahr 2040 zeichnet sich in einigen der genannten Themenfelder bereits deutlich ab, beispielsweise in den Bereichen Elektroantrieb und autonomes Fahren. Daher werden viele der Prognosen mit hoher Wahrscheinlichkeit eintreffen und die Automobilhersteller sollten ihre Initiativen und Projekte im Bereich der Digitalisierung an diesen Perspektiven ausrichten. Ähnliches gilt für zukünftige Fahrzeugdesigns und besonders für die Neugestaltung des Innenraums, der sich mit dem autonomen Fahren grundsätzlich verändert. Zur Veranschaulichung zeigt Abb. 10.2 Studien einiger Fahrzeugmodelle im Jahr 2040.

Das Bild fasst unterschiedliche Aspekte futuristischer Fahrzeuge zusammen. Im oberen Teilbild fällt die Innenausstattung und die Ausrichtung der Sitze auf. Die vier Nutzer sitzen sich gegenüber, tragen Virtual-Reality-Brillen und bewegen sich offenbar

Abb. 10.2 Vision Autos 2040. (nach [Hoo20, IoT19])

in unterschiedlichen Welten. Im unteren Teilbild sind zwei Konzepte zu „Flug-Autos" gezeigt. Dieser Ansatz wird zunehmend interessant und wird, wie das rechte Bild zeigt, in Kooperation von Auto- und Flugzeugindustrie gemeinsam verfolgt. Im Beispiel kooperieren Audi und Airbus, sicher für beide Unternehmen eine interessante Entwicklung. So könnte im Jahr 2040 intermodale Mobilität auch eine Flugoption umfassen und so noch mehr Flexibilität bieten.

10.6 Day-in-a-Life einer „Liquid Workforce"

Der Blick in die Zukunft wird im Folgenden durch ein fiktives Day-in-a-Life-Szenario ergänzt und so das Zusammenspiel auch dieser zukünftigen Entwicklungen verdeutlicht. In der Beschreibung des Tagesablaufes geht es um Ernst, einen dreißigjährigen Single und selbstständigen Programmierer in der IT-Branche, spezialisiert auf Virtual Reality-Simulationen im Einrichtungsbereich von Wohnungen und Büros. Er arbeitet als freier Unternehmer in unterschiedlichen Projekten für wechselnde Kunden. Hier der Tagesablauf von Ernst:

- Wecken 06:28; die Uhrzeit hat der persönliche digitale Assistenten mit Blick auf den Kalender und unter Beachtung der Vorlieben von Ernst selbstständig gewählt.
- Zunächst stehen sechs Kilometer Joggen auf dem Hometrainer an. Während des Laufens werden die Körperfunktionen überwacht und über den implantierten „health chip" aktuelle Blutwerte an das virtuelle Krankenhaus als Basis der kontinuierlichen Gesundheitsüberwachung übermittelt. Durch die Nutzung des Chips konnte Ernst in den „proactive Tarif" wechseln und die Kosten seiner Krankenversicherung um 20 % senken.
- Der Chip trägt auch die per Funk übertragbare verschlüsselte persönliche ID von Ernst, die vielfältig genutzt wird, beispielsweise als Basis von Bezahlservices und auch für „walk trough"-Grenzkontrollen, an denen mittlerweile achtzig Staaten teilnehmen. Die ID dient zudem als Basis zur Vermarktung persönlicher Daten für Mobilitätsserviceanbieter, Versicherungen, Banken und auch Retailer.
- Nach dem Duschen steht um 07:55 Uhr das Robotaxi eines Restaurants für die Fahrt zu einem Meeting vor der Tür. Der Frühstückstisch im Fahrzeug ist gedeckt. Den gewünschten Cerealien sind einige individuelle Zusatzstoffe beigemischt, deren Dosierung über die Analyse der zuvor erfassten Gesundheitsdaten erfolgte. Frisch gebrühter Kaffee und ein frischer Obstsalat gehören ebenfalls zum Frühstück.
- Gefrühstückt wird während der Fahrt. Auf einem Großbildschirm verfolgt Ernst aktuelle Nachrichten, die auf Basis seiner bisherigen Interessen und seiner Vorlieben speziell für ihn konfiguriert sind. Besonders interessant ist der Bericht über die erste Marsgemeinde, die auch Erdbewohnern Grundstücke zum Kauf anbietet. Elon Musk hat seine Vision umgesetzt.
- Nach staufreier Fahrt trotz traditioneller Rush-Hour Ankunft um 08:12 an einem Shared Office. Die Adresse des Büros hatte der persönliche Assistent von Ernst der

Steuerung des Robotaxis zusammen mit den Frühstückswünschen beim Abruf mitgeteilt.

- Im Büro findet das Treffen mit drei weiteren Selbstständigen statt, die gemeinsam
  als „Liquid Workforce" (vergl. Abschn. 3.6.2) in einem Projekt zur Ausstattung eines
  neues Bürogebäudes mit Vintage-Möbeln arbeiten. Die drei Kollegen sind Innen-
  ausstatter, Stoff- und Holzexperten. Es geht um die finale Abstimmung des Designs
  für Sitzmöbel. Prototypen entstanden auf Basis der Ergebnisse des virtuellen Brain-
  stormings am Vortag über Nacht im 3D-Druckverfahren. Zum Test der Funktionalität
  und der Haptik der mitgebrachten Stoff- und Holzmuster trifft man sich persönlich
  im Büro. Kreatives Arbeiten erfordert weiter Menschen und lässt sich noch nicht an
  KI basierte Lösungen delegieren. Das Team passt das Design im virtuellen Raum
  zum besseren Nachempfinden der realen Werkstoffe an. Zwischenschritte der Arbeit
  werden mehrmals remote mit dem Kunden im virtuellen Showroom des Projektes
  abgestimmt. Endlich ist die Arbeitsgruppe und der Kunde zufrieden und startet den
  3D-Druck eines historischen Schreibpults und einer „Stressless"-Liege.
- Mittlerweile ist es 11:15. Der virtuelle Assistent des Teams hat ein Treffen mit dem
  Kunden im neu gebauten Bürohaus terminiert, um die Möblierung vor Ort final abzustimmen – allerdings erst um 15:30.
- Das Team beschließt, die sich ergebende Pause gemeinsam zu verbringen und in
  einem nahegelegenen Kochstudio ein Mittagessen mit frischen Zutaten selbst zuzu-
  bereiten. Der digitale Assistent bucht den Termin im Studio und macht Menüvor-
  schläge. Man wählt Thai-Curry-Chicken mit frischem Salat.
- Basiszutaten wie Reis und Gewürze werden automatisch bestellt und an den
  reservierten Küchenplatz geliefert. In der Zwischenzeit teilt sich das Team auf, um die
  frischen Zutaten zu besorgen. Zwei Robo-Taxis warten vor der Tür. Zwei Kollegen
  besorgen beim Geflügelhof das Bio-Hühnchen, während Ernst und Kollege zum
  nahen „Kräutergarten" fahren, eine große Gartenanlage auf dem ehemaligen Parkplatz
  einer Autofabrik, die heute als Museum dient.
- Um 11:45 am Garten angekommen, warten bereits die vorgebuchten Fahrräder, um
  damit zur eigenständigen Ernte auf die Felder zu fahren – eine willkommene outdoor
  experience. Mit frischem Gemüse und Salat geht es aus Fitnessgründen mit dem Fahrrad zurück bis zum Kochstudio. Ankunft 12:50.
- Und nun verkürzend: Das Kochen unter Nutzung der virtuellen Anweisungen war
  teambildend und erfolgreich. Nach dem Essen ist man um 15:05 wieder im Büro, wo
  der 3D-Druck der Mustermöbel mittlerweile abgeschlossen ist. Mit einem Großraum-
  Robotaxi fährt man zum Büro-Neubau.
- Das Team zeigt dem Kunden die Exponate mit den naturgetreu abgebildeten Holz-
  und Stoffstrukturen. Ergänzend zu diesen Eindrücken startet Ernst seine Virtual
  Reality Show zur Gesamtausstattung des Hauses. Der Kunde gewinnt über Holo-
  gramm-Darstellungen   wirklichkeitsnahe   Eindrücke   der   Gesamteinrichtung.
  Auch Geräuschkulissen werden eingespielt. Im Dialog mit dem Kunden erfolgen

Änderungen am Entwurf, die direkt in der virtuellen Welt erscheinen und direkt in das leere Gebäude projiziert werden.

- Gegen 17:15 hat man das Gesamtkonzept finalisiert und das Ergebnis dokumentiert. Die automatisch generierten Entwürfe, Stücklisten und Ausstattungsdaten gehen unmittelbar als Ausschreibung an drei Anbieter und man erbittet Angebote zur Generalunternehmerschaft. Um 18:10 steht das letzte Angebot im virtuellen Projektraum zur Verfügung. Der Kunde holt den Entscheiderkreis des Unternehmens in den virtuellen Raum. Fünf weitere Kollegen schalten sich von unterschiedlichen Arbeitsplätzen verteilt in der Welt dazu, um den Entwurf und die Angebote zu beurteilen und zu entscheiden. Um 19:10 ist der Auftrag vergeben.

- Das Projektteam hatte sich gegen 18:15 Uhr verabschiedet. Auf der Rückfahrt zu seiner Wohnung wird Ernst in ein virtuelles Meeting gebeten. Aufgrund seiner Referenzen war er unmittelbar in einen „RFQ-Space" gelinkt worden, um an einer Ausschreibung teilzunehmen. Ernst initiiert seinen digitalen Assistenten, um Informationen zu dem Angebot innerhalb von zwölf Stunden zusammenzustellen, auf denen er am nächsten Morgen aufsetzen kann.

- Im Hintergrund erstellt der digitale Assistent von Ernst die Abrechnung der Serviceleistungen für das Bürodesign und sendet sie über einen Blockchain gesteuerten Prozess an den Bezahlautomaten des Auftraggebers.

- Mittlerweile 19:10 entscheidet sich Ernst spontan, an der Geburtstagsparty eines Freundes in einem Resort in 120 km Entfernung teilzunehmen. So wartet auf Ernst eine Flugdrohne. Unterwegs steht Ernst mit seinem Assistenten im Austausch, um die Vorarbeiten für sein Angebot zu steuern. Der Flug reicht auch noch, um eine E-Learning-Einheit zu einem Technikkonzept zu absolvieren, das für die neue Ausschreibung relevant ist.

- Gegen 20:00 Uhr erreicht Ernst die Party. Als Geschenk überreicht er einen Gutschein für eine „Vintage-Fahrt" in einem Oldtimer mit Schaltgetriebe. Da das Geburtstagskind keine Fahrerfahrung hat, gehört eine Fahrstunde inkl. Fahrlehrerbegleitung dazu. Das exotische Geschenk kommt sehr gut an.

- Auf der Party begegnet Ernst auch vielen Menschen das erste Mal. Eine Brillenkamera sendet Aufnahmen an seinen digitalen Assistenten, der im Hintergrund Recherchen vornimmt und Ernst über seinen mini in-ear Lautsprecher gewünschte Detailinformationen zu den Personen gibt.

- Gegen 22:30 entschließt sich Ernst, sich eine off-Zeit zu nehmen und entkoppelt sich von der virtuellen Welt. Er möchte sich auch in Erinnerung an alte Zeiten über traditionelle Dialoge und direktes Erleben freuen.

- Am Ende der Party geht es per Flugdrohne zurück – ein langer, erlebnisreicher Tag.

Dieses in mancher Hinsicht sicher überspitzte Szenario veranschaulicht die Durchdringung von Digitalisierung, neuen Formen der Mobilität und innovativen Arbeitskonzepten bei gleichzeitiger Fokussierung auf gesunde Ernährung und ausgewogene

Work/Life Balance im Jahr 2040. Erkennbar wird aber auch die zunehmende Schnelligkeit und Häufigkeit der Interaktionen.

10.7   Fazit

In dieser Weise wird die Digitalisierung alle privaten und geschäftlichen Bereiche durchdringen und nachhaltig verändern. Dieser Prozess ist unaufhaltsam und erfolgt exponentiell. Es ist alternativlos, sich dieser Tatsache zu stellen und aktiv und gestalterisch dabei zu sein. Dazu kommen in der Automobilindustrie viele weitere Veränderungen wie beispielsweise neue Antriebsformen, veränderte Fertigungsverfahren und innovative Materialien hinzu. Besonders getrieben durch den Klimawandel ändert sich auch das Kundenverhalten. Die Autos müssen möglichst schnell klimaneutral sein und oft sind anstelle Autobesitz komfortable Mobilitätsservices gefragt. Dabei wird das Auto zu einem fahrenden IT-Device, das sich vollständig in die Smartphone getriebene „App-Welt" und in voller Vernetzung mit anderen Fahrzeugen und das Umfeld integriert. Viele Neueinsteiger sehen diesen Umbruch als Chance, um mit innovativen Ansätzen Marktanteile in dieser traditionellen über hundertjährige Industrie zu gewinnen. Chinesische Unternehmen beanspruchen die Führung bei Elektroantrieben und besonders auch beim autonomen Fahren und bestätigen diese Zielsetzung mit beeindruckenden Fortschritten und ersten Piloten. Technologiefirmen nutzen ihre IT-Erfahrung und die etablierten Plattformen und dringen in die neuen Daten- und KI-basierten Geschäftsfelder ein. Tesla gibt ohnehin gerade in vielen Aspekten wie Reichweite, car IT und online Handel den Benchmark vor. Um diesen massiven Wettbewerb und diesen Tsunami an Veränderungen zu bestehen, müssen die etablierten Unternehmen mit Schnelligkeit, Agilität, Innovationsfreudigkeit und Risikobereitschaft vorangehen. In Hinblick auf die zunehmend stürmische Entwicklung muss zur Erhaltung der Wettbewerbsfähigkeit die Umsetzung beschleunigt und das oft noch anzutreffende zögerliche Vorgehen abgestellt werden. Es gilt Entrepreneurship vor sorgfältiges vielfaches Abstimmen zu stellen. Nur mit diesem Verhalten gelingt es den etablierten Herstellern, den Goliaths, gegen die neuen Herausforderer, die Davids, erfolgreich zu bestehen. Damit würden hoffentlich einige Prognosen nicht eintreffen, demzufolge die Hersteller wegen des Fehlens genau dieser Eigenschaften bei disruptiven Veränderungen keine Chance haben und deshalb immer der David gewinnt [Chr17, Gla15].

Literatur

[All19] Allwood, J.M., Dunant, C.F., Lupton, R.C., et.al.: Absolute Zerp – Delivering the UK's climate change commitment with incremental changes to today's technologies, ukfires, 29.11.2019, https://www.ukfires.org/wp-content/uploads/2019/11/Absolute-Zero-online.pdf, zugegriffen 20.05.2020 [bpb19] N.N.: Zahlen und Fakten – Die soziale Situation in Deutschland, Bundeszentrale für politische Bildung (bpb), 19.9.2019, https://www.bpb.de/nachschlagen/zahlen-und-fakten/soziale-situation-in-deutschland/61541/altersstruktur, zugegriffen 20.05.2020

[Chr17] Christensen, C.: Disruptive Innovation – Key concepts. https://www.claytonchristensen.com/key-concepts/ (2017). Zugegriffen: 20.05.2020

[Gla15] M Gladwell 2015 David and Goliath – underdogs, misfits, and the art of battling giants Back Bay Books New York

[Har16] YN Harari 2016 Homo deus – A brief history of tomorrow Pengiun Random House London

[Har18] Harari, Y N..: 21 Lessons for the 21st Century, Spiegel & Grau, 2018

[Hoo20] Hood, B.: This Stylish New Flying Car Concept Was Inspired by Old Ferrari F1 Racers, RobbReport, 9.1.2020, https://robbreport.com/motors/aviation/this-stylish-new-flying-car-concept-was-inspired-by-old-ferrari-f1-racers-2891780/, zugegriffen 20.05.2020

[IoT19] N.N.: Audi, Airbus and Ital Design test flying taxi concept, IoT Automotive News, 2019, https://iot-automotive.news/audi-airbus-and-italdesign-test-flying-taxi-concept-2019/, zugegriffen 20.05.2020

[Kur01] Kurzweil, R.: Homo sapiens: Leben im 21. Jahrhundert – Was bleibt vom Menschen? 4. Aufl. Ullstein Taschenbuch, Berlin (2001)

[Lit20] Litman, T.: Autonomous Vehicle Implementation Prediction, Victoria Transport Policy Institute, 24.3.2020, https://www.vtpi.org/avip.pdf, zugegriffen 20.05.2020

[McA17] McAffee, A., Brynjolfsson, e.: Machine Platform Crowd – Harnessing Our Digital Future, Norton & Company, 2017

[Piz19] Pizzuto, L., Thomas, C., Wang, A., et.al.: How China will help fuel the revolution in autonomous vehicle, McKinsey, Januar 2019, https://www.mckinsey.com/~/media/McKinsey/Industries/Automotive%20and%20Assembly/Our%20Insights/The%20future%20of%20mobility%20is%20at%20our%20doorstep/The-future-of-mobility-is-at-our-doorstep.ashx, zugegriffen 20.05.2020

[Pre18] Precht, R.D.: Jäger, Hirten, Kritiker – Eine Utopie für die digitale Gesellschaft, Goldmann, 2018

[Sch19] Schnell, S.: Arbeit 2050 – Die Zukunft der Arbeit ist näher als man denkt, Business User, 25.4.2019, https://business-user.de/arbeitswelt/arbeit-2050-die-zukunft-der-arbeit-ist-naeher-als-man-denkt/, zugegriffen 20.05.2020

[Sco19] Scott, M,: Electric Models To Dominate Car Sales By 2040. Forbes, 10.6.2019, https://www.forbes.com/sites/mikescott/2019/06/10/electric-models-to-dominate-car-sales-by-2040-wiping-out-13m-barrels-a-day-of-oil-demand/#4210e3ef342e, zugegriffen 20.05.2020

[Way20] Wayland, M.: Led by US, global auto sales expected to plummet 22% in 2020 due to coronavirus, CNBC, 21.4,2020, https://www.cnbc.com/2020/04/21/global-auto-sales-expected-to-plummet-22percent-in-2020-due-to-coronavirus.html, zugegriffen 20.05.2020

[Way15] Wayner, P.: Future Ride Version 2.0, 2. Aufl. CreateSpace Independent Publishing Platform 14. Apr. 2015

[Win19] Wintermann, O., Daheim, C.: Arbeit 2050 – von drei Szenarien zu Handlungsoptionen heute, Bertelsmann Stifung, 10.4.2019, https://www.zukunftderarbeit.de/2019/04/10/arbeit-2050-von-drei-szenarien-zu-handlungsoptionen-heute/, zugegriffen 20.05.2020

Glossar

3D-Chip 3D-Chiparchitekturen – dreidimensional aufeinander gestapelte Chips – bieten einen vielversprechenden Weg, um die Energieeffizienz und Leistung von Computern zukünftig zu steigern. Diese Architekturen reduzieren die Chip-Grundfläche, verkürzen die Datenverbindungen und erhöhen die Bandbreite für die Datenübertragung im Chip um ein Vielfaches (IBM Zürich).

3D-Druck ist ein generatives Fertigungsverfahren (im Gegensatz zu abtragenden Fertigungsverfahren) zur Herstellung dreidimensionaler Körper aus Kunststoff, Metall oder Keramik. Es wird daher auch als additives Fertigungsverfahren oder Additive Manufacturing (AM) bezeichnet. Der Werkstoff wird auf Basis eines digitalen Modells des herzustellenden Bauteils computergesteuert aus pulverförmigem oder flüssigem Material schichtweise aufgetragen und mittels Aushärtung oder Verschmelzung verfestigt.

Additive Manufacturing - > 3D-Druck.

Agile Projektmanagementmethoden werden in bereichsübergreifend arbeitenden Teams eingesetzt, um schnelle Projekterfolge zu erzielen. Bekannte Beispiele sind - > Design Thinking und - > Scrum.

API steht für Application Programming Interface, (Anwendungs Programmierschnittstelle). Die API ist eine für Programmierer wichtige Schnittstelle zwischen dem zu programmierenden Gerät (z. B. Betriebssystem) und dem Programm. So ist es möglich, durch einfache Befehle komplexe Funktionen auszulösen (Computer Lexikon).

App bedeutet Application Software, also Anwendungssoftware. Ein Anwendungssystem ist ein Softwaresystem zur Durchführung von Aufgaben in unterschiedlichen Anwendungsbereichen und läuft auf einem Desktop-Computer, Mobilgerät oder Server (Enzyklopädie der Wirtschaftsinformatik).

Appliances sind integrierte schlüsselfertige Systeme, optimiert für einen bestimmten Einsatzzweck. In einem Gehäuse befinden sich Server, Speicher, Systemsoftware einschließlich Visualisierung und teilweise auch Software zur Datenhandhabung.

© Springer-Verlag GmbH Deutschland, ein Teil von Springer Nature 2021
U. Winkelhake, *Die digitale Transformation der Automobilindustrie*,
https://doi.org/10.1007/978-3-662-62102-8

Badge bezeichnet ein Abzeichen oder eine Plakette diesen sind etabliert gerade im Bereich neuer Lernangebote eingeführt als Anerkennungsform für die Durchführung von Lernmodulen; diese dienen so zum Nachweis für die Teilnahme an Ausbildungskursen.

Big Data Big Data beschreibt Datenbestände, die aufgrund ihres Umfangs, Unterschiedlichkeit oder ihrer Schnelllebigkeit nur begrenzt durch aktuelle Datenbanken und Daten-Management-Tools verarbeitet werden können. In Abgrenzung zu existierenden Business Intelligence (BI) und Data Warehouse Systemen (DWS) arbeiten Big Data Anwendungen in der Regel ohne aufwendige Aufbereitung der Daten. (Enzyklopädie der Wirtschaftsinformatik).

Blockchain ist ein dezentrales Protokoll, über das Informationen aller Art – z. B. finanzielle Transaktionen – übertragen werden können und für alle Beteiligten öffentlich macht. In der Blockchain werden Informationen in Blöcke zerlegt. Jeder Block ist mit dem vorangehenden Block durch eine Prüfsumme verbunden und enthält auch eine Prüfsumme der gesamten Information.

Business Component Model (CBM) ist eine von IBM entwickelte Modellierungsmethode zur systematischen Unternehmens- und Prozessstrukturierung als Basis für Schwachstellenanalysen.

Business Plattform ist ein Geschäftsmodell, das den vereinfachten Austausch zwischen zwei oder mehr voneinander abhängigen Gruppen, in der Regel Verbraucher und Produzenten ermöglicht. Beispiele sind Produkt-, Service- oder Bezahlplattformen.

CDO steht einerseits für Chief Digital Officer, dem gesamtheitlich Verantwortlichen für die digitale Transformation eines Unternehmens und andererseits auch für Chief Data Officer, den Verantwortlichen für die Handhabung aller Daten eines Unternehmens.

Chatbot (von „chat" Sprechen und „bot" verkürzt von robot – Arbeiten) sind Softwareprogramme, die das automatisierte Kommunizieren in Softwareanwendungen als Hilfsangebot bei Bedienungsfragen oder auch als Auskunftssystem im öffentlichen Nahverkehr ermöglichen. Ein Chatbot kann aber auch direkt angesprochen werden, um bestimmte Tätigkeiten in Interaktion mit den angeschlossenen IT-Systemen auszuführen.

CKD (Completely Knocked Down) Die Abkürzung beschreibt den vollkommen zerlegten Zustand einen Produktes in Einzelteile. Wegen zollrechtlicher Bestimmungen und/oder hohen Einfuhrtarifen werden insbesondere Automobile nicht als Endprodukte versandt, sondern in Einzelteile zerlegt, im Bestimmungsland zusammengeführt und für den Vertrieb aufbereitet.

Cloud Computing umfasst Technologien und Geschäftsmodelle, um IT-Ressourcen dynamisch zur Verfügung zu stellen und ihre Nutzung nach flexiblen Bezahlmodellen abzurechnen. Anstelle IT-Ressourcen, beispielsweise Server oder Anwendungen, in unternehmenseigenen Rechenzentren zu betreiben, sind diese bedarfsorientiert und flexibel in Form eines dienstleistungsbasierten Geschäftsmodells über das Internet oder ein Intranet verfügbar (Gabler Wirtschaftslexikon).

Cognitive Computing ist ein Ansatz der Computertechnologie, der versucht, Computertechnik wie ein menschliches Gehirn agieren zu lassen. Voraussetzung für diese Art der künstlichen Intelligenz ist, dass das System nicht im Vorfeld für alle eventuellen Problemlösungen programmiert wird, sondern das entsprechende Computersystem sukzessiv selbständig dazulernt (onPage).

Connected Services sind unterschiedliche Serviceangebote rund um das Automobil. Im Einzelnen handelt es sich um die Themen Sicherheit und Fernwartung, Flottenmanagement, Mobilität, Navigation, Infotainment, Versicherungen sowie Bezahlsysteme. Ein Service-Bündel enthält verschiedene vernetzte Fahrzeugdienste, die auf einer Reihe von Telematik-Funktionen basieren, zu einem in sich geschlossenen Geschäftsfeld gehören, Zugang zu denselben Gewinnquellen haben, dieselbe Zielgruppe ansprechen und auf unterschiedlichen Geschäftsmodellen mit neuen Vergütungskonzepten beruhen (Oliver Wyman).

Connectivity (Netzwerkfähigkeit) ist die Fähigkeit zum Verbinden oder Vernetzen von Computern per Hard- und Software; kennzeichnet z. B. einen netzwerkfähigen Computer. Bezeichnet auch die Qualität einer Verbindung zwischen Computern (Enzyklo.de).

Content Management System (deutsch Inhalts-Verwaltungssystem) ist eine Software zur gemeinschaftlichen Erstellung, Bearbeitung und Organisation von Inhalten (Content) zumeist in Webseiten, aber auch in anderen Medienformen (Wikipedia).

Content-Provider (Inhalte-Anbieter) bezeichnet die Bereitstellung von Inhalten zur Weiterverwertung durch Dritte und erstreckt sich auf verschiedene Anwendungen, Dienstleistungen und Themengebiete zum Kauf oder zur freien Nutzung auf online-Plattformen (content).

CRM (Customer Relationship Management) ist ein strategischer Ansatz, der zur vollständigen Planung, Steuerung und Durchführung aller interaktiven Prozesse mit den Kunden genutzt wird. Es beinhaltet das Database Marketing und entsprechende CRM-Software als Steuerungsinstrument (Gabler Wirtschaftslexikon).

Crowdsourcing ist eine digitale Form der Arbeitsorganisation, bei der Unternehmen über das Internet auf das Wissen, die Kreativität, die Arbeitskraft und die Ressourcen einer großen Masse an Teilnehmern zugreifen, um diese in die betriebliche Leistungserstellung einzubinden (Enzyklopädie der Wirtschaftsinformatik).

Cyber-physische Systeme (CPS) bezeichnen die Kopplung von informations- und softwaretechnischen Komponenten mit mechanischen bzw. elektronischen Komponenten, die über eine Kommunikationsinfrastruktur wie bspw. das Internet in Echtzeit miteinander kommunizieren. Die mechanischen bzw. elektronischen Teile eines CPS werden über sogenannte eingebettete Systeme (embedded systems) realisiert, die mittels Sensoren ihre lokale Umwelt wahrnehmen und über Aktuatoren die physische Umwelt beeinflussen können (Enzyklopädie der Wirtschaftsinformatik).

Data Lakes speichern im Gegensatz zu ->Datawarehouses alle Arten von Rohdaten ohne weitere Aufbereitung unverändert einschließlich der Kopplung zu den Quelldaten in einem flexiblen System.

Datamart bezeichnet einen strukturiert gespeichertenTeildatenbestandes eines bestimmten Organsisationsbereiches, quasi eine Untermenge eines Datawarehouses.

Data Stream Management-Systeme (DSMS) verwalten kontinuierliche Datenströme.

Datawarehouse DWH übernimmt Daten aus verschiedenen Quellsystemen, überführt sie in eine Zieldatenstruktur und legt sie im DWH ab. Reports und Auswertungen speisen sich aus den Zieldaten des DWH, während die Ausgangsdaten in den Quellsystemen überschrieben werden.

DCU steht für Domain Control Unit und bezeichnet eine übergeordnete Steuereinheit in der Fahrzeugelektronik.

DevOps bedeutet eine Wortkombination aus Development (Entwicklung) und Operations (IT-Betrieb) und zielt auf die Verbesserung der Zusammenarbeit zwischen Softwareentwicklern und der IT, um schnelle Releasezyklen und kurze Produktivsetzungszeiten zu ermöglichen.

**Digital Immigrant -> ** Digital Native.

Digital Native (etwa: „digitaler Ureinwohner") bezeichnet eine Person, die in der digitalen Welt aufgewachsen ist. Den Gegenbegriff bildet der ->Digital Immigrant (etwa: „digitaler Einwanderer") als jemand, der diese Welt erst im Erwachsenenalter kennengelernt hat (nach Wikipedia).

Digitale Dienste sind Dienstleistungen, die durch das Internet oder ähnliche elektronische Medien bestellt und erbracht werden, z. B. Onlinezugriff auf Datenbanken oder Programmdownloads (Gabler Wirtschaftslexikon).

Digitaler Zwilling ist die digitale Form eines realen Objekts auf Basis eines CAD-3D-Modells, dem alle Produkteigenschaften, Funktionen und Prozessparameter zugewiesen sind. Als intelligentes 3D-Modell erlaubt der Digitale Zwilling in einer computergestützten Simulationsumgebung eine realitätsnahe Simulation (Schunk).

Echtzeit-Monitoring bedeutet die ständige Erfassung eines Maschinenzustandes durch Messung und Analyse physikalischer Größen, z. B. Schwingungen, Temperaturen, Position (Wikipedia).

E-Learning bezeichnet alle Formen des Lernens, welche digitale Lösungen für die Präsentation von Lernmaterial und die Dialoge zwischen Lernenden und Lehrenden nutzen.

Elektronisches Blut Ein von IBM Research Zürich, der ETH Zürich und weiteren Partnern betriebenes Projekt, ein Mikrokanalsystem mit einer elektrochemischen Flussbatterie zu entwickeln, die 3D-Chipstapel gleichzeitig kühlen und mit Energie versorgen. Die eingesetzte Flüssigkeit wird auch als elektronisches Blut bezeichnet, weil sie sowohl elektrische Energie aufnimmt als auch abgibt (IBM Research Zürich).

Embedded Control Units (ECUs) steuern ein oder mehrere Systeme oder Subsysteme in einem Fahrzeug.

Embedded Software (eingebettete Software) bezeichnet Software, die in ein technisches Gerät mit Computer eingebettet ist und die Aufgabe hat, ohne Eingriff des Nutzers das System zu steuern, regeln oder zu überwachen (Enzyklopädie der Wirtschaftsinformatik).

ERP Enterprise Resource Planning (Unternehmens-Ressourcen-Planung) ist eine betriebswirtschaftliche Anwendungssoftware, mit der nicht nur die Produktion, sondern sämtliche an der Wertschöpfung eines Unternehmens beteiligten Ressourcen integriert geplant und gesteuert werden.

Foglets sind in der Forschung angedachte mikroskopisch kleine Nano-Roboter, die mit Mikroelektronik, Sensorik und auch Aktoren ausgestattet sind und sich zu soliden Strukturen vernetzen können.

FORTRAN FORmula TRANslation ist eine Programmiersprache, die für numerische Berechnungen entwickelt und optimiert wurde und heute als ISO-Standard genormt ist.

Gamification ist ein Ansatz, Spieleprinzipien auf unternehmerische Belange zu übertragen und dadurch Mitarbeiter zu interessieren und zu motivieren.

Gateway (Protokollumsetzer) ermöglicht die Kommunikation zwischen mehreren Netzwerken, die auf unterschiedlichen Protokollen basieren können, indem es diese in das entsprechende Format konvertiert (computer-woerterbuch).

Hackathon ist eine Wortkombination aus hack und Marathon. Unter diesem Begriff werden Veranstaltungen von Unternehmen zu einem Thema organisiert und Studenten und interessierte Digital Natives eingeladen, in einem begrenzten Zeitraum eine App zur Lösung von Problemen in dem vorgegebenen Themenfeld zu programmieren.

Hype Cycle ist eine von der Analyse- und Beratungsfirma Gartner veröffentlichte Übersicht innovativer Technologien.

IAM Identity und Access Management (etwa: Identifizierungs- und Zugriffs-Management) vereinfacht und automatisiert die Erfassung, Kontrolle und das Management von elektronischen Identitäten der Benutzer und der damit verbundenen Zugriffsrechte (nach search security).

Incident Management (Störungsmanagement) umfasst den organisatorischen und technischen Prozess der Reaktion auf erkannte oder vermutete Sicherheitsvorfälle bzw. Störungen in IT-Bereichen sowie hierzu vorbereitende Maßnahmen und Prozesse (nach Wikipedia).

Industrie 4.0 bezeichnet die vierte Entwicklungsstufe der Produktion nach der Nutzung von Wasser- und Dampfkraft, der Massenfertigung und der Automatisierung hin zum Internet der Dinge. Damit eröffnen sich neue Möglichkeiten, Ressourcen, Dienste und Menschen in der Produktion auf Basis ->Cyber-physischer Systeme in Echtzeit zu vernetzen (nach WG-Standpunkt Industrie 4.0).

Infotainment (Kunstwort aus information und entertainment) ist ein Medienangebot, das die Empfänger sowohl informiert als auch unterhält.

In-Memory-Technologie ist ein Konzept, bei dem sich sowohl ein Ausführungs-programm als auch die benötigten Daten im Arbeitsspeicher (RAM) befinden. Damit grenzt es sich von der üblichen Datenspeicherung auf physischen Datenträgern ab und ermöglicht schnellere Ausführungszeiten.

Instant Messaging sind Internetdienste, die eine text- oder zeichenbasierte Kommunikation in Echtzeit ermöglichen.

Internet der Dinge (auch Internet of Things IOT) bezeichnet die Vernetzung von Gegenständen mit dem Internet, damit diese Gegenstände selbstständig über das Internet kommunizieren und so verschiedene Aufgaben für den Besitzer erledigen können. Der Anwendungsbereich erstreckt sich dabei von einer allgemeinen Informationsversorgung über automatische Bestellungen bis hin zu Warn- und Notfallfunktionen (Gabler Wirtschaftslexikon).

IP-Adresse ist eine auf dem Internetprotokoll basierende Adresse, die einem an das Internet angeschlossenen Gerät zugewiesen wird und dieses eindeutig identifiziert. Damit können Datenpakete ähnlich einer Briefadresse von einem Absender zu einem Empfänger oder einer Gruppe von Empfängern transportiert werden (nach Wkipedia).

IT-Container bestehen aus einer kompletten Runtime-Umgebung, einer Applikation inklusive aller Abhängigkeiten, Bibliotheken und Konfigurationsfunktionen. Container sorgen dafür, dass Software verlässlich läuft, nachdem sie von einer Umgebung in eine andere versetzt worden ist, beispielsweise vom Laptop des Entwicklers in eine Testumgebung oder von der Testumgebung in die Produktion (nach Rubens, computerwoche 2015).

Kollaborationswerkzeuge auch groupware genannt, sind Softwareprogramme, die Kommunikations- und Kollaborationsprozesse in Teams und Organisationen unterstützen (nach Enzyklopädie der Wirtschaftsinformatik).

Lidar steht für Light Detection and Ranging ist eine Sensoreinheit dem Radar verwandt; es basiert auf der Messung der Reflexionsgeschwindigkeit ausgesandter Lichtímpluse; ein Einsatzgebiet ist das autonome Fahren.

Machine Learning (Maschinelles Lernen) ist ein Oberbegriff für die „künstliche" Generierung von Wissen aus Erfahrung: Ein künstliches System lernt aus Beispielen und kann diese nach Beendigung der Lernphase verallgemeinern (wikipedia).

Massive Open Online Course (MOOC) sind kostenfreie, offene online-Lernangebote mit sehr großen Teilnehmerzahlen. Beim interaktiven Format entwickeln die Teilnehmer ausgehend von Vorgaben ihr Lernmaterial selbst.

Master Data Management (MDM) (Stammdaten-Management oder Stammdatenverwaltung) umfasst alle strategischen, organisatorischen, methodischen und technologischen Aktivitäten in Bezug auf die Stammdaten eines Unternehmens. Seine Aufgabe ist die Sicherstellung der konsistenten, vollständigen, aktuellen, korrekten und qualitativ hochwertigen Stammdaten zur Unterstützung der Leistungsprozesse eines Unternehmens (Enzyklopädie der Wirtschaftsinformatik).

Microlearning bezeichnet das Lernen in kleinen Lerneinheiten oft unter Einsatz neuer Web-Technologien.

Microservices sind ein Architekturmuster der Informationstechnik, bei dem komplexe Anwendungssoftware aus kleinen, unabhängigen Prozessen komponiert wird, die untereinander mit sprachunabhängigen Programmierschnittstellen kommunizieren (Wikipedia).

Mobile Development Platform MDP erlaubt die schnelle Entwicklung von ->Apps für Smartphones, Tablets, Desktops und TV-Geräte.

MOOC steht für Massive Open Online Couse und bezeichnet die Onlinekurse von Hochschulen und öffentlichen Lehranstalten.

Mooresches Gesetz Eine von Gordon Moore 1965 formulierte Beobachtung, der zufolge sich die Anzahl Schaltkreiskomponenten auf einem integrierten Schaltkreis etwa alle 2 Jahre verdoppelt. Dass mit der Anzahl der Transistoren auf einem Computerchip auch die Rechenleistung der Computer linear anwächst, kann aus dem Mooreschen Gesetz nicht gefolgert werden (nach Wikipedia).

Nanoröhrchen auch Nanotubes genannt, sind extrem kleine Hohlkörper mit einem Durchmesser von weniger als 100 nm (0,0001 mm).

Nanotechnologie umfasst ein breites Spektrum von neuen Querschnittstechnologien mit Werkstoffen, Bauteilen und Systemen, deren Funktion und Anwendung auf den besonderen Eigenschaften nanoskaliger ($\leq$ 100 nm) Größenordnung beruhen (Fraunhofer Nanotech).

Neuromorphe Chips bestehen aus herkömmlichen Bauteilen auf Basis von Silizium, ahmen aber in ihrem Aufbau die Struktur von Nervenzellen und Gehirn nach. Sie arbeiten mit lernenden neuronalen Netzen und sind besonders für die Mustererkennung geeignet, befinden sich aber noch in der Entwicklung (nach IBM).

Neuronales Netz Darunter wird in den Neurowissenschaften eine Anzahl miteinander verknüpfter Neuronen bezeichnet, die als Teil eines Nervensystems einen funktionellen Zusammenhang bilden (Wikipedia).

OEM steht für Original Equipment Manufacturer, also für Originalgerätehersteller. Ein OEM-Partner verwendet unter Lizenz Soft- oder Hardware in eigenen Produkten oder in Form von Paketen (z. B. CD-Brenner und Brennsoftware) (Thewald).

Open Innovation steht für die aktive strategische Erschließung der kollektiven Wissensbasis, Kreativität und Innovationspotentiale außerhalb des eigenen Unternehmens (Community of Knowledge).

OpenStack-Technologie Hierbei handelt es sich um ein umfassendes Software-Portfolio zum Aufbau von offenen Cloudlösungen, das von der OpenStack Foundation entwickelt wurde und als Open Source Lösung zur Verfügung steht.

Platform as a Service (PaaS) ist ein Service, der ein Programmiermodell und Entwicklerwerkzeuge bereitstellt, um Cloud-basierte Anwendungen zu erstellen und auszuführen (computerwoche).

RFID steht für „Radio Frequency Identification" und bezeichnet Technologien zur Objektidentifizierung über Funk (Enzyklopädie der Wirtschaftsinformatik).

Robocabs bezeichnet autonom fahrende Taxis.

Scrum stammt aus dem Rugbysport und steht dort für ein „angeordnetes Gedränge", um das Spiel nach kleineren Regelverstößen neu zu starten Das Scrum-Verfahren läuft in Iterationen ab, wobei ein angestrebtes Projektziel in Teilschritte zerlegt wird, die dann in Erstellungsschleifen, sogenannten Sprints, schrittweise bearbeitet werden.

Shared Service-Center ist ein Organisationsmodell für unternehmensinterne Dienstleistungen (Services). Gleichartige Dienstleistungen der Unternehmenszentrale
werden mit denen der einzelnen Geschäftsbereiche, Geschäftseinheiten oder
Abteilungen verknüpft und in einer Organisationseinheit (Center) zusammengefasst. Die einzelnen Geschäftseinheiten, Fachbereiche oder Abteilungen können
dann gemeinsam und nach Bedarf (Shared) auf diese Einheit zugreifen, um die entsprechende Serviceleistung zu erhalten (businesss-wissen.de).

Single Sign-On (SSO) ist ein Authentifizierungs-Prozess für die Sitzung eines
Anwenders. Damit hinterlegt ein Nutzer einen Namen und ein Passwort, um auf
mehrere Applikationen Zugriff zu erhalten. Weitere Eingabe-Aufforderungen für eine
Identifikation gibt es nicht (TechTarget).

SOA serviceorientierte Architektur: In SOA wird versucht, die Software direkt an den
Geschäftsprozessen einer Firma auszurichten. Dazu wird das System in sogenannte
Dienste (Services) unterteilt. Dienste sind kleine, lose gekoppelte und eigen-
ständige Softwarekomponenten. Durch das Kombinieren dieser Dienste entsteht ein
Anwendungssystem, welches leicht anpassbar und änderbar bleiben soll (Fachgebiet
Software Engineering Uni Hannover).

Social Media ist ein Sammelbegriff für internet-basierte mediale Angebote, die auf
sozialer Interaktion und den technischen Möglichkeiten des sog. Web 2.0 basieren.
Dabei stehen Kommunikation und Austausch nutzergenerierter Inhalte (User-
Generated Content) im Vordergrund. Als Technologien werden Webblogs, Foren,
Social Networks, Wikis und Podcasts genutzt (Gabler Wirtschaftslexikon).

Social Navigation bezeichnet Konzepte, in denen sich Benutzer bei ihrer Navigation
im World Wide Web am Verhalten und den Hinweisen anderer Nutzer orientieren
können. Navigationshinweise können dabei entweder im direkten Dialog ausgetauscht
werden oder entstehen indirekt über die Spuren vergangener Navigationsaktivitäten
beziehungsweise im Informationsraum hinterlassene Artefakte (Baier, Weinreich,
Wollenweber).

Software Defined Storage (SDS) ist ein zentrales Element beim Aufbau einer service-
orientierten Infrastruktur. Sie ermöglicht es, Speicherressourcen einfach in Abhängigkeit vom Bedarf zu beschaffen, hinzuzufügen und bereitzustellen (Computerwoche).

Strangler Patterns bezeichnet ein mögliches Vorgehensmodell, um alte monolithische
Anwendung schrittweise in eine moderne Anwendung zu transformieren; Analogie:
die „strangler" bzw. „Würgefeige" windet sich erdrückend um einen alten Baum.

SWOT-Analyse ist eine Abkürzung für Analysis of strengths, weakness, opportunities
and threats; die Stärken-Schwächen-Chancen-Risiken-Analyse stellt eine
Positionierungsanalyse der eigenen Aktivitäten gegenüber dem Wettbewerb dar
(Gabler Wirtschaftslexikon).

TISAX steht für Trusted Information Security Assessment Exchange und bezeichnet
einen Standard für den Informationsaustausch zwischen Automobilherstellern und
Lieferanten; die Etablierung des Standards ist durch Zertifizierungen nachzuweisen.

Total Cost of Ownership (TCO) ist die Summe aller für die Anschaffung eines Vermögensgegenstandes (z. B. eines Computersystems), seine Nutzung und ggf. für die Entsorgung anfallenden Kosten. Total Costs of Ownership sind ein Gestaltungsaspekt während der Phase der Produktentwicklung; mit ihnen wird versucht, die Bestimmungsgründe der Kaufentscheidung des Kunden nachzuvollziehen und zu beeinflussen (Gabler Wirtschaftslexikon).

Vulnerability Management (Schwachstellen-Management) befasst sich mit den sicherheitsrelevanten Schwachstellen in IT-Systemen. Mit dem Schwachstellenmanagement sollen Prozesse und Techniken erarbeitet werden, mit denen zur Steigerung der IT-Sicherheit eine Sicherheitskonfiguration in Unternehmen eingeführt und verwaltet werden kann (IT-Wissen).

Wearable auch Wearable Computer genannt, ist ein Computersystem, das während der Anwendung am Körper des Benutzers befestigt ist. Wearable Computing unterscheidet sich von der Verwendung anderer mobiler Computersysteme dadurch, dass die hauptsächliche Tätigkeit des Benutzers nicht die Benutzung des Computers selbst ist, sondern eine durch den Computer unterstützte Tätigkeit in der realen Welt (Wikipedia).

Web 2.0 ist eine Evolutionsstufe hinsichtlich des Angebotes und der Nutzung des World Wide Web, bei der nicht mehr die reine Verbreitung von Informationen durch Websitebetreiber, sondern die Beteiligung der Nutzer am Web und die Generierung weiteren Zusatznutzens im Vordergrund steht (Enzyklopädie der Wirtschaftsinformatik).

Stichwortverzeichnis

Ihr kostenloses eBook

Vielen Dank für den Kauf dieses Buches. Sie haben die Möglichkeit, das eBook zu diesem Titel kostenlos zu nutzen. Das eBook können Sie dauerhaft in Ihrem persönlichen, digitalen Bücherregal auf **springer.com** speichern, oder es auf Ihren PC/Tablet/eReader herunterladen.

1. Gehen Sie auf **www.springer.com** und loggen Sie sich ein. Falls Sie noch kein Kundenkonto haben, registrieren Sie sich bitte auf der Webseite.
2. Geben Sie die eISBN (siehe unten) in das Suchfeld ein und klicken Sie auf den angezeigten Titel. Legen Sie im nächsten Schritt das eBook über **eBook kaufen** in Ihren Warenkorb. Klicken Sie auf **Warenkorb und zur Kasse gehen**.
3. Geben Sie in das Feld **Coupon/Token** Ihren persönlichen Coupon ein, den Sie unten auf dieser Seite finden. Der Coupon wird vom System erkannt und der Preis auf 0,00 Euro reduziert.
4. Klicken Sie auf **Weiter zur Anmeldung**. Geben Sie Ihre Adressdaten ein und klicken Sie auf **Details speichern und fortfahren**.
5. Klicken Sie nun auf **kostenfrei bestellen**.
6. Sie können das eBook nun auf der Bestätigungsseite herunterladen und auf einem Gerät Ihrer Wahl lesen. Das eBook bleibt dauerhaft in Ihrem digitalen Bücherregal gespeichert. Zudem können Sie das eBook zu jedem späteren Zeitpunkt über Ihr Bücherregal herunterladen. Das Bücherregal erreichen Sie, wenn Sie im oberen Teil der Webseite auf Ihren Namen klicken und dort **Mein Bücherregal** auswählen.

EBOOK INSIDE

eISBN	978-3-662-62102-8
Ihr persönlicher Coupon	tktzGg7z8JYRfPJ

Sollte der Coupon fehlen oder nicht funktionieren, senden Sie uns bitte eine E-Mail mit dem Betreff: **eBook inside** an **customerservice@springer.com**.

Printed by Printforce, the Netherlands